计 算 机 科 学 丛 书

原书第6版

计算机网络

系统方法

[美] 拉里·L. 彼得森（**Larry L. Peterson**）
布鲁斯·S. 戴维（**Bruce S. Davie**） 著

王勇 薛静锋 王李乐 解旭东 刘振岩 张继 等译

Computer Networks
A Systems Approach Sixth Edition

机械工业出版社
China Machine Press

图书在版编目（CIP）数据

计算机网络：系统方法：原书第 6 版 /（美）拉里·L. 彼得森（Larry L. Peterson），（美）布鲁斯·S. 戴维
（Bruce S. Davie）著；王勇等译 . -- 北京：机械工业出版社，2022.6
（计算机科学丛书）
书名原文：Computer Networks: A Systems Approach, Sixth Edition
ISBN 978-7-111-70567-3

I. ①计… II. ①拉… ②布… ③王… III. ① 计算机网络 IV. ① TP393

中国版本图书馆 CIP 数据核字（2022）第 063876 号

北京市版权局著作权合同登记 图字：01-2021-3378 号。

出版发行：机械工业出版社（北京市西城区百万庄大街 22 号　邮政编码：100037）

责任编辑：曲　熠		责任校对：殷　虹	
印　刷：三河市宏达印刷有限公司		版　次：2022 年 6 月第 1 版第 1 次印刷	
开　本：185mm×260mm　1/16		印　张：32.75	
书　号：ISBN 978-7-111-70567-3		定　价：169.00 元	

客服电话：(010) 88361066　88379833　68326294　　　　投稿热线：(010) 88379604
华章网站：www.hzbook.com　　　　　　　　　　　　　　读者信箱：hzjsj@hzbook.com

本书最大的特点是采用非常有用的"大局"系统方法，书中的所有内容都经过精心组织，可谓计算机网络世界中不可多得的杰作。

——Yonshik Choi，伊利诺伊理工学院

这是我所用过的最全面的计算机网络教科书。无论是第一次向本科生介绍网络知识，还是为了扩大研究生的知识面，本书都是完美的选择。作者将一个概念建立在另一个概念之上，从比特编码开始，延伸到全球因特网及其上运行的应用程序。多年来，我一直信任第 5 版，现在很高兴将我的学生和他们即将创造的未来网络"托付"给第 6 版。

——Christopher（Kit）Cischke，密歇根理工大学

我在一门面向高年级本科生和一年级硕士生的通信网络导论课程中使用本书超过五年。我读过前几版，多年来，它一直保持着从一开始就建立起来的优势，即不仅描述"怎么做"，而且解释"为什么"，以及同样重要的"为什么不"。这是一本能够帮助学生建立工程直觉的书，并且可以培养学生就设计或选择下一代系统做出正确决策的能力，在技术快速变革的时代，这一点至关重要。

——Roch Guerin，宾夕法尼亚大学

这是一本非常棒的计算机网络导论教材，表述明确，内容全面，实例丰富。作者有一种天赋，可以在不牺牲技术严谨性的情况下，将网络简化为简单且易于组织和呈现的概念。全书在网络架构设计的基本原则和构建于其上的应用程序之间取得了极好的平衡，对网络课程的高年级本科生和研究生以及教师来说都是必不可少的资源。

——Arvind Krishnamurthy，华盛顿大学

本书一直是帮助读者深入理解计算机网络的最佳资源之一。新版呈现了该领域的新发展，系统地解释了网络的基本构建块，包括硬件和软件的概念。最后一章是关于应用的，它将所有的概念融会贯通。可选的高级主题放在单独的章节中。每章末尾还包含一套难度不同的习题，以确保学生掌握所学知识。

——Karkal Prabhu，德雷塞尔大学

本书在所有层面上对因特网协议进行了详细而清晰的描述。书中提供了许多有益的辅助工具，帮助学生充分理解那些正在改变社会的技术。这本书的每一版都迈上了一个新台阶。

——Jean Walrand，加州大学伯克利分校

教授计算机网络课程多年，阅读了几乎每一本相关教材，我可以负责任地说，没有哪本书比这本书更好。虽然分层方法对于初学者学习网络基础知识非常有用（本书也可以这样使用），但系统方法才是我在课堂上所采用的，它帮助学生完成了从学习到实践的过程。学生的评价表明他们真的很喜欢这本书，我也是。作为教师，当然要选最好的教材，这就是我十年来一直在使用这本书的原因。

——G. Aaron Wilkin，罗斯－霍曼理工学院

由 Larry L. Peterson 和 Bruce S. Davie 两位顶尖网络专家撰写的《计算机网络：系统方法》已经成为计算机网络课程的主流教材，被哈佛大学、斯坦福大学、卡内基·梅隆大学、康奈尔大学、普林斯顿大学等国外众多名校采用。本书英文版已经更新到第 6 版，为了方便国内高校师生和广大读者使用这本经典教材，我们继续翻译了这一版。

第 6 版紧跟计算机网络近年来的发展热点，特别是云计算和智能手机应用，对第 5 版做了改进和提升，同时删除了过时的技术。书中增加或扩展了接入网络技术 [无源光网络（PON）]、虚拟局域网（VLAN）、软件定义网络（SDN）、可靠的端到端传输（QUIC、gRPC）、拥塞控制机制（TCP CUBIC、DCTCP 和 BBR）、协议缓冲区、HTTP/2、现代网络管理系统（OpenConfig、gNMI）等内容，删减了拨号调制解调器等过时的内容。在新增加的透视图部分重点介绍了云、虚拟网络覆盖、去中心化身份管理和区块链等内容，以反映现实世界中计算机网络的发展状况。

作者强调网络现有工作方式的成因，采用"系统方法"将网络看作由相互关联的构造模块组成的系统（反对严格的分层），并引入丰富的因特网实例说明实际网络的设计。书中给出的程序代码不是基于某个特定的操作系统，而是经过重新改编以适应通用环境，说明网络软件是如何实现的，从而帮助读者了解网络的基础构件是如何结合在一起的。

本书是目前内容较新的关于计算机网络的优秀教材，为学生和专业人士理解现行的网络技术以及即将出现的新技术奠定了良好的理论基础。

本书由北京理工大学计算机学院的王勇副教授主持翻译，参加翻译工作的有北京理工大学的王勇（第 1、2、3 章）、薛静锋（第 4 章）、刘振岩（第 5 章）、张继（第 6 章），公安部第三研究所的王李乐（第 7、8 章），山东兖矿技师学院的解旭东（第 9 章、前言、习题选答、术语表）。另外，北京理工大学的研究生李雪薇和彭金雪对本书的译稿进行了校对。

由于译者水平有限，书中可能有错误或不甚完善之处，读者如果有意见或建议，欢迎通过 E-mail 与译者联系：wangyong@bit.edu.cn。

译者

序 言

Computer Networks: A Systems Approach, Sixth Edition

亲爱的读者：在你开始读这本书之前，先花点时间把你的时间机器设定在 1996 年，也就是这本书的第 1 版出版的时候。你还记得 1996 年吗？那时你出生了吗？人们似乎忘记了因特网的基础是多久以前建立的。

1996 年，NSFNET 退役，因特网的商业阶段才刚刚开始。第一个搜索引擎（Alta Vista，你还记得吗？）刚刚问世。内容分发网络并不存在——Akamai 成立于两年后的 1998 年，也就是谷歌正式诞生的同一年。云只是地平线上远处的一片薄雾，而且没有住宅宽带或消费者无线网络这样的东西，我们使用的是拨号调制解调器——56 K 调制解调器刚刚发明。在那之前有分组无线电，但它比拨号的速度慢，而且体积有冰箱那么大，需要一辆卡车或至少一辆吉普车才能移动。

1995 年左右，Peterson 和 Davie 决定写这本书。从今天的角度来看，我们可能很难记得 1996 年这样一本书有多么重要，它抓住了很多隐性知识，让任何愿意阅读的人都能读到。它不仅给出了一系列的协议描述，还讲解了各个部分如何组合在一起。它说明了因特网是如何工作的，而不仅仅是列出它的组成部分。

思考因特网如何发展的一种方式是通过应用程序设计者的视角。毕竟，因特网作为分组传输系统的目的是支持应用程序，只有极客才会发送分组来取乐。1996 年，如果你想构建一个应用程序，则这个生态系统包括 IP 分组传输服务、TCP（用以消除因特网层的丢包）、DNS，所需要的任何其他东西都必须从头开始构建。

现在，应用程序设计者有很多资源可用于构建应用程序：云、云网络、可以将服务连接在一起的其他全球网络、CDN、应用程序开发环境，等等。其中一些可能看起来与 1996 年的情况大不相同，细节上也是如此。云数据中心在成本、能效、性能和恢复能力方面已经变得非常成熟。（不过，我讨厌用"云"这个词，在我看来，"云"是用来形容柔软而蓬松的东西的，但如果你见过足球场那么大的兆瓦级耗电量的数据中心，你就不会觉得柔软和蓬松。）关于如何建立一个现代化的数据中心，有很多东西需要学习。但基本原理是一样的：分组转发、统计容量共享、传输协议、路由协议、追求通用性和广泛实用性，等等。

展望未来，云等技术显然是核心，本书对云给予了相当大的关注。提高安全性等要求至关重要，本书还讨论了与安全相关的其他问题：信任、身份和新的热门话题——区块链。然而，如果你翻看第 1 版，会发现许多基本概念是相同的。本书正是这个故事的现代版本，包含新的示例和现代技术。请欣赏吧。

David D. Clark

麻省理工学院

美国马萨诸塞州剑桥市

2020 年 10 月

面条型代码（spaghetti code）一词普遍被认为是一种侮辱。所有优秀的计算机科学家都推崇模块化，这是因为它能带来许多好处，最大的好处是解决问题而不必了解问题的所有环节。因此，本书在表达观点和编写代码时，模块化扮演着重要的角色。如果一本书的材料以模块化的方式有效地组织起来，那么读者就会很乐意从头读到尾。

在网络协议领域，采用国际标准形式即 ISO 的七层网络协议参考模型，给出了"恰当的"模块化，这或许是独一无二的。该模型反映了一种分层的模块化方法，经常作为讨论协议的起点，以分析所讨论的设计是符合还是偏离这种模型。

看上去根据这种分层模型来组织一本网络书籍是理所当然的。但事实上这样做是有风险的，因为 OSI 模型在组织网络的核心概念时并不成功。一些基本需求，如可靠性、流量控制或安全，能够在多数（即使不是所有）OSI 分层中解决。这种实际情况导致对参考模型理解的巨大混乱，有时甚至产生怀疑。实际上，如果严格按照层次模型来组织一本书，那么它就具有某些面条型代码的特点了。

本书是根据什么来组织的呢？Peterson 和 Davie 遵循传统的分层模型，但他们并不否认该模型实际上无助于理解网络中的重大问题。作者采用一种与层次无关的方法来组织基本概念的讨论。因此，在阅读本书后，读者将会理解流量控制、拥塞控制、可靠性增强、数据的表示以及同步等问题。同时，读者将了解在传统分层模型的某一层中如何解决这些问题。

这是一本与时俱进的书。本书着眼于当前使用的重要协议，尤其是有关因特网的协议。Peterson 和 Davie 长期从事因特网相关工作，具有丰富的经验。因此，他们的书不仅从理论上而且从实践上揭示了协议设计的问题。本书也介绍了许多新的协议，读者可以从中获取新的观点。更重要的是，本书对基本问题的讨论源自问题的本质，而不受分层参考模型或当前协议细节的限制。在这一点上，本书既体现了时效性，又不受时间的限制。本书的独特之处在于它将有关的实际问题、实例和基本概念的解释有机地结合在一起。

David D. Clark

麻省理工学院

美国马萨诸塞州剑桥市

本书第 5 版出版至今已近 10 年。在这段时间里，计算机网络发生了很大的变化：最显著的是云和智能手机应用程序的暴增。在许多方面，这让人想起 1996 年我们出版第 1 版时 Web 在因特网上所产生的巨大影响。

第 6 版适应了时代，但保持了系统方法这个宗旨。概括而言，我们通过四种主要方式更新和改进新版：

- 更新一些示例以反映现状。这包括删除过时的技术（如拨号调制解调器），使用流行应用程序（如 Netflix、Spotify）来阐述问题，更新数字以代表最先进的技术（如 10 Gbps 以太网）。

- 将推动多播、实时视频流和服务质量等技术发展的原始研究与现在流行的云应用（如 Zoom、Netflix 和 Spotify）联系起来。这符合我们对设计过程而不仅仅是最终结果的强调。这在今天尤为重要，因为因特网的许多功能主要由专用商业服务提供。

- 将因特网置于更广泛的云环境中，同样重要的是，置于塑造云的商业力量的环境中。这对整本书中的技术细节影响很小，每章末尾新增的"透视图"部分将对此进行讨论。我们希望这些讨论能引导读者了解因特网的不断发展，并理解其中的智慧和创新机会。

- 一系列关键要点给出了网络设计的重要原则。每一个结论都是对一般系统设计规则或基本网络概念的简明陈述，并利用了文中的相关示例。从教学角度来看，这些结论与本书的高级学习目标相对应。

第 6 版中的新内容

更具体地说，第 6 版包括以下主要变化：
- 第 1 章新增的透视图介绍了之后将会反复出现的云化主题。
- 新增的 2.8 节描述了接入网络，包括无源光网络（PON）和 5G 的无线接入网络（RAN）。
- 重构了 3.1 节（交换基础）和 3.2 节（交换式以太网）中的主题，扩充了 VLAN 的内容。
- 更新 3.5 节，新增对白盒交换机和软件定义网络（SDN）的说明。
- 第 3 章中新增的透视图描述了虚拟网络覆盖、VXLAN 以及覆盖在云中的作用。
- 重构了 4.1 节（全球互联网）和 4.2 节（IPv 6）中的主题。
- 第 4 章的透视图部分描述了云如何影响因特网结构。
- 对 5.2 节进行了扩展，新增对 QUIC 的讨论。
- 对 5.3 节进行了扩展，新增对 gRPC 的说明。

- 更新 6.3 节和 6.4 节，新增对 TCP CUBIC、DCTCP 和 BBR 的说明。
- 对 6.4 节进行了扩展，新增对主动队列管理（AQM）的描述。
- 对 7.1 节进行了扩展，新增对协议缓冲区的描述。
- 对 7.2.4 节进行了扩展，新增对 HTTP 自适应流的描述。
- 新增的 8.1 节介绍了威胁和信任的双重性。
- 重构了 8.3 节（密钥预分发）和 8.4 节（认证协议）中的主题。
- 第 8 章中的透视图部分描述了去中心化的身份认证和区块链的作用。
- 对 9.1 节进行了更新，新增对 HTTP/2 的描述，以及对 REST、gRPC 和云服务的讨论。
- 对 9.3 节进行了扩展，新增对现代网络管理系统的描述，包括 OpenConfig 和 gNMI 的使用。

内容组织

要围绕本书构建一门网络课程，有必要先了解本书的组织架构。本书包含三个主要部分：

- 概念性和基础性内容，即网络的核心思想；
- 核心协议和算法，说明如何将基本思想付诸实践；
- 高级材料，可作为可选材料用于一学期的课程。

这种描述可以应用于章层面：第 1 章是基础，第 2、3、5 和 9 章是核心，第 4、6、7 和 8 章涵盖更高级的主题。

这种描述也可以应用于节层面，粗略地说，每一章都从基本概念到具体技术再到高级技术逐步展开。例如，第 3 章首先介绍交换式网络的基础知识（3.1 节），然后介绍交换式以太网和 IP 互联网的具体情况（3.2~3.4 节），最后讨论 SDN（3.5 节）。同样，第 6 章从基本思想（6.1 ～ 6.2 节）开始，然后探讨 TCP 拥塞控制（6.3 节），最后介绍可选的高级材料（6.4 ～ 6.5 节）。

致谢

我们要感谢以下人员针对新内容所提供的帮助：

- Larry Brakmo（TCP 拥塞控制）
- Carmelo Cascone（白盒交换机）
- Charles Chan（白盒交换机）
- Jude Nelson（去中心化的身份认证）
- Oguz Sunay（蜂窝网络）
- Thomas Vachuska（网络管理）

我们还要感谢以下人员（GitHub 用户）的贡献和提供的勘误：

- Mohammed Al-Ameen
- Mike Appelman
- Andy Bavier

- Manuel Berfelde
- Brian Bohe
- Peter DeLong
- Chris Goldsworthy
- John Hartman
- Ethan Lam
- Diego López León
- Matteo Scandolo
- Mike Wawrzoniak
- 罗泽轩（spacewander）
- Arnaud（arvdrpoo）
- Desmond（kingdido999）
- Guo（ZJUGuoShuai）
- Hellman（eshellman）
- Xtao（vertextao）
- Joep（joepeding）
- Seth（springbov）

最后，我们要感谢下面的审稿人，感谢他们提出了许多有益的意见和建议。他们的影响是巨大的：

- Mark J. Indelicato（罗切斯特理工学院）
- Michael Yonshik Choi（伊利诺伊理工学院）
- Sarvesh Kulkarni（维拉诺瓦大学）
- Alexander L. Wijesinha（陶森大学）

相关资源

这本书的开源资源可以在 https://github.com/SystemsApproach 上找到，根据知识共享（CC BY 4.0）许可证的条款提供，并邀请社区成员根据相同条款提供更正、改进、更新和新材料。

像许多开源软件项目一样，这一项目的内容也曾一度受到限制：本书第 5 版的版权由爱思唯尔所有。我们希望，本书的开源既能促进其广泛使用，又能吸引新的内容：更新已有内容，扩展内容以涵盖新的主题，并用额外的教学辅助资料扩充正文。

如果你使用本书，其归属应包括以下信息：

书名：计算机网络：系统方法

作者：Larry Peterson 和 Bruce Davie

版权所有：Elsevier，2022

来源：https://github.com/SystemsApproach

许可证：CCBY 4.0（https://creativecommons.org/licenses/by/4.0）

如何做出贡献

我们希望，如果你使用本书，也会愿意为其做出贡献。如果你是开源新手，可以看看"如何为开源做出贡献"（https://opensource.guide/how-to-contribute）这份指南。除此之外，你还将了解如何发布你希望解决的"问题"，并"请求"将你的改进合并回GitHub。

我们希望你多年来从本书中有所收获，我们也热切希望你加入我们的新探险。

实验教程[⊖]

最后，与第 5 版一样，本书配有一套实验。这些实验由马萨诸塞大学达特茅斯分校的 Emad Aboelela 教授开发，通过仿真实验来探讨本书中协议的行为、可扩展性和性能。讨论实验相关材料的章节均带有标记。仿真使用 OPNET 仿真工具集。

Larry L. Peterson

Bruce S. Davie

2020 年 11 月

⊖ 关于本书配套的《计算机网络实验教程》（ISBN 978-7-111-41585-5），欢迎访问华章网站（www.hzbook. com）查看详情。——编辑注

目 录

Computer Networks: A Systems Approach, Sixth Edition

基　础

我必须创造一个体系，否则我将沦为别人体系的附庸；我不要推理和比较，我的工作是创造。

——威廉·布莱克

问题：建造网络

假设我们要建造计算机网络，它有发展到全球性规模的潜力，并且能够支持各种各样的应用，如远程会议、视频点播、电子商务、分布式计算和数字化图书馆等。那么要采用什么现有技术作为基础构件，以及使用何种软件体系结构才能把这些构件集成为有效的通信服务？本书最主要的目标就是回答这个问题，首先描述可用的构件，然后说明如何使用它们来从头建造网络。

在理解如何设计计算机网络之前，我们首先应该在什么是计算机网络这一问题上达成共识。曾经有一段时期，网络（network）一词是指用于将哑终端连接到大型机的串行线集。其他重要的网络包括语音电话网络和用于传播视频信号的有线电视网络。这些网络的主要共同点是专门处理某种特定类型的数据（按键、音频或视频），并且通常连接到专用设备（终端、手持接收器和电视机）。

计算机网络与其他类型的网络有什么区别？也许计算机网络最重要的特征就是通用性。计算机网络主要由通用可编程硬件来构建，并且不会为诸如打电话或传输电视信号那样的特定应用做任何优化。相反，计算机网络能够传输多种不同类型的数据，并且支持广泛且不断增加的应用。今天的计算机网络正越来越多地接管以前由单一用途网络执行的功能。本章考察计算机网络的一些典型应用，然后讨论网络设计者为支持这些应用必须要了解的知识。

一旦我们弄清楚需求，接下来该怎么做呢？幸运的是，我们不是要建造第一个网络。其他一些人，其中最著名的是因特网的研究人员，已经先于我们完成了这项任务。我们将利用在因特网构建中得到的丰富经验来指导我们的设计。这些经验体现在网络体系结构（network architecture）中，网络体系结构指明可用的软硬件构件，并且说明如何将它们组织起来构成一个完整的网络系统。

除了理解如何建造网络以外，理解如何使用或管理网络、如何开发网络应用也愈发重要。现在，大部分人的家庭、办公室或某些人的车里都有计算机网络，所以使用网络不再是少数专家的事情。同时，随着智能手机等可编程联网设备的激增，这一代人中会有比以前更多的人去开发网络应用。因此，我们需要从网络建造者、网络运营者、应用开发者等多个视角来分析网络。

为了引导读者理解如何建造、运营网络和进行网络编程，本章将阐述四项内容。首先，揭示不同应用和不同人群对网络的需求。其次，引入网络体系结构的概念，它是本书后续部分的基础。再次，介绍实现计算机网络的几个关键因素。最后，介绍用来衡量计算机网络性能的关键度量标准。

1.1 应用

许多人是通过因特网的各种应用来了解因特网的，比如万维网、电子邮件、社交网络、音频流和视频流、视频会议、即时通信和文件共享。换言之，我们是作为网络用户来访问因特网的。因特网用户在某种程度上代表了访问因特网的最大群体，但还有其他几种重要的群体。

有一群人创造应用，这个群体近几年明显扩大，原因是强大的编程平台和智能手机等新设备为快速开发应用并将其投入更大的市场创造了新机会。

还有一群人运营或管理网络，这多半是幕后工作，但是非常关键并且通常很复杂。随着家庭网络的普及，越来越多的人正在变成某种意义上的网络运营者。

最后，还有那些设计与构建组成因特网的设备和协议的人。最后这个群体是网络教科书（如本书）的传统目标读者，本书将继续将这个群体作为主要关注对象。然而，在整本书中，我们也考虑应用开发者和网络运营者的视角。

考虑这些视角能够使我们更好地理解网络需要满足的不同需求。应用开发者如果理解底层技术的工作原理及与应用的交互方式，他们将能开发出更好的应用。所以，在理解如何建造网络之前，先让我们仔细看看当今网络所支持的应用类型。

应用的分类

万维网（World Wide Web）是一种使因特网从大多由科学家和工程师所使用的有些晦涩的工具跃升为当今主流现象的因特网应用。万维网已经变成了一个非常强大的平台，以至于很多人都将它与因特网混淆了，而且，说万维网是单个应用有点夸张了。

万维网用基本形式提供了一个直观且简单的界面。用户浏览包含很多文本和图形对象的网页时，点击想进一步了解的对象，就会弹出相应的新网页。大多数人都明白在这个表象的背后，是网页上的每个可选对象都绑定了一个指向要浏览的下一个页面或对象的标识符。这个标识符被称为统一资源定位符（Uniform Resource Locator, URL），它提供了一种标识所有通过浏览器能浏览到的对象的方法。举个例子：

http://www.cs.princeton.edu/~llp/index.html

是提供有关本书一名作者信息的页面的 URL。字符串 http 表明要下载页面应使用超文本传输协议（HyperText Transfer Protocol，HTTP），www.cs.princeton.edu 是提供该网页的计算机的名字，而 ~llp/index.html 唯一标识 Larry 在该网站的主页。

然而，大多数用户并不清楚，在点击这样一个 URL 后，在因特网上可能需要交换多达十几条报文，如果是有大量内嵌对象的复杂网页，则需要交换更多的报文。这些报文中最多有 6 条用来把服务器名（www.cs.princeton.edu）翻译成它所对应的因特网协议（IP）地址（128.112.136.35），3 条报文用来建立从浏览器到服务器之间的传输控制协议（Transmission Control Protocol，TCP）连接，4 条报文用来让浏览器发送 HTTP 的"GET"请求，并让服务器回送被请求的页面（以及双方确认收到报文），还有 4 条报文用来断开 TCP 连接。当然，这不包含因特网节点全天交换的数以百万计的报文，这些报文只是让节点相互知道对方的存在，并准备提供网页服务，把机器名翻译成网络地址，然后将各种报文向它们的最终目的地转发。

另一类普遍的因特网应用是音频流和视频流传输。诸如视频点播和因特网收音机这样的服务就使用了这种技术。虽然我们经常是从网站上发起流会话的，但传输音频和视频与获取由文本及图片组成的简单网页存在一些重要的区别。例如，你一般不想下载完整个视频文件（这个过程可能需要几分钟）才开始观看。以流的方式传输音频和视频意味着以一种更有时效性的方式从发送方向接收方传输报文，接收方可以在收到报文后立即播放视频或音频。

注意，流式应用与更传统的网页中文本或静态图片的传输的区别是，人们以连续的方式欣赏音频流和视频流，跳音或视频停滞等间断是不能接受的。相比之下，文本网页可以以位或块为单位来传输和阅读。这种区别会影响网络对不同类型应用的支持方式。

一种略有不同的应用类型是实时音频和视频。这些应用比流应用有更严格的时间约束。当使用 IP 电话应用（如 Skype）或视频会议应用时，参与者之间的交互必须是实时的。当一端的用户做一个动作时，这个动作必须尽快被显示在另一端⊖。

当一个人试图打断另一个人时，被打断的人必须尽快听到并决定是否允许他打断或者继续说话而不理会打断。在这种环境下，太长的延迟会造成系统无法使用。与视频点播相比，如果从用户打开视频到第一幅图像被显示出来用了几秒，那么这个服务仍可被接受。此外，交互式应用通常需要有双向流动的音频或视频，而流式应用则大多只向一个方向发送视频或音频。

因特网上运行的视频会议工具在 20 世纪 90 年代早期就开始出现了，但直到过去几年里才得到广泛的普及使用，因为网速更快了，更强大的计算机也更普及了。图 1-1 显示了一个视频会议系统的例子。就像下载网页不只是满足眼睛的需要，还包括更多其他的东西一样，视频应用也是这样。例如，让视频内容能适合在低带宽网络中传输，或者确保视频和音频保持同步并及时到达来提供较好的用户体验，都是网络和协议设计者不

⊖　不完全是"越快越好"，人类因素研究（human factor research）表明 300 ms 是在打电话时人类能够忍受的往返时延的合理上限，超过这个上限，人们就要抱怨了，100 ms 的时延看起来更好。

得不考虑的问题。我们将在本书的后面部分考察这些问题以及很多其他与多媒体应用相关的问题。

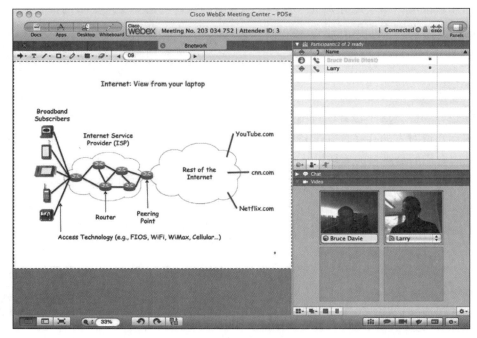

图 1-1   一个包含视频会议的多媒体应用

尽管这只是两个例子，但从网上下载页面和参加视频会议足以说明因特网上应用的多样性，也暗示了因特网设计的复杂性。我们将在后面描述一个更完整的应用分类，来指导我们讨论关键的设计决策，从而建造、运营和使用能够支持大量不同种类应用的网络。在全书的结束部分，将重新讨论这两种特定的应用以及其他几种能够说明当今因特网无限可能性的应用。现在，快速浏览几个典型应用就足以让我们开始考察为了建造支持如此多样应用的网络必须要解决的问题。

实验基础

1.2 需求

我们已为自己制定了一个宏伟的目标：了解如何从最底层开始建造计算机网络。要实现这个目标，我们将从基本原理开始，然后提出在建造实际的网络时经常遇到的各种问题。在每一步，我们会利用现有的协议去说明各种可行的设计方案，但是并不将这些人为的协议视作不变的真理。相反，我们要不断地提出（并回答）网络为什么要如此设计的问题。在力求让人们理解现今网络的工作方式的同时认识基本概念是很重要的，因为随着技术的发展和新应用的不断出现，网络的变化日新月异。依照我们的经验，一旦人们理解了基本思想，对于遇到的任何新协议，消化和吸收起来都将变得相对容易。

1.2.1　利益相关者

如前所述，学习网络的人有不同的视角。当我们写本书第 1 版时，大部分人根本不能访问因特网，那些能访问因特网的人都是在工作时、在大学里或在家里通过拨号调制解调器来访问。流行的应用屈指可数。因此，就像当时的大部分教材一样，我们的书重点关注设计联网设备和协议的人。我们将继续关注这个视角，希望你在阅读本书后能够明白如何设计未来的联网设备和协议。但是，我们也想覆盖另外两个越来越重要的群体的视角：开发网络应用的人以及管理或运营网络的人。让我们想一下这三个群体会如何列举他们对网络的需求：

- 应用程序员会列出其应用所需要的服务，例如，要保证应用程序发出的每条信息能在一定的时间内准确无误地传递，或随着用户的移动在不同的网络连接之间流畅切换的能力。
- 网络运营者会列出系统易于管理的特性，例如，故障易于被隔离，新设备能够加入网络中并正确配置，易于根据网络使用情况进行计费。
- 网络设计者会列出划算的设计所具备的属性，例如，有效地利用网络资源和公平地分配给不同的用户。性能问题可能也很重要。

本节试图从这些不同视角提炼出关于驱动网络设计的主要关注点的一个高层次的概述，同时阐明本书的剩余部分所要解决的挑战。

1.2.2　可扩展的连通性

很明显，网络必须首先提供若干个计算机之间的连通性。有时候，只需要建立一个由选定的几台计算机连成的有限网络。事实上，鉴于隐私性和安全性的考虑，许多专用的（企业的）网络都有明确的对能接入网络的计算机进行限制的目标。相反，一些其他的网络（因特网是最明显的例子）则被设计为以一种特定的方式增长，使其具有连入世界上所有计算机的能力。如果系统被设计支持任意规模的扩展，则称为可扩展的（scale）。本书以因特网为模型来解决可扩展性方面的挑战。

为了更全面地理解连通性的需求，我们需要更仔细地考察计算机是如何连接到网络的。网络连通性体现在多个层次上。在最底层，网络可以由两台或更多台计算机通过某种物理介质（如同轴电缆或光纤）直接相连。我们称这样的物理介质为链路（link），并称被连接的计算机为节点（node）。（有时候，节点是指更为特殊的硬件而不是指计算机，这种区别我们在此通常不予区分。）如图 1-2 所示，有时一条物理链路仅存在于一对节点之间 [这样的链路称为点到点（point-to-point）链路]，而在其他情况下多个节点可以共享一条物理链路 [这样的链路称为多路访问（multiple-access）链路]。无线链路，如蜂窝网络和 Wi-Fi 网络提供的链路，是重要的多路访问链路。通常情况下，多路访问链路的大小是有限的，包括它们所能覆盖的地理范围和所能连接的节点数目。因此，它们通常用来实现最后一英里连接，即将终端用户与网络的剩余部分相连。

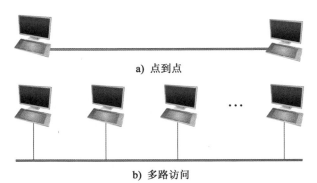

a) 点到点

b) 多路访问

图 1-2   直接链路

如果计算机网络被局限于所有节点都通过一个公共的物理介质彼此直接相连的情况，那么，要么网络所能连接的计算机数目非常有限，要么从每个节点引出的线路数目很快会变得难以控制且代价高昂。幸运的是两个节点之间的连通性并不一定意味着它们之间有直接的物理连接，通过一系列合作节点可以实现间接的连通性。下面的两个例子说明了一组计算机是如何间接连通的。

图 1-3 显示了一组节点，每个节点都连到一条或多条点到点链路上。那些连着至少两条链路的节点运行软件，用于将从一条链路收到的数据转发到另一条链路上。如果将这些节点按系统化的方法进行组织，就形成一个交换网（switched network）。交换网有很多种类型，电路交换（circuit switched）和分组交换（packet switched）是其中最为常见的两种。前者主要用于电话系统，而后者用于绝大多数的计算机网络，本书将侧重后者。（但是，电路交换在光网络领域正东山再起，因为对网络容量需求的不断增加使得电路交换变得更重要。）分组交换网最主要的特点是网络中的节点彼此间发送离散的数据块。可以将这些数据块看作应用数据的一部分，如一个文件、一封电子邮件或一幅图像。我们将每个数据块称为一个分组（packet）或一条报文（message），目前这两个术语可以互换使用。

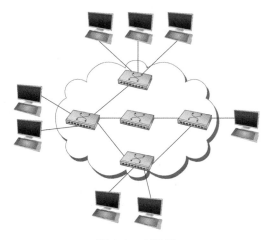

图 1-3   交换网

分组交换网一般使用一种叫作存储转发（store-and-forward）的策略。顾名思义，存储转发网络中的每个节点先通过某条链路接收一个完整的分组，将这个分组存储在其内存中，然后将整个分组转发给下一个节点。与其不同的是，电路交换网首先通过一系列链路建立一条专用电路，然后允许源节点通过这条链路发送比特流到目的节点。在计算机网络中使用分组交换而不使用电路交换的主要原因是分组交换效率较高，这个问题将在下一小节讨论。

图 1-3 中的云形图将实现网络的内部节点（内部节点通常称为交换机（switch），其基本功能是存储和转发分组）与使用网络的外部节点（外部节点通常称为主机（host），其任务是支持用户并运行应用程序）区分开来。还要注意，图 1-3 中的云形图是计算机网络中最重要的图标之一。一般来讲，我们可以利用云形图表示任何类型的网络，即无论网络是一条点到点链路、一条多路访问链路或是一个交换网。因此，你无论何时在图中看到云形图，都可以把它看作本书讨论的任意一种网络技术的表示[⊖]。

计算机间接连通的另一种方法如图 1-4 所示。在这种情况下，一些独立的网络（云）互联形成一个互联网（internetwork，或简称 internet）。我们依照因特网的习惯，将通称的互联网用以小写 i 开头的 internet 表示，而将当前运行 TCP/IP 的因特网用以大写 I 开头的 Internet 表示。连接到两个或多个网络的节点通常称为路由器（router）或网关（gateway），它与交换机所起的作用大致相同，即把报文从一个网络转发到另一个网络。注意，一个互联网本身可被看作另一种类型的网络，也就是说，一个互联网可由多个互联网互联而成。这样，我们可以通过将云互联成更大的云来递归地构建任意大的网络。我们可以认为将区别很大的网络互联起来的思想是因特网的根本性创新。因特网成功扩展到全球规模，拥有几十亿个节点，这要归功于早期因特网架构师所做的优秀的设计决策，我们将在后面进行讨论。

图 1-4　网络的互联

⊖　这种使用云的方式比云计算这个术语早至少几十年，但两种用法之间的联系越来越多，我们将在每一章的"透视图"部分进行探索。

　　仅仅将主机彼此直接或间接相连并不意味着已经成功地提供了主机到主机的连通性。连通性的最终要求是每个节点必须能够指明它想与网络上哪些其他节点进行通信。通过给每个节点指定一个地址（address）可以做到这一点。地址是标识节点的字节串，也就是说，网络可以使用节点地址来区分该节点与连接到网络的其他节点。当一个源节点通过网络传输一条报文给一个特定的目的节点时，它必须指明目的节点的地址。如果发送和接收节点不是直接相连的，那么网络上的交换机和路由器将使用这个地址来确定如何将报文转发到目的节点。根据目的节点地址来确定如何将报文转发到目的节点的过程称为路由（routing）。

　　上述关于寻址和路由的简介假设源节点要发送报文给单个目的节点［单播（unicast）］。尽管这种情况最常见，但源节点也可能想向网络上的所有节点广播（broadcast）一条报文，或者源节点要发一条报文给其他节点的某个子集，而并非所有节点，这种情况称为多播（multicast）。因此，除了特定节点的地址以外，网络的另一个需求是支持多播地址和广播地址。

> 　　通过以上讨论，我们可以将网络递归地定义为通过一条物理链路相连的两个或多个节点，或者说通过一个节点连接的两个或多个网络。换言之，网络可以由网络的嵌套来构成，在最底层，网络由某种物理介质实现。实现计算机网络连通性的一个关键是为网络中每个可达节点定义一个地址（逻辑地址或物理地址），并且能够利用这个地址将报文发往正确的目的节点。

SAN、LAN、MAN 和 WAN

　　区分网络的一种方式是根据其大小。两个著名的例子是局域网（LAN）和广域网（WAN）。前者的范围通常用在 1 公里以内，而后者则可以是世界范围的。其他网络被划分为城域网（MAN），通常跨越几十公里。这种划分非常有趣，原因是网络的大小通常预示着它能使用的低层技术，其中一个关键因素是数据从网络的一端传播到另一端所花的时间。我们将在后面几章中更详细地讨论这个问题。

　　根据有趣的历史记载，"WAN"这个术语并没有用在第一个 WAN 上，因为当时没有其他类型的网络需要与之区分。当时计算机非常少并且比较昂贵，无须考虑将局部范围内的所有计算机连在一起，因为在那个范围内只有一台计算机。只有当计算机开始增多，需要有 LAN 时，"WAN"这个术语才被引入用来描述将地理位置较远的计算机互联起来的更大的网络。

　　另一种我们需要了解的网络是 SAN（现在被称为存储区域网，但以前也被称为系统区域网）。SAN 通常限制在一个房间里，把一个大型计算系统的各种组件连接起来。例如，光纤信道是一种常见的 SAN 技术，用来将高性能计算系统连接到存储服务器和数据仓库（data vault）上。尽管本书没有详细地描述这类网络，但了解它们

还是很有意义的，因为它们通常在性能方面非常出众，而且将这类网络连入 LAN 或
WAN 的情况也越来越多。

1.2.3　经济高效的资源共享

如上所述，本书侧重介绍分组交换网。本节解释计算机网络的关键需求——效率，
这是我们选择分组交换策略的直接原因。

给定一个节点的集合，节点之间通过嵌套网络间接相连，任何一对主机都可能通过
一系列链路和节点互相发送报文。当然，我们不仅仅需要支持一对主机之间的通信，而
是希望提供在任何一对主机间交换报文的能力。那么，问题就是如何使所有希望通信的
主机都能共享网络，特别是如果它们想同时使用网络时？假如这个问题还不太难解决，
那么当多个主机需要同时使用同一条链路时，应该如何实现共享？

为了弄清楚主机如何共享网络，我们需要引入一个基本概念——多路复用（multiplexing），
意思是系统资源在多个用户之间共享。直观上讲，可将多路复用与一个分时计算机系统
类比，一个物理 CPU 被多个任务共享（多路复用），每个任务都认为它有自己的专用处
理器。同样，由多个用户发送的数据可在构成网络的多条物理链路上被多路复用。

为了理解多路复用如何工作，考察图 1-5 所示的简单网络，网络左边的 3 个主机
（发送方 S1 ～ S3）通过共享一个只包含一条物理链路的网络向网络右边的 3 个主机（接
收方 R1 ～ R3）发送数据。（为简单起见，假设主机 S1 与主机 R1 通信，依此类推。）在
这种情况下，对应于 3 对主机的 3 个数据流通过交换机 1 多路复用 1 条物理链路，然后
再由交换机 2 多路分解（demultiplex）为独立的数据流。注意，我们有意对"数据流"
的确切含义含糊其辞。为了便于讨论，假定左边的每个主机有大量的数据要发送到右边
对应的主机。

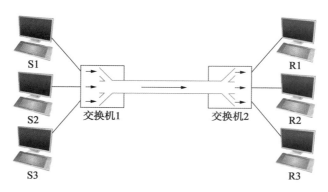

图 1-5　在一条物理链路上复用多个逻辑流

将多个数据流多路复用到一条物理链路上有几种不同的方法。一种常用的方法是同
步时分多路复用（Synchronous Time-Division Multiplexing, STDM）。STDM 的思想是将

时间划分为等长的时间片，以轮转方式，使每个数据流都有机会将数据发送到物理链路上。换言之，在时间片 1 中，传输从 S1 发到 R1 的数据；在时间片 2 中，传输从 S2 发到 R2 的数据；在时间片 3 中，传输从 S3 发到 R3 的数据；此时，从 S1 到 R1 的数据流再次准备开始传输，这个过程不断重复进行。另一种方法是频分多路复用（Frequency-Division Multiplexing, FDM）。FDM 的思想是将每个流以不同的频率发向物理链路，这一点与不同电视台以不同频率在电波上或在同轴电缆电视链路中传输电视信号很相像。

尽管在原理上很容易理解，但 STDM 和 FDM 都有两个方面的局限性。首先，如果有一个流（主机对）没有数据要发送，它占用的物理链路（即它的时间片或频率）就会空闲，即使其他流此时有数据要发送也无法使用。例如，上一段中的 S3 必须要排在 S1 和 S2 后面发送数据，即使 S1 和 S2 没有数据要发送。对于计算机通信来说，一条链路空闲的时间可能会很长，例如，与获取页面的时间相比，阅读页面的时间较长，而在阅读页面时，链路是空闲的。第二，STDM 和 FDM 所容纳的数据流的最大数目是事先确定和已知的。在 STDM 情况下修改时间片的大小或添加额外的时间片，或在 FDM 情况下加入新频率，都是不实际的。

克服上述不足的多路复用形式，也是本书使用最多的多路复用形式是统计多路复用（statistical multiplexing）。尽管这个名字本身对概念的理解没有多大帮助，但统计多路复用实际上非常简单，它包括两个关键的思想。首先，像 STDM 一样，它按照时间来共享物理链路，一个流的数据先被传输到物理链路上，然后再传输另一个流的数据，依此类推。然而，不同于 STDM 的是，每个流的数据根据需要传输，而不是在一个预先规定的时间片内进行传输。这样，如果只有一个流有数据要发送，则不必等到它的时间片到来就可以发送数据，这样，也就不会出现分配给其他流的时间片被白白浪费的情况。正是这种避免空闲时间的方法使分组交换具有较高的效率。

然而，截至目前的定义，统计多路复用没有机制用以保证所有的流最终都有机会在物理链路上传输数据。也就是说，一旦一个流开始发送数据，我们需要采用某种方法来限制它的发送，使得其他的流能够有机会传输数据。考虑到这种需求，统计多路复用定义每个流在给定的时间内允许传输的数据块大小的上界。这个限定大小的数据块通常称为一个分组，用以与应用程序可能传输的任意大小的报文相区分。因为分组交换网限制分组的最大尺寸，所以主机可能无法用一个分组发送一条完整的报文。源节点可能需要将报文划分为几个分组，接收者再把这些分组重新组装成原始报文。

换言之，每个流通过物理链路发送一系列分组，以分组为单位决定下一次发送分组的流。注意，如果只有一个流有数据要发送，它可以连续地发送分组。然而，如果有多个流要发送数据，那么，它们的分组将会在链路上交替发送。图 1-6 描述了一个交换机将来自多个源节点的分组多路复用到一条共享链路上。

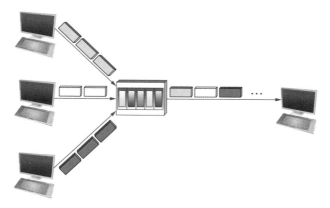

图 1-6 交换机将来自多个源节点的分组多路复用到一条共享链路

确定在一个共享链路上发送哪一个分组有多种不同的方法。如图 1-5 所示，在由通过链路互联的交换机构成的网络中，可以由发送分组到共享链路上的交换机来决定发送分组的顺序。（正如我们下面将要看到的，并不是所有的分组交换网都包含交换机，还可以用其他机制来决定下一步将哪个数据流的分组送到链路上。）在分组交换网中，每个交换机都能以分组为单位独立地决定发送顺序。网络设计者面对的问题之一是如何以一种公平的方式来做决定。例如，一个交换机可以设计成以先进先出（FIFO）的方式发送分组。另一种设计是交换机以循环方式转发每一个不同的数据流的分组。这样做可以确保特定的数据流能分享链路的一定带宽，或者确保它们的分组在交换机中的延迟不会超过一段确定的时间。能够为特定数据流分配带宽的计算机网络有时被称为支持服务质量（QoS）。

另外，值得注意的是，在图 1-6 中，由于交换机必须把三个进入的分组流多路复用到一条输出链路上，所以交换机接收分组的速度很有可能比共享链路传输分组的速度快。此时，交换机不得不将分组缓存在内存中。如果在较长的一段时间内，交换机接收分组的速度比它发送分组的速度快，那么交换机将最终耗尽缓存空间，一些分组就不得不被丢弃。当交换机处于这种状态时，称为拥塞（congested）。

最重要的是，统计多路复用定义了一种有效的方法让多个用户（例如主机到主机的数据流）以细粒度的方式共享网络资源（链路和节点）。它以分组粒度将网络链路分配给不同的数据流，每个交换机能够以分组为单位来规划如何使用与之相连的物理链路。为不同的数据流公平分配链路容量，并且当拥塞发生时进行处理是统计多路复用面临的主要挑战。

1.2.4 支持通用服务

前一节概述了在一组主机间提供经济高效的连通性所面临的挑战，但是，将计算机网络仅视作在一系列计算机之间传输分组未免过于简单。更准确地说，应该将计算机网络视作为分布在这些计算机上的一系列应用进程提供彼此通信的手段。换言之，计算机网络的下一个需求是连接到网络中的主机上运行的应用程序能够以一种有意义的方式进行通信。从应用开发者的角度来看，网络应该使其生活更美好。

当两个应用程序需要彼此通信时，并不仅仅是主机间的报文传输，而且涉及很多复杂的过程。一种选择是应用程序设计者把所有复杂的功能都集成在每个应用程序中。然而，由于很多应用需要通用的服务，所以更明智的做法是一次性实现这些通用服务，然后应用设计者再用这些服务构建应用。如何确定合适的通用服务集是网络设计者面临的一个挑战。其目标是对应用隐藏网络的复杂性但也不过分限制应用设计者。

直观地讲，我们将网络视作为应用层进程提供逻辑信道（channel），使得它们能够基于逻辑信道相互通信的工具；每个信道提供应用程序所需的服务集。换言之，正如我们用云抽象地表示计算机之间的连通性一样，现在，我们将信道视作一个进程与另一个进程的连接通道。图1-7显示了一对应用层进程在逻辑信道上通信的情况，逻辑信道是在连接主机的网络（云）上实现的。我们可以把信道看成连接两个应用程序的一条管道，发送方应用程序能把数据放在管道的一端，并希望数据能被网络传输给位于管道另一端的应用程序。

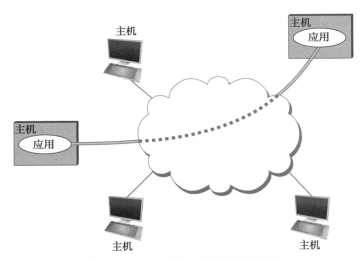

图1-7   在抽象信道上进行通信的进程

与任何抽象一样，进程到进程的逻辑信道是在主机到主机的物理信道集合上实现的。这是分层的本质，是下一节讨论的网络体系结构的基石。

弄清信道应该给应用程序提供什么功能是当前面临的挑战。例如，应用是否需要保证在信道上发送的报文被可靠地传输，或者说是否允许丢失某些报文？应用要求报文必须按它们发送时的顺序到达接收进程，还是接收者并不关心报文到达的顺序？网络需要保证没有第三方在信道上窃听，还是并不在意隐私问题？总之，网络提供各种不同类型的信道，每个应用选择它所需要的类型。本节的剩余部分将说明定义有用信道所包含的思想。

1. 确定通用的通信模式

设计抽象信道首先需要理解一些典型应用的通信需求，然后提取出它们共同的通信需求，最后具体化为网络中符合这些需求的功能。

最早被所有网络支持的应用之一是文件访问程序，如文件传输协议（FTP）或网络文件系统（NFS）。尽管很多细节不同，例如，是通过网络传输整个文件还是在给定的时间只读/写文件的一块，但远程文件访问的通信组件的特点是都有一对进程，一个进程请求读/写文件，另一个进程应答这个请求。请求访问文件的进程称为客户端（client），支持文件访问的进程称为服务器（server）。

读文件时，客户端给服务器发一个小的请求报文，而服务器用一个包含文件数据的大报文作为应答。写操作按照相反的方式进行，客户端给服务器发一个包含将被写入的数据的大报文，而服务器用一个确认数据已经写到磁盘上的小报文作为应答。

数字图书馆是一个比文件传输更复杂的应用，但是它需要类似的通信服务。例如，国际计算机协会（Association for Computing Machinery，ACM）运营的一个大型的计算机科学文献数字图书馆，网址是 http://portal.acm.org/dl.cfm。这个图书馆通过各种各样的搜索和浏览功能来帮助用户找到他们想要的文章，但最终其做得最多的工作还是应答用户的文件访问请求，如期刊文章的电子版。

以文件访问、数字图书馆和在概述部分介绍的两个视频应用（视频会议和视频点播）为例，我们决定提供以下两种信道：请求/应答（request/reply）信道和报文流（message stream）信道。请求/应答信道可用于文件传输和数字图书馆应用。它保证由一方发送的每条报文都被另一方接收，并且对每个报文只传输一份拷贝。请求/应答信道还可以保证在其上传输的数据的隐私和完整性，未经授权不能读或修改客户端与服务器进程之间交换的数据。

只要设置了参数来支持单向和双向传输以及不同的延迟特性，报文流信道就可用于视频点播和视频会议应用。报文流信道可能不需要保证所有的报文都被送达，因为即使一些视频帧没有被接收到，视频应用仍可很好地运行。然而，它需要保证所传输的报文必须按发送的顺序到达，避免播放乱序的帧。与请求/应答信道一样，报文流信道需要保证视频数据的隐私和完整性。最后，报文流信道需要支持多播，这样多方才能够同时参与远程会议或观看视频。

对网络设计者来说，通常会采用最少的抽象信道类型来为最多的应用提供服务，但抽象信道类型太少也会有风险。简单地说，如果你有一把锤子，你会觉得所有的东西都像钉子。举个例子，如果你只有报文流信道和请求/应答信道，那么，在出现下一个应用时你能想到的就是这两种信道，即使任何一个信道都不能完全提供该应用所需的语义。因此，只要程序员不断创造出新应用，网络设计者就可能创造出新的信道类型，并为现有信道增加选项。

另外，值得注意的是，不管一个特定信道究竟提供何种（what）功能，都存在一个在何处（where）实现这种功能的问题。在很多情况下，最容易的方法是把低层网络中主机到主机的连通性看作提供了一个比特管道（bit pipe），而高层通信语义由终端主机提供。这种方法的好处是可以使网络中间的交换机尽可能简单（仅转发分组），但要求终端主机承担更多的任务，支持具有丰富语义的进程到进程信道。另一种方法是把附加功能都放到交换机上，从而允许终端主机成为"哑"设备（如电话听筒）。我们将会看到关于如何在分组交换机和终端主机（设备）间分配各种网络服务的问题在网络设计中一再出现。

2. 可靠的报文传输

正如上述例子所表明的那样，可靠的报文传输是网络提供的最重要的功能之一。然而，如果不先弄明白网络失败的原因，就很难决定如何提供这种可靠性。首先应该认识到的一件事情是，计算机网络并不是存在于一个完美的世界中。计算机系统崩溃后重启、光纤断裂、电磁干扰使正在传输的数据位出错、交换机的缓存溢出，这些物理问题已经足以令人担忧，更何况管理硬件的软件可能存在漏洞，有时会丢失所转发的分组。因此，网络的一个重要需求就是从某些故障中恢复，使得应用程序不必处理这些故障，甚至不知道这些故障的存在。

网络设计者必须考虑的故障通常有三类。首先，当通过物理链路传输一个分组时，数据中可能会出现比特差错（bit error）；也就是说，1 变成 0 或 0 变成 1。有时，单个比特出错，更多的时候，会发生突发差错（burst error）——几个连续的比特损坏。比特差错通常是由外界原因引起的，如闪电、电力波动或微波炉干扰数据的传输。好在很少发生比特差错，在铜电缆中传输时，平均每 10^6 到 10^7 比特中出现一个比特差错，在光纤中传输时，平均每 10^{12} 到 10^{14} 比特中出现一个比特差错。我们将看到，有些技术能够以很高的概率检测出这些比特差错。一旦检测到比特差错，就有可能改正这些错误。如果我们知道哪个比特或哪些比特出错的话，简单地取反即可；但是如果损坏非常严重，就必须丢弃整个分组。在这种情况下，则希望发送者重传分组。

第二类错误发生在分组级而不是比特级，也就是说，网络丢失了整个分组。发生这类错误的原因之一是分组含有不可纠正的比特差错，因此不得不丢掉。然而，可能性更大的原因是，一个必须处理该分组的节点（例如将分组从一条链路转发到另一条链路的交换机）由于过载而没有空间存储分组，因而被迫将其丢掉。这是我们在上一节中提到的拥塞问题。另一种不太普遍的原因是处理分组的一个节点上运行的软件出现错误。例如，它可能将一个分组转发到一条错误的链路，使得分组找不到最终目的地。我们会看到，处理丢失分组的主要困难是识别该分组究竟是确实丢失了，还是仅仅延迟到达目的地。

第三类错误发生在节点和链路级，也就是说，物理链路被切断或所连接的计算机崩溃了。这类错误可能是由于软件崩溃、电源故障或人工操作失误所引起的。由网络设备的错误配置所引起的失败也很普遍。虽然这样的错误最终能被更正，但仍会在一段较长的时间内对网络产生很大的影响。然而，它们也不至于使网络完全不能使用。例如，在分组交换网中，有时可能绕过故障节点或链路。处理第三类错误的困难在于区分一个计算机是出了故障还是速度慢，或者区分一条链路是断了还是性能很差而导致大量的比特差错。

经过以上讨论，我们知道，定义有用的信道需要理解应用的需求并明确底层技术的局限性。我们所面临的挑战是如何缩小应用的要求与底层技术所能提供服务之间的差距。有时我们称其为语义间隙（semantic gap）。

1.2.5　可管理性

最后一个需求，似乎经常被忽略或者到最后才被提出（就像我们在本节中所做的那样），就是网络需要被管理。管理网络包括当需要扩大网络来承载更多流量或支持更多用户时对网络做适当改变，当出现问题或性能不如预期时排除网络故障，以及增加新特性来支持新应用。从历史上看，网络管理一直是网络中人力密集的一个方面，虽然我们不太可能让人们完全脱离这个循环，但它正越来越多地通过自动化和自愈设计来解决。

这个需求在某种程度上与上面所讨论的可扩展性有关，因为因特网已经扩展到能够支持几十亿用户和至少几亿台主机，确保整个网络正确运行并且正确配置新添加的设备越来越成问题。配置网络中的一台路由器通常是受过训练的专家的任务，而配置几千台路由器并找出如此大规模的网络为什么不能按照预期运行的原因则绝不是任何个人能承担的任务。这就是为什么自动化配置变得如此重要。

使网络更易于管理的一种方法是避免更改。一旦网络正常工作，就不要碰它！这种心态暴露了稳定性和特征增速（新功能被引入网络的速度）之间的角力。重视稳定性是电信行业（更不用说大学系统管理员和企业 IT 部门）多年来采用的方法，使其成为可见的最缓慢发展和最规避风险的行业之一。但是最近云的爆炸式增长改变了这种动态，因此有必要使稳定性和特征增速更加平衡。云对网络的影响是贯穿全书的一个主题，也是我们在每章末尾的"透视图"部分特别关注的一个主题。目前，只需要知道管理快速发展的网络可以说是当今网络的核心挑战。

1.3　体系结构

前一节已建立了一个相当丰富的网络设计需求的集合，即一个计算机网络必须提供大量计算机之间通用的、划算的、公平的和稳健的连通性。但似乎这还不够，因为网络不是一成不变的，它必须适应所依赖的底层技术的变化以及应用程序对网络需求的变化。另外，网络必须能够由不同技术水平的人来管理。设计一个满足这些需求的网络并非易事。

为了协助处理这个复杂的问题，网络设计者已经制定了通用的蓝图，通常称为网络体系结构，用以指导网络的设计和实现。本节通过引入所有网络体系结构所共有的核心思想，来更详细地定义什么是网络体系结构。我们还将介绍两个被广泛参考的体系结构，即 OSI（或 7 层）体系结构和因特网体系结构。

1.3.1   分层和协议

抽象——隐藏定义良好的接口背后的细节——是系统设计者用于处理复杂性的基本工具。抽象是指定义一个能捕获系统某些重要特征的模型，并将这个模型封装为一个对象，为系统的其他组件提供一个可操作的接口，同时向对象使用者隐藏对象的实现细节。困难在于如何确定抽象，使得它们能够提供适用于大多数情况的服务，同时能够在底层系统中高效实现。这正是前一节中我们引入信道的概念时想要做的：我们想为应用提供一个抽象，对应用开发者隐藏网络的复杂性。

分层是抽象的自然结果，特别是在网络系统中。总的思想是从底层硬件提供的服务开始，然后增加一系列的层，每一层都提供更高级（更抽象）的服务。高层提供的服务用低层提供的服务来实现。例如，总结前一节给出的有关需求的讨论，可以将一个网络简单设想为夹在应用程序和底层硬件之间的两层抽象，如图 1-8 所

| 应用程序 |
| 进程对进程的信道 |
| 主机对主机的连接 |
| 硬件 |

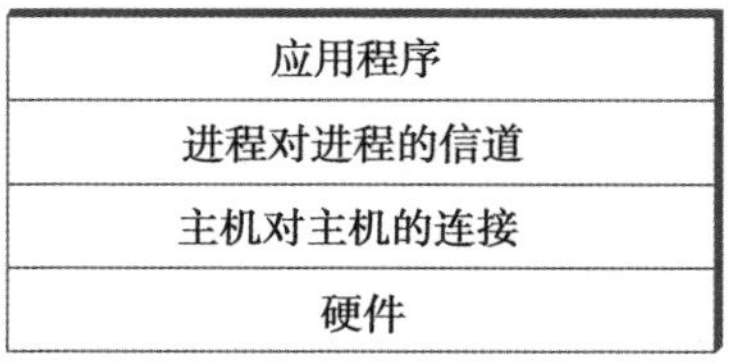

图 1-8   分层网络系统示例

示。在这种情况下，硬件上面的第一层可提供主机到主机的连接，将两个主机之间任意复杂的网络拓扑抽象掉。再上面一层基于主机到主机通信服务，提供对进程到进程信道的支持，将像网络偶尔丢失报文这样的事实抽象掉。

分层具有两个优点。首先，它将建造网络这个问题分解为多个可处理的部分。不是把想要的所有功能都集中在一个软件中，而是可以实现多个层，每一层解决一部分问题。第二，它提供一种更为模块化的设计。如果想增加一些新服务，你只需要修改一层的功能，而继续使用其他各层提供的功能。

然而，将系统看作层次的线性排列是过分简化。通常，系统的任意一层都提供多种抽象，每种抽象都建立在同样的低层抽象上，却分别向高层提供一种不同的服务。为了说明这一点，我们考察 1.2.4 节讨论过的两种信道：一种提供请求 / 应答服务，另一种支持报文流服务。这两种信道在多层网络系统的某个特定层上是可选的，如图 1-9 所示。

应用程序	
请求/应答通道	消息流通道
主机对主机的连接	
硬件	

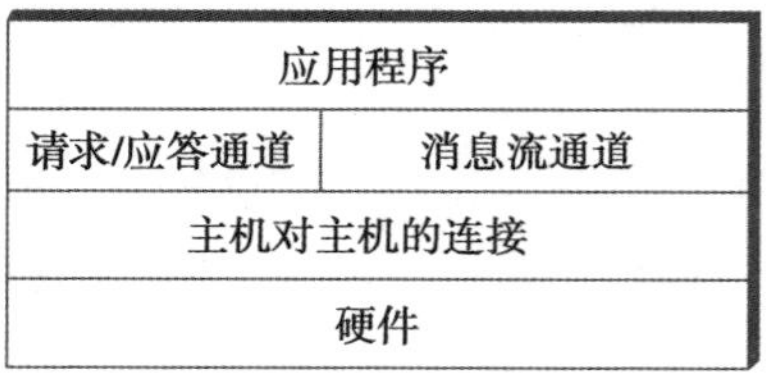

图 1-9   在给定层上有可选抽象的分层系统

在有关分层讨论的基础之上，我们能够更准确地讨论网络的体系结构。对初学者而言，构成网络系统层次的抽象对象称为协议（protocol）。就是说，一个协议提供一种通信服务，供高层对象（如一个应用进程或更高层的协议）用于交换报文。例如，我们可以设想一个支持请求 / 应答协议和报文流协议的网络，分别对应于上面讨论过的请求 / 应答信道和报文流信道。

每个协议定义两种不同的接口。首先，它为同一计算机上想使用其通信服务的其他

对象定义一个服务接口（service interface）。这个服务接口定义了本地对象可以在该协议上执行的操作。例如，一个请求／应答协议可支持应用发送和接收报文。HTTP 的实现能够支持从远程服务器获取超文本页面。当用户在当前显示页面上点击链接时，像 Web 浏览器这样的应用将调用这样的操作来获取新页面。

第二，协议为另一台机器上的对等实体定义一个对等接口（peer interface）。这第二种接口定义了协议的对等实体之间为实现通信服务而交换的报文的格式和含义。这将决定一台机器上的请求／应答协议是以什么方式与另一台机器上的对等实体进行通信的。例如，在 HTTP 中，协议规范详细定义了"GET"命令的格式，该命令可以使用哪些参数，以及当接收到此命令时，Web 服务器该如何应答。

总之，协议定义了一个通信服务来向外传输数据（服务接口），以及一组规则，这些规则用来管理协议与其对等实体为实现该服务而交换的报文（对等接口）。这种情况如图 1-10 所示。

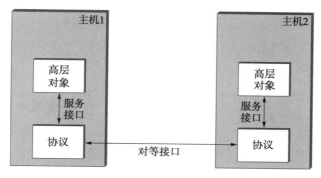

图 1-10　服务接口和对等接口

除了硬件层上的对等实体之间通过一条链路直接进行通信，对等实体间的通信都是间接的。每个协议和它的对等实体的通信是将报文传给更低层的协议，再由更低层协议将报文发给它的对等实体。另外，在任一层都可能有提供不同通信服务的多种协议，每一种协议提供不同的通信服务。因此我们用协议图（protocol graph）来表示构成网络系统的协议族。图中的节点对应于协议，边表示依赖关系。例如，图 1-11 描述了我们刚才讨论过的假想分层系统的协议图，协议 RRP（请求／应答协议）和 MSP（报文流协议）实现两种不同类型的进程到进程信道，并且它们都依赖于提供主机到主机连通服务的主机到主机协议（HHP）。

在这个例子中，假设主机 1 上的文件访问程序要使用协议 RRP 提供的通信服务给主机 2 上的对等实体发送一条报文。在这种情况下，文件应用请求 RRP 代表它发送报文。为了与对等实体进行通信，RRP 调用 HHP 服务，HHP 将报文送往另一机器的对等实体。一旦报文到达主机 2 上的 HHP 实例，HHP 就将报文向上传给 RRP，RRP 再将报文传给文件应用。在这种特定的情况下，我们称该应用使用了协议栈（protocol stack）RRP/HHP 提供的服务。

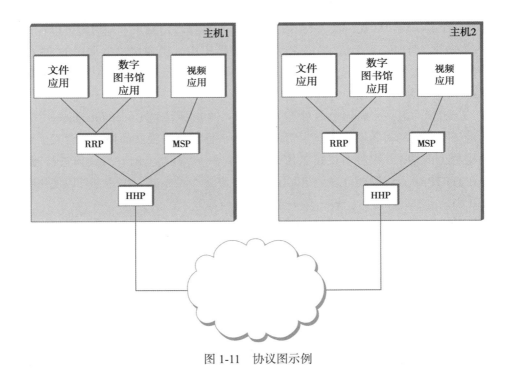

图 1-11 协议图示例

请注意，"协议"这个词有两种不同的用法。它有时是指抽象接口，即由服务接口定义的操作以及对等实体之间交换的报文的格式和含义；有时它又表示实际实现这两种接口的模块。为了区分接口和实现这些接口的模块，我们通常称前者为协议规范（protocol specification）。规范通常用文字、伪代码、状态转换图、分组格式图和其他抽象符号的组合来表示。一个给定的协议可由不同的程序员按不同的方法来实现，只要符合协议规范即可。实现的困难在于如何保证使用同样协议规范的两个不同实现能成功地交换报文。能够准确地实现一个协议规范的两个或多个协议模块称为彼此互操作（interoperate）。

我们可以设想出许多满足一组应用通信需求的不同的协议和协议图。幸运的是，的确有些标准化组织，像国际标准化组织（ISO）和因特网工程任务组（IETF），为具体的协议图制定策略。我们将规定一个协议图的格式和内容的规则的集合称为网络体系结构（network architecture）。尽管超出本书范围，但像 ISO 和 IETF 等标准化组织已经在它们各自的体系内建立了严格的用于引入、验证和最终批准协议的规程。我们将在后面描述由 ISO 和 IETF 定义的体系结构，但是首先需要解释有关协议分层机制的另外两个要素。

1.3.2　封装

考虑当一个应用程序通过将报文传输给 RRP 来向它的对等实体发送报文时会发生什么情况。从 RRP 的角度来看，应用程序给出的报文是一个无解释的字节串。RRP 并不关心这些字节表示一个整型数组、一封电子邮件、一幅数字图像或是其他什么，它只是负责将这些字节发给它的对等实体。然而，RRP 必须将控制信息传输给它的对等实体，指示对等实体如何处理收到的报文。为做到这一点，RRP 将一个首部（header）附加到报文上。一般说来，首部是一个小的数据结构，从几个字节到几十个字节，用于对等实体彼此间的通信。顾名思义，首部通常加到报文的前面。然而在有些情况下，对等实体之间的这个控制信息在报文的末尾发送，这时称为尾部（trailer）。RRP 附加的首部的确切格式是由其协议规范定义的。报文的其余部分称为主体（body）或有效载荷（payload），即要传输的数据。我们称应用程序的数据被封装（encapsulate）在一个由 RRP 创建的新报文中。

　　这个封装的过程在协议图的每一层都被重复。例如，HHP 封装 RRP 的报文，加上一个自己的首部。如果我们假设现在 HHP 通过网络发送报文给它的对等实体，那么当报文到达目的主机时，它将以相反的顺序被处理：HHP 首先解释报文前面的首部（即根据首部的内容采取相应的行动），并且将报文体向上传给 RRP（不包括 HHP 的首部），RRP 根据其对等方所添加的首部的指示采取行动，并将报文主体（不包括 RRP 的首部）向上传给应用程序。由 RRP 向上传递给主机 2 上的应用程序的报文正是应用程序向下传递给主机 1 上的 RRP 的报文；应用程序看不见任何附加到报文上以实现更低层通信服务的首部。整个过程如图 1-12 所示。注意，在这个例子中，网络中的节点（如交换机和路由器）可能会检查报文前面的 HHP 首部。

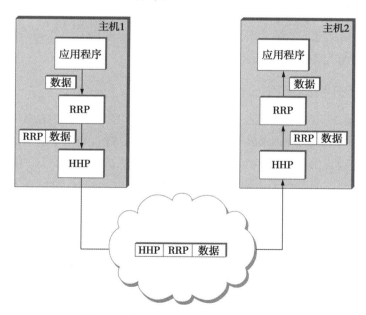

图 1-12　高层报文被封装在低层报文内

　　请注意，当我们说一个低层协议不解释某个高层协议发送过来的报文时，是指它不知道如何从报文所含的数据中得出含义。然而，在有些情况下，低层协议会对接收到的数据做某种简单的转换，如压缩或加密。此时，协议转换整个报文体，包括原始的应用数据和由所有高层协议加在数据上的首部。

1.3.3 多路复用和多路分解

回顾分组交换的基本思想：在一条物理链路上多路复用多个数据流。同样的思想也适用于协议图中的上层和下层，而不只用于交换节点。例如，在图 1-11 中，可将 RRP 看作实现了一条逻辑通信信道，来自两个不同应用的报文在源主机上多路复用到这条信道，然后在目标主机上多路分解到相应的应用。

实际上，这仅仅意味着 RRP 附加到报文上的首部包含一个标识符，用于记录报文属于哪个应用程序。我们将这个标识符称为 RRP 的多路分解键（demultiplexing key），或简写为 demux key）。在源主机上，RRP 在首部中添加相应的多路分解键。当报文传给目标主机上的 RRP 时，它剥下首部，检查多路分解键，然后将报文多路分解到正确的应用程序中去。

RRP 并不是唯一支持多路复用的协议，几乎每个协议都实现了这种机制。例如，HHP 有自己的多路分解键，用于确定哪些报文上传给 RRP，哪些报文上传给 MSP。但是，对于多路分解键究竟由什么构成，在协议之间（甚至那些在同一个网络体系中的协议当中）并没有一个统一的规定。一些协议使用一个 8 位的字段（表示它们只能支持 256 个高层协议），而另一些协议使用 16 位或 32 位的字段。而且，一些协议在首部中只有一个多路分解字段，而另一些协议可能有一对多路分解字段。在前一种情况下，通信双方使用相同的多路分解键，而在后一种情况下，通信双方使用不同的键来识别报文应被传输给哪个高层协议（或应用程序）。

1.3.4 七层 OSI 模型

ISO 是最早正式定义计算机互联的通用方法的组织之一。它们的体系结构称为开放系统互联（Open Systems Interconnection, OSI）体系结构。如图 1-13 所示，OSI 将网络按功能划分为七层，由一个或多个协议实现某个特定层的功能。在这种意义下，图 1-13 并不是一个协议图，而是一个协议图的参考模型（reference model）。它通常被称为七层模型。尽管当今没有基于 OSI 的网络，但 OSI 中的术语却得到了广泛使用，因此这个模型仍值得了解。

从底层开始，依次向上，物理（physical）层处理通信链路上原始比特的传输。然后，数据链路（data link）层收集比特流形成一个更大的集合体称为帧（frame）。典型情况下，由网络适配器和运行在节点操作系统上的设备驱动程序一起来实现数据链路层。这意味着实际传输给主机的是帧，而不是原始比特。网络（network）层处理一个分组交换网内节点的路由。在这一层，节点间交换的数据单元通常称为分组（packet）而不是帧，尽管基本上它们是一回事。较低的三层在所有网络节点中都要实现，包括网络内部的交换机和网络外部连接的主机。传输（transport）层实现我们提到过的进程到进程信道。在此，交换的数据单元通常称为报文（message）而不是分组或帧。传输层和更高层通常只在终端主机上运行，而不在交换机或路由器上运行。

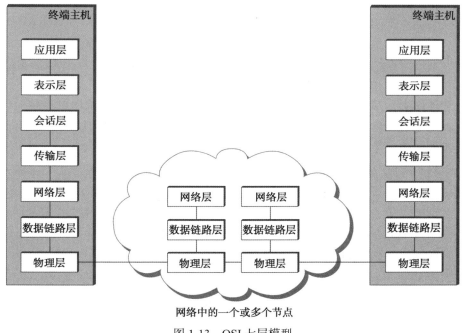

网络中的一个或多个节点

图 1-13　OSI 七层模型

向前跳到顶层（第七层），然后往回走，我们找到了应用（application）层。应用层协议包括如超文本传输协议（HTTP）之类的东西。HTTP 是万维网的基础，它使得 Web 浏览器能够向 Web 服务器请求页面。接下来，表示（presentation）层关注对等实体间交换的数据的格式，例如，整数是 16 位、32 位还是 64 位长，最先传输还是最后传输最高有效位，或者如何格式化一个视频流。最后，会话（session）层提供一个命名空间，用来将一个应用的各部分不同的传输流联系在一起。例如，它可以管理一个视频会议应用中结合在一起的一个音频流和一个视频流。

1.3.5　因特网体系结构

因特网体系结构，有时也称为 TCP/IP 体系结构，因为 TCP 和 IP 是它的两个主要协议，如图 1-14 所示。图 1-15 给出另外一种表示方法。因特网体系结构是从早期的分组交换网 ARPANET 发展而来的。因特网和 ARPANET 都是由美国高级研究规划署（ARPA）资助创建的，ARPA 是美国国防部的研发基金机构之一。在 OSI 体系结构出现之前，因特网和 ARPANET 就已经存在了；在创建它们时所积

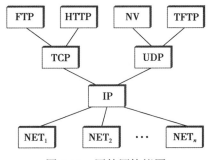

图 1-14　因特网协议图

累的经验对 OSI 参考模型产生了重大影响。

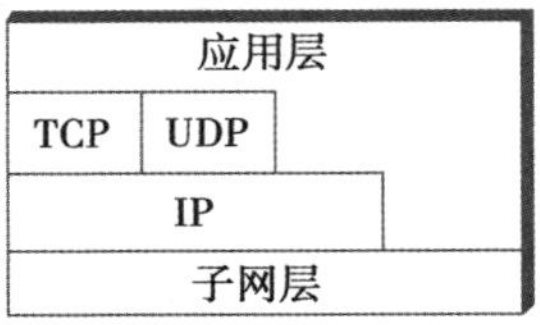

```
┌─────────────────────────┐
│         应用层          │
│    ┌──────┬──────┐       │
│    │ TCP  │ UDP  │       │
│    ├──────┴──────┤       │
│    │     IP      │       │
│  ┌─┴─────────────┴─────┐ │
│  │       子网层        │ │
└──┴─────────────────────┴─┘
```

图 1-15   因特网体系结构的另一个视角。子网层曾被称为网络层，现在通常被简称为第二层

尽管理论上七层 OSI 模型能够应用于因特网，但是实际上通常用更简单的模型代替。在最低层是多种网络协议，表示为 NET$_1$、NET$_2$ 等。实际中，这些协议由硬件（如网络适配器）和软件（如网络设备驱动程序）共同实现。例如，以太网或无线协议（如802.11 Wi-Fi 标准）就会出现在这一层。（这些协议实际上又可以包含几个子层，但是因特网体系结构并没有对此做任何假设。）第二层只有一个网际协议（Internet Protocol,IP）。这个协议支持多种网络技术互联为一个逻辑网络。第三层包括两个主要的协议：传输控制协议（Transmission Control Protocol, TCP）和用户数据报协议（User DatagramProtocol, UDP）。TCP 和 UDP 为应用程序提供可选的逻辑信道：TCP 提供可靠的字节流信道，UDP 提供不可靠的数据报传输信道（数据报可认为是报文的同义词）。在因特网的语言中，TCP 和 UDP 有时被称为端到端（end-to-end）协议，但称其为传输协议同样正确。

在传输层上运行了大量应用协议，如 HTTP、FTP、远程登录（Telnet）和简单邮件传输协议（Simple Mail Transfer Protocol，SMTP），使得常用的应用可以互操作。为了理解应用层协议和应用之间的区别，我们考虑所有正在使用或曾经使用过的不同的 WWW浏览器（如，Firefox、Safari、Mosaic、Netscape、Internet Explorer）。Web 服务器有大量类似的不同实现方式。你可以使用这些应用程序中的任何一个访问 Web 上的某个站点，原因是它们都符合同样的应用层协议：HTTP。有时用同一个词表示应用和该应用使用的应用层协议，便容易引起混淆。例如，FTP 通常用作实现 FTP 的一个应用的名字。

现在工作在网络领域的大部分人既熟悉因特网体系结构也熟悉七层 OSI 体系结构，并且就两个体系结构之间层次的对应关系达成了共识。因特网的应用层被看作第七层，其传输层是第四层，IP 层（网络互联层或网络层）是第三层，IP 下面的链路或子网层是第二层。

因特网体系结构有三个特点值得注意。第一，如图 1-15 所示，因特网体系结构没有严格地划分层。应用可以自由地跨过已定义的传输层，而直接使用 IP 或一个低层网络。事实上，程序员可以自由定义新的信道抽象或在任何已有协议上运行应用程序。

第二，如果你仔细看 1-14 中的协议图，你会看到一个沙漏形状——顶部宽、中间窄、底部宽。这种形状实际上反映了该体系结构的中心哲学。就是说，IP 作为体系结构的焦点——它定义各种网络中交换分组的一种通用方法。IP 之上可以有多个传输协议，每个协议为应用程序提供一种不同的信道抽象。这样，从主机到主机传输报文的问题就完全从提供有用的进程到进程通信服务的问题中分离出来。IP 之下，这个体系结构允许很多不同的网络技术，从以太网到无线，再到单个的点到点链路。

　　因特网体系结构的（或者更精确地说，IETF 文化的）最后一个属性是：为了将一个新协议正式包含在网络体系结构中，必须有一个协议规范并至少有一个（最好两个）该规范的实现。被 IETF 采用的协议标准要求有能工作的协议实现。这种要求有助于保证体系结构的协议能被有效实现。也许可工作软件对于因特网文化的价值的最佳体现，就是 IETF 会议上常穿的 T 恤上流行的一句话：

　　　　我们拒绝国王、总统和选举。我们信奉的是大体上的一致意见和可执行的代码。（大卫·克拉克）

IETF 和标准化

　　尽管我们称其为"因特网体系结构"而不是"IETF 体系结构"，但可以公平地说，IETF 是负责因特网的定义及其许多协议规范的主要标准化机构，例如 TCP、UDP、IP、DNS 和 BGP。但因特网体系结构也包含许多其他组织定义的协议，包括 IEEE 的 802.11 以太网和 Wi-Fi 标准、W3C 的 HTTP/HTML 网络规范、3GPP 的 4G 和 5G 蜂窝网络标准以及 ITU-T 的 H.232 视频编码标准等。

　　除了定义体系结构和指定协议之外，还有其他组织支持更大的互操作性目标。一个例子是因特网号码分配机构（IANA），顾名思义，它负责分发使协议工作所需的唯一标识符。而 IANA 是因特网名称与数字地址分配机构（ICANN）内的一个部门，这是一个负责因特网整体管理的非营利组织。

　　在因特网体系结构的三个特点中，"沙漏"的设计理念非常重要。"沙漏"的细腰部代表最小的、经过精心挑选的通用功能集，它允许高层应用和低层通信技术并存，共享各种功能，并快速发展。细腰模型十分重要，它使得因特网能够快速适应用户的新要求和技术的变革。

1.4　软件

　　网络体系结构和协议规范是基础，但好的蓝图并不能完全解释因特网所取得的巨大成功：接入因特网的计算机数在将近 30 年的时间内呈指数式增长（虽然现在很难获得确切的数字）。使用因特网的人数在 2018 年估计约有 41 亿，相当于世界人口的一半。

　　如何解释因特网的成功呢？当然有许多相关因素（包括一个好的体系结构），但因特网取得巨大成功的一个因素是它的许多功能是由通用计算机上运行的软件实现的。其意义在于只要进行"少量的编程"，就可以方便地增加一个新功能。于是，新的应用和服务一直在以令人难以置信的速度涌现。

另一个相关因素是商用计算机计算能力的显著增长。尽管计算机网络理论上能传输各类数据，如数字语音样本、数字图像等，但如果计算机在发送和接收这些数据时的速度太慢使得这些信息失去价值，那么就会使人对它失去兴趣。实际上，当今所有的计算机都能全速播放数字语音和视频。

在本书第 1 版出版以后的多年中，写网络应用已经成为一个非常普遍的活动，而不再是少数专家的工作。许多因素促成了这种现象，包括：更好的工具使得编程工作对于非专业人员来说变得更简单；出现了新的市场，如智能手机应用。

值得注意的一点是，了解如何实现网络软件是理解计算机网络的重要部分。作为第一步，本节介绍在因特网上实现网络应用的相关问题。这些程序通常既是一个应用（即，用于与用户交互），同时也是一个协议（即通过网络与对等方通信）。

1.4.1 应用编程接口（套接字）

实现网络应用时，要从网络提供的接口开始。由于大多数网络协议是由软件实现的（特别是协议栈中的高层协议），而且几乎所有的计算机系统都将网络协议的实现作为操作系统的一部分，所以当我们说"网络提供的"接口时，一般指的是操作系统为它的网络子系统提供的接口。这个接口通常称为网络应用编程接口（Application Programming Interface, API）。

尽管每个操作系统都可以自由定义自己的网络 API（大多数都有），但随着时间的推移，其中某些 API 已得到广泛支持；也就是说，它们已被移植到其本机系统以外的操作系统。这就是最初由 UNIX 的 Berkeley 发行版提供的套接字接口（socket interface）的情况，现在几乎所有流行的操作系统都支持它，它已成为其他特定语言接口的基础，例如 Java 或 Python 套接字库。我们在本书中的所有代码示例中都使用 Linux 和 C，使用 Linux 是因为它是开源的，而使用 C 是因为它仍然是网络内部的首选语言。（C 还有一个优势就是它暴露了所有底层的细节，这有助于理解底层的思想。）

在描述套接字接口之前，区分两件事很重要。每个协议提供一系列服务（service），API 则提供特定操作系统中调用这些服务所用的语法（syntax）。然后，接口实现负责把 API 定义的具体操作集和对象集映射到协议所定义的抽象服务集上。如果你的接口定义得很好，那么就可能用这个接口的语法来调用许多不同协议的服务。尽管还很不完善，但这种通用性显然是套接字接口的一个目标。

毫无疑问，套接字接口的主要概念是套接字（socket）。理解套接字的方法是把它看作本地应用进程接入网络的地方。套接字接口定义的操作包括创建套接字、将套接字连接到网络，通过套接字发送 / 接收报文以及关闭套接字。为了简化讨论，我们在此只说明 TCP 中如何使用套接字。

第一步是创建套接字，该步骤通过如下操作实现：

```
int socket(int domain, int type, int protocol);
```

这个操作带三个参数，因为套接字接口是通用的，它可以支持任意的低层协议族。domain 参数指定了将要使用的协议族（family）；PF_INET 表示因特网协议族；PF_UNIX 表示 UNIX 管道功能；PF_PACKET 表示直接访问网络接口（即绕过 TCP/IP 栈）。type 参数表明通信的语义：SOCK_STREAM 用于表示字节流；SOCK_DGRAM 是另一种选择，表示面向报文的服务，如 UDP 提供的服务。protocol 参数指明将要用到的特定协议。在我们的例子中，该参数为 UNSPEC，因为 PF_INET 和 SOCK_STREAM 结合起来表示 TCP。最后，socket 的返回值是新创建套接字的句柄（handle），即以后引用该套接字时使用的标识符。它将作为对该套接字的后续操作中的一个参数。

下一步工作取决于你是客户端还是服务器。在服务器主机上，应用进程执行一个被动（passive）打开——服务器表明它已准备好接受连接，但是它并不实际建立连接。为此，服务器调用以下三个操作：

```
int bind(int socket,struct sockaddr *address,int addr_len);
int listen(int socket,int backlog);
int accept(int socket,struct sockaddr *address,int *addr_len);
```

顾名思义，bind 操作将新创建的 socket 与指定的 address 绑定。这是本地（local）参与者（服务器）的网络地址。注意，在使用因特网协议时，address 是一个包含服务器的 IP 地址和 TCP 端口号的数据结构。端口被用于间接地标识进程。它们是一种多路分解键（demux key）。端口号通常是一些特定于服务的众所周知的数字；例如，Web 服务器通常在端口 80 上接受连接。

然后用 listen 操作定义在指定的套接字上可以有多少个待处理的连接。最后，accept 操作完成被动打开。它是一个阻塞操作，在远程参与者没有建立起连接前，它不会返回，一旦连接成功，它将返回一个与刚建立的连接相对应的新（new）套接字，并且 address 参数包含远程（remote）参与者的地址。注意，当 accept 返回时，作为参数的原始套接字依然存在，并依然对应于这个被动打开；在以后调用 accept 时它仍作为参数。

在客户机上，应用进程执行主动（active）打开；也就是说，它通过调用如下的一个操作表明它希望进行通信：

```
int connect(int socket,struct sockaddr *address,int addr_len);
```

该操作直至成功建立 TCP 连接后才返回，之后应用程序可以自由发送数据。在这种情形下，address 中包含远程参与者的地址。实际上，客户端通常只指明远程参与者的地址，让系统自动填写本地信息。鉴于服务器通常在众所周知的端口上监听报文，客户端一般并不关心它自己用哪个端口；操作系统简单地选一个未用端口即可。

一旦连接建立，应用进程就调用以下两个操作来发送和接收数据：

```
int send(int socket, char *message,int msg_len,int flags);
int recv(int socket,char *buffer,int buf_len,int flags);
```

第一个操作在指定的 socket 上发送报文，而第二个操作从指定的 socket 上接收报文，并放入指定的 buffer。这两个操作都使用一组 flags 来控制操作的特定细节。

支持套接字的应用程序爆增

　　套接字 API 的重要性再怎么夸大都不为过。它定义了在因特网上运行的应用程序与因特网实现方式的细节之间的分界点。由于套接字提供了定义明确且稳定的接口，编写因特网应用程序迅速发展成为一个价值数十亿美元的产业。从简单的客户端/服务器结构的应用程序（如电子邮件、文件传输和远程登录）开始，到现在每个人都可以从他们的智能手机访问源源不断的云应用程序。

　　本节通过重新审视客户端程序打开套接字以便与服务器交换报文的简单程序来奠定基础，但今天，在套接字 API 之上有丰富的软件生态系统层。该层包括大量基于云的工具，可降低实现可扩展应用程序的障碍。从第 1 章末尾的"透视图"部分开始，我们在每一章中都会讨论云和网络之间的相互作用。

1.4.2　应用示例

　　现在，我们来看一个简单的客户端/服务器程序的实现，该程序利用套接字接口在 TCP 连接上发送报文。这个程序还用到了其他的 Linux 网络功能，我们将逐一介绍。我们的应用允许一台机器上的用户输入文本并把它发送给另一台机器上的用户。它是 Linux 中 talk 程序的一个简化版本，类似于即时通信应用的核心程序。

1. 客户端

　　我们先从客户端开始，它将远程机器的名字作为参数。它调用 Linux 程序 gethostbyname 把这个名字转化为远程主机的 IP 地址。下一步构造套接字接口所需的地址数据结构（sin）。注意，这个数据结构表明我们将用该套接字与因特网（AF_INET）连接。在这个例子中，我们用 TCP 端口号 5432 作为已知的服务器端口号；它不是分配给其他因特网服务的端口号。建立连接的最后一步是调用 socket 和 connect。一旦 connect 操作返回，连接就建立了，客户端程序将进入主循环，从标准输入读文本并通过套接字发送出去。

```
#include <stdio.h>
#include <sys/types.h>
#include <sys/socket.h>
#include <netinet/in.h>
#include <netdb.h>
#define SERVER_PORT 5432
#define MAX_LINE 256

int
main(int argc, char * argv[])
```

```
{
  FILE *fp;
  struct hostent *hp;
  struct sockaddr_in sin;
  char *host;
  char buf[MAX_LINE];
  int s;
  int len;

  if (argc==2) {
    host = argv[1];
  }
  else {
    fprintf(stderr, "usage: simplex-talk host\n");
    exit(1);
  }

  /* translate host name into peer's IP address */
  hp = gethostbyname(host);
  if (!hp) {
    fprintf(stderr, "simplex-talk: unknown host: %s\n", host);
    exit(1);
  }

  /* build address data structure */
  bzero((char *)&sin, sizeof(sin));
  sin.sin_family = AF_INET;
  bcopy(hp->h_addr, (char *)&sin.sin_addr, hp->h_length);
  sin.sin_port = htons(SERVER_PORT);

  /* active open */
  if ((s = socket(PF_INET, SOCK_STREAM, 0)) < 0) {
    perror("simplex-talk: socket");
    exit(1);
  }
  if (connect(s, (struct sockaddr *)&sin, sizeof(sin)) < 0)
  {
    perror("simplex-talk: connect");
    close(s);
    exit(1);
  }
  /* main loop: get and send lines of text */
  while (fgets(buf, sizeof(buf), stdin)) {
    buf[MAX_LINE-1] = '\0';
```

```
       len = strlen(buf) + 1;
       send(s, buf, len, 0);
    }
}
```

2. 服务器

服务器同样也很简单。首先，它构造地址数据结构，填上自己的端口号（SERVER_
PORT）。但它并不指明 IP 地址，从而使应用程序可以接受来自本地主机的任何一个 IP
地址的连接。下一步，服务器执行被动打开连接的预备步骤：创建套接字、将它绑定到
本地地址、设置允许等待连接的最大数目。最后，主循环等待来自远程主机的连接。当
发生一个连接时，它就接收并输出从连接上送达的字符。

```
#include <stdio.h>
#include <sys/types.h>
#include <sys/socket.h>
#include <netinet/in.h>
#include <netdb.h>

#define SERVER_PORT   5432
#define MAX_PENDING   5
#define MAX_LINE      256

int
main()
{
  struct sockaddr_in sin;
  char buf[MAX_LINE];
  int buf_len, addr_len;
  int s, new_s;

  /* build address data structure */
  bzero((char *)&sin, sizeof(sin));
  sin.sin_family = AF_INET;
  sin.sin_addr.s_addr = INADDR_ANY;
  sin.sin_port = htons(SERVER_PORT);

  /* setup passive open */
  if ((s = socket(PF_INET, SOCK_STREAM, 0)) < 0) {
    perror("simplex-talk: socket");
    exit(1);
  }
  if ((bind(s, (struct sockaddr *)&sin, sizeof(sin))) < 0) {
    perror("simplex-talk: bind");
    exit(1);
```

```
    }
    listen(s, MAX_PENDING);

    /* wait for connection, then receive and print text */
    while(1) {
        if ((new_s = accept(s, (struct sockaddr *)&sin, &addr_len)) < 0)
        {
            perror("simplex-talk: accept");
            exit(1);
        }
        while (buf_len = recv(new_s, buf, sizeof(buf), 0))
            fputs(buf, stdout);
        close(new_s);
    }
}
```

1.5 性能

截止到目前，我们的注意力主要集中在网络功能方面。然而，与任何一个计算机系统一样，计算机网络也应具有良好性能。因为分布式网络计算的效率通常直接依赖于网络传输数据的效率。有一句古老的编程格言"先使它正确，再使它快速"，虽然在许多情况下都有效，但是在网络中，通常需要"为性能而设计"。因此，了解各种影响网络性能的因素是很重要的。

1.5.1 带宽与时延

网络性能有两种基本度量方法：带宽（bandwidth）[也称为吞吐量（throughput）] 和时延（latency）[也称为延迟（delay）]。网络的带宽是在一段特定的时间内网络所能传输的比特数。例如，一个网络带宽为 10 Mbps，就意味着每秒能传输 1000 万个比特。有时候，从传输每个比特所花时间长短的角度来分析带宽也是很有用的。例如，在一个 10 Mbps 的网络上，传输每个比特用 0.1 μs。

带宽（bandwidth）和吞吐量（throughput）是网络中最容易混淆的两个词。首先，带宽的字面定义是频带宽度。例如音频级电话线路，支持 300 Hz 到 3300 Hz 范围内的频带，那么就说它的带宽为 3300 Hz − 300 Hz = 3000 Hz。如果你看到"带宽"一词在某个情况下以 Hz 为单位使用，那么它可能是指能容纳信号的范围。

当我们讨论通信链路的带宽时，一般是指链路上每秒所能传输的比特数。这有时也被称作数据率（data rate）。我们可以说一个以太网的带宽是 10 Mbps。但是，我们也可以做一个有用的区分，即区分链路上的最大数据率与链路中每秒实际传输的比特数。我们倾向于用"吞吐量"一词来表示一个系统的测量性能（measured performance）。这样，由于受到实现中各种低效率因素的影响，由一段带宽为 10 Mbps 的链路连接的一对节点可能只达到 2 Mbps 的吞吐量。这就意味着，一个主机上的应用程序能够以 2 Mbps 的速度向另一个主机发送数据。

最后，我们经常谈论应用的带宽需求（requirement）。它是应用得以执行而需要在网络上每秒传输的比特数。对某些应用来说，它可能是"所有我能获得的（带宽）"；对另一些应用来说，它可能是某个固定的数值（最好不超过可用链路带宽）；而对其他应用来说，它可能是一个随时间变化的数值。本节还将提供有关这个主题的更多的信息。

虽然我们可以将网络的带宽作为一个整体来讨论，但有时想要更准确些，例如重点考虑一条物理链路的带宽或者一条进程到进程的逻辑信道的带宽。在物理层，带宽不断地提高，无法预测它的上限。直观地说，如果你将 1 s 看作可测量的一段距离，同时把带宽看作在这段距离中可以容纳的比特数，那么就可将每个比特看作具有一定宽度的脉冲。例如，在一条 1 Mbps 的链路上，每个比特 1 μs 宽，而在一条 2 Mbps 的链路上，每个比特 0.5 μs 宽，如图 1-16 所示。发送和接收技术越高级，每个比特就会变得越窄，这样，带宽就越大。对于进程到进程的逻辑信道，带宽还受其他因素的影响，包括信道实现软件必须处理并转换每个比特的次数。

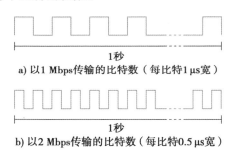

a) 以 1 Mbps 传输的比特数（每比特 1 μs 宽）

b) 以 2 Mbps 传输的比特数（每比特 0.5 μs 宽）

图 1-16　以特定带宽传输的比特可以看作具有一定的宽度

第二个度量性能的尺度是时延，它对应于将一条报文从网络的一端传到另一端所需花费的时间。（像解释带宽时一样，我们也可以将讨论重点放在单条链路的时延或端到端信道的时延上。）时延是严格用时间来测量的。例如，一个横贯北美大陆的网络可能有 24 ms 的时延，即一条报文从北美的一端传到另一端将花费 24 ms。在很多情况下，更重要的是知道一条报文从网络的一端传到另一端并返回所花费的时间，而不只是单程的时延。我们称它为网络的往返时间（Round-Trip Time，RTT）。

我们通常认为时延有三个组成部分。第一个是光速传播延迟。发生这种延迟的原因是没有什么（包括电线上的一个比特）能比光的传播速度更快。如果你知道两点间的距离，就可以计算出光速的时延，然而你必须注意光在不同介质中以不同的速度传播：它在真空中以 3.0×10^8 m/s 的速度传播，而在电缆中的传播速度是 2.3×10^8 m/s，在光纤中的传播速度是 2.0×10^8 m/s。第二个是发送一个数据单元花费的时间，它是网络带宽和运载数据的分组的大小的函数。第三个是网络内部的排队延迟，因为分组交换机在将分组转发出去之前通常需要将它存储一段时间。因此，我们定义总时延为：

$$Latency = Propagation + Transmit + Queue$$
$$Propagation = Distance / SpeedOfLight$$
$$Transmit = Size / Bandwidth$$

其中，Distance 是数据需要穿越的线路长度，SpeedOfLight 是光在线路中的有效速度，Size 是分组的大小，Bandwidth 是传输分组的带宽。注意，假设报文只包括 1 比特且我们讨论单条链路（而不是整个网络）的情况，那么 Transmit 和 Queue 的定义就无关紧要了，时延只与传播延迟有关。

带宽和时延结合起来决定一个给定链路或信道的性能特征。然而它们的重要性是依赖于应用的。对有些应用来说，时延比带宽重要。例如，一个客户端发送 1 字节报文给服务器并接收返回的 1 字节报文是受时延限制的。假设在准备应答的过程中没有大量的计算，那么应用程序在一个横贯大陆的 100-ms RTT 的信道上与在一个穿过房间的 1-ms RTT 信道上的表现有很大不同。信道是 1 Mbps 还是 100 Mbps 相对来说并不重要，尽管前者意味着传输 1 字节的时间是 8 μs，而后者的传输时间是 0.08 μs。

对比之下，考虑一个数字图书馆程序要获取一幅 25 MB 的图像，可用带宽越宽，向用户返回图像的速度也就越快。这里，信道的带宽决定性能。为了说明这种情况，假设信道带宽为 10 Mbps。它将花 20 s 传输图像，而图像是在 1 ms 还是 100 ms 的信道上传输相对来说并不重要，20.001 s 与 20.1 s 的应答时间之间的差别是可以忽略的。

1 兆有多大？

当我们用到关于网络的常见单位（MB、Mbps、KB 和 Kbps）时，有几点需要澄清。首先要仔细区分比特（bit）和字节（byte）。在本书中，我们总是用小写字母 b 表示比特，用大写字母 B 表示字节。第二，务必要正确使用兆（M）和千（K）。例如，M 可以等于 2^{20} 或 10^6。类似地，K 可以等于 2^{10} 或 10^3。糟糕的是，网络中通常两种定义都用，原因如下：

网络带宽，通常用 Mbps 指定它的大小，它是由控制比特传输速度的时钟速度来决定的。10 MHz 的时钟用于以 10 Mbps 发送比特。因为 MHz 中的 M 等于 10^6 Hz，Mbps 通常也定义为每秒 10^6 比特。（类似地，Kbps 是每秒 10^3 比特。）另一方面，当讨论我们要发送的报文时，通常以字节给出它的大小。因为报文存储在计算机内存中，内存通常以 2 的幂次方度量，KB 中的 K 通常表示 2^{10}。（类似地，MB 通常为 2^{20}。）当你把两者放到一起，时常说到在 100 Mbps 信道上发送 64 KB 报文，这可以解释为以 100×10^6 b/s 的速度发送 $64 \times 2^{10} \times 8$ 比特。本书中我们都用这种解释，除非另有明确说明。

好在大多数情况下，我们对这种快速不复杂的计算感到满意，在这种情况下，完全可以假想 10^6 就等于 2^{20}（使得 M 的两种定义之间更容易转换）。这种近似只造成 5% 的误差。我们甚至可以在某些情况下假设 1 字节有 10 比特，会造成 20% 的误差，但这对兆级的估算已经足够。

　　为了帮助你进行粗略计算，100 ms 用来表示横穿一个国家的往返时间是一个比较合理的数字，至少在讨论美国时是这样，1 ms 是横穿一个局域网的 RTT 的合适的近似值。在前一种情况下，我们把由光速决定的在光纤上传输的往返时间从 48 ms 增加到 100 ms，因为，正如我们已经说过的，还会有其他造成延迟的原因，如网络内部交换机的处理时间。我们还能确信两点之间的光纤不是一条直线。

　　图 1-17 提供了在不同的情况下时延或带宽如何决定性能。图中显示了在 RTT 从 1 ms 到 100 ms 的范围内，链路速度是 1.5 Mbps 或 10 Mbps 的网络中转移不同大小的对象（1B，2KB，1MB）所花的时间。我们用对数比例来说明相对性能。对于 1 字节的对象（如一次击键），时延基本等于 RTT，因此无法区分 1.5 Mbps 和 10 Mbps 的网络。对于 2KB 的对象（如一封电子邮件），链路速度对 1 ms RTT 网络的影响较大，而对 100 ms RTT 网络的影响可忽略。而对于 1 MB 的对象（如一幅数字图像），RTT 没有任何影响，无论 RTT 是多少，都是链路速度决定性能。

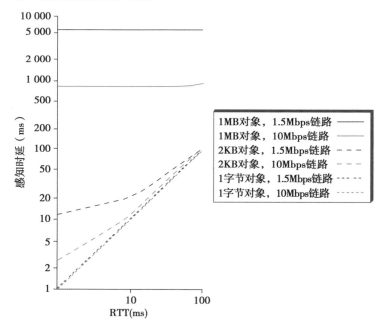

图 1-17　在不同速率的链路上传输不同大小对象的时延（应答时间）与往返时间的对比

　　注意，本书始终按惯例使用术语时延（latency）和延迟（delay），即用它们来描述完成某一功能的时间，如传输一条报文或转移一个对象所花的时间。当我们特指一个信号从链路的一端传播到另一端所用的时间时，我们使用术语传播延迟（propagation delay）。此外，我们会在讨论的上下文中分清是指单程时延还是往返时间。

　　另外，计算机正变得如此之快，以至于当我们把它们连到网络上时，有时候按"指

令数 / 英里[⊖]"（instructions per mile）来考虑，哪怕是象征性的，也是有用的。考虑一个每秒执行 10 亿条指令的计算机向一条 RTT 为 100 ms 的信道发出一条报文，情况将会怎样。（为了使计算更容易，假设报文穿越 5 000 英里的距离。）如果计算机在等待应答信息的 100 ms 内保持空闲，那么它就少执行 1 亿条指令，或者说每英里少执行 20 000 条指令。网络上这种浪费是很值得检查一下的。

1.5.2 延迟带宽积

讨论这两种度量的乘积也是很有用的，通常称为延迟带宽积（delay × bandwidth product）。直观地说，如果我们将一对进程之间的信道看成一条中空的管道（如图 1-18），时延相当于管道的长度，带宽相当于管道的直径，那么延迟和带宽的乘积就是管道的容积，即在任意给定的时间内正在通过管道传输的最大比特数。换一种说法，如果时延（用时间度量）相当于管道的长度，那么给定每个比特的宽度（也用时间度量），就可以计算出管道中能容纳多少比特。例如，一条横贯大陆的信道，单向时延为 50 ms，带宽为 45 Mbps，则能够容纳

$$50 \times 10^{-3} \text{ 秒} \times 45 \times 10^6 \text{ 比特 / 秒} = 2.25 \times 10^6 \text{（比特）}$$

或近似为 280 KB 数据。换言之，这个例子的信道（管道）所容纳的字节数相当于 20 世纪 80 年代初一台个人计算机的内存所能容纳的字节数。

图 1-18 网络像一个管道

构造高性能网络时知道延迟带宽积是很重要的，因为它相当于第一个比特到达接收者之前，发送者必须发送的比特数。如果发送者希望接收者给出比特已开始到达的信号，而这个信号发回到发送者需要经过另一个信道时延，那么发送者在接收到接收者发出的信号之前能够发完多达 RTT × 带宽的数据。在管道中的比特被称为"在飞行中"，这意味着如果接收者告诉发送者停止发送，那么在发送者准备应答之前，接收者可能已经收到大小为 RTT × 带宽的数据了。在我们上面的例子中，约有 5.5×10^6 比特（671 KB）数据。另一方面，如果发送者没有填满管道——即发送数量等于 RTT × 宽带的数据后才停下来等信号——那么发送者就没有充分利用网络。

注意，大多数情况下我们对 RTT 感兴趣。在这种情况下，我们简单地称之为延迟带宽积，并不具体地说明这个"延迟"表示 RTT（即单程延迟乘以 2）。通常，"延迟带宽积"中的"延迟"表示单程时延还是 RTT 会由上下文明确地指出。表 1-1 提供了一些网络链接的延迟带宽积的实例。

⊖ 1 英里 = 1 609.344 米。——编辑注

表 1-1   延迟带宽积实例

链路类型	带宽	单程距离	往返延迟	往返延迟 × 带宽
无线局域网	54 Mbps	50 m	0.33 μs	18 bit
卫星	45 Mbps	35 000 km	230 ms	230 Mb
跨国光纤	10 Gbps	4 000 km	40 ms	400 Mb

1.5.3　高速网络

当今网络的可用带宽正以惊人的速度增长，我们可以乐观地认为它将永远增长下去。这将促使网络设计者开始思考在极限情况下会发生什么事情，或者从另一方面讲，如果带宽可以达到无限，会对网络设计产生什么样的影响。

尽管高速网络使应用可获得的带宽发生了巨大的变化，但在我们考虑它对网络的未来所产生的方方面面的影响时，要注意不会随着带宽的增加而变化的方面：光速。引用《星际迷航》中斯科提的话来说："你不能改变物理定律。"换言之，"高速"并不意味着时延会和带宽以同样的比率改善；一条贯穿大陆的 1 Gbps 链路的 RTT 和一条 1 Mbps 链路一样，都是 100 ms。

虽然时延是固定的，但持续提高带宽非常重要，为了理解这一点，让我们来比较一下当 RTT 均为 100 ms 时，在 1 Mbps 的网络和在 1 Gbps 的网络上传输一个 1 MB 的文件分别需要什么。在 1 Mbps 的网络中，它用 80 个 RTT 来传输文件；每个 RTT 内，传输文件的 1.25%。对比之下，同样一个 1 MB 的文件在 1 Gbps 的链路上，甚至不足以填满一个 RTT 的值，它的延迟带宽积为 12.5 MB。

图 1-19 说明了两个网络的不同。事实上，需要被传输的 1 MB 的文件，在 1 Mbps 的网络上像一个数据流，而在 1 Gbps 的网络上则仅像一个分组而已。为了帮助把问题讲清楚，可以认为 1 MB 的文件对于 1 Gbps 的网络而言，就像 1 KB 的分组对于 1 Mbps 的网络一样。

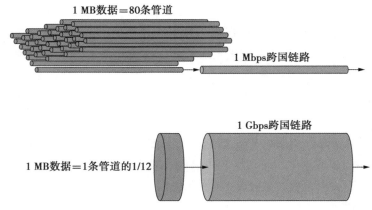

图 1-19　带宽和时延之间的关系。一个 1 MB 的文件将占用 1 Mbps 链路 80 次，但仅占用
　　　　 1 Gbps 链路的 1/12

理解这种情况的另一种方法是，在高速网络上每个 RTT 内能够传输更多的数据，传输速度如此高，以至于单个 RTT 都变成了很大的时间量。因此，虽然不必考虑用 101 个 RTT 与用 100 个 RTT 的文件传输之间的区别（相对差别仅为 1%），但 1 个 RTT 与 2 个 RTT 之间的区别却很大——增加了 100%。换句话说，我们在网络设计时考虑的主要因素应是时延而不是吞吐量。

或许理解吞吐量和时延的关系的最好方法还是从基础开始。在网络上可获得的有效的端到端吞吐量由下面的关系式给出：

$$\text{Throughput} = \text{TransferSize} / \text{TransferTime}$$

其中 TransferTime 不仅包括本节前面讲到的单程时延，而且还包括请求或建立传输的附加时间。通常，我们用下式表达它们的关系：

$$\text{TransferTime} = \text{RTT} + 1/\text{Bandwidth} \times \text{TransferSize}$$

本式中，我们用 RTT 表示在网上发一条请求报文并返回数据的时间。例如，让我们考虑这样的情况：在 1 Gbps 的网络上，用户要获取一个 1 MB 的文件，其往返时间为 100 ms。TransferTime 包括 1 MB 的传输时间（1/1 Gbps × 1 MB = 8 ms）和 100 ms 的 RTT，总的传输时间为 108 ms。这意味着有效吞吐量不是 1 Gbps，而是

$$1 \text{ MB} / 108 \text{ ms} = 74.1 \text{ Mbps}$$

显然，传输更大量的数据有助于提高有效吞吐量，而在极限条件下，传输数据量无限大时，有效吞吐量将接近网络带宽。另一方面，若需传输多次（例如重传丢失的分组），则会降低任何有限数据量传输的有效吞吐量，尤其是小数据量传输的有效吞吐量。

1.5.4　应用的性能需求

本节的讨论以网络运行的效率为中心展开；也就是说，我们已经讨论了一条给定的链路或信道能支持什么。在未加说明的情况下，假设应用程序有需求——它们所需的带宽为网络所能提供全部的带宽。这对于前面提到的数字图书馆程序获取一幅 25 MB 图像的例子来说，显然是成立的，可用带宽越宽，程序回送图像给用户的速度就越快。

然而，一些应用能指明它们需要的带宽上限。视频应用程序是一个典型例子。假设你想播放一个视频图像流，而它的大小是标准电视图像的 1/4；也就是说，它的分辨率是 352×240 像素。如果每一个像素是由 24 比特的信息表示的，就像 24 位色彩一样，那么每一帧的大小将是

$$(352 \times 240 \times 24) / 8 = 247.5 \text{ KB}$$

如果一个视频应用程序需要每秒发送 30 帧，那么它可能要求 75 Mbps 的吞吐量。这种应用对网络提供更多带宽的能力没有兴趣，因为在一个给定时间周期内它只有那么多数据要发送。

不幸的是，实际情况并不像这个例子所描述的那么简单。因为在一个视频流中，任

意两个相邻帧之间的差别通常非常小，可以通过只传输相邻帧之间的差别而将视频压缩。每个帧也可以被压缩，因为人类的眼睛无法察觉图像中的所有细节。这种压缩的视频不匀速流动，而是根据动作的数量、图片的细节以及所使用的压缩算法，随着时间变化。因此，可以说平均带宽需求是多少，但瞬时的速率则可能大一些或小一些。

关键的问题是计算平均值时使用的时间间隔。假设该视频应用实例能被压缩到平均只需 2 Mbps。如果它在 1 s 内发送 1 Mb，而在下一秒内发送 3 Mb，那么这 2 s 间隔内它发送的平均速率是 2 Mbps；然而，这对设计用来支持在任一秒内不超过 2 Mb 的信道没有多少帮助。显然，只知道一个应用所需的平均带宽有时是不够的。

然而，一般说来，我们能为这种应用所发送的最大突发量设定一个上界。这种突发量可由某段时间内保持的峰值速率来描述。或者，它可以被描述为在转为平均速率或一个更低的速率之前能以峰值速率发送的字节数。如果这个峰值速率比可用信道容量高，那么超出的数据不得不被放入某处的缓冲区，以备以后发送。知道突发量有多大可以使网络设计者分配足够的缓冲区来容纳它。

正如应用对带宽的需求可能不是"能得到的全部带宽"，应用对延迟的要求也可能不是"尽可能少的延迟"那么简单。说到延迟，有时网络的单程时延是 100 ms 还是 500 ms 并不如分组间时延的变化那么重要。时延的这种变化称为抖动（jitter）。

考虑源端每 33 ms 发送一个分组的情况，这正是视频应用中每秒钟传输 30 个帧的情况。如果帧恰好每隔 33 ms 到达目的地，那么我们可以推断，网络中每个分组经过的延迟恰好是相同的。然而，如果分组到达目的地的间隔——有时称为分组间距（inter-packet gap）——是变化的，那么分组的序列所经历的延迟一定也是变化的，并且称网络在分组流之间有抖动，如图 1-20 所示。这种变化通常不是由单条物理链路引起的，而是在多跳分组交换网中，由分组经历不同的排队延迟引起的。这个排队延迟相当于本节前面定义的时延中的排队部分，它是随时间变化的。

图 1-20　由网络引起的抖动

为了理解与抖动相关的内容，假设网络中传输的分组含有视频帧，为了在屏幕上显示这些帧，接收器需要每隔 33 ms 接收一个新帧。如果一个帧提前到达，那么接收器会将它保存到需要显示的时候。然而，如果一个帧迟到了，那么接收者将没有所需的帧来及时刷新屏幕，视频质量就会下降；画面可能不平滑。注意，我们不必消除抖动，只要知道它最坏的程度怎样即可。因为如果接收器知道一个分组所经历的延迟的上界和下界，就可以将视频播放的开始（即显示第一帧）推迟足够长的时间，以保证将来需要时总有帧显示。接收者通过将这个帧存放在缓冲区中来有效地消除抖动。

透视图：功能增速

本节介绍了计算机网络的一些利益相关者——网络设计者、应用程序开发者、最终用户和网络运营商，他们提出影响网络设计和构建方式的技术要求。这假定所有设计决策都是纯技术性的，但通常情况并非如此。许多其他因素，从市场力量到政府政策和道德考虑，也会影响网络的设计和构建方式。

其中，市场最具影响力，对应于网络运营商（例如，AT&T、康卡斯特、Verizon、DT、NTT、中国联通）与网络设备供应商（例如，思科、瞻博网络、爱立信、诺基亚、华为、NEC）、应用程序和服务提供商（例如，Facebook、谷歌、亚马逊、微软、Apple、Netflix、Spotify），当然还有订阅者和客户（个人、企业和公司）之间的角力。这些参与者之间的界限并不总是清晰的，许多公司扮演着多重角色。这方面最著名的例子是大型云提供商，他们使用商品组件构建自己的网络设备，部署和运营自己的网络，并在其网络之上提供最终用户服务和应用程序。

当你在技术设计过程中考虑到这些因素时，你会意识到教科书中有几个隐含的假设需要重新评估。一是设计网络是一次性的活动。一次构建，永久使用（模块化硬件升级，因此用户可以享受最新性能改进带来的好处）。其次，构建网络的工作与运营网络的工作在很大程度上是分离的。这两种假设都不完全正确。

网络的设计显然在不断发展，多年来我们在教科书的每个新版本中都记录了这些变化。在以年为单位的时间轴上这样做，以历史的眼光来看，已经足够好了，但是任何下载并使用过最新智能手机应用程序的人都知道，以今天的标准衡量，以年为单位的任何东西都非常缓慢。为进化而设计必须是决策过程的一部分。

关于第二点，构建网络的公司几乎总是运营网络的公司。它们统称为网络运营商，包括上面列出的公司。但是，如果我们再次从云中寻找灵感，我们会发现"开发 + 运营"不仅在公司层面是正确的，而且也是发展最快的云公司组织其工程团队的方式：围绕 DevOps 模型。（如果你不熟悉 DevOps，我们建议你阅读 Site Reliability Engineering: How Google Runs Production Systems 以了解它是如何实践的。）

这一切意味着计算机网络现在正处于重大转型之中，网络运营商试图加快创新步伐（有时称为功能增速），同时继续提供可靠的服务（保持稳定性）。它们越来越多地通过采用云提供商的最佳实践来做到这一点，这可以概括为两个主题：（1）使用商品硬件并将所有开发转移到软件中；（2）采用敏捷的工程流程，打破开发和运营之间的界限。

这种转变有时被称为网络的"云化"或"软件化"，虽然因特网一直拥有强大的软件生态系统，但它历来仅限于运行在网络之上的应用程序（例如，1.4 节中描述的使用套接字 API）。而当今发生改变的是，这些受云启发的工程实践正在应用于网络内部。这种被称为软件定义网络（SDN）的新方法改变了游戏规则，不是在我们如何解决组帧、路由、分片/重组、分组调度、拥塞控制、安全性等基本技术挑战方面，而是就网络发展以支持新功能的速度而言。

　　这种转换非常重要，我们将在每章末尾的"透视图"部分再次讨论它。正如这些讨论将探讨的那样，网络行业发生的事情部分与技术有关，部分与许多其他非技术因素有关，所有这些都证明了因特网在我们生活中的深入程度。

　　更广阔的透视图

- 要继续阅读有关因特网云化的信息，请参阅第 2 章的"透视图"部分。
- 要了解有关 DevOps 的更多信息，我们推荐 *Site Reliability Engineering: How Google Runs Production Systems*（Beyer, Jones, Petoff, & Murphy [eds], O'Reilly © 2016）。

习题

1. 使用匿名（anonymous）FTP 连接到 ftp.rfc-editor.org（in-notes 目录），获取 RFC 索引和 TCP、IP 和 UDP 的协议规范。

2. 使用 Web 搜索工具查找有关以下主题的有用的普通非商业信息：MBone、ATM、MPEG、IPv6 和以太网。

3. UNIX 工具 whois 可用来查找一个组织对应的域名，或查找域名对应的组织。阅读 whois 的主页文档并试用它。对于初学者，试用 whois princeton.edu 和 whois princeton。也可以通过 http://www.internic.net/whois.html 研究 whois 接口。

4. 计算在下列情况下传输一个 1 000 KB 的文件所需的总时间，假定 RTT 为 50 ms，分组长度为 1 KB，在数据发送前的初始"握手"时间为 $2 \times$ RTT。

　　(a) 带宽为 1.5 Mbps，数据分组可连续发送。

　　(b) 带宽为 1.5 Mbps，但每发送完一个分组后必须等一个 RTT 后再发送下一个分组。

　　(c) 带宽是"无限的"，这意味着我们可以认为传输时间为 0，且每个 RTT 最多发送 20 个分组。

　　(d) 带宽是无限的，在第一个 RTT 内我们能发送一个分组（2^{1-1}），在第二个 RTT 内我们能发送两个分组（2^{2-1}），在第三个 RTT 内我们能发送四个分组（2^{3-1}），依此类推。（我们会在第 6 章中给出指数增长的原因。）

√ **5.** 计算在下列情况下传输一个 1.5 MB 的文件所需的总时间，假定 RTT 为 80 ms，分组长度为 1 KB，在数据发送前的初始"握手"时间为 $2 \times$ RTT。

　　(a) 带宽为 10 Mbps，数据分组可连续发送。

　　(b) 带宽为 10 Mbps，但发送完每个分组后必须等一个 RTT 后再发送下一个分组。

　　(c) 链路允许无限快地传输，但限制带宽使每个 RTT 最多能发送 20 个分组。

　　(d) 和（c）一样，传输时间为 0，但在第一个 RTT 内我们能发送一个分组，在第二个 RTT 内我们能发送两个分组，在第三个 RTT 内我们能发送四个分组（2^{3-1}），依此类推。（我们会在第 6 章中给出指数增长的原因。）

6. 考虑一个长度为 2 km 的点到点链路。对于一个 100 字节的分组，带宽为多大时传播延迟（速度为 2×10^8 m/s）等于传输延迟？对于 512 字节的分组，情况如何？

√ **7.** 考虑一个长度为 50 km 的点到点链路。对一个 100 字节的分组，带宽为多大时传播延迟（速度为 2×10^8 m/s）等于传输延迟？对于 512 字节的分组，情况如何？

8. 邮政地址的哪些特性可能被网络寻址方案借鉴使用？你希望找到哪些差别呢？电话号码的哪些特性可能被网络寻址方案借鉴使用？

9. 地址的一个特性是唯一性；如果两个节点有相同的地址就无法区分它们。网络地址还可能有哪些有用的特性？你能想象网络（或邮政或电话）地址可以不唯一的任何情况吗？

10. 给出一个适合使用多播地址的例子。

11. STDM 是语音电话网络中有效的多路复用形式，而 FDM 是电视和广播网络中有效的多路复用形式，它们在流量模式上有什么不同，导致我们在通用的计算机网络中由于成本－效率不合算而不用它们？

12. 在 1 Gbps 的链路上 1 个比特有多"宽"？假定传播速度为 2.3×10^8 m/s，在铜线上 1 个比特有多长？

13. 在一个 y Mbps 的链路上传输 x KB 的数据需要花费多长时间？用 x 与 y 比率的形式给出答案。

14. 假设在地球和新的月球定居地之间架设了一条 100 Mbps 的点到点链路。从月球到地球的距离大约是 385 000 km，而且数据在链路上以光速传播，即 3×10^8 m/s。

    (a) 计算链路的最小 RTT。

    (b) 使用 RTT 作为延迟，计算链路的延迟带宽积。

    (c) 在 (b) 中计算的延迟带宽积的意义是什么？

    (d) 在月球基地上的一部照相机拍摄了一张地球的照片，并以数字的形式存入磁盘。假设地球上的任务控制中心希望下载最新的图像，大小是 25 MB。计算从发出请求到传输完毕耗费的最小时间。

√ 15. 假设在地球和一个火星探测车之间架设了一条 128 Kbps 的点到点链路。从火星到地球的距离（当它们离得最近时）大约是 55 Gm，而且数据在链路上以光速传播，即 3×10^8 m/s。

    (a) 计算链路的最小 RTT。

    (b) 计算链路的延迟带宽积。

    (c) 探测车上的一部照相机拍摄周围的照片，并发送回地球。计算从拍完一幅图像到这幅图像到达地球上的任务控制中心所用的时间。假设每幅图像的大小为 5 MB。

16. 对下面列出的在远程文件服务器上的操作，讨论它们是对延迟敏感还是对带宽敏感。

    (a) 打开文件。　　　　　　　　　　(b) 读出文件的内容。

    (c) 列出目录中的内容。　　　　　　(d) 显示文件的属性。

17. 计算下列情况的时延（从第一个比特发送到最后一个比特接收）：

    (a) 10 Mbps 以太网，其路径上有一个存储转发式交换机，分组长度为 5 000 比特。假定每条链路的传播延迟为 10 μs，并且交换机在接收完分组后立即转发分组。

    (b) 有三个交换机，其他同 (a)。

    (c) 同 (a)，但是假定交换机实现"直通式"交换：可以在收到分组的头 200 比特后就开始转发该分组。

√ 18. 计算下列情况的时延（从第一个比特发送到最后一个比特接收）：

    (a) 1 Gbps 以太网，其路径上有一个存储转发交换机，分组长度为 5 000 比特。假定每条链路的传播延迟为 10 μs，并且交换机在接收完分组后立即开始转发该分组。

    (b) 同 (a)，但是有三个交换机。

    (c) 同 (b)，但是假定交换机实现"直通式"转发：可以在收到分组的头 128 比特后就开始转发该分组。

19. 计算下列情况的有效带宽。对于 (a) 和 (b)，假定要发送的数据来源稳定；对于 (c)，只计算 12 个小时的平均值。

    (a) 10 Mbps 以太网通过三个存储转发交换机转发，同习题 17 (b) 中的情况。交换机在一条链路上接收数据的同时可以在另一条链路上发送数据。

    (b) 同 (a)，但是发送方在每发送完一个 5 000 比特的数据分组后必须等待一个 50 字节的确认分组。

    (c) 100 个 DVD（每个 650 MB）整夜（12 小时）传输。

20. 计算下列链路的带宽延迟积。用单向延迟，按从第一个比特发送到第一个比特接收计算。
    (a) 10 Mbps 以太网，延迟 10 μs。
    (b) 10 Mbps 以太网，有一个存储转发交换机，同习题 17（a）中的情况，分组长度为 5 000 比特。每条链路的传播延迟为 10 μs。
    (c) 1.5 Mbps T1 链路，贯穿大陆的单向延迟为 50 ms。
    (d) 通过一个地球同步轨道卫星的 1.5 Mbps T1 链路，卫星高度为 35 900 km。唯一的延迟为从地球到卫星的往返光速传播延迟。

21. 如图 1-21 所示，主机 A 和 B 分别通过 10 Mbps 链路连接到交换机 S 上。每条链路的传播延迟为 20 μs。S 是一个存储转发式设备；它在收到一个分组 35 μs 后再开始将其转发。计算从 A 到 B 发送 10 000 比特所需的总时间。
    (a) 作为一个分组。
    (b) 作为两个 5 000 比特的分组一个紧接另一个发送。

图　1-21

22. 假定某主机有个 1 MB 的文件要发送给另一台主机。文件用 1 秒钟 CPU 时间压缩 50%，或者用 2 秒钟压缩 60%。
    (a) 计算当带宽为多少时，两种压缩选择的压缩时间 + 传输时间的值相等。
    (b) 解释为何时延不影响你的答案。

23. 假设某一通信协议，它的每个分组用于首部和建立帧的信息开销为 100 字节。我们利用此协议来发送 1 兆字节的数据；但是，分组中一旦有一个字节被破坏，包含该字节的整个分组将丢失。给出分组长度分别为 1 000 字节、5 000 字节、10 000 字节和 20 000 字节时，信息开销与丢失字节的总数。分组长度为哪个值时是最优的？

24. 假设你想要在一条由信源、信宿、7 条点对点链路和 5 个交换机组成的网络上传输 n 字节的文件。假设每条链路传播延迟为 2 ms，带宽为 4 Mbps，而且交换机支持电路交换和分组交换。你可以把文件分割成 1 KB 的分组或在交换机之间建立起一个电路并把文件作为一个连续的比特流发送。假设每个分组有 24 字节的分组首部信息和 1 000 字节的有效载荷，而且每个交换机在完全收到一个分组后对分组进行存储转发的过程会引起 1 ms 的延迟，分组可以被连续发送而不需要等待确认，建立电路需要发送 1 KB 的报文，在路径上往返一次在每个交换机产生 1 ms 的延迟。假设交换机不会给通过电路的数据带来延迟。也可以假设文件大小是 1 000 字节的整数倍。
    (a) 文件大小为多少个字节时，电路交换在网络上发送的总字节数少于分组交换。
    (b) 文件大小为多少个字节时，电路交换使整个文件到达目的地时产生的总延迟小于分组交换。
    (c) 以上结果是如何与路径上交换机的数目相关的？如何与链路的带宽相关？又是如何与分组首部大小和分组大小之比相关的？
    (d) 本题给出的网络模型能否准确反映电路交换和分组交换的优缺点？是否忽略了使这两种交换方式受到质疑的重要因素？如果有，这些因素是什么？

25. 考虑一个闭环网络，带宽为 100 Mbps，传播速度为 2×10^8 m/s。假设节点不产生延迟，环的周长为多少时恰好可容纳一个 250 字节的分组？如果每 100 m 一个节点，且每个节点的延迟为 10 比特，环的周长应为多少？

26. 根据带宽、延迟和抖动，比较语音传输和实时音乐传输对信道的需求。有哪些需要必须改进的地方？大约要改进多少？可否放宽对任一种信道的需求？

27. 下列情况下，假定不对数据进行压缩，这在实际应用中几乎是不可能的。对于（a）-（c），计算实时传输需要的带宽：

    (a)视频的分辨率为 640×480，3 字节/像素，30 帧/秒。

    (b)视频的分辨率为 160×120，1 字节/像素，5 帧/秒。

    (c)CD-ROM 音乐，假定 CD 时长 75 分钟，有 650MB。

    (d)假设一个传真机以每英寸 72 像素的分辨率发送一幅 8×10 英寸的黑白图像。在 14.4 Kbps 的调制解调器上需要传输多长时间？

√ 28. 下列情况下和上题一样，假定不对数据进行压缩。计算实时传输需要的带宽：

    (a)HDTV 高清晰度视频，分辨率为 1920×1080，24 位/像素，30 帧/秒。

    (b)8 比特 POTS（普通的电话服务）语音音频，采样频率为 8 KHz。

    (c)260 比特 GSM 移动语音音频，采样频率为 50 Hz。

    (d)24 比特 HDCD 高保真音频，采样频率为 88.2 KHz。

29. 根据平均带宽、峰值带宽、时延、抖动和丢失容限，讨论与下列应用相关的性能需求：

    (a)文件服务器

    (b)打印服务器

    (c)数字化图书馆

    (d)远程气象设备定时监视

    (e)语音

    (f)候车室视频监视

    (g)电视广播

30. 假设共享介质 M 以循环方式向主机 A_1，A_2，…，A_N 提供传输一个分组的机会；没有分组要传的主机立即放弃 M。它与 STDM 有何不同？与 STDM 相比，这种方式对网络的利用率如何？

★ 31. 考虑在链路上传输文件的一个简单协议。经过一些初始协商后，A 向 B 发送长度为 1 KB 的分组；然后 B 回答一个确认信息。A 发下一个数据分组前都要等待 ACK；这就是熟知的"停止和等待"。迟到的分组被认为已丢失并重传。

    (a)在不考虑分组丢失和重复的情况，说明为何在分组首部中不需要包括任何"序号"数据。

    (b)假设链路偶尔会丢失分组，但实际到达的分组总是按发送的顺序到达。对于 A 和 B 而言，用 2 比特表示序号（即 N mod 4）是否就足以检测并重发任何丢失的分组？用 1 比特序号是否就足够了？

    (c)现在假定链路可以无序地传递数据，而且有时一个分组会在它后继的分组已到达长达 1 分钟以后才被传输。这种情况下，对序列号的要求有哪些改变？

★ 32. 假设主机 A 和主机 B 由一条链路相连。主机 A 以一定的速率持续地传输一个高精度时钟中的当前时间，其速度快到可以消耗整个可用带宽。主机 B 读出这些时间值并把它们写成它自己的与主机 A 时钟同步的本地时钟的时间对。假定链路有如下情况，定性地给出主机 B 输出的例子。

    (a)高带宽，高时延，低抖动

    (b)低带宽，高时延，高抖动

    (c)高带宽，低时延，低抖动，偶尔丢失数据

    例如，一条无抖动链路，带宽高到足够每隔一个时钟脉冲输出一次，一个时钟周期可能产生像（0000，0001）、（0002，0003）、（0004，0005）这样的结果。

33. 获取并构建如书中所示的 simplex-talk 套接字程序例子。分别在独立的窗口中启动一个服务器和一个客户端。当第一个客户端运行时，再启动连接到同一个服务器上的 10 个其他客户端；

这些其他客户端很有可能在后台被启动，它们的输入重定向来自一个文件。这 10 个客户端会发生什么情况？它们的 connect() 操作会失败或超时，还是成功？其他的调用是否会被阻塞？现在让第一个客户端退出。会发生什么情形？将服务器的 MAX_PENDING 设置为 1，再试一次。

34. 修改 simplex-talk 套接字程序，使其客户端每次给服务器发送一行，服务器把这一行发送回客户端。客户端（和服务器）现在必须轮流调用 recv() 和 send()。

35. 修改 simplex-talk 套接字程序，使其使用 UDP 而不是 TCP 作为传输协议。你必须在客户端和服务器上同时修改 SOCK_STREAM 为 SOCK_DGRAM。然后，在服务器端，删除对 listen() 和 accept() 的调用，将结尾的两个嵌套循环用一个单循环代替，这个单循环用套接字 s 调用 recv()。最后，观察当两个这样的 UDP 客户端同时连接到同一个 UDP 服务器时，会发生什么情况，并和 TCP 的情况进行比较。

36. 考察可以为 TCP 连接设置哪些不同的选项和参数。（在 UNIX 下执行"man tcp"）。试验用不同的参数设置，观察它们如何影响 TCP 的性能。

37. UNIX 的工具 ping 可以用来找出到各种因特网主机的 RTT 值。阅读 ping 的主页，并使用它找出新泽西州的 www.cs.princeton.edu 以及加利福尼亚州的 www.cisco.com 的 RTT。在一天的不同时间里测量 RTT 的值，并比较结果。对于这些差异将如何解释？

38. 可以用 UNIX 中的工具 traceroute 或 Windows 中相应的 tracert，查看报文在路由选择时所经过的路由器序列。用它来查看从你的站点到某些其他站点的路径。其中的跳数和由 ping 得知的 RTT 时间有何关系？跳数和地理距离有何关系？

39. 用上题的 traceroute，将你们单位的一些路由器绘制出来（或证明没有使用路由器）。

直接相连

过度地考虑未来是错误的。命运像一串链条，一次只能处理其中的一个环节。

—— 温斯顿·丘吉尔

问题：连接到网络

在第 1 章中我们看到网络是由节点间相互连接的链路组成的，我们面临的一个基本问题就是如何把两个节点连接在一起。我们也介绍了用"云"这一抽象来代表网络，而无须考虑其内部的复杂性。我们也需要考虑将一台主机连接到云的问题。对于每个因特网服务提供商（ISP）来说，当它想把一个新客户连接到网络中时，需要考虑类似的问题。

无论是想要构造一个只有两个节点和一条链路的简单网络，还是把第十亿台主机连接到现存的网络（如因特网）中，我们都需要考虑一些事情。首先需要连接物理介质。介质可以是铜线、光纤或者是可以在其中传输电磁信号（如无线电波）的无形介质（例如空气）。它可能覆盖一个小的区域（如一栋办公大楼），或一个大的区域（如大洲）。

然而，用合适的介质连接两个节点只是第一步。在节点可以成功交换分组之前，必须解决另外五个问题，一旦解决，我们将能提供第 2 层（L2）连接（使用 OSI 体系结构中的术语）。

第一个问题是对传送到介质上的比特编码（encoding），使其能被接收主机理解。第二个问题是把在链路上传输的比特序列描述为完整的报文，以便传送到端节点，这称为组帧（framing）问题，而传给端主机的报文通常称为帧（frame），有时也叫分组（packet）。第三个问题，因为在传输过程中帧有时会出错，所以有必要检测这类差错并且采取适当的行动，这是差错检测（error detection）问题。尽管帧时不时地出错，但在这种情况下，还是要建立一条看起来可靠的链路，这是第四个问题。最后一个问题是在多台主机共享一条链路（尤其是无线链路）的情况下，必须协调对该条链路的访问，这是介质访问控制（media access control）问题。

虽然可以抽象地讨论编码、组帧、差错检测、可靠传输和介质访问控制这五个问题，但是它们是非常现实的问题，不同的网络技术以不同的方式解决这些问题。本章在特定网络技术的背景下考虑这些问题：点对点光纤链路（SONET 是典型的例子），载波监听多路访问（CSMA）网络（其中最著名的例子是经典以太网和 Wi-Fi），光纤到户（其中 PON 是主要标准），以及移动无线（4G 正在迅速转变为 5G）。

本章的目的是在纵览可用的链路层技术的同时探讨这五个基本问题，我们将研究如何将各种不同的物理介质和链接技术作为组件用于构建强大、可扩展的网络。

2.1　技术概览

在深入探讨本章开头的问题中概述的挑战之前，先了解一下包括多种链路技术在内的领域是很有帮助的。这在一定程度上是由于用户尝试连接其设备时处于不同的情境造成的。

一方面，构建全球网络的网络运营商必须处理跨越数百或数千公里的连接冰箱大小的路由器的链路。另一方面，用户将链路作为连接计算机到现有因特网的一种方式。有时，此链路是咖啡店中的无线（Wi-Fi）链路；有时它是办公楼或大学中的以太网链路；有时它是连接到蜂窝网络的智能手机；对于越来越多的人来说，它是由 ISP 提供的光纤链路；而其他许多人使用某种铜线或电缆进行连接。幸运的是，在这些看似不同类型的链路上使用了许多通用策略，因此对于高层协议来说它们都是可靠并有用的。本章将探讨这些策略。

图 2-1 显示了当前因特网中的各种连接方式。左边是各种各样的终端用户设备，包括智能手机、笔记本电脑、计算机等，它们通过各种方式连接到因特网服务提供商。其接入方式可能是上面提到的任何连接方式，也可能是其他连接方式。在该图中它们采用同样的连接方式，即通过一条直线连接到路由器。同时，图中有一些链路把 ISP 内部的路由器相互连接在一起。图中还有一条链路把 ISP 连接到"因特网其余部分"，它包含许多其他 ISP 及其连接着的主机。

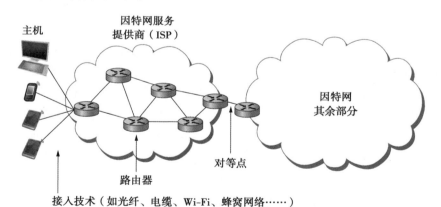

图 2-1　终端用户眼中的因特网

这些链路看起来都很相似，不仅因为我们的绘图能力有限，还因为网络架构的部分作用是提供一个连接这样复杂和多样的事物的通用抽象。基本思想就是你的笔记本电脑或智能手机不必关心它连接到什么样的链路，唯一重要的是它有一条到因特网的链接。类似地，路由器不必考虑它通过什么类型的链路与其他路由器连接起来，只要知道它在链路上发送了一个分组后，分组能够按预期到达链路的另一端。

如何使不同的链路对于终端用户和路由器来说是一样的呢？关键是我们必须处理存在于现实世界中的所有物理约束和链路缺陷。我们在本章开始的问题中概述了其中的一些问题，但在讨论这些问题之前，我们需要先介绍一些简单的物理知识。首要的问题是链路是能够传输信号（例如无线电波或其他类型的电磁波）的物理介质，但我们实际需要发送的是比特。本章后面会介绍如何对比特进行编码以便在物理介质中传输，接下来会介绍上面提到的其他问题。本章最后会介绍如何在各种链路上发送完整的分组，而不用考虑其采用的物理介质。

香农 – 哈特利定理

在信号处理和信息论的相关领域中，研究者已做了许多工作，其中包括在经过一段距离后信号如何衰减，以及一个给定的信号能有效地运载多少数据等。这一领域中最著名的成果是香农 – 哈特利定理（Shannon-Hartley theorem）。简单地说，香农定理以比特每秒（bps）的形式给出一条链路容量的上限，表示为链路信噪比的函数，用分贝（dB）度量。其中涉及的信道带宽用赫兹（Hz）度量。（正如先前提到的，带宽是通信的负载量，这里指的是通信中可用的频率范围。）

例如，我们使用香农 – 哈特利定理来确定音频电话线的信息传输速率，当音频电话线以这个速率传输二进制数据时，不会出现过高的差错率。标准音频电话线支持的频率范围为 300 ~ 3 300 Hz，信道带宽是 3 kHz。

香农 – 哈特利定理通常由下面的公式给出：

$$C = B\log_2（1 + S/N）$$

其中 C 是可达到的信道容量，单位为 bps，B 是用 Hz 表示的信道带宽（3 300 Hz – 300 Hz = 3 000 Hz），S 是信号的平均功率，N 是噪声的平均功率。信噪比（S/N 或 SNR）通常用 dB 表示，计算公式如下：

$$SNR = 10 \times \log_{10}（S/N）$$

假设信噪比为 30 dB，这表示 $S/N = 1\,000$。因此我们有

$$C = 3\,000 \times \log_2（1001）$$

近似等于 30 kbps，大概相当于人们在 20 世纪 90 年代通过语音级电话线使用拨号调制解调器的期望值。

香农 – 哈特利定理可以应用于各种链路，包括无线链路、同轴电缆和光纤等。显然，构建高容量的链路只有两种方法，提高带宽或提高信噪比，或者同时提高带宽和信噪比。有人希望通过设计编码方法来使传输速率达到信道的理论上限值，但这也无法保证高容量的链路。这种想法在今天的无线链路中特别明显，依托给定的无线频谱（信道带宽）和信号功率（SNR）以求获得更高的信息传输速率。

链路分类的方法之一就是依据其所采用的介质，典型的有铜线（如双绞线，一些以太网和固定电话使用）、同轴电缆和光纤（如商业型光纤到户服务和因特网骨干网中的长距离链路），以及作为用户无线网络介质的空气。

链路的另一个重要属性是频率（frequency），以赫兹（Hz）作为测量单位，反映了电磁波的摆动情况。波的一对相邻最高点或最低点之间的距离称为波长（wavelength），单位通常为米（m）。由于所有电磁波均以光速传播（具体速度依赖于介质），所以该速度除以波的频率就等于它的波长。我们已经看到音频电话线的例子，它在 300 ～ 3 300 Hz 的范围内传送连续的电磁信号，一个 300 Hz 的波通过铜线传播的波长为

$$\text{SpeedOfLightInCopper/Frequency} = 2/3 \times 3 \times 10^8/300 = 667 \times 10^3 \text{ m}$$

通常，电磁波横跨一个很宽的频率范围，从无线电波到红外线、可见光以及 X 射线和伽马射线。图 2-2 描绘了电磁波的频谱，并说明了何种介质用于传送哪一频段。

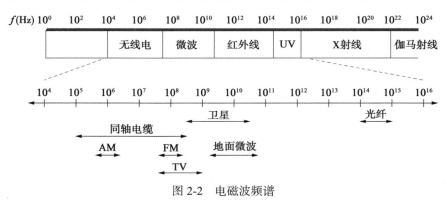

图 2-2　电磁波频谱

图 2-2 没有显示蜂窝网络的位置。这有点复杂，因为蜂窝网络许可的特定频段在世界各地有所不同，而且由于网络运营商通常同时支持旧 / 遗留技术和新 / 下一代技术（每种技术都占用不同的频段），使得这一点更加复杂。总的来说，传统的蜂窝技术范围从700 MHz 到 2400 MHz，新的中频谱分配现在在 6 GHz，毫米波（mmWave）分配在 24GHz 以上。该毫米波频段很可能成为 5G 移动网络的重要组成部分。

迄今为止，我们了解到一条链路就是用来传送电磁波信号的介质。这种链路为传输各种信息提供了基础，包括传输我们感兴趣的数据类型，即二进制数据（1 和 0）。我们称二进制数据被编码（encoded）到信号中。把二进制数据编码成电磁波信号是一个复杂的问题。为了使问题更加易于处理，我们可以把它分成两层来考虑。下层涉及调制（modulation），即通过改变信号的频率、振幅或相位来实现信息的传输。调制的一个简单例子是改变单一波长的振幅。在直观上这相当于开灯和关灯。由于在讨论链路作为计算机网络构件时调制问题是次要的，我们只假设能传输一对可区别的信号——把它们想象成"高"信号和"低"信号——并且只考虑上层，即只关心将二进制数据编码成这两种信号的问题。2.2 节将讨论这样的编码问题。

对链路进行分类的另一种方法是依据其使用方式，不同的经济考虑和部署方式都会影响链路类型。大部分消费者可能会通过无线网络（在咖啡店、机场、大学等区域）与因特网进行交互，也可能会通过因特网服务提供商提供的所谓"最后一英里"的链路，正如图 2-1 中所描述的一样。表 2-1 总结了这些链路类型。选取这些类型作为代表是因为它们对于数百万用户而言都是性价比较高的。例如数字用户线（Digital Subscriber Line，DSL）依托于现有的双绞线，而这些双绞线在普及的传统电话服务中已经搭建完成。G.Fast 是一种基于铜缆的技术，通常用于多住宅公寓楼。而无源光网络（Passive Optical Network，PON）是一种较新的技术，通常用于通过最近部署的光纤连接家庭和企业。

表 2-1   连接到家庭的最后一英里可用的公共服务

服务	带宽
DSL（铜缆）	可达 100 Mbps
G.Fast（铜缆）	可达 1 Gbps
PON（光纤）	可达 10 Gbps

当然，还有移动或蜂窝网络（也称为 4G，正在迅速演变为 5G）将我们的移动设备连接到因特网。这项技术也可以作为进入家庭或办公室的唯一因特网连接，但它还具有其他好处——允许我们在从一个地方移动到另一个地方的同时保持因特网连接。

表中的技术是连接到家庭或企业的最后一英里的常见选项，但它们不足以从头构建完整的网络。要做到这一点，你还需要一些连接城市的长途骨干链路。现代骨干链路几乎完全是光纤，它们通常使用一种称为同步光纤网络（Synchronous Optical Network，SONET）的技术，该技术最初是为了满足电话运营商苛刻的管理要求而开发的。

最后，除了最后一英里、骨干网和移动链路之外，还有在建筑物或校园内通常称为局域网（LAN）的链路。以太网及其无线"近亲"Wi-Fi 是这一领域的主导技术。

这里关于链路类型的概述虽然并不全面，却也揭示了现有链路类型的基本方法及链路类型的多样性。在下节中，我们将会看到网络协议如何利用这种多样性以及如何向更高层展现一致性，而无须考虑低层的复杂性细节和经济因素。

2.2　编码

将节点和链路变成可用构件的第一步是清楚它们如何连接，以使比特从一个节点传输到另一个节点。正如在前一节中提到的，信号是在物理链路上传播的。因此，我们的任务是将源节点准备发送的二进制数据编码为链路能够传送的信号，然后在接收节点将信号解码成相应的二进制数据。我们忽略调制的细节并假设处理两种离散信号，即高电平和低电平。实际上，这些信号可能对应于基于铜缆的链路上的两种不同电压、光链路上的两种不同功率或无线电传输中的两种不同振幅。

本章讨论的大部分功能是由网络适配器（network adaptor）完成的，它是一个将节点连接到链路上的硬件。网络适配器包括一个信令构件，它在发送节点把比特编码为信号，而在接收节点将信号解码为比特。因此，如图 2-3 所示，信号在两个信令构件之间的链路上传输，而比特在两个网络适配器之间流动。

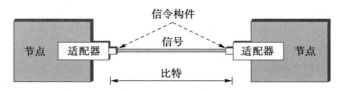

图 2-3   信号在信令构件之间传输，比特在适配器之间流动

回到将比特编码为信号的问题。显然，要做的就是将数值 1 映射为高电平，数值 0 映射为低电平。这是一种称为不归零（Non Return to Zero，NRZ）的编码方案所采用的映射。例如，图 2-4 以图解方式描述了一个特定的比特序列（图的上部）及其对应的 NRZ 编码信号（图的下部）。

图 2-4   一个比特流的 NRZ 编码

NRZ 的问题是，几个连续的 1 表示在一段时间内信号在链路上保持为高电平，类似地，几个连续 0 表示信号在一段时间内保持为低电平。一长串 0 和 1 导致两个基本问题。第一个问题是，它会导致基线漂移（baseline wander）状态。尤其是接收方保持一个它所看到的信号平均值，然后用这个平均值区分高、低电平。当收到的信号远低于这个平均值时，接收方就断定看到了 0，同样，远高于这个平均值的信号被认为是 1。当然，问题是太多连续的 1 或 0 会使这个平均值发生改变，使得检测信号中的明显变化更加困难。

第二个问题是，由高到低和由低到高的频繁转换必须使用时钟恢复（clock recovery）。直观地讲，时钟恢复问题就是编码和解码过程都由一个时钟来驱动，每个时钟周期发送方发送 1 比特，接收方恢复 1 比特。为了使接收方能恢复发送方发送的比特，发送方和接收方的时钟必须精确同步。如果接收方时钟比发送方时钟稍快或稍慢，那么，接收方就不能正确地解码信号。可以采用在另一条线上发送时钟给接收方的方法，但这种方案不太可行，因为这使布线费用增加一倍，所以接收方改由从收到的信号中得到时钟，这就是时钟恢复过程。无论何时，只要信号有从 1 到 0 或从 0 到 1 的跳变，接收方就知道这是在时钟周期的边界上，它能够自己重新同步。然而，若长时间没有这样的跳变就会导致时钟漂移。所以，无论传送什么数据，时钟恢复都依赖于信号内有许多跳变。

有一种方法可以解决这个问题，称为不归零反转（Non Return to Zero Inverted，NRZI），发送方将当前信号的跳变编码为 1，将当前信号的保持编码为 0。这样就解决了连续 1 的问题，但是显然未解决连续 0 的问题。NRZI 如图 2-5 所示。还有一种方法称为曼彻斯特编码（Manchester encoding），这种颇具独创性的方法通过传输 NRZ 编码数据与时钟的异或值使时钟与信号结合在一起。(把本地时钟看作一个从低到高变化的内部信号,一对低 / 高变化的电平看作一个时钟周期。)图 2-5 也给出了曼彻斯特编码。注意,曼彻斯特编码将 0 作为由低到高的跳变,1 作为由高到低的跳变。因为 0 和 1 都导致信号的跳变,所以接收方能有效地恢复时钟。(还有一种曼彻斯特编码的变种,称为差分曼彻斯特(Differential Manchester)编码。其方法是若信号的前一半与前一比特信号的后一半信号相等则编码为 1,若信号的前一半与前一比特信号的后一半信号相反则编码为 0。)

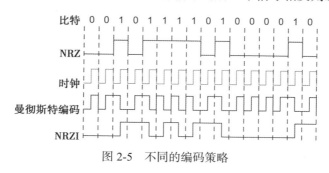

图 2-5　不同的编码策略

曼彻斯特编码方案存在的问题是使链路上信号跳变的速率加倍,这意味着接收方有一半的时间在检测信号的每一个脉冲。信号变化的速率称为链路的波特率(baud rate)。在曼彻斯特编码中,比特率是波特率的一半,所以认为编码的效率仅为 50%。记住,如果接收方保持图 2-5 中的曼彻斯特编码要求的波特率,那么在相同的时间段中,NRZ 和 NRZI 能传输 2 倍的比特数。

请注意,比特率不一定小于或等于波特率。如果调制方案能够利用(并识别)四个不同的信号,而不是仅仅两个(例如,“高”和“低”),则可以将 2 位编码到每个时钟间隔中,从而产生波特率的两倍的比特率。类似地,能够在八个不同信号之间进行调制意味着能够在每个时钟间隔传输 3 位。总的来说,重要的是要记住,我们过度简化了调制,它其实比传输“高”和“低”信号复杂得多。改变信号的相位和振幅的组合并不少见,这使得在每个时钟间隔期间编码 16 个甚至 64 个不同的模式(通常称为符号(symbol))成为可能。正交幅度调制(Quadrature Amplitude Modulation,QAM)是这种调制方案的一个广泛使用的示例。

我们考虑的最后一种编码方法称为 4B/5B,它力求不扩大高信号或低信号的持续期而解决曼彻斯特编码的低效问题。4B/5B 的思想是在比特流中插入额外的比特以打破一连串的 0 或 1。准确地讲,就是用 5 个比特来编码 4 个比特的数据,之后再传给接收方,因此称为 4B/5B。5 比特代码是由以下方式选定的:每个代码最多有 1 个前导 0,并且末端最多有 2 个 0。因此,连续传送时,在传输过程中任何一对 5 比特代码中连续的 0 最多有 3 个。然后,再将得到的 5 比特代码使用 NRZI 编码传输,这种方式说明了为什么仅需关心多个连续 0 的处理,因为 NRZI 已解决了多个连续 1 的问题。注意,4B/5B 编码的效率为 80%。

表 2-2 给出了 16 个可能的 4 比特数据符号对应的 5 比特代码。注意，5 比特足以编码 32 个不同的代码，我们仅用了 16 个，剩下的 16 个可用于其他目的。其中，11111 可用于表示线路空闲，00000 表示线路不通，00100 表示停止。在剩下的 13 个中，7 个是无效的（因为它们违反了"1 个前导 0，2 个末尾 0"的规则），另外 6 个代表各种控制符号。在本章后面将会看到，某些组帧协议会使用这些控制符号。

表 2-2　4B/5B 编码

4 比特数据符号	5 比特编码
0000	11110
0001	01001
0010	10100
0011	10101
0100	01010
0101	01011
0110	01110
0111	01111
1000	10010
1001	10011
1010	10110
1011	10111
1100	11010
1101	11011
1110	11100
1111	11101

2.3　组帧

我们已经看到在一个点到点链路（从一个适配器到另一个适配器）上如何传输比特序列，现在考虑图 2-6 中的情形。回顾第 1 章，我们关注的是分组交换网，即在节点间交换的是数据块 [在这一层称为帧（frame）] 而不是比特流。网络适配器使节点间能够交换帧。当节点 A 希望向节点 B 传送一帧时，它告诉自己的适配器从节点的内存中传送一帧，这导致一个比特序列传到链路上。然后，节点 B 的适配器收集链路上到达的比特序列，并在 B 的内存中存放相应的帧。准确识别什么样的比特集合构成一帧，即决定帧从哪里开始到哪里结束，是适配器面临的主要挑战。

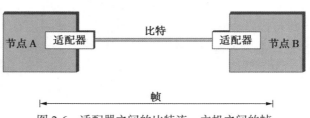

图 2-6　适配器之间的比特流，主机之间的帧

解决组帧问题有几种方法。本节从设计的角度使用 3 种不同的协议来说明各种方法。注意，尽管我们是在点到点链路的环境中讨论组帧问题，但在多路访问网（如以太网和 Wi-Fi）中组帧也是一个基本问题。

2.3.1 面向字节的协议（PPP）

最早的组帧方法是把每一帧看成一个字节（字符）集，而不是一个比特集，这种方法源于终端与大型机的连接。面向字节（byte-oriented）方法的早期实例有：20 世纪 60 年代末 IBM 开发的二进制同步通信（Binary Synchronous Communication，BISYNC）协议，以及用于数字设备公司的 DECNET 网络上的数字数据通信报文协议（Digital Data Communication Message Protocol，DDCMP）。（曾几何时，像 IBM 和 DEC 这样的大型计算机公司也为其客户建立专用网络。）近来广泛使用的点对点协议（PPP）则是这种方法的另一个实例。

在高层，面向字节的组帧有两种方法。第一种是使用称为起止字符（sentinel character）的特殊标记来指示帧的开始和结束位置。基本思想是一帧的开始由发送一个特定的 SYN（同步）字符表示。其后帧的数据部分包含在两个特殊的起止字符之间：STX（正文开始符）和 ETX（正文结束符）。BISYNC 使用了这种方法。自然，起止标记法存在的问题是特殊字符可能会出现在帧的数据部分。解决这个问题的标准做法是，无论特殊字符出现在帧体中什么位置，都在其前面加上一个 DLE（数据链路转义）字符，帧体中的 DLE 字符也采用同样的方法（在其前面多加一个 DLE）处理。（C 程序员可能注意到，这类似于当引号出现在一个字符串中时用反斜线转义的处理方法。）因为要在帧的数据部分插入额外的字符，所以这种方法常称为字符填充法（character stuffing）。

使用标记值检测帧结尾的替代方法是在帧首部包含帧中的字节数。DDCMP 使用了这种方法。这种方法的危险是，传输差错可能破坏计数字段，在这种情况下，将不能正确检测到帧的结束。（如果 ETX 字段被破坏，类似的问题也存在于起止标记法中。）假如发生此类差错，接收方就会累计错误的计数字段所指示的字节数，然后使用差错检测字段确定帧出错了。我们有时将这种情况称为组帧差错（framing error）。然后接收方将等待，直到看到下一个 SYN 字符，便会开始收集组成下一帧的字节。因此，组帧差错可能引起多个后续帧的错误接收。

PPP 通常用于在各种点对点链路上使用起止字符填充法传输 IP 分组。图 2-7 给出 PPP 的帧格式。

图 2-7　PPP 帧格式

该图是你将在本书中看到的用于说明帧或分组格式的许多图中的第一个，因此有必要做一些解释。我们将分组表示为一系列被标记的字段。每个字段上方是一个数字，以位为单位指示该字段的长度。请注意，分组从最左边的字段开始传输。

特殊的正文起始字符 STX 在图中被标记为标志（Flag）字段，其值为 01111110。地址（Address）和控制（Control）字段通常取默认值，所以不用理会。协议（Protocol）字段用于多路分解：它标识高层协议，如 IP 帧的有效载荷（Payload）长度是可以协商的，但它的默认值是 1 500 字节。校验和（Checksum）字段的长度是 2 字节（默认）或 4 字节。请注意，尽管该字段的名称很常见，但它实际上是循环冗余校验（CRC），而不是校验和（Checksum）（如下一节所述）。

PPP 帧格式中有几个字段的长度是可以协商而不是固定的，这种协商由链路控制协议（Link Control Protocol，LCP）管理。PPP 和 LCP 协同工作：LCP 发送封装在 PPP 帧中的控制报文，该报文由 PPP 的协议字段中的一个 LCP 标识符表示，然后返回并根据包含在控制报文中的信息来改变 PPP 的帧格式。当两端的对等实体都检测到载波信号时（例如，当光接收器检测到所连接的光纤上有发来的信号时），在它们之间建立一条链路的过程也会用到 LCP。

2.3.2　面向比特的协议（HDLC）

与面向字节的协议不同，面向比特的协议不关心字节的边界，它只把帧看成比特的集合。这些比特可能来自某个字符集，如 ASCII 码，它们可能是一幅图像中的像素值或一个可执行文件的指令和操作数。由 IBM 开发的同步数据链路控制（Synchronous Data Link Control，SDLC）协议就是一个面向比特的协议，后来由 ISO 将它标准化为高级数据链路控制（High Level Data Link Control，HDLC）协议。在下面的讨论中，我们将 HDLC 作为一个例子，它的帧格式如图 2-8 所示。

图 2-8　HDLC 帧格式

HDLC 用特定的比特序列 01111110 表示帧的开始与结束。在链路空闲时也发送这个序列，以保证发送方和接收方的时钟同步。这样，HDLC 与 PPP 本质上都使用起止标记法。因为这个序列可能出现在帧体中的任何位置（事实上，比特序列 01111110 可以跨字节边界），所以面向比特的协议使用类似于 DLE 字符的方法，这种方法称为比特填充法（bit stuffing）。

在 HDLC 协议中，比特填充过程如下。在发送方，任意时刻从报文体中发出 5 个连续的 1 后（发送方试图发送特别序列 01111110 除外），发送方在发送下一比特之前插入一个 0。在接收方，如果到达了 5 个连续的 1，接收方根据它看到的下一比特（即 5 个 1 后面的比特）做出决定。如果下一比特为 0，则一定是填充的，接收方就把它去掉；如果下一比特是 1，则有两种情况，即这是帧结束标记或是比特流中出现差错。通过查看下一（next）比特，接收方可以区别这两种情形：如果看到 0（即最后 8 比特为

01111110），那么它是帧结束标记；如果看到 1（即最后的 8 比特为 01111111），则一定是出错了，需要丢弃整个帧。在后一种情形中，接收方必须等到下一个 01111110 出现才能再一次开始接收数据。结果，接收方有可能连续两次接收帧失败。显然，仍存在组帧差错未被检测出来的情形，例如，可能由于差错而产生假的帧结束模式，但这种差错相对而言不大可能。我们将在 2.4 节讨论稳健的检错方式。

比特填充法和字符填充法都有一个有趣的特性：一个帧的长度由帧的有效载荷中传送的数据决定。事实上，如果在任何帧中携带的数据是任意的，所有的帧就不可能同样大。（为了使人信服，考虑如果一个帧体的最后字节是 ETX 字符将会出现什么情况。）确保所有帧为同样大小的组帧形式在下一小节讨论。

层中包含什么？

第 1 章提到的 OSI 参考模型的一个重要贡献在于，它提供了对协议（特别是协议层）进行讨论的一些术语。这些术语引起了很多争议，例如，"你的协议把功能 X 放在 Y 层，而 OSI 参考模型说明这个功能应放在 Z 层——这是分层违例。"事实上，正确指出给定功能所在的协议层是非常困难的，而且其论证通常比"OSI 模型怎么说"还难以说清。这就是本书避免严格分层方法的部分理由。本书的做法是展示许多需要由协议执行的功能，并考察已经成功实现它们的一些方法。

尽管我们不采用分层方法，但有时我们需要方便的方式来讨论协议类，用协议在其上进行操作的层的名称是最好的选择。例如，本章主要关心链路层协议。（2.2 节描述的比特编码是一个例外，它被认为是物理层功能。）链路层协议可通过它们是否运行在单一链路上来识别（本章讨论的网络类型就是单一链路）。对比之下，网络层协议运行在交换网上，其中包含许多由交换机或路由器互联起来的链路。

注意，当谈及协议类和把建网的问题划分为可管理的子任务时，协议层是有用的，因为它们提供了有助于讨论的方法。然而，这并不意味着过分的限制：事实是分层违例不会使是否值得分层的争论停止。换句话说，分层可以是善仆，也可以是恶主。

2.3.3 基于时钟的组帧（SONET）

组帧的第 3 种方法以同步光纤网络（Synchronous Optical Network，SONET）标准为例。由于没有广为接受的通用术语，我们简单地将这种方法称为基于时钟的组帧（clock-based framing）。SONET 最初是由贝尔通信研究室（Bellcore）提出的，然后由美国国家标准协会（ANSI）开发并用于在光纤上传输数据，此后被 ITU-T 采纳。多年来，SONET 是在光网络上远距离传输数据的主导标准。

在深入研究 SONET 之前需要了解的一件重要的事情是，SONET 的全部规范比本书还厚。因此，下面的讨论只能涉及这一标准的关键点。SONET 同时解决组帧问题和编码

问题。它还解决了一个对电话公司来说非常重要的问题：几条低速链路多路复用到一条
高速链路。（事实上，SONET 的大部分设计反映了这样一个事实，即电话公司必须关注
多路复用大量传统上用于电话呼叫的 64 kbps 信道。）我们首先讨论组帧，然后讨论其他
问题。

正如之前讨论的组帧方案，一个 SONET 帧包含一些特殊的信息，告诉接收方哪里
是帧的开始、哪里是帧的结束。然而，这是仅有的相似之处。特别地，由于并不使用比
特填充，所以帧的长度不依赖于传送的数据。SONET 帧的问题是接收方如何知道每一帧
从哪里开始和到哪里结束。我们针对速率为 51.84 Mbps 的 STS-1 低速 SONET 链路来考
虑这个问题。STS-1 帧如图 2-9 所示，它有 9 行，每行 90 个字节，并且每行的前 3 个字
节是系统管理信息，其余字节可用于链路上传送的数据。帧的前两个字节包含一个特定
的比特模式，使得接收方能够确定帧从哪里开始。然而，由于不使用比特填充，所以这
个模式可能会偶尔出现在帧的有效载荷部分。为了避免出现这种情况，接收方不断地寻
找特定比特模式，希望它每 810 个字节出现一次，因为每帧的长度是 9 × 90 = 810 字节。
当特定的模式在应有的位置出现多次时，接收方可推断它处于同步状态，然后就能正确
地解释帧。

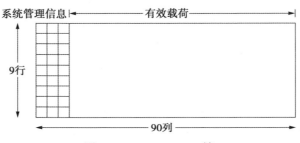

图 2-9   SONET STS-1 帧

由于 SONET 的复杂性，我们没有描述所有其他系统管理信息字节的详细用法。它
的复杂性可部分归结为，SONET 是在电信公司的光网上运行的，而不仅仅是在一条
单链路上运行。（回忆一下，我们掩盖了电信公司实现网络的事实，而仅考虑租用一条
SONET 链路，并使用这条链路建立自己的分组交换网。）额外的复杂性还来自 SONET
可提供更丰富的服务，而不仅仅是数据传输。例如，为用于维护的语音信道预留一个容
量为 64 kbps 的 SONET 链路。

SONET 帧的系统管理信息字节用 NRZ 编码，这是前一节描述的一种简单编码，其
中 1 表示高，0 表示低。然而，为确保有足够的跳变使接收方获得发送方的时钟，有效
载荷字节需混杂编码（scramble），这通过计算被传输数据与一个已知的比特模式的或
（异或）来完成。比特模式的长度是 127 比特，其中有许多从 1 到 0 的跳变，因此，与被
传输数据进行异或运算后可得到具有足够多跳变的信号，使接收方能够恢复时钟。

SONET 以下面的方式支持多个低速链路的多路复用。一个给定的 SONET 链路以一

组有限的可能速率运行，从 51.84 Mbps（STS-1）到 39 813 120 Mbps（STS-768）。注意所有速率都是 STS-1 的整数倍。组帧的意义在于，单个 SONET 帧能包含多个较低速率信道的子帧。第二个相关的特征是每一帧长 125 μs。这就是说，在 STS-1 速率下，一个 SONET 帧是 810 字节长，而在 STS-3 速率下，每个 SONET 帧是 2 430 字节长。注意这两个特征间的关系是 3×810=2 430，即三个 STS-1 帧正好放在一个 STS-3 帧中。

直观地讲，STS-N 帧可被认为是由 N 个 STS-1 帧构成的，这些帧中的字节是交叉的，即传输第一帧的一个字节，然后传输第二帧的一个字节，等等。交叉每个 STS-N 帧中的字节的原因是保证每个 STS-1 帧的字节传送进度均匀，即字节在接收方以 51 Mbps 的平滑速率出现，而不是在 125 μs 间隔的某个 1/N 的时间内全部成串出现。

尽管 STS-N 信号可被看成多路复用的 N 个 STS-1 帧，但这些 STS-1 帧的有效载荷还可以串接在一起形成一个更大的 STS-N 的有效载荷，这样的链路表示为 STS-Nc [c 表示串接的（concatenated）]。系统管理信息中的一个字段就用于这个目的。图 2-10 描述了三个 STS-1 帧串接成一个 STS-3c 帧的情形。将 SONET 链路设计成 STS-3c 而不是 STS-3 的意义在于，在前一种情形中，用户可将链路看成单一的 155.25 Mbps 信道，而 STS-3 实际应被看作共享一条光纤的三条 51.84 Mbps 链路。

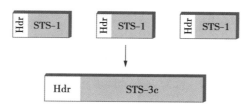

图 2-10　三个 STS-1 帧多路复用成为一个 STS-3c 帧

最后，前面描述的 SONET 过于简单，因为它假设每一帧的有效载荷完全包括在帧内（为什么有例外的情况）。事实上，应该简单地把刚刚描述的 STS-1 帧看作帧的容器，而真正的有效载荷可能跨越（float）帧边界。这种情形如图 2-11 所示。在此可以看到，STS-1 有效载荷跨越两个 STS-1 帧，而且有效载荷向右移了几个字节绕了回来。帧的系统管理信息中的一个字段指向有效载荷的起点。这样做的意义是简化电信网中的时钟同步工作，而时钟同步是电信网要花很多时间来处理的事情。

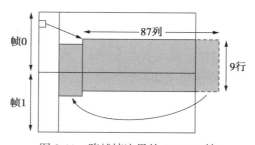

图 2-11　跨越帧边界的 SONET 帧

2.4　差错检测

如第 1 章中的讨论，帧中有时会发生比特差错。例如，由于电干扰或热噪音，就会发生这样的差错。尽管差错很少，特别是在光链路上，但还是需要某种机制来检测这些差错，以便采取纠错措施。否则，终端用户会奇怪为什么刚刚成功编译的 C 程序现在突然会有一个语法错。发生这样的差错是因为这个程序是通过一个网络文件系统拷贝过来的。

用来处理计算机系统中比特差错的技术已有很长的历史，至少可以追溯到 20 世纪 40 年代。早在使用打孔机以及当数据保存在磁盘或早期的磁心存储器时就已经开发出了汉明（Hamming）码和里德 – 所罗门（Reed-Solomon）码。本节介绍网络中最常用的一些差错检测技术。

检错只是问题的一部分，另一部分是一发现差错就立即纠错。当报文的接收方检测到差错时，可以采取两种基本方法。一种是通知发送方报文受到破坏，使发送方重发报文的副本。如果比特差错很少，那么重传的副本很可能没有差错。另一种方法是采用几种差错检测算法，它们使接收方即使在报文出错后仍可以重新构造正确的报文。这些算法依赖于下面讨论的纠错码（error-correcting code）。

检测传输差错的一项最常用的技术叫作循环冗余校验（Cyclic Redundancy Check，CRC）。它几乎用在本章讨论的所有链路层协议中，本节概述基本的 CRC 算法。在讨论该算法之前，我们先描述一下在若干因特网协议中使用的略为简单的校验和方案。

任何差错检测方案的基本思想都是在帧中加入冗余信息来确定是否存在差错。极端情况下，可以想象传输数据的两个完整副本。如果这两个副本在接收方是相同的，那么可能它们都是正确的；如果不同，那么其中之一或者两者都有错误，必须将它们丢弃。这是相当差的差错检测方案，原因有两点：第一，它为 n 比特报文发送 n 比特冗余信息；第二，有许多差错检测不到，如恰好在报文的第一和第二个副本的相同比特位置出错时，便检测不到。一般而言，检错码的目标是提供较高的检错概率以及相对较少的冗余位。

幸运的是，我们有比这个简单方案更好的方法。一般说来，当为 n 比特报文仅发送 k 个冗余比特时，其中 k 远小于 n，我们能够提供相当强的差错检测能力。例如，在以太网上，一个 12 000 比特（1 500 字节）的数据帧仅需要一个 32 位的 CRC 码，通常表示为 CRC-32。下面将会看到，CRC 码能发现大多数的差错。

之所以说发送的额外比特是冗余信息，是因为它们不是向报文中加入新的信息，而是用某种明确的算法直接从原始报文中导出信息。发送方和接收方都确切知道这个算法，发送方将该算法应用到报文上以产生冗余比特。然后，它将该报文和冗余比特都传输出去。当接收方对收到的报文应用同一算法时，（在没有差错的情况下）应该产生与发送方相同的结果。它将结果与发送方发给它的结果进行比较，如果它们相等，就可能（以很高的可能性）做出结论：报文在传输过程中没有出错；如果不相等，就能够确定报文或冗余比特受到破坏，对此必须采取适当的措施，那就是丢弃报文，或在可能的情况下纠错。

注意这些冗余比特的术语。一般说来，它们指的是差错检测码（error detecting code）。在特定的情况下，当产生编码的算法是以相加为基础时，可能称为校验和（checksum）。我们将会看到，因特网校验和的命名是很恰当的：它是使用求和算法的一种差错检测机制。不幸的是，校验和这个词常被不准确地用于表示任何形式的差错检测码，包括CRC。这可能引起混乱，因此，我们主张将校验和这个词仅用于真正使用求和运算的代码，而用差错检测码这个词表示本节描述的一般类型的编码。

2.4.1 因特网校验和算法

差错检测的第一种方法以因特网校验和为例。虽然此方法不在链路层使用，但它仍提供了与 CRC 同样的功能，因此在这里进行讨论。

因特网校验和的思想非常简单——将传输的所有字加起来，然后传输这个相加的结果，此结果称为校验和。接收方对收到的数据执行同样的计算，然后把得到的结果与收到的校验和进行比较。如果传输的任何数据（包括校验和本身）出错，那么结果将不相同，接收方就知道发生了错误。

可以想象校验和的许多不同变种。因特网协议所使用的具体方案如下。把计算校验和的数据看作一个 16 位整数序列，采用 16 位反码算法（下面解释）将它们加在一起，然后对结果取反码，得到的 16 位数即为校验和。

在反码算法中，负整数 $-x$ 用 x 的反码表示，也就是说，将 x 的每一位取反。当在反码算法中进行加法运算时，需要将来自最高有效位的一个进位加到结果中。例如，考虑 4 比特整数的反码算法中 -5 与 -3 相加。$+5$ 是 0101，所以 -5 是 1010；$+3$ 是 0011，所以 -3 是 1100。如果我们将 1010 和 1100 相加而不考虑进位，则得到 0110。在反码算法中，将最高位的进位再加到结果上，得到 0111，正如我们预期的，它是 -8 的反码表示（由对 1000 各位取反而获得）。

下面的例程给出因特网校验和算法的一个直接实现。参数 count 给出以 16 比特为单位的 buf 的长度。例程假设 buf 的末尾已经用 0 填充成 16 位。

```
u_short
cksum(u_short *buf, int count)
{
    register u_long sum = 0;

    while (count--)
    {
        sum += *buf++;
        if (sum & 0xFFFF0000)
        {
            /* carry occurred, so wrap around */
            sum &= 0xFFFF;
            sum++;
```

```
        }
    }
    return ~(sum & 0xFFFF);
}
```

这段代码确保计算使用反码算法而不是大部分机器上使用的补码算法。注意 while 循环之内的 if 语句，如果在 sum 的 16 位最高位有一个进位，那么就像在前面的例子中一样给 sum 加 1。

这个算法比重复编码要好，因为它使用很少的冗余比特，即对任意长度的报文仅用 16 位，但是它的差错检测能力却不太好。例如，有一对单比特错，一个比特错使一个字增加 1，而另一个比特错使另一个字减少 1，便无法检测。虽然在检错能力上相对较弱（例如与 CRC 相比），但我们仍然使用这种算法，原因很简单：这个算法易于用软件实现。经验表明，这种形式的校验和就足够了。理由是校验和是端到端协议的最后一道防线，大部分差错将由链路层上更强的差错检测算法（如 CRC）检查出来。

简单概率计算

当处理网络差错和其他（我们希望）不大可能发生的事件时，通常使用简单概率估计。这里有一个有用的近似值，如果两个独立事件具有小概率 p 和 q，那么两个事件之一发生的概率是 $p+q$，准确答案是 $1-(1-p)(1-q)=p+q-pq$。对于 $p=q=0.01$，估计值是 0.02，而准确值是 0.019 9。足够接近。

考虑这个结果的一个简单应用，假设一条链路上的每比特差错率是 $1/10^7$。假设需要估计在一个 10 000 比特分组中至少 1 比特出现差错的概率。利用上述方法对所有比特反复近似，可以说成，我们感兴趣的是第 1 比特错的概率、第 2 比特错的概率或第 3 比特错的概率，依次类推。若比特错完全是独立的（其实不是），我们可以估计，一个 10 000（10^4）比特的分组中至少有一个差错的概率是 $10^4 \times 10^{-7}=10^{-3}$。由 $1-p$（无错）计算出的准确答案是 $1-\left(1-10^{-7}\right)^{10\,000}=0.000\,999\,50$。

对于复杂一些的应用，我们计算一个分组中恰好出现两个差错的概率，即逃脱 1 奇偶校验位校验和差错检测的概率。考虑在一个分组中的两个特定的比特，分别为比特 i 和比特 j，恰是这两个比特错的概率是 $10^{-7} \times 10^{-7}$。在这个分组中，可能的比特对的总数是 5×10^7。所以，再次利用多个偶然事件（其中包括任意可能出错的比特对）概率的反复相加近似求得至少两个比特错的概率是 $5 \times 10^7 \times 10^{-14}=5 \times 10^{-7}$。

2.4.2　循环冗余校验

至此，我们应该清楚设计差错检测算法的主要目标是用最少的冗余比特检测最多的错误。循环冗余校验使用一些功能很强的数学算法来达到这个目标。例如，一个 32 比特的 CRC 码对于上千字节长的报文中一般的比特差错具有很强的检测能力。循环冗余校验的理论基础源于一个称为有限域（finite field）的数学分支。尽管听起来深奥，但它的基本思想很容易理解。

首先，考虑一个由 n 次多项式（即最高幂次项是 x^n 的多项式）表示的 $n+1$ 比特报文。用多项式表示报文时，报文的每一比特值为多项式中每一项的系数，并从最高有效位代表最高幂次项开始。例如，一个 8 比特报文 10011010 对应多项式

$M(x)=1×x^7+0×x^6+0×x^5+1×x^4+1×x^3+0×x^2+1×x^1+0×x^0 = x^7+x^4+x^3+x^1$

这样，我们可以认为发送方和接收方在互相交换多项式。

为了计算 CRC，发送方和接收方必须商定一个除数（divisor）多项式 $C(x)$。$C(x)$ 是一个 k 次幂的多项式。例如，假设 $C(x)=x^3+x^2+1$，在这种情况下，$k=3$。在多数实际情况中，"$C(x)$ 从何而来"这个问题的答案是"到书中去找"。事实上，正如下面要讨论的，$C(x)$ 的选择对于能被可靠检测的差错类型有很大影响。有少数除数多项式对于各种情况都是很好的选择，并且准确的选择通常是协议设计的一部分。例如，以太网标准使用一个众所周知的 32 次幂的多项式。

当发送方想要传输一个 $n+1$ 比特长的报文 $M(x)$ 时，实际发送的是该 $n+1$ 比特的报文加上 k 比特。我们将这个包括冗余比特的完整报文称为 $P(x)$。我们要做的就是试图使表示 $P(x)$ 的多项式恰能被 $C(x)$ 整除，下面解释如何去做。如果在一条链路上传输 $P(x)$，并且在传输过程中没有发生差错，那么接收方应该能用 $C(x)$ 整除 $P(x)$，余数为 0。另一方面，如果在传输过程中 $P(x)$ 中出现了某个差错，那么收到的多项式总体上可能无法被 $C(x)$ 整除，因此接收方得到一个非零余数，说明发生了差错。

了解一些多项式运算的知识将有助于理解下面的内容，它与普通的整数运算略有不同。这里，我们处理一类特殊的多项式运算，其中系数仅为 1 或 0，并且用模 2 算术执行对系数的运算。称为"模 2 多项式算术"。由于这是一本关于网络的书而不是数学课本，所以让我们将重点集中在这类运算的主要特征（需要接受的定理）上。

- 对于任意多项式，如果 $B(x)$ 的幂次比 $C(x)$ 高，则 $B(x)$ 都能被 $C(x)$ 除。
- 如果 $B(x)$ 的幂次与 $C(x)$ 相同，则任何多项式 $B(x)$ 都能被除数多项式 $C(x)$ 除 1 次。
- $B(x)$ 除以 $C(x)$ 所得余数是由 $B(x)$ 减去 $C(x)$ 得到的。为了得到 $B(x)$ 减去 $C(x)$ 的结果，我们仅仅在每一对匹配的系数上执行或（异或）操作。

例如，多项式 x^3+1 能被 x^3+x^2+1 除（因为它们的幂次都是 3），余数是 $0×x^3+1×x^2+0×x^1+0×x^0=x^2$（由每一项系数的异或得到）。以报文的形式，我们可以说 1001 能被 1101 除，余数为 0100。可以看出，余数恰好是两个报文的比特的按位异或。

现在我们知道了多项式除法的基本规则，我们能够做长除法，这对于处理较长的报文是必要的。下面看一个例子。

回忆一下，我们希望创建一个从原始报文 $M(x)$ 得到的用于传输的多项式，它比 $M(x)$ 长 k 个比特，并且能被 $C(x)$ 整除。可以按下面的步骤执行：

1）用 x^k 乘 $M(x)$，就是在报文的末尾加上 k 个 0，这称为零扩展的报文 $T(x)$。

2）用 $C(x)$ 除 $T(x)$，并求出余数。

3）从 $T(x)$ 减去余数。

显然，这时所剩的是能被 $C(x)$ 整除的一个报文。注意，作为结果的报文由 $M(x)$ 后接从第 2 步得到的余数组成，因为在减去余数（不会长于 k 比特）时，仅仅是将它与第 1 步中加入的 k 个 0 进行异或。这部分内容用一个例子说明将会更加清楚。

考虑报文 $x^7+x^4+x^3+x^1$ 或 10011010。我们从将它乘以 x^3 开始，因为除数多项式的幂次是 3。这就得到 10011010000。用 $C(x)$ 除这个多项式，这时 $C(x)$ 对应于 1101。图 2-12 显示了多项式的长除运算。给定上面讨论的多项式算术规则，长除运算很像整数除法。因而，在例子的第 1 步，我们看到除数 1101 除报文的前 4 个比特（1001），因为它们是等幂的，得到余数 100（1101 异或 1001）。下一步是从报文多项式中拿下一位数字，直到得到与 $C(x)$ 等幂的另一个多项式，在本例中是 1001。再次计算余数（100），继续下去直到计算完成。注意，我们对出现在算式上方的长除法结果并不感兴趣，重要的是计算后得到的余数。

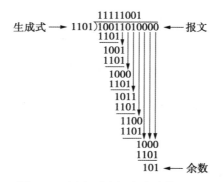

图 2-12　用多项式长除法计算 CRC

从图 2-12 底部可以看到，本例计算的余数是 101。由此可知，10011010000 减去 101 一定可以被 $C(x)$ 整除，并且这个差就是我们所传送的数据。多项式算术中的减法运算就是逻辑异或运算，因此实际发送的是 10011010101。如上面指出的那样，此时传送的正是原始报文再附带上余数（由长除法计算得出）。接收方用 $C(x)$ 除接收到的多项式，若结果为 0，则无错；若结果非 0，可能有必要丢弃出错的报文。使用某些编码有可能纠正小的差错（例如仅有 1 比特的差错）。能够纠正差错的编码称为纠错码（Error-Correcting Code，ECC）。

现在考虑多项式 $C(x)$ 从哪里来的问题。直观地讲，选择的多项式不大可能除尽有错的报文。如果被传输的报文是 $P(x)$，则可以将引入的差错看作加入另一个多项式 $E(x)$，所以接收方看到的是 $P(x)+E(x)$。检测不到差错的唯一情形是收到的报文能被 $C(x)$ 整除，由于知道 $P(x)$ 能被 $C(x)$ 整除，所以只有当 $E(x)$ 也能被 $C(x)$ 整除时才会发生。选择 $C(x)$ 的技巧是使常见类型的差错多半不能被其整除。

一种常见的差错类型是单比特错，第 i 比特错时可表示为 $E(x)=x^i$。如果我们选 $C(x)$

时它的第一项及最后一项（即 x^k 和 x^0）不为 0，那么就有一个有两项的多项式，它不可能整除单项的 $E(x)$。因此，这样的 $C(x)$ 能够检测所有单比特错。一般说来，可以证明具有下述性质的 $C(x)$ 能检测出以下几类差错：

- 只要 x^k 和 x^0 项的系数不为 0，可检测所有单比特差错。
- 只要 $C(x)$ 含有一个至少三项的因子，可检测所有双比特差错。
- 只要 $C(x)$ 包含因子 $x+1$，可检测任意奇数个错。

我们已经提到可以使用不仅可以检测差错的存在而且还可以纠正差错的编码。由于理解这些编码的细节需要比理解 CRC 所需的数学更复杂，我们不会在这里详述。但是，纠错与检错的优点值得考虑。

乍一看，纠正似乎总是更好，因为通过检测，我们被迫扔掉报文，通常要求传输另一份副本。这会占用带宽，并可能在等待重新传输时引入延迟。然而，纠错也有缺点，因为它通常需要更多的冗余位来发送纠错码，该纠错码与仅检测错误的代码一样强（即，能够处理相同范围的错误）。因此，当错误发生时，错误检测需要发送更多的位；而纠错需要始终发送更多的位。因此，当错误很可能发生时（例如，在无线环境中），或者由于通过卫星链路重新传输分组造成的延迟使得重新传输的成本太高时，纠错往往最有用。

在网络中使用纠错码有时被称为前向纠错（Forward Error Correction，FEC），因为纠错是通过发送额外信息"提前"处理的，而不是等待错误发生，然后通过重新传输来处理错误。FEC 通常用于无线网络，如 802.11。

- 任何长度小于 k 比特的"成组"差错（即连续的错误比特序列，大部分大于 k 比特的成组差错也能检测到）。

链路层协议中广泛使用 6 种版本的 $C(x)$。例如，以太网使用 CRC-32，定义如下：

- $CRC-32 = x^{32} + x^{26} + x^{23} + x^{22} + x^{16} + x^{12} + x^{11} + x^{10} + x^8 + x^7 + x^5 + x^4 + x^2 + x + 1$

最后，我们注意到，CRC 算法看起来复杂，但在硬件上使用一个 k 比特移位寄存器和若干异或门是比较容易实现的。移位寄存器中的位数等于生成多项式的幂次（k）。图 2-13 显示了用于前面例子的生成器多项式 $x^3 + x^2 + 1$ 的硬件。报文从左边移入，以最高有效位开始，并以附在报文后的 k 个 0 的比特串结束，正如长除法中的例子一样。当所有的比特都被移入并进行了相应的异或时，寄存器包含余数，即 CRC（右边是最高有效位）。异或门的位置按如下方式确定：如果移位寄存器中的各位从左到右标记为 $0 \sim k-1$，那么，如果生成多项式中有 x^n 项，就在 n 位之前放置一个异或门。因而，对于生成多项式 $x^3 + x^2 + x^0$，在位置 0 和 2 之前有异或门。

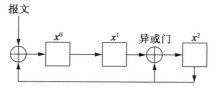

图 2-13　使用移位寄存器计算 CRC

2.5 可靠传输

正如前一节所述，当帧在传输中可能出错时，可以用像 CRC 这样的差错码来检测这类差错。虽然有些差错码功能很强，还可以纠错，但实际上却由于开销太大以至于无法处理网络链路上发生的比特差错和成组差错。即使在用纠错码时（例如在无线链路上），某些差错也可能过于严重而无法纠正。因此，某些差错帧必须丢弃。一个想要可靠传输帧的链路层协议必须能以某种方式恢复这些丢弃（丢失）的帧。

值得注意的是可靠性可以是链路层提供的功能，但是当前许多链路层技术忽略了该功能。另外，高层协议中经常提供可靠传输，包括传输层，有时也包括应用层。到底应该在哪一层提供可靠传输依赖于很多因素。本节介绍可靠传输的基本思想，该思想是跨层的，应该意识到该思想不仅只适用于链路层。

通常使用两种基本机制——确认（acknowledgement）和超时（timeout）的组合来完成上述工作。确认（简称 ACK）是协议发给它的对等实体的一个小的控制帧，告知它已收到刚才的帧。所谓控制帧就是一个无任何数据的首部，但是协议也可以将 ACK 捎带（piggyback）在一个恰好要发向对方的数据帧上。原始帧的发送方收到确认，表明帧发送成功。如果发送方在一段相当长的时间后未收到确认，那么它重传（retransmit）原始帧。等待一段相当长的时间的动作称为超时。

使用确认和超时实现可靠传输的策略有时称为自动请求重发（Automatic Repeat Request, ARQ）。本节用通用的语言描述三种不同的 ARQ 算法，就是说，我们不给出一个特定协议首部字段的详细信息。

2.5.1 停止等待

最简单的 ARQ 方案是停止等待（stop-and-wait）算法，停止等待的思想很简单：发送方传输一帧之后，在传输下一帧之前等待确认。如果在一段时间之后确认没有到达，则发送方超时，并重传原始帧。

图 2-14 说明此算法的四种不同情形。左侧表示发送方，右侧表示接收方，时间从上向下流动。图 2-14a 表示在定时器超时之前发送方收到 ACK 的情况，图 2-14b 和图 2-14c 分别表示原始帧和 ACK 丢失的情况，图 2-14d 表示超时过快发生的情况。回忆一下，"丢失"的意思是指帧在传输中出错时，接收方用差错码检测到这类差错，接着将帧丢弃。

本节给出的分组时间线是在教学、解释和设计协议中经常使用的一种工具的实例。由于这些图可以随着时间发展可视地捕获分布式系统的行为，有些行为可能是很难分析的，因而非常有用。在设计协议时，必须为一些意外做准备，比如系统崩溃、报文丢失或者是一些本期望很快发生的事件结果占用了很长时间。这种图表通常有助于理解在此情形下可能出现什么故障，进而帮助协议设计者为应对每一种不测做准备。

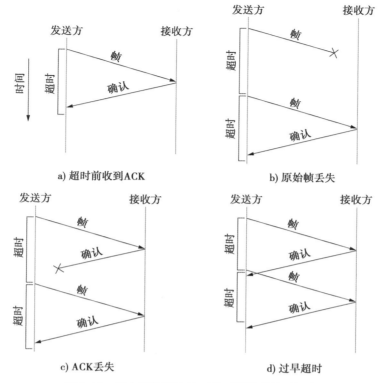

a) 超时前收到ACK　　　　　b) 原始帧丢失

c) ACK丢失　　　　　d) 过早超时

图 2-14　停止等待算法的四种不同情形的时间线

在停止等待算法中有一个重要的细节。假设发送方发送一个帧，并且接收方确认它，但这个确认丢失或迟到了，如图 2-14c 和图 2-14d 所示。在这两种情况下，发送方超时并重传原始帧，但接收方认为那是下一帧，因为它正确地接收并确认了第一帧。这就引起重复传送帧的问题。为解决这个问题，停止等待协议的首部通常包含 1 比特的序号，即序号可取 0 和 1，并且每一帧交替使用序号，如图 2-15 所示。因此，当发送方重传帧 0 时，接收方可确定它是帧 0 的另一个副本，而不是帧 1 的第一个副本，可以忽略（接收方依然确认该帧，以防第一个 ACK 丢失）。

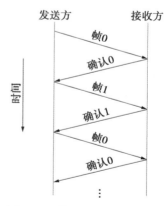

图 2-15　带有 1 比特序号的停止等待算法的时间线

停止等待算法的主要缺点是，它只允许发送方每次在链路上有一个未确定的帧，这可能远远低于链路的容量。例如，考虑一条往返时间为 45 ms 的 1.5 Mbps 链路。这条链路的延迟带宽积为 67.5 Kb（约 8 KB）。由于发送方每个 RTT 仅能发送一帧，并假设一帧的大小为 1 KB，这就隐含最大发送速率为

$$\text{BitsPerFrame/TimePerFrame} = 1024 \times 8/0.045 = 182 \text{ kbps}$$

或者大约是链路容量的 1/8。为充分利用链路，我们希望发送方在等待一个确认之前能

够发送多达 8 帧。

延迟带宽积的重要性在于，它表示可传输的数据总量。我们希望在等待第一个确认之前能够发送这么多的数据。这里使用的原理通常称为保持管道满载（keeping the pipe full）。下面两节中的算法正是这一原理的体现。

2.5.2　滑动窗口

再次考虑链路的延迟带宽积为 8 KB 和帧大小为 1 KB 的情况。我们想让发送方在第一帧的 ACK 到达的同一时刻准备发送第九帧。允许这样做的算法称为滑动窗口（sliding window），其时间线如图 2-16 所示。

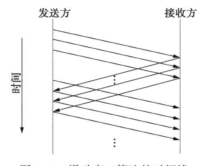

图 2-16　滑动窗口算法的时间线

1. 滑动窗口算法

滑动窗口算法的工作过程如下。首先，发送方对每一帧赋予一个序号（sequence number），记作 SeqNum。现在，忽略 SeqNum 是由有限大小的首部字段实现的事实，而假设它能无限增大。发送方维护三个变量：发送窗口大小（send window size），记作 SWS，给出发送方能够发送但未确认的帧数的上界；LAR 表示最近收到的确认帧（last acknowledgement received）的序号；LFS 表示最近发送的帧（last frame sent）的序号。发送方还遵循如下的不等式：

$$\text{LFS} - \text{LAR} \leqslant \text{SWS}$$

这种情况如图 2-17 所示。

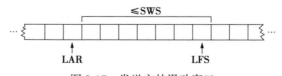

图 2-17　发送方的滑动窗口

当确认到达时，发送方向右移动 LAR，从而允许发送方发送另一帧。同时，发送方为所发的每个帧设置一个定时器，如果定时器在接收到 ACK 之前超时，则重传此帧。注意，发送方必须能缓存 SWS 个帧，因为在它们得到确认之前必须准备重传。

接收方维护下面三个变量：接收窗口大小（receive window size），记为 RWS，给出接收方所能接收的无序帧数目的上界；LAF 表示最大的可接收帧（largest acceptable frame）的序号；LFR 表示最后收到的帧（last frame received）的序号。接收方也遵循如下不等式：

$$LAF - LFR \leqslant RWS$$

这种情况如图 2-18 所示。

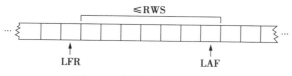

图 2-18 接收方的滑动窗口

当一个具有序号 SeqNum 的帧到达时，接收方采取如下行动：如果 SeqNum $\leqslant$ LFR 或 SeqNum > LAF，那么帧不在接收方窗口内，于是丢弃；如果 LFR < SeqNum $\leqslant$ LAF，那么帧在接收方窗口内，于是接收。现在接收方需要决定是否发送 ACK。令 SeqNumToACK 表示未被确认帧的最大序号，这样序号小于等于 SeqNumToACK 的帧都已收到。即使已经收到更高序号的分组，接收方仍确认 SeqNumToACK 的接收。这种确认是累积的。然后，设 LFR=SeqNumToACK，并调整 LAF=LFR+RWS。

例如，假设 LFR=5（即上次接收方发送的 ACK 是为了确认序号 5 的），并且 RWS=4。这意味着 LAF=9。如果帧 7 和帧 8 到达，则把它们存入缓冲区，因为它们在接收方窗口内。然而并不需要发送 ACK，因为帧 6 还没有到达。帧 7 和帧 8 被称为是错序到达的。（从技术上讲，接收方可以在帧 7 和帧 8 到达时重发帧 5 的 ACK。）如果帧 6 当时到达了（或许它因第一次丢失后必须重传而晚到，或许它只是被延迟了），接收方确认帧 8，LFR 变为 8，LAF 置为 12[⊖]。如果事实上帧 6 丢失了，则出现发送方超时，引发重传帧 6。

我们看到，当发生超时时，传输数据量减少，因为发送方在帧 6 确认之前不能向前移动窗口。这意味着当分组丢失时，此方案将不再保证管道满载。注意到分组已经丢失所经历的时间越长，这个问题越严重。

注意，在这个例子中，接收方可以在帧 7 一到达就为帧 6 发送一个否定确认（Negative Acknowledgment, NACK）。然而，由于发送方的超时机制足以发现这种情况，所以发送 NACK 反而为接收方增加了复杂性，因此不必这样做。同时，正如之前已提到的，当帧 7 和帧 8 到达时，为帧 5 发送一个额外的 ACK 是合理的。在某些情况下，发送方可以使用重复的 ACK 作为帧丢失的线索。这两种方法都考虑到尽早检测分组的丢失，有助于改进性能。

⊖ 虽然分组不太可能在点到点链路上延迟或无序到达，但在可能出现此类延迟的多跳连接上也使用相同的算法。

关于这个方案的另一个变种是使用选择确认（selective acknowledgment）。就是说，接收方能够准确地确认那些已收到的帧，而不只是确认按顺序收到最高序号的帧。因此，在上例中，接收方能够确认帧 7、帧 8 的接收。如果给发送方更多的信息，就能使其较容易地保持管道满载，但增加了实现的复杂性。

发送窗口大小是根据一段给定时间内链路上有多少待传输的帧来选择的，对于给定的延迟带宽积，SWS 是容易计算的。另一方面，接收方可以将 RWS 设置为任何想要的值。通常的两种设置是：RWS=1，表示接收方不缓存任何错序到达的帧；RWS=SWS，表示接收方能够缓存发送方传输的任何帧。由于错序到达帧的数目不可能超过 SWS，所以设置 RWS > SWS 没有意义。

2. 有限序号和滑动窗口

现在讨论引入算法中的一个简化，即假设序号是可以无限增大的。当然，实际上是在大小有限的首部字段中说明帧的序号。例如，一个 3 比特字段意味着有 8 个可用序号（0 ～ 7）。因此序号必须可重用，或者说序号能回绕。这就带来了一个问题：要能够区别同一序号体现的不同帧，这意味着可用序号的数目必须大于所允许的待确认帧的数目。例如，停止等待算法允许一次有一个待确认帧，并有两个不同的序号。

假设序号空间中的序号数比待确认的帧数大 1，即 SWS ≤ MaxSeqNum−1，其中 MaxSeqNum 是可用序号数。这就够了吗？答案取决于 RWS。如果 RWS=1，那么 MaxSeqNum ≥ SWS+1 就足够了。如果 RWS=SWS，那么有一个只比发送窗口尺寸大 1 的 MaxSeqNum 是不够的。为清楚这一点，考虑有 8 个序号 0 ～ 7 的情况，并且 SWS=RWS=7。假设发送方传输帧 0 ～ 6，并且接收方成功接收，但 ACK 丢失。接收方现在希望接收帧 7 和帧 0 ～ 5，但发送方超时并发送帧 0 ～ 6。不幸的是，接收方期待的是第二次的帧 0 ～ 5，得到的却是第一次的帧 0 ～ 5。这正是我们想避免的情况。

事实是，当 RWS=SWS 时，发送窗口的大小不能大于可用序号数的一半，或更准确地说：

$$SWS < (MaxSeqNum+1)/2$$

直观上，这说明滑动窗口协议是在序号空间的两半之间交替，就像停止等待协议的序号是在 0 和 1 之间交替一样。它们之间唯一的区别是，滑动窗口协议在序号空间的两半之间连续滑动而不是离散的变换。

注意，这条规则是特别针对 RWS=SWS 的。我们把确定适用于 RWS 和 SWS 的任意值的更一般的规则留作习题。还要注意，窗口的大小和序号空间之间的关系依赖于一个很明显以至于容易被忽略的假设，即帧在传输中不重新排序。因为在直接的点到点链路上，一个帧不可能赶上另一个帧。然而，我们将在第 5 章看到用在一个不同环境中的滑动窗口算法，并且需要设计另一条规则。

3. 滑动窗口的实现

下面的例程说明如何实现滑动窗口算法的发送和接收。例程取自一个正在使用的协议，即滑动窗口协议（Sliding Window Protocol，SWP）。只要不涉及协议图中的邻近协议，我们就用高层协议（High Level Protocol，HLP）表示 SWP 上层的协议，用链路层协议（Link Level Protocol，LLP）表示 SWP 下层的协议。

我们从定义一对数据结构开始。首先，帧首部非常简单：它包含一个序号（SeqNum）和一个确认号（AckNum）；还包含一个标志（Flags）字段，表明帧是一个 ACK 帧还是携带数据的帧。

```
typedef u_char SwpSeqno;

typedef struct {
    SwpSeqno    SeqNum;     /* sequence number of this frame */
    SwpSeqno    AckNum;     /* ack of received frame */
    u_char      Flags;      /* up to 8 bits worth of flags */
} SwpHdr;
```

其次，滑动窗口算法的状态有如下结构。对于协议的发送方，这个状态包括本节前面所述的变量 LAR 和 LFS，以及一个存放已传出但尚未确认的帧的队列（sendQ）。发送方状态还包含一个计数信号量（counting semaphore），称为 sendWindowNotFull，下面将介绍如何使用它。但一般来说，信号量是一个支持 semWait 和 semSignal 操作的同步原语。每次调用 SemSignal 操作，信号量加 1；每次调用 SemWait 操作，信号量减 1。如果信号量减小，导致它的值小于 0，那么调用进程阻塞（挂起）。只要执行了足够的 semSignal 操作而使信号量的值增大到大于 0，就允许恢复在调用 semWait 的过程中阻塞的进程。

对于协议的接收方，状态包含变量 NFE。这是下一个希望接收的帧（next frame expected），正如本节前面所述，其序号比最后接收的帧（LFR）的序号大 1。还有一个存放已收到的错序帧的队列（recvQ）。最后，虽然未显示，但发送方和接收方的滑动窗口的大小分别由常量 SWS 和 RWS 表示。

```
typedef struct {
    /* sender side state: */
    SwpSeqno    LAR;                /* seqno of last ACK received */
    SwpSeqno    LFS;                /* last frame sent */
    Semaphore   sendWindowNotFull;
    SwpHdr      hdr;               /* pre-initialized header */
    struct sendQ_slot {
        Event   timeout;           /* event associated with send
                                      -timeout */
        Msg     msg;
    } sendQ[SWS];

    /* receiver side state: */
```

```
SwpSeqno    NFE;        /* seqno of next frame expected */
struct recvQ_slot {
    int     received;  /* is msg valid? */
    Msg     msg;
}   recvQ[RWS];
} SwpState;
```

SWP 的发送端是由 sendSWP 过程实现的，这个例程比较简单。首先，semWait 使这个进程在一个信号量上阻塞，直到它可以发送另一帧。一旦允许开始发送，sendSWP 设置帧首部中的序号，将此帧的副本存储在发送队列（sendQ）中，调度一个超时事件以便处理帧未被确认的情况，并将帧发送给称作 LINK 的下层协议。

值得注意的一个细节是恰巧在调用 msgAddHdr 之前调用 store_swp_hdr。该例程将存有 SWP 首部的 C 语言结构（state → hdr）转化为能够安全放在报文前面的字节串（hbuf）。这个例程（未显示）必须将首部中的每个整数字段转化为网络字节顺序，并且去掉编译程序加入 C 语言结构中的任何填充。字节顺序不是一个简单的问题，但现在，假设这个例程将多字整数中的最高有效位放在最高地址字节就足够了。

这个例程的另一个复杂性是使用 semWait 和 sendWindowNotFull 信号量。sendWindowNotFull 被初始化为发送方滑动窗口的大小 SWS（未显示这一初始化）。发送方每传输一帧，semWait 操作将这个数减 1，如果减小到 0，则阻塞发送方进程。每收到一个 ACK，在 deliverSWP 中调用 semSignal 操作（如下所示）将此数加 1，从而解除等待中的发送方进程的阻塞。

```
static int
sendSWP(SwpState *state, Msg *frame)
{
    struct sendQ_slot *slot;
    hbuf[HLEN];

    /* wait for send window to open */
    semWait(&state->sendWindowNotFull);
    state->hdr.SeqNum = ++state->LFS;
    slot = &state->sendQ[state->hdr.SeqNum % SWS];
    store_swp_hdr(state->hdr, hbuf);
    msgAddHdr(frame, hbuf, HLEN);
    msgSaveCopy(&slot->msg, frame);
    slot->timeout = evSchedule(swpTimeout, slot,
        SWP_SEND_TIMEOUT);
    return send(LINK, frame);
}
```

在到达 SWP 的接收端之前，需要协调一下表面的不一致。一方面，我们一直声称高层协议通过调用 send 操作实现对低层协议服务的调用。因此期望通过 SWP 发送报文的协议将会调用 send（SWP，packet）。另一方面，实现 SWP 发送操作的过程是 sendSWP，它的第一个参数是一个状态变量（SwpState）。怎么进行协调呢？答案是操作系统提供了将 send 的普通调用转换成一个协议特定的 sendSWP 调用的粘合代码。该粘合代码将 send 的第一个变量（神奇的协议变量 SWP）映射成两个指针：一个 sendSWP 的函数指针和一个 SWP 工作所需要的协议状态指针。我们让高层协议不直接通过普通的函数调用实现协议特定的函数调用的原因是想限制高层协议对低层协议编码的信息量，这将使得以后改变协议图配置变得容易。

现在来看 deliver 操作的 SWP 的特定协议实现，它在 deliverSWP 过程中给出。这个例程实际上处理两种不同类型的输入报文：本节点先发出帧的 ACK 和到达这个节点的数据帧。在某种意义上，这个例程的 ACK 部分是与 sendSWP 中所给算法的发送方相对应的。通过检验首部的 Flags 字段可以确定输入的报文是 ACK 还是一个数据帧。注意，这种特殊的实现不支持数据帧中捎带 ACK。

当输入帧是 ACK 时，deliverSWP 仅仅在发送队列（sendQ）中寻找与此 ACK 相应的位置，取消超时事件，并且释放保存在那个位置的帧。由于 ACK 可能是累积的，所以这项工作实际上是在一个循环中进行的。对于这种情况，值得注意的另一个问题是调用子例程 swpInWindow。这个子例程在下面给出，它确保被确认帧的序号是在发送方当前希望收到的 ACK 的范围之内。

当输入帧包含数据时，deliverSWP 首先调用 msgStripHdr 和 load_swp_hdr 以便从帧中提取出首部。例程 load_swp_hdr 对应于前面讨论的 store_swp_hdr，它将一个字节串转化为保存 SWP 首部的 C 语言数据结构。然后 deliverSWP 调用 swpInWindow 以确保帧序号在期望的序号范围内。如果是这样，那么例程在已收到的连续帧的集合上循环，并通过调用 deliverHLP 例程将它们传给高层协议。它也要向发送方发回累积的 ACK，但是通过接收队列上的循环来实现（不用本节前面给出的在实际描述中使用的 SeqNumToAck 变量）。

```
static int
deliverSWP(SwpState state, Msg *frame)
{
    SwpHdr   hdr;
    char     *hbuf;

    hbuf = msgStripHdr(frame, HLEN);
    load_swp_hdr(&hdr, hbuf)
    if (hdr->Flags & FLAG_ACK_VALID)
    {
        /* received an acknowledgment---do SENDER side */
        if (swpInWindow(hdr.AckNum, state->LAR + 1,
            state->LFS))
```

```
        {
            do
            {
                struct sendQ_slot *slot;

                slot = &state->sendQ[++state->LAR % SWS];
                evCancel(slot->timeout);
                msgDestroy(&slot->msg);
                semSignal(&state->sendWindowNotFull);
            } while (state->LAR != hdr.AckNum);
        }
    }


if (hdr.Flags & FLAG_HAS_DATA)
{
    struct recvQ_slot *slot;

    /* received data packet---do RECEIVER side */
    slot = &state->recvQ[hdr.SeqNum % RWS];
    if (!swpInWindow(hdr.SeqNum, state->NFE,
        state->NFE + RWS - 1))
    {
        /* drop the message */
        return SUCCESS;
    }
    msgSaveCopy(&slot->msg, frame);
    slot->received = TRUE;
    if (hdr.SeqNum == state->NFE)
    {
        Msg m;

        while (slot->received)
        {
            deliver(HLP, &slot->msg);
            msgDestroy(&slot->msg);
            slot->received = FALSE;
            slot = &state->recvQ[++state->NFE % RWS];
        }
        /* send ACK: */
        prepare_ack(&m, state->NFE - 1);
        send(LINK, &m);
        msgDestroy(&m);
    }
}
```

```
    return SUCCESS;
}
```

最后，**swpInWindow** 是一个简单的子例程，它检查一个给定的序号是否落在某个最大和最小序号之间。

```
static bool
swpInWindow(SwpSeqno seqno, SwpSeqno min, SwpSeqno max)
{
    SwpSeqno pos, maxpos;

    pos     = seqno - min;        /* pos *should* be in range
                                     [0..MAX) */
    maxpos  = max - min + 1;      /* maxpos is in range
                                     [0..MAX] */
    return pos < maxpos;
}
```

4. 帧顺序和流量控制

滑动窗口协议可能是计算机网络中最著名的算法。然而，关于该算法易产生的混淆是，它可以用于三个不同的任务，第一个任务是本节的重点，即在不可靠链路上可靠地传输帧。（一般说来，该算法被用于在一个不可靠的网络上可靠地传输报文。）这是算法的核心功能。

滑动窗口算法的第二个任务是用于保持帧的传输顺序。这在接收方比较容易实现，因为每个帧有一个序号，接收方只要保证在它向下一个高层协议传送帧之前，已经传送了所有序号比当前帧的序号小的帧。就是说，接收方缓存（即不传送）错序的帧。尽管我们也可以想象另一个版本，即接收方将帧传给下一个协议而不等待先前传送的所有帧都到达，但是本节描述的滑动窗口算法版本采用的方法是保持帧的顺序。我们应该问自己的一个问题是：是否确实需要滑动窗口协议在链路层保持帧的顺序，或者说，这样的功能是否应该在协议栈中的更高层协议实现。

滑动窗口算法的第三个任务是，它有时支持流量控制（flow control）。这是一种接收方能够控制发送方的反馈机制，用于抑制发送方发送速度过快，即抑制传输比接收方所能处理的更多的数据。这通常通过扩展滑动窗口协议来完成，使接收方不仅确认收到的帧，而且通知发送方它还可接收多少帧。可接收的帧数对应于接收方有多大的空闲缓冲区空间。在按序传递的情况下，在将流量控制并入滑动窗口协议之前，我们应该确信流量控制在链路层是必要的。

从本次讨论中得出的一个重要概念是我们称之为关注点分离（separation of concerns）的系统设计原则。即必须仔细区别有时交织在一种机制中的不同功能，并且必须确信每一个功能都是必需的，而且是以最有效的方式得到支持。在这种特定的情况下，可靠传输、按序传输和流量控制有时组合在一个滑动窗口协议里，我们应该反思，在链路层这样做是否正确。

2.5.3　并发逻辑信道

用在 ARPANET 中的数据链路协议为滑动窗口协议提供了一种有趣的变换，虽然它仍采用简单的停止等待算法，但它能保持管道满载。这种方法的一个重要结果是，在一个给定链路上传输的帧并不保持任何特定的顺序，该协议也没有流量控制。

我们称为并发逻辑信道（concurrent logical channel）的 ARPANET 协议的基本思想是，在一个点到点链路上多路复用多个逻辑信道，并且在每个逻辑信道上运行停止等待算法。在任意逻辑信道上传输的帧之间没有任何关系，同时因为在每个逻辑信道上可以有一个不同的待确认帧，所以发送方可保持链路满载。

更准确地说，发送方为每一信道状态留有 3 个比特：一个布尔量，说明信道当前是否处于忙碌状态；1 比特序号，说明下次在这个逻辑信道上发送的帧的序号；以及下一帧的序号，说明期望到达这一信道的帧的序号。当节点有一个帧要发送时，它使用序号最小的空闲信道，而其他方面它的表现就像停止等待一样。

实际上，ARPANET 在每个地面链路上支持 8 个逻辑信道，在每个卫星链路上支持 16 个逻辑信道。在地面链路中，每帧的首部包含了 3 比特的信道号和 1 比特的序号，总共 4 比特。当 RWS=SWS 时，这恰是滑动窗口协议在链路上最多支持 8 个待确认帧所需的比特数。

实验一

2.6　多路访问网络

由施乐帕洛阿尔托研究中心（PARC）的研究人员于 20 世纪 70 年代中期开发的以太网最终成为主导的局域网技术，它是从一系列相互竞争的技术中脱颖而出的。如今，它主要与 802.11 无线网络竞争，但在校园网和数据中心仍然非常流行。以太网背后的技术更通用的名称是带冲突检测的载波监听多路访问（CSMA/CD）。

正如 CSMA 的名字所表明的，以太网是一个多路访问网络，即一组节点通过一个共享链路发送和接收帧。因此你可以把以太网想象成一辆公共汽车，可以从多个站点进入。在 CSMA/CD 中，"载波监听"意味着所有节点可识别链路的忙或闲，"冲突检测"意味着当一个节点传输时要监听线路，因此可以检测到正在传输的帧与另一节点传输的帧发生干扰（冲突）。

以太网可以追溯到早期由夏威夷大学开发的一个分组无线网——Aloha，它支持横跨夏威夷岛的计算机通信。像 Aloha 网一样，以太网所面临的主要问题是如何调节对一个共享介质的公平而有效的访问（在 Aloha 中，介质是空气，而在以太网中，介质最初是一条同轴电缆）。也就是说，Aloha 和以太网的中心思想是一个控制每个节点何时能传输的算法。

当今的以太网链路主要是点对点形式的，将主机连接到以太网交换机，或者交换机之间互相连接。因此，"多路访问算法"在今天的以太网中没有使用。但是，一种变体当前被广泛用于无线网络中，例如 802.11（Wi-Fi）网络。由于以太网的巨大影响，我们选择在这里描述它的经典算法，然后在下一节解释它是如何适应 Wi-Fi 的。我们还将在其他地方讨论以太网交换机。现在，我们将重点讨论单个以太网链路的工作原理。

1978 年，数字设备公司（DEC）和英特尔（Intel）公司联合施乐（Xerox）公司定义了 10 Mbps 以太网标准。这个标准后来成为 IEEE 标准 802.3 的基础，它定义了以太网采用的物理介质的标准，包括 100 Mbps、1 Gbps、10 Gbps、40 Gbps 和 100 Gbps 的版本。

2.6.1　物理特性

以太网段是在长度最高可达 500 m 的同轴电缆上实现的（现在的以太网使用双绞线，通常使用"5 类"线或光纤，有时一个网段的长度可远超过 500 m）。这个电缆类似于有线电视所用的电缆类型。主机通过分接头连接到以太网段上。收发器（transceiver）是一种直接连接到分接头的设备，它检测线路何时空闲，并在主机发送时驱动信号。它也接收输入信号。收发器连到以太网适配器上，而适配器是插在主机上的。这种配置如图 2-19 所示。

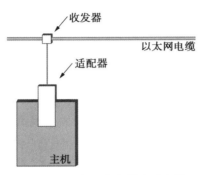

图 2-19　以太网收发器和适配器

多个以太网段可由中继器（repeater）连接起来 [或者中继器的一个多接口版本，称为集线器（hub）]。中继器是一个转发数字信号的设备，很像转发模拟信号的放大器。中继器既不理解比特也不理解帧。然而，在任一对主机之间最多可以安装四个中继器，这意味着典型的以太网总共只能达到 2 500 m。例如，在任一对主机间只使用两个中继器支持类似于图 2-20 的配置，即建筑物垂直方向有一个骨干网段，同时每层楼一个网段。

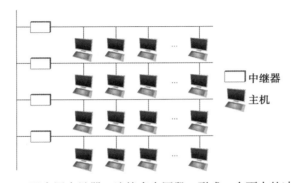

图 2-20　以太网中继器，连接多个网段，形成一个更大的冲突域

主机送到以太网上的任何信号都是向全网广播的，即信号在两个方向传播，并由中继器或集线器将信号转发到所有输出网段。连到每一网段末端的终接器（terminator）吸收信号并阻止它反射和干扰后续信号。原先的以太网使用前面章节中描述的曼彻斯特编码方案，而今天的高速以太网使用 4B/5B 编码方案或类似的 8B/10B 编码方案。

了解下面一点是很重要的：不管一个给定的以太网是只跨越一个网段，还是由中继器互联的一个线性网段序列，或者是由一个集线器将多个网段连接而成的星形配置，这种以太网上任意一台主机传输的数据都能够到达所有其他主机。这是好的一面，而不好的一面是，所有主机竞争访问同一条链路，结果处在同一个冲突域（collision domain）中。以太网的多路访问协议需要处理冲突域中链路的竞争问题。

2.6.2　访问协议

现在把注意力转向控制访问共享以太网链路的算法，这种算法一般称为以太网的介质访问控制（Media Access Control，MAC），通常在网络适配器上以硬件方式实现。我们并不描述硬件本身，而是考虑它实现的算法。下面首先描述以太网的帧格式和地址。

1. 帧格式

以太网帧格式如图 2-21 示。64 位的前同步码（Preamble）允许接收方与信号同步，它是一个 0 与 1 的交替序列，各用一个 48 位的地址标识源主机和目的主机。分组类型（Type）字段用作多路分解键，即标识应该将这个帧传递给哪一个高层协议。每帧最多包含 1 500 字节数据，至少包含 46 字节数据，即使这意味着主机在传帧之前必须对它进行填充。规定最小帧长度是因为帧必须足够长才可能检测到冲突，下面将详细讨论这一点。最后，每一帧包含一个 32 位的 CRC。像前面章节中描述的 HDLC 协议一样，以太网是一个面向比特的组帧协议。注意，从主机的角度看，以太网帧有一个 14 字节的首部：两个 6 字节的地址和一个 2 字节的类型字段。发送适配器在发送之前加上前同步码和 CRC，接收方适配器再去掉它们。

图 2-21　以太网帧格式

2. 地址

以太网上的每台主机——实际上，世界上每个以太网的每台主机——都有一个唯一的以太网地址。从技术上讲，地址属于适配器而不是主机，通常固化在 ROM 中。以太网地址以可读的方式显示，即由冒号分隔的 6 个数。每个数对应于 6 字节地址的 1 个字节，并且由一对 16 进制数给出，每个 16 进制数对应 4 比特，而且去掉前导 0。例如，8:0:2b:e4:b1:2 是一个可读的以太网地址，表示为

00001000 00000000 00101011 11100100 10110001 00000010

为了保证每个适配器得到一个唯一的地址，需要对每个以太网设备制造商分配一个不同的前缀，这个前缀必须加到他们制造的每一个适配器的地址上。例如，先进设备公司（AMD）分配到的 24 位的前缀是 x080020（或 8:0:20）。然后，制造商必须保证其生产的适配器加上后缀的地址是唯一的。

在以太网上传输的每一帧可由连到以太网上的所有适配器接收到。每个适配器将这些帧的地址与自己的地址比较，仅向主机传递发送给自己的帧。（可对一个适配器编程，使其以混杂（promiscuous）模式运行，在这种情况下，它向主机传递所有收到的帧，但这不是常规模式。）除了这些单播（unicast）地址外，一个由全 1 构成的以太网地址表示一个广播（broadcast）地址，所有的适配器向主机传递具有广播地址的帧。类似地，所有第一位为 1 但不是广播地址的地址称为多播（multicast）地址。一台给定的主机可对它的适配器编程以接收多播地址的某个集合。多播地址用于向以太网上全部主机的子集（例如所有文件服务器）传送报文。总之，一个以太网适配器接收所有帧，并且接受：

- 编址为它自己地址的帧。
- 编址为广播地址的帧。
- 编址为多播地址的帧，如果适配器在监听那个地址。
- 所有帧，如果适配器处于混杂模式。

以太网适配器只向主机传递它接受的帧。

3. 发送器算法

正如我们已看到的，在以太网协议中，接收方一边是简单的，真正的难点是在发送方一边实现的，发送器算法定义如下。

当适配器有一帧要发送并且线路空闲时，它立即发送这一帧，不存在与其他适配器协商的问题。报文中 1 500 字节的上界意味着适配器只能以一段定长时间占用线路。

当适配器有一帧要发送并且线路忙时，则等待线路空闲，然后立即发送。（更准确地说，在一帧结束后开始传输下一帧之前，所有适配器都会等待 9.6 μs。对于第一帧的发送方和正在监听以等待线路变为空闲状态的节点而言均是如此。）因为要发送帧的适配器无论线路何时空闲，都以概率 1 发送，所以称以太网是 1- 坚持（1-persistent）协议。一般来讲，$p-$ 坚持（p-persistent）的算法在线路变为空闲时，以概率 $0 \leqslant p \leqslant 1$ 发送，并以概率 $q=1-p$ 推迟发送。选 $p < 1$ 的原因是，可能有多个适配器在等待线路空闲，我们不想让它们同时开始发送。比如，如果每一个适配器都以 33% 的概率立即发送，那么最多有三个适配器在等待发送，但线路空闲时将只有一个适配器开始发送。尽管如此，以太网适配器在看到网络变为空闲时总是立即发送的，而且这样做效率很高。

对于 $p < 1$ 时的 $p-$ 坚持协议的完整细节，你可能想知道掷硬币输掉（即决定推迟）的发送方在能够发送之前需要等待多久。最先开发这种类型协议的 Aloha 网的答案是，将时间分成离散的时间片，每个时间片对应于传输一个完整帧所用的时间。只要节点有一帧要发送，并且监听到一个空（空闲）的时间片，它就以概率 p 传输，或以概率

$q=1-p$ 推迟到下一个时间片。如果下一个时间片也是空的，那么节点再次分别以概率 p 和 q 决定传输或推迟。如果下一个时间片不是空的，即另外某个站已决定传输，那么该节点则需等待再下一个空闲时间片并重复算法。

回到以太网的讨论，因为不存在中央控制，所以可能有两个（或更多）适配器同时开始传输，或是因为两者都发现线路空闲或两者都在等待线路变空闲。当这种情况发生时，称为两个（或更多）帧在网上冲突（collide）。因为以太网支持冲突检测，所以每个发送方能确定冲突的发生。当适配器检测出自己的帧与其他帧冲突时，它首先确保传输 32 位干扰序列，然后停止传输。因此，发送器在冲突的情况下将最少发送 96 位：64 位前同步码加 32 位干扰序列。

适配器只发送 96 位 [有时称为残缺帧（runt frame）] 的一种情形是，两台主机彼此接近。如果两台主机相距较远，那么在检测到冲突之前，它们不得不传输较长时间，因而要发送更多的位。事实上，当两台主机处于以太网的两个相对端点时，就会出现最坏的情况。为了确切知道刚刚发送的帧没有与其他帧冲突，发送器可能需要发送 512 位。这并不是巧合，每个以太网帧的长度必须至少为 512 位（64 字节）：14 字节的首部加上 46 字节的数据加上 4 字节的 CRC。

为什么是 512 位？答案与以太网的另一个令人困惑的问题有关：为什么它的长度仅限制在 2 500 m？为什么不是 10 km 或 1 000 km？这两个问题的答案都与下面的事实有关：两个节点相距越远，一个节点发送的帧到达另一个节点所需的时间越长，网络就越容易在这段时间内遭遇冲突。

图 2-22 表明了最坏的情形，其中主机 A 和主机 B 处于网络的相对两端。假设主机 A 在时刻 t 开始传输一个帧，如图 2-22a 所示。该帧到达主机 B 用了一个链路时延（时延用 d 表示）。这样，A 的帧的第一个比特在时刻 $t+d$ 到达 B，如图 2-22b 所示。假设主机 A 的帧到达前的一个时刻（即 B 仍看到一个空闲线路），主机 B 开始传输它自己的帧。B 的帧将立即与 A 的帧冲突，并且主机 B 将检测到这一冲突，如图 2-22c 所示。如上所述，主机 B 将发送 32 位的干扰序列。（B 的帧是一个残缺帧。）不幸的是，主机 A 直到 B 的帧到达时才知道发生了冲突，这将发生在又一个链路时延之后，即在时刻 $t+2\times d$，如图 2-22d 所示。主机 A 必须继续传输直到这一时刻才能检测到冲突。换句话说，主机 A 必须传输 $2\times d$ 的时间以确保检测到所有冲突。考虑最大配置的以太网

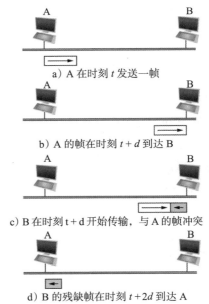

a）A 在时刻 t 发送一帧

b）A 的帧在时刻 $t+d$ 到达 B

c）B 在时刻 $t+d$ 开始传输，与 A 的帧冲突

d）B 的残缺帧在时刻 $t+2d$ 到达 A

图 2-22　最坏的情形

长度是 2 500 m，并且两台主机之间最多可能有 4 个中继器。往返延迟是 51.2 μs，在一

个 10 Mbps 以太网上对应于 512 位。考察这种情况的另一种方式是，为了使访问算法起作用，需要将以太网的最大时延限制为一个相当小的值（例如 51.2 μs）。因此，以太网的最大长度必须是 2 500 m 左右。

一旦适配器检测到冲突并停止传输，它会等待一定的时间后再尝试。在每次尝试发送但失败后，适配器把等待时间加倍，然后再试。每次使重传尝试间的延迟间隔加倍的策略，一般称为指数退避（exponential backoff）技术。更精确地说，适配器首先随机选择延迟 0 或 51.2 μs。如果这次发送失败，那么它（随机选择）等待 0、51.2 μs、102.4 μs 或 153.6 μs 之后再试，这个时间即是 $k \times 51.2$（对于 $k=0 \sim 3$）。第 3 次冲突之后，它再随机选择等待 $k \times 51.2$（对于 $k=0 \sim 2^3-1$）。一般来讲，算法在 0 和 2^n-1 之间随机选择一个 k 并等待 $k \times 51.2$μs，其中 n 是至今经历的冲突次数。适配器在尝试给定次数后将放弃尝试，并向主机报告传输错误。虽然退避算法在上面的公式中将 n 定为 10，但是适配器通常最多尝试 16 次。

2.6.3 以太网使用经验

30 多年来，以太网一直是主要的局域网技术。如今，它通常是点对点部署的，而不是接入同轴电缆。它的运行速度通常为 1 或 10 Gbps，而不是 10 Mbps，并且它允许数据量高达 9 000 字节的巨型分组而不是 1 500 字节。但它仍然与原始标准向后兼容。这使得我们有必要说几句话来解释为什么以太网如此成功，以便我们能够理解任何试图取代它的技术应该模拟的特性。

首先，以太网极易管理和维护：不需要更新路由表或配置表，向网络添加新主机也很容易。很难想象一个管理起来更简单的网络。其次，它的价格低廉：电缆/光纤相对便宜，唯一的其他成本是每个主机上的网络适配器。由于这些原因，以太网地位牢固，任何希望取代以太网的基于交换机的方法都需要在基础设施（交换机）上进行额外的投资。基于交换机的以太网变体最终成功地取代了多址以太网，但这主要是因为它可以增量部署（一些主机通过点到点链路连接到交换机，而另一些主机仍然接入同轴电缆并连接到中继器或集线器），同时保持网络管理的简单性。

2.7 无线网络

无线网络技术在很多方面与有线网络不同，但也有许多共同的特性。在无线链路中，比特差错是必须要关注的，因为大部分无线链路都无法避免噪声环境。在无线网络中组帧和可靠性也必须要考虑。与有线网络不同，因为使用无线网络的通常是小型移动设备（如电话和传感器），因此其能量受限（例如电池容量较小）。而且，无线传输设备的功率也不能太高，否则会和其他设备相互干扰，因此在给定频率的情况下设备的功率是受限的。

无线介质也采用多路访问方式，将无线信号仅传输给一个接收者是困难的，避免接收邻居的无线信号也是困难的。因此，在无线链路中介质访问控制是核心问题。在传输无线信号时，控制该信号的接收者是困难的，因此窃听问题也必须考虑。

附录 A

令牌环

多年来构建局域网一直有两种主要方式：以太网和令牌环。令牌环是由 IBM 提出的，被标准化为 IEEE 802.5。令牌环与以太网有许多类似之处：环中采用单一的共享介质，依据分布式算法决定哪个节点何时能够传输帧，每个节点都能够看到其他所有节点传输的分组。

令牌环和以太网最大的区别是拓扑结构。以太网是总线型拓扑结构，而令牌环是环型拓扑结构。每个节点都连接着一对邻居，一个上游节点，一个下游节点。"令牌"是一个特定的比特序列，它在环中循环移动，每个节点接收令牌然后转发。当一个有帧要传输的节点看到令牌时，它把令牌从环上取下（即它不转发这个特定的比特模式），而将自己的帧插入环中。沿路的每个节点简单地转发帧，目的节点保存帧的副本，然后将帧转发给环的下一节点。当帧返回到发送方时，这个节点将帧取下来（而不是继续转发它），然后再插入令牌。以这种方式，某个下游节点将有机会发送一个帧。介质访问算法是公平的，因为令牌绕着环循环，每个节点都有机会发送帧。令牌环以轮转的方式为节点提供服务。

最后，值得注意的是，正如以太网受到夏威夷大学研究人员设计的 Aloha 网络的启发一样，第一个令牌环网络最初是由剑桥大学的研究人员设计的。Cambridge Ring 和 Aloha 都是 20 世纪 70 年代中期的研究项目。

无线网络技术多种多样，每种技术都在不同维度之间达成不同的平衡。对不同技术进行分类的简单方法是依据它们所提供的数据传输速率和传输距离。其他区别包括其占用的电磁频谱（包括是否需要沉默期）和消耗的能量。本节中，我们探讨两种主要的无线技术：Wi-Fi（众所周知的 802.11）和蓝牙。下一节探讨 ISP 接入服务中的蜂窝网络。表 2-3 给出了这些技术的基本情况及其简单对比。

表 2-3　主流无线技术概览

	蓝牙（802.15.1）	Wi-Fi（802.11）	4G 蜂窝
典型链路长度	10 m	100 m	数十公里
典型数据传输速率	2 Mbps（共享）	150-450 Mbps	1-5 Mbps
典型应用	将外部设备连接到计算机	将计算机连接到有线接入点	将手机连接到有线基站
有线技术对比	USB	以太网	PON

也许你还记得带宽有时表示以赫兹为单位的频段宽度，有时表示链路的数据传输速率。因为这些概念在无线网络中经常遇到，在此我们使用带宽（bandwidth）表示其本来的含义，即频段的宽度，使用数据率（data rate）表示在链路上每秒能够发送的比特数，正如表 2-3 所示。

2.7.1 基本问题

由于所有无线链路共享同一介质，因而，它的挑战在于有效地共享介质，并且彼此不过度干扰。绝大多数无线链路是通过频率和空间的维度划分实现共享的。在一个特定地区的特定频率可能分配给一个特定的实体，例如一家公司。由于信号从信号源出发经过一定的距离后将减弱（attenuate），因而对一个电磁信号所覆盖的区域面积加以限制是可行的。降低发射器的功率即可缩小信号覆盖的范围。

无线信道的分配是由像美国联邦通信委员会（FCC）这样的政府机构决定的。特定的频段（频率范围）分配用作特定的用途。一些频段留作政府专用，其他频段用作 AM 广播、FM 广播、电视、卫星通信和移动电话。这些频段的特定频率允许某个地理区域的个体组织使用。最后有几个频段留作免许可之用——不需要许可。

使用免许可频率的设备仍然受到某些约束，否则它就是无约束的共享网络了。一个重要的限制是传输功率，这样便限制了信号的范围，使得它不太可能干扰其他的信号。例如，一部无绳电话（免许可设备）的有效范围大概是 100 英尺[⊖]。

当频谱在许多设备和应用间共享时，一种解决思路是利用扩频（spread spectrum）技术。扩频的思想是在比正常范围更广的频段上传播信号，以减小来自其他设备的影响（扩频最初用于军事领域，因而这些"其他设备"经常试图干扰信号）。例如，跳频（frequency hopping）是一种以随机的频率序列传输信号的扩频技术，它的机制是首先以一个频率传输信号，接着以第二个频率传输，然后以第三个频率，依此类推。传输频率的序列不是真正的随机，而是由一个伪随机数生成器计算生成的。接收方利用与发送方相同的算法（且以相同的值初始化），因而能够与传输者的频率同步以便正确地接收数据帧。这种方式使得两个信号利用相同频率传输信息的可能性几乎为零，从而减小了干扰。

另外一种扩频技术称为直接序列（direct sequence），为更好地抗干扰而增加了冗余。每一个数据比特在信号传输中由多个比特位表示，如果一些传输的比特位由于干扰而被破坏了，通常有足够的冗余来恢复最初的位。对于发送者想要传输的每一位比特，实际上发送的是该比特和 n 个随机比特的异或值。在跳频技术中，随机比特序列是由发送者和接收者都知道的伪随机数生成器产生的。所传输的值是一个 n 比特切片编码（n-bit chipping code），它通过 n 倍于帧所需要带宽的频带传播信号。图 2-23 给出了一个 4 比特切片序列的示例。

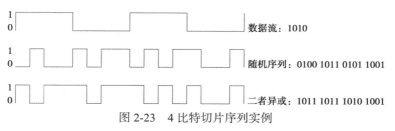

数据流：1010

随机序列：0100 1011 0101 1001

二者异或：1011 1011 1010 1001

图 2-23   4 比特切片序列实例

⊖ 1 英尺 = 0.304 8 米。——编辑注

电磁频谱的不同部分具有不同的属性，这样使得其中一些适合通信，另一些则不适合。例如，一些频谱能穿透建筑物而有些则不能。政府仅控制基本通信部分：无线电和微波范围。随着对基本频谱需求的增加，当模拟电视逐渐被数字电视淘汰时，人们开始关注一些重新成为可用资源的频谱。

当今的无线网络中有两种不同类型的端节点。一种端节点称为基站（base station），通常不移动，但有线路（至少高带宽）连接到因特网或者其他网络，如图 2-24 所示。在链路另一端的节点（在此表现为客户节点）通常是移动的，并且依靠与基站的连接实现与其他节点的通信。

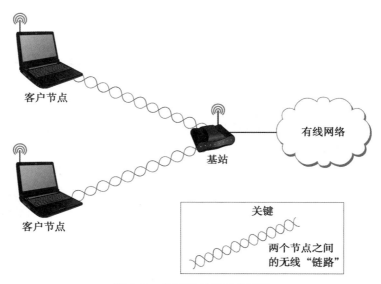

图 2-24   利用基站的无线网络

在图 2-24 中，利用一对波浪线表示在两个设备间（即在基站和一个客户节点之间）提供的无线"链路"。无线通信的一个有趣的特点是它自然支持点到多点的通信，这是因为由一个设备发送的无线电波能够同时被多个设备收到。然而，为高层协议创建一个点到点的链路通常是有用的，我们将在本节后面看到它的运作实例。

注意在图 2-24 中，非基站（客户）节点之间的通信是通过基站进行路由的。尽管由一个客户节点发出的无线电波可能会被其他的客户节点收到，但是普通的基站模型不允许客户节点之间的直接通信。

这种拓扑包含有三种不同级别的移动性。第一级是不移动，这种情况下接收方必须在一个固定位置接收来自基站的定向传输。第二级是在基站的范围内移动，对应的实例是蓝牙技术。第三级是在基站之间的移动，蜂窝电话和 Wi-Fi 是对应的实例。

另一种引人注目的无线网络拓扑是网格（mesh）或自组织（ad hoc）网络。在无线网格中，节点是对等的（即没有特别的基站节点）。只要每个节点在前面节点的范围之内，报文就可以由对等节点组成的链向前发送。这种情形可由图 2-25 说明。这样便允许网络的无线部分延伸到一个发射器限制的范围之外。从技术之间竞争的角度，这样使得较短距离的无线网络通信技术得以延伸并可与较长距离的技术抗衡。网格还提供容错机制，这是通过提供获取从点 A 到点 B 报文传输的多种路由实现的。网格能够不断扩展，费用也随之不断增加。另一方面，网格需要的非基站节点的硬件和软件设计实现都具有一定的复杂性，潜在地增加了单位成本以及电力消耗，这是电池供电设备要考虑的重要内容。无线网格网络具有较强的理论研究价值，但是与基站网络相比，它们依然很不成熟。无线传感器网络是另一种热门的无线技术，它通常可形成无线网格。

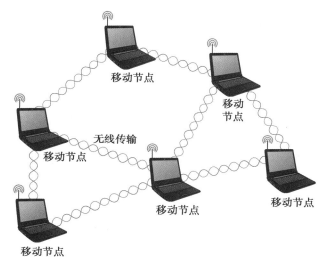

图 2-25 无线自组织网络或网格网络

现在我们已经简单介绍了一些常见的无线技术，下面我们进一步介绍两种无线技术的细节。

2.7.2 802.11/Wi-Fi

大部分读者都使用过基于 IEEE 802.11 标准的无线网络，通常称为 *Wi-Fi*。Wi-Fi 在技术上是一个商标，由一个名为 Wi-Fi 联盟的商业组织拥有，确保其产品符合 802.11 标准。类似于以太网，802.11 用于有限的地理范围（家庭、办公室、校园），它的主要挑战是对共享通信介质访问的协调——在此情况下，信号通过空间传播。

1. 物理属性

802.11 定义了许多不同的物理层，其频段不同，提供的数据率也不同。

最初的 802.11 标准定义了两个基于无线电的物理层标准，一个利用跳频（在 79 个 1 MHz 宽的频带上），另一个利用直接序列扩频（使用一个 11 比特的切片序列）。两者都提供了 2 Mbps 的速率。后来又补充了物理层标准 802.11b。利用不同的直接序列，802.11 可提供最高 11 Mbps 的速率。这三个标准运行在电磁波谱 2.4 GHz 的免许可频带。接着又制定了 802.11a 标准，利用正交频分多路复用（Orthogonal Frequency Division Multiplexing, OFDM）——FDM 的一种，可使发送速率达到 54 Mbps。802.11a 运行在 5 GHz 的免许可频段。接下来是 802.11g，802.11g 也使用 OFDM，传输速率可达到 54 Mbps，它向后兼容 802.11b（可用 2.4 GHz 频带）。

在撰写本文时，许多设备支持 802.11n 或 802.11ac，它们通常分别实现 150 Mbps 到 450 Mbps 的每设备数据率。这种改进部分是由于使用了多个天线并允许更大的无线信道带宽。多天线的使用通常被称为多输入多输出（Multiple-Input，Multiple-Output，MIMO）。最新出现的标准 802.11ax 有望进一步大幅提高吞吐量，部分原因是采用了 4G/5G 蜂窝网络中使用的许多编码和调制技术，我们将在下一节中介绍。

对于商业产品来说支持多种 802.11 标准是必要的，一些基站支持所有五种标准（a、b、g、n 和 ac）。这不仅保证了与支持任一标准的设备的兼容，而且使得在特定环境中两个产品可以选择带宽最高的标准。

值得注意的是，所有 802.11 标准都定义了其能够支持的最大比特传输率，它们在低比特率时工作得更好，例如，802.11a 支持的比特率为 6 Mbps、9 Mbps、12 Mbps、18 Mbps、24 Mbps、36 Mbps、48 Mbps 和 54 Mbps，在低比特率时，它更容易对受噪声干扰的传输信号进行解码。为了实现不同的比特率，需要用到不同的调制方法，此外，用于差错纠正编码的冗余信息的数量也是不同的。更多的冗余信息意味着更高的抗误码能力，但代价是降低有效数据速率（因为有更多的传输比特是冗余的）。

系统希望在噪声环境下获得更优的比特率，比特率选择算法可能很复杂。有趣的是，802.11 标准没有制定特定的方法，而是由供应商提供算法。选择比特率的基本方法是通过直接在物理层测量信噪比（SNR）来测试误比特率，或者通过度量分组被成功传输和确认的频率来测量 SNR。在有些方法中，发送方会通过发送一个或多个高比特率分组，看其是否成功，据此探测比特率。

2. 冲突避免

乍一看，无线网协议好像恰好遵循与以太网相同的算法（等到链路成为空闲后再传输，并且如果发生冲突则退避）。粗略地说，这正好是 802.11 所做的。然而，与无线网络不同，以太网中的节点在接收其他节点的传输时，能够同时发送和接收数据，而无线网络中的节点不具备该特性，这使得在无线网络中的冲突检测非常复杂。无线网络中节点通常不能同时收发数据（以同样的频率），原因是传输器的能量通常高于要接收的信号，使得接收电路失灵。一个节点不能从另一个节点接收传输的原因是该节点可能太远或被障碍物阻塞。这种情况相当复杂，下面将进行详细描述。

考虑图 2-26 所示的情况，其中 A 和 C 都在 B 的有效范围内，但是 A 与 C 彼此间不能直接通信。假设 A 和 C 都想与 B 进行通信，因此都向 B 发送一个帧。A 和 C 都察觉不到对方，因为它们的信号不能传送那么远。这两个帧在 B 处互相冲突，但与以太网不同，A 和 C 都不知道这一冲突。此时 A 和 C 分别称为对方的隐藏节点（hidden node）。

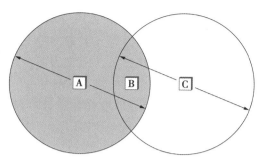

图 2-26 隐藏节点问题。虽然 A 和 C 相互隐藏，但它们的信号可能在 B 处冲突（B 的到达未显示）

一个相关的问题称为暴露节点问题（exposed node problem），在图 2-27 所示的情况下发生，其中 4 个节点中的每个节点都能发送和接收信号，这些信号只能到达紧靠它左右的节点。例如，B 能够与 A 和 C 交换帧，但不能到达 D，而 C 能够到达 B 和 D 但不能到达 A。假设 B 向 A 发送数据，节点 C 察觉到这一通信，因为它侦听到了 B 的传输。如果 C 只是因为听到 B 的传输就断定它不能向任何节点传输，这将是错误的。例如，假设 C 希望向节点 D 传输数据，因为 C 向 D 传输不会干扰 A 从 B 接收，所以这不成问题。（它将干扰 A 向 B 发送，但在本例中 B 正在发数据。）

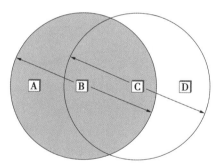

图 2-27 暴露节点问题。虽然 B 和 C 的信号彼此暴露，但 B 给 A 发送与 C 给 D 发送不会互相干扰（A 和 D 的到达未显示）

802.11 使用 CSMA/CA 解决这两个问题，这里 CA 表示冲突避免（avoidance），不同于以太网 CSMA/CD 中的冲突检测（detection）。具体原理下面将进行介绍。

载波监听看起来似乎很简单：在发送分组前，监听信道中是否有信号在传输，如果没有就发送。然而，因为隐藏终端问题，仅仅没有监听到其他节点的信号并不能保证在接收端不会发生冲突。因此，在 CSMA/CA 中需要接收方给发送方明确发送一个 ACK。如果分组被成功解码并通过了 CRC 校验，则接收方给发送方发送一个 ACK。

需要注意的是如果冲突发生了，整个分组将变得无效。因此，802.11 增加了称为请求发送和清除发送（RTS-CTS）的机制。这可以在一定程度上解决隐藏终端问题。发送方给期望的接收方发送一个短分组 RTS，如果分组被成功接收，接收方会通过一个短帧 CTS 进行应答。即使 RTS 没有被隐藏终端听到，CTS 也会被它听到。这会告诉在接收方信号范围内的节点在一段时间内不能发送分组，期望传输的时间长短包含在 RTS 和 CTS 分组中。该期望时间到达后，经过一个小的时隙，信道就变为可用，其他节点可以尝试发送。

当然，如果两个节点同时检测到一个空闲链路并试图发送一个 RTS 帧，那么它们的 RTS 帧将彼此冲突。当发送方在一段时间之后没有收到 CTS 帧时，它就知道发生了冲突，在这种情况下，它们都等待一段随机时间后再试。一个给定节点延迟的时间是由用在以太网上的相同的指数退避算法定义的。

在一次成功的 RTS-CTS 交换后，发送方发送其数据分组，发送完后接收该分组的 ACK。如果 ACK 超时，发送方使用上述方法试图再次请求使用信道。当然，这时其他节点可能也会试图访问信道。

3. 分发系统

如上所述，802.11 适合网格（自组织）的网络拓扑，针对网格网络的 802.11s 标准即将完成。然而，当前几乎所有 802.11 网络都使用面向基站的拓扑。

网络中所有节点并不是完全相同的，有些节点允许移动（例如便携式电脑），有些节点连接到有线网络基础设施上。802.11 称这些基站为接入点（Access Point，AP），并且它们是通过一个所谓的分发系统（distribution system）彼此连接的。图 2-28 显示出一个连接三个接入点的分发系统，每个接入点为某一区域的节点服务。每个接入点在其适当频率范围的信道上工作，并采用与它的邻居不同的信道。

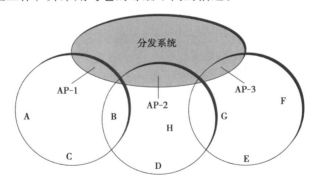

图 2-28　接入点连接到分布式系统

分发系统的细节在这个讨论中并不重要，例如，它可能是一个以太网。唯一重要的是分发网络运行在链路层，即它与无线链路在同一个协议层运行，换言之，它不依赖于任何高层协议（如网络层）。

如果两个节点彼此可达，它们就能够直接通信，但这种配置的思想是，每个节点与各自的一个接入点相联系。例如，对于节点 A 与节点 E 通信，A 首先向它的接入点（AP-1）发送一个帧，接入点通过分布式系统向 AP-3 转发这一帧，最后 AP-3 向 E 发送该帧。AP-1 如何知道是向 AP-3 发送报文，这一点超出了 802.11 的范围；它可能使用了桥接协议。802.11 详细说明了节点如何选择接入点，更有趣的是当节点从一个区域移动到另一个区域时该算法如何工作。

选择 AP 的技术称为扫描（scanning），它包含以下四步：

1）节点发送一个探测帧。

2）所有可达的 AP 用一个探测应答帧来应答。

3）节点从中选择一个 AP，并向那个 AP 发送一个关联请求帧。

4）AP 用一个关联应答帧来应答。

无论何时，当一个节点加入网络或者对当前 AP 不满意时，它就会用到这个协议。例如，当前 AP 的信号由于节点远离而变弱时就会发生这种情况。一个节点无论何时获得一个新的 AP，这个新的 AP 就通过分发系统将变化通知给它的旧 AP（在步骤 4 中发生）。

考虑图 2-29 所示的情况，其中节点 C 从 AP-1 服务的区域移动到 AP-2 服务的区域。在移动时它发送 Probe 帧，最终收到来自 AP-2 的 Probe Response 帧。在某一点上，C 宁愿选择 AP-2 而不是 AP-1，因此它将自己与 AP-2 的接入点联系起来。

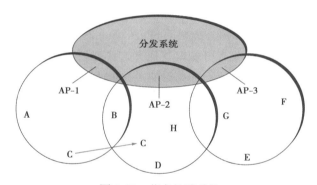

图 2-29　节点的移动性

刚刚描述的机制称为主动扫描（active scanning），因为节点在主动搜索接入点。AP 会定期发送一个通知 AP 能力的信标帧，其中包括 AP 支持的传输率，这样的情况称为被动扫描（passive scanning）：一个节点可以根据信标帧，只通过向接入点发回一个关联请求帧而关联到 AP。

4. 帧格式

大部分 802.11 帧格式如图 2-30 所示。这种帧包含源节点地址和目的节点地址（长度都是 48 比特），最多 2 312 字节数据，以及一个 32 比特的 CRC。控制（Control）字段包含三个重要的子字段（未显示）：一个 6 比特的类型（Type）字段，指明帧携带的数据是一个 RTS 帧或 CTS 帧，还是由扫描算法使用，以及两个 1 比特的字段（称为 ToDS 和 FromDS），这些将在下面描述。

16	16	48	48	48	16	48	0–18,496	32
控制	持续时间	Addr1	Addr2	Addr3	SeqCtrl	Addr4	有效载荷	CRC

图 2-30　802.11 帧格式

802.11 帧格式独具特色之处是它包含四个地址而不是两个地址。如何解释这些地址取决于帧的控制字段中 ToDS 位和 FromDS 位的设置。考虑到帧需要通过分布式系统转发的可能性，这意味着原来的发送方不一定与最近的传输节点相同。同样也可以这样考虑目的地址。在最简单的情况下，当一个节点直接向另一个节点发送数据时，两个 DS 位都设为 0，Addr1 标识目的节点，Addr2 标识源节点。在最复杂的情况下，两个 DS 位都设置为 1，表明报文从一个无线节点进入一个分布式系统，然后从分布式系统到达另一个无线节点。两个 DS 位都置为 1 时，Addr1 标识最终目的站，Addr2 标识直接发送方（从分布式系统向最终目的站转发帧的节点），Addr3 标识中间目的站（从无线节点接收帧并通过分布式系统将其转发的节点），Addr4 标识最初的源节点。在图 2-28 给出的例子中，Addr1 对应于 E，Addr2 标识 AP-3，Addr3 对应于 AP-1，而 Addr4 标识 A。

5. 无线链路的安全

与电线或光纤相比，无线链路的一个相当明显的问题是，你不能确定数据去了哪里。你可能可以确定它们是否由预期的接收器接收，但无法确定还有多少其他接收器也接收了你的传输。因此，如果你担心数据的隐私，无线网络是一个挑战。

即使你不关心数据隐私，或者可能以其他方式处理了数据隐私，你也可能会担心未经授权的用户将数据注入你的网络。如果没有其他问题，这样的用户可能会消耗你希望自己消耗的资源，例如你的房子和 ISP 之间的有限带宽。

由于这些原因，无线网络通常带有某种机制来控制对链路本身和传输数据的访问。这些机制通常被归类为无线安全机制。第 8 章介绍了广泛采用的 WPA2。

2.7.3　蓝牙（802.15.1）

蓝牙技术填充了移动电话、笔记本电脑以及其他个人或外围设备之间的短距离通信的缝隙。例如，蓝牙技术可用于连接移动电话和耳机，笔记本电脑和键盘。概略地讲，蓝牙是利用电线连接两个设备的一种更为方便的替代。在这种应用中，不必提供很大的范围或带宽。这意味着蓝牙无线电可以使用相当低的功率传输，因为传输功率是影响无线链路带宽和范围的主要因素之一。这样就能够满足蓝牙的应用目的，多数蓝牙设备电池能量有限（例如无处不在的电话耳机），因此耗电少是非常重要的。

蓝牙运行在 2.45 GHz 的免许可频段，其链路典型带宽是 1 ～ 3 Mbps，有效范围大约 10 m。正因如此，加之通信设备通常属于个人或一个组织，因此蓝牙有时被归类为个人区域网络（Personal Area Network，PAN）。

有一个称为蓝牙专业因特网组织（Bluetooth Special Interest Group）的工业联盟为蓝牙制定相关标准。它为一系列应用程序制定了一套完整的协议，在链路层之外对应用协议进行定义，称为针对应用的应用协议概要（profile）。例如，用于同步 PDA 和个人计算机的应用协议概要。就 802.11 而论，另一个应用协议概要为移动计算机提供对有线 LAN 的访问，尽管这不是蓝牙的最初目的。IEEE 802.15.1 标准建立在蓝牙的基础上，但是它不包含应用协议。

最基本的蓝牙网络配置称为微微网（piconet），由一个主设备和 7 个从设备组成，如图 2-31 所示。所有通信都发生在主设备和从设备之间，从设备彼此之间不直接通信。由于从设备作用简单，因而它们的蓝牙硬件和软件简单且价格低廉。

图 2-31 蓝牙微微网

由于蓝牙在一段免许可的频段上运行，所以它需要利用一种扩频技术来处理频率段中可能的干扰。它利用 79 个信道（频率）的跳频，每个每次使用 625 μs。这为蓝牙利用同步时分多路复用提供了一个自然的时间片。传输一帧占用 1、3 或 5 个连续的时间片。只有主设备可以在奇数时间片开始传输。从设备可以在偶数时间片开始传输，但仅回应在先前时间片中主设备的请求，因此不允许在从设备之间进行连接。

从设备可以被停置（parked）：设置其为不活动、低电量状态。停置设备不能与微微网通信，它只能通过主设备激活。除了活跃的从设备之外，一个微微网还可有 255 个停置设备。

除了蓝牙之外，在低功耗短距离通信领域还有一些其他技术，其中之一就是 ZigBee，它由 ZigBee 联盟设计并被标准化为 IEEE 802.15.4，ZigBee 用于带宽需求较少和耗电很低以使电池使用时间较长的情况。它的设计宗旨是比蓝牙简单和便宜，其经济性使其适合于廉价设备，例如传感器。传感器是一种越来越重要的网络设备，这些廉价的小设备可以大量部署，用于监控温度、湿度以及建筑物中的能耗。

2.8 接入网络

除了以太网和 Wi-Fi 连接外，我们通常在家里、工作场所、学校和许多公共场所连接到因特网，我们大多数人通过从 ISP 购买的接入或宽带服务连接到因特网。本节介绍两种此类技术：无源光网络（PON），通常称为光纤到家，以及连接移动设备的蜂窝网络。在这两种情况下，网络都是多址接入（如以太网和 Wi-Fi），但正如我们将看到的，它们的协调接入的方式是完全不同的。

ISP（例如电信公司或有线电视公司）通常运营一个国家骨干网，连接到该骨干网外围的是数百或数千个边缘站点，每个站点服务于一个城市或社区。这些边缘站点通常被称为电信世界的中心局和有线世界的前端，尽管它们的名称暗示着"集中式"和"层次结构的根本"，但这些站点位于 ISP 网络的最边缘，作为最后一英里的 ISP 端直接连接到客户。PON 和蜂窝接入网络固定在这些设施中⊖。

2.8.1　无源光网络

PON 是最常用于向家庭和企业提供基于光纤的宽带的技术。PON 采用点对多点设计，即网络结构为树状，从 ISP 网络中的一个单点开始，然后分散到多达 1 024 户家庭。PON 因其分路器是无源的这一事实而得名：它们在不主动存储和转发帧的情况下向下游和上游转发光信号。通过这种方式，它们成为经典以太网中使用的中继器的光学变体。然后在 ISP 场所的源头 [被称为光线路终端（OLT）的设备] 和各个家庭的端点 [被称为光网络单元（ONU）的设备] 中完成组帧。

图 2-32 显示了一个 PON 示例，简化为仅一个 ONU 和一个 OLT。在实践中，中心局包括连接到数千个客户家庭的多个 OLT。为完整起见，图 2-32 还包括关于 PON 如何连接到 ISP 的骨干网（从而连接到因特网的其余部分）的另外两个细节。聚合交换机聚合来自一组 OLT 的流量，而宽带网络网关（BNG）是一种电信设备，除了许多其他功能外，还可以计量因特网流量以进行计费。顾名思义，BNG 实际上是接入网络（BNG 左侧的所有内容）和因特网（BNG 右侧的所有内容）之间的网关。

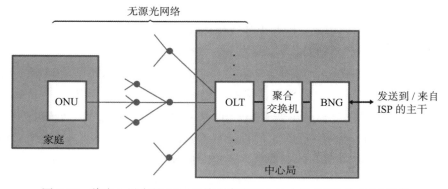

图 2-32　将中心局中的 OLT 连接到家庭和企业中的 ONU 的 PON 示例

⊖　DSL 是 PON 的传统铜缆对应物。DSL 链路也在电信中心局终止，但我们不描述这项技术，因为它正在逐步被淘汰。

由于分路器是无源的，PON 必须实现某种形式的多路访问协议。它采用的方法可以总结如下。首先，上行和下行流量在两个不同的光波长上传输，因此它们完全相互独立。下行流量从 OLT 开始，信号沿 PON 中的每条链路传播。结果，每一帧到达每一个 ONU。然后，该设备查看通过波长发送的各个帧中的唯一标识符，并保留该帧（如果该标识符适用于它）或丢弃它（如果不适用）。为防止 ONU 窃听邻居的流量，对流量进行了加密。

然后，上行流量在上行波长上进行时分复用，每个 ONU 定期轮流传输。由于 ONU 分布在相当大的区域（以公里为单位）并且与 OLT 之间的距离不同，因此它们像 SONET 一样基于同步时钟进行传输是不切实际的。相反，ONT 向各个 ONU 发送授权，给它们一个时间间隔，在此期间它们可以发送。也就是说，单个 OLT 负责集中实现被共享 PON 的轮询共享。这包括 OLT 可以授予每个 ONU 不同的时间份额的可能性，从而有效地实现不同级别的服务。

PON 与以太网类似，因为它定义了一种共享算法，该算法随着时间的推移不断发展以适应越来越高的带宽。G-PON（Gigabit-PON）是当今部署最广泛的，支持 2.25 Gbps 的带宽。XGS-PON（10 Gigabit-PON）刚刚开始部署。

2.8.2　蜂窝网络

虽然蜂窝电话技术起源于模拟语音通信，但基于蜂窝标准的数据服务现在已成为常规。与 Wi-Fi 一样，蜂窝网络在无线电频谱中以特定带宽传输数据。与 Wi-Fi 不同，Wi-Fi 允许任何人使用 2.4 或 5 GHz 的频道（你所要做的就是建立一个基站，就像我们许多人在家中所做的那样），而蜂窝网络各种频段的独家使用权已经被拍卖并授权给服务提供商，服务提供商反过来向其用户出售移动接入服务。

用于蜂窝网络的频段在世界各地各不相同，并且由于 ISP 通常同时支持旧 / 遗留技术和新 / 下一代技术而变得复杂，每种技术占用不同的频段。概括地说，传统蜂窝技术的范围从 700 MHz 到 2 400 MHz，新的中频分配现在发生在 6 GHz，毫米波（mmWave）分配在 24 GHz 以上。

公民宽带无线电服务（Citizens Broadband Radio Service，CBRS）

除了许可频段外，在北美还有一个 3.5 GHz 的未许可频段，称为公民宽带无线电服务，任何拥有蜂窝无线电的人都可以使用。其他国家也在设立类似的未许可频段。这为在大学校园、企业或制造厂内建立专用蜂窝网络打开了大门。

更准确地说，CBRS 频段允许三个层次的用户共享频谱：首先，频谱的原始所有者、海军雷达和卫星地面站拥有使用权；其次是优先用户，他们通过区域拍卖在 10 MHz 频段上获得这项权利，为期三年；最后是其他用户，他们可以访问和利用这个波段的一部分，只要先检查确认在已注册用户的中央数据库中。

像 802.11 一样，蜂窝技术依赖对基站的使用，基站连接到有线网络中。在蜂窝网络的情况下，基站通常被称为宽带基本单元（Broadband Base Unit，BBU），连接到它们的移动设备通常被称为用户设备（User Equipment，UE），BBU 的集合被锚定在托管在中心局的演进分组核心（Evolved Packet Core，EPC）上。EPC 所服务的无线网络通常称为无线接入网络（Radio Access Network，RAN）。

BBU 的正式名称为进化型 NodeB，通常缩写为 eNodeB 或 eNB，其中 NodeB 是无线单元在早期蜂窝网络中的称呼（此后发展）。考虑到蜂窝世界继续快速发展，并且 eNB 很快将升级为 gNB，我们决定使用更通用、含义更明确的 BBU。

图 2-33 描述了端到端场景的一种可能配置，以及一些额外的细节。EPC 有多个子组件，包括移动管理实体（MME）、归属用户服务器（HSS）和会话 / 分组网关（S/PGW）对；第一个跟踪和管理 UE 在整个 RAN 中的移动，第二个是包含用户相关信息的数据库，网关对处理和转发 RAN 和因特网之间的分组（它形成 EPC 的用户平面）。我们说"一种可能的配置"是因为蜂窝标准允许 MME 负责的 S/PGW 的数量存在很大差异，这使得单个 MME 可以管理由多个中心局提供服务的广泛地理区域的移动性。最后，虽然图 2-33 中没有明确说明，但有时会使用 ISP 的 PON 将远程 BBU 连接回中心局。

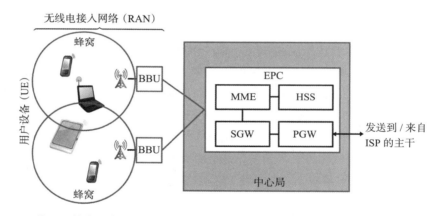

图 2-33　将一组蜂窝设备（UE）连接到中心局中托管的演进分组核心网（EPC）的无线电接入网络（RAN）

BBU 天线所服务的地理区域称为一个蜂窝（cell）。BBU 可以为一个蜂窝服务，或利用多个方向上的天线为多个蜂窝服务。一个基站蜂窝没有明确的边界，它们彼此重叠。在重叠之处，UE 可能会与多个 BBU 进行通信。然而，在任何时候，UE 都只与一个 BBU 通信并受其控制。当设备开始离开一个蜂窝时，它会移动到一个与一个或多个其他蜂窝重叠的区域。当前的 BBU 感应到来自手机的减弱信号，并将设备控制权交给接收到最强信号的基站。如果设备当时参与呼叫或其他网络会话，则会话必须在所谓的切换（handoff）中转移到新基站。切换的决策过程属于 MME 的权限，这在历史上一直是蜂窝设备供应商专有的（尽管开源 MME 实现现在开始可用）。

已经有多代协议实现了蜂窝网络，通俗地称为 1G、2G、3G 等。前两代仅支持语音，3G 定义了向宽带接入的过渡，支持几百 Kbps 为单位的数据速率。今天，该行业处于 4G（支持通常几 Mbps 的数据速率）并且正在过渡到 5G（承诺将数据速率提高 10 倍）。

从 3G 开始，代号实际上对应于 3GPP（第三代合作伙伴计划）定义的标准。尽管其名称中包含"3G"，但 3GPP 仍在继续定义 4G 和 5G 的标准，每一代都对应于该标准的一个版本。现在发布的第 15 版被认为是 4G 和 5G 之间的分界点。换句话说，这一系列的发布版本称为 LTE，代表长期演进（Long-Term Evolution）。主要结论是，虽然标准是作为一系列离散版本发布的，但整个行业一直处于相当明确的演进路径上，称为 LTE。本节使用 LTE 术语，但在适当的时候重点介绍 5G 带来的变化。

LTE 空中接口的主要创新在于如何为 UE 分配可用的无线电频谱。与基于竞争的 Wi-Fi 不同，LTE 使用基于预留的策略。这种差异源于每个系统关于利用率的基本假设：Wi-Fi 假设网络负载较轻（因此在无线链路空闲时乐观地传输，如果检测到争用则退出），而蜂窝网络假设（并争取）高负载利用率（因此明确地将不同的用户分配给可用无线电频谱的不同"份额"）。

LTE 最先进的媒体访问机制称为正交频分多路访问（OFDMA）。这个想法是在一组 12 个正交子载波频率上复用数据，每个子载波频率都是独立调制的。OFDMA 中的"多路访问"意味着可以代表多个用户同时发送数据，每个用户使用不同的子载波频率和不同的持续时间。子带很窄（例如 15 kHz），但将用户数据编码为 OFDMA 符号的目的是最大限度地降低由于相邻带之间的干扰而导致数据丢失的风险。

OFDMA 的使用自然导致将无线电频谱概念化为二维资源，如图 2-34 所示。最小可调度单元，称为资源元素（RE），对应于一个子载波频率周围的 15 kHz 宽带以及传输一个 OFDMA 符号所需的时间。每个符号中可编码的比特数取决于调制速率，因此，例如，使用正交幅度调制（QAM），16-QAM 对每个符号产生 4 比特，64-QAM 对每个符号产生 6 比特。

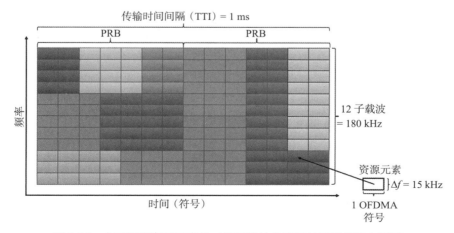

图 2-34　由可调度资源元素的二维网格抽象表示的可用无线电频谱

调度器以 $7 \times 12 = 84$ 个资源元素的块为粒度做出分配决策，称为物理资源块（PRB）。图 2-34 显示了两个连续的 PRB，其中 UE 用不同深度的块表示。当然，时间继续沿着一个轴流动，并且根据许可频段的大小，沿着另一个轴可能有更多的子载波时隙（以及 PRB）可用，因此调度器本质上是在调度一系列 PRB 用于传输。

图 2-34 中所示的 1 ms 传输时间间隔（TTI）对应于 BBU 从 UE 接收的有关信号质量反馈的时间范围。这种反馈称为信道质量指标（CQI），主要报告观察到的信噪比，这会影响 UE 恢复数据位的能力。然后，基站使用该信息来调整它如何将可用无线电频谱分配给它正在服务的 UE。

到目前为止，我们关于如何安排无线电频谱的描述是针对 4G 的。从 4G 到 5G 的过渡为无线电频谱的调度带来了更多的自由度，使蜂窝网络能够适应更加多样化的设备和应用领域。

从根本上讲，5G 定义了一系列波形，与 4G 不同，4G 只指定了一个波形，在 5G 中每个波形针对无线电频谱中的不同频段进行了优化[⊖]。载波频率低于 1 GHz 的频段旨在提供移动宽带和大规模物联网（IoT）服务，主要关注范围。1 GHz 至 6 GHz 之间的载波频率旨在提供更宽的带宽，主要用于移动宽带和任务关键型应用。24 GHz 以上的载波频率（毫米波）设计用于在近的视线范围内提供超宽带宽。

这些不同的波形影响调度和子载波间隔（即刚才描述的资源元素的"大小"）。

- 对于低于 1 GHz 的频带，5G 允许最大 50 MHz 带宽。在这种情况下，有两种波形：一种副载波间距为 15 kHz，另一种为 30 kHz（我们在图 2-34 所示的示例中使用了 15 kHz。）相应的调度间隔分别为 0.5 ms 和 0.25 ms（在图 2-34 所示的示例中，我们使用了 0.5 ms。）
- 对于 1 GHz 至 6 GHz 频段，最大带宽可达 100 MHz。相应地，有三种波形，副载波间隔分别为 15 kHz、30 kHz 和 60 kHz，分别对应于 0.5 ms、0.25 ms 和 0.125 ms 的调度间隔。
- 对于毫米波段，带宽可能高达 400 MHz。有两种波形，副载波间隔为 60 kHz 和 120 kHz。两者的调度间隔均为 0.125 ms。

这个选项范围很重要，因为它为调度器增加了另一个自由度。除了将资源块分配给用户外，它还能够通过更改其负责调度的频带中使用的波形来动态调整资源块的大小。

无论是 4G 还是 5G，调度算法都是一个具有挑战性的优化问题，其目标是同时最大化可用频带的利用率和确保每个 UE 接收其所需的服务。该算法不是 3GPP 指定的，而是 BBU 供应商的专有知识产权。

透视图：边缘竞赛

当我们开始探索软件化如何改变网络时，我们应该认识到，将家庭、企业和移动用

⊖　波形是信号的频率、振幅和相移无关特性（形状）。正弦波是一种示例波形。

户连接到因特网的接入网络正在发生最根本的变化。2.8 节中描述的光纤到户和蜂窝网络目前由复杂的硬件设备（例如，OLT、BNG、BBU、EPC）构成。这些设备不仅是封闭的和专有的，而且销售它们的供应商通常在每个设备中都捆绑了广泛而多样的功能。因此，它们的构建成本高昂、操作复杂且变化缓慢。

作为回应，网络运营商正在从这些专用设备过渡到在商品服务器、交换机和接入设备上运行的开放软件。该计划通常称为 CORD，它是 Central Office Rearchitected as a Datacenter 的首字母缩写词，顾名思义，其想法是完全使用与构成云的大型数据中心相同的技术来构建电信中心局。

运营商这样做可以从用商品硬件替换专用设备所节省的成本中受益，但主要还是出于加快创新步伐的需要。它们的目标是使新的边缘服务成为可能——例如，公共安全、自动驾驶汽车、自动化工厂、物联网、沉浸式用户界面——这些服务受益于与最终用户，更重要的是，用户周围越来越多的设备的低延迟连接。这会产生类似于图 2-35 所示的多层云。

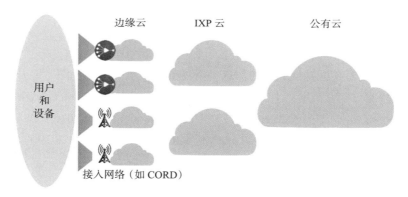

图 2-35　新兴的多层云，包括基于数据中心的公共云、IXP 托管的分布式云和基于接入的边缘云，例如 CORD。全球有大约 150 个 IXP 托管云和数千甚至数万个边缘云

这是将功能从数据中心迁出并使之靠近网络边缘这一趋势的一部分，这一趋势使云提供商和网络运营商发生冲突。为追求低延迟 / 高带宽应用，云提供商正在从数据中心转向边缘，而网络运营商正在采用云在边缘构建的技术来将设备接入网络。无法判断这一切将如何随着时间的推移而发生。这两个行业都有其独特的优势。

一方面，云供应商认为，通过在城市大量部署边缘集群并抽象掉接入网络，他们可以构建具有足够低延迟和足够高带宽的边缘，以服务于下一代边缘应用程序。在这种情况下，接入网络仍然是一个比特管道，允许云提供商专注他们最擅长的事情：在商品硬件上运行可扩展的云服务。

另一方面，网络运营商认为，通过使用云技术构建下一代接入网络，他们将能够在接入网络中部署边缘应用。此方案具有内在优势：现有且分布广泛的物理设备、运营支持以及对移动性和有保障服务的本地支持。

在认可这两种方案的同时，还有第三种方案不仅值得考虑而且值得努力：网络边缘的大众化。这个想法是让任何人都可以访问接入边缘云，使之不只是现有云提供商或网络运营商的领域。对这种方案持乐观态度的原因有以下三个：

- 接入网络的硬件和软件正在变得商品化和开放。这是我们刚刚谈到的一个关键因素。如果它能帮助电信公司和有线电视公司变得敏捷，那么它可以为任何人提供相同的价值。
- 有需求。汽车、工厂和仓库越来越希望为各种自动化用例（例如，远程代客泊车的车库或使用自动化机器人的工厂车间）部署私有 5G 网络。
- 频谱变得可用。在美国和德国 5G 正以免许可或轻度许可的模式开放使用，其他国家正在效仿。这意味着 5G 应该有大约 100-200 MHz 的频谱可供私人使用。

简而言之，接入网络历来是电信公司、有线电视公司和向其出售专有设备的供应商的领域，但接入网络的软件化和虚拟化为任何人（从智慧城市到服务欠缺的农村地区再到制造厂公寓楼）打开了建立接入边缘云并将其连接到公共因特网的大门。我们希望这会变得像部署 Wi-Fi 路由器一样容易。这样做不仅将接入边缘带入新环境，而且还能向有创新精神的开发人员开放接入网络。

更广泛的透视图
- 要继续阅读有关因特网云化的信息，请参阅第 3 章的"透视图"部分。
- 为了进一步了解接入网络中发生的变革，我们推荐 *CORD: Central Office Re-architectured as a Datacenter*（Peterson, et al., IEEE Communications, Oct 2016）和 *Democratizing the Network Edge*（Peterson, et al., ACM SIGCOMM CCR, April 2019）。

习题

1. 画出图 2-36 中所示比特模式的 NRZ、曼彻斯特和 NRZI 编码。假设 NRZI 信号从低电平开始。

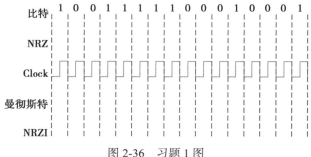

图 2-36   习题 1 图

2. 给出比特序列 1110 0101 0000 0011 的 4B/5B 编码，以及得到的 NRZI 信号。

√ **3.** 给出比特序列 1101 1110 1010 1101 1011 1110 1110 1111 的 4B/5B 编码，以及得到的 NRZI 信号。

4. 在 4B/5B 编码（见表 2-2）中，所使用的 5 比特编码中只有两个是以两个 0 结尾的。有多少个可能的 5 比特序列（被现存编码使用或不使用）使其满足最多有一个前导 0 和最多有一个末尾 0 这一较强的限制？所有的 4 比特序列都能映射到这样的 5 比特序列上吗？

5. 假设一个组帧协议使用比特填充,当帧包含比特序列 1101011111010111111101011111110 时,画出链路上传输的比特序列并标记填充的比特。

6. 假设一条链路上到达比特序列 1101011111010111110010111110110。给出去掉所有填充比特之后的帧。指出可能引入帧中的任何差错。

✓ 7. 假设一条链路上到达比特序列 011010111110101001111111011001111110。给出去掉所有填充比特之后的帧,指出可能引入帧中的任何差错。

8. 假设用 BISYNC 组帧协议发送数据,数据的最后两个字节是 DLE 和 ETX。在紧邻 CRC 之前传送的字节序列是什么?

9. 给出一个不应该出现在 HDLC 帧的传输过程中的字节 / 比特序列。

★ 10. 假设无论何时出现比特 1,SONET 接收就对它的时钟进行重同步;否则,接收方在它认为是该比特的时间片的中间位置对信号进行采样。

 (a)为了能正确接收一行中的 48 个全 0 字节(一个 ATM AAL5 信元的值),要求发送方和接收方时钟的相对精确度是多少?

 (b)考虑一个 SONET STS-1 线路上的转发站 A,它从下游端点 B 接收帧并将它们向上游传输。为了防止 A 每分钟积累多于一个的额外帧,要求 A 和 B 时钟的相对精确度是多少?

11. 说明因特网校验和永远不会是 0xFFFF(即 sum 的最终值不会是 0x0000),除非缓冲区中的每一字节都是 0。(事实上,因特网规范要求校验和 0x0000 用 0xFFFF 传输,0x0000 值为省略的校验和保留。注意,在反码运算中,0x0000 和 0xFFFF 都表示 0 值。)

12. 证明除了在最后的校验和中的字节应该交换成正确的顺序外,书中的因特网校验和计算与字节顺序(主机顺序或网络顺序)无关。具体来说,证明以两种字节顺序中的任何一种计算 16 位字的校验和皆可。例如 16 位字的反码和(表示为 $+'$)可表示为

$$[A, B] +' [C, D] +' \cdots +' [Y, Z]$$

下面交换后的和与上面的和相等:

$$[B, A] +' [D, C] +' \cdots +' [Z, Y]$$

13. 假设由因特网校验和算法使用的一个缓冲区中的一个字节需要减 1(例如,首部的跳数字段)。给出一个算法,不需重新扫描整个缓冲区就能计算修正的校验和。你的算法应该考虑所讨论的字节是低字节还是高字节。

★ 14. 说明因特网校验和可以通过下列方式计算:首先对 32 位单元中的缓冲区求 32 位的反码和,然后对高半字和低半字求 16 位的反码和,最后同样对结果求反。(为了在 32 位的补码硬件上求 32 位的反码和,需要访问"溢出"位。)

15. 假设要传输报文 11001001,并用 CRC 多项式 $x^3 + 1$ 防止它出错。

 (a)使用多项式长除法确定应传输的报文。

 (b)假设由于传输链路上的噪声使得报文最左端的比特发生反转。接收方的 CRC 的计算结果是什么?接收方如何知道发生了一个差错?

✓ 16. 假设要传输报文 1011 0010 0100 1011,并用 CRC 多项式 $x^8+x^2+x^1+1$ 防止它出错。

 (a)使用多项式长除法确定应传输的报文。

 (b)假设由于传输链路上的噪声使得报文最左端的比特发生反转。接收方 CRC 的计算结果是什么?接收方如何知道发生了一个差错?

17. 本章提出的 CRC 算法需要许多比特操作。然而,通过一种表驱动(table-driven)方法,可能一次取多个比特进行多项式长除法,这使得能够有效利用软件实现 CRC。这里概述一次取 3

比特进行长除法的策略（见表 2-4）；实际中，我们一次除 8 比特，表中将有 256 个条目。

令除数多项式 $C=C(x)$ 为 x^3+x^2+1，或 1101。为了给 C 建立一个表，取每个 3 比特序列 p，在其末尾附加 3 个 0，然后求商 $q=p\widehat{\ }000\div C$，忽略余数。第 3 列是乘积 $C\times q$，它的前 3 个比特应该等于 p。

(a) 对于 $p=110$，验证商 $p\widehat{\ }000\div C$ 和 $p\widehat{\ }111\div C$ 是相同的；就是说，末端比特是什么无关紧要。

(b) 填充表中缺少的条目。

(c) 利用该表，用 C 去除 101 001 011 001 100。提示：被除数的前 3 比特是 $p=101$，所以从表中看出，相应的商的前 3 比特是 $q=110$。在被除数的第二个 3 比特上写下 110，然后再从表中将被除数的前 6 比特减去 $C\times q=101\ 110$。3 比特一组继续进行。应该没有余数。

表 2-4　表驱动的 CRC 计算

p	$q=p\widehat{\ }000\div C$	$C\times q$
000	000	000 000
001	001	001 101
010	011	010 ___
011	0___	011 ___
100	111	100 011
101	110	101 110
110	100	110 ___
111	___	111 ___

★ 18. 用 1 个奇偶校验位能够检测所有的 1 比特错。说明如下所示的推广至少有一种无效：

　　(a) 说明如果报文 m 的长度是 8 比特，那么不存在 2 比特的差错检测码 $e=e(m)$ 能够检测所有 2 比特错。提示：考虑只有 1 位是 1 的所有 8 比特报文的集合 M；注意，来自 M 的任何报文含 2 比特错能够变成任何其他报文，并说明 M 中的某两个报文 m_1 和 m_2 一定有相同的差错码 e。

　　(b) 找到一个 N（不必是最小的），使得应用于 N 比特块的 32 比特差错检测码不能够检测出 8 比特错之内的所有差错。

19. 考虑一个仅使用否定确认帧（NACK）但是没有肯定确认帧（ACK）的 ARQ 协议。描述需要如何安排超时。解释为什么一个基于 ACK 的协议通常比基于 NACK 的协议更可取。

20. 考虑在一条 20 km 的点到点光纤链路上运行的 ARQ 算法。

　　(a) 计算链路的传播延迟，假设光纤中的光速为 2×10^8 m/s。

　　(b) 提出一个用于 ARQ 算法的合适的超时值。

　　(c) 给定这个超时值之后，为什么 ARQ 算法仍可能超时并重传帧？

21. 假设你为连接到月球的一条 1 Mbps 点到点链路设计一个滑动窗口协议，单程时延是 1.25 s。假设每帧携带 1 KB 数据，最少需要多少比特作序号？

22. 假设你为连接到同步卫星的一条 1 Mbps 点到点链路设计一个滑动窗口协议，卫星在 3×10^4 km 的高度绕地球旋转。假设每帧携带 1 KB 数据，在下述情况下，最少需要多少比特作序号？假设光速为 3×10^8 m/s。

　　(a) RWS=1。

　　(b) RWS=SWS。

23. 本章提出的滑动窗口协议可用于实现流量控制。这样做时我们可以想象接收方延迟几个 ACK，即直到有一个空闲的缓冲区存放下一帧才发送 ACK。这样，每一个 ACK 将同时确认收到最后一帧并告诉源现在存在可用于保存下一帧的空闲缓冲区。解释为什么以这种方式实现流量控制不是一个好主意。

24. 图 2-14 的停止等待图示中隐含的含义是，接收方收到重复的数据帧后就立即重发 ACK。假设改为接收方拥有自己的定时器，只有当期待的下一帧在超时间隔内没到达后它才重传 ACK。假设接收方的超时值是发送方的 2 倍，画出说明图 2-14b ～图 2-14d 中情形的时间线。假设接收方的超时值是发送方的一半，重画图 2-14c 的时间线。

25. 在停止等待传输中，假设收到重复的 ACK 或数据帧后，发送方和接收方都立即重传上一帧。这一策略表面上是合理的，因为收到这种重复的 ACK 很可能意味着另一方超时了。

   (a) 画一条时间线，说明如果第一个数据帧不知何故重复了，但没有帧丢失时会发生什么情况。重复过程将持续多久？这种情况称为"魔术师的学徒错误"。

   (b) 假设像数据一样，如果在超时期间内没有应答，ACK 也被重传。同时假设双方使用相同的超时间隔。找出一种触发"魔术师的学徒错误"的合理情况。

26. 给出当接收方用完缓冲区空间时，如何通过让 ACK 携带额外的信息以减小 SWS 来扩充带有流量控制的滑动窗口协议的一些细节。假设初始 SWS 和 RWS 都是 4，链路速度是瞬时的，并且接收方能够以每秒一个的速率释放缓冲区（即接收方是瓶颈）。用一条传输时间线说明这个协议。说明在 $T=0$ s，$T=1$ s，…，$T=4$ s 时会发生什么。

27. 描述一个将滑动窗口算法和可选 ACK 相结合的协议。该协议应该能及时重传，但如果一帧到达时只有一个或两个位置次序颠倒，则不重传。该协议也应该明确指出，如果几个连续的帧丢失了会发生什么。

28. 对于下列两种情况，画出 SWS=RWS=3 帧的滑动窗口算法的时间线图。使用的超时间隔大约为 $2 \times$ RTT。

   (a) 帧 4 丢失。

   (b) 帧 4 ～帧 6 丢失。

√ 29. 对于下列两种情况，画出 SWS=RWS=4 帧的滑动窗口算法的时间线图。假设接收方在未收到期望的帧时发送一个重复确认帧。例如，当它希望看到 FRAME [2] 却收到 FRAME [3] 时，便发送 DUPACK [2]。当接收方收到一系列有序的帧时也发送一个累积的确认。例如，当它在收到 FRAME [3]，FRAME [4] 和 FRAME [5] 之后又收到丢失的 FRAME [2]，便发送 ACK [5]。使用的超时间隔大约为 $2 \times$ RTT。

   (a) 帧 2 丢失，超时之后重传（如通常一样）。

   (b) 帧 2 丢失，在收到第一个重复确认帧或超时之后重传。这种方法能减少处理时间吗？注意为了快速重传，某些端到端协议（如 TCP 的变种）使用类似的方法。

30. 假设要运行 SWS=RWS=3 和 MaxSeqNum=5 的滑动窗口算法。因而，第 N 个分组 DATA [N] 在它的序号字段中实际包含 N mod 5。给出算法造成错乱的一个例子，即接收方期待 DATA [5] 却收到 DATA [0]（它们具有相同的发送序号）。没有以错序到达的分组。注意，这意味着 MaxSeqNum $\geqslant 6$ 是充分必要条件。

31. 考虑 SWS=RWS=3 的滑动窗口算法，没有错序到达，并具有无限精度的序号。

   (a) 说明如果 DATA [6] 在接收窗口内，那么 DATA [0]（或一般而言，任意较早的数据）不可能到达接收方（因此，MaxSeqNum=6 应该是充分的）。

   (b) 说明如果能够发送 ACK [6]（或更精确地说，DATA [5] 在发送窗口内），那么收不到 ACK [2]（或更早的数据）。

   这些是对 2.5.2 节中给出的公式的一个证明，是对 SWS=3 情况的详述。注意，(b) 隐含说明前一个问题不能反过来包含无法区分 ACK [0] 和 ACK [5] 的情况。

32. 假设运行 SWS=5 和 RWS=3 的滑动窗口算法，并且没有错序到达。

   (a) 求 MaxSeqNum 的最小值。可以假设下述条件对于求最小的 MaxSeqNum 是充分的，如果

DATA［MaxSeqNum］在滑动窗口内，那么 DATA［0］不会到达。

（b）给出一个例子，说明 MaxSeqNum-1 不是充分的。

（c）给出最小化 MaxSeqNum 的通用规则，用 SWS 和 RWS 表示。

33. 假设通过一台中间路由器 R 将 A 连接到 B，如图 2-37 所示。A-R 链路和 R-B 链路在每个方向上每秒只接收并传输一个分组（因此两个分组占用 2 s），并且两个方向独立传输。假设 A 使用 SWS=4 的滑动窗口协议向 B 发送。

（a）对于时间 T=0,1,2,3,4,5，指出到达并离开每个节点的各个分组，或将它们标记在一条时间线上。

（b）如果链路上有一个 1.0 s 的传输延迟，但立即接收到达的所有分组（即时延 =1 s 而带宽无限），那么会发生什么？

图 2-37 习题 33 ～ 35 图

34. 假设通过一台中间路由器 R 将 A 连接到 B，如上题。A-R 链路是瞬时的，但 R-B 链路每秒只传输一个分组，一次一个（因此两个分组占用 2 s）。假设 A 使用 SWS=4 的滑动窗口协议向 B 发送。对于时间 T=0,1,2,3,4，说明哪些分组到达 A 和 B 并从 A 和 B 发出。R 上的队列会变得多长？

35. 考虑上题中的情况，这次假设路由器队列长度为 1，即除了正在发送的分组外，它还能保存一个分组（在每个方向上）。令 A 的超时是 5 s，SWS=4。说明从 T=0 直到第一个满窗的所有 4 个分组都被成功传输的每一秒当中会发生什么。

36. 为什么在以太网上配置的协议在其首部有一个长度字段（指示报文的长度）很重要？

37. 当在以太网上的两个主机共享一台硬件地址时会出现什么类型的问题？描述会发生什么情况以及为什么这些情况会成为问题。

38. 1982 年的以太网规范允许任意两个站点之间的同轴电缆最长可达 1 500 m，其他点到点链路电缆长 1 000 m，并有两个中继器。每个站点或中继器通过最长 50 m 的"分接电缆"连接到同轴电缆。表 2-5 给出与每个设备相关的典型延迟（其中 c= 真空中的光速 =3×10⁸ m/s）。由列出的设备源引起的以比特度量的最坏往返传播延迟是多少？（列表并不完全，其他延迟源包括检测时间和信号上升时间。）

表 2-5 各种设备相关的典型延迟（习题 38）

项目	延迟
同轴电缆	传播速度 0.77 c
链路 / 分支电缆	传播速度 0.65 c
中继器	每个大约 0.6 μs
收发器	每个大约 0.2 μs

★39. 在同轴电缆以太网上，两个中继器之间的最大距离被限制在 500 m，中继器重新产生 100% 原振幅的信号。沿着一个 500 m 的网段，信号将衰减到不低于初值的 14%（8.5 dB）。那么，沿着 1 500 m 的网段，衰减可能为 0.143=0.3%。即使沿着 2 500 m 的网段，这样一个信号仍然是可读的。那么，为什么要求每 500 m 放置一个中继器？

40. 假设以太网的往返传播延迟是 46.4 μs。这就会产生一个 512 位的最小分组尺寸（464 位传播延迟 + 48 位干扰信号）。

（a）如果延迟时间保持不变，并且发信号的速率增长到 100 Mbps，那么最小分组尺寸会发生什么？

（b）这么大的最小分组尺寸的缺点是什么？

（c）如果兼容性不是问题，那么为了允许更小的最小分组尺寸，应该怎样制定规范？

★41. A 和 B 是试图在以太网上传输的两个站。每个站有一个准备发送的帧的稳定队列，A 的帧被编号为 A_1、A_2，等等，B 的帧类似。令 T=51.2 μs 是指数退避的基本单元。

假设 A 和 B 同时想发送帧 1，导致冲突，并分别选择退避时间 $0 \times T$ 和 $1 \times T$，这意味着 A 在竞争中获胜并传输 A_1 而 B 等待。在这次传输结束时，B 将试图重传 B_1 而 A 试图传输 A_2。这种首次尝试又会冲突，但现在 A 退避 $0 \times T$ 或 $1 \times T$，而 B 退避的时间等于 $0 \times T$，…，$3 \times T$ 中之一。

(a) 给出第一次冲突后 A 立即在第二次退避竞争中获胜的概率，就是说，A 第一次选择的退避时间 $k \times 51.2$ μs 小于 B 的退避时间。

(b) 假设 A 在第二次退避竞争中获胜。A 传输 A_3，当传输结束时，在 A 试图传输 A_4 而 B 试图再一次传输 B_1 时，A 和 B 又发生冲突。给出第一次冲突后 A 立即在第三次退避竞争中获胜的概率。

(c) 为 A 在所有余下的退避竞争中获胜的概率给出一个合理的下界。

(d) 然后帧 B_1 发生了什么？

这种情形称为以太网的捕获效用（capture effect）。

42. 假设按如下方式修改以太网的传输算法：在每个成功传输完成后，主机等待一或两个时间片之后再尝试传输，否则采用常用方式退避。

(a) 解释为什么上题的捕获效用现在变得如此小。

(b) 说明上述策略现在如何导致一对主机捕获以太网，交替传输，并将第三台主机拒之门外。

(c) 提出一个可供选择的方法，例如，通过修改指数退避算法。一个站点的历史记录的哪些方面可被用作所修改的退避的参数？

43. 以太网使用曼彻斯特编码。假设共享以太网的主机没有完全同步，为什么在没有等到分组最后的 CRC 时就可以检测出冲突？

44. 假设 A、B、C 都进行第一次载波监听，作为传输尝试的一部分，而第 4 个站 D 正在传输。画出一条时间线，说明一个可能的传输、尝试、冲突和指数退避选择的序列。这条时间线也应该满足下列准则：（1）初始传输尝试应该按 A、B、C 的顺序，而成功的传输应该按 C、B、A 的顺序；（2）至少应该有 4 个冲突。

45. 重复前一道习题，现在假设以太网是 p- 坚持的，$p=0.33$（即线路成为空闲时，等待站立即用概率 p 传输，否则推迟一个 51.2 μs 时间片并重复该过程）。这条时间线应该满足准则：（1）初始传输尝试应该按 A、B、C 的顺序，而成功的传输应该按 C、B、A 的顺序；（2）说明在一条空闲线路上 4 个延迟时间片内至少有一个冲突，并且至少一次发送成功。此外要注意，可能有许多解决方案。

★ 46. 假设以太网物理地址是随机选择的（使用真随机比特）。

(a) 在一个有 1 024 台主机的网络上，两个地址相同的概率是多少？

(b) 上述事件发生在 2^{20} 个网络的某一个或某几个上的概率是多少？

(c)(b) 中的所有网络中 2^{30} 台主机的某一对有相同地址的概率是多少？

提示：(a) 和 (c) 的解法就是用于解决所谓的生日问题的另一种形式：给定 N 个人，其中两个人的生日（地址）相同的概率是多少？第二个人与第一个人的生日不同的概率是 $1-1/365$，第三个人与前两个人的生日不同的概率是 $1-2/365$，依此类推。因此，所有的生日不同的概率是

$$1-1 \ 365 \times 1-2 \ 365 \times \cdots \times 1-N-1 \ 365$$

对于较小的 N 大约为

$$1-1+2+\cdots+(N-1)365$$

47. 假设一个以太网上有 5 个站点在等待另外的分组传输结束。只要分组传输完毕，5 个站点就立刻开始传输，并导致冲突。

（a）模拟这种情况，直到这 5 个等待站点之一成功传输。使用掷硬币或某种其他真实的随机源来确定退避时间。进行下列简化：忽略帧之间的间距，忽略冲突时间的可变性（因此，重传总是在 51.2 μs 时间片的一个整数倍的时间后进行），并且假设每个冲突恰好用完一个时间片。

（b）讨论模拟中的简化效果，与你可能在一个真实的以太网上遇到的行为进行对比。

48. 写一个程序来实现上面讨论的模拟，这次有 N 个站点在等待传输。此外，用整数 T 模拟时间，单位是时间片，并且认为冲突占用一个时间片（因此，对于跟着 k=0 的退避，其 T 时刻的冲突将导致 T+1 时刻的重传尝试）。对于 N=20、N=40 和 N=100，找出一个站点成功传输之前的平均延迟。你的数据支持"在 N 中延迟是线性的"这一概念吗？提示：对于每个站点，记录站的 NextTimeToSend 和 CollisionCount。到达时刻 T 时，只有一个站点的 NextTimeToSend==T，那么你的工作就完成了。如果没有这样的站点，T 增加 1。如果有两个或更多的站点，调度重传然后再试。

49. 假设 N 个以太网站点同时试图发送，需要 N/2 个时间片来确定下次由哪个站点传输。假设平均分组大小是 5 个时间片，将有效带宽表示成 N 的函数。

50. 考虑下面的以太网模型。传输尝试以 1 个时间片的平均时间间隔随机进行。特别地，连续的尝试之间的时间间隔是一个指数随机变量 $x=-\lambda\log u$，其中 u 是在间隔 $0 \leqslant u \leqslant 1$ 中随机选择的。如果从 $t-1$ 到 $t+1$ 的范围内有另一个传输尝试，那么时刻 t 的尝试导致冲突，其中 t 是以 51.2 μs 时间片为单位来度量的；否则该尝试成功。

（a）对于一个给定的 λ 值，写一个程序，模拟一个成功传输之前所需的时间片的平均数量，称为争用间隔（contention interval）。找出争用间隔的最小值。注意，必须找出一个在一次成功传输之后的传输尝试，以便确定是否存在冲突。忽略重传，因为它可能不符合上面的随机模型。

（b）以太网在争用间隔和成功传输之间交替。假设成功传输平均持续 8 个时间片（512 字节）。利用上面的争用间隔的最小长度，那么理论上的 10 Mbps 带宽中有多少可用作传输？

51. 当两个无线节点的距离间隔大于其传播可达区域时，这两个节点如何才能通信？

52. 为什么网状拓扑在自然灾害中的通信可能优于基站拓扑？

53. 假设一台计算机能够以高于蓝牙带宽的速率生成输出数据。如果电脑配备了两个或两个以上的蓝牙主机，每个主机都有自己的从机，那会起作用吗？

54. 当一部手机从一个基站专门服务的区域移动到多个基站的蜂窝重叠的区域时，如何确定哪个基站将控制该手机？

55. 为什么传感器网络中的节点消耗很少的电力很重要？

56. 为什么传感器网络中的每个节点不能通过 GPS 来了解其位置？描述一个实用的替代方案。

网 络 互 联

自然界似乎是通过多条漫长而曲折的道路才到达其诸多终点。

——鲁道夫·洛策

问题：并不是所有网络都是直接相连的

正如我们已看到的，许多技术可以用于构建"最后一英里"的链路或连接数量适中的节点，但如何建立全球规模的网络呢？单个的以太网可以互联不超过 1 024 台主机，而点对点链接只能连接两台主机。无线网络受限于波段可达的范围。为了构建全球网络，我们需要找到一种连接不同类型的互联链路和网络的方法。这种将不同类型的网络互联起来构建一个大型的全球性网络的概念是因特网的核心概念，通常称为网络互联（internetworking）。

我们可以将网络互联问题分解为一些子问题。首先，我们需要一种互联的途径。互联同种类型链路的设备通常被命名为交换机（switch），有时也称为第二层（L2）交换机。本章首先讨论这些设备。当前，交换机中最重要的一类是那种用来连接以太网段的 L2 交换机，这些交换机有时也称为网桥（bridge）。

交换机的核心工作是使分组到达输入端并转发（forward）或交换（switch）到合适的输出端，使它们到达合适的目的地。交换机有很多种方法为一个分组确定"正确"的输出，这些方法大致可以分为无连接和面向连接两类。多年来，这两种方法都有各自的应用领域。

已知各种不同的网络类型，我们需要一种途径来互联不同的网络和链接（如处理异构性）。执行此任务的设备曾被称为网关（gateway），现在更多地被称为路由器（router），或者第 3 层（L3）交换机。用于处理不同类型的网络互联的协议，即网际协议（IP），是 3.2 节的主题。

一旦我们用交换机和路由器互联了所有的链接和网络，就可能获得一个点到其他点的多种路径。通过网络找到合适的路径或路由（route）也成为网络互联的基础问题之一。例如，路径应该是有效的（比如最短）、无回环且可以处理非静态网络问题，因为节点可能出错或重启，链接可能断开，以及需要增添新节点或链接等。第 3 节将讨论一些已有的处理此类问题的算法和协议。

一旦我们理解了交换和路由面临的问题，我们就需要一些设备来执行这些功能。本章最后总结了一些关于交换机和路由器实现方法的讨论。虽然许多分组交换机和路由器与通用计算机非常类似，但也有很多专门的设计。这一点在高端应用的情况下尤为突出，因特网的核心似乎永无止境地需要更大、更快的路由器来处理日益增加的传输负载。

3.1 交换基础

简单地说，交换是一种允许我们互联链路以形成一个更大规模网络的机制。交换机是一个多输入、多输出的设备，它能由一个输入端口传送分组到一个或多个输出端口。交换机把一个星形拓扑结构（见图 3-1）加入一组网络结构中。星形拓扑结构具有以下优点：

图 3-1　由交换机构成的星形拓扑

- 尽管交换机有固定数目的输入端口和输出端口，限制了能直接连到单台交换机上的主机数，但是我们可以通过互联多台交换机来建立一个更大的网络。
- 我们可以通过点到点的链路把交换机互联，并把主机连接到交换机上。通常情况下，这意味着我们可以建立一个地理范围很大的网络。
- 在将一台新主机连到交换机上使之加入网络时，并不意味着已和网络相连的其他主机的性能会变差。

最后一点不适用于上一章中讨论的共享介质网络。例如，位于同一个 10 Mbps 以太网上的两台主机同时以 10 Mbps 传输数据是不可能的，因为它们共享相同的传输介质。交换网中每台主机都有一条到交换机的链路，所以许多主机以全链路速度（带宽）传输数据是完全可能的，只要交换机具有足够的总容量。交换机的设计目标之一就是提供高吞吐量，我们在下面再讨论这个问题。总之，交换网比共享介质网更具可扩展性（scalable），即具备增加更多节点的能力，因为交换网支持更多主机以全链路速度传输数据。

交换机被连接到许多链路上，为了与链路另一端的节点进行通信，每一条链路都运行相应的数据链路协议。交换机的主要工作就是在它的一条链路上接收输入分组，再把这些分组从其他的链路上传输出去。采用 OSI 体系结构中的术语，这种功能有时也称为交换（switching）或转发（forwarding），这是网络层的主要功能。

问题是交换机如何决定把分组放到哪一个输出链路上呢？一般的解决方法是交换机查看分组首部中的标识符，通过这个标识符来做出决定。使用这个标识符的方法多种多样，但是有两种常用的方法。第一种是数据报（datagram）或称无连接（connectionless）的方法，第二种是虚电路（virtual circuit）或称面向连接（connection-oriented）的方法。第三种方法不如前两种常用，称为源路由（source routing），但它最容易解释并且确实有一些有用的应用。

所有网络都需要采用一种方法来标识终端节点，这种标识符通常称为地址（address）。在第 2 章中，我们已经见过几个地址的实例，例如以太网中使用的 48 位地址。对于以太网中的地址，唯一的要求就是网络中不存在具有相同地址的两个节点，这通过确保所有的以太网卡都有一个全局唯一（globally unique）标识符来实现。在下面的讨论中，我们假设每一台主机都有一个全局唯一的地址。以后，我们会考虑地址的其他有用特性，但作为讨论的起点，地址的全局唯一性就足够了。

我们另外假设有一些方法可用来标识每台交换机的输入和输出端口。至少有两种实用的端口标识方法：一种是给每个端口进行编号，另一种是用输入和输出端口所连接的节点（交换机或主机）的标识来识别端口。现在，我们使用给端口编号的方法。

3.1.1　数据报

数据报的思想非常简单：只需确保每个分组带有足够的信息，使得任何一台交换机都能决定怎样使它到达目的地。这就是说，每个分组都带有完整的目的地址。考察图 3-2 中的例子。在这个例子中，主机的地址为 A、B、C 等，要决定怎样转发一个分组，交换机需要查阅转发表（forwarding table）[有时称为路由表（routing table）]。表 3-1 给出路由表的一个例子。这张特定的表显示交换机 2 在转发上例中的数据报时所需的转发信息。当你对这里描述的简单网络有了完整的了解后，就很容易画出这样的一张表，我们可以想象

表 3-1　交换机 2 的转发表

目的地	端口
A	3
B	0
C	3
D	3
E	2
F	1
G	0
H	0

这张表是由网络管理员静态做出的。但是，对于有动态变化的拓扑结构和有多条路径可到达目的地的大型复杂网络，建立转发表就变得很困难。这个更难的问题称为路由（routing），是下一节讨论的主题。当前我们可以把路由选择看作在这种背景下发生的过程：当数据分组到达时，在转发表中能够获得正确信息来转发或交换分组。

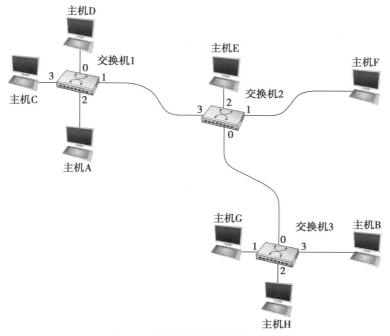

图 3-2　数据报转发的网络示例

数据报网络有以下特点：

- 一台主机无论何时都可以发送分组，因为任何到达交换机的分组都能立即转发（假设正确建立了转发表）。正因为如此，数据报网络也称为无连接的（connectionless）。这和面向连接（connection-oriented）的网络不同，因为面向连接网络在发送第一个数据分组之前需要建立某种连接状态（connection state）。

- 当一台主机发送一个分组时，主机无法知道网络是否可以传送该分组或目的主机是否可以接收。

- 每个分组的转发都是独立于前面的分组的，哪怕这几个分组有可能传送到相同的目的地。这样，从主机 A 到主机 B 的两个连续的分组可能沿着完全不同的路径（也许是由于网络中某台交换机更改了转发表）进行传送。

- 当一台交换机或一段链路出现故障时，如果有可能在故障点周围找到一条可替代的路径，并相应地更新转发表，那么对通信并不会产生任何严重的影响。

最后一个特点对数据报网络尤为重要。因特网的一个重要设计目标是对故障的鲁棒性，历史证明它在实现这一目标方面非常有效。由于基于数据报的网络是本书中讨论的主要技术，我们推迟了示例，转而讨论两种主要的替代方案。

3.1.2 虚电路交换

第二种明显不同于数据报模式的分组交换技术采用了虚电路（Virtual Circuit，VC）的概念。这种方法也称为面向连接模式（connection-oriented model），它要求在发送数据之前首先在源主机和目的主机之间建立一条虚连接。为了理解它的工作原理，考虑图 3-3，图中主机 A 想把分组发送到主机 B。我们可以把它

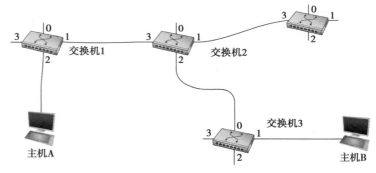

图 3-3   虚电路网络的例子

看作一个两阶段的处理过程，第一个阶段是"建立连接"，第二个阶段是传输数据。我们分别予以考虑。

在建立连接阶段，需要在源主机和目的主机之间的每一台交换机上建立"连接状态"。连接状态由连接经过的每台交换机中的"VC 表"记录组成。交换机上的 VC 表中的一条记录包括：

- 虚电路标识符（Virtual Circuit Identifier, VCI），唯一标识在这台交换机上的连接，并且将放在属于这个连接的分组的首部传送。

- 从这个 VC 到达交换机的分组的输入接口。

- 从这个 VC 离开交换机的分组的输出接口。
- 用于输出分组的一个可能不同的 VCI。

这样一条记录的语义如下：如果分组在指定的输入接口到达并且首部包含指定的 VCI 值，那么先将这个分组的首部 VCI 替换成指定的输出 VCI，再将分组发送到指定的输出接口。

注意，交换机收到的分组的 VCI 和收到分组的接口一起唯一标识这个虚连接。当然，在一台交换机上可能会同时建立许多虚连接。我们可以观察到，输入的 VCI 值和输出的 VCI 值一般不同。所以，对于一个连接来讲，VCI 不是全局意义的标识符，而只是在一段给定链路上有意义，即它具有链路局部范围（link-local scope）。

当要建立一个新连接时，在连接所要经过的每段链路上分配一个新的 VCI 值。我们也要确保在一段链路上选定的 VCI 值未被该链路上已存在的某个连接使用。

建立连接状态有两大类方法。一类是由网络管理员配置连接状态，这样的虚电路是"永久的"。自然，管理员也可以删除它，因此永久虚电路（Permanent Virtual Circuit，PVC）最好看作长期存在的或可管理配置的 VC。另一类是主机发送报文给网络以建立连接状态。发送的报文称为信令（signaling），这样建立的虚电路称为是交换的（switched）。一个交换虚电路（SVC）的突出特性是主机可以动态地建立和删除这个虚电路，而不需要网络管理员的参与。注意，SVC 应该更准确地称作信令（signaled）虚电路，因为它使用信令（而不是交换）的方式，这正是 SVC 与 PVC 的区别。

我们假设网络管理员想手工创建一条从主机 A 到主机 B 的新的虚连接。首先，管理员要标识一个从 A 到 B 经过网络的路径，在图 3-3 的网络中只有一条路径，但在一般情况下可能不是这样。然后管理员在连接的每段链路上选择一个当前没有使用的 VCI 值。假设从 A 到交换机 1 链路的 VCI 值选为 5，从交换机 1 到交换机 2 链路的 VCI 值选为 11。在这种情况下，交换机 1 在 VC 表中需要有一条配置成如表 3-2 中所示的记录。

表 3-2　交换机 1 的虚电路表条目

输入接口	输入 VCI	输出接口	输出 VCI
2	5	1	11

类似地，假设标识从交换机 2 到交换机 3 链路连接的 VCI 值选为 7，从交换机 3 到主机 B 链路的 VCI 值选为 4。这样交换机 2 和交换机 3 需要配置的 VC 表记录如表 3-3 所示。注意，一台交换机的输出 VCI 值就是下一台交换机的输入 VCI 值。

一旦 VC 表建立，就可以进入数据传输阶段，如图 3-4 所示。对于每一个欲发送到主机 B 的分组，主机 A 将值为 5 的 VCI 放入分组首部并发送到交换机 1。交换机 1 在接口 2 上接收每个这样的分组，它使用这个接口号和分组首部中 VCI 的组合来找到相应的 VC 表记录。如表 3-2 所示，交换机 1 用接口 1 发送分组，并在发送分组时将分组首部的 VCI 赋值 11。这样，这个分组携带值为 11 的 VCI 从接口 3 到达交换机 2。交换机

2 在它的 VC 表中查找接口 3 和 VCI 值为 11 的记录（如表 3-3 所示），将分组首部的 VCI 值作相应的更改后发到交换机 3，如图 3-5 所示。此过程继续，直到分组携带值为 4 的 VCI 到达主机 B。主机 B 由此识别这个分组来自主机 A。

表 3-3　交换机 2 的虚电路表条目

输入接口	输入 VCI	输出接口	输出 VCI
3	11	2	7

表 3-4　交换机 3 的虚电路表条目

输入接口	输入 VCI	输出接口	输出 VCI
0	7	1	4

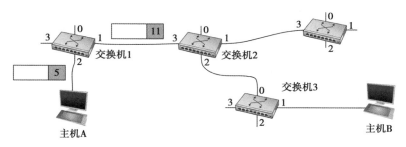

图 3-4　分组被发送到虚电路网络

在真实网络中，使用上述过程在大量交换机中正确配置 VC 表，很快就会不堪重负。因此，我们几乎总是使用网络管理工具或某种信令方法，即使建立"永久"的 VC 也是如此。在 PVC 的情况下，信令由管理员发起，而 SVC 通常是使用主机的信令建立的。现在，我们考虑怎样用来自主机的信令建立刚才描述的 VC。

发信令的第一步是，主机 A 发送一个建立报文给网络，即发给交换机 1。这个建立报文中包含主机 B 的完整地址。建立报文需要获得到达 B 的整个路径，以此建立路径上每台交换机中必需的连接状态。我们可以看到传送建立报文给主机 B 很像传送数据报给主机 B，其中交换机必须知道用哪个输出端口发送建立报文才能使它最终到达 B。现在，我们假设交换机知道足够的网络拓扑结构，使得建立报文在最终到达 B 之前依次经过交换机 2 和交换机 3。

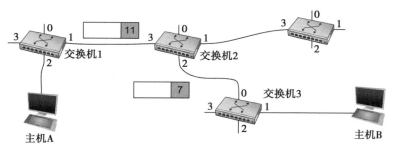

图 3-5　分组穿越虚电路网络

交换机 1 接收到连接请求时，除了将此请求发送给交换机 2 之外，还为这个新连接在它的虚电路表中创建一个新的记录。这个记录和前面表 3-2 所示的一样。主要区别是在接口上赋值一个未用 VCI 值的工作是由交换机完成的。在本例中，交换机取值为 5。当前虚电路表含有以下信息："当到达端口 2 的分组标识符为 5 时，从端口 1 发送它们。"另一个问题在于，主机 A 需要知道将值为 5 的 VCI 放入欲发送给 B 的分组中。下面，我们将看到这个过程是怎样发生的。

在交换机 2 接收到建立报文后，它执行一个类似的过程，本例中选择 11 作为输入的 VCI 值。同样，交换机 3 选择 7 作为输入的 VCI 值。每台交换机可以给 VCI 取任意值，只要这个值是交换机端口上的其他连接不使用的。如前面提到的，VCI 具有"链路局部范围"，就是说它们没有全局意义。

最后，建立报文到达主机 B。假设主机 B 运行良好且愿意与主机 A 建立连接，它也分配一个输入 VCI 值，本例中是 4。主机 B 用这个值识别所有来自主机 A 的分组。

现在，为了完成连接，每一个节点都需要知道它的下游相邻节点为此连接使用的 VCI 值。主机 B 给交换机 3 发送一个连接建立的确认报文，此报文包含它选取的 VCI 值（4）。现在交换机 3 可以完成此连接的虚电路表记录，因为它知道输出 VCI 的值必定是 4。交换机 3 发送确认报文给交换机 2，并指定 VCI 值为 7。交换机 2 发送报文给交换机 1，指定 VCI 值为 11。最后，交换机 1 将确认报文传递给主机 A，通知它这个连接使用的 VCI 值为 5。

至此，每个节点都知道从主机 A 到主机 B 通信的所有必需信息，每台交换机内都有与连接有关的完整的虚电路表记录。而且，主机 A 得到了肯定的确认，知道到达主机 B 的整条路径上的每件事都已准备好。这时，连接表记录已经存放在所有三台交换机内，正像上述例子中管理员配置的那样。但应答主机 A 发出的信令报文的整个过程是自动发生的。现在数据传输阶段可以开始了，而且和在 PVC 情况下的用法相同。

当主机 A 不想再发送数据给主机 B 时，它通过给交换机 1 发送一个撤销连接的报文来撤销连接。交换机 1 从虚电路表中删除相关记录，并把撤销信息转发给路径上的其他交换机，下一台交换机同样也删去表中相应记录。如果现在主机 A 再发送一个 VCI 为 5 的分组到交换机 1，这个分组就会被丢弃，就像连接根本不存在一样。

对于虚电路交换还要说明几点：

- 由于主机 A 在发送第一个数据分组之前，必须等待连接请求到达网络远端并返回，所以在发送数据前至少有一个 RTT 的延迟。
- 虽然连接请求包含主机 B 的完整地址（作为网络的全局标识符，这个地址也许会非常大），但每一个数据分组仅带有一个很小的标识符，这个标识符只在一段链路上是唯一的。这样，相对于数据报模式，分组首部引起的开销就会减少。更重要的是，因为虚电路号可以被视为表的索引，而不是必须查找的键，因此查找速度很快。

- 如果一个连接上有一台交换机或有一条链路出现故障，连接就会被破坏，这样就需要建立一个新的连接。同时需要撤销原来的连接，释放交换机中虚电路表的存储空间。

- 我们掩盖了一台交换机怎样决定在哪一条链路上传输连接请求的问题。其实这和数据报转发时建立转发表是同一个问题，需要某种路由算法（routing algorithm）。路由选择在下一节描述，其中提到的算法对于路由建立请求和数据报是可通用的。

虚电路的优点之一是主机在发送数据前知道许多网络信息。例如，主机知道真正存在一条到接收方的路径，接收方愿意也能够接收数据，并且在建立虚电路时也可以把资源分配给虚电路。例如，X.25 网络是早期的（现在几乎废弃）一种基于虚电路的网络技术。X.25 网络采用的策略有以下三部分：

1）在初始化虚电路时，把缓存区分配给每一个虚电路。

2）在虚电路的每对节点之间使用滑动窗口协议，该协议增加了流量控制的功能，可以防止发送节点使接收节点分配的缓冲区溢出。

3）当连接请求报文传送到没有足够的缓冲区的某个节点时，建立虚电路的请求被拒绝。

在实施这三项策略的过程中，每个节点都应保证有足够的缓冲区，以供电路上到达的分组排队所需。这种基本的策略称为逐跳流量控制（hop-by-hop flow control）。

比较起来，数据报网络没有建立连接阶段，且每台交换机独立处理每个分组，这使得数据报网络如何用有效方法分配资源的问题得以淡化。而每个到达的分组与其他分组竞争缓冲区空间的问题却突显出来。如果没有空闲的缓冲区，接收的分组必须被丢弃。但是我们注意到，即使在基于数据报的网络中，源主机也经常发送一组分组到同一目的主机。每台交换机可以根据〈源节点，目的节点〉对区分已排队的分组，这样交换机可以保证属于每个〈源节点，目的节点〉对的分组公平地共享缓冲区。

在虚电路模式中，我们可以设想给每个虚电路提供不同的服务质量（Quality of Service，QoS）。在这种背景下，服务质量这个术语通常意味着网络可为用户提供多种与性能有关的保证，反过来也意味着交换机必须留出足够的资源来满足这种保证。例如，一个给定虚电路中的交换机把每个输出链路的带宽的百分之一分配给这段电路。另一个例子是一组交换机可以保证沿一条特定虚电路传输的分组的延迟（排队）不会超过一定的时间。

近年来，有很多基于虚电路的成功的技术，特别是 X.25、帧中继和异步传输模式（ATM）。然而，虽然因特网的无连接模型获得了很大的成功，但并没有得到大面积的应用。近来最普遍的虚电路应用是构造虚拟专用网（Virtual Private Network，VPN），这个主题将在后续章节中讨论。即使是这一应用，当前也主要由基于因特网（而非虚电路）的技术来支持。

光网络

　　我们对分组交换网络的关注掩盖了一个事实，即底层的物理传输是全光的：没有分组。在这一层，商用密集波分复用（DWDM）设备能够沿一根光纤传输大量光波（颜色）。例如，可以在 100 个或更多不同波长上发送数据，并且每个波长可能携带多达 100 Gbps 的数据。

　　连接这些光纤的是一种称为可重构光分插复用器（ROADM）的光学设备。ROADM（节点）和光纤（链路）的集合形成一个光传输网络，其中每个 ROADM 能够沿着多跳路径转发各个波长，从而创建一个逻辑端到端电路。从可能构建在该光传输之上的分组交换网络的角度来看，一个波长（即使它跨越多个 ROADM）似乎是两个交换机之间的单个点对点链路，在这两个交换机上可以选择运行 SONET 或 100 Gbps 以太网作为帧协议。ROADM 的"可重构"特性意味着可以改变这些基本的端到端波长，从而在分组交换层有效地创建新的拓扑结构。

　　在本书中，我们没有深入介绍光网络，但从诸多现实目的出发，可以将光网络视为基础设施的一部分，使电话公司能够在需要时随时随地提供 SONET 链路或其他类型的电路。然而，值得注意的是，本书后面讨论的许多技术，如路由协议和多协议标签交换，确实在光网络世界中有应用。网络行业也在试验将光学层和分组层融合的技术，从而创建所谓的分组光学网络。

异步传输模式

　　异步传输模式（Asynchronous Transfer Mode，ATM）几乎是最广为人知的基于虚电路的网络技术，尽管现在已经过了部署该网络的高峰期。由于种种原因，ATM 在 20 世纪 80 年代和 90 年代初已成为一种相当重要的技术，其中一个原因是它被电话行业所追捧，而该行业历史上在计算机网络中并没有那么活跃（相对于作为人们构建网络时选用的链路的提供商而言）。而当许多计算机网络用户认为像以太网和令牌环这种共享介质网的速度太慢时，ATM 技术适时地作为一种高速交换技术出现了。在某些方面，ATM 是一种与以太网交换技术竞争的技术，也被看作一种与网际协议（IP）竞争的技术。

　　至少有一些因素使得 ATM 技术看起来是值得尝试的，如 ATM 分组格式（主结构如图 3-6 所示），通常称为 ATM 信元（cell）。该结构中，我们可以忽略没有作用的通用流控制（GFC）位，重点从标志着虚路径标识符（VPI，8 位）和虚电路标识符（VCI，16 位）的 24 位开始看。如果把这些看作一个 24 位的字段，那么可以认为它们与前文提及的虚电路标识符相对应。把该字段分为两部分的原因是为了允许层级的出现：所有具有相同的 VPI 的电路，在某些情况下被视为一个组（一个虚路径），且只根据 VPI 就能进行交换，从而简化了交换过程。这个过程可以忽略所有 VCI 位且减小了 VC 表的大小。

4	8	16	3	1	8	384(48字节)
GFC	VPI	VCI	类型	CLP	HEC(CRC-8)	有效载荷

图 3-6　用户 – 网络接口的 ATM 信元格式

跳到最后一个首部字节，我们发现一个 8 位的循环冗余校检位（CRC），称为首部差错校验（HEC）。它采用了 CRC-8 多项式，并提供了在信元首部部分进行错误检测和单个位纠错的能力。保护信元首部非常重要，因为 VCI 中的错误将导致信元被误投。

对于 ATM 信元，也许其被称为信元而不是分组的最重要的原因是它仅有一个大小：53 字节。这样做的原因是什么呢？一个很重要的原因是促进实施硬件数据交换。在 20 世纪 80 年代中后期 ATM 刚创建时，10 Mbps 的以太网在速度方面采用了最前沿的技术。为了更快速，大多数人都从硬件上考虑，而且在电话行业，人们一想到交换机就认为非常大，因为电话交换机通常为成千上万的用户服务。当你想要建立一个快速的大规模交换机时，固定长度分组将会非常有用。这有两个主要原因：

- 构建硬件来做简单的工作比较容易。已知每个分组的长度后，处理分组的工作就更为简单。
- 如果所有分组都是相同的长度，那么，可以让多个交换单元以并行方式做同样的事，它们中每一个交换单元都花费相同的时间去完成自己的工作。

第二个原因中实施并行的方式极大地提高了交换机设计的可扩展性。如果说快速并行硬件交换机只能使用固定长度分组才能实现也许有些言过其实。但是，信元使得构造这样一种硬件的工作变得简单，这是千真万确的，并且在定义 ATM 标准时，我们已经有了大量如何在硬件上构造信元交换机的知识。事实证明，同样的原则在今天仍被许多交换机和路由器所采用，即使在处理可变长度的数据分组，它们也将那些分组切割为某种用于交换的信元，以便将它们从输入端口转发到输出端口，但这都发生在交换机内部。

还有一个很好的理由支持小的 ATM 信元，这与端到端时延有关。ATM 被设计为同时承载语音电话（当时的主要用例）和数据。因为语音的带宽很低，但有严格的时延要求，所以用户最不希望看到的是一个小语音包在交换机上的一个大数据包后面排队。如果强制所有数据包都是小的（即信元大小），那么通过将一组信元重新组合到一个数据分组中，仍然可以支持大数据分组，并且可以在从源到目的地的路径上的每个交换机上交错转发语音信元和数据信元。在蜂窝接入网络中，这种使用小信元来改善端到端时延的想法今天仍然存在。

决定使用小的固定长度分组之后，下一个问题就是应将最合适的分组长度设为多少？如果长度太短，则在一个信元中携带的首部信息占的比例较大，所以传输真正数据的链路带宽的比例下降。甚至更严重的是，如果建造了一种设备，每秒可以处理某个最大数目的信元，那么当信元变短时，总的数据速率将随信元长度的减少而成比例降低。

以网络适配器为例，它在把分组传送到主机之前把小的信元装配成更大的单元，这样设备的性能就直接取决于信元的大小。另一方面，如果信元的尺寸太大，为得到一个完整的信元，就需要把传输的数据填充成完整的信元，这就引起带宽浪费的问题。如果信元的有效载荷是 48 字节而你只想发送 1 字节，那么还需填充 47 字节。如果这种情况多次发生，那么链路的利用率将非常低。相对较高的首部载荷比以及被部分填充的信元的频繁发送的确会在 ATM 网络中导致一些明显的低效率。这种现象被反对者称为信元税（cell tax）。

事实证明，选取 48 字节的 ATM 信元载荷是一种妥协。使用更大还是更小的信元引起了激烈的争论，但几乎没有人赞同 48 字节，因为采用 2 的指数更有利于计算机工作。

3.1.3 源路由

第三种交换方法称作源路由（source routing），这种方法既不使用虚电路也不使用传统数据报。使用这个名称是因为源主机提供通过网络交换分组时所需的全部网络拓扑结构信息。

实现源路由有多种不同的方法。一种方法是给每台交换机的每个输出端口编号，并把编号放入分组的首部。那么交换机的功能就很简单：对于到达一个输入端口的每个分组，交换机读出它的首部中的端口号，并把分组发送到那个输出端口上。然而，由于发送主机和接收主机间的路径上一般设有多台交换机，分组的首部需要包含足够的信息，使得路径上的每个交换机都能够确定该把分组放置到哪个输出端口。一种方法就是在分组首部放置记录交换机端口号的一个有序列表。该列表以某种方式旋转，使路径上的下一台交换机总是处在列表的首位。图 3-7 说明了这个方法。

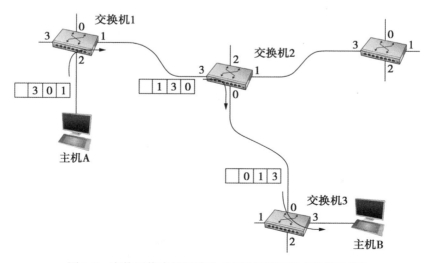

图 3-7　交换网络中的源路由（交换机读取最右边的数字）

在这个例子中，分组需要经过三台交换机才能从主机 A 到达主机 B。在交换机 1 中，分组从端口 1 输出，在下一台交换机中从端口 0 输出，在第三台交换机中从端口 3 输出。这样，当分组离开主机 A 时，首部带有最初的端口表（3，0，1）。这里，我们假设每一台交换机读取列表中最右端的元素。为了确保下一台交换机能得到正确的信息，每台交换机在读出自己的记录之后对列表进行旋转。这样，当有分组离开交换机 1 到达交换机 2 时，首部列表是（1，3，0），第二台交换机完成另外一次旋转，送出分组，此时其首部列表为（0，1，3）。尽管在图中没有显示出来，但是交换机 3 还要进行一次旋转，把分组的首部列表恢复到最初主机 A 发送时的状态。

这种方法还需要注意几个问题。第一，它假设主机 A 充分了解网络的拓扑结构，能形成分组的首部信息，其中包含路径中每一台交换机的所有正确输出方向。这同数据报网络中构造转发表的问题或在虚电路网络中算出向哪里发出建立分组的问题有某些类似之处。第二，注意我们不能预测一个分组的首部需要多大，因为它必须能够为路径上的每台交换机保留一个字的信息。这就说明分组的首部长度可能是可变的，而且没有上界，除非我们能确切地预测分组需要通过的交换机的最大数目。第三，这个方法还有一些变种。例如，每台交换机只是删掉其首部列表的第一个元素，而不是旋转首部信息。然而旋转要比删除首部信息有利，因为主机 B 可以得到分组首部的一份完整副本，这有助于主机 B 了解如何把数据回送到主机 A。另外一个变种是，让分组的首部带有指向当前"下一个端口"的指针，这样每台交换机只需要更新指针而不用旋转分组的首部，便于高效地实现。我们在图 3-8 中说明这三种方法。在每种情况下，这台交换机需要读的记录值是 A，下一台交换机需要读的记录值是 B。

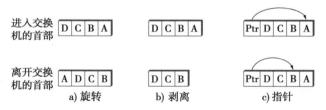

图 3-8 源路由中处理首部的三种方法。标签从右向左读取

源路由可以应用在数据报网络和虚电路网络中。例如，IP 是一个数据报协议，包含一个源路由选项，允许选定的分组使用源路由，而多数情况采用传统的数据报交换。源路由也应用在一些虚电路网络中，用于获得从源到目的路径上的初始建立请求。

源路由有时用"严格"和"宽松"来分类。在"严格"源路由中，每个沿路径的节点都必须声明，而"宽松"源路由可以仅声明一组要经过的节点，而并不确切地说明是否沿一个节点到下一个节点。宽松源路由可以理解为一组路点，而不是一个完整声明的路径。宽松选项有助于减小源用于创建源路由的信息量。在一些大型网络中，主机很难得到建立正确严格源路由所需的到目的地的完整路径信息。但两种类型的源路由都在一些特定环境下得到应用，你会在后续章节中看到。

ATM 怎么了?

在 20 世纪 80 年代末和 90 年代初的一段时间里,很多人认为 ATM 是准备接管这个世界的。主流电信公司都支持它,并承诺将语音、视频和数据高速网络整合到一个通用网络。他们称所有使用可变长度分组的网络技术,如以太网和 IP,为"遗留"技术。然而今天以太网和 IP 仍处于主宰地位,而 ATM 则已过时。作为一种访问 IP 网络的方式,仍然可以找到一些 ATM 部署方案。

关于为什么 ATM 没有在世界上普及这个问题仍值得讨论。回顾这个问题,一个基本因素是,在 ATM 出现的时候,IP 已经以自己的方式确立了牢固的地位。在 20 世纪 80 年代,还没有很多人接触过因特网,但 IP 已经实现全球互联并且每年连接的主机数量以两倍的速度增长。因为 IP 的核心是平滑连接各种网络,所以当 ATM 出现时,并没有像它的支持者想象的那样取代 IP,而是很快被采纳为运行 IP 的另一种网络类型。因此,ATM 更直接地面对着以太网的竞争而不是 IP 的竞争。便宜的以太网交换技术和无须昂贵的光交换机的百兆以太网捍卫了其作为主导局域网技术的地位。

3.2　交换式以太网

在讨论了交换背后的一些基本思想之后,我们现在集中讨论一种特定的交换技术:交换式以太网(switched Ethernet)。用于构建此类网络的交换机(通常称为 L2 交换机)广泛用于校园网和企业网。从历史上看,它们通常被称为网桥,因为它们用于"桥接"以太网段以构建扩展局域网。但今天,大多数网络点对点配置部署以太网,这些链路通过 L2 交换机互连,形成交换式以太网。

以下内容从历史场景(使用网桥连接一组以太网段)开始,然后转到今天广泛使用的场景(使用 L2 交换机连接一组点到点链路)。但是,无论我们将设备称为网桥或交换机,无论是构建扩展局域网或交换以太网,两者的行为方式完全相同。

假设现有两个想要互联的以太网,那么第一件事可能是在它们之间放一个中继器。然而,当超出以太网的物理限制时,这并不是一个有效的解决办法。(回忆一下,任一对主机之间最多只能有两个中继器,并且总长度不能超过 2 500 m。)另一个办法是在两个以太网之间放一个节点,由节点来转发从一个以太网到另一个以太网的帧。该节点不同于中继器,中继器以比特而不是帧运行,只是将一个接口上接收到的比特盲目复制到另一个接口上;相反,节点将在每个接口上完全实现以太网的冲突检测和介质访问协议。因此,限制以太网的主机的长度和数量(都关于管理冲突)不适用于以这种方式连接的以太网络组合对。此节点处于混杂模式,接收从一个以太网传来的所有帧,并将它们转发到另一个以太网。

最简单的一种情况是,网桥在它们的输入端口上接收局域网的帧并在所有其他输出端口上将这些帧转发出去。这种简单的策略用于早期的网桥且有相当严重的局限，下文将会提及。但它一直在改进，使得网桥成为局域网集合互联的有效机制。本节其余部分将加入更有趣的细节。

3.2.1   学习型网桥

我们可以对网桥进行的第一个优化是它不需要转发它接收到的所有帧。考虑图 3-9 中的桥。每当从主机 A 发送到主机 B 的帧到达端口 1 时，网桥就不需要通过端口 2 将帧转发出去。问题是网桥如何了解不同主机驻留在哪个端口上？

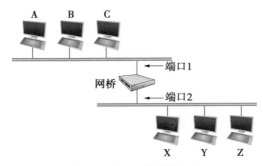

图 3-9   学习型网桥图解

一种选择是人为地在网桥内放置一个类似表 3-5 的表。这样，无论何时网桥在端口 1 上接收到给主机 A 的帧，都不必转发给端口 2，因为主机 A 可直接接收连接到端口 1 上的局域网的帧。任何时候在端口 2 收到发往主机 A 的帧，网桥都将转发给端口 1。

实际上没有人会采用这种方式来配置网桥，人工维护转发表是一个相当大的负担，特别是考虑到网桥能使用简单的技巧得到这些信息。方法是每个网桥检查它所接收的帧的源地址。这样，当主机 A 向网桥任何一边的主机发送帧时，网桥接收到这一帧，并且记录下从主机 A 来的帧由端口 1 接收这一事实。用这种方法网桥可以建立起如表 3-5 所示的表。

表 3-5   网桥维护的转发表

主机	端口
A	1
B	1
C	1
X	2
Y	2
Z	2

注意，使用这种表的网桥使用前述的数据报（或无连接）转发模式。每个分组带有一个全局地址，网桥通过查找表中的地址确定从哪个端口发出分组。

网桥首次启动时表是空的，表中的记录随时间逐渐增加。而且，每条记录都有相应的超时时间，超过一定时间，网桥便将其丢弃。这是为了适应主机从一个网络移动到另一个网络时的情况，这时其地址也随之发生移动。因此，这张表不需要包含全部主机地址。如果网桥接收到一个帧，而它要送达的主机地址不在当前表中，那么网桥会将这一帧从所有其他端口转发出去。换言之，此表只是可以过滤掉一些帧的简单优化，而没有正确性的要求。

3.2.2 实现

实现学习型网桥算法的代码很简单，这里我们简单描述一下。BridgeEntry 结构定义网桥转发表中的一个记录，它们存储在一个 Map 结构（它支持 mapCreate、mapBind 和 mapResolve 操作）中，以便当表中已存在的源主机发来的分组到达时，能够快速地查找记录。常量 MAX_TTL 表示一个记录被丢弃前在表中保存的时间。

```
#define BRIDGE_TAB_SIZE    1024   /* max size of bridging
                                      table */
#define MAX_TTL            120    /* time (in seconds) before
                                      an entry is flushed */


typedef struct {
    MacAddr      destination;     /* MAC address of a node */
    int          ifnumber;        /* interface to reach it */
    u_short      TTL;             /* time to live */
    Binding      binding;         /* binding in the Map */
} BridgeEntry;

int     numEntries = 0;
Map     bridgeMap = mapCreate(BRIDGE_TAB_SIZE,
                             sizeof(BridgeEntry));
```

当一个新的分组到达时更新转发表的例程由 updateTable 给出，传递的参数是包含在分组中的源介质访问控制（MAC）地址和接收分组的接口号。这里没有给出会被定时唤醒的另一个例程，它扫描转发表中的记录，并减少每个记录的生存期（TTL）字段的值，丢弃 TTL 值为 0 的记录。注意，每次分组到达时更新一个已存在的表记录，TTL 被重置为 MAX_TTL，能连到目标主机的接口被更新，以反映最新接收分组的情况。

```
void
updateTable (MacAddr src, int inif)
{
    BridgeEntry      *b;

    if (mapResolve(bridgeMap, &src, (void **)&b) == FALSE )
    {
        /* this address is not in the table, so try to add
           it */
        if (numEntries < BRIDGE_TAB_SIZE)
        {
            b = NEW(BridgeEntry);
            b->binding = mapBind( bridgeMap, &src, b);
            /* use source address of packet as dest. address
               in table */
            b->destination = src;
```

```
        numEntries++;
    }
    else
    {
        /* can't fit this address in the table now, so
            give up */
        return;
    }
}
/* reset TTL and use most recent input interface */
b->TTL = MAX_TTL;
b->ifnumber = inif;
}
```

注意，在网桥转发表容量已满的情况下这个实现采用了一种简单的策略，即添加新地址失败。回顾一下，正确地转发不要求网桥表的完整性，它只是用来优化性能的。如果表中的某条记录当前不被使用，最终会因超时而被删除，从而为新记录腾出空间。另一个方法是在发现表满时，调用某种高速缓存替换算法。例如，我们可以查找并删除具有最小 TTL 值的记录，以便安置新记录。

3.2.3   生成树算法

如果网络内没有产生环，那么前面所讲的策略是很好的。环的产生可能造成帧永远循环这种可怕的故障。从图 3-10 描述的例子中容易看出这种情况，例如，网桥 S1、S4 和 S6 形成一个环。

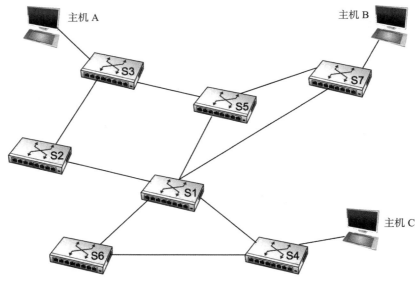

图 3-10   带环的交换式以太网

请注意，我们现在正在转变，从将每个转发设备称为网桥（连接可能到达多个其他设备的段）改为 L2 交换机（连接仅到达一个其他设备的点对点链路）。 为了使示例易于管理，我们仅包含三个主机。 实际上，交换机通常有 16、24 或 48 个端口，这意味着它们能够连接到那么多主机（和其他交换机）。

在我们的示例交换网络中，假设一个分组从主机 C 进入交换机 S4，并且目标地址还不在任何交换机的转发表中：S4 将该分组的副本从其另外两个端口发送到交换机 S1 和 S6。交换机 S6 将分组转发到 S1（同时，S1 将分组转发到 S6），这两个交换机依次将其分组转发回 S4。交换机 S4 的表中仍然没有该目的地，因此它将分组转发到其他两个端口。没有什么可以阻止这个循环无休止地重复，分组在 S1、S4 和 S6 之间双向循环。

为什么交换式以太网（扩展局域网）会有内部循环？ 一种可能是网络由多位管理员管理，比方说，因为网络跨越一个机构的多个部门。在这种情况下，可能没有人知道网络的整体配置，这就意味着可能添加了一个引起环的交换机而无人知道。另一种很可能的情况是有目的地在网络中建立环，为交换机发生故障时提供冗余。毕竟，仅需要一个连接错误就能将一个没有循环的网络分裂成两个独立的分区。

无论环是怎样产生的，交换机须能正确处理环。让交换机运行分布式生成树（spanning tree）算法可以解决这个问题。如果将扩展局域网看作有环图，那么生成树是覆盖此图所有顶点的无环子图。就是说，生成树保留原图的所有顶点，却丢弃一些边。例如，图 3-11 在左侧显示了一个循环图，在右侧显示了许多可能的生成树之一。

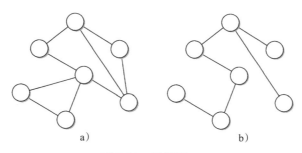

图 3-11 示例图

生成树的想法很简单：在扩展网络中，网络拓扑结构子集没有环路并能到达所有的局域网。难点是所有的交换机如何协调决策并形成生成树的单一视图。因为通常一个拓扑是能够被多个生成树所覆盖的。这个问题的答案就在我们现在正在讨论的生成树协议中。

生成树算法是由数字设备公司（DEC）的 Radia Perlman 开发，用于协调从一组交换机中为某个特定的扩展局域网产生生成树的协议。（IEEE 802.1 规范就是基于此算法的。）实际上，这意味着每个交换机将决定它使用和不使用的转发帧的端口。从某种意义上来说，通过从扩展局域网的拓扑结构中去掉一些端口可使其退化成一棵无环树。你可能会感到奇怪，因为有的交换机可能不参与转发帧。然而，该算法是动态的，这意味着交换机总是准备在某些交换机出现故障时将自己重新配置为新的生成树，因此这些未参与转发的端口和交换机提供了从故障中恢复所需的冗余容量。

生成树的主要思想是让交换机选择转发帧的端口。该算法选择端口的方式如下。每个交换机都有一个唯一的标识符，我们使用标签 S1、S2、S3 等。该算法首先选择 ID 最小的交换机作为生成树的根；这次选择的具体情况如下所述。根交换机始终通过其所有端口转发帧。接下来，每个交换机计算到根的最短路径，并记录哪些端口位于该路径上。此端口也被选为交换机到根的首选路径。最后，考虑到可能有另一个交换机与其相连，交换机选择一个指派交换机，负责将接收到的帧转发到根。每个指派交换机都是相对于此交换机最靠近根的交换机。如果两个或多个交换机与根交换机的距离相等，则选择标识符最小的交换机作为指派交换机。当然，每个交换机可能连接到多个其他交换机，因此它为每个端口选择指派交换机。实际上，这意味着每个交换机决定它自己是否是相对于其每个端口的指派交换机。交换机再将其作为指派交换机的端口转发帧。

图 3-12 给出对应于图 3-10 中所示网络的生成树。在这个例子中，S1 是根交换机，因为它的标识符最小。注意 S3 和 S5 互相连接，但 S5 是指派交换机，因为它距离根更近。类似地，S5 和 S7 也互相连接，虽然从 S1 到两个交换机等距离，但是在这种情况下，S5 由于有较小的标识符而成为指派交换机。

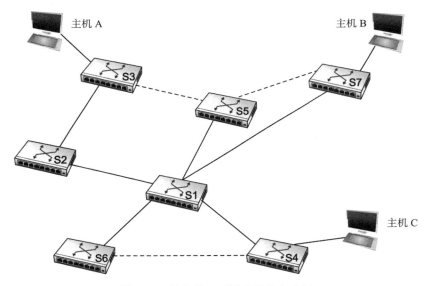

图 3-12　某些端口不被选择的生成树

虽然可以查看图 3-10 中给出的网络，并根据上述规则计算图 3-12 中给出的生成树，但交换机无法看到整个网络的拓扑结构，更不用说窥视其他交换机内部以查看其 ID。相反，它们必须彼此交换配置报文，然后根据这些报文确定它们是根交换机还是指派交换机。

具体来说，配置报文包含三条信息：

- 发送报文的交换机的 ID。

- 发送交换机认为是根交换机的 ID。
- 从发送交换机到根交换机的距离（以跳数为单位）。

每个交换机记下在它的每个端口上看到的当前最优（"最优"将在下面定义）配置报文，包括从其他交换机接收的和它自己发送的报文。

最初，每个交换机认为自己是根，并从每个端口发出配置报文，标识自己是根并给出到根的距离为 0。交换机在某个端口接收到配置报文后，就检查这个新报文是否优于该端口记录的配置报文。如果满足以下条件，则认为新配置报文优于当前记录的报文。

- 标识一个具有更小标识符的根。
- 标识一个带有相同标识符但具有更短距离的根。
- 根标识符和距离都相等，但发送这条报文的交换机具有更小的标识符。

如果新报文优于当前记录的报文，交换机则丢弃旧报文并保存新报文。然而，它首先将到根的距离字段加 1，因为这个交换机到根的距离比发送报文的交换机到根的距离远一跳。

当一个交换机接收到说明自身不是根交换机的配置报文时（即收到来自一个有更小标识符的交换机的报文），交换机终止生成自己的配置报文，而是先对来自其他交换机的配置报文中的距离字段加 1，然后转发。类似地，当一个交换机接收到说明自身不是某端口的指派交换机的配置报文时（即配置报文来自与根的距离更近或等于自己与根的距离但具有更小标识符的交换机），交换机停止在该端口发送配置报文。这样，当系统稳定时，只有根交换机仍然产生配置报文，而其余交换机仅在那些其是指派交换机的端口上转发这些报文。此时，一个生成树建立，所有交换机为生成树协调其使用的端口。只有这些端口才能转发数据分组。

下面来看一个交换机配置的实例。假设某校园的电源刚刚恢复，所有交换机大约在同一时间启动，考虑在图 3-12 中会发生什么。所有交换机将开始发出自己是根的报文。我们将一个来自节点 X、与根节点 Y 的距离是 d 的配置报文表示为（Y，d，X）。以节点 S3 的活动为例，一系列事件将如下展开：

1）S3 接收（S2，0，S2）。

2）因为 2 < 3，所以 S3 接受 S2 为根。

3）S3 将 S2 通知的距离（0）加 1，并发送（S2，1，S3）给 S5。

4）同时，因为 S1 具有更小的标识符，所以，S2 接受 S1 为根，并发送（S1，1，S2）给 S3。

5）S5 接受 S1 为根并发送（S1，1，S5）给 S3。

6）S3 接受 S1 为根，且由于看到 S2 和 S5 都比它距离根近，因此 S3 停止在这两个端口上转发报文。

这使 S3 带有两个活动端口，如图 3-12 所示。注意，主机 A 和 B 无法通最短路径（经过 S5）通信，因为帧必须沿生成树传输。这是为了避开循环而付出的代价。

即使系统稳定后，根交换机还会继续定期发送配置报文，其余交换机继续像前面描述的那样转发这些报文。如果某个交换机出现故障，下游的交换机将不能接收到这些配置报文，在等待一个指定的时间段后，它们会重新宣布自己是根，刚才描述的算法会再选一个新的根和新的指派交换机。

需要注意的一件重要的事情是，虽然无论何时某个交换机出错，算法都能重新构造生成树，但是不能为了绕开拥塞交换机而选择另一条路径来转发帧。

3.2.4 广播和多播

之前讨论的重点是交换机如何从一个端口转发单播帧到另一个端口。由于交换机的目标是透明地扩展局域网，并且由于大多数局域网都支持广播和多播，因此交换机也必须支持这两个特性。广播比较简单，每个交换机将带有目标广播地址的帧转发到除了接收它的端口以外的其他活动（选择）端口。

多播可以按同样的方法实现，每台主机自己决定是否接收报文。实际应用中就是这样做的。然而，并不是所有主机都是某多播组的成员，因此可能有更好的方法。特别是，可以扩展生成树算法来删除那些不需要转发多播帧的网络。考虑帧由图 3-12 中主机 A 发往组 M。如果主机 C 不属于组 M，那么交换机 S4 就没有必要在网络上转发帧。

交换机如何知道是否需要通过某个给定的端口转发多播帧？交换机是通过观察从该端口接收到的源（source）地址得知的，这与交换机如何决定是否通过某个特定端口转发一个单播帧的方法一样。当然，组通常不是帧的源，所以我们的说法有点不妥。特别地，组 M 的每个成员主机都必须定时发送一个帧，在首部的源字段中携带组 M 的地址。这个帧的目标地址就是交换机的多播地址。

注意，以上描述的多播扩展方法虽然已经提出，但没有广泛采纳。相反，多播的实现方法与广播的实现方法完全一样。

3.2.5 虚拟局域网（VLAN）

交换机的一个限制是它们不可扩展。连接多个交换机是不现实的，在实践中，少数交换机通常意味着"几十个"。一个原因是，生成树算法是线性扩展的；也就是说，没有规定对交换机集提供层次结构。第二个原因是交换机转发所有广播帧。虽然在一种受限制的环境（如一个部门）下，对所有主机来说看到相互的广播报文是合理的，但一个更大范围（如一个大公司或一所大学）内的所有主机不可能都愿意受到相互广播报文的打扰。换言之，广播的规模不能太大，因此基于 L2 的网络规模不能太大。

增强可扩展性的一种方法是虚拟局域网（Virtual LAN，VLAN）。VLAN 允许将一个扩展局域网划分成几个看起来独立的局域网。每个 VLAN 被赋一个标识符（有时称为颜色（color）），只有当两个网段有相同的标识符时，分组才能从一个网段传送到另一个网段。这样可以限制扩展局域网上接收任何给定广播分组的网段数目。

我们通过例子来看 VLAN 是怎样工作的。图 3-13 显示了 4 台主机和 2 台交换机。在没有 VLAN 的情况下，来自任何主机的广播分组将到达所有其他主机。现在我们假设把连接到主机 W 和主机 X 的网段定义为一个 VLAN，称为 VLAN 100。我们还定义连接到主机 Y 和 Z 的网段为 VLAN 200。这样做时，我们需要给交换机 S1 和 S2 的每个端口配置一个 VLAN 标识符。我们认为在两个 VLAN 中都包括 S1 到 S2 的链路。

当主机 X 发送的分组到达交换机 S2 时，交换机观察到它来自配置为 VLAN 100 的一个端口。它在以太网的首部和有效载荷之间插入一个 VLAN 首部。我们感兴趣的 VLAN 首部部分是 VLAN 标识符；此时，这个标识符设置为 100。交换机现在按正常规则转发分组，附加的限制是这个分组不能发送给不属于 VLAN 100 的接口。这样，分组决不会发送到 VLAN 200 中连接主机 Z 的接口上，即使是一个广播分组。但是，分组被转发到交换机 S1，按照同样的规则，S1 可以转发分组给主机 W，但不转发给主机 Y。

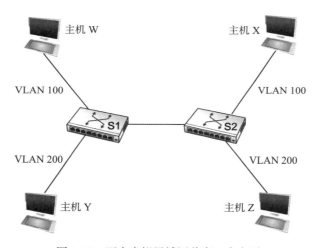

图 3-13　两个虚拟局域网共享一个主干

VLAN 的一个有吸引力的特性是它能更改网络的逻辑拓扑结构，而不用移动任何线路或更改任何地址。例如，如果想使连接到主机 Z 的网段成为 VLAN 100 的一部分，并由此使 X、W 和 Z 在同一个 VLAN 上，那么我们只需更改交换机 S2 的一条配置信息。

支持 VLAN 需要对原始 802.1 首部规范进行相当简单的扩展，在源地址（SrcAddr）和类型（Type）字段之间插入一个 12 位的 VLAN 标识符（VID）字段，如图 3-14 所示。[这个 VID 通常被称为 VLAN 标记（tag）。] 实际上在首部中间插入了 32 位，但前 16 位用于保持与原始规范的向后兼容性（它们使用 Type = 0x8100 表示此帧包含 VLAN 扩展）；其他 4 位保存用于确定帧优先级的控制信息。这意味着可以将 $2^{12}= 4096$ 个虚拟网络映射到单个物理局域网。

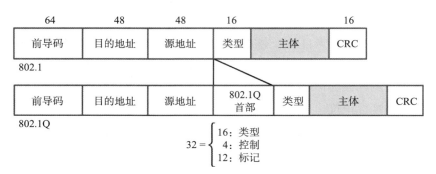

图 3-14　嵌入到一个以太网（802.1）首部的 802.1Q VLAN 标记

我们通过观察互连 L2 交换机构建的网络的另一个局限性来总结这一讨论：缺乏对异构性的支持。也就是说，交换机可以互连的网络类型有限。特别是，交换机使用网络帧的首部，因此只能支持那些地址格式相同的网络。例如，交换机可用于将基于以太网和 802.11 的网络连接到另一个网络，因为它们共享一个共同的首部格式，但交换机不容易推广到具有不同寻址格式的其他类型的网络，例如 ATM、SONET、PON 或蜂窝网络。下一节将解释如何解决这一限制，以及如何将交换网络扩展到更大的规模。

3.3　互联网（IP）

在前一节中，我们看到可以使用网桥和局域网交换机建造相当大型的局域网，但是这些方法在扩展和处理异构问题上有局限性。本节将探索克服桥接网络局限性的方法，使得我们能够使用相当有效的路由建造大型的和高度异构的网络。我们称这样的网络为互联网（internetwork）。在下一章里，我们将继续讨论如何构建一个真正的全球互联网。当前，我们先了解一些基础知识。首先认真考虑一下互联网一词的含义。

3.3.1　什么是互联网

我们用带小写"i"的"internetwork"或仅用"internet"指可提供某种主机到主机的分组传送服务的相互连接的任意网络集合。例如，一个有很多站点的公司可以租用电话公司的点到点链路将其不同站点的局域网互联成一个专用的互联网。当谈论应用广泛的目前已连接大部分网络的全球互联网时，我们用带大写"I"的"Internet"来称呼它。本书一贯注重基本原理，因此我们主要希望你了解"internet"的原理，但是用"Internet"中的实例来阐明这些思想。

"网络""子网"和"互联网"是几个易混淆的术语。我们先不谈子网。现在，我们用网络（network）来指前两章讨论的直接相连的网络或交换网络。这样的网络只使用一种技术，如 802.11 或以太网。互联网（internetwork）是这些网络互联的集合。有时，为了避免意义不明确，我们把互联的底层网络称为物理（physical）网络。互联网是由物理网络集合构成的逻辑（logical）网络。在这种情况下，仍然可以将由网桥或交换机相连的以太网集合看成一个单一的网络。

图 3-15 给出了一个互联网的例子。互联网通常称为"网际网",因为它是由很多更小的网络组成的。此图中,我们可以看到以太网、无线网和点到点链路。这些网络中的每个网络采用的都是单一技术。将这些网络互联的节点称为路由器(router),有时也称为网关(gateway),但由于这个词还有其他含义,所以我们只使用路由器。

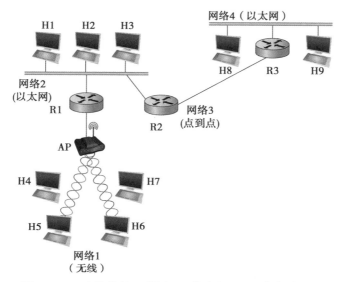

图 3-15　一个简单的互联网。H 代表主机;R 代表路由器

网际协议(Internet Protocol,IP)是我们现今用来建造可扩展的异构互联网络的关键工具。它最早以其发明者的名字命名为 Kahn-Cerf 协议。可以认为 IP 是在网络集合中的所有节点(主机和路由器)上运行,并定义了允许这些节点和网络作为单个逻辑互联网运行的基础设施。例如,图 3-16 显示了图 3-15 中的主机 H5 和 H8 如何通过互联网在逻辑上连接,包括运行在每个节点上的协议图。请注意,更高层的协议,例如 TCP 和 UDP,通常在主机的 IP 之上运行。

本章其余大部分将介绍有关 IP 的各个方面。当然,建造互联网也可以不使用 IP,然而因特网的规模使 IP 成为最值得研究的协议,或者说,只有 IP 因特网是真正面对可扩展性问题的。因此,它为研究可扩展的互联网协议提供了最好的实例。

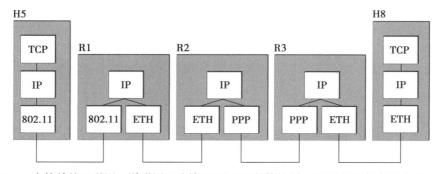

图 3-16　一个简单的互联网,说明用于连接 H5 和 H8 的协议层。ETH 是运行在以太网上的协议

3.3.2 服务模型

建造互联网时最好先定义服务模型（service model），即想要提供的主机到主机的服务。为互联网定义服务模型时主要关心的问题是：只有当每个底层物理网络都能提供一种主机到主机的服务时，我们才能提供这种服务。例如，如果底层网络技术可能随意延迟分组，那么互联网服务模型就不能保证在 1 ms 之内传送每个分组。因此，定义 IP 服务模型的原则是使它的要求尽量少，使得在互联网中出现的任何技术都能提供必要的服务。

可将 IP 服务模型看成两部分：一是编址方案，提供标识互联网中所有主机的方法；二是传送数据的数据报（无连接的）模型。这种服务模型有时也称为尽力而为（best-effort）服务模型，这是因为尽管 IP 尽力传送数据报，但并不提供保证。我们推后编址方案的讨论，先来看数据传送模型。

L2 与 L3 网络

如上一节所示，以太网可被视为互连一对交换机的点对点链路，互连交换机的网格形成交换以太网。此配置也称为 L2 网络。

但是正如我们将在本节中发现的那样，以太网（即使以点对点配置而不是以共享 CSMA/CD 网络进行安排）可以被视为连接一对路由器的网络，具有此类路由器的网状结构形成互联网。此配置也称为 L3 网络。

令人困惑的是，这是因为点对点以太网既是链路又是网络（尽管在第二种情况下是微不足道的双节点网络），这取决于它是连接到运行生成树算法的一对 L2 交换机，还是连接到一对运行 IP 的 L3 路由器（以及本章稍后描述的路由协议）。为什么选择一种配置而不是另一种配置？这部分取决于你是否希望网络成为单个广播域（如果是，请选择 L2）以及你是否希望连接到网络的主机位于不同的网络上（如果是，请选择 L3）。

好消息是，当你完全理解这种二元性的含义时，你将清除掌握现代分组交换网络的主要障碍。

---

1. 数据报传送

IP 数据报是 IP 的基础。回忆前述章节，数据报是一种在网络中以无连接方式发送的分组类型。每个数据报携带足够的信息以使网络将分组传送到正确的目的地，不需要预先建立任何机制来告诉网络当分组到达时该怎么做。你只需发送它，网络就会尽力把它送到所希望到达的目的地。"尽力而为"服务的意思是：如果出现错误和分组丢失、损坏、误传送或因任何原因而没有到达目的地，网络什么也不做——它已经尽了最大努力，这就是它必须做的全部事情，而不采取从故障中恢复的任何行动。有时也将这种服务称为不可靠（unreliable）服务。

尽力的、无连接的服务大概是你能从因特网中得到的最简单的服务，并且这是很有用的服务。例如，如果你在一个提供可靠服务的网络上提供尽力服务，那么很好，你最终得到的尽力服务正好是总能传送分组的服务。反之，如果你在一个不可靠的网络上采用一个可靠的服务模型，那么你将不得不把很多额外的功能置于路由器上以弥补底层网络的不足。尽可能使路由器保持简单是 IP 最初的设计目标之一。

IP "在任何技术上运行" 的能力经常被引述为其最重要的特性之一。值得注意的是，在发明 IP 时，现今的很多技术还不存在。迄今，人们发明的所有网络技术对 IP 来说都具备一定的适应度，甚至有人声称 IP 可以运行在由信鸽传输报文的网络上。

尽力传送不仅仅意味着分组可能丢失。有时分组可能不按顺序传送，或者同一分组可能会传送不止一次。运行在 IP 之上的高层协议或应用需要知道所有可能的错误模式。

2. 分组格式

显然，IP 服务模型的一个关键部分是可携带的分组类型。像大多数分组一样，IP 数据报包含一个首部，后面接着许多字节的数据。首部的格式如图 3-17 所示。注意，我们采用与前面几章不同的形式来表示分组，这是因为后面几章在我们主要关注的互联网层及其上各层中，分组格式几乎都设计为按 32 位边界对齐，以简化软件对它们的处理任务。因此，一般表示方法（例如，用于因特网 RFC）就是将它们按 32 位字的序列取出。顶部的字先被传送，并且每个字最左边的字节先被传送。在这种表示方法中，可以很容易地识别出 8 位倍长的字段。特殊情况下，如果字段长度不是 8 位的偶数倍，还可以通过查看分组顶部标出的比特位置来确定字段的长度。

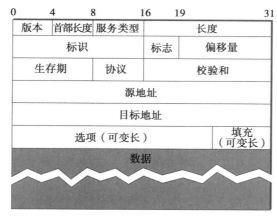

图 3-17　IPv4 分组的首部

查看 IP 首部的每个字段，我们发现尽力数据报传送的 "简单" 模式还有一些微妙的特性。版本（Version）字段说明 IP 的版本。当前 IP 的版本是 4，称为 IPv4。注意将这个字段置于数据报的开头会易于我们在后续版本中重新定义分组格式的其余部分。首部处理软件从查看版本开始，然后根据相应的格式分别处理分组的其余部分。下一个字段首部长度（HLen）以 32 位字为单位指定首部的长度。在没有其他选项的时候，首部通常是 5 个字长（20 字节）。8 位的服务类型（TOS）字段多年来有过很多不同的定义，但它的基本功能是允许根据不同的应用需求对分组进行不同的处理。例如，TOS 值可决定分组是否应放在一个特殊的接受低延迟的队列中。

首部中接下来的 16 位是数据报的长度（Length）字段，包括首部在内的长度。不同于首部长度字段，长度字段计字节数而不是字数。因此，IP 数据报的最大尺寸为 65 535 字节。然而，IP 运行的物理网络可能不支持如此长的分组。因此，IP 支持分片和重组。首部的第二个字包含分片信息，它的使用细节将在下面的"分片和重组"中谈到。

在首部的第三个字中，第一个字节是生存期（TTL）字段。这个名字反映了它的历史含义而不是现在的使用方式。此字段的目的是捕捉在路由环路中转来转去的分组并丢弃它们，而不是让它们无限地消耗资源。最初，生存期被设置为允许分组存在的一个指定的秒数，沿途的路由器将减小这个字段值直到为 0。然而，由于分组在路由器中的等待时间很少能达到 1 秒钟，并且路由器不是总能访问到一个公共时钟，因此大多数路由器都是在转发分组时将 TTL 字段值减 1。这样，它就变成按跳计数而不是一个定时器，这也是捕捉陷入路由循环的分组的一个绝好的方法。一个细节是发送主机对此字段的初始设置：设置太高，分组就会在被丢弃前转很多圈；设置太低，分组又可能无法到达目的地。64 是当前的默认值。

协议（Protocol）字段只是一个多路分解键，用于标识 IP 分组应被送至的高层协议。已定义了值的协议有传输控制协议（TCP 为 6）、用户数据报协议（UDP 为 17）以及很多在协议图中位于 IP 之上的其他协议。

校验和（Checksum）字段通过将整个 IP 首部看作一个 16 位字的序列进行计算，使用二进制反码相加，并对结果取反码。因此，如果首部的任一比特在传输中被损坏，那么收到分组的校验和将包含不正确的值。由于一个被损坏的首部可能在目的地址中包含错误（因此可能导致错误传送），因此应当丢弃校验和值不正确的分组。需要注意，校验和并不具备像 CRC 那么强的检错能力，但是它在软件中很容易计算。

首部所需的最后两个字段是分组的源地址（SourceAddr）和目的地址（DestinationAddr）。后者是数据报传送的关键：每个分组包含一个完整的目的地址，所以每台路由器能够做出转发决定。接收方根据源地址决定是否接收分组并做出应答。IP 地址将在后续章节中讨论，现在重要的是要知道 IP 定义自己的全局地址空间，不依赖于在何种物理网络上运行。正如我们将看到的，这是支持异构性的关键之一。

最后，在首部的后端可能有多个选项。是否出现这些选项可通过检查首部长度（HLen）字段确定。尽管这些选项很少被用到，但一个完整的 IP 实现必须能处理所有选项。

3. 分片和重组

在一个异构的网络集合中，提供统一的主机到主机服务模型需要面对的问题之一是每种网络技术都试图自己定义分组的大小。例如，传统以太网能接收最大长度为 1 500 字节的分组，而现代以太网能够传送更大（巨大）的承载多达 9 000 字节有效载荷的分组。这就留给 IP 服务模型两种选择：确保所有 IP 数据报足够小，使其能适合任何网络技术的分组；或者当 IP 数据报对某一网络技术来说太大时，提供一种方法将分组分片和重组。后一种方法较好，特别是考虑到新的网络技术将不断出现，而 IP 需要在所有技术上运行，这使得选择一个合适的小范围数据报尺寸变得困难。这也就意味着主机没有必要发送小分组，因为这将使被发送数据的每个字节都需要更多的首部，会浪费带宽和消耗处理资源。

这里的中心思想是每种网络类型都有一个最大传输单元（Maximum Transmission Unit，MTU），这是一帧中所能携带的最大数据报⊖。注意这个值小于网络上的最大分组尺寸，因为 IP 数据报需适合链路层帧的有效载荷（payload）。

因此，当主机发送 IP 数据报时，它可以根据需要选择尺寸。一个合理选择是与主机直接相连的网络的 MTU。然后，只有当到目的地的路径中包含一个使用更小 MTU 的网络时才需要分片。然而，如果 IP 之上的传输协议发给 IP 一个大于本地 MTU 的分组，那么源主机必须将其分片。

通常当路由器接收到想要在网络上转发的数据报，而这个网络的 MTU 比所接到的数据报小时，那么路由器将进行分片。为使这些分片在接收主机上能够重组，它们都在标识符（Ident）字段上携带同样的标识符。这个标识符由发送主机选择，并且对于所有可能在某个合理时段内从这个源主机到达目的主机的数据报来说是唯一的。由于原始数据报的所有分片都包含这个标识符，所以接收主机能够识别出这些应汇聚到一起的分片。如果不是所有的分片都到达接收主机，那么主机将放弃重组进程并丢弃已到达的分片。IP 并不试图恢复丢失的分片。

为了理解整个过程，考虑当图 3-15 所示的互联网例子中的主机 H5 向主机 H8 发送一个数据报时会发生什么。假设两个以太网和 802.11 网络的 MTU 是 1 500 字节，点到点网络的 MTU 是 532 字节，那么从 H5 发送的一个 1 420 字节的数据报（20 字节的 IP 首部加上 1 400 字节的数据）在经过 802.11 网络和第一个以太网时不需要分片，但是在路由器 R2 上就必须被拆分为 3 个数据报。然后，这 3 个数据报经路由器 R3 转发，通过第二个以太网到达目的主机。这种情形在图 3-18 中给出。这个图还强调两个重点：

- 每个分片本身就是一个在一系列物理网络上传送的独立的 IP 数据报，与其他分片无关。
- 每个 IP 数据报在它经过的每个物理网络上都要重新封装。

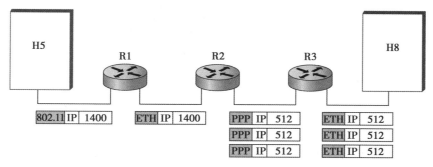

图 3-18 IP 数据报经过前图中所示的一系列物理网络

⊖ 幸运的是，ATM 网络中的 MTU 要比一个单一信元大得多，因为 ATM 有自己的分片和重组方式。在 ATM 中，链路层帧称为汇聚子层协议数据单元（CS-PDU）。

通过图 3-19 所示的每个数据报的首部字段可详细了解分片过程。未分片的分组有 1 400 字节的数据和 20 字节的 IP 首部。当分组到达 MTU 为 532 字节的路由器 R2 时必须分片。一个 532 字节的 MTU 中，在 20 字节的 IP 首部之后留有 512 字节的数据，因此第一个分片包括 512 字节数据。路由器在标志（Flags）字段中设置 M 位（见图 3-17），意思是后面还有其他的分片，并设置偏移量（Offset）为 0，因为这个分片包含原始数据报的第一部分。第二个分片携带的数据从原始数据报的第 513 个字节开始，因此这个首部中的偏移量字段设置为 64，即 512/8。为什么除 8 呢？因为 IP 的设计者认定分片应该发生在 8 字节边界的地方，即偏移量字段以 8 字节而不是以字节为单位计数。（我们把它作为练习，请你指出为什么要这样设计。）第三个分片中包含最后的 376 字节数据，偏移量为 2×512/8=128。由于这是最后一个分片，所以不设置 M 位。

a）未分片的分组

b）分片的分组

图 3-19   IP 分片中所使用的首部字段

注意，分片过程是以这样一种方式完成的，如果分片到达另一个有更小 MTU 的网络，那么分片过程可以重复地进行。分片产生更小的有效 IP 数据报，在接收方易于重组成原始的数据报，而与到达顺序无关。重组在接收主机上而不在每个路由器上进行。

IP 重组绝非一个简单的过程。例如，即使一个分片丢失，接收方仍将试图重组数据报，而最终将放弃并不得不回收重组所使用的资源。使主机占用不必要的资源可能会导致拒绝服务攻击。由于这个原因，通常认为应该避免 IP 分片。现在，我们强烈鼓励主机执行"路径 MTU 发现"，通过发送足够小的分组，使其能通过从发送方到接收方路径上 MTU 最小的链路，从而避免分片。

3.3.3　全局地址

在上面 IP 服务模型的讨论中，我们曾提到过它提供的编址方案。毕竟，如果想把数据发送到任一网络的任一主机，就需要有一种方式来识别所有主机。因此，我们需要一个全局编址方案，其中任何两台主机的地址都不能相同。全局唯一性是一个编址方案所应提供的首要特性。

以太网地址是全局唯一的，但仅此一点还不能满足一个大型互联网的编址方案要求。以太网的地址也是*扁平的*（flat），也就是说它们没有结构，且几乎不为路由协议提供线索。（事实上，以太网地址的确有一个用于分配（assignment）目的的结构：前 24 比特标明制造商。但因为这个结构与网络拓扑没有关系，所以它没有给路由协议提供任何有用信息。）相比之下，IP 地址是分层的（hierarchical），即它们由对应于互联网某种层次结构的几个部分构成。更确切地说，IP 地址包括两部分：网络（network）部分和主机（host）部分。对于由多个相互连接的网络组成的互联网而言，这是一个非常合理的结构。IP 地址的网络部分指明主机连接到哪个网络，所有连到同一网络主机的 IP 地址的网络部分相同。IP 地址的主机部分唯一地标识特定网络中的每台主机。这样，在如图 3-15 所示的简单网络中，网络 1 中主机的地址有相同的网络部分和不同的主机部分。

注意图 3-15 中路由器被连接到两个网络。它们在每个网络上都需要一个地址，一个接口分配一个地址。例如，位于无线网和以太网之间的路由器 R1，在到无线网的接口上有一个 IP 地址，且与无线网中主机的网络部分相同，而到以太网接口上的 IP 地址则与以太网主机的网络部分相同。因此，记住路由器可以用具有两个网络接口的一台主机的方式实现，更确切地说，应把 IP 地址视为属于接口而不是属于主机。

现在，这些分层地址看起来像什么？与其他某些分层地址格式不同的是，所有地址的两部分长度都不相同。如图 3-20 所示，IP 地址分为三种不同的类型，每种类型都定义不同长度的网络部分和主机部分。（还有指定多播组的 D 类地址，而 E 类地址现在已经不再使用。）所有情况下，地址均为 32 比特长。

IP 地址的类型由最高位的几个比特标识。如果第 1 位是 0，即为 A 类地址。如果第 1 位是 1、第 2 位是 0，则为 B 类地址。如果前 2 位是 1 而第 3 位是

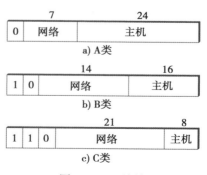

图 3-20　IP 地址

0，则为 C 类地址。这样，对大约 40 亿个可能的 IP 地址来说，1/2 是 A 类，1/4 是 B 类，1/8 是 C 类。每一类都分配一定数目的位给地址的网络部分，而其余的留给主机部分。A 类网络 IP 地址的网络部分有 7 位，主机部分有 24 位，意味着只能有 126 个 A 类网络（0 和 127 保留），但每一类都能容纳最多 $2^{24}-2$（大约 1 600 万）台主机（同样，有两个保留值）。B 类地址分配 14 位给网络部分、16 位给主机部分，意味着每个 B 类网络能容纳 65 534 台主机。最后，C 类地址只将 8 位给主机部分、其余 21 位均为网络部分，所以，C 类网络只可以有 256 个唯一的主机标识符，意味着只能连接 254 台主机（预留一台主机标识 255 用于广播，0 是非法主机号）。然而，此编址方案支持 2^{21} 个 C 类网络。

表面上看，这种编址方案有着很大的灵活性，使得众多不同规模的网络可以非常有效地共存。最初的思想是因特网将包含一小部分广域网（A 类网络）、相当数量站点（校园）规模的网络（B 类网络）和大量局域网（C 类网络）。然而，正如我们将看到的，现在的编制方案并没有足够的灵活性。当前，IP 地址通常是"无类的"，具体细节接下来解释。

在我们了解如何使用 IP 地址之前，先来看一些实际的事情，比如如何将 IP 地址写下来。按照惯例，IP 地址被写成 4 个以点相隔的十进制（decimal）整数。每个整数表示一个十进制数值，包含在地址的一个字节中，从最高位开始。例如，键入这个句子的计算机的地址是 171.69.210.245。

重要的是不要将 IP 地址与因特网的域名相混淆，域名也是分层的。域名是以点分隔的 ASCII 码字符串，如 cs.princeton.edu。IP 地址在 IP 分组首部携带的信息中，IP 路由器正是使用其中的地址做出转发决定的。

3.3.4 IP 数据报转发

我们现在来看互联网中 IP 路由器转发数据报的基本机制。回顾前述章节，转发（forwarding）是将从输入端口得到的一个分组通过适当输出端口发送出去的过程，而路由（routing）是构造一张表以决定分组的正确输出端口的过程。本节讨论的重点是转发，路由将在后续章节中讨论。

当我们讨论 IP 数据报的转发时，要记住以下几个要点：

- 每个 IP 数据报均包含目的主机的 IP 地址。
- IP 地址的网络部分唯一地标识作为因特网一部分的一个物理网络。
- 在连接到同一物理网络上的所有主机和路由器的地址中，其网络部分相同，因此可以通过在这一网络上发送帧而彼此通信。
- 每个作为因特网一部分的物理网络，按照定义至少有一台路由器同时连接到至少一个其他的物理网络，这台路由器可以与其中任一网络的主机或路由器交换分组。

因此，转发 IP 数据报可以按以下方法处理。一个数据报从源主机发往目的主机，沿途可能经过多台路由器。任何一个节点，无论是主机还是路由器，首先试图确定自己是否与目的主机连接在同一个物理网络上。为了做到这一点，它比较目的地址的网络部分和它的每一个网络接口地址的网络部分。（主机通常有一个接口，而路由器通常有两个或多个接口，因为它们一般连接在两个或多个网络上。）如果匹配，那么就意味着目的地址与接口位于同一网络中，分组可以在此网络中直接传送。后续章节将解释这个过程的一些细节。

如果没有与目的节点连接到同一个物理网络上，就需要将数据报发往路由器。一般而言，每个节点都有多台路由器可供选择，因此它需选择一个最佳的或至少是有机会使数据报更接近目标的路由器。所选择的路由器称为下一跳（next hop）路由器。该路由器通过查询它自己的转发表找到正确的下一跳。从概念上讲，转发表就是一个包括〈 NetworkNum，NextHop 〉（网络号，下一跳）对的表。（下面我们将看到，实际上转发表还包括和下一跳有关的额外信息。）通常还有一台默认路由器，当表上的条目与目标网络号都不匹配时将会使用默认路由器。对于主机来说，仅有一台默认路由器是完全可以接受的，它意味着当目的主机与发送主机不在同一个物理网络时所有数据报将通过默认路由器发出。

我们可将数据报转发算法描述如下：

```
if（目的节点的 NetworkNum = 我的一个接口的 NetworkNum）then
    经过那个接口传送分组到目的节点
else
    if（目的节点的 NetworkNum 在我的转发表中）then
        传送分组到 NextHop 路由器
    else
        传送分组到默认路由器
```

对于只有一个接口且转发表中只有一台默认路由器的主机来说，算法可以简化如下：

```
if（目的节点的 NetworkNum = 我的 NetworkNum）then
    直接传送分组到目的节点
else
    传送分组到默认路由器
```

我们来看这个算法在图 3-15 所示的互联网中是如何工作。首先，假设 H1 要发送一个数据报到 H2。由于它们在同一个物理网络中，H1 和 H2 的 IP 地址有相同的网络部分，于是 H1 推断可以在以太网上直接向 H2 发送数据报。这里有一个问题需要解决，即 H1 如何找到 H2 的正确以太网地址——这是后续章节描述的地址解析机制。

现假设 H5 要发送一个数据报给 H8。由于不在同一个物理网络中，它们有不同的网络号，因此 H5 推断需将数据报发送给路由器。R1 是唯一选择：默认路由器。所以 H5 通过无线网将数据报发给 R1。类似地，R1 知道不能直接将数据报发给 H8，因为 R1 的任何一个接口都不和 H8 在同一个物理网络中。假设 R1 的默认路由器是 R2，R1 通过以太网将数据报发给 R2。假设 R2 的转发表如表 3-6 所示，它找到 H8 的网络号（网络 4），并转发数据报至 R3。最后，由于 R3 与 H8 处于同一个物理

表 3-6　路由器 R2 的转发表

网络号	下一跳
1	R1
4	R3

网络中，R3 将数据报直接发送至 H8。

注意转发表中可能包含直接相连的网络的信息。例如，我们可以将路由器 R2 的网络接口标记为点到点链路（网络 3）中的接口 0 和以太网（网络 2）中的接口 1。那么 R2 将得到如表 3-7 所示的转发表。

表 3-7　路由器 R2 的完整转发表

网络号	下一跳
1	R1
2	接口 1
3	接口 0
4	R3

因此，对于 R2 在一个分组中遇到的任何网络号，它都知道该怎么做。如果网络直接与 R2 相连，这时分组可通过网络被送达目的地；如果网络可经某个下一跳路由器到达，此时 R2 可经过所连接的网络到达此路由器。在任何一种情况下，R2 都使用下面描述的地址解析协议来找到分组将要发送到的下一节点的 MAC 地址。

R2 使用的转发表很简单，可以用手工方式配置。然而，通常这些表都复杂得多，需要运行路由协议来建造，后续章节将描述这样一个路由协议。实际中还需注意，网络号通常更长（如 128.96）。

我们现在能看到分层编址——将地址分为网络部分和主机部分——如何提高大型网络的可扩展性。路由器现在包含的转发表只列出一组网络号，而不是网络中的所有节点。在我们简单的例子中，R2 能够在一个 4 条记录的表中存储到达网络中所有主机（这里是 8 台主机）所需的信息。即使每个物理网络有 100 台主机，R2 也只需同样的 4 条记录。这是实现可扩展性的良好的第一步（虽然绝不是最后一步）。

> 这里说明建造可扩展的网络的最重要原则之一：为达到可扩展性，需要减少存储在每个节点上以及在节点之间交换的信息量。最常用的方法是分层聚合（hierarchical aggregation）。IP 采用两层的层次结构，网络在上层，节点在下层。我们通过让路由器只处理如何到达正确的网络来聚合信息，将路由器传送一个数据报到给定网络中任一节点所需要的信息表示为一条聚合信息。

3.3.5　子网划分和无类地址

IP 地址的最初目的是希望其网络部分能够唯一明确确定一个物理网络，然而这种方法有两个缺点。假设一个大型校园中有很多内部网络，并决定连接到因特网上。对每个网络来说，不管多么小，都至少需要一个 C 类网络地址。对某些多于 255 台主机的网络来说，甚至需要一个 B 类地址。看起来这也许不是一个大问题，事实上在因特网的最初构想中也确实不是什么大问题，但是我们只有为数有限的网络号，并且 B 类网络地址比 C 类少得多。对 B 类地址往往会有很高的需求，因为你不知道网络是否会扩展到超过 255 个节点，因此一开始就使用 B 类地址比在超出一个 C 类网络的空间时再对每台主机重新编号要容易得多。这里我们关注的问题是地址分配的低效率：只有两个节点的网络使用一个完整的 C 类网络地址，那么就浪费了 253 个有用地址；一个只有稍多于 255 台主机的 B 类网络，则浪费 64 000 个以上的地址。

如果给每个物理网络分配一个网络号，耗尽 IP 地址空间的速度就比我们想象的快得多。虽然我们需要连接超过 40 亿台主机才能用完所有合法的地址，但是连接 2^{14}（约 16 000）个 B 类网络就能用完 B 类地址空间。因此，我们希望找到一个更有效地使用网络号的方法。

当你考虑路由时，就会发现分配多个网络号有另一个明显缺点。回忆一下，参与路由协议的节点中存储的状态数量是与其他节点数成正比的，同时，一个互联网中的路由包括构造转发表，这张表告诉路由器如何到达不同的网络。这样，使用的网络号越多，转发表就越大。大转发表增加了路由器的开销，并且在使用同一种技术时，大表中的查找速度比小表中的查找速度慢，因此降低了路由器的性能。这是另一个需要仔细分配网络号的原因。

子网划分（subnetting）提供了减少分配网络号总数的第一步。其思想是只用一个网络号，把具有这个网络号的 IP 地址分配给多个物理网络，这些物理网络叫作子网（subnet）。为使这种做法行之有效，子网应当彼此离得很近。这是因为从因特网远处的一个点上看，它们像是一个单一网络，只有一个网络号。这意味着一台路由器将只能选择一个路由来到达任何子网，因此它们最好在同一方向上。子网的最佳应用环境是在一个有多个物理网络的大型校园或公司中。从校园之外到达校园内任一子网时，你只需知道校园网连在因特网的什么地方。这通常是一个点，因此在转发表中只需一条记录就够了。即使校园网中有多个点连接在因特网的其余部分上，也最好先知道如何到达校园网的一个点。

在多个网络当中共享一个网络号的机制涉及使用子网掩码（subnet mask）配置每个子网中的所有节点。使用简单 IP 地址时，同一网络中的所有主机必须有相同的网络号。子网掩码使我们可以引入一个子网号（subnet number），同一物理网络中的所有主机将会有相同的子网号，这意味着主机可能处于不同的物理网络中，但共享一个网络号。这个概念的解释见图 3-21。

图 3-21　子网地址

子网划分对主机来说意味着现在它是由 IP 地址和它所连接子网的掩码来配置的。例如，图 3-22 中的主机 H1 配置的地址为 128.96.34.15，子网掩码是 255.255.255.128。（在一个给定的子网中，所有主机都配置相同的掩码，即每个子网只有一个掩码。）将这两个数的按位与运算结果定义为此主机和同一子网内的所有其他主机的子网号。在这种情况下，128.96.34.15 和 255.255.255.128 按位做与运算等于 128.96.34.0，这就是此图中最上端子网的子网号。

当主机要发送一个分组到一个特定的 IP 地址时，它所做的第一件事就是用它自己的子网掩码与目标 IP 地址做按位与运算。如果结果等于发送主机的子网号，那么它就得知目的主机在同一子网内，分组可以在子网中直接传送。如果结果不等于发送主机的子网号，就需要把分组发送给一台路由器以便转发到另一子网。例如，如果 H1 向 H2 发送，那么 H1 将它的子网掩码（255.255.255.128）和 H2 的地址（128.96.34.139）进行按位与运算得到 128.96.34.128。这与 H1 的子网号 128.96.34.0 不匹配，因此 H1 得知 H2 在另一个不同的子网中。由于 H1 不能直接在子网上传递分组给 H2，所以它将分组传送给它的默认路由器 R1。

当我们引入子网的概念后，路由器的转发表也发生了一点变化。回忆一下，我们刚才有一个转发表，这个表由成对形式的 <NetworkNum，NextHop>（网络号，下一跳）的记录组成。为了支持划分子网，表中各记录的形式现在必须保存 <SubnetNum，SubnetMask，NextHop>（子网号，子网掩码，下一跳）形式的记录。为了在表中找到正确的记录，路由器将分组的目的地址与每个记录的子网掩码依次进行按位与运算。如果结果与某一记录的子网号相匹配，那么这就是要使用的记录，然后将分组转发到指定的下一跳路由器。在图 3-22 所示的网络中，路由器 R1 的记录如表 3-8 所示。

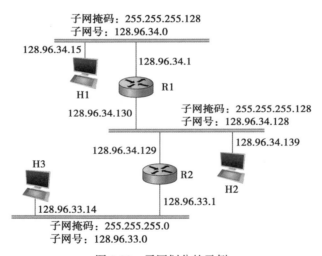

图 3-22　子网划分的示例

继续看从 H1 向 H2 传送数据报的例子，R1 将 H2 的地址（128.96.34.139）与第一个记录的子网掩码（255.255.255.128）进行按位与运算，并将结果（128.96.34.128）与这一记录的网络号（128.96.34.0）进行比较。由于不匹配，所以继续比较下一记录。这一次出现匹配，所以 R1 通过接口 1 将数据报送往 H2，接口 1 与 H2 在同一网络中。

表 3-8　有子网的转发表示例

子网号	子网掩码	下一跳
128.96.34.0	255.255.255.128	接口 0
128.96.34.128	255.255.255.128	接口 1
128.96.33.0	255.255.255.0	R2

我们现在可将数据报转发算法描述如下:

```
D = 目标 IP 地址
for 每个转发表条目 (SubnetNumber, SubnetMask, NextHop)
    D1=SubnetMask & D
    if D1=SubnetNumber
        if NextHop 是一个接口
            传送数据报到目标
        else
            传送数据报到 NextHop ( 一台路由器 )
```

尽管这个例子中没有给出,但表中通常包含默认路由器,可在找不到匹配的条目时使用。需要指出,单纯地实现这种算法效率是很低的,将会重复地进行目的地址与子网掩码的按位与运算(而子网掩码可能并非每次都不相同)以及线性表搜索。

有关子网划分的一个重要结论是,互联网的不同部分将看到不同的东西。从我们假想的校园外部,路由器看到的是一个单一网络。在以上提到的例子中,校园外的路由器把图 3-22 的网络集合只看作网络 128.96,并且转发表中有一条记录告诉它们如何到达这个网络。然而,校园内的路由器需要能够通过选择路由将分组传到正确的子网。因此,并不是互联网的所有部分都能看到同样的路由信息。这是一个聚合(aggregation)路由信息的例子,这些聚合信息是扩展路由系统的基础。后文将会介绍聚合的其他应用实例。

1. 无类地址

子网划分有一个同类,有时也称为超网(supernetting),但通常称为无类域间路由(Classless Interdomain Routing,CIDR,发音为"cider")。CIDR 通过基本取消地址分类,将子网划分的思路推向其合乎逻辑的结论。那么为什么子网无法满足需要呢?本质上讲,子网只允许我们把一些类别的地址在多个子网内分拆,而 CIDR 允许我们将不同类的地址组成一个单独的"超网"。这样进一步解决了地址空间不足的问题,且可防止路由系统过载。

让我们看一下地址空间的效率与可扩展性问题是如何共存的。假设某公司的网络由 256 台主机构成。此时,C 类地址不够用,所以你会希望绑定一个 B 类地址。然而,将一个可以容纳 65 535 个地址的地址空间分给 256 台主机,其占用率仅仅是 256/65 535= 0.39%。即使划分子网可以使我们更细致地分配地址,但一个无法回避的事实是任何一个超过 255 台主机的组织,或现在没有但最终可能达到如此多主机数的组织仍然需要一个 B 类地址。

我们面对此类问题的第一种处理方法是拒绝给任何组织 B 类地址(除非有证据显示它们的需求接近 64 K 个地址),而是给它们合适的 C 类地址以满足主机数目要求。由于我们现在每次以 256 个地址为单位分配空间,所以能够更精确地与组织需要的地址空间数相匹配。对于任何一个至少有 256 台主机的组织来说,我们可以保证地址的利用率至少达到 50%,且通常更高。(遗憾的是,即使你之后可以证明 B 类网络号码的请求是合理的，也不用麻烦，因为请求是很久以前提出的。）

然而，这种解决方法会引起一个严重的问题：对路由器超量存储的需求。如果一个站点被分配了 16 个 C 类网络号，就意味着每个因特网骨干网路由器的路由表中需要 16 条记录才能将分组传送到该站点，即使到这些网络的路径相同也是如此。如果我们给这个站点分配一个 B 类地址，同样的路由信息就可以存储为一条表记录。然而，地址分配的效率将只有 16 × 255/65 536=6.2%。

因此，CIDR 尝试在减少一台路由器所需知道的路由数的愿望与有效分配地址的需求之间取得平衡。为做到这一点，CIDR 帮助我们聚合（aggregate）路由。就是说，它让我们仅使用转发表中的一条记录来知道如何到达多个不同的网络。你可能已经从名字猜到，它通过打破地址分类之间的严格界限来做到这一点。为了理解 CIDR 如何工作，我们假设某组织有 16 个 C 类网络号。我们可以分配一块连续的（contiguous）C 类地址而不是随机地分配 16 个地址。假设我们分配的 C 类网络号为 192.4.16 ～ 192.4.31。可以看出，在此范围内，所有地址的高 20 位是一样的（11000000 00000100 0001）。这样，我们就有效建造了一个 20 位的网络号，它所能支持的主机数界于 B 类网络号与 C 类网络号之间。换句话说，我们既得到以小于 B 类网络的块分配地址的高效率，又得到可在转发表中使用的单个网络前缀。可以看出，要让此方案正常工作，我们需要分发具有相同前缀的 C 类地址块，这意味着每块都必定包含数目为 2 的幂次方的 C 类网络。

CIDR 需要一种新型标注或者前缀（prefix）来表示网络号，前缀可以任意长。通常的做法是在前缀后放置一个 "/X"，其中 "X" 是前缀的位长度。所以，在前面的例子里，在从 192.4.16 ～ 192.4.31 之间的网络中，20 位的前缀可以表示为 192.4.16/20。相反，如果需要表示单个 C 类网络号，因为其是 24 位长，所以记作 192.4.16/24。当前，随着 CIDR 成为规范，可以听到更多的人说起 "/24" 前缀表示的 C 类网络。注意，按这种方法表示网络地址类似于划分子网中用过的 <mask，value>（掩码，值）方法，只要掩码是由从最高位开始的连续位组成即可（实际上几乎总是如此）。

以我们刚刚给出的这种方法聚合路由的能力只是第一步。想象一个因特网服务提供商网络，它的基本任务是为大量公司和校园（客户）提供因特网连接。如果我们按照这种方法来给公司分配网络号，即所有连在此网络上的不同公司都共享一个公共地址前缀，那么我们能得到更大程度上的路由聚合。考虑图 3-23 所示的例子，提供商网络服务的 8 个客户被分配相邻的 24 位网络前缀，该前缀的前 21 位是相同的。由于所有客户均可经同一个提供商网络到达，因此可以通过通知它们共享的 21 位前缀来通知一条通向它们的路由。即使没有分配全部 24 位前缀也可以采用这种通知方式，只要提供商最终能够为客户分配那些前缀。做到这一点的一种方法是提前给提供商网络分配一部分地址空间，然后让网络提供商从此空间中给它的用户按需分配地址。注意，与这个简单的例子不同的是，没有必要使所有用户前缀都具有相同的长度。

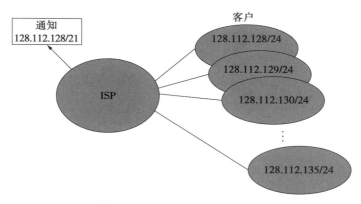

图 3-23　用 CIDR 进行路由聚合

2. IP 转发再讨论

至此，在 IP 转发讨论中，我们假设能够找到一个分组中的网络号，然后在转发表中查找该网络号。然而，现在我们引入了 CIDR，因此需要重新考虑这个假设。CIDR 意味着前缀可以是 2 ～ 32 位的任意长度。而且，有时转发表中的前缀也可能重叠，也就是说，某个地址可能与不止一个前缀匹配。例如，在一台路由器的转发表中我们可以找到171.69（一个 16 位的前缀）和 171.69.10（一个 24 位的前缀）。在这种情况下，一个目标为 171.69.10.5 的分组显然与两个前缀都匹配。处理这种情况的规则基于"最长匹配"原则，就是说，分组与最长的前缀匹配，此例中是 171.69.10。另一方面，一个目标是171.69.20.5 的分组将匹配 171.69 而不是 171.69.10，如果与路由表中其他记录都不匹配，那么 171.69 将是最长的匹配。

在一个 IP 地址和转发表中的可变长前缀之间有效地寻找最长匹配的任务，近些年已经成为一个富有成效的研究领域。最著名的算法使用了一种叫作 PATRICIA 树的方法，实际上它比 CIDR 更早得到开发。

3.3.6　地址转换（ARP）

上一节我们讨论了如何使 IP 数据报到达正确的物理网络，但是掩饰了数据报如何到达该网络上某一特定主机或路由器的问题。主要的问题是 IP 数据报包含 IP 地址，但是你的目的主机或路由器上的物理接口硬件只理解特定网络的寻址方案。这样，我们就需要将 IP 地址转换为这个网络所能理解的链路层地址（如一个 48 位的以太网地址）。然后，我们可以把 IP 数据报封装到包含该链路层地址的帧中，并发往最终目的地或发往一台可将数据报传向最终目的地的路由器。

将 IP 地址映射为物理网络地址的一个简单的方法是将主机的物理地址编码在 IP 地址的主机部分中。例如，一台主机的物理地址是 00100001 01001001（前一个字节是十进制数 33，后一个字节是十进制数 81），它的 IP 地址是 128.96.33.81。尽管这种解决办法已在一些网络中使用，但它仅限于那些网络物理地址不超过 16 位长的情况。在 C 类网络中，物理地址只有 8 位长。显然，这种方法不适用于 48 位长的以太网地址。

一个更普遍的解决方案是为每台主机保留一张地址对照表，也就是说，该表将 IP 地址映射为物理地址。虽然这个表可以由系统管理员集中管理并复制到网络中的各个主机上，但更好的方法是让每台主机通过网络动态地得到表的内容。这种方法可以用地址解析协议（Address Resolution Protocol，ARP）来实现。ARP 的目标是使网络上的每台主机都建立一张 IP 地址和链路层地址间的映射表。由于这些映射可能会随时间而改变（例如，由于一台主机的以太网卡出现故障，而被另一个有新地址的卡替换掉），所以表中的条目周期性地超时并被删除。这种情况每 15 分钟发生一次。当前存储在主机上的映射集合称为 ARP 高速缓存或 ARP 表。

ARP 充分利用很多链路层网络技术（如以太网）都支持广播这一优点。如果一台主机要发送一个 IP 数据报给已知为同一网络内的另一台主机（或路由器）（即发送和接收节点有同样的网络号），那么它首先检查缓存中的映射。如果映射不存在，它就需要调用网络上的地址解析协议。该调用是通过向网络广播一个 ARP 查询来实现的，查询中包含询问的 IP 地址（目标 IP 地址）。每台主机接收到这个查询并检查是否与自己的 IP 地址匹配。如果匹配，该主机发送一个包含它的链路层地址的应答信息给发出查询的源主机。源主机将此应答中包含的信息添加到它的 ARP 表中。

查询信息也包含发送主机的 IP 地址和链路层地址。这样，当一台主机广播一条查询信息时，网络上每台主机都会知道发送方的链路层地址和 IP 地址，并将此信息放入自己的 ARP 表中。然而，并不是每台主机都把这一信息添加到 ARP 表中。如果某一主机的表中已经有了这台发送主机的条目，那么它将"刷新"这一条目，即重新设置时间长度直至丢弃这一条目。如果某主机是查询的目标，那么即使其表中没有发送主机的条目，它也把有关发送方的信息添加到自己的表中。这样做的原因是，源主机可能要向它发送一个应用级报文，并且它最终必须发一个应答或 ACK 给源主机，而这需要源主机的物理地址。如果某主机不是目标主机，并且在其 ARP 表中没有源主机的条目，那么它就不会将源主机的条目加入自己的 ARP 表中。这是因为这台主机不需要源主机的链路层地址，没有必要在 ARP 表中保存这条信息。

图 3-24 给出了从 IP 地址到以太网地址映射的 ARP 分组格式。事实上，ARP 可以用于其他多种映射，主要区别在于地址长度。除了发送方和目标方的 IP 和链路层地址外，分组还包括：

- 一个硬件类型（HardwareType）字段，说明物理网络的类型（如以太网）。
- 一个协议类型（ProtocolType）字段，说明高层协议（如 IP）。
- 硬件地址长度（HLen）和协议地址长度（PLen）字段，分别说明链路层地址和高层协议地址的长度。
- 一个操作（Operation）字段，说明这是请求还是应答。
- 源硬件和目标硬件（以太网）地址和协议（IP）地址。

0	8	16	31
硬件类型=1		协议类型=0x0800	
硬件地址长度=48	协议地址长度=32	操作	
源硬件地址（0～3字节）			
源硬件地址（4～5字节）		源协议地址（0～1字节）	
源协议地址（2～3字节）		目标硬件地址（0～1字节）	
目标硬件地址（2～5字节）			
目标协议地址（0～3字节）			

图 3-24　用于将 IP 地址和以太网地址进行映射的 ARP 分组格式

注意，ARP 进程的结果可以加在如表 3-6 所示的转发表中成为额外的一列。这样，例如，当 R2 需要转发一个分组到网络 2 时，它不仅能找到下一跳是 R1，而且能找到 MAC 地址，将其加在分组上并发往 R1。

> 我们现在已经看到 IP 提供的处理异构性和可扩展性的基本机制。对于异构性问题，IP 首先定义一个尽力服务模型，对底层网络做最少的假设。更值得注意的是，这个服务模型基于不可靠的数据报。然后，IP 做两件重要的事情：提供一个公共的分组格式（分段和重组是使这个格式适应不同 MTU 网络的机制）；提供识别所有主机的全局地址空间（ARP 是使全局地址空间在具有不同物理地址编址方案的网络上运行的机制）。对于可扩展性问题，IP 使用层次化的聚合，减少转发分组所需的信息量。特别是，IP 地址被划分为网络和主机两部分，首先选择路由将分组发送到目的网络，然后再将分组传送给这个网络中正确的主机。

3.3.7　主机配置（DHCP）

以太网地址由制造商配置到网络适配器中，这样管理是为了保证这些地址是全球唯一的。显然，这是保证连接到一个以太网（包括扩展局域网）的任意主机有唯一地址的充分条件。而且，唯一性是我们对以太网地址的全部要求。

与之相比，IP 地址在一个给定的互联网中不仅必须是唯一的，而且必须反映互联网的结构。如上所述，它们包括网络部分和主机部分，且对于在同一个网络中的所有主机来说，网络部分必须相同。这样，IP 地址不可能在主机制造时就一次配置好，因为那将意味着制造商知道哪台主机将要连到哪个网络，并且意味着一旦主机连接到某个网络，就再也不能移动至另一个网络上。因此，IP 地址必须是可重新配置的。

除了 IP 地址之外，主机在开始发送分组之前还需要知道一些其他信息。其中最值得注意的是默认路由器的地址，即当分组的目的地址和发送主机不在同一网络时，主机能将分组发送到的地方。

大多数主机操作系统为系统管理员或用户提供一种方法，以手工方式配置主机所需的 IP 信息。然而，这样的人工配置有一些明显缺点。首先，在一个大型网络中直接配置所有主机工作量很大，尤其是考虑到主机只有进行配置之后才能通过网络可达时。更重要的是，配置过程非常容易出错，因为它需要确保每台主机得到正确的网络号，并且任何两台主机不能有同样的 IP 地址。因此需要有自动配置方法，主要方法是使用动态主机配置协议（Dynamic Host Configuration Protocol，DHCP）。

DHCP 依赖于 DHCP 服务器，DHCP 服务器负责向主机提供配置信息。一个管理域中至少有一个 DHCP 服务器。在最简单的情况中，DHCP 服务器的功能就像一个主机配置信息的中心库。例如，考虑在一个大公司的互联网中管理地址的问题。DHCP 可以使网络管理员不必拿着一张地址清单和网络图走遍公司的每一台主机以手工方式配置它们。相反，每台主机的配置信息可以存储在 DHCP 服务器中，并当主机启动或与网络连接后，由每台主机自动获得。然而，管理员仍需选取每台主机接收的地址并将其存到服务器中。在这个模型中，每台主机的配置信息存储在一张表中，此表以某种形式的唯一客户标识作为索引，通常是硬件地址（如它的网络适配器的以太网地址）。

一种更成熟的 DHCP 用法使网络管理员甚至不必为单个的主机分配地址。在这个模型中，DHCP 服务器维护着一个由它按需分配给主机的可用地址的缓冲区。由于现在只需要给每个网络分配 IP 地址的范围（全部有相同的网络号），因此在很大程度上减少了管理员所必须做的配置数量。

由于 DHCP 的目标是使一台主机正常工作所需的人工配置量减至最小，如果每台主机都必须配置一个 DHCP 服务器地址的话，就达不到这个目的。因此，DHCP 首先面临的就是找到服务器的问题。

为了与一个 DHCP 服务器相连，一台刚刚启动或连接到网络的主机发送一条 DHCPDISCOVER 报文到一个特殊的 IP 地址（255.255.255.255）——广播地址。这意味着此条报文将被网络上的所有主机和路由器接收。（路由器不转发这样的分组到其他网络，以防止广播到整个因特网。）在最简单的情况下，这些节点中的某一个就是网络的 DHCP 服务器。然后该服务器应答产生这条报文的主机（所有其他的节点将忽略这条报文）。然而，并不是每个网络都需要一个 DHCP 服务器，因为这会潜在增加大量需要正确并一致配置的服务器。因此，DHCP 使用中继代理（relay agent）的概念。每个网络上至少有一个中继代理，它只配置有一条信息：DHCP 服务器的 IP 地址。当中继代理接收到 DHCPDISCOVER 报文时，它将这条报文单播到 DHCP 服务器并等待应答，然后将应答回传给发出请求的主机。从一台主机中继一条报文到一个远程 DHCP 服务器的过程如图 3-25 所示。

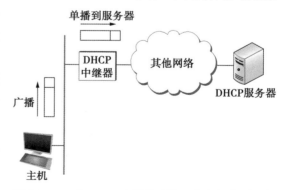

图 3-25　一个 DHCP 中继代理从一台主机收到一条广播 DHCPDISCOVER 报文并且发送一个单播 DHCPDISCOVER 给 DHCP 服务器

图 3-26 给出了 DHCP 报文的格式。这条报文实际上是使用运行在 IP 之上的用户数据报协议（User Datagram Protocol, UDP）来发送的。第 5 章将讨论 UDP 的细节，这里，它所做的仅是提供一个多路分解键，表明"这是一个 DHCP 分组"。

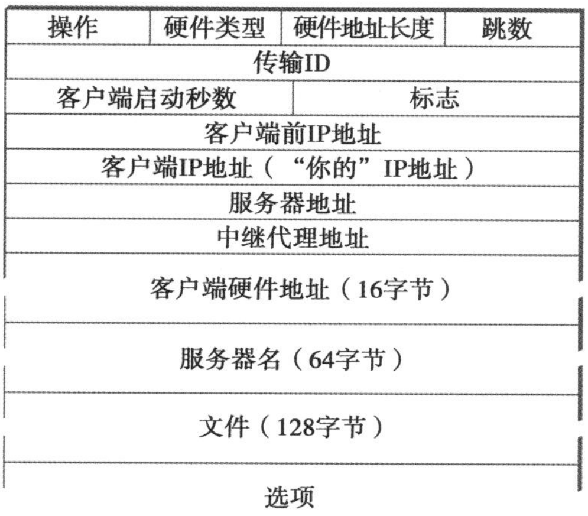

操作	硬件类型	硬件地址长度	跳数
传输ID			
客户端启动秒数		标志	
客户端前IP地址			
客户端IP地址（"你的"IP地址）			
服务器地址			
中继代理地址			
客户端硬件地址（16字节）			
服务器名（64字节）			
文件（128字节）			
选项			

图 3-26　DHCP 分组格式

DHCP 起源于较早的 BOOTP，因此分组中的一些字段并不与主机配置严格相关。当客户端试图得到配置信息时，它把其硬件地址（如以太网地址）放到客户端硬件地址（chaddr）字段中。DHCP 服务器填充"你的"IP 地址（yiaddr）字段并发送给客户端作为回答。客户端使用的其他信息（如默认路由器等）包含在选项（option）字段中。

在 DHCP 为主机动态分配 IP 地址的情况下，主机不能无限期地保留地址，因为这样将导致服务器最终耗尽其地址空间。同时，不能依靠主机归还其地址，因为它可能已经崩溃、脱离网络或关闭。因此，DHCP 允许地址在一段时间内被租用。一旦租用期满，服务器就将地址回收。一个租用地址的主机，如果仍连在网络上且功能正常，显然需要定期重新租用地址。

DHCP 阐明了可扩展性的一个重要方面：网络管理的可扩展性。可扩展性的讨论通常集中在使网络设备不要增长得太快这一点上，而关注网络管理复杂性的增长也十分重要。通过允许网络管理员给每个网络配置一个 IP 地址范围，而不必为每台主机配置一个 IP 地址，DHCP 改进了网络的可管理性。

注意，DHCP 也将更多的复杂性引入了网络管理，因为它使物理主机和 IP 地址之间的绑定更为动态化。这使得网络管理员的工作更加困难，例如，有必要定位一台出现故障的主机。

3.3.8　差错报告（ICMP）

下一个问题是因特网如何处理差错。当 IP 在数据报传送受阻而要将其丢弃时，例如，当路由器不知如何转发数据报或数据报的一个分片没有到达目的时，它不能默默地归于失败。IP 总是和网际控制报文协议（Internet Control Message Protocol，ICMP）配置在一起，这个协议定义了当一台路由器或主机不能成功处理一个 IP 数据报时，向源主机发回的错误报文的集合。例如，ICMP 定义了目的主机不可达（可能是链路差错）、重组进程失败、TTL 为 0、IP 首部校验和出错等差错报文。

ICMP 也定义了路由器可发回源主机的少量控制信息。最有用的一种控制信息叫作 ICMP 重定向（ICMP-Redirect），它告知源主机有一条更好的到达目标的路由。ICMP 重定向用于以下情况。假设一台主机连接到一个连有两台路由器 R1 和 R2 的网络，主机使用 R1 作为默认路由器。若 R1 接到一个来自主机的数据报，而它根据转发表得知，对于某一特定目的地址来说 R2 会是更好的选择，于是它发回一个 ICMP 重定向给主机，指示主机对其余以该地址为目的地的数据报使用 R2。然后，主机将这个新路由加到转发表中。

ICMP 还为两个广泛使用的调试工具 ping 和 traceroute 提供了基础。ping 使用 ICMP 回应报文来判断一个节点是否可达且正在运行。traceroute 使用一种不太直接的技术来判断到目的节点的路径上的路由器集合，在本章最后有一道相关的习题。

3.3.9　虚拟网络和隧道

我们通过考虑一个也许你尚未预见但变得越来越重要的问题来结束对 IP 的介绍。至此，我们讨论的焦点是使不同网络上的节点能够以一种不受限制的方式进行通信。这通常是因特网的目标——人人都希望能将电子邮件发给任何人，一个新网站的创建者希望能有尽可能多的访问者。然而，更多的情况下需要更可控的连接。这种情况的一个重要例子就是虚拟专用网（Virtual Private Network，VPN）。

术语 VPN 被大量地重复使用，并有各种各样的定义，但是，我们通过考察专用网的基本思想来直观地定义 VPN。拥有很多站点的公司经常通过从电话公司租用传输线路将站点互联起来建造专用网。在这样的网络中，通常出于安全性的考虑，通信被严格限制在本公司的站点间进行。为使专用网成为虚拟的（virtual），对于那些不与其他任何公司共享的租用传输线路，可用某种共享网络代替。一条虚电路（VC）是非常合适的租用线路替代品，因为它仍在公司的站点间提供逻辑的点到点连接。例如，如果公司 X 有一条从站点 A 到站点 B 的 VC，那么显然它能够在 A 和 B 之间发送分组。但是公司 Y 如果不事先建立它自己到站点 B 的虚电路，就不能将分组发送到 B，而在管理上可禁止建立这样的 VC 以防出现公司 X 和公司 Y 之间不希望的连接。

图 3-27a 给出了两个不同公司的专用网。在图 3-27b 中，它们都移植到一个虚电路网络中。真正的专用网中保持着有限的连接，但是由于专用网现在共享相同的传输设备和交换机，因此我们说建立了两个虚拟专用网。

在图 3-27 中，使用虚电路网络（例如 ATM）来提供站点之间的受控连接。使用 IP 网络——互联网——也可以提供类似功能的连接。然而，我们不能将不同公司的网站连到一个单一互联网上，因为那样将提供公司 X 与公司 Y 之间的连接，而这种连接是我们希望避免的。为解决这个问题，我们需要引入一个新的概念——IP 隧道（IP tunnel）。

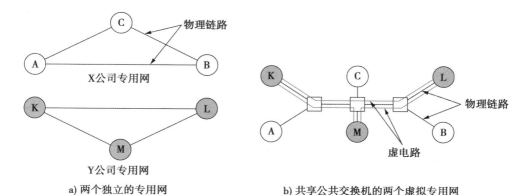

a) 两个独立的专用网　　　　　　　　　b) 共享公共交换机的两个虚拟专用网

图 3-27　虚拟专用网的例子

我们可以把 IP 隧道想象成一对节点间的一条虚拟的点到点链路，这对节点之间事实上可相隔任意多个网络。通过将隧道远端路由器的 IP 地址提供给虚链路，就可以在隧道入口处的路由器之间创建虚链路。无论何时当隧道入口处的路由器想要通过这个虚链路发送一个分组时，它就把分组封装在一个 IP 数据报中。IP 首部中的目的地址是隧道远端的路由器地址，而源地址是封装分组的路由器地址。

在隧道入口路由器的转发表中，这条虚链路更像一条普通的链路。例如，考虑图 3-28 中的网络。网络中已经配置了一条从 R1 到 R2 的隧道，并设置虚拟接口号为 0。R1 的转发表如表 3-9 所示。

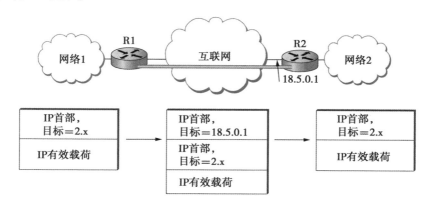

图 3-28　贯穿互联网的隧道。18.5.0.1 是 R1 能够通过互联网到达 R2 的地址

R1 有两个物理接口。接口 0 连接网络 1；接口 1 连接一个大型互联网，并且是转发表中所有未确切说明的流量的默认接口。另外，R1 有一个虚接口，即到隧道的接口。假设 R1 从网络 1 接收一个含有网络 2 中地址的分组，转发表认

表 3-9　路由器 R1 的转发表

网络号	下一跳
1	接口 0
2	虚接口 0
默认	接口 1

为这个分组应从虚接口 0 发出。为了从此接口发出分组，路由器接收这个分组，加上一个目标为 R2 的 IP 首部，然后就像刚刚接收到它一样继续转发这个分组。R2 的地址是 18.5.0.1，由于这个地址的网络号是 18，不是 1 或 2，因此目标是 R2 的分组将从默认接口转发到互联网。

一旦分组离开了 R1，它就像一个目标是 R2 的普通 IP 分组一样被处理和转发。互联网中的所有路由器使用正常的方式来转发这个分组，直到它到达 R2。当 R2 接收到这个分组时，发现它携带着自己的地址，因此将 IP 首部删除，并查看分组的有效载荷。它找到的是一个内部 IP 分组，其目的地址在网络 2 中。现在，R2 像对待其他所有接收到的 IP 分组一样处理这个分组。由于 R2 直接与网络 2 相连，所以直接将该分组转发到网络 2。图 3-28 给出了分组穿过网络时分组封装中的变化。

尽管 R2 充当隧道的末端点，但不影响它执行路由器的正常功能。例如，它可以接收非隧道的分组，这些分组包含它知道如何到达的网络的地址，然后它将按照正常方式进行转发。

也许你想知道为什么人们如此麻烦地建造一条隧道并且在分组穿过互联网时改变其封装。其中一个原因是安全性。由于增加了加密，隧道可以变成一条穿过公用网络的专用链路。另一个原因是，R1 和 R2 有一些其他中间网络所没有的能力，如多播路由。通过将这些路由器与隧道相连，我们可以建造一个虚拟的网络，其中所有有这种能力的路由器都好像直接相连一样。建造隧道的第三个原因是传送非 IP 的分组穿过 IP 网络。只要隧道两端的路由器知道如何处理其他协议，IP 隧道对它们来说就像一条能发送非 IP 分组的点到点链路。隧道也提供这样一种机制：即使一个分组被封装在隧道首部内的原首部表明它应传送到别处，我们也能强制把它传送到一个特定的地点。因此，可以看出隧道是建造穿过互联网的虚链路的一种强有力的和非常普遍的技术。事实上，这种技术可递归使用，经常出现，最常见的用例是在 IP 上建造 IP 隧道。

隧道技术也有缺点。首先，它增加了分组长度，对于短分组来说这可能意味着对带宽的严重浪费。对于长分组来说这可能导致分片。其次，它也将影响隧道两端路由器的性能，因为它们将做一些超出正常转发的工作，如添加和删除隧道首部。最后，它还会增加一些管理实体的管理开销，这些实体负责设置隧道并确保它们能被路由协议正确处理。

3.4　路由

本章前面的讨论都假设交换机和路由器充分了解网络的拓扑结构，所以它们能为每个分组选择一个合适的输出端口。在虚电路中，路由仅仅是连接请求分组的问题，所有的后续分组都与连接请求分组经过同样的路径。在数据报网络（包括 IP 网络）中，每个分组都要进行路由。无论在哪种情况下，交换机或路由器都需要查看分组的目的地址，然后决定哪一个输出端口是将分组传送到那个目的地址的最好选择。就像我们在前述章节中看到的，交换机通过查询转发表来做这个决定。路由最基本的问题是，交换机和路由器如何获得转发表中的信息。

> 我们重申转发（forwarding）和路由（routing）之间常被忽视的重要区别。转发过程包括：接收一个分组，查看它的目的地址，查询转发表，按表中决定的路径把分组转发出去。我们已经在前面一节见过几个转发的例子。路由是用于建立转发表的过程。我们还需注意，转发是在一个节点上本地执行的一个相对简单、定义良好的过程，常被称为网络的数据平面（data plane）；而路由依赖于在网络发展过程中不断演进的、复杂的分布式算法，常被称为网络的控制平面（control plane）。

虽然转发表（forwarding table）和路由表（routing table）这两个术语有时会交替使用，但我们在此加以区别。在分组转发时使用转发表，因此转发表需要包含足够的信息来完成转发功能。这就意味着，转发表中的一行包括从网络号到发出接口的映射和一些 MAC 信息，如下一跳的以太网地址。另外，路由表作为建立转发表的前奏，是由路由算法建立的一张表，它通常包含从网络号到下一跳的映射。此外，它可能还包含如何得到这些信息的信息，以便路由器决定何时丢弃某些信息。

路由表和转发表是否是实际上独立的数据结构与实现时的选择有关，但保持它们彼此的独立性有很多原因。例如，构造转发表是为优化转发分组时查找网络号的过程，而优化路由表是为了计算拓扑结构的改变。有时，转发表甚至可以由某些特殊的硬件来实现，而路由表很少这样。

表 3-10 给出路由表中的一行的示例。路由表告诉我们网络前缀 18/8 可以通过 IP 地址为 171.69.245.10 的下一跳路由器到达。

表 3-10　路由表一行的示例

前缀 / 长度	下一跳
18/8	171.69.245.10

相比之下，表 3-11 给出了转发表一行的示例，其中包含关于如何将分组转发到下一跳的确切信息：将其发送到 MAC 地址为 8:0:2b:e4:b:1:2 的 0 号接口。请注意，最后一部分信息由地址解析协议提供。

表 3-11　转发表一行的示例

前缀 / 长度	接口	MAC 地址
18/8	if0	8:0:2b:e4:b:1:2

在了解路由的细节之前，需要回忆一下，每当我们试图为因特网建立一种机制时都应问的一个关键问题：这个解决方案可扩展吗？这一节描述的算法和协议将回答：不能。它们是为中等规模（几百个节点）的网络设计的。然而，我们描述的解决方案的确是今天因特网使用的层次性路由基础结构的一个构件。特别地，本节描述的协议统称为域内（intradomain）路由协议，或内部网关协议（interior gateway protocol，IGP）。为了理解这些术语，我们需要定义路由域（domain），路由域的一个不错的定义就是一个其中所有路由器都处于统一管理控制之下的互联网（例如，一所大学的校园网或一个因特网服务提供商的网络）。定义之间的相关性将在下一章讨论域间（interdomain）路由协议时变得更加清楚。至此，需要记住的一件重要的事情是我们是在中小型网络的范围内考虑路由

问题，而不是因特网那么大的网络。

3.4.1 用图表示网络

路由本质上是图论问题。图 3-29 给出一个表示网络的图。图中标有 A ～ F 的节点可以是主机、交换机、路由器或网络。在开始讨论时，我们专注于考虑节点都是路由器的情况。图中的边对应于网络中的链路，每条边都有一个相应的开销（cost），表示通过这段链路发送流量的可取性。后续章节将讨论如何给边上的开销赋值。

注意，在本章通篇采用的这个网络（图）例子里，我们采用无向边并为每条边分配一个开销。这的确是一种简化。更精确的方式是采用有向边，表明每个节点间都有一对边，它们都在各自的方向上且有自己的边开销。

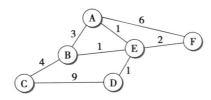

图 3-29   用图表示网络

路由最基本的问题就是找出任意两个节点之间开销最小的路径，一条路径的开销等于组成这条路径的所有边上的开销之和。对于像图 3-29 中那样的简单网络，你可以想象计算出所有的最短路径，并将它们放入每一节点的某个非易失性存储器中。但这种静态方法有以下几个缺点：

- 它不处理节点或链路故障。
- 它不考虑新的节点或链路的增加。
- 它意味着边的开销不能改变，尽管我们可能有理由希望链路开销随时间发生变化（例如，给负载较重的链路分配较高开销）。

由于这些原因，在大多数实际的网络中，路由由运行在节点间的路由协议来实现。这些协议提供了一种分布式的、动态的方法来解决在链路和节点出现故障时寻找最小开销路径以及改变边上开销的问题。注意分布式（distributed）这个词，很难使集中式解决方案成为可扩展的，因此所有被广泛使用的路由协议都采用分布式算法。

路由算法的分布式特性是人们对这个领域进行大量研究和开发的主要原因之一——在使分布式算法更好地工作方面还面临许多挑战。例如，分布式算法会产生这样的可能：在同一时刻，两台路由器对于到某个目的地的最短路径有不同的判断。事实上，每台路由器可能会认为另一个路由器到目标更近些，从而决定将分组发往另一台路由器。显然，这样的分组将会陷入循环，直到这两台路由器之间的矛盾得以解决，而且越早解决越好。这只是路由协议必须解决的问题中的一个例子。

在开始分析之前，我们假设已知网络中边的开销。下面我们将研究两类主要的路由协议：距离向量（distance vector）和链路状态（link state）。后续章节我们将以一种有针对性的方式回到计算边上开销的问题。

3.4.2　距离向量（RIP）

实验六

　　距离向量算法的内在思想正如它的名字所揭示的那样（此类算法的另一个通用名字是 Bellman-Ford，即其发明者的名字）。每个节点构造一个包含到所有其他节点"距离"（开销）的一维数组（一个向量），并将这个向量分发给它的邻接点。对距离向量路由所做的初始假设是每个节点都知道到其直接邻接点的链路开销，到不相邻节点的链路开销被指定为无穷大。

　　要明白距离向量路由算法如何工作，考虑如图 3-30 所描述的例子是最容易的。在这个例子中，每条链路的开销设为 1，所以开销最小的路径就是包含跳数最少的路径（因为所有边都具有相同的开销，我们在图中没有标出开销）。我们可以将每个节点到所有其他节点的距离信息表示为一个表，如表 3-12 所示。注意，每个节点只知道表中一行的信息（左列标有其名字的那一行）。网络中任何一个节点都不能使用这里给出的网络全局视图。

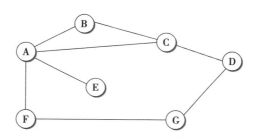

图 3-30　距离向量路由的网络例子

表 3-12　存储在每个节点中的初始距离（全局视图）

	A	B	C	D	E	F	G
A	0	1	1	∞	1	1	∞
B	1	0	1	∞	∞	∞	∞
C	1	1	0	1	∞	∞	∞
D	∞	∞	1	0	∞	∞	1
E	1	∞	∞	∞	0	∞	∞
F	1	∞	∞	∞	∞	0	1
G	∞	∞	∞	1	∞	1	0

　　我们可以把表 3-12 中的每一行视作一个节点到所有其他节点的距离列表，代表这个节点的当前判断。最初，每个节点都把到直接邻接点的开销赋值为 1，到所有其他节点的开销赋值为无穷大。这样最初 A 点知道它可以经一跳到达 B，而 D 是不可达的。存储在 A 中的路由表反映了这样的信念，并且包括 A 用来到达其他任何可达节点的下一跳的名字。于是，A 的初始路由表如表 3-13 所示。

距离向量路由的下一步是每个节点发送一个包含自己距离表的报文给其相邻节点。例如，节点 F 告诉节点 A 它可以到节点 G，开销为 1；A 也知道它能以开销 1 到达 F，因此二者相加就可以得到经 F 到 G 的开销。总开销 2 小于当前的开销无穷大，因此 A 记录它可经 F 到达 G，开销为 2。类似地，A 从 C 得知，C 能以开销 1 到达 D；A 将此与到 C 的开销 1 相加，决定可通过 C 以开销 2 到达 D，优于旧的开销无穷大。同时，A 从 C 得知，C 能以开销 1 到达 B，因此它推断经 C 到 B 的开销为 2。由于这比当前 A 到 B 的开销 1 大，因此新的信息被忽略。至此，A 能够更新路由表中所有网络节点的开销和下一跳，结果如表 3-14 所示。

表 3-13　节点 A 的初始路由表

目的地	开销	下一跳
B	1	B
C	1	C
D	∞	—
E	1	E
F	1	F
G	∞	—

表 3-14　节点 A 的最终路由表

目的地	开销	下一跳
B	1	B
C	1	C
D	2	C
E	1	E
F	1	F
G	2	F

当拓扑结构不变时，每个节点只需与相邻节点之间交换少量信息即可得到完整的路由表。得到所有节点的路由信息的过程叫作收敛（convergence）。表 3-15 给出了路由收敛后从每个节点到其他节点的一组最终开销。我们必须强调，网络中没有任何一个节点有这张表的所有信息，每个节点只知道它自己的路由表的内容。像这样的分布式算法的优点就是它能使所有节点在没有任何集中授权的情况下取得对网络的一致视图。

表 3-15　存储在每个节点的最终距离（全局视图）

	A	B	C	D	E	F	G
A	0	1	1	2	1	1	2
B	1	0	1	2	2	2	3
C	1	1	0	1	2	2	2
D	2	2	1	0	3	2	1
E	1	2	2	3	0	2	3
F	1	2	2	2	2	0	1
G	2	3	2	1	3	1	0

在结束有关距离向量路由的讨论之前，还要插进一些细节。首先，我们注意在两种情况下，一个给定的节点决定发送路由更新报文给它的相邻节点。一种情况是定期（periodic）更新。在这种情况下，即使没有任何变化，每个节点也总要时常自动发送更新报文。这使其他节点知道它仍在正常运行中。这样也可以确保当现有路由不可用时，它们仍能一直得到所需的信息。这些定期更新的频率随协议的不同而不同，但一般都是几秒到几分钟进行一次。第二种情况有时称为触发（triggered）更新，每当一个节点通知链路故障或从它的相邻节点接收到导致路由表中路由发生改变的更新时，便会引发这种

更新。也就是说，当一个节点的路由表改变时，它就给其相邻节点发送一条更新报文，这可能引起相邻节点的路由表改变，使得这些相邻节点又给它们的相邻节点发送更新报文。

现在，我们考虑一下当链路或节点发生故障时会发生什么。首先注意到这个问题的节点发送新的距离列表给它的相邻节点，正常情况下，系统会很快平静地达到一种新的状态。至于一个节点如何探查故障，有两种不同的答案。一种途径是，节点通过发送控制分组持续地检测到另一节点的链路，并查看是否接收到确认。另一种途径是，如果节点在最近几次更新周期中接收不到预期的定期更新，则确定该链路（或链路另一端的节点）发生故障。

为了明白当一个节点检测到一条链路故障时将会怎样，我们来看当节点 F 发现它到 G 的链路发生故障时的情况。首先，F 设置到 G 的新距离值为无穷大，然后把这条信息传给 A。由于 A 知道自己到 G 的 2 跳路径经过 F，所以 A 也把它到 G 的距离设为无穷大。但是，从 C 送来的下一次更新中，A 将得知 C 有一个 2 跳路径到 G。这样，A 就知道它可以经过 C 以 3 跳的距离到达 G，这个开销小于无穷大，所以 A 相应地更新它的转发表。当 A 把更新报文通知 F 时，F 即知可以经过 A 以开销 4 到达 G，这个开销小于无穷大，从而系统将重新达到稳定。

遗憾的是，略有不同的情况就可能阻碍网络的稳定。例如，假设从 A 到 E 的链路出现故障。在下一次更新周期中，A 通知到 E 的距离为无穷大，但是 B 和 C 通知到 E 的距离为 2。根据事件发生的确切时序，可能发生如下事件：节点 B 一旦知道从 C 可以 2 跳的距离到达 E 时，就断定它可以 3 跳到达 E，并且把这条更新信息通知 A；节点 A 断定它能以 4 跳到达 E，并把这条信息通知 C；节点 C 断定它能以 5 跳到达 E；依此类推。只有当距离值达到一个足以被认为是无穷大的值时，循环才会停止。其间，没有一个节点真正知道 E 是不可达的，网络的路由表不能达到稳定。这种情况叫作计数到无穷（count to infinity）问题。

现有几种可使此问题得到部分解决的办法。第一种办法是使用一个相对较小的数作为无穷大的近似值。例如，我们可以推断穿过某个特定网络的最大跳数不会超过 16，因此可以选择 16 来表示无穷大。这至少可以限制计数到无穷所花费的时间。当然，如果我们的网络增长到某些节点间的距离大于 16 跳时，又会出现问题。

改进稳定路由时间的一种技术称为水平分割（split horizon）。其思想是当一个节点把路由的更新报文发送给相邻节点时，它并不把从各个相邻节点处学到的路由再回送给该节点。例如，如果节点 B 在其表中有路由信息（E，2，A），那么它就知道该路由一定是从节点 A 学到的。所以不论 B 什么时候给 A 发送更新报文时，其中都不包括路由（E，2）。水平分割的一种增强变体称为带反向抑制的水平分割（split horizon with poison reverse）。这种方法中 B 确实把来自 A 的路由回送给 A，但在该路由中加入否定信息来确保 A 最终不会使用 B 到达 E。例如，B 把路由（E，∞）发送给 A。这两种技术的问题在于它们只在涉及两个节点的路由循环中有效，对于更大的路由循环要求有更强的措施。继续以上的例子，如果 B 和 C 接收到 A 的链路故障后，在把路由通知给 E 之前等待一段时间，它们就会发现，实际上两者都没有到达 E 的路由。不幸的是这种方法延迟了协议的收敛，收敛速度是它的竞争对手链路状态路由（在后续章节讨论）的主要优势之一。

1. 实现

实现这个算法的代码非常简单，在这里我们只给出了最基本的一些代码。结构 Route 定义了路由表中的每一条记录，常量 MAX_TTL 说明每一记录在被丢弃之前可以在表中保留多长时间。

```
#define MAX_ROUTES      128      /* maximum size of routing
                                     table */
#define MAX_TTL         120      /* time (in seconds) until
                                     route expires */

typedef struct {
    NodeAddr  Destination;      /* address of destination */
    NodeAddr  NextHop;          /* address of next hop */
    int       Cost;             /* distance metric */
    u_short   TTL;              /* time to live */
} Route;

int       numRoutes = 0;
Route     routingTable[MAX_ROUTES];
```

根据一条新路由来更新本地节点路由表的例程由 mergeRoute 给出。尽管没有显示出来，但定时器函数定期检查节点路由表中的路由列表，对每个路由中的生存期（TTL）字段进行递减运算，并丢弃生存期为 0 的所有路由。然而需要注意的是，一旦路由被相邻节点发送的更新报文重新确认，TTL 字段就被重新设为 MAX_TTL。

```
void
mergeRoute (Route *new)
{
    int i;

    for (i = 0; i < numRoutes; ++i)
    {
        if (new->Destination == routingTable[i].Destination)
        {
            if (new->Cost + 1 < routingTable[i].Cost)
            {
                /* found a better route: */
                break;
            } else if (new->NextHop ==
```

```
                    routingTable[i].NextHop) {
            /* metric for current next-hop may have
               changed: */
            break;
        } else {
            /* route is uninteresting---just ignore it */
            return;
        }
    }
}
if (i == numRoutes)
{
    /* this is a completely new route; is there room
       for it? */
    if (numRoutes < MAXROUTES)
    {
        ++numRoutes;
    } else {
        /* can{'t fit this route in table so give up */}
        return;
    }
}
routingTable[i] = *new;
/* reset TTL */
routingTable[i].TTL = MAX_TTL;
/* account for hop to get to next node */
++routingTable[i].Cost;
}
```

最后，过程 updateRoutingTable 是主例程，它调用 mergeRoute 合并从相邻节点接收到的路由更新报文中的所有路由。

```
void
updateRoutingTable (Route *newRoute, int numNewRoutes)
{
    int i;

    for (i=0; i < numNewRoutes; ++i)
    {
        mergeRoute(&newRoute[i]);
    }
}
```

2. 路由信息协议（RIP）

在 IP 网络中，使用最广泛的路由协议之一就是路由信息协议（Routing Information

Protocol, RIP）。它在 IP 网络早期得到广泛使用很大程度上归功于与 UNIX 操作系统"伯克利软件发布版"（BSD）一同发布（从 BSD UNIX 中发展出了许多 UNIX 的商用版本）。RIP 还非常简单，它是在距离向量算法基础之上构造的路由协议的范例。

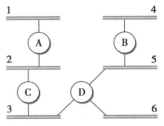

　　互联网中的路由协议与以上描述的理想化的图模型略有不同。在互联网中，路由器的目标是学会如何向不同的网络（network）转发分组。因此，路由器通知的是到达网络的开销，而不是到达其他路由器的开销。例如，在图 3-31 中，路由器 C 通知路由器 A 它可以以开销 0 到达网络 2 和网络 3（与它直接相连），以开销 1 到达网络 5 和网络 6，以开销 2 到达网络 4。

图 3-31　运行 RIP 的网络示例

　　我们可以从图 3-32 的 RIPv2 分组格式中看到这一点。分组的主要部分为（address，mask，distance）（地址，掩码，距离）。然而，路由算法的原理正好是一样的。例如，如果路由器 A 从路由器 B 得知，经 B 到达网络 X 比经路由表中现有的下一跳到达网络 X 的开销更小，那么 A 将更新网络号的开销和下一跳信息。

0	8	16	31
命令	版本	必须为0	
网1的族		路由器标签	
网1的地址前缀			
网1的掩码			
到网1的距离			
网2的族		路由器标签	
网2的地址前缀			
网2的掩码			
到网2的距离			

图 3-32　RIPv2 分组格式

　　事实上，RIP 是距离向量路由的一个相当简单的实现。运行 RIP 的路由器每 30 s 发出一次通知，无论何时路由器收到来自其他路由器的引起转发表改变的信息，它都将发送一个更新报文。值得注意的一点是它支持多地址族，而不仅仅是 IP，这也是其通知中存在族（Family）部分的原因。RIP 第二版（RIPv2）也引入了前面章节介绍的子网掩码，而 RIP 第一版使用旧的分类 IP 地址。

　　正如我们下面将看到的，在路由协议中可能使用多种不同的度量或开销来衡量链路。RIP 采取最简单的方法，使所有链路开销都等于 1，正如在上面的例子中所看到的。

因此它总是尽力找到最少跳数的路由。有效距离为 1 ～ 15，16 表示无穷大。这也限制了 RIP 只可在很小的网络上运行，那些网络的路径长度不超过 15 跳。

3.4.3 链路状态（OSPF）

链路状态路由是第二类主要的域内路由协议。链路状态路由的最初假设与距离向量路由的最初假设非常相似。假设每个节点都能找出到它的相邻节点（向上或向下）的链路状态以及每条链路的开销。我们还希望提供给每个节点足够的信息，使它能找出到达任一目标的最小开销路径。链路状态协议的基本思想非常简单：每个节点都知道怎样到达它的邻接点，如果我们确保这种信息被完整地传播到每个节点，那么每个节点都有足够的网络信息来建立一个完整的网络地图。显然，这是找到到达网络中任一点的最短路径的充分（但不必要）条件。因此，链路状态路由协议依靠两种机制：链路状态信息的可靠传播；根据所有积累的链路状态知识的总和进行的路由计算。

1. 可靠扩散

可靠扩散（Reliable Flooding）是确保参与路由协议的所有节点都能得到来自其他节点的一个链路状态信息副本的处理过程。正如术语扩散（flooding）所揭示的，它的基本思想是一个节点沿着所有与其直接相连的链路把其链路状态信息发送出去，接收到这个信息的每个节点再沿着所有与它相连的链路进行转发。这个过程一直继续，直到该信息到达网络中的所有节点。

更确切地说，每个节点创建一个更新分组，也叫链路状态分组（Link State Packet，LSP），包含以下信息：

- 创建 LSP 节点的 ID。
- 与该节点直接相邻的节点列表，包括到这些相邻节点的链路开销。
- 一个序号。
- 这个分组的生存期（TTL）。

前两项用于路由计算，后两项用于将分组可靠地扩散到所有节点。可靠性包括确保拥有信息的最新副本，因为可能有来自一个节点的多种不一致的 LSP 经过网络。保证可靠扩散是相当困难的（例如，ARPANET 采用的链路状态路由的一个早期版本就曾在 1981 年引起网络故障）。

扩散的工作方式如下。首先，两台邻接路由器之间的 LSP 传送使用确认和重传来保证可靠性，就像可靠的链路层协议一样。然而，还需要有更多的步骤来保证将一个 LSP 可靠地扩散到网络中的所有节点。

考虑节点 X 接收到一份来自节点 Y 的 LSP 副本的情况。注意节点 Y 可以是与节点 X 在同一个路由域中的其他任何一台路由器。X 检查是否已经存有一份来自 Y 的 LSP 副本。如果没有，它便存储这份 LSP。如果已经有了一份副本，则比较序号；如果新 LSP 序号更大，就被认为是最新的一份副本，并被保存用以替换旧的 LSP。较小的（或相等的）序号意味着这个 LSP 旧于（或不新于）已存储的 LSP，因此将被丢弃而无须采取进一步的行动。如果接收到的 LSP 是新的，那么 X 将发送这个 LSP 的副本给除了刚才发送 LSP 的那个相邻节点以外的所有相邻节点。不把 LSP 发回刚才发送它的节点，这使得 LSP 的扩散过程能够结束。由于 X 将这个 LSP 传向了它的所有邻居，邻居又转而做同样的事情，所以最终 LSP 的最新副本将到达所有节点。

图 3-33 表示一个 LSP 在一个小型网络中的扩散。每个节点在存储新的 LSP 后变成带阴影的形式。在图 3-33a 中，LSP 到达节点 X，在图 3-32b 中，X 将它发往邻居 A 和 C。A 和 C 不将它发回 X，但将它发往 B。由于 B 接收到这个 LSP 两个同样的副本，因此它将接收首先到达的副本而将第二个作为重复予以忽略。然后它将 LSP 传向 D，D 没有邻居需要扩散，因此过程结束。

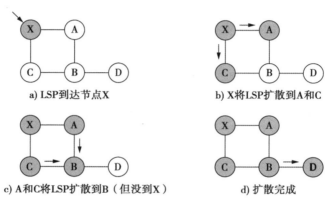

a) LSP到达节点X   b) X将LSP扩散到A和C

c) A和C将LSP扩散到B（但没到X）   d) 扩散完成

图 3-33　链路状态分组的扩散

与在 RIP 中一样，每个节点在两种情况下产生 LSP。周期性定时器超时或拓扑结构变化都将导致节点产生一个新的 LSP。然而，与一个节点直接相连的链路或邻居出现故障，才是节点基于拓扑产生一个 LSP 的唯一原因。链路故障有时可由链路层协议检测到。邻居的"死亡"或对邻居的连接的丢失可由周期性的"hello"分组检测到。每个节点都以规定的时间间隔向它的直接邻居发送这些信息。如果在一段足够长的时间内没有接收到来自某个邻居的"hello"分组，通向那个邻居的链路将被宣告出现故障，并产生一个新的 LSP 来反映这一事实。

链路状态协议扩散机制的重要设计目标之一是必须将最新的信息以尽可能快的速度扩散到所有节点，同时旧信息必须从网络中删除而不允许在网络中循环。另外，我们显然希望减少网络中传送的路由的总流量，毕竟，在那些实际把网络用于其应用程序的人看来，这就是系统开销。下面几段描述达到这些目标的一些方法。

减少系统开销的一种简单的方法是，除非有绝对必要，否则避免生成 LSP。可以使用很长时间（通常是几个小时）的定时器周期性地生成 LSP 来做到这一点。如果当拓扑结构改变时扩散协议的确可靠，那么，可以放心假设不需要频繁发出"没有变化"报文的做法是安全的。

为了确保旧信息被新信息代替，LSP 应携带序号。一个节点每产生一个新的 LSP，就将序号增 1。与协议中使用的大多数序号不同的是，这些序号不能回绕，所以需要很大的字段（如 64 比特）。如果一个节点出现故障后又恢复，那么它的序号从 0 开始。如果节点出现故障已很长一段时间，那么该节点所有旧的 LSP 都会超时，该节点最终会收到一份它自己的带有更大序号的 LSP 副本（如下面所述），然后它可以将序号加 1 并作为自己的序号使用。这将确保它的新 LSP 能够代替所有在节点出现故障之前遗留下来的旧 LSP。

LSP 还携带着一个生存期，用于确保旧的链路状态信息最终从网络中删除。一个节点在将新接收到的 LSP 扩散到其邻居之前，对其 TTL 减 1。同时它也使节点中存储的 LSP "衰老"。当 TTL 值等于 0 时，节点再次扩散 TTL 为 0 的这个 LSP，这被网络中所有节点解释为删除这个 LSP 的信号。

2. 路由计算

一旦一个给定节点有了一份来自其他每个节点的 LSP，它就能计算出完整的网络拓扑结构图，并可以根据这幅图决定到达每个目的地的最佳路由。然后，问题就是如何从这些信息中计算出路由。解决办法基于图论中的一个著名算法：Dijkstra 的最短路径算法。

我们首先用图论的术语来定义 Dijkstra 算法。设想一个节点将它接收到的所有 LSP 信息构造成一个代表网络的图，其中 N 代表图中的节点集合，$l(i, j)$ 表示两个节点 i，$j \in N$ 之间的边上的非负开销（权值），如果在 i、j 之间没有边相连，则 $l(i,j)=\infty$。在下面的描述中，我们令 s 表示这个节点，$s \in N$，也就是执行算法寻找到达 N 中其他所有节点的最短路径的节点。此外，算法还维护以下两个变量：M 代表到目前为止参与算法的节点集，$C(n)$ 表示从节点 s 到每个节点 n 的路径开销。给出这些定义后，算法的定义如下：

```
M={s}
for N−{s} 中的每个 n
  C(n)=l(s, n)
while (N ≠ M)
  M=M ∪ {w} 以致 C(w) 对于（N−M）中的所有 w 而言是最小的
  for (N−M) 中的每个 n
    C(n)=MIN(C(n), C(w)+l(w, n))
```

算法基本执行过程如下。首先从含有节点 s 的 M 开始，并使用到直接相连节点的已知开销初始化到其他节点的开销表 $C(n)$。然后寻找能以最小开销 (w) 到达的节点，并把这个节点加入 M 中。最后用经过 w 到达其他节点的开销来更新开销表。在算法的最后一行中，如果从源点 s 到 w，加上从 w 到 n 总的开销小于已有的从 s 到 n 旧的路径的开销，那么我们就选择这条经 w 到达 n 的新路径。重复这个过程，直到所有节点都归入 M 中。

实际上，每台交换机使用一种称为向前搜索（forward search）的 Dijkstra 算法实现，从它收集的 LSP 中直接计算路由表。具体地说，每台交换机维护两张表：试探表（Tentative）和证实表（Confirmed）。每张表中有多条记录，每条记录包含（Destination，Cost，NextHop)(目的地，开销，下一跳）。算法如下：

1）用我的节点中的一条记录初始化证实表，这条记录中的开销为 0。

2）在前一步中加入证实表的那个节点称为 Next（下一）节点，选择它的 LSP。

3）对于 Next 节点的每个 Neighbor（相邻）节点，计算到达这些相邻节点的 Cost（开销），也就是从我的节点到 Next 节点和从 Next 节点到 Neighbor 节点的总开销之和。

a）如果相邻节点当前既不在证实表中也不在试探表中，那么把（Neighbor，Cost，NextHop）记录加入试探表中，其中 NextHop 是我到达 Next 节点所经的节点。

b）如果 Neighbor 节点当前在试探表中，且开销小于当前登记在表中的开销，那么用记录（Neighbor，Cost，NextHop）替换当前记录，其中 NextHop 是我到达 Next 节点所经的节点。

4）如果试探表为空，则停止。否则，从试探表中挑选开销最小的记录，把它移入证实表，并转回执行第 2 步。

我们看一个例子就更容易理解这个算法。考虑图 3-34 中描述的网络。注意，这幅图不像前几个例子，这个网络带有不同的边上开销。表 3-16 给出构造节点 D 的路由表的步骤。我们用与节点 D 相邻的节点 B 和 C 表示 D 的两个输出。注意，这个算法的开头看起来似乎方向有误（比如，将到达 B 的开销为 11 的路径第一个加入试探表），但最终得到了到达所有节点的最小开销路径。

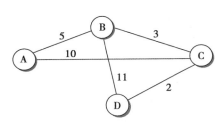

图 3-34　链路状态路由的网络示例

表 3-16　节点 D 建立路由表的步骤

步骤	证实表	试探表	注释
1	(D,0,−)		因为 D 是证实表中唯一的新成员，所以观察它的 LSP
2	(D,0,−)	(B,11,B)(C,2,C)	因 D 的 LSP 表明，我们可以以开销 11 通过 B 到达 B，比表中任何其他路径都好，因此把它加入试探表中，同理 C 也加入
3	(D,0,−)(C,2,C)	(B,11,B)	把试探表中开销最小的记录 C 加入证实表中。接着，检查证实表中新的成员 C 的 LSP
4	(D,0,−)(C,2,C)	(B,5,C)(A,12,C)	因为通过 C 到达 B 的开销是 5，所以替换记录（B,11,B)，C 的 LSP 告诉我们可以以开销 12 到达 A
5	(D,0,−)(C,2,C)(B,5,C)	(A,12,C)	把试探表中开销最小的记录 B 加入证实表中，观察它的 LSP
6	(D,0,−)(C,2,C)(B,5,C)	(A,10,C)	因为可以经过 B 以开销 5 到达 A，所以替换试探表中的记录
7	(D,0,−)(C,2,C)(B,5,C)(A,10,C)		把试探表中开销最小的成员 A 移入证实表中，结束

链路状态路由算法有许多优点：它可以很快达到稳定状态，不产生过多的流量，而且对拓扑结构改变或节点故障反应迅速。但缺点是每个节点存储的信息量（一个网络中其他所有节点的 LSP）可能非常大。这是路由的基本问题之一，也是可扩展性这个更一般性问题的一个例证。对于既能解决特殊性问题（每个节点可能需要的存储量）又能解决一般性问题（可扩展性）的一些方法，我们将在下一节讨论。

> 距离向量算法和链路状态算法都是分布式路由算法，但它们采用了不同的策略。在距离向量算法中，每个节点只和直接相连的节点进行通信，但是它把所知的全部信息（即到所有节点的距离）都告诉它们。在链路状态算法中，每个节点和其余各个节点都进行通信，但只告诉它们自己确切知道的信息（即与其直接相连的链路状态）。与这两种算法相比，在 3.5 节中引入软件定义网络（SDN）时，我们将考虑更集成的路由方法。

3. 开放最短路径优先协议（OSPF）

一个使用最广泛的链路状态路由协议是开放最短路径优先（Open Shortest Path First, OSPF）协议。第一个词"Open"指出它是一个开放的、非专有的和由 IETF 主持创建的标准。"SPF"部分来自链路状态路由的另一个名字。OSPF 为以上描述过的基本链路状态算法增加了相当多的特性，这些特性包括：

- 路由报文的认证：分布式路由算法的一个特征是信息从一个节点扩散到其他许多节点，因此，来自一个节点的错误信息可以影响整个网络。在这种情况下，确认参与协议的所有节点都值得信赖不失为一个好主意。OSPF 早期的版本使用一个简单的 8 字节口令进行认证。虽然这个认证尚不足以防止那些恶意用户，但是它减少了由错误配置引起的很多问题。（类似的一种认证形式也被加到 RIP 第 2 版中。）更强的密码认证是后来加上去的。
- 附加的层次：分层是使系统具有更好的可扩展性的基本工具之一。OSPF 通过允许将域划分成区（area）给路由层次结构引入了另外一层。这意味着域内的路由器无须知道如何到达域内的每个网络，只需知道如何到达正确的区就足够了。这样，必须传送及存储在每个节点中的信息量将会减少。
- 负载平衡：OSPF 允许到同一位置的多条路由有相同的开销，这样可以使流量均匀地分布于这几条路由上，从而更好地利用可用的网络容量。

OSPF 报文有多种不同类型，但是都以相同的首部开始，如图 3-35 所示。版本（Version）字段当前设为 2，类型（Type）字段可以从 1 ~ 5 取值。源地址（SourceAddr）指明报文的发送方，区标识符（AreaId）是节点所在区的 32 位标识。除了认证数据以外，整个分组使用和 IP 首部同样的算法，由 16 位的校验和来保护。若不使用认证，认证类型（Authentication type）为 0；否则为 1，表示使用一个简单的口令；或者为 2，表示使用一种加密认证校验和。在后一种情况下，认证（Authentication）字段携带口令或加密校验和。

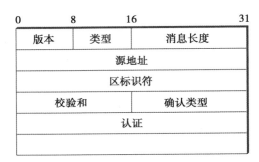

图 3-35　OSPF 首部格式

在 5 种 OSPF 报文类型中，类型 1 是 "hello" 报文，路由器将它发送给对等实体，表明自己仍是活动的且以上述方式连接。其余的报文类型用于链路状态报文的请求、发送和确认。OSPF 中链路状态报文的基本构件叫作链路状态通告（Link State Advertisement，LSA）。一条报文可包含多个 LSA。这里我们提供一些有关 LSA 的细节。

像任何互联网路由协议一样，OSPF 必须提供如何到达网络的信息。因此，OSPF 必须比以上描述的简单的基于图的协议提供更多的信息。具体来说，一个运行 OSPF 的路由器可以产生链路状态分组，通知直接与其相连的一个或多个网络。另外，一个通过某条链路连接到另一台路由器上的路由器必须通知经此链路到达该路由器所需的开销。这两种类型的通知，对于一个域中的所有路由器确定到达该域中所有网络的开销及到达每个网络的适当的下一跳都是必需的。

图 3-36 给出了类型 1 的链路状态通告的分组格式。类型 1 的 LSA 在路由器之间通知链路开销。类型 2 的 LSA 用来通知发出通知的路由器所连接的网络，而其他类型用于支持附加的层次结构，见下节所述。LSA 中的很多字段与前面讨论过的类似。链路状态生存期（LS Age）相当于生存期，不过它是递增计数的，当达到一个定义的最大值时，LSA 失效。类型（Type）字段告诉我们这是一个类型 1 的 LSA。

链路状态生存期		选项	类型=1
链路状态ID			
通告路由器			
LS序号			
LS校验和		长度	
0	标志	0	链路数目
链路ID			
链路数据			
链路类型	TOS值	度量值	
可选TOS信息			
其余链路			

图 3-36　OSPF 链路状态通告

在类型 1 的 LSA 中，链路状态 ID（Link State ID）和通告路由器（Advertising router）字段是一样的。每个字段都携带一个创建此 LSA 的路由器的 32 位标识符。尽管很多分配策略都可用于分配此 ID，但最本质的是在一个路由域中 ID 必须唯一，并且一个给定的路由器必须一直使用同一个路由器 ID。一种符合这些要求的选择路由器 ID 的方法是选择这台路由器的所有 IP 地址中最小的一个赋给路由器。（注意，一台路由器的每个接口都可能有一个不同的 IP 地址。）

　　LS 序号（LS sequence number）的使用完全如上所述，用来检测旧的或重复的 LSA。LS 校验和（LS checknum）类似于我们在其他协议中讲过的某些校验和，用来验证数据未被破坏。它涉及分组中除 LS Age 之外的所有字段，因此每当 LS Age 加 1 后，不必重新计算校验和。长度（Length）是以字节为单位的整个 LSA 的长度。

　　现在我们来看实际的链路状态信息。因为服务类型（TOS）信息的存在使得这件事稍有一点麻烦，故暂且将其忽略，那么 LSA 中的每条链路都可由一个链路 ID（LinkID）、一些链路数据（Link Data）和一个度量值（metric）来表示。这些字段中的前两项标识链路，一种普遍使用的方法是使用链路远端的路由器 ID 作为链路 ID，并且如果需要的话，使用链路数据来区别多条并行链路。度量值当然是链路的开销。类型（Type）告诉我们有关链路的一些信息，例如，它是不是一条点到点的链路。

　　TOS 信息的使用，允许 OSPF 基于它们的 TOS 字段值为 IP 分组选择不同的路由。依据数据的 TOS 值可为链路分配多个度量值而不是只分配一个度量值。例如，在网络中有一条链路专用于对延迟很敏感的通信，那么我们就可以用一个较低的度量值作为 TOS 值表示低延迟，而用一个较高的度量值表示其他。OSPF 将为设置了那个 TOS 值的分组选择不同的最短路径。值得注意的是，直到编写本书时，这项功能还未被广泛应用。

3.4.4　度量

　　在前面的讨论中，当我们执行路由算法时，都假设链路开销或度量标准是已知的。本节我们来看实际中一些有效的计算链路开销的方法。前面我们已经看到一个完全合理和十分简单的例子，即给所有链路分配的开销都是 1，这样最小开销的路由也就是跳数最少的路由。然而这种方法有几个缺点。首先，它不是根据时延区分链路。这样，对路由协议来说，时延为 250 ms 的卫星链路和时延为 1 ms 的陆地链路是没有区别的。其次，它不是根据容量区分链路，这使得传输速度为 1 Mbps 的链路与传输速度为 10 Gbps 的链路看起来一样好。最后，它也不是根据链路当前的负载情况区分链路，使其不可能绕过负载过重的链路。结果证明最后一个问题是最难的，因为这试图用单纯数量上的开销来获得复杂的和动态的链路特征。

　　很多不同的链路开销计算方法都以 ARPANET 作为测试环境。（也正是在 ARPANET 中展示了链路状态路由的稳定性胜过距离向量路由；最初的机制采用距离向量，但后来的版本使用链路状态。）下面的讨论研究 ARPANET 路由度量标准的发展过程，同时，也研究了这个问题的一些细微方面。

　　最初的 ARPANET 路由度量标准度量在每条链路上排队等待发送的分组数量，有 10

个分组排队等待发送的链路分配到的开销比有 5 个分组排队等待发送的链路大。然而，使用队列长度作为路由度量标准并不是个好办法，因为队列长度是负载大小的一个人为度量，它把分组移往最短的队列而不是目的地，这种情况很像有些人在超市收款台前从一个队列换到另一个队列。更确切地说，起初的 ARPANET 路由机制容忍这样一个事实，即它不考虑链路的带宽，也不考虑链路的时延。

ARPANET 路由算法的第 2 版既考虑了链路带宽，又考虑了链路时延，并使用延迟而不是队列长度作为负载的衡量标准。其实现方式如下：首先每个进入的分组以其到达路由器的时间（ArrivalTime）作为时标，同时记录它离开路由器的时间（DepartTime）；其次，当从链路另一端接收到链路层 ACK 后，节点计算分组的延迟为

$$Delay = （DepartTime - ArrivalTime） + TransmissionTime + Latency$$

其中 TransmissionTime 和 Latency 都是链路的静态特征，分别反映链路的带宽和时延。注意在这个公式中，DepartTime-ArrivalTime 表示分组在节点中因负载而被延迟（排队等待）的时间量。如果 ACK 没有到达而是分组超时，就把 DepartTime 重新设定为分组的重传（retransmit）时间。这种情况下，DepartTime-ArrivalTime 体现了链路的可靠性——分组被重传的次数越多，链路的可靠性越差，我们就越想避免这种情况。最后，分配给每条链路的权值是最近从这条链路发送的分组所经历的平均延迟。

虽然这个方法比原来的机制有所改进，但也存在不少问题。在较轻负载下，它可以正常工作，因为延迟的两个静态因素支配着开销。然而，在重负载下，拥塞的链路将开始通知一个很高的开销。这就使所有的流量脱离该链路，从而使其空闲，然后，它又会通知一个低开销，因此，又引回所有流量，如此反复。这种不稳定性产生的后果就是在重负载下，许多链路实际在空闲状态上浪费大量时间，这是重负载下最不希望发生的事情。

另一个问题是链路开销的范围会过大。例如，一条传输速度为 9.6 kbps 的重负载链路，其开销大约相当于传输速度为 56 kbps 的轻负载链路的 127 倍。（记住，我们在讨论1975 年时的 ARPANET）这就意味着，与传输速度为 9.6 kbps 的 1 跳路径相比，路由算法宁愿选择一条由传输速度为 56 kbps 的轻负载链路组成的 126 跳的路径。尽管从超负载的链路上减少一些流量是一个好主意，但是这并没有什么吸引力，因为它失掉了太多流量。用 126 跳的链路去完成 1 跳的链路能完成的事，通常会极大地浪费网络资源。同样，对卫星链路而言也很不利，一条 56 kbps 的空闲卫星链路要比一条 9.6 kbps 的空闲陆地链路开销高得多，尽管前者可以为高带宽的应用提供更好的性能。

第三种方法解决了这些问题。主要的改进是大量缩减度量值的动态范围，说明链路的类型以及减缓度量值随时间的变化。

可通过以下几种措施来减缓度量值的变化。首先，将延迟度量换成链路的利用率，并将这个值和最近记录的利用率取平均值来减缓突然的改变。第二，对于从一个衡量周期到下一个周期中度量值可以改变多少要有严格的限制。通过减缓开销的变化，所有节点同时丢弃一条路由的可能性就大大降低了。

把测得的利用率、链路类型和链路速度输入如图 3-37 所示的函数中，就得到动态范围的压缩。观察以下几点：

- 一个高负载链路的开销不可能大于其空闲时开销的 3 倍。
- 最昂贵的链路开销也仅仅是最廉价的链路开销的 7 倍。
- 高速的卫星链路比低速的陆地链路更有吸引力。
- 只有在中负载或高负载的情况下，链路利用率才对开销产生影响。

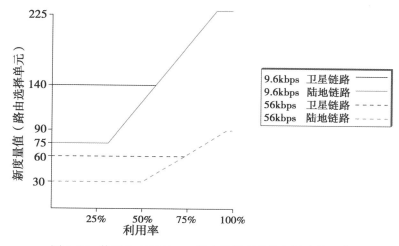

图 3-37　修正的 ARPANET 路由选择度量值与链路使用率

这些因素意味着一条链路不可能完全被丢弃，因为开销增长 3 倍，对于一些路径来说，这条链路可能会成为不可取的，然而，对于其他路径来说却仍是最佳选择。图 3-37 中曲线的斜率、偏移量和分界点是通过反复试验获得的，并被仔细地调整以提供良好的性能。

尽管有这些改进，大多数的实际网络度量值很少变化，如果有的话，也是在网络管理员的控制之下，而不是像前面描述的那么自动化。部分原因是人们普遍认为动态变化的指标太不稳定，即使事实可能并非如此。也许更清楚的是，今天的很多网络都缺乏比 ARPANET 更好的连接速度和延迟。因此，静态度量就是标准。设置度量值的一个通用方法是采用常量乘以连接带宽的倒数（1/link_bandwidth）。

为什么我们还要讲述一个几十年前就不再使用的算法呢？因为它完美地说明了两个宝贵的教训。首先，计算机系统通常是根据经验反复设计的。我们很少在第一次就把它做好，因此尽早部署一个简单的解决方案并期望随着时间的推移不断改进是很重要的。无限期地停留在设计阶段通常不是一个好计划。第二个是众所周知的 KISS 原则：保持简单（Keep it simple, stupid）。在构建复杂系统时，越少越好。发明复杂优化的机会很多，并且是一个诱人的机会。虽然这样的优化有时具有短期价值，但令人震惊的是，一个简单的方法往往会随着时间的推移而变得最好。这是因为当一个系统有许多运行部件时，就像互联网所做的那样，保持每个部件尽可能简单通常是最好的方法。

3.5 实现

到目前为止，我们只讨论了交换机要做什么，却没有讨论它怎样去做。构造一台交换机或路由器有一个很简单的方法：买一台普通的工作站并为它配置多个网络接口。这台设备运行适当的软件就可以在它的一个接口上接收分组，执行前面描述的任意一种交换功能，然后在它的另一个接口输出。这种所谓的软件交换机与许多商业应用中低端网络设备的体系结构相差不远。提供高端性能的实现通常利用额外的硬件加速。我们称之为硬件交换机，尽管这两种方法显然都包括硬件和软件的组合。

本节概述了以软件为中心和以硬件为中心的设计，但值得注意的是，在交换机与路由器的对比上，区别并不是什么大问题。事实证明，交换机和路由器的实现有如此多的共同点，以至于网络管理员通常会购买一个转发设备，然后将其配置为 L2 交换机、L3 路由器或两者的某种组合。由于它们的内部设计非常相似，我们将在本节中使用交换机这个词来涵盖这两种变体，避免了一直说"交换机或路由器"的烦琐。我们将在适当的时候指出两者之间的差异。

3.5.1 软件交换机

图 3-38 显示了使用带有四个网络接口卡（NIC）的通用处理器构建的软件交换机。到达 NIC 1 并在 NIC 2 上转发出去的分组的路径很简单：当 NIC 1 接收到分组时，它使用称为直接内存访问（DMA）的技术通过 I/O 总线（本例中为 PCIe）将其字节直接复制到主内存中。一旦分组进入内存，CPU 检查其首部以确定分组应该发送到哪个接口，并指示 NIC 2 发送分组，同样使用 DMA 直接从主内存中发送。重要的一点是，分组在主存中进行缓冲（这是存储和转发的"存储"部分），CPU 只将必要的头字段读入其内部寄存器进行处理。

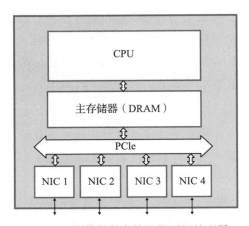

图 3-38   用作软件交换机的通用处理器

这种方法有两个潜在的瓶颈，其中一个或两个都限制了软件交换机的聚合分组转发能力。

第一个问题是性能受限于所有分组都必须传入和传出主存的事实。你的花费将根据你愿意为硬件支付多少而有所不同，但例如，受 1 333 MHz、64 位宽内存总线限制的机器可以以略高于 100 Gbps 的峰值速率传输数据——足以构建具有少量 10 Gbps 以太网端口的交换机，但对于位于因特网核心的高端路由器而言几乎不够。

此外，这个上限假设转移数据是唯一的问题。这对于长分组来说是一个公平的近似值，但当分组很短时就很糟糕，这是交换机设计人员必须计划的最坏情况。对于最小的分组，处理每个分组的成本——解析其首部并决定在哪个输出链路上传输它——可能占主导地位，并可能成为瓶颈。例如，假设处理器可以执行所有必要的处理以每秒交换 4 000 万个分组。这有时称为每秒分组（pps）速率。如果平均分组是 64 字节，这意味着

$$\text{Throughput} = \text{pps} \times (\text{BitsPerPacket}) = 40 \times 10^6 \times 64 \times 8 = 2\,048 \times 10^7$$

也就是 20 Gbps 的吞吐量，大大低于当今网络用户要求的范围。记住这 20 Gbps 是连接在这个交换机上的所有用户共享的，正如以太网中带宽被连接到共享介质上的所有用户所共享一样。那么，假如一台交换机有这样的聚合吞吐量且带有 16 个端口，则每个端口就只能处理 1 Gbps 左右的平均数据速率⊖。

在评估交换机实现时，了解最后一个考虑因素很重要。本章讨论的非平凡算法——学习网桥使用的生成树算法、RIP 使用的距离向量算法以及 OSPF 使用的链路状态算法——都不是每分组转发决策的直接部分。它们在后台定期运行，但交换机不必为转发的每个分组执行 OSPF 代码。CPU 可能在每个分组的基础上执行的最昂贵的例程是表查找，例如，在 VC 表中查找 VCI 号，在 L3 转发表中查找 IP 地址，或在 L2 转发表中查找以太网地址。

> 这两种处理之间的区别非常重要，足以为其命名：控制平面对应于"控制"网络所需的后台处理（例如，运行 OSPF、RIP 或下一章中描述的 BGP），数据平面对应于将分组从输入端口移动到输出端口所需的每分组处理。出于历史原因，这种区别在蜂窝接入网络中被称为控制平面和用户平面，但其思想是相同的，事实上，3GPP 标准将控制/用户平面分离（CUPS）定义为一种体系结构原则。
>
> 当这两种处理都在同一个 CPU 上运行时，很容易合并，如图 3-38 所示的软件交换机，但通过优化数据平面的实现方式以及相应地在控制平面和数据平面之间指定定义良好的接口，可以显著提高性能。

3.5.2 硬件交换机

纵观因特网的大部分历史，高性能交换机和路由器都是使用专用集成电路（ASIC）构建的专用设备。虽然使用运行 C 程序的商品服务器可以构建低端路由器和交换机，但

⊖ 这些示例性能数字并不代表在高端服务器上运行的经过高度调优的软件可以达到的绝对最大吞吐量，但它们表明了人们在采用这种方法时最终面临的限制。

ASIC 需要达到一定的吞吐量。

ASIC 的问题是硬件设计和制造需要很长时间，这意味着为交换机添加新功能通常以年为单位，而不是当今软件行业习惯的几天或几周。理想情况下，我们希望从 ASIC 的性能和软件的敏捷性中获益。

幸运的是，特定领域的处理器（和其他商品组件）的最新进展使这成为可能。同样重要的是，利用这些新处理器的交换机的完整体系结构规范现在可以在线获得，相当于开源软件的硬件版本。这意味着，任何人都可以通过从网络上获取蓝图（例如，请参阅 Open Compute Project[OCP]）来构建高性能交换机，就像构建自己的 PC 一样。在这两种情况下，你仍然需要在硬件上运行软件，但正如 Linux 可以在你的自制 PC 上运行一样，GitHub 上现在也有开源的 L2 和 L3 堆栈可以在你的自制交换机上运行。或者，你可以从商品交换机制造商处购买一个预构建的交换机，然后将你自己的软件加载到该交换机上。以下描述了这些开放式"白盒交换机"，目的是将其与过去主导行业的封闭式"黑盒"设备进行对比。

图 3-39 是白盒交换机的简化示意图。与先前在通用处理器上实现的关键区别在于增加了网络处理单元（NPU），这是一种特定领域的处理器，其架构和指令集已优化，用于处理分组首部（即用于实现数据平面）。NPU 本质上类似于 GPU，GPU 的体系结构针对呈现计算机图形进行了优化，但在本例中，NPU 针对解析分组首部和做出转发决策进行了优化。NPU 能够以每秒太比特（Tbps）的速率处理分组（输入、做出转发决定和输出），速度非常快，足以跟上 32x100 Gbps 端口或图中所示的 48x40 Gbps 端口。

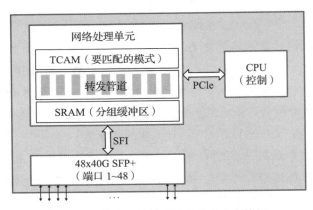

图 3-39　带有网络处理单元的白盒交换机

这种新型交换机设计的美妙之处在于，只需编程即可将给定的白盒编程为 L2 交换机、L3 路由器或两者的组合。软件交换机中使用的完全相同的控制平面软件堆栈仍在控制 CPU 上运行，但此外，数据平面"程序"加载到 NPU 上，以反映控制平面软件做出的转发决策。具体如何"编程"NPU 取决于芯片供应商，目前有几家供应商。在某些情况下，转发管道是固定的，控制处理器仅将转发表加载到 NPU 中（固定的意思是 NPU

只知道如何处理某些首部，如以太网和 IP 的首部），但在其他情况下，转发管道本身是可编程的。P4 是一种新的编程语言，可用于编程此类基于 NPU 的转发管道。除此之外，P4 试图隐藏底层 NPU 指令集中的许多差异。

在内部，NPU 利用了三种技术。首先，基于 SRAM 的快速内存在处理分组时缓冲分组。SRAM（静态随机存取存储器）大约比主存储器使用的 DRAM（动态随机存取存储器）快一个数量级。其次，基于 TCAM 的内存存储位模式，用于与正在处理的分组进行匹配。TCAM 中的"CAM"代表"内容可寻址内存（content Addressable Memory）"，这意味着要在表中查找的键可以有效地用作实现该表的内存的地址。"T"代表"Ternary"，这是一种奇特的方式，表示要查找的键可以包含通配符（例如，键 10*1 同时匹配 1001 和 1011）。最后，转发每个分组所涉及的处理由转发管道实现。这个管道是由 ASIC 实现的，但是如果设计得当，管道的转发行为可以通过更改它运行的程序来修改。在较高级别上，此程序表示为（匹配，操作）对的集合：如果匹配首部中的某个字段，则执行这个或那个操作。

由多级管道而不是单级处理器实现分组处理的原因在于，转发单个分组可能涉及查看多个首部字段。可以对每个阶段进行编程以查看不同的字段组合。多级管道为每个分组增加了一点端到端延迟（以纳秒为单位），但也意味着可以同时处理多个分组。例如，阶段 2 可以对分组 A 进行第二次查找，而阶段 1 正在对分组 B 进行初始查找，依此类推。这意味着整个 NPU 能够跟上生产线速度。在撰写本书时，最先进的速度为 12.8 Tbps。

最后，图 3-39 包括其他使这一切变得实用的商品组件。特别是，现在可以购买处理所有介质访问细节的可插拔收发器模块——无论是千兆以太网、10 千兆以太网还是 SONET——以及光学器件。这些收发器都符合标准化的外形规格，例如 SFP+，然后可以通过标准化总线（例如 SFI）连接到其他组件。同样，关键的结论是，网络行业刚刚进入了过去 20 年计算行业所享受的同一个商品化世界。

3.5.3 软件定义网络

随着交换机日益商品化，注意力正转移到控制它们的软件上。这使我们完全处于构建软件定义网络（SDN）的趋势中，这个想法大约在 10 年前开始萌芽。事实上，正是 SDN 的早期阶段促使网络行业转向白盒交换机。

SDN 的基本思想我们已经讨论过：将网络控制平面（即 RIP、OSPF 和 BGP 等路由算法运行的地方）与网络数据平面（即做出分组转发决策的地方）分离，使前者转向在商品服务器上运行的软件，而后者由白盒交换机实现。SDN 背后的关键理念是将这种解耦更进一步，并在控制平面和数据平面之间定义标准接口。这样做允许控制平面的任何实现与数据平面的任何实现对话，这也打破了对任何一家供应商的捆绑解决方案的依赖。最初的接口称为 OpenFlow，这种将控制平面和数据平面解耦的想法被称为分解。（上一小节中提到的 P4 语言是通过泛化 OpenFlow 来定义此接口的第二代尝试。）

分解的另一个重要方面是逻辑集中的控制平面可用于控制分布式网络数据平面。我们说逻辑集中是因为虽然控制平面收集的状态在全局数据结构（例如网络地图）中维护，但该数据结构的实现仍然可以分布在多个服务器上。例如，它可以在云中运行。这对于可扩展性和可用性都很重要，其中关键是两个平面的配置和扩展相互独立。这个想法在云中迅速兴起，今天的云提供商在其数据中心内以及在互连其数据中心的骨干网络中都运行基于 SDN 的解决方案。

这种设计的一个不明显的结果是逻辑集中的控制平面不仅管理互连物理服务器的物理（硬件）交换机网络，而且还管理互连虚拟服务器的虚拟（软件）交换机网络（例如，虚拟机和容器）。如果你在数"交换机端口"的数量（衡量连接到网络的所有设备的一个很好的标准），那么 2012 年因特网中的虚拟端口数量已经超过了物理端口的数量。

如图 3-40 所示，SDN 成功的其他关键推动因素之一是网络操作系统（NOS）。就像服务器操作系统（例如，Linux、iOS、Android、Windows）一样，它提供了一组高级抽象，使应用程序更容易实现（例如，你可以读写文件而不是直接访问磁盘驱动器），NOS 可以更轻松地实现网络控制功能，也称为控制应用程序。一个好的 NOS 抽象了网络交换机的细节，并为应用程序开发人员提供了一个网络地图抽象。NOS 检测底层网络中的变化（例如，交换机、端口和链接的接通和断开），控制应用程序只是在这个抽象图上实现它想要的行为。这意味着 NOS 承担了收集网络状态（链路状态和距离向量算法等分布式算法的难点）的负担，应用程序可以自由地简单实现最短路径算法并将转发规则加载到底层交换机。通过集中化这个逻辑，目标是提出一个全局优化的解决方案。已采用这种方法的云提供商发布的证据证实了这一优势。

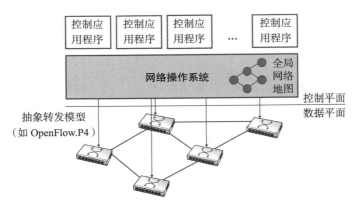

图 3-40   网络操作系统承载一组控制应用程序，并为底层网络数据平面提供逻辑集中的控制点

虽然云提供商能够从 SDN 中获得很多优势，但其在企业和电信公司中的采用速度要慢得多。部分原因在于不同市场管理其网络的能力不同。谷歌、微软和亚马逊拥有利用这项技术所需的工程师和 DevOps 技能，而其他人仍然喜欢支持他们熟悉的管理和命令行界面的预打包和集成解决方案。

了解 SDN 是一种实施策略非常重要。它并不会神奇地消除诸如需要计算转发表之类的基本问题。但是，作为分布式路由算法的一部分，逻辑集中的 SDN 控制器不必让交换机承担相互交换报文的负担，而是负责从各个交换机收集链路和端口状态信息，构建网络图的全局视图，并使该图表可用于控制应用程序。从控制应用程序的角度来看，计算转发表所需的所有信息都在本地可用。请记住，SDN 控制器在逻辑上是集中式的，但在多台服务器上进行物理复制以实现可扩展性能和高可用性，这仍然是一个激烈争论的问题：集中式还是分布式方法最好。

透视图：虚拟网络一直走下去

自从分组交换网络出现以来，就有了如何虚拟化它们的想法，从虚拟电路开始。但是虚拟化网络到底意味着什么呢？

虚拟内存是一个有用的例子。虚拟内存创建了一个大型私有内存池的抽象，即使底层物理内存可能由许多应用程序共享，并且比表面上的虚拟内存池小得多。这种抽象使程序员能够在有大量内存且没有其他人使用它的假象下操作，而在这种假象下，内存管理系统负责将虚拟内存映射到物理资源以及避免用户之间的冲突。

类似地，服务器虚拟化提供了虚拟机（VM）的抽象，它具有物理机的所有特性。同样，单个物理服务器可能支持许多虚拟机，虚拟机上的操作系统和用户很高兴不知道虚拟机正在映射到物理资源。

关键点是，计算资源的虚拟化保留了虚拟化之前存在的抽象和接口。这一点很重要，因为这意味着这些抽象的用户不需要进行更改，因为他们看到的是虚拟化资源的如实复制。虚拟化还意味着不同的用户（有时称为租户）不能相互干扰。那么，当我们尝试虚拟化网络时会发生什么呢？

如 3.3 节所述，VPN 是虚拟网络的早期成功案例之一。他们允许运营商向公司客户呈现一种错觉，以为他们拥有自己的专用网络，尽管实际上他们与许多其他用户共享底层链接和交换机。然而，VPN 只能虚拟化少数资源，特别是寻址和路由表。网络虚拟化——正如今天人们普遍理解的那样——走得更远，虚拟化了网络的各个方面。这意味着虚拟网络应该支持物理网络的所有基本抽象。从这个意义上讲，它们类似于虚拟机，并支持服务器的所有资源，如 CPU、存储、I/O 等。

为此，如 3.2 节所述，VLAN 是我们通常虚拟化 L2 网络的方式。事实证明，VLAN 对于希望隔离不同内部组织（如部门、实验室）的企业非常有用，使每个组看起来都有自己的专用 LAN。VLAN 还被视为在云数据中心中虚拟 L2 网络的一种很有前途的方式，使每个租户都有可能拥有自己的 L2 网络，从而将他们的流量与所有其他租户的流量隔离开来。但有一个问题：4 096 个可能的 VLAN 不足以负责云可能承载的所有租户，并且使问题复杂化的是，在云中，网络需要连接虚拟机，而不是运行这些虚拟机的物理机。

为了解决这个问题，引入了另一个标准，称为虚拟可扩展局域网（VXLAN）。与原始方法不同，原始方法将虚拟以太网帧封装在另一个以太网帧中，而 VXLAN 将虚拟以太网帧封装在 UDP 分组中。这意味着基于 VXLAN 的虚拟网络（通常称为覆盖网络）运行在基于 IP 的网络之上，而基于 IP 的网络又运行在底层以太网上（或者可能只运行在底层以太网的一个 VLAN 中）。VXLAN 还允许一个云租户拥有自己的多个 VLAN，这允许他们隔离自己的内部流量。这意味着最终有可能将 VLAN 封装在 VXLAN 覆盖层中，并将其封装在 VLAN 中。

虚拟化的强大之处在于，如果操作正确，应该可以将一个虚拟化资源嵌套到另一个虚拟化资源中，因为毕竟，虚拟资源的行为应该与物理资源一样，而我们知道如何虚拟化物理资源！换句话说，能够虚拟化虚拟资源是你在虚拟化原始物理资源方面做得很好的最好证明。我们对世界龟的神话稍做修改：虚拟网络一直走下去。

实际的 VXLAN 首部很简单，如图 3-41 所示。它包括一个 24 位虚拟网络 ID（VNI）加上一些标志和保留位。它还意味着 UDP 源端口和目标端口字段的特定设置（参见 5.1 节），目标端口 4789 正式保留给 VXLAN。找出如何唯一地标识虚拟局域网（VLAN 标签）和虚拟网络（VXLAN VID）是很容易的。这是因为封装是虚拟化的基础，你需要的只是添加一个标识符，它告诉你这个封装的分组属于哪些可能的用户。

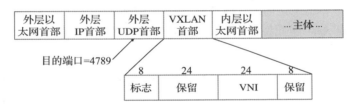

图 3-41　封装在 UDP/IP 分组中的 VXLAN 首部

最难理解的部分是如何将虚拟网络嵌套（封装）在虚拟网络中，这是网络的递归版本。另一个挑战是理解如何自动化虚拟网络的创建、管理、迁移和删除，在这方面，仍有很大的改进空间。掌握这一挑战将是未来十年网络化的核心，尽管这项工作无疑会在专用设置中发生，但仍有开源网络虚拟化平台（例如，Linux 基金会的 Tungsten Fabric 项目）引领着这条路。

更广阔的透视图
- 要继续阅读有关因特网云化的信息，请参阅第 4 章的"透视图"部分。
- 要进一步了解虚拟网络的发展，我们推荐 *Network Virtualization*（Davie, Network Heresy Blog, May 2012）和 *Tungsten Fabric*（Linus Foundation Projects, https://tungsten.io）。

习题

1. 使用图 3-42 给出的网络，在建立以下连接之后，给出所有交换机的虚电路表。假设连接的序列是累积的，即建立第二个连接时第一个连接仍未断开，以此类推。同时，假设 VCI 的分配始终选用每条链路上最低的未使用 VCI，从 0 开始。

（a）主机 A 连接到主机 C。　　（b）主机 C 连接到主机 G。

（c）主机 E 连接到主机 I。　　（d）主机 D 连接到主机 B。

（e）主机 F 连接到主机 J。　　（f）主机 H 连接到主机 A。

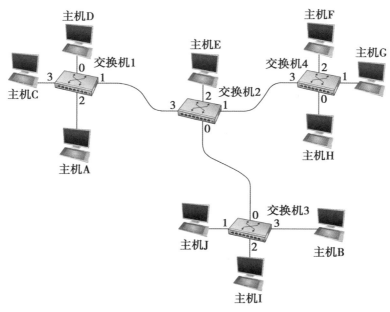

图 3-42　习题 1 和习题 2 的网络例子

√ **2.** 使用图 3-42 给出的网络，在建立以下连接之后，给出所有交换机的虚电路表。假设连接的序列是累积的，即建立第二个连接时第一个连接仍未断开，以此类推。同时，假设 VCI 的分配始终选用每条链路上最低的未使用 VCI，从 0 开始。

（a）主机 D 连接到主机 H。　　（b）主机 B 连接到主机 G。

（c）主机 F 连接到主机 A。　　（d）主机 H 连接到主机 C。

（e）主机 I 连接到主机 E。　　（f）主机 H 连接到主机 J。

3. 对图 3-43 中给出的网络，给出每个节点的数据报转发表。链路上标有相应的成本，你的表应经由最小成本的路径把每个分组转发到目的地。

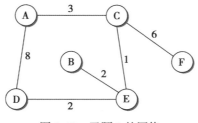

图 3-43　习题 3 的网络

4. 给出图 3-44 中 S1 ～ S4 交换机的转发表。每台交换机应该有一个 "默认" 路由记录，用来把未识别目的地址的分组转发到 OUT。任何与默认记录相重复的特定目的地表记录应被删除。

5. 考虑图 3-45 中的虚电路交换机。表 3-17 列出每台交换机的 VCI 表，即与其连接相关的〈端口，

VCI〉对（或〈VCI，接口〉对）。连接是双向的。列出所有端点到端点的连接。

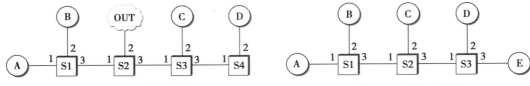

图 3-44   习题 4 框图   图 3-45   习题 5 框图

表 3-17   图 3-45 中交换机的 VCI 表

交换机 S1				交换机 S2				交换机 S3			
端口	VCI	端口	VCI	端口	VCI	端口	VCI	端口	VCI	端口	VCI
1	2	3	1	1	1	3	3	1	3	2	1
1	1	2	3	1	2	3	2	1	2	2	2
2	1	3	2								

6. 在 3.1.3 节的源路由选择的例子中，由 B 接收的地址是不可逆的，不能帮助 B 知道如何到达 A。提出一个对传送机制的修改方案使之可逆，机制中不应要求给出所有交换机的全局唯一名字。

7. 提出一个虚电路交换机可使用的机制，使得如果一台交换机丢失有关连接的所有状态信息，那么经过那台交换机的路径上的分组的发送方被通知该交换机故障。

8. 提出一个数据报交换机可使用的机制，使得如果一台交换机丢失全部或部分转发表，受到影响的发送方会被通知交换机故障。

9. 3.1.2 节描述的虚电路机制假设每条链路是点到点的。在链路是共享介质（例如以太网）连接的情况下，扩展转发算法。

10. 假设在图 3-2 中已经添加了一条新链路，连接交换机 3 的端口 1（这里是 G）和交换机 1 的端口 0（这里是 D）。但没有向任何一台交换机通知这条链路，而且交换机 3 错误地认为主机 B 经由端口 1 是可达的。

(a) 使用数据报转发，如果主机 A 试图发送报文给主机 B，将会发生什么情况？

(b) 使用文中讨论的虚电路建立机制，如果主机 A 试图连接到主机 B，将会发生什么情况？

11. 给出路径经过某条链路两次的有效虚电路的例子，但是沿着这条路径发送的数据报不应产生无限循环。

12. 在 3.1.2 节中，每台交换机为输入链路选择一个 VCI 值。请说明每台交换机也可以为输出链路选择 VCI 值，并且两种方法会选择同一个 VCI 值。如果每台交换机都选择输出 VCI，那么在数据被发送前，它还需要等待一个 RTT 吗？

13. 对图 3-46 中给出的扩展局域网，指出哪些端口不会被生成树算法所选择。

✓ **14.** 对图 3-46 中给出的扩展局域网，假设网桥 B1 遭遇灾难性的故障。指出当经过恢复过程并形成新树后，哪些端口不会被生成树算法所选择。

15. 考虑图 3-47 中给出的学习型网桥的布局。假设全部网桥被初始化为空，给出经过下列传输后 B1 ~ B4 的转发表：

● A 发送到 C。

● C 发送到 A。

● D 发送到 C。

用从某个端口直接到达的唯一的邻居来识别那个端口，就是说，B1 的端口可被标记为" A "和" B2 "。

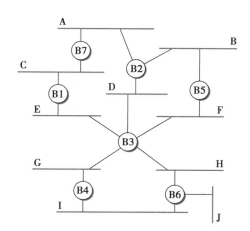

图 3-46　习题 13 和习题 14 的网络

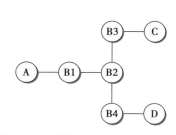

图 3-47　习题 15 和习题 16 的网络

√ **16.** 如前一道题，考虑图 3-47 中的学习型网桥的配置。假设所有网桥被初始化为空，在经过以下的传输后，给出网桥 B1 ～ B4 的转发表。

　● D 发送到 C。

　● C 发送到 D。

　● A 发送到 C。

17. 考虑图 3-48 中的主机 X、Y、Z、W 和带有初始化为空转发表的学习型网桥 B1、B2、B3。

　（a）假设 X 发送到 Z。哪个网桥知道 X 的位置？ Y 的网络接口见到这个分组了吗？

　（b）假设 Z 现在发送到 X。哪个网桥知道 Z 的位置？ Y 的网络接口见到这个分组吗？

　（c）假设 Y 现在发送到 X。哪个网桥知道 Y 的位置？ Z 的网络接口见到这个分组吗？

　（d）最后，假设 Z 发送到 Y。哪个网桥知道 Z 的位置？ W 的网络接口见到这个分组吗?

18. 给出图 3-49 中的扩展局域网的生成树，并讨论怎样解决任何平局问题。

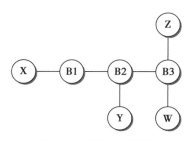

图 3-48　习题 17 的图

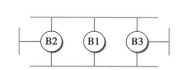

图 3-49　习题 18 的扩展局域网

19. 假设图 3-50 中的两个学习型网桥 B1、B2 形成一个环路，且不能实现生成树算法。每个网桥保留一个由〈地址，接口〉对组成的表。

　（a）如果 M 发送到 L 会发生什么情况？

　（b）假设在短时间后 L 回答 M。给出导致来自 M 的分组和来自 L 的分组以相反的方向在环路中循环的事件序列。

20. 假设在图 3-50 中 M 发送给自己（正常情况下这绝不会发生）。对于以下假设，说明将发生什么情况：

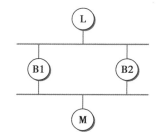

图 3-50　习题 19 和习题 20 的环

(a) 网桥的学习算法是在搜索表中目的地址之前设置（或更新）新的〈源地址，接口〉记录。

(b) 找到目的地址之后设置新的源地址。

21. 考虑图 3-10 中的扩展局域网。在生成树算法中，如果网桥 B1 不参与，且在下述条件下会发生什么情况？

(a) 简单地转发所有生成树算法报文。

(b) 丢弃所有生成树报文。

22. 假设一些中继器（或集线器）而不是网桥被连接成一个环路。

(a) 当有节点传输时会发生什么情况？

(b) 为什么生成树机制很难或不可能在中继器上实现？

(c) 提出一种机制，中继器可以检测环路并关闭一些端口来切断环路。不要求你的解决方案 100% 有效。

23. 假设一个网桥在同一个网络中连有两个端口。网桥怎样检测和纠正这种情况？

24. ATM 信元首部占 ATM 链路总带宽的百分比是多少？忽略信元填充。

25. 信元交换方法（如 ATM）通常应用虚电路路由而不是数据报路由方式。给出解释这一问题的具体论证。

26. 假设一个工作站具有 800 Mbps 的 I/O 总线速度和 2 Gbps 的内存带宽。假设直接内存访问（DMA）用于转移数据进出内存，那么基于这个工作站的交换机能处理多少个 100 Mbps 以太网链路接口？

√ 27. 假设一个工作站的 I/O 总线速度为 1 Gbps，内存带宽为 2 Gbps。如果使用 DMA 对内存进行存取，那么基于这个工作站的交换机能处理多少个 100 Mbps 以太网链路接口？

28. 假设一台以电脑工作站构建的交换机以每秒 500 000 个的速度转发分组，不考虑分组大小（在限制内）。假设 DMA 用于转移数据进出内存，内存带宽为 2 Gbps，I/O 总线带宽为 1 Gbps，分组长度为多少时总线的带宽将成为限制因素？

29. 假设一台交换机有输入和输出 FIFO 缓存。分组到达一个输入端口后被插入到它的 FIFO 的尾部。然后交换机试图转发每个 FIFO 首部的分组到适当输出端口的 FIFO 尾部。

(a) 解释在什么情况下，这样一台交换机会丢失一个发往 FIFO 为空的输出端口的分组。

(b) 这种行为叫作什么？

(c) 假设 FIFO 缓存可以被自由地重新分配，提出一个缓冲区改组过程以避免上面的问题，并解释为什么要那样做。

30. 假设在全部流量介于一台服务器和 N 台"客户端"之间的环境中，用一台 10 Mbps 交换机替换一台 10 Mbps 以太网集线器（或中继器）。因为所有流量仍需通过服务器交换机的链路，所以名义上没有改进带宽。

(a) 你认为带宽会有任何改进吗？如果有，为什么？

(b) 交换机与集线器相比还有哪些优缺点？

31. IP 地址的哪个方面使得有必要给每个接口分配一个地址，而不是给每台主机分配一个地址？根据你的答案，为什么 IP 能容忍点到点的接口有非唯一的地址或没有地址？

32. 为什么 IP 首部中的 Offset 字段要以 8 字节为单位来度量偏移量？（提示：回忆一下，Offset 字段长 13 位。）

33. 有些信令错误会导致一个分组中的所有比特被重写为全 0 或全 1。假设分组中的所有比特（包括因特网校验和）都被重写。一个全 0 或全 1 的分组是合法的 IPv4 分组吗？因特网校验和能捕获这样的错误吗？为什么？

34. 假设一条 TCP 报文包含 2 048 字节数据和 20 字节的 TCP 首部，这条 TCP 报文要传送给 IP，传送通过因特网上的两个网络（即从源主机到一台路由器，再从路由器到目的主机）。第一个网络使用 14 字节的首部，并且有一个 1 024 字节的 MTU；第二个网络使用 8 字节的首部和 512 字节的 MTU。每个网络的 MTU 给出链路层帧能够承载的最大 IP 数据报尺寸。请给出传送到目的主机网络层的分段序列的尺寸和偏移量。假设所有 IP 首部的尺寸是 20 字节。

35. 路径 MTU 是 2 台主机之间当前路径上所有链路中最小的 MTU。假设我们可以找到上一题中那条路径的路径 MTU，并以此值作为所有路径分段的 MTU。请给出传送到目的主机网络层的分段序列的大小和偏移量。

★ 36. 假设一个 IP 分组被分为 10 个分段，每个分片丢失的概率是 1%（独立的）。在合理的估计下，这意味着由于分片的丢失而丢失整个分组的概率是 10%。如果分组传输两次，那么整个分组丢失的概率是多少？

(a) 假设所有接收到的分片必须是同一次传送的一部分。

(b) 假设任何给定分片可能是任一次传送的一部分。

(c) 解释为什么在这里使用 Ident 字段是适当的。

37. 假设图 3-19b 中的分片都经过另一个路由器到达一条链路上，此链路具有 380 字节的 MTU，不算链路首部。请给出产生的分片。如果分组一开始就按此 MTU 分片，将产生多少个分片？

38. 最大带宽是多少时，一台 IP 主机能够在 60 s 内发送 576 字节的分组且不使 Ident 字段出现回绕？假设 IP 的最大分片生存时间（MSL）是 60 s，就是说，延迟的分组最多可延迟 60 s 到达。如果超出此带宽将会怎样？

39. 为什么认为 IPv4 是在端点进行分片的重组，而不是在下一台路由器上进行分片的重组？为什么 IPv6 完全舍弃了分片？（提示：考虑 IP 层分片和链路层分片的区别。）

40. 将 ARP 表中各记录的超时设为 10 ～ 15 分钟是一个合理的折中尝试。试描述超时值太小或太大时将会出现什么问题。

41. IP 当前使用 32 位的地址。如果我们重新设计 IP 使用 6 字节地址而不是 32 位地址，那么是否可以不使用 ARP？为什么？

42. 假设主机 A 和主机 B 在使用 ARP 的同一个以太网上被分配了相同的 IP 地址，B 在 A 之后启动。A 的现有连接会怎样？解释"自 ARP"（self-ARP）（启动时向网络查询自己的 IP 地址）如何解决这个问题。

43. 假设一个 IP 实现按如下算法接收目的 IP 地址为 D 的一个分组 P：

if (〈 D 的以太网地址在 ARP 的高速缓存中 〉)
　　〈发送 P 〉
else
　　〈发送 D 的 ARP 查询 〉
　　〈将 P 放入队列中直到得到应答回复 〉

(a) 如果 IP 层接收到目的地址为 D 的突发分组，这个算法会怎样不必要地浪费资源？

(b) 草拟一个改进版。

(c) 假设当缓冲区查找失败时，就在发出一个查询后简单地丢弃 P。这个过程如何执行？（一些早期的 ARP 实现据称就是这样做的。）

44. 对于图 3-51 中给出的网络，给出当以下条件成立时的像表 3-12 和表 3-15 那样的全局距离向量表。

(a) 每个节点只知道到它直接邻居的距离。

(b) 每个节点将前一步中的信息告知了它的直接邻居。

(c) 步骤 (b) 再次发生。

45. 对于图 3-52 中给出的网络，给出当以下条件成立时的像表 3-12 和表 3-15 那样的全局距离向量表。

（a）每个节点只知道到它直接邻居的距离。

（b）每个节点将前一步中的信息告知了它的直接邻居。

（c）步骤（b）再次发生。

46. 对于图 3-51 中给出的网络，试述链路状态算法如何建立节点 D 的路由表。

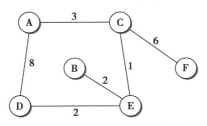

图 3-51　习题 44、习题 46 和习题 52 的网络　　　　图 3-52　习题 45 的网络

47. 使用 UNIX 实用程序 traceroute（Windows tracert）来确定从你的主机到因特网上其他主机（如 cs.princeton.edu 或 www.cisco.com）要经过多少跳。要想离开你的本地站点要经过多少个路由器？阅读 traceroute 手册或其他文档，并解释它是如何实现的。

48. 如果使用 traceroute 来寻找一个未指定地址的路径会出现什么情况？如果只是网络部分或主机部分未指定会怎样呢？

49. 一个站点如图 3-53 所示。R1 和 R2 是路由器，R2 连接外部网络。独立的局域网是以太网。RB 是网桥路由器（bridge router），它将流量路由给自己，并作为其他流量的网桥。站点内部使用子网划分，每个子网中使用 ARP。不幸的是，主机 A 被错误配置且不使用子网。A 能到达 B、C、D 中的哪一个？

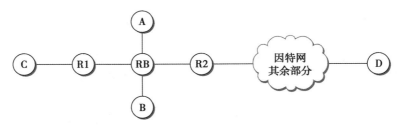

图 3-53　习题 49 的站点

50. 在一个所有链路开销均为 1 的网络中，假设我们有如表 3-18 所示的节点 A 和节点 F 的转发表，给出与这两个表相一致的最小网络的图示。

表 3-18　习题 50 的转发表

A			F		
节点	开销	下一跳	节点	开销	下一跳
B	1	B	A	3	E
C	2	B	B	2	C
D	1	D	C	1	C
E	2	B	D	2	E
F	3	D	E	1	E

√ 51. 在一个所有链路开销均为 1 的网络中，假设有如表 3-19 所示的节点 A 和节点 F 的转发表。给出与这两个表相一致的最小网络的图示。

表 3-19 习题 51 的转发表

A			F		
节点	开销	下一跳	节点	开销	下一跳
B	1	B	A	2	C
C	1	C	B	3	C
D	2	B	C	1	C
E	3	C	D	2	C
F	2	C	E	1	E

52. 对于图 3-51 中给出的网络,假设按照习题 44 构建所有的转发表,然后 C-E 链路出错。给出:

(a) C 和 E 报告出错信息后,A、B、D 和 F 的表。

(b) A 和 D 在它们下一次互相交换信息之后的表。

(c) A 与 C 交换信息后,C 的表。

53. 假设一个路由器构建了如表 3-20 所示的路由表。这个路由器可以直接通过接口 0 和接口 1 传送分组,或者可将分组转发往路由器 R2、R3 或 R4。请描述当分组的目的地址为以下地址时,此路由器将怎么做。

(a) 128.96.39.10。

(b) 128.96.40.12。

(c) 128.96.40.151。

(d) 192.4.153.17。

(e) 192.4.153.90。

表 3-20 习题 53 的路由表

子网号	子网掩码	下一跳
128.96.39.0	255.255.255.128	接口 0
128.96.39.128	255.255.255.128	接口 1
128.96.40.0	255.255.255.128	R2
192.4.153.0	255.255.255.192	R3
<默认>		R4

54. 假设一个路由器构建了如表 3-21 所示的路由表。这个路由器可以直接通过接口 0 和接口 1 传送分组,或者可将分组转发往路由器 R2、R3 或 R4。假设路由器实现最长的前缀匹配。请描述当分组的目的地址为以下地址时,此路由器将怎么做。

(a) 128.96.171.92。

(b) 128.96.167.151。

(c) 128.96.163.151。

(d) 128.96.169.192。

(e) 128.96.165.121。

表 3-21 习题 54 的路由表

子网号	子网掩码	下一跳
128.96.170.0	255.255.254.0	接口 0
128.96.168.0	255.255.254.0	接口 1
128.96.166.0	255.255.254.0	R2
128.96.164.0	255.255.252.0	R3
<默认>		R4

★ **55.** 考虑图 3-54 中的简单网络，其中 A 和 B 互换距离向量路由信息。所有链路开销均为 1。假设 A-E 链路出错。

图 3-54 · 习题 55 的简单网络

(a) 给出导致 A 和 B 之间路由循环的路由表更新序列。

(b) 估计情况（a）的概率，假设 A 和 B 每次分别以同样的平均速率随机地发送路由更新报文。

(c) 如果 A 在发现 A-E 出错的 1 s 内广播一个更新报告，而 B 一成不变地按每 60 s 广播一次，估计形成循环的概率。

56. 考虑图 3-30 所示的网络，当 A-E 链路出错时产生路由循环的情况。列出 A、B 和 C 中所有与目的地 E 有关并导致循环的表更新序列。假设一次做一个表更新，所有参与者都遵照水平分割技术，并且，A 在 C 之前对 B 发送关于 E 不可达的初始报告。你可以忽略不会引起变化的更新。

57. 假设一组路由器都使用水平分割技术，这里我们考虑如果它们还使用反向抑制技术，那么在什么情况下会有所不同。

(a) 假设相关主机使用水平分割，说明反向抑制对 3.4.2 节描述的两个例子中路由循环的演变没有影响。

(b) 假设使用水平分割技术的路由器 A 和 B 由于某种原因到达了一种状态，在这种状态下，它们将一给定目标 X 的流量互相转发。试分别描述在使用和不使用反向抑制时这种情况将如何发展。

(c) 给出即便使用反向抑制，仍会使 A 和 B 陷入如（b）的循环状态的事件序列。（提示：假设 B 和 A 经一个非常慢的链路相连。它们都经过第三个节点 C 到达 X，并同时向对方通知其路由。）

58. 抑制（hold down）是另一种避免距离向量循环的技术，主机在一段时间内忽略更新报文，直到有机会传播链路失败报文为止。考虑图 3-55 的网络，除了 E-D 链路的开销为 10 之外，其余所有链路的开销均为 1。假设 E-A 链路崩溃，并且 B 随后立即向 A 报告其环形的 E 路由（这是一条经 A 的错误路由）。说明抑制解释的细节，并用它描述两个网络中路由循环的演变。在 EABD 网络中没有延迟发现可替代路由的情况下，怎样扩展抑制技术才能避免 EAB 网络中的循环？

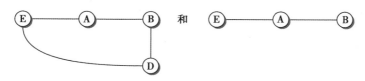

图 3-55 习题 58 的网络

59. 考虑如图 3-56 的网络，使用链路状态路由。假设 B-F 链路发生故障，并且依次发生以下事件：

(a) 节点 H 通过一个连接加到 G 的右端。

(b) 节点 D 通过一个连接加到 C 的左端。

(c) 增加一条新链路 D-A。

现在发生故障的 B-F 链路被恢复。请描述哪些链路状态分组将来回扩散。假设所有节点中的初始序号均为 1，且无分组超时，一条链路的两个端点在链路的 LSP 中使用同样的序号，并大于以前使用过的所有序号。

60. 在如图 3-57 所示的网络中，请给出前向搜索算法在构建节点 A 的路由数据库时如表 3-16 所示的步骤。

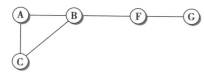

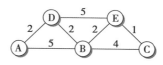

图 3-56　习题 59 的网络　　　　　　图 3-57　习题 60 的网络

61. 在如图 3-58 所示的网络中，请给出前向搜索算法在构建节点 A 的路由数据库时如表 3-16 所示的步骤。

62. 假设图 3-59 所示网络中的节点参与链路状态路由，C 接收到互相矛盾的 LSP：来自 A 的声明 A-B 链路不可用，而来自 B 的声明 A-B 链路可用。

（a）这是怎么发生的？

（b）C 应怎么做？C 能够希望什么？

不假设 LSP 包含任何同步时间戳。

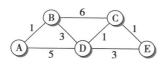

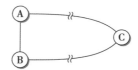

图 3-58　习题 61 的网络　　　　　　图 3-59　习题 62 的网络

63. 假设 IP 路由器学习有关 IP 网络和子网信息的方法和以太网网桥学习主机信息的方法一样：都是通过关注新主机的出现和它们的分组到达的接口。将这种情况与现有的距离向量路由器得知以下信息时的情况相比较：

（a）一个叶子站点有到因特网的连接。

（b）在不连到因特网上的一个组织的内部使用。

假设路由器只通过其他路由器接收新网络通知，且最初的路由器通过配置接收它们的 IP 网络信息。

64. 没有指定路由器的 IP 主机需要将地址错误地指向自己的分组丢弃，即使它们有能力正确转发这些分组。假如没有这个要求，如果一个地址指向 IP 地址 A 的分组被无意地在链路层广播，会出现什么情况？你认为这个要求的存在还有什么其他的正当理由吗？

65. 阅读 UNIX/Windows 实用程序 netstat 的手册或其他文档。使用 netstat 显示你的主机上的当前 IP 路由表，解释每一条记录的目的。实际的最小记录数是多少？

66. 一个组织有一个 C 类网络 200.1.1/24，并希望建立 4 个部门的子网，其中部门 A 有 72 台主机、B 有 35 台主机、C 有 20 台主机、D 有 18 台主机，共 145 台主机。

（a）给出可以实现这个目标的子网掩码的一个可能的排列。

（b）设想如果部门 D 增加到 34 台主机，对组织可以提出什么建议。

67. 假设主机 A 和 B 在一个有 C 类 IP 网络地址 200.0.0/24 的以太网局域网中。现在希望经过直接到 B 的连接将主机 C 连到网络上（见图 3-60）。

　　试解释如何使用子网做这件事，并给出子网设置的实例。假设不能使用另外的网络地址。这将会对以太网局域网的大小有什么影响？

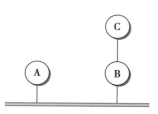

图 3-60　习题 67 的网络

68. 习题 67 中连接主机 C 的另一种方法是使用代理 ARP（proxy ARP）和路由：B 同意为去往 C 和来自 C 的流量进行路由，并且也回答从以太网接收的对 C 的 ARP 查询。

(a) 当 A 使用 ARP 定位然后再发送一个分组到 C 时，给出所有携带物理地址的分组。

(b) 给出 B 的路由表。它必须具有什么特点？

69. 假设两个子网共享同一个物理局域网，每个子网上的主机可看到另一个子网上的广播分组。

(a) 如果在共享局域网上并存两台服务器，每个子网上一个，那么 DHCP 将如何进行？将可能出现什么问题？

(b) 这种共享会影响 ARP 吗？

70. 表 3-22 是一个使用 CIDR 的路由表，地址字节为 16 进制。C4.50.0.0/12 中的"/12"表示网络掩码的前 12 位是 1，即 FF.F0.0.0。注意，最后 3 个记录覆盖每个地址，因此可代替一条默认路由。请说明下列地址将被传送到的下一跳各是什么：

(a) C4.5E.13.87。   (b) C4.5E.22.09。

(c) C3.41.80.02。   (d) 5E.43.91.12。

(e) C4.6D.31.2E。

√ 71. 表 3-23 是一个使用 CIDR 的路由表，地址字节为 16 进制。C4.50.0.0/12 中的"/12"表示网络掩码的前 12 位是 1，即 FF.F0.0.0。请说明下列地址将被传送到的下一跳各是什么：

(a) C4.4B.31.2E。   (b) C4.5E.05.09。

(c) C4.4D.31.2E。   (d) C4.5E.03.87。

(e) C4.5E.7F.12。   (f) C4.5E.D1.02。

表 3-22   习题 70 的路由表

网 / 掩码长度	下一跳
C4.50.0.0/12	A
C4.5E.10.0/20	B
C4.60.0.0/12	C
C4.68.0.0/14	D
80.0.0.0/1	E
40.0.0.0/2	F
00.0.0.0/2	G

表 3-23   习题 71 的路由表

网 / 掩码长度	下一跳
C4.5E.2.0/23	A
C4.5E.4.0/22	B
C4.5E.C0.0/19	C
C4.5E.40.0/18	D
C4.4C.0.0/14	E
C0.0.0.0/2	F
80.0.0.0/1	G

72. 一个 ISP 有一个 /16 前缀（旧的 B 类地址），基于 CIDR 方法将一部分地址分配给一家新公司。新公司网络中三个部门的机器需要 IP 地址：工程部、市场部和销售部。这三个部门计划中的增长如下：工程部在第一年开始时有 5 台机器，此后每周增加一台；市场部最多需要 16 台机器；销售部的每两个客户需要一台机器。第一年开始时，公司没有客户，但是销售模式指出到第二年开始时，公司将有 6 个客户，并且，此后每周增加一个新客户的概率为 60%，失去一个客户的概率为 20%，或者以 20% 的概率维持原数目不变。

(a) 如果市场部使用所有 16 位地址，并且销售部和工程部像计划预期的那样，那么，至少在 7 年内，支持此公司增长计划的地址范围是什么？

(b) 这样的地址分配可以维持多长时间？当公司的地址空间用完时，如何给三个部门分配地址？

(c) 如果在 7 年计划内不使用 CIDR 编址方法，那么，新公司还有什么得到地址空间的选择？

73. 试提出一个包含不同长度前缀的 IP 转发表的查找算法，要求不需要对整个表进行线性搜索就能找到最长匹配。

高级网络互联

任何表面的平等背后都隐藏着等级。

——梅森·库利

问题：扩展到数十亿节点

我们已经看到如何创建一个包含多种类型网络的互联网。这里，我们处理了异构性（heterogeneity）问题。网络互联中的第二个关键问题是规模（scale）——这可以说是所有网络的基础问题。为了理解规模问题，有必要考察因特网的发展过程，30 年来，因特网的规模几乎每年成倍地增长。这样的发展迫使我们面对很多挑战。

其中最主要的是，如何构建一个能够处理数十万个网络和数十亿个终端节点的路由系统？正如我们将在本章看到的，很多解决路由扩展能力的方法都依赖于引入层次结构。我们可以在域内以区的形式引入层次，也可以利用层次结构扩展域间路由系统。促使互联网扩展为当前规模的域间路由协议是边界网关协议（BGP）。我们将讨论 BGP 的工作过程及 BGP 所面临的因特网持续扩展带来的挑战。

与路由可扩展能力密切相关的问题是编址。20 年前，IPv4 的 32 位地址即将用尽的问题已经显现出来。因为第 5 版本的 IP 已经在早期实验中用过，所以这也促成了新的第 6 版本（v6）IP 的确定。IPv6 不仅从根本上扩展了地址空间，同样也增加了很多新特性。其中一些新特性是从 IPv4 中改进而来的。

随着因特网的持续增长，一些功能也随之发展。本章最后一节涵盖了一些显著的增强因特网能力的内容。首先是多播，这是一种基础服务模型的增强，即高效传输同类分组到一组接收端的能力。我们将介绍如何将多播融入互联网，并讨论多种支持多播的路由协议。第二个增强点是多协议标签交换（MPLS），它改变了 IP 网络的转发机制。此修改使 IP 的路由方式和 IP 网络提供的服务产生了一些变化。最后，我们讨论移动性对路由的影响，并描述为了支持移动主机和路由器而对 IP 进行的增强。在讨论各项增强内容的同时，可扩展性仍然不可或缺。

4.1 全球互联网

至此，我们已经知道如何将一些异构的网络相连构成互联网，以及如何使用简单的 IP 地址的层次结构在一个可进行一定的扩展的互联网中进行路由。我们之所以说可进行"一定的"扩展，是因为即使每台路由器不需要知道连到互联网上的所有主机，但在至今描述的模型中，它还是有必要知道连在互联网上的所有网络。今天的因特网上连有成千上万个网络（或更多，取决于你的计数方式），我们讨论过的路由协议还不足以应付这样的规模。本节讨论几种大幅度提高可扩展性的技术，这些技术使因特网发展到当前的程度。

在介绍这些技术之前，我们首先要对全球因特网的形态有一个基本了解。它不只是以太网的随意互联，反之，它所呈现的形态反映出其中互联了许多不同的组织机构。图 4-1 给出了 1990 年时因特网状态的一个简单描述。从那以后，因特网的拓扑发展得越来越复杂，后续章节更准确地描述了当前的因特网，但是现在我们还是使用图 4-1 来讲述。

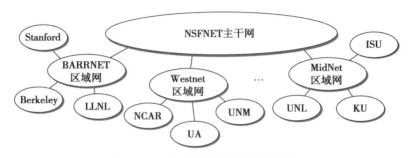

图 4-1　1990 年时因特网的树形结构

这个拓扑结构突出的特征之一是它由连接到服务提供商（ISP）网络（例如，BARRNET 网是一个服务于旧金山湾区节点的提供商网络）的终端用户站点（例如斯坦福大学）组成。1990 年，很多提供商都服务于有限的地理区域，因此称作区域网（regional network）。继而，区域网又由一个全国范围的骨干网相连。1990 年，美国国家科学基金会（National Science Foundation，NSF）提供资金建立了这个骨干网，称为 NSFNET 骨干网（backbone）。

NSFNET 让位给了 Internet2，它仍然代表美国的研究和教育机构运行一个骨干网（其他国家也有类似的研发网络），但当然大多数人都是从商业提供商那里获得互联网连接的。尽管图中未显示细节，但如今，最大的提供商网络（称为 tier-1）通常由位于主要地区（俗称"NFL 城市"）的数十台高端路由器构建，这些路由器通过点对点链路（通常具有 100 Gbps 容量）连接。类似地，每个最终用户站点通常不是单个网络，而是由交换机和路由器连接的多个物理网络组成。

注意，每个提供商和终端用户都可能是管理上的独立实体，这就产生了一些有关路由的重要结果。例如，很可能不同的提供商对其网络中所使用的最佳路由协议以及如何给网络中的链路指定度量标准都有不同的看法。因为这种独立性，通常每个提供商网络就是一个自治系统（Autonomous System，AS）。我们将在后续章节更精确地定义此术语，但是现在，可将 AS 看作管理上独立于其他 AS 的网络。

因特网有清晰可辨的结构，这有助于我们解决可扩展性问题。实际上，我们需要解决两个有关可扩展性的问题。第一个是路由的可扩展性问题。我们需要找到减少路由协议中携带的和路由器的路由表中存储的网络号数目的方法。第二个是地址利用问题，即确保 IP 地址空间不会被过快地消耗。

通过本书，我们将一次又一次地了解用来改进可扩展性的层次结构的原理。我们曾在前面章节里看到 IP 地址的层次化结构对路由可扩展性的改善，特别是无类别域间路由（CIDR）和子网。在下面两节里，我们可以看到在未来应用中利用层次化（以及其合作伙伴，聚合）来提供更强的扩展能力，包括域内及域间。最后一节考察新兴的 IPv6 标准，它的创建很大程度上是考虑可扩展性的结果。

4.1.1　路由区

作为第一个使用层次化扩展路由系统的例子，我们来看连接状态路由协议如何用于将一个路由域划分为称为区（area）的子域，如 OSPF 和 IS-IS（不同协议中用的术语稍有不同，这里我们使用 OSPF）。通过在层次结构中加入这个额外的层，我们使单个域变得更大而不会使域内路由协议负担过重或者需求助于后面描述的更复杂的域间路由协议。

区是从管理上配置成相互交换链路状态信息的路由器的集合。骨干网区是一个特殊的区，也称为区 0。一个划分成区的路由域的例子如图 4-2 所示。路由器 R1、R2 和 R3 是骨干网区的成员，它们至少也是一个非骨干网区的成员，R1 实际上是区 1 和区 2 的成员。一台既是骨干网区也是非骨干网区成员的路由器是区边界路由器（ABR）。注意这些与 AS 边界上的路由器有所区别。

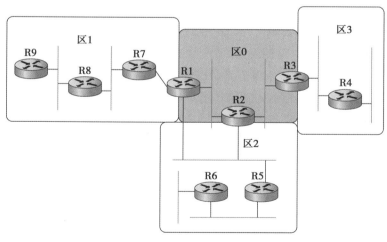

图 4-2　一个分为区的域

区中的路由正如上一章所描述的那样。区中的所有路由器彼此间发送链路状态通知，并由此发展出一个完整且一致的区映像图。然而，非区边界路由器的链路状态通知不会离开产生它们的区。这使扩散和路由计算进程具有更为显著的可扩展性。例如，区 3 中的路由器 R4 永远看不到区 1 中路由器 R8 的链路状态通知。结果，它不会知道除自己所在区以外的任何区的详细拓扑。

那么，区中的一台路由器如何确定一个目标为另一个区中网络的分组的正确下一跳？如果我们把从一个非骨干网区到另一个非骨干网区的分组路径分为三部分，答案就变得清楚了。首先，分组从源网络传输到骨干网区，然后穿过骨干网，再从骨干网传输到目的网络。为了做到这一点，区边界路由器汇总从一个区中了解到的路由信息，使其能够在给其他区的通知中使用。例如，R1 收到从区 1 中所有路由器发来的链路状态通知，并因此能够确定到区 1 中任何网络的开销。当 R1 向区 0 发送链路状态通知时，它通知到达区 1 中网络的开销，就好像那些网络是直接连在 R1 上一样。这使区 0 中的所有路由器能够了解到达 1 中所有网络的开销。然后区边界路由器汇总这些信息，并将其通知到非骨干网区。这样，所有路由器都知道如何到达域中的所有网络。

注意在区 2 中有两个 ABR，因此区 2 中的路由器将不得不选择其中的一个用于到达骨干网区。这很简单，由于 R1 和 R2 将通知到达不同网络的开销，因此，区 2 中路由器运行最短路径算法后，哪一台路由器是更好的选择就会变得清楚。例如，对于区 1 中的目的地来说，显然 R1 将是比 R2 更好的选择。

当把一个域划分为区时，网络管理员在可扩展性与路由优化性之间做出权衡。区的使用使得所有从一个区到另一个区的分组必须通过骨干网区行进，即使存在一条更短的可用路径。例如，即使 R4 和 R5 直接相连，分组也不能在它们之间传递，因为它们在不同的非骨干网区。由此证实，可扩展性的需求通常比使用绝对最短路径的需求更为重要。

最后，我们注意到网络管理员使用一个技巧来更灵活地决定哪一台路由器进入区 0。这个技巧使用路由器之间虚链路（virtual link）的思想。这条虚链路通过配置一个非直接连到区 0 上的路由器与一个直接连到区 0 上的路由器之间交换骨干网路由信息来获得。例如，R8 和 R1 之间可配置一条虚链路，这使 R8 成为骨干网的一部分。现在，R8 将参与和区 0 中其他路由器的链路状态通知扩散。从 R8 到 R1 的虚链路开销通过区 1 中发生的路由信息交换来确定。这项技术有助于提升路由的优化。

> 这说明了网络设计中的一个重要原则。在某种优化性和可扩展性之间经常要做出权衡。当引入层次性后，信息对网络中一些节点是隐藏的，从而限制了它们做出完美优化选择的能力。然而，对可扩展性来说信息隐藏是必需的，因为这可以避免所有节点知道全局信息。在大型网络中，可扩展性永远是比完美优化性更迫切的设计目标。

4.1.2　域间路由（BGP）

实验八

本节一开始我们就引入了这样的概念，可按自治系统（AS）来组织因特网，每个自治系统（AS）在一个单独的管理实体的控制之下。一个复杂的公司内部网络可以是一个 AS，单个因特网服务提供商的跨国网络也可以是一个 AS。图 4-3 显示了有两个自治系统的简单网络。

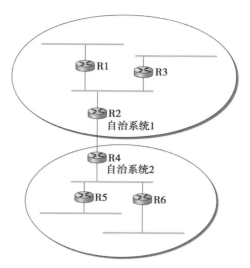

图 4-3   有两个自治系统的网络

自治系统的基本思想是提供将大型互联网中的路由信息进行分层聚合的补充方法，以提高可扩展性。现在，我们将路由问题划分为两部分：单个自治系统内的路由和自治系统间的路由。由于在因特网中自治系统的另一个名字是路由域（domain），因此我们称路由问题的两部分分别为域间路由和域内路由。此外，为了提高可扩展性，AS 模型将发生在各个不同 AS 中的域内路由分离。这样，每个 AS 都能够运行自己选择的任何域内路由协议。如果它希望的话，甚至可以使用静态路由或多个协议。这样，域间路由问题就成为使不同 AS 彼此间共享可达性信息的问题，即共享通过给定的 AS 可达的 IP 地址信息。

1. 域间路由的挑战

域间路由当前所面临的最大挑战恐怕是每个 AS 都需要确定自己的路由策略（policy）。在一个特定的 AS 中，一个简单的路由策略实现实例为：只要可能，都优先通过AS"X"而不是 AS"Y"来发送流量，只有在 AS"Y"是唯一路径的时候使用AS"Y"，且从不允许从 AS"X"到 AS"Y"产生流量，反之亦然。当我们付费使用 AS"X"和 AS"Y"以将自己的 AS 连接到因特网，且 AS"X"是优先连接的提供商而 AS"Y"作为后备时，上述实例将成为一个典型的策略。因为当 AS"X"和AS"Y"都作为提供商时（假设我们出资让它们扮演这样的角色），我们不希望它们跨过我们的网络来承载它们之间的流量（这叫作中转（transit）流量）。我们连接的 AS 越多，采用的策略就越复杂，特别是当所考虑的骨干网提供商与几十个其他提供商或者成百的用户连接，且与每一个连接都采用不同的商业安排时（这些安排影响路由策略）。

域间路由的一个关键设计目标是支持类似上述例子的策略或者更为复杂的路由策略。使这个问题变得更困难的是我需要在没有任何其他自治系统帮助的情况下实现这样的策略，并且要面对可能的错误配置或者其他自治系统的恶意行为。除此以外，经常需要隐藏（private）策略，因为运行自治系统的个体（大部分是服务提供商）常相互竞争且不希望自己的商业安排被公开。

在因特网的历史中，有两种主要的域间路由协议。第一种是外部网关协议（Exterior Gateway Protocol，EGP）。EGP 有很多局限性，其中最严重的可能是严重限制了因特网的拓扑结构。EGP 基本上要求因特网为树形拓扑结构，或者更确切地说，它是在因特网树形拓扑结构的基础上设计的，如图 4-1 所示。EGP 不允许更通用的拓扑结构。注意，在简单的树形结构中，只有一个骨干网，并且与自治系统之间的连接是父子关系而不是对等关系。

代替 EGP 的是边界网关协议（Border Gateway Protocol，BGP），编写本书时 BGP 有了第 4 版（BGP-4）。BGP 比较复杂。本节给出 BGP-4 的要点。

与之前的 EGP 不同，BGP 并不假设自治系统的互联方式，它们可形成任意图形。这种模型显然是非常通用的，足以适应非树形结构的互联网络，像今天的多骨干因特网一样，图 4-4 给出它的简化图示。（我们下面仍然会看到有一些互联网结构不像树这样简单，且 BGP 对此类结构不做任何假设。）

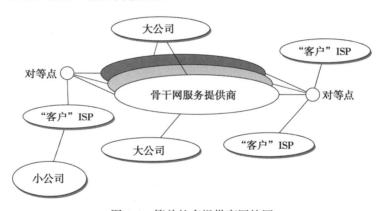

图 4-4　简单的多提供商因特网

与图 4-1 所示的简单树形结构的因特网不同，同样与图 4-4 的结构也不同，今天的因特网由互联的多个骨干网组成，这些网络大多由一些私有公司而不是政府所运营。很多互联网服务提供商（ISP）的存在主要是为了向"客户"（即家中有 PC 的个人）提供服务，而其他 ISP 提供的服务与传统的骨干网服务更为相似，即连接到其他提供商或大型公司。通常，很多提供商在唯一的对等点（peering point）上彼此互联。

为了更加清楚地了解如何在复杂的自治系统互联中管理路由，我们从定义一些专有名词开始。我们将本地流量（local traffic）定义为在 AS 内的节点上起止的流量，并且将中转流量（transit traffic）定义为穿过一个 AS 传送的流量，并把 AS 分为三类：

- 桩 AS：与另一个 AS 只有一个连接，这样的 AS 只传送局部流量。图 4-4 中的小公司就是一个桩 AS 的例子。

- 多连接 AS：与一个以上的其他 AS 有连接，但是拒绝传送中转流量。例如，图 4-4 上部的大公司。
- 中转 AS：与一个以上的其他 AS 有连接，并能传送局部和中转两种流量，如图 4-4 中的骨干网服务提供商。

尽管前面的小节路由讨论的焦点是根据最小化某种链路度量值来找到一条最优路径，但域间路由的目标则更为复杂。首先必须找到一条无环的通往预定目的地的路径，其次，路径必须兼容沿着路径的不同 AS 的策略。就像我们已经看到的，那些策略可能非常复杂。因此，当域内关注于具有良好定义的路径开销优化问题时，域间则关注于一个更为复杂的优化问题，就是寻找最好的策略兼容（policy-compliant）路径。

域间路由之所以困难，有这样几个原因。首先是可扩展性问题。因特网骨干网路由器必须能够转发目标为因特网中任何地址的分组。这就需要有一张路由表以提供对任何合法 IP 地址的匹配。虽然 CIDR 有助于控制因特网的骨干网路由中携带的不同前缀的数目，但是仍不能避免大量路由信息的传递——在 2018 年年中大约有 70 万个前缀。

域间路由面临的进一步挑战来自域的自治特性。注意，每个域可以运行它自己的内部路由协议，并可以使用任何它选用的路径度量值设置的方案。这就意味着计算穿过多个 AS 的有意义的路径开销是不可能的。一个值为 1 000 的开销对某个提供商来说可能是一条很好的路径，而对另一个提供商来说可能是很糟糕的。因此，域间路由只通知可达性（reachability）。可达性概念基本上可以描述为"你能通过这个 AS 到达这个网络"。这就意味着在域间路由中，选择一条最优路径是根本不可能的。

域间的自组织状况引发了信任的问题。提供商 A 可能不愿意相信来自提供商 B 的某些通知，担心提供商 B 通知错误的路由信息。例如，当提供商 B 通知到因特网上任何地方的一条成功路由时，如果提供商 B 错误地配置了它的路由器或者没有足够的容量承载流量，那么信任它将是灾难性的。

与信任相关的问题与支持上述复杂策略的需要相关。例如，我们可能希望信任一个提供商，仅当其通知可达特定的前缀时，因此可以采用这样的策略：使用 AS "X" 到达前缀 p 或 q，当且仅当 AS "X" 通知那些前缀可达。

2. BGP 基础

每个 AS 都有一个或多个边界路由器，通过它的分组进入或离开 AS。在图 4-3 所示的简单例子中，路由器 R2 和 R4 称为边界路由器。（多年来，路由器有时也称为网关（gateway），因此有了协议 BGP 和 EGP 的名称。）边界路由器是一个简单的掌管在自治系统之间转发分组任务的 IP 路由器。

每一个参与 BGP 的 AS 必须至少有一个 BGP "代言人"，这个代言人是一台路由器，并与其他自治系统的 BGP 代言人交流。通常会发现边界路由器也是 BGP 代言人，但边界路由器并不是一定要成为 BGP 代言人。

BGP 并不属于 3.4 节描述的两类主要的路由协议（距离向量和链路状态协议）。与这些协议不同，BGP 将以 AS 枚举列表的形式通知到达某个特定网络的完整路径（complete path）。正因为这样，BGP 常被称为路径向量（path-vector）协议。这是根据一个特定 AS 的意愿而做出如上描述的那类策略决策所必需的。而且它使得路由循环很容易被检测出来。

我们以图 4-5 所示的网络来说明这个过程。假设提供商是中转网络，而客户网络是桩。提供商 A（AS2）的 BGP 代言人可通知分配给客户 P 和 Q 的网络号的可达性信息。实际上就是"网络 128.96、192.4.153、192.4.32 和 192.4.3 可从 AS2 直接到达"。骨干网收到这条通知后，再通知"网络 128.96、192.4.153、192.4.32 和 192.4.3 可经路径〈AS1，AS2〉到达"。类似地，它还可以通知"网络 192.12.69、192.4.54 和 192.4.23 可经路径〈AS1，AS3〉到达"。

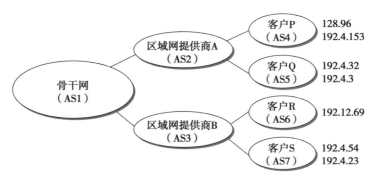

图 4-5　一个运行 BGP 的网络的例子

BGP 一项重要的任务是防止建立带环路径。例如图 4-6 中的网络与图 4-5 不同的地方在于，在 AS2 和 AS3 间多了一个连接，但带来的影响在于自治系统形成了闭环。假设 AS1 得知它可经 AS2 到达网络 128.96，因此，它将此事实通知 AS3，AS3 又通知 AS2。AS2 现在可断定应将目标是 128.96 的分组发往 AS3，AS3 又将分组发往 AS1，AS1 再发回到 AS2，它们将无限循环下去。这种现象可通过在路由报文中携带完整的 AS 路径来避免。这种情况下，AS2 从 AS3 接收的通往 128.96 的通知将包括一条 AS 路径〈AS3，AS1，AS2，AS4〉。AS2 看到它自己在路径中，因而得出这是一条无用路径的结论。

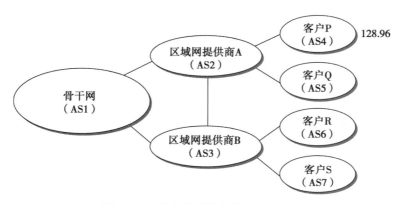

图 4-6　一个自治系统中的闭环的例子

为了使这种闭环预防技术生效，BGP 中携带的 AS 号应该唯一。例如，在上面的例子中，如果其他 AS 不以同样方法标识自己，AS2 就只能在 AS 路径中识别出自己。AS号是由中心授权机构分配的保证唯一性的 32 位数字。

一个给定的 AS 仅通知自认为足够好的路由。也就是说，如果 BGP 代言人有多条到达同一目的地的路由可供选择，那么它将根据自己的本地策略来选择最好的一条，然后这就是它通知的路由。而且，即使 BGP 代言人有一条到达某个目的地的路由，它也没有通知的义务。这就是 AS 如何实现不提供中转的策略：拒绝通知去往那些未包含在这个AS 前缀的路由，即使它知道怎么到达这些地址。

如果一条路径上的链路出现故障或策略改变，BGP 代言人需要能够取消之前通知的路径。这由一种称为撤销路由（withdrawn route）的负通知形式来完成。正的和负的可达性信息都携带在一个 BGP 更新报文中，格式如图 4-7 所示。（注意图中的字段长度是 16 比特的倍数，这与本章中其他的分组格式不同。）

不像前面章节中描述的路由协议，BGP 被定义为运行在可靠传输协议——TCP 之上。因为 BGP 代言人可以依赖TCP 而变得可靠，这意味着从一个代言人向另一个代言人发出的任何信息不需要重发。因此，只要不出现变化，实际上一个 BGP 代言人就可以只是偶尔发送一个"keep alive"报

图 4-7　BGP-4 更新分组格式

文，表示"我还在这里，无任何变化"。如果这台路由器崩溃或与对等路由器断开连接，就将停止发送这类报文，从它那里获取路由的其他路由器就会知道那些路由不再有效。

3. 常见 AS 关系和策略

之前提到的策略可能非常复杂，事实证明还是有一些常见策略能够反映自治系统的关系。最常见的关系如图 4-8 所示，与之相关的三种常见关系和策略如下：

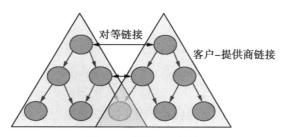

图 4-8　常见 AS 关系

- 提供商 – 客户。提供商需要把客户接入网络。客户可能是一个公司，或是小规模的 ISP（它们自己本身也有客户）。因此常见策略是向客户通知已知的所有路由，并将从客户那里获取的路由信息通知所有路由器。
- 客户 – 提供商。在另一个方向上，客户想要通过提供商获得发送给它（或它的客

户，如果它拥有客户）的流量，并且想通过提供商发送数据流量到其他网络。因此这种情况下的常见策略就是向提供商通知自己的前缀和从客户那里学到的路由信息，向客户通知从提供商那里学到的路由，但是并不将从一个提供商学到的路由通知给另一个提供商。最后一步是确认客户自己没有从一个提供商向另一个提供商传递流量，因为这是支付网络流量费用的人所不愿看到的。

● 对等。第三种选择是自治系统间的对等关系。两个提供商是对等的且为对方的客户提供接入且不用向对方付费。这里的典型策略是向对等提供商通知从客户学到的路由，向客户通知从提供商学到的路由，但并不向其他提供商通知从对等方学到的路由，反之亦然。

图中有一点值得注意，即它向明显无结构的网络加入一些结构的方式。在这个层次的底层有桩网络，它是一个或多个提供商的客户，沿着层次往上走，我们可以看到其他一些提供商被作为客户的提供商。最上层的提供商有客户和对等方，但它不是其他提供商的客户。这些提供商称为 tier-1 提供商。

让我们回到现实的问题：这些方法如何帮助我们建造可扩展的网络？首先，参与 BGP 的节点数目与 AS 的数目是同一数量级，而 AS 数目比网络数目小得多。其次，找到一条好的域间路由即是找到一条通往正确的边界路由器的路径，而每个 AS 只有少数几个边界路由器。这样，我们就将路由问题简单地划分为可管理的几部分，再一次使用一个新的层次来增加可扩展性。域间路由的复杂性取决于 AS 的数量，而域内路由的复杂性取决于一个 AS 内的网络数目。

4. 集成域间路由和域内路由

前面的讨论说明了 BGP 代言人如何了解域间路由信息，却没有说明域中所有其他路由器如何得到这个信息的问题。解决此问题有几种方法。

让我们从一种非常简单而且也非常普遍的情况开始讨论。对于一个只有一点与其他 AS 连接的桩 AS 来说，显然边界路由器是 AS 外部所有路由的唯一选择。这样的路由器可以将一个默认路由（default route）注入域内路由协议。实际上，它表明任何一个在域内协议中没有被明确通知的网络都可以通过边界路由器到达。回忆一下上一章对于 IP 转发的讨论，转发表中的默认项在所有指定项之后，并且与任何匹配失败的项匹配。

下一步是使从外部 AS 了解到的特定路由注入边界路由器。例如，考虑连接到客户 AS 的提供商 AS 的边界路由器。此路由器通过 BGP 或通过已经配置在其中的信息，知道网络前缀 192.4.54/24 位于该客户 AS 中。它可以将到此前缀的路由注入提供商 AS 运行的路由协议。这将是这样的一种通知："我有一条到 192.4.54/24 的开销为 X 的链路"。这将使提供商 AS 中的其他路由器知道可将目标为那个前缀的分组发往此边界路由器。

最后一级复杂性出现在骨干网中，骨干网从 BGP 了解到如此多的路由信息，以至于因开销太大而不能将其注入域内协议。例如，如果一个边界路由器想要注入从另一个 AS 了解到的 10 000 个前缀，它将不得不发送非常大的链路状态分组到 AS 中的其他路由器，并且最短路径的计算也将变得很复杂。因此，骨干网中的路由器使用 BGP 的一种称为内部 BGP（iBGP）的变化形式，有效地将 AS 边界上 BGP 代言人了解到的信息再次分发到 AS 中所有其他路由器上。（前文讨论过 BGP 的另一种变化形式，即运行在自治系统之间的外部 BGP（eBGP）。）iBGP 使 AS 中任何路由器在发送分组到任何地址时都能够获知最好的边界路由器以供使用。同时，AS 中每台路由器明白如何在没有注入信息的情况下，使用常规的域内协议到达每台边界路由器。通过将两类信息合并，AS 中的每台路由器都能够确定所有前缀相应的下一跳。

在图 4-9 中给出了一个简单网络来表示单个 AS，看看它是如何工作的。这里有三台边界路由器，分别是 A、D 和 E。路由器向其他 AS 发出 eBGP，并且学习如何到达不同的前缀。这三台边界路由器通过在 AS 所有路由器中建立 iBGP 会话网格来相互连接，包括与内部路由器 B 和 C 建立连接。让我们把目光集中在路由器 B 如何建立其向具有其他前缀的目标进行转发的完整视图。先看一下图 4-10 中最左侧的表格，里面显示了路由器 B 从其 iBGP 会话中学到的信息。它学到了一些经过路由器 A、D 和 E 有最佳路线的相应前缀目标。同时，所有 AS 中的路由器都在运行一些域内协议，比如路由信息协议（RIP）或开放最短路径优先（OSPF）。（域内协议中的一个典型术语是 IGP——内部网关协议。）通过完整的分段协议，B 学会了如何到达如最左侧表中所列的那些域内的其他节点。比如，要到达路由器 E，B 需要向路由器 C 发送分组。最后，在最右侧的表中，B 同时放置了所有描述，将从 iBGP 学到的外部前缀信息合成起来。这些 iBGP 信息包含从 IGP 中得到的内部路由器到边界路由器的信息。因此，如果一个像 18.0/16 这样的前缀是通过边界路由器可达的，而且最佳内部路径是通过 C 到达 E，那么接下来所有目标为 18.0/16 的分组将首先发向 C。利用这种方法，所有 AS 中的路由器可以为所有通过其他 AS 中边界路由器可达的前缀建立完整的路由表。

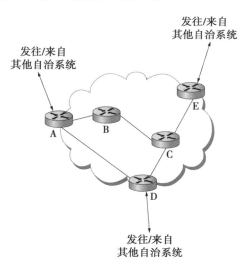

图 4-9　域内和域间路由举例。所有路由器运行 iBGP 和 IRP，边界路由器（A、D、E）运行 eBGP 到达其他 AS

前缀	BGP下一跳
18.0/16	E
12.5.5/24	A
128.34/16	D
128.69./16	A

AS的BGP表

路由器	IGP路径
A	A
C	C
D	C
E	C

路由器B的IGP表

前缀	IGP路径
18.0/16	C
12.5.5/24	A
128.34/16	C
128.69./16	A

路由器B的合成表

图 4-10　路由器 B 的 BGP 路由表、IGP 路由表和合成表

4.2　IPv6

建立新版 IP 的动机很简单：解决 IP 地址耗尽的问题。CIDR 有助于抑制因特网地址空间的消耗，也有助于控制因特网路由器中所需的路由表信息的增长。然而，这些技术终究有一天无法再满足需要。特别是，实际上不可能达到 100% 的地址利用率，因此在第 40 亿台主机连到因特网之前，就可能已经用完了地址空间。即使我们能够使用所有40 亿个地址，也不难想象编号耗尽的情况，现在 IP 地址不仅分配给计算机，还分配给手机、电视和其他家庭应用设备。所有这些可能性都说明最终需要一个比 32 位更大的地址空间。

4.2.1　历史视角

IETF 从 1991 年开始就看到了 IP 地址空间扩展的问题，并提出了几种替代方法。由于 IP 地址携带在每个 IP 分组的首部中，因此地址尺寸的增长使得 IP 首部必须改变。这意味着需要新版 IP，并随之需要用于因特网中每台主机和路由器的新软件。显然，这并不是一件小事，而是需要深思熟虑的大改变。

定义新版本 IP 的成果称为下一代 IP 或 IPng。随着工作的进展，一个正式的版本号被指定，因此 IPng 现称为 IPv6（IP 版本 6）。注意，本章到目前为止讨论的 IP 版本是第 4 版（IPv4）。编号不连续的原因是版本号 5 用于几年前的一个实验协议。

新版本 IP 的显著变化引起了滚雪球现象。网络设计者一般认为，如果所设计的网络有如此大规模的改变，那么最好尽可能同时调整 IP 中的其他内容。因此，IETF 做了一项有关希望在新版 IP 中加入特性的问卷调查。除了提供可扩展的路由和编址的需求外，还希望 IPng 有如下特性：

- 支持实时服务。
- 安全性支持。
- 自动配置（即主机自动地配置自己的 IP 地址和域名等信息的能力）。
- 增强路由功能，包括支持移动主机。

有趣的是，在设计 IPv6 时，IPv4 不具备上述特性中的许多特性，但近年来 IPv4 对这些特性的支持已取得了进展，而且两种协议通常使用类似的技术。可以说，将 IPv6 看成一张白纸的自由促进了 IP 新功能的设计，并且这些功能继而被改装成 IPv4 的功能。

除了以上列出的特性外，IPv6 的另一个无可非议的特性是从当前的 IP 版本（IPv4）到新版本必须有一个过渡计划。因特网变得如此之大并且没有中央控制，完全不可能有这样一个"国旗纪念日"，让每个人都在这一天关闭主机和路由器来安装新版的 IP。因此，可能有一个很长的过渡期，有些主机和路由器运行 IPv4，有些同时运行 IPv4 和IPv6，而另一些只运行 IPv6。令人怀疑的是，他们预计过渡期将接近 30 周年。

4.2.2　地址和路由

首先，与 32 位的 IPv4 不同，IPv6 提供 128 位的地址空间。因此，如果地址分配有效性能达到 100%，在 IPv4 中可以最多编址 40 亿个节点，而 IPv6 可编址 3.4×10^{38} 个节点。但是，正如我们所看到的，100% 的地址分配效率是不可能的。在其他编址方案的某些分析中，如法国和美国电话网络以及 IPv4 的编址方案的分析，都可找到一些地址分配效率的经验数据。基于从这项研究得出的最悲观的效率估计，预测 IPv6 地址空间在地球表面的每平方英尺上可提供 1 500 多个地址，看起来它应该可以很好地为我们服务，即使金星上的烤面包机也有 IP 地址。

1. 地址空间分配

受益于 IPv4 中 CIDR 的使用，IPv6 地址同样不分类，但是地址空间仍然基于前导比特的不同划分方式。前导比特说明 IPv6 地址的不同用处而不是说明不同的地址分类。当前 IPv6 的地址前缀分配如表 4-1 所示。

表 4-1　IPv6 的地址前缀分配

前缀	用途
00...0（128 位）	未分配
00...1（128 位）	回环
1111 1111	多播地址
1111 1110 10	链路局部单播
其他	全局单播

这种地址空间的分配需要一些讨论。首先，IPv4 的三种主要地址类（A、B 和 C）的全部功能包含在"其他"范围内。我们很快会看到，全局单播地址很像无类的 IPv4 地址，只是长了很多。在此我们主要感兴趣的是，这种重要的地址形式占据 IPv6 所有地址空间的 99%。（在撰写本书时，IPv6 单播地址的分配从 001 开头的块开始，剩余的地址空间大约占 87%，保留给未来使用。）

多播地址空间用于多播，因此与 IPv4 中 D 类地址的作用类似。注意，多播地址是很容易区分的，它们开头的第一个字节全是 1。我们将在后续章节看到如何使用这些地址。

　　链路局部使用地址的思想是使主机构造一个地址，能够适用于它所连接的网络，而不必关心全局地址唯一性问题。我们下面将看到，这一点对自动配置很有用。类似地，站点局部使用地址预定为允许在一个未连在更大因特网上的站点（如专用社团网）上构造有效地址，并且不需考虑全局地址唯一性问题。

　　在全局单播地址空间中有一些重要的特殊类型的地址。可以通过将32位的IPv4地址前面加0扩展到128位，将一个"兼容IPv4的IPv6地址"分配给一个节点。一个只能理解IPv4的节点可以通过对IPv4的32位地址加上2字节全为1的前缀，再在前面加0直至扩展到128位，分配一个"映射IPv4的IPv6地址"。这两种特殊的地址类型用于IPv4到IPv6的转换。

IPv4 到 IPv6 的过渡

　　从IPv4到IPv6过渡背后的最重要思想是因特网太大且无法集中管理，所以不可能有指定的"某一天"让每台主机和路由器都从IPv4升级到IPv6。因此，IPv6需要按照这样的方式逐渐部署：只理解IPv4的主机和路由器可以继续运行尽可能长的时间。理想情况下，IPv4节点应该能和其他的IPv4或某些有IPv6兼容能力的节点对话。而且，IPv6主机应该能和其他IPv6节点不定期地对话，即使它们之间的某些基础结构只支持IPv4。已定义了两种主要机制帮助实现这种过渡：双栈操作（dual-stack operation）和隧道技术（tunneling）。

　　双栈的思想非常简单：IPv6节点既运行IPv6也运行IPv4，并且使用版本（Version）字段来决定哪一个栈应处理到达的分组。在这种情况下，IPv6地址可以与IPv4地址无关，或者可以是本节前面描述的"映射IPv4的IPv6地址"。

　　基本隧道技术将IP分组作为另一个IP分组的有效载荷（payload）进行发送。为了向IPv6过渡，隧道用于在只理解IPv4的网段发送IPv6分组。这意味着IPv6分组被封装在一个IPv4的首部内，首部中有隧道端点的地址，穿过只支持IPv4的网段，然后在端点解去封装。端点可以是一台路由器或主机，无论哪种情况，它必须有支持IPv6的能力以处理解开封装后的IPv6分组。如果端点是一个有映射IPv4的IPv6地址的主机，那么通过从IPv6地址中抽出IPv4地址，并用它形成IPv4首部，就可以自动地使用隧道技术。否则，隧道必须进行人工配置。在这种情况下，封装节点需要知道隧道另一端的IPv4地址，因为它不能从IPv6首部中得到。从IPv6的角度，隧道的另一端看起来像是一个正规的只在一跳跨度之外的IPv6节点，尽管在隧道的两个端点之间可能存在IPv4基础设施的许多跳点。

2. 地址的符号表示

　　和使用IPv4一样，书写IPv6地址时要用到一些特殊的符号。标准的表示方式是 x：x：x：x：x：x：x：x，其中每个"x"都是一个16位的地址段的十六进制表示。例如

47CD：1234：4422：ACO2：0022：1234：A456：0124

任何 IPv6 地址均可用这种符号表示。由于 IPv6 地址中有一些特殊类型，因此在特定情况下需要一些特殊的符号表示。例如，有多个连续 0 的地址可以表示为删掉所有这些 0 的紧凑形式。因此

47CD：0000：0000：0000：0000：0000：A456：0124

可以写成

47CD：：A456：0124

显然，为了避免二义性，这种缩写形式只可用于一个地址中连续多个 0 的集合。

由于两类包括嵌入 IPv4 地址的 IPv6 地址有自己的特殊符号，因此提取 IPv4 地址变得更为容易。例如，一台主机的 IPv4 地址是 128.96.33.81，那么其带 IPv4 映射的 IPv6 地址可以写成

：：FFFF：128.96.33.81

就是说，后 32 位按 IPv4 的符号表示书写，而不是以冒号相隔的一对十六进制数。注意最前面的双冒号表示前导 0。

3. 全局单播地址

至此，编址最重要的事情是 IPv6 必须提供普通的传统单播编址。为做到这一点，它必须支持新主机在因特网中的快速增加，并在因特网中的物理网络数增长时，允许按可扩展的方式进行路由。因此，IPv6 的核心是单播地址分配计划，即确定那些单播地址如何分配给服务提供商、自治系统、网络、主机和路由器。

事实上，所提出的 IPv6 单播地址分配计划非常类似于 IPv4 中 CIDR 的地址分配计划。为了明白它如何工作以及如何提供可扩展性，我们先定义一些新的术语。我们可以将一个非中转 AS（即桩或多连接 AS）看作一个用户（subscriber），并且可将一个中转 AS 看作一个提供商（provider）。而且，我们可进一步将提供商划分为直接（direct）和非直接（indirect）两种。前者直接与用户相连。后者主要连接其他提供商，并不直接与用户相连，通常叫作骨干网（backbone network）。

有了这些定义，我们看到因特网并不只是 AS 的任意互联集合，它有一些内在层次。困难在于，如何使用这种层次性，但不发明只基于层次性进行工作的新机制就像 EGP 中发生的那样。例如，当一个用户连接到骨干网上，或当一个直接提供商开始连接其他多个提供商时，直接的和非直接的提供商之间的区别就会变得模糊。

和 CIDR 一样，IPv6 地址分配计划的目标是提供路由信息的聚合以减少域内路由器的负担。另外，关键思想是使用地址前缀（即在地址高端的一系列连续的比特）来聚合到大量网络甚至是大量 AS 的可达性信息。做到这一点的主要方法是为直接提供商分配一个地址前缀，然后给它的用户分配一个以此前缀开始而比之更长的前缀。这样，一个提供商可以向它的所有用户通知一个前缀。

当然，缺点是当站点想要改变提供商时，需要得到一个新的地址前缀，并重新对站

点内的节点编号。这是一项很繁重的任务，足以阻止多数人不断更换提供商。因此，人们正在研究其他编址方案（如地理编址），其中站点的地址是其位置的函数而不取决于它连接的提供商。然而现在基于提供商的编址对于有效地完成路由来说是必需的。

注意，虽然 IPv6 的地址分配本质上等价于引入 CIDR 的 IPv4 地址分配方案，但是 IPv6 有一个显著的优点，即不需要让大量前期已分配的地址适应此方案。

问题是在层次结构中其他层进行层次聚合是否有意义？例如，所有提供商都应该从所连接的骨干网的前缀中获取它们的地址前缀吗？如果大多数提供商连接在多个骨干网上，这可能就变得无意义了。而且，由于提供商数比站点数少得多，在这层中进行聚合的好处就更小了。

进行聚合的合理的地方是在国界或洲界。各大洲的边界形成因特网拓扑中的自然划分，例如，如果欧洲的地址都有一个共同的前缀，那么就可以完成大量的聚合，因此其他洲的大多数路由器只需一条路由表记录来表示所有带欧洲前缀的网络，欧洲的提供商将会选择以欧洲前缀开始的前缀。使用这种方案，一个 IPv6 地址看起来可能如图 4-11 所示。注册号（RegistryID）可以是一个分配给欧洲地址注册的标识符，其他洲或国家也分配不同的 ID。注意，这种情况下前缀将有不同的长度。例如，客户较少的提供商的前缀会比客户较多的提供商的前缀长（并因此有较少的总体可用地址空间）。

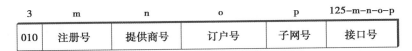

3	m	n	o	p	125−m−n−o−p
010	注册号	提供商号	订户号	子网号	接口号

图 4-11   基于 IPv6 提供商的单播地址

当一个用户连接在多个提供商上时，情况较难处理。这个用户应该为其站点使用哪个前缀？此问题没有完美的解决办法。例如，假设一个用户连接在两个提供商 X 和 Y 上。如果用户从 X 得到前缀，那么 Y 不得不通知一个和它的其他用户无关的前缀，因而无法聚合。如果用户以 X 的前缀为其部分 AS 的编号而以 Y 的前缀为另一部分 AS 的编号，那么当一个提供商的连接切断时，就要冒一半站点不可达的危险。当 X 和 Y 有多个共同用户时，效果较好的一种办法是让它们之间有三种前缀：一种用于只属于 X 的用户，一种用于只属于 Y 的用户，另一种用于既是 X 也是 Y 的用户的站点。

4.2.3   分组格式

尽管 IPv6 在多个方面扩展了 IPv4，但它的首部格式实际上更为简单。这种简单性是由于从协议中删除了不必要的功能。图 4-12 给出了 IPv6 的分组首部。

与很多首部一样，此首部格式也以版本（Version）字段开始，因为是 IPv6，所以设为 6。IPv6 和 IPv4 的版本字段都在首部的开始位置，使得首部处理软件能够立即决定要寻找哪种首部格式。通信类别（TrafficClass）和流标签（FlowLabel）字段都与服务质量问题有关。

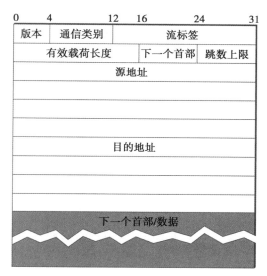

图 4-12　IPv6 分组首部

有效载荷长度（PayloadLen）字段给出不包括 IPv6 首部在内的分组的长度，按字节计数。下一个首部（NextHeader）字段明确地代替 IPv4 中的 IP 选项和协议（Protocol）字段。如果需要选项，那么它们被携带在 IP 首部之后的一个或多个特殊首部中，这由 NextHeader 字段中的值指出。如果没有特殊首部，NextHeader 字段是识别运行在 IP 之上的更高层协议（如 TCP 或 UDP）的多路分解键，即它和 IPv4 的 Protocol 字段的作用相同。同时，分片被作为一个选项首部来处理，即 IPv4 中有关于分片的字段不包括在 IPv6 首部中。跳数上限（HopLimit）字段也就是 IPv4 的生存期（TTL）字段，重新命名是为了反映它的实际使用方式。

最后，首部的大部分被源地址和目的地址所占据，各为 16 字节（128 位）长。这样，IPv6 首部长度总是 40 字节。考虑一下，IPv6 地址的长度是 IPv4 地址长度的 4 倍，而 IPv4 的首部若没有选项都有 20 字节长。

IPv6 处理选项的方法比 IPv4 有很大改进。在 IPv4 中，如果存在选项，每台路由器都得解析整个选项字段，看选项是否相关。这是因为选项作为〈类型，长度，值〉（〈type，length，value〉）的无序集合隐藏在 IP 首部的末尾。相比之下，在 IPv6 中，如果选项存在的话，IPv6 将它看作必须以特定顺序出现的扩展首部（extension header）。这就意味着每台路由器能够很快地确定是否有选项与它相关，在多数情况下它们是不相关的。通常，这可以从 NextHeader 字段上判断出来。这样的结果是，IPv6 中选项处理的效率较高，这是路由器性能的一个重要因素。另外，将选项作为扩展首部这种新格式意味着它们可以为任意长度，而在 IPv4 中则被限制为最多 44 字节。下面我们来看如何使用其中一些选项。

每个选项有它自己的扩展首部类型。每个扩展首部的类型由前面首部中的 NextHeader

字段值来标识，并且每个扩展首部也包含一个 NextHeader 字段来标识跟在它后面的首部。最后一个扩展首部后面跟着一个传输层首部（如 TCP），这时 NextHeader 字段的值与 IPv4 首部中 Protocol 字段的值相同。因此，NextHeader 字段有双重职责；它既可以标识随后的扩展首部类型，又可在最后的扩展首部中作为多路分解键标识运行在 IPv6 之上的更高层协议。

考虑如图 4-13 所示的分片首部示例。此首部提供的功能类似于 IPv4 首部中的分片字段，但是它只在需要拆分时出现。假设它是唯一出现的扩展首部，那么 IPv6 首部的 NextHeader 字段值将是 44，这个值被分配用来表示分片首部。分片首部的 NextHeader 字段自身包含一个描述其后跟随首部的值。此外假设不存在其他扩展首部，那么下一个首部可能就是 TCP 首部，这将导致 NextHeader 字段的值为 6，就像 Protocol 字段在 IPv4 中那样。如果分片首部后面还跟着一个首部（比如认证首部），那么分片首部的 NextHeader 字段值将为 51。

图 4-13　IPv6 的分片扩展首部

4.2.4　高级功能

正如本节开头所提到的，IPv6 发展背后的主要动机是支持持续增长的因特网。然而，一旦为了地址而必须更改 IP 首部，就为各种各样的其他更改打开了大门，我们将在下面介绍其中两种更改。但 IPv6 还包括一些附加功能，本书其他部分介绍了其中大部分功能，例如移动性、安全性和服务质量。值得注意的是，在这些领域中，IPv4 和 IPv6 的功能几乎无法区分，因此 IPv6 的主要驱动因素仍然是需要更多的地址。

1. 自动配置

尽管因特网以惊人的速度增长，但阻碍这项技术被更快接受的一个因素是连入因特网通常需要一定的系统管理专业知识。特别是，连在因特网上的每台主机至少都需要配置一些信息，如合法的 IP 地址、其所连接链路的子网掩码以及名字服务器的地址。这样，就不可能将一台新开箱的计算机不预先配置就连到因特网上。因此，IPv6 的目的之一是提供自动配置支持，有时叫作即插即用（plug-and-play）操作。

如我们上一章看到的，IPv4 也可以进行自动配置，但要看是否存在一个能将地址和其他配置信息分发到 DHCP 客户端的服务器。IPv6 中更长的地址格式有助于提供一种有用的新的自动配置形式，叫作无状态（stateless）自动配置，它不需要服务器。

回忆一下，IPv6 的单播地址是分层的，最低有效部分是接口号。这样，我们可以将自动配置问题划分为两部分：

1）获取主机所连接的链路上具有唯一性的接口号。

2）获取此子网的正确地址前缀。

第一部分比较容易实现，因为一条链路上每台主机必须有唯一的链路层地址。例如，以太网上的所有主机有一个唯一的 48 位以太网地址。它可以通过加上表 4-1 中适当的前缀（1111 1110 10），并在后面补上足够的 0 将其变为一个 128 位的合法链路局部使用地址。对某些设备来说，例如打印机或一个小型无路由器且不与其他任何网络相连的网络中的主机，这个地址可能就足够了。那些需要一个全局合法地址的设备依赖同一条链路上的路由器定期向链路通知适当的前缀。显然，这需要路由器配置有正确的地址前缀，并且此前缀是按照保证在末尾有足够的空间（如 48 位）来添加一个合适的链路层地址的方法选择的。

把 48 位长的链路层地址嵌入 IPv6 地址的能力，是选择如此长的地址长度的原因之一。128 位不仅允许嵌入，而且为我们上面讨论的多层编址留有足够的空间。

2. 源定向路由

IPv6 的另一个扩展首部是路由首部。如果没有这个首部，IPv6 的路由与在 CIDR 下 IPv4 的路由没有多大区别。路由首部包括一个 IPv6 地址表，描述分组到达目标途中所经过的节点或拓扑区域。例如，一个拓扑区域可以是一个骨干网提供商网络。在基于分组接分组的传送机制中，实现提供商选择的一种方法是指定分组必须经过该网络。这样，一台主机可以让一些分组经过一个便宜的提供商，一些分组经过提供高可靠性的提供商，还有一些分组经过主机认为能提供安全性的提供商。

为了提供指定拓扑实体而不是单个节点的能力，IPv6 定义了一个任播（anycast）地址。一个任播地址被分配给一组接口，发往这个地址的分组将到达其中"最近的"一个接口，哪个最近由路由协议来决定。例如，可以给骨干网提供商的所有路由器分配一个任播地址，在路由首部中将使用它。

4.3　多播

像以太网这样的多点访问网络用硬件实现多播。然而，许多应用需要在因特网上具有一种广泛的多播能力。比如，当一个电台通过因特网广播时，同样的数据必须被发送到有用户打开收音机并调到这个台的所有主机上。在这个例子里，连接方式是一到多。其他一到多的应用包括传输同一段新闻、实时股票价格以及软件升级或电视频道给多台主机（最后的这应用通常叫作 IPTV）等。

还有很多应用连接模式是多对多，比如多媒体远程会议、在线多用户游戏以及分布式仿真。在这些示例中，一个组的成员从多个发送者那里得到信息，基本上是每个发送者那里。对任何一个发送者来说，它们都能收到同样的信息。

在正常的网络连接中，每个分组必须包含地址，并被发送到一个单独的主机，因此不能很好地满足每一个应用程序。如果一个应用程序可以将数据发送到一个组，那么它将发送独立的具有同样数据的分组给组内的每个成员。这些冗余流量占用了比必需流量更大的带宽。而且，冗余流量并非均匀分布，而是围绕发送主机，并可能轻易超过发送主机及附近网络和路由器的通信能力。

为了更好地支持多对多和一对多的连接，IP 提供了一种 IP 级模拟多播用于多点访问网络，如以太网。现在我们介绍 IP 多播的概念，同时也需要用一个术语来描述之前讨论的传统一对一 IP 服务，这种服务称为单播（unicast）。

基本的 IP 多播模型是基于多播组（group）的多对多模型，每个组都有自己的 IP 多播地址（multicast address）。组里的主机收到任何的分组拷贝都会发送到组的多播地址。一台主机可以在多个组里，利用下面将要讨论的协议也可以通过局部路由器自由地加入或者离开组。因此，如果我们将单播地址关联于一个节点或者一个接口，那么多播地址就关联于一个抽象的组，组的成员随时间而变化。而且，原始多播服务模型允许任何主机向组发送多播流量，主机没必要成为一个组的成员，一个组可能有任意数量的非成员发送者。

利用 IP 多播发送同样的分组到组内的每个成员时，主机发送一个分组的单个拷贝给组的多播地址。发送主机不需要知道各个组成员的单播 IP 地址，因为正如我们知道的，这些知识存在于互联网上的路由器中。同样，发送主机不需要发送多个分组拷贝，因为路由器无论何时都会在需要的时候将分组转发给多个链接。相比于使用单播 IP 传送相同的分组给多个接收者，IP 多播更可扩展，因为它消除了一些需要在同一条链路上发送多次的冗余流量，特别是靠近发送主机的链路。

IP 的原始多对多多播已经增强为可支持一对多的多播形式。在一对多多播模型中，即特定源多播（SSM），接收主机指定一个多播组和特定发送主机。接收主机仅将从特定主机收到的多播地址发送给特定的组。许多因特网多播应用（如无线电广播）适合 SSM 模式。与 SSM 相比，IP 原始多对多模型有时被称为任意源多播（ASM）。

主机通过使用特定协议与本地路由器通信，向局部路由器发送加入或退出多播组的信号。在 IPv4 中，该协议是因特网组管理协议（IGMP）；在 IPv6 中，它是多播接收方发现（MLD）。路由器有责任使多播行为相对主机来说是正确的。因为一台主机可能退出多播组失败（如遇到冲突或其他错误时），路由器定期轮询局域网以确定哪些组仍然对所关联的主机有兴趣。

4.3.1 多播地址

IP 地址将一个子空间保留给多播地址。在 IPv4 中，这些地址被分配在 D 类地址空间中，在 IPv6 中也有一部分地址空间（见表 4-1）是保留给多播组地址的。一些多播区域中的子空间是留给域内多播的，因此，它们可以由不同的域重复使用。

因此，当我们忽略为所有多播地址共享的前缀时，IPv4 中有 28 位可能的多播地址。这带来了一个问题，即何时可以在局域网里使用硬件多播。就拿以太网来说，当我们忽略共享前缀时，以太网多播地址只有 23 位。换句话说，要利用以太网多播，必须将 28

位的 IP 多播地址映射到 23 位以太网多播地址。实施的时候采用了低 23 位的 IP 多播地址作为其以太网多播地址，而忽略了高 5 位。因此，32（2^5）位 IP 地址就映射到了以太网地址。

在本节中，我们使用以太网作为支持硬件多播的网络技术的典型示例，但无源光网络（PON）也是如此，PON 是一种通常用于将光纤传输到家庭的接入网络技术。事实上，PON 上的 IP 多播现在是向家庭提供 IPTV 的常用方式。

当以太网的一台主机上加入一个 IP 多播组时，它需要配置以太网接口以接收由相应的以太网多播地址发来的分组。不幸的是，如果映射到相同的以太网地址的其他 31 个 IP 多播组的流量被路由到那个以太网，将导致接收主机不仅接收了其想得到的多播流量，而且也会收到其他多播组的流量。因此，接收主机必须检查所有多播分组的 IP 首部，以确定该分组是否真正属于那个多播组。总之，不匹配的多播地址大小意味着即便主机对流量要到达的多播组没有兴趣，多播流量也会对该主机产生负担。幸运的是，在某些交换网（如交换式以太网），利用路由器对不需要的分组进行识别并抛弃的策略，这个问题就可以得到缓解。

一个令人困惑的问题是发送方和接收方如何学习将哪些多播地址放在首位。这通常需要一些超出现有网络约束的手段，有一些相当复杂的工具可在因特网上通知组地址。

4.3.2　多播路由（DVMRP、PIM、MSDP）

对于任何 IP 地址而言，路由器的单播转发表显示了哪些连接可以用来转发单播分组。为了支持多播，路由器必须有额外的多播转发表，基于多播地址来显示哪些（一般都多于一个）连接可以用来转发多播分组（如果要通过多个连接来转发的话，路由器将复制这些分组）。因此，如果单播转发表指明了一套路径，那么多播转发表就指明了一套树结构：多播分发树（multicast distribution tree）。而且，为支持特定源多播（事实是，对于任意源多播的某些类型），多播转发表必须根据多播地址和（单播）源 IP 地址的组合，来确定哪些链接可用，并且重新定义一个树集合。

多播路由是一个多播分发树的决策过程，更具体地说，是一个多播转发表的建立过程。就像单播路由，一个多播路由协议是不够的。它还必须在网络发展的时候以合理的规模扩展，而且必须适应不同路由域的自治。

1. DVMRP

用于单播的距离向量路由可以扩展为支持多播。相应的协议叫作距离向量多播路由协议（DVMRP）。DVMRP 是第一个有望广泛使用的多播路由协议。

回忆一下，在距离向量算法中，每台路由器保存着一张〈目的地，开销，下一跳〉（〈Destination，Cost，NextHop〉）的表，并与跟它直连的相邻节点交换成对的〈目的地，开销〉（〈Destination，Cost〉）表。扩展这个算法以支持多播分两个阶段处理。首先，我们需要设计一种广播机制，允许把分组转发到互联网的所有网络上。其次，我们需要完善这一机制，删除那些没有主机属于多播组的网络。因此，DVMRP 是称为洪泛剪枝（flood-and-prune）协议的多播路由协议之一。

考虑一个单播路由表，每台路由器都知道到达给定 Destination 的当前最短路径要经过的 NextHop。因此，无论何时一台路由器接收到源 S 的一个多播分组，当且仅当分组通过在到 S 的最短路径上的链路到达（即分组来自路由表中与 S 相关的 NextHop）时，路由器才将分组在所有输出链路上转发（除了分组到来的这条链路）。此策略有效地将分组由 S 向外扩散，但是并不循环回到 S。

此方法有两个主要缺点。第一个缺点是，虽然的确是以扩散方式发往网络，但无法避开那些没有多播组成员的局域网。我们将在下面解决这个问题。第二个缺点是连到一个局域网上的每台路由器都会将一个给定的分组在这个局域网上转发。这是因为采用向除了分组的来路以外的所有链路进行扩散的转发策略，而没有考虑这些链路是否属于以源为根的最短路径树。

第二个缺点的解决办法是删除那些由连接在给定局域网上的多台路由器产生的重复广播分组。方法之一是为与源相关的每条链路指定一台路由器作为父（parent）路由器，只有父路由器可以在局域网中转发从源而来的多播分组。选择到源 S 路径最短的路由器作为父路由器，若两台路由器到源等距，则选择有较小地址的路由器。一个给定的路由器能够根据与相邻节点交换的距离向量报文知道它是否是某个局域网中的父路由器（再次同每个可能的源相关）。

注意，这就要求每台路由器对它的每个源来说，都要为每条相关的链路保留一位，指出它是否是那个源/链路对的父路由器。记住在互联网的背景之下，源是一个网络而不是一台主机，因为一台互联网路由器只对在网络间转发分组感兴趣。由此产生的机制有时叫作逆向路径广播（Reverse-Path Broadcast，RPB）或者逆向路径转发（Reverse Path Forwarding，RPF）。路径是反向的，因为我们在考虑什么时候发出转发指令的时候就已经认识到了到源的最短路径，就像在单播路由中我们用最短路径来决定目的地一样。

RPB 机制只实现了最短路径广播。现在，我们想要剪枝接收目的地址为组 G 的各个分组的网络，而把那些不含有组 G 成员主机的网络排除在外。这个过程可以分两步实现。第一步是识别没有组成员的叶子（leaf）网络。确定一个网络是否是叶子网络十分容易，如果 RPB 中描述的父路由器在网络中是唯一的路由器，那么此网络就是叶子网络。确定组的成员是否在网络中，要看组 G 的成员主机是否定期经过这个网络发出通知，就像我们在链路状态多播中所描述的那样。然后，路由器用此信息来决定是否将地址为 G 的多播分组在这个局域网上转发。

第二步是将"这里没有组 G 成员"的信息沿最短路径树上传。要实现这样的功能，路由器需要在向相邻节点发送的〈 Destination，Cost 〉对中增加一些内容，说明本叶子网络希望接收哪些组的多播分组。接着，这个信息从一台路由器传播到另一台路由器，这样，对于一台给定的路由器来说，它知道在每条链路上应该转发哪些组的多播分组。

注意在路由更新中包含这些信息的代价相当高。因此，在实际情况中，这些信息只在某个源开始往那个组发送分组时才被交换。换句话说，该策略将使用 RPB，即在基本距离向量算法中增加了少许开销，直到某个多播地址被激活。这时，不希望接收目的地址为那个组的分组的路由器进行声明，然后将信息传向其他路由器。

2. PIM-SM

协议无关多播（Protocol Independent Multicast，PIM）是为解决当前多播协议的可扩展性问题而开发的。特别是人们认识到在一小部分路由器希望接收某个特定组的流量的环境下，当前协议的可扩展性并不是很好。例如，如果大多数路由器从一开始就不希望接收某流量，那么将该流量广播到所有路由器，直到路由器明确要求从分发中删除，就并不是一个好的设计选择。这种情况很常见，因此 PIM 将问题分为稀疏模式（sparse mode）和稠密模式（dense mode），其中稀疏和稠密是指路由器所期待的多播的比例。PIM 稠密模式（PIM-DM）采用了洪泛剪枝算法，就像 DVMRP 一样，并且还要忍受同样的扩展问题。PIM 稀疏模式（PIM-SM）已经成为主导的多播路由协议，这里将重点讨论。顺便说一下，和 DVMRP 等早期协议不同，PIM "协议无关" 指的是 PIM 不依赖于任何特定的单播路由。就像我们下面可看到的，它可以用于任何单播路由。

在 PIM-SM 中，路由器使用称为加入（Join）的 PIM 协议报文加入多播分布树。注意这与 DVMRP 的先创建广播树再剪枝无关路由的方式不同。由此引起的问题是这些 Join 报文发向何处，毕竟任何路由器（任何数量的路由器）都可以发送报文到多播组。为了解决这一问题，PIM 为每个组指定一个称为汇集点（Rendezvous Point，RP）的路由器。通常，一个域中的很多路由器都被配置为候选 RP，PIM-SM 定义了一系列过程，通过这些过程，域中所有路由器能够一致同意某一台路由器作为一个特定组的 RP。这些过程很复杂，因为它们必须处理各种各样的情况，如一台候选 RP 出现故障以及一个域由于很多链路或节点的故障而划分为两个独立的网络等。后面的讨论中假设域中所有路由器都知道某个给定组的 RP 的单播地址。

多播转发树是路由器向 RP 发送 Join 报文的结果。PIM-SM 允许构造两种类型的树：共享（shared）树，所有发送方都可以使用；特定源（source-specified）树，只允许一个特定的发送主机使用。操作的标准模式首先创建共享树，然后，如果有足够的流量保证还可建造一个或多个特定源树。因为建树时沿树设置路由器的状态，所以默认一个组只有一棵树而不是一个组中每个发送方有一棵树是很重要的。

当一台路由器向组 G 的 RP 发送一条 Join 报文时，它使用标准 IP 单播方式传送。如图 4-14a 所示，路由器 R4 发送一条 Join 报文到某个组的汇集点。初始 Join 报文是 "通配的"，即它适用于所有发送方。显然，一条 Join 报文必须经一组路由器到达 RP（如 R2）。沿途的每台路由器都看到了 Join，并在转发表中创建一条共享树的记录，称为（*，G）记录（"*"表示"所有发送方"）。为了创建转发表记录，路由器查看 Join

到达的接口，并把这个接口标记为用于转发这个组的数据分组的接口。然后决定使用哪个接口将 Join 转发到 RP。这个接口将成为发往本组的输入分组的唯一可接收的接口。然后向 RP 转发 Join。最后，报文到达 RP，完成树分支的建立。这样建立的共享树如图 4-14a 中从 RP 到 R4 的灰线所示。

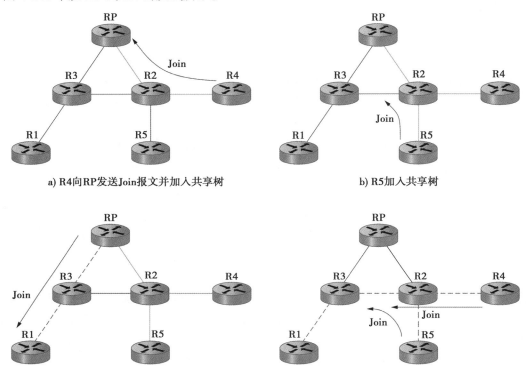

a) R4向RP发送Join报文并加入共享树   b) R5加入共享树

c) RP通过向R1发送Join报文来为R1构建特定源树   d) R4和R5通过向R1发送Join报文来为R1构建特定源树

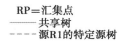

RP＝汇集点
——— 共享树
- - - - 源R1的特定源树

图 4-14   PIM 操作

当有更多的路由器向 RP 发出 Join 时，将导致新的分支添加到树上，如图 4-14b 所示。注意在这种情况下，Join 只需要传送到 R2，R2 在为这个组创建的转发表记录中简单地增加一个新的输出接口，即可将新分支添加到树上。R2 不需要转发 Join 到 RP。还需注意此过程的最终结果是创建了一棵以 RP 为根的树。

现在，假设一台主机希望发送一个报文到这个组。为此，它构造一个目标为适当的多播组地址的分组，并将其发往一个称为指派路由器（Designated Router，DR）的局域网路由器。假设 DR 是图 4-14 中的 R1。这时 R1 和 RP 之间没有这一多播组的状态，因此，R1 使用隧道（tunnel）将多播分组传送到 RP，而不是简单地转发它。即 R1 将多播分组封装在一个 PIM 注册（Register）报文中，发向 RP 的单播 IP 地址。就像隧道端点一样，RP 接收指向它的分组，并通过注册信息查看它的有效载荷，找到其中地址为该组的多播地址的 IP 分组。当然，RP 知道如何处理这样一个分组，它会将此分组发往以 RP 为根的共享树。在图 4-14 的例子中，这意味着 RP 将分组发往 R2，R2 能将分组转发到 R4 和 R5。从 R1 到 R4 和 R5 的一个分组的完整传送过程如图 4-15 所示。我们可以看到，从 R1 到 RP 经隧道传送的分组带有包含 RP 单播地址的附加 IP 首部，然后，目的地址为 G 的多播分组沿共享树到达 R4 和 R5。

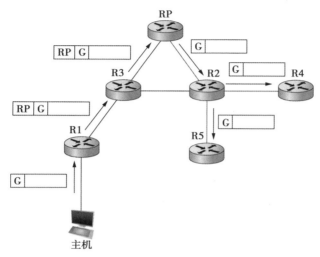

图 4-15　分组沿共享树的传送过程。R1 将分组经隧道传到 RP，RP 再沿共享树将分组转发到 R4 和 R5

现在，我们可能想宣布成功，因为所有主机都可按这种方式向接收方进行发送。然而，在分组发往 RP 时的封装和解封装过程中，存在一些带宽无效和处理开销，因此，RP 可以选择将有关组的信息告之相关路由器以避免使用隧道。它将向发送主机发送一个 Join 报文（见图 4-14c）。当此 Join 向主机传送时，将使沿途的路由器（R3）得知有关组的信息，因此 DR 就能将分组作为原始的（native）（即非隧道的）多播分组向组发送。

本阶段需要注意的一个重要细节是由 RP 发给发送主机的 Join 报文仅限于该发送主机接收，而之前由 R4 和 R5 发送的 Join 报文则适用于所有发送方。这样，新 Join 的结果是创建确定的源与 RP 之间的路由器的特定发送方（sender-specific）状态。这种状态称为（S，G）状态，因为它用于一个发送方到一个组的情况；与之相对照，接收方与 RP 之间的（*，G）状态用于所有发送方。因此，在图 4-14c 中，我们看到从 R1 到 RP 的特定源路由（以虚线表示）和对所有发送方均有效的从 RP 到接收方的树（以灰线表示）。

下一步可能的优化是以特定源树代替整个共享树。因为从发送方经 RP 到接收方的路径也许比可能的最短路径长得多，也可能因为从某个发送方观察到的高数据率而触发这种优化。在这种情况下，在树的下游的路由器，如例中的 R4，向源发送特定源的 Join 报文。当此报文按最短路径传向源时，沿途路由器创建树的（S，G）状态，结果是得到以源为根而不是以 RP 为根的树。假设 R4 和 R5 都换成特定源树，我们最终将得到如图 4-14d 所示的树。注意这棵树不再包括 RP。我们从图中删掉了共享树以便简化该图，但是实际上，所有连有某组接收方的路由器必须留在共享树中，以防止新的发送方出现。

现在我们明白了为什么 PIM 是协议无关的，因为它建造和维护树的所有机制都得益于单播路由而不依赖于域中使用的任何特殊的单播路由协议。树的构成完全由 Join 报文所走的路径决定，而这个路径由单播路由的最短路径决定。因此，准确地说，与本节描述的从链路状态或距离向量路由中导出的其他多播路由协议相比较，PIM 是"与单播路由协议无关的"。注意，PIM 与 IP 密切相关，即从网络层协议看，它并不是协议无关的。

PIM-SM 的设计再一次显示出建造可扩展性网络的挑战，以及可扩展性有时是如何与某种优化性相对立的。共享树当然比特定源树具有更大的可扩展性，因为它将路由器的全部状态化简为组数的规模而不是成倍于组数的发送方数的规模。然而，特定源树很可能是达到更高效的路由所必需的。

3. 域间多播（MSDP）

在域间多播时，PIM-SM 有很多大的缺陷。特别是一个组中单个 RP 的存在违反了域本身是匿名的原则。对于一个给定的多播组，所有参与的域都依赖于 RP 所在的域。更为甚者，如果一个参与的多播组中发送方和接收方共享一个单独的域，那么无论域是否有多播组的 RP，多播流量都会从发送方到接收方。因此，PIM-SM 协议不是一个域间协议，而是一个域内协议。

为了使 PIM-SM 可以用于域间多播，人们设计了多播源发现协议（Multicast Source Discovery Protocol，MSDP）。MSDP 用于连接不同的域，其中的每个域都运行 PIM-SM 并拥有自己的 RP。MSDP 可将不同域的 RP 连接起来。每个 RP 在其他域中都有一个或多个 MSDP 对等 RP。每对 MSDP 对等 RP 通过 TCP 连接穿越运行 MSDP 的区域。同时，给定的多播组中所有 MSDP 对等 RP 形成一个用于广播网络的松散网格。MSDP 报文通过该对等 RP 网格利用反路径广播算法进行广播。该算法我们在介绍 DVMRP 内容时讨论过。

MSDP 通过 RP 网格广播了什么信息呢？肯定不是组成员信息。当一台主机加入一个组时，大部分的信息都流向自己域内的 RP。MSDP 广播的是源——多播发送方——信息。每个 RP 都知道自己域中的源，因为每当一个新的源加入都会接收到一个注册（Register）报文。每个 RP 定期地使用 MSDP 来广播源活动（Source Active）报文给对等方，给出源的 IP 地址、多播组地址和原始 RP 的 IP 地址。

如图 4-16a 所示，如果接受其中一条广播的 MSDP 对等 RP 中有该多播组的活动接收方，那么为了它自己的利益，它将发送一个特定源的 Join 报文给源主机。如图 4-16b 所示，Join 信息为这个 PR 建立一个特定源树。结果是每个 MSDP 网络成员拥有特定多播组的活动接收方的 RP，都加入到新源的特定源树中。当一个 RP 从源中接收多播时，RP 就利用其共享树在域中给接收方转发多播。

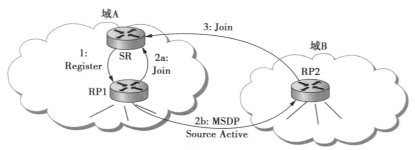

a）源SR向域RP（即RP1）发送Register，然后RP1向SR发送特定源Join，并
向在域B的MSDP对等方（即RP2）发送MSDP Source Active，然后RP2向
SR发送特定源Join

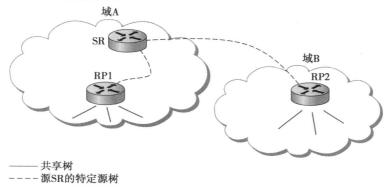

——— 共享树
- - - - 源SR的特定源树

b）至此，RP1和RP2都加入了源SR的特定源树

图 4-16　MSDP 操作

4. 特定源多播（PIM-SSM）

就像早期的多播协议一样，最初的 PIM 服务模型是一个多对多的模型。接收方加入一个组，而且任何主机都可以向这个组发送报文。然而，20 世纪 90 年代末，人们认识到 PIM 中可以加入一对多模型。毕竟，很多多播应用只有一个合法发送方，就像一个正在因特网上发送的会议的发言者一样。我们已经看到 PIM-SM 在使用原始共享树后，可以创建出优化的特定源最短路径树。在原始的 PIM 设计中，这种优化对于主机是不可见的——只有路由器加入特定源树中。然而，一旦人们认识到一对多服务模型的需求，PIM-SM 的特定源路由能力就被确定为主机可用。事实上，这需要改变 IGMP 和类似于 IPv6 的多播接收方发现（MLD），而不是改变 PIM 本身。这种新近的能力称为 PIM 特定源多播（PIM-SSM）。

PIM-SSM 引进了一个新的概念——信道（channel）。信道是一个源地址 S 和组地址 G 的合成。组地址 G 就像一个普通的 IP 多播组，而且 IPv4 和 IPv6 已经分配了 SSM 的多播地址空间的子范围。为使用 PIM-SSM，主机要指出在发送给本地路由器的 IGMP 成员报告报文中的组和源。这台路由器随后发送一个 PIM-SM 特定源 Join 报文给源，因此在特定源树上给自己增加一个分支，就像之前描述的"普通"PIM-SM 一样，但绕过了整个共享树阶段。既然树中结果是针对特定源的，那么只有指定的源在树中可以发送分组。

PIM-SSM 的引入带来了一些明显的好处，特别是因为对一对多播有着更高的要求：

- 多播更直接地传向接收方。
- 信道地址更有效地由多播组地址加上源地址组成。因此，给定一个特定多播组地址范围有利于 SSM 的使用，多个域可以独立而没有冲突地使用同一个多播组地址，就像它们在自己域中的源上使用一样。
- 既然只有特定源可以向 SSM 组发送报文，所以几乎不存在被恶意主机使用伪造的多播流量来淹没主机和接收方从而被攻击的风险。
- PIM-SSM 可以像用于域内一样用于域间，而不会依靠任何其他类似于 MSDP 的协议。

所以，SSM 对于多播服务模型来说是一个有用的补充。

5. 双向树（BIDIR-PIM）

我们利用另一种针对 PIM 进行增强的称为双向 PIM（Bidirectional PIM）的方法来完善对于多播的讨论。BIDIR-PIM 是 PIM-SM 的变种，可很好地适用于域内的多对多多播，尤其是当组内的发送方同时也是接收方时（比如在多方视频会议的情境下）。在 PIM-SM 中，潜在的接收方通过发送 IGMP 成员报告报文（一定不是特定源报文）加入组，共享 RP 的树从而转发多播分组给接收方。然而，和 PIM-SM 不同，共享树有通向源的分支。这对于 PIM-SM 的单向树没有任何影响，但 BIDIR-PIM 的树是双向的——从下行流分支中收到多播分组的路由器可以将分组向下或向上沿树进行转发。传输一个分组到特定接收方的路由在向下分支到达接收方之前，只经过必要的向上分支。作为例子，请看图 4-17b 中的 R1 到 R2 之间的多播路由。R4 转发一个下行多播分组到 R2 的同时，转发一个相同分组的拷贝到上行的 R5。

BIDIR-PIM 令人吃惊的表现之一是它不需要 RP。它所需要的仅仅是一个可用路由地址，我们称之为 RP 地址，尽管它完全没必要是一个 RP 的地址。这意味着什么？来自接收方的 Join 被转发到 RP 地址，直到到达一台路由器，这台路由器在 RP 地址所在的链路上有一个接口，Join 报文在那里终止。图 4-17a 显示了一个从 R2 到 R5 的 Join 报文，以及一个从 R3 到 R6 的 Join 报文。多播分组的上行流同样流向 RP 地址，直到到达一台具有 RP 终止地址所在链路接口的路由器。之后是上行转发的最后一步，路由器在此链路上转发多播分组，保证此链接上的所有其他路由器可以接收到该分组。图 4-17b 显示了从 R1 出发的多播流量。

BIDIR-PIM 至今无法用于域间。然而，与域内用于多对多多播的 PIM-SM 相比，BIDIR-PIM 还是有很多优势的。

- 没有源注册过程，因为路由器已经知道如何向 RP 地址路由一个多播分组。
- 该路由比使用 PIM-SM 共享树的路由更直接地到达，因为该路由只按需要沿树上行而不是遍历整个 RP 路径。
- 双向树使用比 PIM-SM 特定源树更少的状态，因为这里没有任何特定源状态（换句话说，路由将长于特定源树）。

● RP 不会成为瓶颈，而且确实不需要真正的 RP。

结论产生于这样一个事实，多播中很多不同的方法是与 PIM 有关的，而在多播空间里寻找优化方案是个非常困难的问题。在你为这个任务选择"最好"的多播模式之前，需要决定用哪些标准进行优化（使用带宽、路由器状态、路径长度等）以及支持哪种应用（一对多、多对多等）。

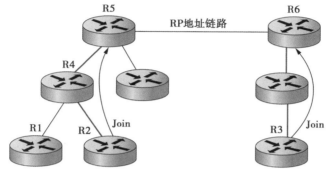

a）R2和R3向RP地址发送Join，并在到达一个RP地址
链路上的路由器时终止

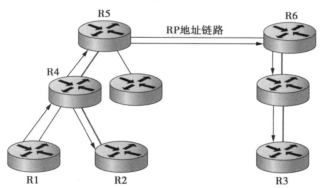

b）来自R1的多播分组在上行流被转发到RP地址的链路，
在下行流被转发到与组成员分支相交的任何位置

图 4-17　BIDIR-PIM 操作

多播协议的命运

　　自从 1991 年 Steve Deering 的博士论文"Multicast Routing in a Datagram Network"（《数据分组网络中的多播路由》）发表之后，许多 IP 多播协议被抛弃。在很多情况下，这些协议都仍然有很多可借鉴的地方。最成功的早期多播协议是 DVMRP，我们已经在本节开始的时候讨论过了。多播开放最短路径优先（MOSPF）协议是基于OSPF 单播路由协议的。PIM 稠密模式（PIM-DM）与 DVMRP 类似，同样使用了洪泛剪枝方法，在独立单播路由协议中的应用又与 PIM-SM 类似。这些协议更适合

"稠密"域（比如，一个有高转发率的路由器会对多播有兴趣）。这些早期多播协议都出现在扩展性的挑战充分显现之前。即使它们仍然在一个多播组域内有意义并期望得到更多的关注，但它们现在已经很少使用了，一部分因素是路由器通常必须支持 PIM-SM。

核基树（Core-based Tree，CBT）是另外一种多播方法，这种方法是与 PIM 同时期出现的。IETF 一开始无法在这两种方法中进行选择，而且 PIM 和 CBT 都是先进的"实验性"协议。然而，PIM 在行业中被人们更广泛地采用了，而且 CBT 的主要技术——共享树和双向树——分别被最终合并到 PIM-SM 和 BIDIR-PIM 中。

尽管如此注重通用性和可扩展性，但多播最终在互联网边缘产生了最大的影响——边缘设备（最显著的是连接到电视的支持互联网的机顶盒）连接到边缘 IP 路由器的最后一跳。在网络的这一点上，域间多播不是一个大问题。ISP 关心的主要问题是避免仅仅因为 N 个用户正在观看相同的电视频道，就通过 N 个独立的点对点连接传输相同的视频流。取而代之的是，这些设备中的每一个都加入了多播组，该多播组对应于观看者正在观看的频道，并且边缘路由器可以交付单个多播流以到达所有这些设备。对于这种情况，边缘设备使用 Internet 组管理协议（IGMP）来管理多播组。

4.4 多协议标签交换（MPLS）

我们继续讨论使 IP 性能增强的体系结构，这些结构运用广泛，但在终端用户一侧通常是隐藏的。一种提高方式称为多协议标签交换（Multi-Protocol Label Switching，MPLS），它将虚电路的一些特点与数据报的灵活性和健壮性结合在一起。一方面，MPLS 与基于 IP 数据报的体系结构有密切关系，即它依靠 IP 地址和 IP 路由协议来工作。另一方面，支持 MPLS 的路由器也通过检查相对短的、固定长度的标记来转发分组，这些标记有一个局部范围，就像在虚电路网络中一样。也许正是这两种表面对立的技术的结合使 MPLS 在因特网工程界被各方所接受。

在讨论 MPLS 如何工作之前，很自然会问："它有什么好处？"关于 MPLS 有很多说法，但是现在只提及以下三个主要方面：

- 使不具备按正常方式转发 IP 数据报能力的设备支持 IP。
- 按显式路由（预先计算的路由）转发 IP 数据报，而无须匹配普通 IP 路由协议选择的路由。
- 支持特定类型的虚拟专用网服务。

值得注意的是，最初目的之一——提高性能反而没有提到。近些年，为了提高性能，人们对 IP 路由器的转发算法做了很多工作，并考虑了很多首部处理之外决定性能的复杂因素。

了解 MPLS 如何工作的最佳方法是来看一些实际使用的例子。在以下三节中，我们将用例子分别讲述以上提到的三种 MPLS 的应用。

4.4.1　基于目的地的转发

最早介绍为 IP 分组附加标签这一思想的文章之一是 Chandranmenon 和 Varghese 写的论文，其中描述了一种称为链式索引（threaded index）的思想。与之非常类似的思想现在实现在支持 MPLS 的路由器上。下面的例子说明这种思想是如何工作的。

考虑如图 4-18 的网络。最右侧的两台路由器（R3 和 R4）每一台都连着一个网络，前缀分别为 18.1.1/24 和 18.3.3/24。其他两台路由器（R1 和 R2）有路由表，指出当路由器要转发分组到那两个网络之一时使用哪个发送接口。

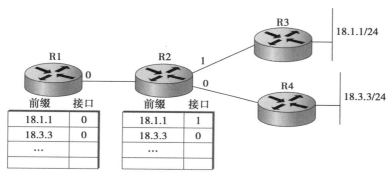

图 4-18　示例网络中的路由表

当一台路由器能够支持 MPLS 时，它给路由表中的每个前缀都分配一个标签，并将标签和所表示的前缀通知相邻路由器。此通知的分发由标签分发协议（Label Distribution Protocol，LDP）携带。如图 4-19 所示，路由器 R2 给前缀 18.1.1 分配的标签值是 15，给前缀 18.3.3 分配的标签值是 16。这些标签可由分配路由器来选择，可以看作路由表的索引。分配标签之后，R2 将标签绑定通知给相邻的节点，在此例中，可以看到 R2 将标签 15 和前缀 18.1.1 之间的绑定通知给 R1。事实上，这样的一个通知就相当于 R2 在说"请将那些发给我的目标前缀为 18.1.1 的分组全都附着标签 15"。R1 将标签存在一个表中，旁边是其前缀，表示它是发往那个前缀的任何分组的远程或输出标签。

在图 4-19c 中，我们看到路由器 R3 将另一个前缀 18.1.1 的标签通知 R2，R2 将从 R3 处得到的远程标签放入表中的适当位置。

现在，我们可以来看一个分组在这样的网络中转发时的情况。假设一个目的 IP 地址为 18.1.1.5 的分组从左边传送到路由器 R1。在这种情况下，R1 叫作标签边缘路由器（Label Edge Router，LER），LER 对到达的 IP 分组进行完全的 IP 查找，然后用它们的标签作为查找的结果。在这种情况下，R1 发现 18.1.1.5 与转发表中的前缀 18.1.1 匹配，并且这条记录中还包含一个输出接口和一个远程标签值。因此 R1 将远程标签 15 附加到这个分组上，然后发送。

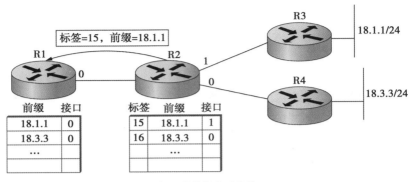

a）R2分配标签并将绑定通告给R1

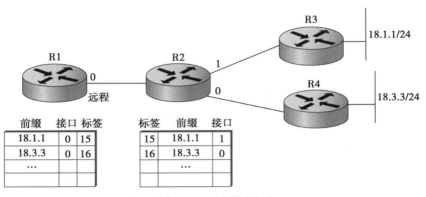

b）R1将收到的标签存储在表中

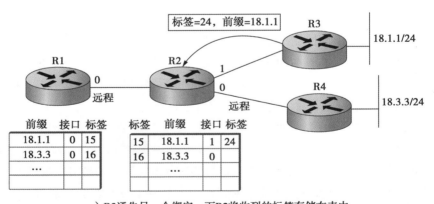

c）R3通告另一个绑定，而R2将收到的标签存储在表中

图   4-19

当分组到达 R2 时，R2 只查看分组中的标签，而不查看 IP 地址。R2 中的转发表指示到达的携带标签值 15 的分组应从接口 1 发出，并应携带路由器 R3 通知的标签值 24。因此，R2 重写或是交换标签，并把它转发到 R3。

这些应用和标签交换完成了什么工作？来看此例中 R2 转发分组时的情况。其实，它根本不需要检查 IP 地址。R2 只检查输入的标签即可。因此，我们用标签查找代替正常的 IP 目的地址查找。为了理解这种做法的重要性，回忆一下，虽然 IP 地址的长度总是相同的，但是 IP 前缀是变长的，且 IP 目的地址查找算法需要查找最长匹配（longest match），即与将要转发的分组中的 IP 地址高比特部分相匹配的最长前缀。相反，刚才描述的标签转发机制是一种精确匹配（exact match）算法。例如，通过使用标签作为数组的索引，其中数组的每个单元是转发表中的一行，就可以实现一个非常简单的精确匹配算法。

注意，当转发算法从最长匹配变为精确匹配时，路由算法可以是任何一种标准的 IP 路由算法（如 OSPF）。在此环境中，分组经过的路径就是在不使用 MPLS 时分组走的那条路径，即 IP 路由算法选择的路径。改变的只是转发算法。

MPLS 一个重要的概念可以用这个例子来解释。每个 MPLS 标签与一个转发等价类（forwarding equivalence class，FEC）——某台路由器中接收同一转发处理的分组集合——相关联。在这个例子里，每个路由表中的前缀都是一个 FEC。所有满足前缀 18.1.1 的分组——无论 IP 地址的低位比特是什么——都沿同样的路线转发。因此，每台路由器都能分配一个标签用来映射到 18.1.1，而且每一个分组包含的 IP 地址中，只要高位和前缀相匹配便可以用这个前缀来转发。

就像我们将在子序列样例中看到的，FEC 是非常强大而灵活的概念。FEC 可以形成几乎所有标准。比如，所有与特定用户相关的分组都被认为在同一个 FEC 中。

回到眼前的例子，我们发现将转发算法从普通 IP 转发改为标签交换产生了一个重要的结果：以前不知道如何转发 IP 分组的设备在 MPLS 网络里可以用来转发 IP 流量。早期最值得称道的此类应用是 ATM 交换机，它们可以不做任何硬件变化就支持 MPLS。ATM 交换机支持之前所描述的标签交换转发算法。如果将 IP 路由协议和发布标签绑定的方法提供给这些交换机，就可以将它们变成标签交换路由器（LSR）——该设备可以运行 IP 控制协议但使用标签交换转发算法。最近，相同的思想被应用于光交换机中。

在我们考虑将一台 ATM 交换机变成一台 LSR 的好处之前，先来看一些尚未解释清楚的问题。我们说将标签"附加"在分组上，但是，到底附加在哪儿呢？答案要看分组是在何种链路上传送的。在分组上携带标签有两种常用方法，如图 4-20 所示。当 IP 分组作为完整的帧传送时，它们在大多数链路类型上，如以太网和 PPP，标签将作为一个"夹片"插在第二层首部和 IP（或其他第三层）首部之间，如图中较低位置所示。然而，如果一台 ATM 交换机用来

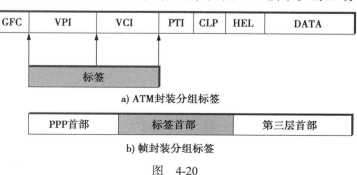

a）ATM封装分组标签

b）帧封装分组标签

图 4-20

完成 MPLS LSR 的功能，那么标签应该放在交换机能使用的地方，即需要放在 ATM 信元首部，确切地说，通常在我们寻找虚拟电路标识（VCI）和虚拟路径标识（VPI）字段的地方。

现在通过这个设计方案 ATM 交换机能完成 LSR 的功能，那么我们从中得到了什么？需要注意的一点是，现在我们可以建造一个混合使用传统 IP 路由器、标签边缘路由器和完成 LSR 功能的 ATM 交换机的网络，同时它们都可以使用相同的路由协议。为了理解使用相同协议的好处，来看两种情况。在图 4-21a 中，我们看到一组路由器通过 ATM 网络上的虚电路互联，这种配置叫覆盖（overlay）网络。过去经常建造这种类型的网络，因为商用 ATM 交换机比路由器支持的总吞吐量高。现在，此类网络不那么普遍了，因为路由器的性能已经提高，甚至超过了 ATM 交换机。然而，这种网络仍然存在，因为在骨干网中已经安装了很多 ATM 交换机，某种程度上也是因为 ATM 交换机有能力支持一些性能，如电路模拟服务和虚电路服务。

在覆盖网络中，每台路由器都可经虚电路连接其他所有路由器，但是在这里，为了表示得更清晰，我们只给出了从 R1 到其他所有对等路由器的电路。R1 有 5 个路由邻居，并需要跟所有邻居交换路由协议报文——我们说 R1 有 5 个路由邻接点。与之相对照，在图 4-21b 中，ATM 交换机被 LSR 代替，不再有虚电路与路由器连接。因此，R1 只有一个邻接点，即 LSR1。在大型网络中，在交换机上运行 MPLS 将使每台路由器必须维护的邻接点数目大幅减少，并可大幅减少路由器为了将拓扑改变通知到其他每台路由器而必须做的工作量。

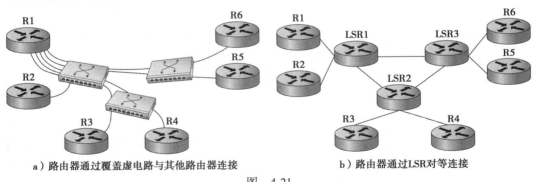

a）路由器通过覆盖虚电路与其他路由器连接   b）路由器通过LSR对等连接

图   4-21

在边缘路由器和 LSR 上运行相同路由协议的第二个好处是可使边缘路由器对网络拓扑有全面的了解。这就意味着如果网络中的某条链路或某个节点发生故障，那么边缘路由器就会有更好的机会选择一条好的新路径，而不像在边缘路由器没有这些知识的情况下，ATM 交换机需要变更受影响虚电路的路由。

注意将 ATM 交换机用 LSR "替换"的步骤实际上是通过改变运行在交换机上的协议来实现的，但通常不需要改变转发硬件。也就是说，一台 ATM 交换机总是可以通过只升级软件而转换为一台 MPLS LSR。而且，MPLS LSR 在运行 MPLS 控制协议的同时，可以继续支持标准 ATM 功能，这称为"混合转换器模式"。

最近，在原本不能转发 IP 分组的设备上运行 IP 控制协议的思想已经扩展到了波分复用（WDM）和时分复用（TDM）网络，如 SONET 多路复用器。这通常称作通用 MPLS（generalized MPLS，GMPLS）。采用 GMPLS 的部分动机是为路由器提供光网络的拓扑知识，正如 ATM 中的情况。更重要的是以前没有控制光设备的标准协议，因此，看起来 MPLS 自然可以承担这个工作。

4.4.2　显式路由

IP 有一个源路由选项，但是有几个原因使其并未得到广泛使用，包括它只能说明有限数目的跳数，并且它通常在大多数路由器上的"快速路径"之外进行处理。

MPLS 提供了一种方便的方法将类似于源路由的能力添加到 IP 网络中，尽管这种能力通常叫作显式路由（explicit routing）而不叫作源路由（source routing）。做此区别的一个原因是它通常不是选择此路由的分组的真正源，在更多情况下它是服务提供商网络中的一台路由器。图 4-22 所示的是如何使用 MPLS 显式路由的例子。这种网络通常叫作鱼（fish）形网络，因为它的形状像鱼（路由器 R1 和 R2 是尾，R7 是头）。

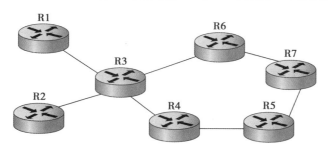

图 4-22　一种需要显式路由的网络

假设在图 4-22 的网络中，操作者已经决定任何从 R1 到 R7 的流量都应经过路径 R1-R3-R6-R7，而任何从 R2 到 R7 的流量都经过路径 R2-R3-R4-R5-R7。这样选择的一个原因是充分利用从 R3 到 R7 之间两条不同路径的可用容量。我们可以将 R1 到 R7 流量视为构成一个 FEC，而 R2 到 R7 流量构成第二个 FEC。在这两个类中沿着不同的路径转发流量对于正常的 IP 路由无法轻易做到这一点，因为 R3 做出转发决定时并不看流量来自何处。

因为 MPLS 使用标签交换来转发分组，所以如果路由器能使用 MPLS，就能比较容易地达到想要的路由。如果 R1 和 R2 在将分组发送到 R3 之前为它们附加了各自的标签，那么 R3 就可以将来自 R1 和 R2 的分组转发到不同的路径。由此产生的问题是，网络中的所有路由器使用何种标签达成共识，并且如何转发有特别标签的分组？显然，我们不能使用上节描述的步骤来分发标签，因为那些步骤建立的标签会使分组按照正常 IP 路由的路径走，而这正是我们希望避免的。所以，需要一种新的机制。完成此任务的协议叫作资源预留协议（RSVP）。这里，只说明它能够沿显式说明的路径（如 R1-R3-R6-R7）发送一个 RSVP 报文，并据此建立沿这条路径的所有标签转发表项。这非常类似于建立一条虚电路的过程。

显式路由的应用之一是流量工程（traffic engineering），它是指保证网络中有足够的可用资源以满足需求。确切地控制流量流经哪一条路径是流量工程的一个重要部分。显式路由也有助于使网络在面对故障时更容易恢复，这一功能称为快速重选路由（fast reroute）。例如，可以预先计算一条从路由器 A 到路由器 B 的明显避开某条特定链路 L 的路径。当链路 L 出错时，路由器 A 就可将所有目标是 B 的流量经预先计算的那条路径发送。预先计算的备份路径与对沿路径分组进行显式路由的结合，意味着 A 不需要等待路由协议分组穿过网络或等待网络上的其他各种节点执行路由算法。在特定情况下，这样可以在很大程度上减少分组为绕过出错点而重选路由所用的时间。

有关显式路由需要注意的最后一点是，显式路由不需要如上例所述，由网络操作者来计算，路由器可以用很多算法来自动计算显式路由。其中最常见的是约束最短路径优先（Constrained Shortest Path First，CSPF）算法，类似于链路状态算法，但是要考虑一些约束。例如，如果需要找到一条从 R1 到 R7 的路径，能够承担要求的 100 Mbps 负载，那么，我们就可以说约束是每条链路必须至少有 100 Mbps 的可用容量。CSPF 解决这类问题。

4.4.3　虚拟专用网和隧道

构建虚拟专用网络（VPN）的一种方法是使用隧道。事实证明，MPLS 可以被看作建造隧道的一种方法，这使它适合于建造各种类型的 VPN。

形式最简单的 MPLS VPN 可以理解为第二层的 VPN。在这种类型的 VPN 中，MPLS 作为第二层数据（如以太网的帧或 ATM 信元）的隧道穿过使用 MPLS 路由器的网络。使用隧道的一个原因是在网络中提供一些路由器不支持的某些网络服务（如多播）。这里使用同样的逻辑：IP 路由器不是 ATM 交换机，因此在传统的路由器网络中不能提供 ATM 虚电路服务。然而，如果有经隧道互联的一对路由器，那么就可经隧道发送 ATM 信元，并仿真一条 ATM 电路。这种技术在 IETF 中称为伪线仿真（pseudowire emulation）。图 4-23 描述了这种思想。

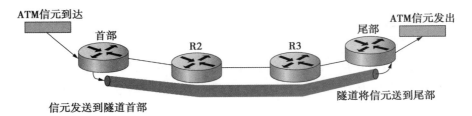

图 4-23　一条由隧道仿真的 ATM 电路

我们已经知道 IP 隧道是如何建造的：在隧道入口的路由器把将要用隧道传送的数据封装在一个 IP 首部（隧道首部）内，它表示在隧道远端的路由器地址，然后像发送其他 IP 分组一样发送数据。接收方路由器收到首部中带有它自己地址的分组后，将隧道首部剥离，找到经隧道发送的数据，然后进行处理。它对数据所做的具体处理依赖于数据是什么。例如，如果它是另一个 IP 分组，就像普通 IP 分组那样将它转发出去。然而，只要接收方路由器知道怎么处理非 IP 分组的话，那么它也可以不是一个 IP 分组。我们将讨论如何处理非 IP 数据的问题。

MPLS 隧道与 IP 隧道没有太大不同，只是隧道首部中包含 MPLS 首部而不是 IP 首部。看图 4-19 中的第一个例子，我们看到路由器 R1 为每个发往前缀 18.1.1 的分组附加一个标签（15）。这样的分组将通过路径 R1-R2-R3 传送，路径中的每台路由器只检查 MPLS 标签。因此，我们看到 R1 沿此路径不仅可以发送 IP 分组，只要是能够封装到 MPLS 首部的任何数据都可以通过这条路径，因为相关路由器只看 MPLS 首部而不关心其他。在这一点上，MPLS 首部和 IP 首部一样。注意，IP 的首部长度为 20 字节，而 MPLS 只有 4 字节，这意味着使用 MPLS 更节省带宽。沿隧道（MPLS 或其他）发送非 IP 流量的唯一的问题是：当非 IP 流量到达隧道端点时，我们该做什么？常用的解决办法是在隧道有效载荷中携带某种多路分解标识符，告诉隧道端点的路由器怎么做。事实证明 MPLS 标记非常适合做这样的标识符。可以用一个例子把这一点解释清楚。

假设在一个支持 MPLS 的路由器网络上，我们想要使用隧道将 ATM 信元从一台路由器传送到另一台路由器，如图 4-23 所示。而且，假设我们的目标是仿真一条 ATM 虚电路，就是说，信元到达带有某个 VCI 的输入端口的隧道入口或首部，然后从某个输出端口的隧道的尾部带着另一个 VCI 离开。为做到这一点，可如下配置首部和尾部路由器：

- 首部路由器需要配置输入端口、输入 VCI、仿真电路的多路分解标签以及隧道端路由器的地址。
- 尾部路由器需要配置输出端口、输出 VCI 和多路分解标签。

一旦路由器有了这些信息，我们就可以看到 ATM 信元是如何转发的。其步骤如图 4-24 所示。

1）一个 ATM 信元到达带有合适 VCI 值（本例中是 101）的指定输入端口。

2）首部路由器添加用来识别仿真电路的多路分解标签。

3）然后，首部路由器添加第二个标签，这是将使分组到达尾部路由器的隧道标签。此标签通过类似本节其他地方描述的机制获得。

4）首部和尾部之间的路由器只使用隧道标签转发分组。

5）尾部路由器删除隧道标签，找到多路分解标签，并识别出仿真电路。

6）尾部路由器将 ATM VCI 修改为正确的值（本例中是 202），然后将它从正确的端口发出。

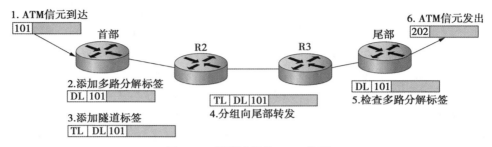

图 4-24   沿隧道转发 ATM 信元

在这个例子中，可能令人感到奇怪的一点是分组附加了两个标签。这是 MPLS 中一个有趣的特点，标签可以在一个分组中堆叠到任意深度。这提供了某些有用的可扩展的能力。在此例中，这使得一个隧道可能包含大量的仿真电路。

这里描述的技术可以用来仿真很多其他第二层服务，包括帧中继和以太网。值得注意的是，也可以使用 IP 隧道来提供本质上相同的能力。这里，MPLS 的主要优点是隧道首部较短。

在 MPLS 被用于建立隧道第二层的服务之前，它也用于支持第三层的 VPN。我们不在这里解释第三层 VPN 的细节，因为它很复杂，但是我们将指出，它们代表当今 MPLS 最流行的一种应用。第三层 VPN 也使用 MPLS 标签栈使分组经隧道在 IP 网络中传送。然而，使用隧道传送的分组本身就是 IP 分组，因此叫第三层 VPN。在第三层 VPN 中，一个服务提供商运营着支持 MPLS 的路由器网络，为不同客户提供“虚拟专用”IP 网络服务。也就是说，提供商的每个客户都有多个站点，服务提供商给每个客户都造成了网络上没有其他客户的错觉。客户看到 IP 网络只与它自己的站点互联，而不连接其他站点。这意味着每个客户在路由和编址上与其他客户都是隔离的。客户 A 不能直接发送分组到客户 B，反之亦然。客户 A 甚至可以使用客户 B 使用过的 IP 地址。其基本思想表示在图 4-25 中。像在第二层 VPN 中一样，MPLS 用于将分组通过隧道从一个站点发送到另一个站点。然而，隧道的配置是通过对 BGP 的某些相当复杂的运用自动完成，这一点超出了本书的范围。

事实上，客户 A 通常可以通过受限途径发送数据给客户 B。最有可能的是客户 A 和客户 B 具有到整个因特网的连接，客户 A 可以发送电子邮件给客户 B 网络内部的邮件服务器。VPN 提供的隐私服务可阻止客户 A 非受限访问客户 B 网络中的所有机器和子网。

总而言之，MPLS 是用于解决很多不同的网络互联问题的通用工具。它将通常与虚电路网络相联系的标签交换转发机制与 IP 数据报网络的路由和控制协议结合起来，产生一类具有两者折中性质的网络。这样就能扩展 IP 网络的能力，包括使路由的控制更为精确，并且支持一系列 VPN 服务。

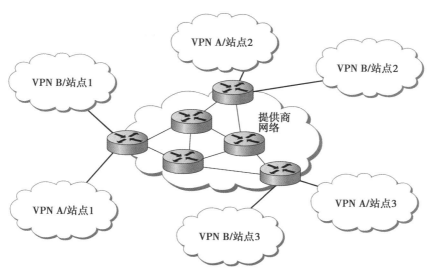

图 4-25　一个第三层 VPN 的例子。客户 A 和客户 B 从同一个提供商得到虚拟专用 IP 服务

MPLS 在哪一层？

关于 MPLS 在分层协议架构中的位置存在很多争论。由于 MPLS 首部通常位于分组中的第 3 层和第 2 层首部之间，因此有时将其称为第 2.5 层协议。有些人认为，由于 IP 分组被封装在 MPLS 首部中，因此 MPLS 必须"低于"IP，使其成为第 2 层协议。其他人认为，由于 MPLS 的控制协议在很大程度上与 IP 相同——MPLS 使用 IP 路由协议和 IP 寻址——MPLS 必须与 IP 位于同一层（即第 3 层）。与本书通篇一样，分层架构是有用的工具，但它们可能并不总是准确地描述现实世界，而 MPLS 是一个很好的例子，说明严格的分层观点可能难以与现实相协调。

更复杂的是，有一种观点认为 MPLS 和密集波分复用（DWDM）之间存在松散联系，这是我们在第 3 章简要讨论的第 1 层技术。这是因为在功能上，这两种技术都可以用于动态 在广域网中的两个节点之间建立"电路"。在 DWDM 的情况下，这个电路在物理层面对应一个波长，在 MPLS 的情况下，这个电路对应一个逻辑端到端的隧道，但在这两种情况下，它们都可以用来改变在 IP 层看到的拓扑网络。或者换一种说法，当你坐在 L3 时，你并不那么关心底层节点到节点连接的变化实际上是在 L1 还是在 L2 上实现的。你只关心拓扑中有一个新的边缘，你负责路由分组。

4.5　移动设备之间的路由

面对移动设备对因特网体系结构提出的挑战时我们不必过于吃惊，因为因特网是在计算机体型庞大、不可移动的时候设计的，即使因特网设计者意识到移动设备可能在未来出现，也大可不必将兼容这些设备作为首要任务。当然，今天移动电脑到处都是，尤其是笔记本电脑和手机，且还在以更多的其他形式出现，比如无人机。在本节中，我们将着眼于一些由移动设备的出现而带来的挑战，以及一些应对挑战的方法。

4.5.1　移动网络的挑战

今天很容易发现一个无线热点并使用 802.11 或一些其他的无线网络协议与之连接，从而获得很好的网络服务。使热点成为可能的关键技术是 DHCP。你能坐在咖啡馆，打开你的笔记本电脑并获取 IP 地址，使笔记本电脑与一台默认路由器和一个域名系统（DNS）服务器连接，运行应用程序获取需要的东西。

然而如果我们仔细观察，对于某些应用场景来说，每次移动时只是由 DHCP 得到一个新的 IP 地址很明显是不够的。假设你正在用笔记本电脑或智能手机打 IP 电话，你可能从一个热点转到另一个，甚至从 Wi-Fi 切换到蜂窝网络连接因特网。

显然，当你从一个接入网络移动到另一个时，你需要一个对应新网络的新的 IP 地址。但是，与你通信的另一端的计算机或电话不能立即知道你已移动以及你的新 IP 地址。因此，如果缺少相应的机制，会使分组继续发送到你之前使用的是地址，而不是你现在的地址。这个问题如图 4-26 所示，当移动节点从图 4-26a 中的 802.11 网络移动到图 4-26b 中的蜂窝网络时，通信节点（correspondent node）分组需要找到通向移动节点所在的新网络的途径。

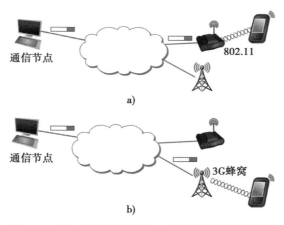

图 4-26　从一个通信节点向一个移动节点转发分组

现在有许多不同的方式来解决刚才描述的问题，我们会在下面讨论这些方法。假设有一些方法来重定向分组以便它们到达你的新地址而不是旧地址，随之而来的问题将涉及安全性。例如，如果有一种机制使得我可以说"我的新 IP 地址是 X"，那么如何防范攻击者在没有得到我许可的情况下发布这样的报文，从而导致其接收我的分组或重定向转发到一些不知情的第三方？由此可见，安全性和移动性之间存在密切的关系。

上述讨论强调的重点是 IP 地址实际上承担了两个任务。它们不但作为终端的标识符（identifier），也用于定位（locate）终端。我们将标识符看作终端的长期命名，而将定位器看作有关如何将分组路由至终端的可能的临时信息。只要设备不动或不经常移动，两个任务都使用一个单一的地址似乎很合理。但是，一旦设备开始移动，你宁愿要一个不随移动而变化的标识符，这种标识符可以称为终端标识符（endpoint identifier）或主机标识符（host identifier），另外还有分离的定位器（locator）。将定位器与标识符分离的想法已经存在了很长时间，下面所描述的大多数处理移动问题的方法都提供了某种形式的分离。

IP 地址不会改变的假设存在于不同的地方。例如，像 TCP 这样的传输协议都曾假设 IP 地址在连接的整个生命周期中保持不变，因此在移动世界操作的传输协议需要重新设计。

但是，如果客户端的 IP 地址发生更改，应用程序通常会定期重新建立 TCP 连接，而不是尝试更改 TCP。听起来很奇怪，如果应用程序是基于 HTTP 的（例如，像 Chrome 这样的 Web 浏览器或像 Netflix 这样的流媒体应用程序），那么这就是实际情况。换句话说，策略是让应用程序为用户的 IP 地址可能已更改的情况找到应变方法，而不是试图保持 IP 地址没有变化的外观。

虽然我们都熟悉移动终端，但值得注意的是路由器也可以移动。这当然比今天的移动终端少见，但在很多环境中移动路由器可能是有意义的。一个例子是应急小组试图在某些自然灾害已经破坏了所有固定基础设施之后部署网络。当网络中的所有节点都是移动的，而不只是终端时，我们还需要考虑其他问题。我们将在本节讨论这个主题。

在我们开始探索支持移动设备的方法之前，需要澄清几点。通常人们会对无线网络和移动产生混淆。虽然移动和无线因为显而易见的原因通常会同时出现，但无线连接其实是在没有连线的情况下从 A 到 B 获得数据。而移动性是指当一个节点在通信过程中移动的时候要处理的问题。当然很多使用无线信道的节点并不具有移动性，且有时移动节点会使用有线通信（虽然这种状况不一定常见）。

最后我们在本章很可能会关注称为网络层移动性（network-layer mobility）的问题，也就是关注如何处理从一个网络转移到另一个网络的节点。对于在同一个 802.11 网络中从一个接入点转移到另一个接入点的情况，可以用特定于 802.11 的机制处理，当然移动蜂窝也同样能解决移动性问题。但对于像因特网这样的异构系统，我们就需要对更广泛网络间的移动性提供支持。

4.5.2　路由到移动主机（移动 IP）

移动 IP 是当前互联网体系结构解决移动主机分组路由的基础机制。它引入了一些新功能，但不需要对非移动主机和大多数路由器做任何改变，从而解决之前提出的增量部署问题。

移动主机是假设有一个称为本地地址（home address）的永久 IP 地址，这个地址拥有与它的本地网络（home network）相同的网络前缀。其他主机首先发送分组给移动主机时使用这个地址。因为这个地址不会改变，所以在主机漫游时，长期运行的应用可以使用它。我们可以将之看作主机的长期标识符。

当主机从本地网络移动到一个新的外地网络时，通常会使用类似 DHCP 的方式获得一个新的网络地址。这个地址在主机每次漫游时都会改变，因此我们可以认为它更像是主机定位器，但重要的是要注意主机在申请一个外地网络的新 IP 地址时并不丢弃其本地地址。正如我们下面将要看到的，本地地址决定了主机在移动时维持通信的能力⊖。

虽然大部分路由器保持不变，但支持移动性需要至少有一台路由器添加一些新的功能，这台路由器称作移动节点的本地代理（home agent），位于移动主机的本地网络。在某些情况下还需要另一个增强功能的路由器作为外地代理（foreign agent），它位于移动节点离开本地网络后连接到的那个网络。我们先考虑使用外地代理时移动 IP 的操作。一个具有本地代理和外地代理的网络的例子如图 4-27 所示。

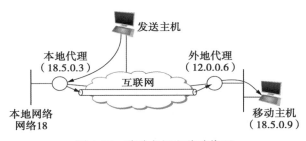

图 4-27　移动主机和移动代理

本地代理和外地代理周期性地采用代理通知信息向它们连接的网络公布其存在。一个移动主机也会在关联一个新网络时发布通知信息。本地代理所发的通知使一个移动主机可以在离开其本地网络前学到本地代理的地址。当移动主机连接到外部网络时，它会听到来自外地代理的信息，并向该代理注册，提供其本地代理的地址。外地代理则联系本地代理，提供转交地址（care-of-address）。这个地址通常是外地代理的 IP 地址。

此时，我们可以看到，任何主机试图发送一个分组到移动主机时会发送一个与该节点本地地址相同的目标地址。正常的 IP 转发会让分组到达移动节点的本地代理所设定的本地网络。因此，我们可以将传递数据分组到移动节点问题分为三部分：

1）本地代理如何截取目标为移动节点的分组？

2）本地代理如何传送此分组到外地代理？

3）外地代理如何将此分组传送到移动节点？

第一个问题可能比较简单，如图 4-27 所示，本地代理是从发送主机到内部网络的唯

⊖　由于 DHCP 与移动 IP 是在同一时间开发的，最初的移动 IP 标准不需要 DHCP，但 DHCP 在今天无处不在。

一途径，所以一定能收到以移动节点为目标的分组。但如果发送（通信）节点在网络 18，或者另一个连接到网络 18 的路由器试图不通过本地代理传送分组呢？对于这个问题，本地代理使用了一种称为 ARP 代理（proxy）的技术把自己模拟为移动节点。除了本地代理在 ARP 报文中插入移动节点的 IP 地址而不是自己的地址以外，这项工作很像之前描述的地址解析协议（ARP）。由于使用自己的硬件地址，所有同一个网络的节点需要关联移动节点的 IP 地址和本地代理的硬件地址。这个过程中微妙的是事实上 ARP 报文可能由其他网络的节点缓存。为确保该缓存时序无效，当移动节点在外地代理注册的同时，本地代理发送了一个 ARP 报文。因为此 ARP 报文并不是通常 ARP 需求的应答，所以称为免费（gratuitous）ARP。

第二个问题是传送截取的分组到外地代理。这里使用的是隧道技术。本地代理简单地封装一个具有目标为外地代理的 IP 首部的分组并将其分发到互联网。所有途经的路由器只能看到以外地代理的 IP 地址为目标的 IP 分组。换个角度看，IP 隧道建立在本地代理和外地代理之间，且本地代理只将目标为移动节点的分组放入隧道。

当一个分组最终抵达外地代理时，额外的 IP 首部被去除，露出以移动节点的本地代理为目标的 IP 分组。显然外地代理不能像处理旧的 IP 分组一样处理这个分组，因为这将导致分组被发送回本地代理。外地代理会识别出已注册的移动节点的地址，然后转发分组到移动节点的硬件（hardware）地址（比如以太网地址）。这个过程是注册过程的一部分。

对于这些过程，可能的一种情况是外地代理和移动节点被放在一起。移动节点本身可以实现外地代理功能。此时移动节点必须能动态申请一个外地网络的 IP 地址（比如使用 DHCP）。此地址被作为转交地址使用。在本例中，这个地址的网络号为 12。此种方法具有允许移动节点归属于没有外地代理的网络的良好特性。因此，只需增加本地代理和移动节点上的一些新软件就可以获得移动性（假设外部网络使用 DHCP）。

那么发送到其他方向的流量如何处理呢（比如由移动节点到固定节点）？这比之前讨论的要更容易。移动节点仅在 IP 分组的源区域放置永久地址，同时放置固定节点的 IP 地址到目标地址，分组即可转发到固定节点。当然，如果两个节点都是移动的，这个过程在单个方向上分别采用。

1. 移动 IP 路由优化

上述方法有一个重大缺陷：从相关节点到移动节点的路由明显不是最优的。一个极端的例子是当一个移动节点和发送节点在同一个网络中，但移动节点的本地网络在互联网远端的情况。发送方通信节点将所有分组地址设为本地网络地址，这些分组需要通过互联网到达本地代理，然后通过隧道穿过互联网到达外地代理。如果通信节点可以确认移动节点在同一个网络且能直接传输分组的话，这样显然很好。在大多数情况下，目标是尽可能直接从通信节点而不通过本地代理传送分组到移动节点。很多情况下这被认为是一个三角路由问题（triangle routing problem），因为从通信节点通过本地代理到移动节点经过了一个三角形的两条边，而第三条边是最直接的途径。

解决三角路由的基本思路是使通信节点获取移动节点的转交地址。通信节点可以创建自己的通向外地代理的隧道，且这被认为是优化解决方法。如果发送者安装了必要的软件来学习转交地址并创建自己的隧道，则路由可以被优化。反之，分组采用次优的路由。

当一个本地代理看到一个分组且此分组目标为自己支持的移动节点时，本地代理可以推断出发送者没有采用优化路由。因此，本地代理除了转发数据分组到外地代理外，还向源发送"绑定更新"报文。源如果具备此能力，则使用此绑定更新创建一条绑定缓存（binding cache）记录，其中存放从移动节点地址到转发地址的映射列表。下次这个源要发送数据分组给移动节点时，就能从缓存中找到该绑定且通过隧道直接发送分组到外地代理。

这个方案存在一个明显的问题，就是当移动主机转到新网络的时候，绑定缓存可能过时了。如果过时信息被利用，外地代理将从隧道中收到发往移动节点的分组，但该分组已不在此网络注册。此种情况下，移动主机将发送一个绑定警告（binding warning）报文给发送者并告知其不再使用此缓存记录。这个方案只在外地代理不是移动节点本身时使用。所以，缓存记录需要在一段时间后删除，确切的时间长度在绑定更新报文中提供。

如上所述，移动路由提出了一些有趣的安全挑战，现在我们已经看到移动 IP 是如何工作的，这些挑战变得更清晰了。比如，一个攻击者希望截取发送到互联网其他节点的分组时，可能以自己是该节点新外地代理的身份联系该节点的本地代理。因此，很明显这里需要一些认证机制。

2. IPv6 的移动性

IPv4 和 IPv6 对移动性的支持存在很大差别。最重要的是，可以从头开始在 IPv6 标准中创建移动性支持，这减轻了一部分增量部署问题（或者更准确地说，IPv6 是一个大增量部署问题，如果得到解决，则可将移动支持作为分组的一部分）。

由于具有 IPv6 功能的主机在接入外地网络时可以获得一个地址（采用 IPv6 内核规范中定义的多种机制），所以移动 IPv6 去除了外地代理且使得每台主机具备扮演外地代理角色的能力。

IPv6 作为移动 IP 的另一个有趣方面是包含了一组灵活的扩展首部，正如在本章其他地方介绍的那样。这可用于上述优化路由的场景中。不同于通过转交地址建立隧道将分组发送到移动节点，IPv6 可以通过包含在路由首部的本地地址发送 IP 分组到转发地址。这个首部会被中间节点忽略，但移动节点会把分组当作发送给本地地址一样来处理，可继续用固定 IP 来传递给高层协议。采用扩展首部而不是隧道技术可以使带宽占用和处理更经济。

最后，我们介绍一些移动网络中的开放性问题。移动设备的电源消耗管理越来越重要，这样具有有限电量且体积更小的设备才能被制造出来。移动自组（ad hoc）网也存在很多特殊挑战（见相关主题），这种网络在没有任何固定节点时使一组移动节点组成网络。一类特别具有挑战性的移动网络是传感器网络（sensor network）。传感器一般体积小、便宜且由电池供电，这意味着需要考虑很多低能耗和有限处理能力的问题。另外，既然无线通信和移动性通常会齐头并进，无线技术的持续发展将使移动网络产生新的挑战和机会。

移动自组网

本节的大部分篇幅中会假设只有终端节点（主机）是移动的，这可以和当今网络中我们处理的大部分情况吻合。我们的笔记本电脑和手机四处移动且和固定的网络设施相连接，比如通过固定链路连接到互联网骨干网的发射塔和 802.11 接入点。然而，很多现代路由器做得很小且可以移动，可以用在移动网络环境，比如在移动车辆之间构建网络。因为路由协议是动态的，所以可以想象移动路由不应成为问题，而且这大致是正确的。然而，如果所有或者大部分网络节点都是移动的呢？极端逻辑下，存在一个完全没有固定设施的网络，只有一些移动节点，其中一些或全部用作路由器。标准的路由协议能在这样的环境下工作吗？

这种没有固定设施且所有设备都是移动的环境被命名为移动自组网（MANET 是解决该问题的 IETF 工作组的名字）。为了理解为什么移动自组网需要特殊的解决方案，我们可以想象以下状况：不像固定网络，任何给定的自组网路由器的邻居因为节点移动而经常变化。既然任何邻居关系变化都需要一个路由协议报文发送并计算新的路由表，因此很容易发现对使用一个对环境没有优化的协议的担忧。加剧这个问题的事实是通信是无线的，要消耗电量，而且很多移动设备可能会耗尽电池电量。链接带宽可能也是有限的。因此，减少发送路由协议报文以及重新洪泛给所有邻居引起的开销是自组路由需考虑的关键问题。

近些年，很多移动自组网的优化路由方法被提出。这些方法可以分为"被动"方法和"主动"方法。优化链路状态路由（Optimized Link State Routing, OLSR）是主流的主动方法，且通过其名字能够感觉出它的内容。OLSR 将传统链接状态协议（如 OSPF）和很多减少洪泛路由报文的优化方法组合在一起。被动协议包括自组织按需距离向量（Ad hoc On-demand Distance Vector, AODV）和动态按需移动自组网（Dynamic MANET On demand, DYMO），两者都是基于距离向量协议。这些方法专注于仅在需要时才建立路由来减少路由协议开销总量，比如当一个给定节点向特定目的地发送报文时。有丰富的解决方案空间可供人们权衡选择，而且这个空间处于持续的探索当中。

透视图：云正在"吞噬"因特网

云和因特网是共生系统。它们在理论上是不同的，但今天，它们之间的界线越来越模糊。如果从教科书的定义开始，互联网提供任意两台主机（例如，一台客户端笔记本电脑和一台远程服务器）之间的端到端连接，云支持多个仓库大小的数据中心，每个数据中心都提供了一种经济高效的方式来驱动、冷却和操作大量服务器。终端用户通过因特网连接到最近的数据中心，其连接方式与连接远程机房中的服务器完全相同。

这是对早期亚马逊、微软和谷歌等商业云提供商的云和因特网之间关系的准确描述。例如，亚马逊的 cloud c.2009 有两个数据中心，一个位于美国东海岸，还有一个在西海岸。然而，如今，每一家主要的云提供商都运营着遍布全球的几十个数据中心，它们的战略位置与因特网交换点（IXP）非常接近也就不足为奇了，每个交换点都为因特网的其他部分提供了丰富的连接。全球有 150 多个 IXP，虽然不是每个云提供商都在每个IXP 附近复制一个完整的数据中心（其中许多站点都是托管设施），但可以公平地说，云中访问频率最高的内容（例如，最受欢迎的 Netflix 电影、YouTube 视频和 Facebook 照片）可能会分发到这么多地方。

云的这种广泛分散有两个后果。一个是，从客户端到服务器的端到端路径不一定贯穿整个因特网。用户很可能会发现，他或她想要访问的内容已经在附近的 IXP 上复制了，而 IXP 通常只需要一跳，而不是在地球的另一端。第二个后果是，主要的云提供商不使用公共因特网互连其分布式数据中心。云提供商在分布式数据中心之间保持内容同步是很常见的，但他们通常通过私有骨干网来实现这一点。这允许他们利用任何他们想要的优化，而不需要与任何其他人完全互操作。

换言之，虽然 4.1 节中的图很好地代表了因特网的整体形状，BGP 使连接任意一对主机成为可能，但实际上，大多数用户与云中运行的应用程序进行交互，这更像图 4-28（图中没有传达的一个重要细节是，云提供商通常不通过铺设自己的光纤来构建广域网，而是从服务提供商处租用光纤，这意味着私有云骨干网和服务提供商骨干网通常共享相同的物理基础设施。）

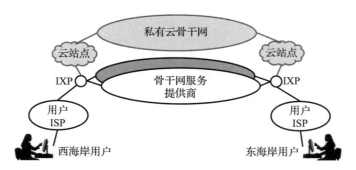

图 4-28　云通过私有骨干网广泛分布在整个因特网上

请注意，虽然可以跨云的多个位置复制内容，但我们还没有复制人的技术。这意味着，当分布广泛的用户希望彼此交谈时，例如，作为视频会议呼叫的一部分，多播树将分布在云端。换句话说，多播通常不在服务提供商骨干网的路由器中运行（如第 4.3 节所示），而是在服务器进程中运行，这些进程分布在作为因特网主要互连点的 150 多个位置的某些子集上。以这种方式构造的多播树称为覆盖，这是我们在 9.4 节中讨论的主题。

更广阔的透视图

- 要继续阅读有关因特网云化的文章，请参阅第 5 章的"透视图"部分。
- 要了解更多有关云受干扰足迹的信息，我们推荐 *How the Internet Travels Across the Ocean*（New York Times, March 2019）。

习题

1. 如图 4-29 所示，网络中水平线表示传输提供商，几条垂直线为提供商之间的链接。

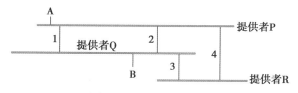

图 4-29　习题 1 的网络

（a）提供商 Q 的 BGP 代言人可收到几条到 P 的路由？

（b）假设 Q 和 P 采用的策略是将输出流量路由至最接近目标提供商的链接，以此实现最小化开销。那么从主机 A 到主机 B 和从主机 B 到主机 A，分别会采用哪条路径？

（c）为使 B → A 的传输使用更近的链路 1，Q 应如何做？

（d）为使 B → A 的传输经过 R，Q 应如何做？

2. 给出一个将路由器组成自治系统的例子，使从 A 点到 B 点的最少跳路径通过同一个 AS 两次。解释 BGP 此时该如何做。

★ **3.** 令 A 为因特网中的自治系统的数目，D（直径）为 AS 路径长度的最大值。

（a）分别给出 D 为 $\log A$ 阶和 $\sqrt{A}$ 阶时的连通性模型。

（b）假设每个 AS 号为 2 字节，每个网络号为 4 字节，试估计一个 BGP 代言人为了解到每个网络的 AS 路径而必须接收的数据量。将答案表示为 A、D 和网络数 N 的表达式。

4. 为 IPv6 提出一个合理超位数运行的方案。尤其是提供如图 4-11 所示的数据报，可具有额外的 ID 字段，使之可多于 128 位，同时可调整各个字段的尺寸。你可以假设字段按字节边缘划分，且 InterfaceID 是 64 位（提示：可认为字段只有在异常情况下才会以最大空间分配）。如果 InterfaceID 是 48 位呢？

5. 假设 P、Q 和 R 是网络服务提供商，各自的 CIDR 地址分别为 C1.0.0.0/8、C2.0.0.0/8 和 C3.0.0.0/8。每个提供商的客户最初接收的地址分配是提供商地址的一个子集。P 有如下客户：

PA，分配地址 C1.A3.0.0/16

PB，分配地址 C1.B0.0.0/12

Q 有如下客户：

    QA，分配地址 C2.0A.10.0/20

    QB，分配地址 C2.0B.0.0/16

假设没有其他提供商和客户。

(a) 给出 P、Q 和 R 的路由表，假设每个提供商都和另外两个提供商连接。

(b) 现在假设 P 连接 Q，Q 连接 R，但 P 和 R 不直接连接。给出 P 和 R 的路由表。

(c) 假设除现有链路外，客户 PA 需要一条到达 Q 的直接链路，且 QA 需要一条到达 P 的直接链路。给出 P 和 Q 的路由表，忽略 R。

6. 上一道题目中，假设每个提供商都与另外两个连接。假设客户 PA 转到提供商 Q 且客户 QB 转到提供商 R。应用 CIDR 最长匹配规则给出路由表，使所有三个提供商允许 PA 和 QB 换提供商且无须重新编号。

7. 假设大部分因特网使用某种形式的地理编址，但一个大型国际组织拥有一个 IP 网络地址且在自己的链路中路由内部流量。

(a) 解释该组织在此种状况下输入流量路由的低效性。

(b) 解释如何解决输出流量问题。

(c) 用解决问题（b）的方法解决输入流量问题，会发生什么？

(d) 假设该组织将各地办公室的地址更换为分离的地理地址，如果仍需要在组织内路由内部流量的话，他们的内部路由体系结构必须是怎样的？

8. 电话系统使用地理编址。解释你不认为这是理所当然的因特网体系结构的原因。

9. 假设站点 A 是多连接的（multihomed），它有从不同的提供商 P 和 Q 到因特网的两个连接。使用习题 5 中的基于提供商的编址方法，且 A 从 P 得到其地址分配。Q 有一条 A 的 CIDR 最长匹配路由记录。

(a) 描述哪些输入流量流入 A-Q 连接。考虑 Q 使用 BGP 将 A 和不将 A 向全网通知的情况。

(b) 如果 P-A 链路出现故障，为使所有输入流量都能经 Q 到达 A，Q 必须向 A 至少通知哪些路由？

(c) 如果 A 使用这两条链路来传送输出流量，必须克服哪些问题？

★ **10.** 假设在一个大型组织 A 中的网络 N，除了现有的经 A 的连接外，还有它自己的到因特网服务提供商的直接连接。设 R1 为连接 N 到其提供商的路由器，R2 为连接 N 到 A 的其余部分的路由器。

(a) 假设 N 仍是 A 的子网，R1 和 R2 应如何配置？对于 N 使用它自己的独立连接，仍将存在什么限制？ A 不能使用 N 的连接吗？说明你的配置，包括 R1 和 R2 应通知什么，以及使用哪些路径进行通知。假设可使用像 BGP 这样的机制。

(b) 现在假设 N 有自己的网络号，你在（a）中得出的答案将如何变化？

(c) 描述当 A 自己的链路发生故障后，允许 A 使用 N 的链路的一台路由器的配置。

11. 路由器如何确定接收到的 IP 分组为多播？

12. 假设一个多播组希望被一个特定路由域隐藏，那么一个被指派到该组的 IP 多播地址如何能够在没有与其他域协商的情况下避免冲突？

13. 在何种情况下一台非路由器主机在以太网上可以从未加入的多播组接收 IP 多播分组？

✓ **14.** 考虑如图 4-30 所示的因特网的例子，其中源主机 D 和 E 向多播组 G 发送分组，图中除 D 和 E 其余主机均为多播组成员。给出每个源的最短路径多播树。

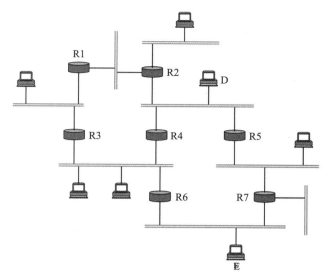

图 4-30 习题 14 的示例网络

15. 考虑如图 4-31 所示的因特网的例子,其中源主机 S1 和 S2 向多播组 G 发送分组,除了 S1 和 S2 其余主机全部是组 G 的成员。给出每个源的最短路径多播树。

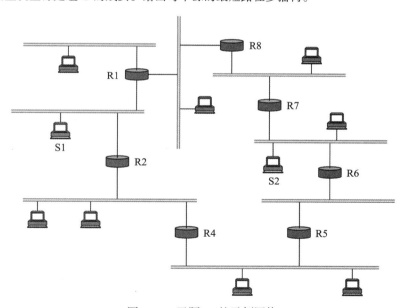

图 4-31 习题 15 的示例网络

16. 假设主机 A 正在向一个多播组发送报文。接收方是以 A 为根的树上的叶子节点,树的深度为 N,且每个非叶子节点有 k 个子女,因此有 k^N 个接收方。

(a) 如果 A 向所有接收方发送一条多播报文,会涉及多少条独立的链路传输?

(b) 如果 A 向每个接收方发送单播报文,会涉及多少条独立的链路传输?

（c）假设 A 向所有接收方发送，但是有一些报文丢失且需要重传。在单个链路传输方面，向哪部分接收方进行单播重传等价于向所有接收方进行一次多播重传？

17. 现有的因特网在很大程度上依赖于参与者成为高素质的"网络公民"——在遵守标准协议之上进行合作。

（a）在 PIM-SM 方案中，谁决定什么时候创建特定源的树？这在什么情况下出现问题？

（b）在 PIM-SMM 方案中，谁决定什么时候创建特定源的树？为什么可以假设这不是个问题？

18. （a）画一个互联网的例子，在该网络中从一个源路由器到组成员路由器的 BIDIR-PIM 路由的长度比 PIM-SM 特定源的路由要长。

（b）画一个两种路由相同的例子。

19. 判断以下 IPv6 地址的表示是否正确。

（a）::0F53:6382:AB00:67DB:BB27:7332。

（b）7803:42F2:::88EC:D4BA:B75D:11CD。

（c）::4BA8:95CC::DB97:4EAB。

（d）74DC::02BA。

（e）::00FF:128.112.92.116。

20. MPLS 标签一般长 20 位。请解释当 MPLS 用于基于目的地址的转发时，为什么这个长度能提供足够的标签。

21. MPLS 有时被认为是改进了路由器的性能。请解释为什么，以及为什么实际中可能不是这样。

22. 假设每个 MPLS 标签占 32 位，并作为图 4-20b 中曾使用过的"夹片"首部添加到一个分组中。

（a）通过隧道传送分组时，如果使用 4.4.3 节描述的 MPLS 技术，需要多少附加字节？

（b）通过隧道传送分组时，如果使用 3.3.9 节描述的附加 IP 首部，最少需要多少附加字节？

（c）当平均分组长度为 300 字节和 64 字节时，分别计算如上两种方法的带宽利用率。带宽利用率定义为（传送的有效载荷字节数）÷（传送的总字节数）。

23. RFC791 描述了 IP，并包括源路由的两个选项。请说出与使用 MPLS 的显式路由相比，使用 IP 源路由选项的三个缺点。（提示：包括选项的 IP 首部可能最多 15 个字长。）

端到端协议

胜利是美丽灿烂的花朵。运输是枝干，没有它，胜利之花是不会开放的。

——温斯顿·丘吉尔

问题：进程间如何通信

有各种技术可用于把多台计算机连接在一起，从简单的以太网和无线网到覆盖全球的互联网。下面要考虑的问题是从这种主机到主机的分组传递服务转向进程到进程的通信信道，这正是网络体系结构中传输（transport）层的任务。由于它支持在终端节点上运行的应用程序之间的通信，因此传输层协议有时也称为端到端（end-to-end）协议。

两种因素促成了端到端协议的形成。从其上层看，需要使用传输层服务的应用层进程有一些特定的需求。下面列出了希望传输层提供的一些常用特性：

- 确保报文成功传输。
- 报文按序传输。
- 最多传送每个报文的一个副本。
- 支持任意大的报文。
- 支持发送方与接收方之间的同步。
- 允许接收方对发送方进行流量控制。
- 支持每台主机上的多个应用进程。

注意，这个列表并没有包括应用进程要求网络提供的全部功能。例如，没有包括诸如身份验证或加密这类通常由传输层之上的协议来提供的安全特性。我们将在后面的章节中讨论与安全相关的主题。

从其下层看，传输层协议赖以运行的下层网络所能提供的服务有某些限制。其中比较典型的是下层网络可能会：

- 丢弃报文。
- 使报文乱序。
- 传送一个报文的多个副本。
- 限制报文的大小。
- 在任意长时间延迟后才发送报文。

这样的网络称为提供尽力而为（best-effort）的服务，因特网就是这种网络的一个实例。

因此，问题的关键是设计出各种算法，把下层网络低于要求的特性转变成应用程序所需的高级服务。不同的传输层协议应用这些算法的不同组合。本章在以下四种有代表性的服务环境中考察这些算法：简单异步多路分解服务、可靠字节流服务、请求/应答服务和用于实时应用的服务。

对于多路分解服务和字节流服务，分别以因特网中的用户数据报协议（User Datagram Protocol，UDP）和传输控制协议（Transmission Control Protocol，TCP）为例来阐述在实际应用中如何提供这些服务。对于请求/应答服务，我们讨论它在远程过程调用（Remote Procedure Call，RPC）服务中的作用及其特征。由于因特网中没有单一的RPC协议，讨论将围绕着三个广泛使用的RPC协议SunRPC、DCE-RPC和gRPC来展开。

实时应用对传输层有特定的需求，例如要求音频或视频能够即时播放。我们将关注该类应用对传输层协议的要求，以及广泛用于该目的的协议：实时传输协议（Real-time Transport Protocol，RTP）。

5.1 简单多路分解（UDP）

最简单的传输协议是把下层网络的主机到主机的传递服务扩展到进程到进程的通信服务。任何主机上都可能运行多个进程，因此该协议至少需要增加一个多路分解功能，以便每台主机上的多个进程能够共享网络。除此之外，传输协议不再向下层网络提供的尽力而为服务增加任何其他功能。因特网提供的用户数据报协议就是这样的传输协议。

在这样的协议中，唯一值得注意的问题是用来标识目的进程的地址形式。虽然可以用操作系统赋予的进程标识符（PID）使进程之间直接（directly）相互识别，但这样的方法只可能在一个封闭的分布式系统中有实际价值，即在所有主机上只运行一个操作系统，这个唯一的操作系统给每个进程分配唯一的标识符。一种更通用的也是被UDP采用的方法，是使用一个称为端口（port）的抽象定位器，使进程之间能够间接（indirectly）相互识别。其基本思想是，源进程向端口发送报文而目的进程从端口接收报文。

实现多路分解功能的端到端协议的首部通常包含报文的发送方（源）和接收方（目的）的标识符（端口）。例如，图5-1给出了UDP的首部结构。注意，UDP端口字段只有16位。这意味着最多有64 k个可能的端口，显然不够用来标识因特网上所有主机的全部进程。幸运的是，端口只对单台主机有效，而不是在整个因特网上都有效。也就是说，进

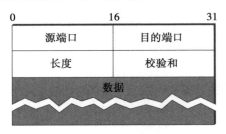

图5-1　UDP首部格式

程实际是通过特定主机上的某个端口（即一个〈主机，端口〉对）标识的。实际上，这个〈主机，端口〉对构成了UDP的多路分解键。

　　接下来的问题是一个发送进程如何知道接收进程的端口号。典型情况下，一个客户进程发起与服务器进程的报文交换。一旦客户进程建立了与服务器进程的联系，服务器就能获得客户进程的端口号（包含在报文首部的源端口（SrcPrt）字段中），并能对客户进程进行应答。因此，真正的难题是客户进程如何首先知道服务器进程的端口号。通常的做法是，服务器进程在一个*知名端口*（well-known port）接收报文。就是说，每个服务器进程在某个固定的广为人知的端口接收报文，就像美国紧急电话服务用众所周知的号码 911 一样。例如，在因特网上，域名服务器（DNS）总是在端口 53 接收报文，电子邮件服务在端口 25 接收报文，UNIX 上的 talk 程序在端口 517 接收报文，等等。这种服务与端口的对照表定期在 RFC 上公布，并可以在大多数 UNIX 系统的 /etc/services 文件中查到。有时，知名端口仅仅是通信的起点：客户端和服务器用这个端口达成一致，并在另一个端口进行后续的通信，以便释放知名端口给其他客户进程使用。

　　另一种策略是推广这种思想：知名端口只有一个，就是*端口映射*（port mapper）服务接收报文的端口。客户端先给端口映射服务程序的知名端口发送报文，询问"无论什么"服务应使用的端口，而端口映射服务程序返回相应的端口。这种策略使更改各种服务的端口和对每台主机使用不同端口提供相同的服务变得容易。

　　如上所述，端口纯粹是一种抽象。实际上，它的具体实现在不同的计算机系统中是不同的，或者更准确地说，在不同的操作系统中是不同的。例如，第 1 章描述的套接字 API 是端口的一种实现。一般来说，端口是由一个报文队列实现的，如图 5-2 所示。当报文到达时，协议（例如 UDP）会把该报文加到队列的末尾。如果队列满了，报文被丢弃。UDP 中没有让发送方减慢发送速度的流量控制机制。当应用程序进程需要接收报文时，就从队列前端移出一条报文。如果队列是空的，进程就阻塞直到有报文可用。

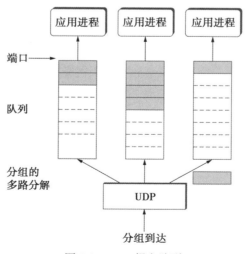

图 5-2　UDP 报文队列

最后，虽然 UDP 没有实现流量控制或可靠的 / 有序的传输，但它除了把报文多路分解给某个应用进程外，还提供了另一种功能——通过使用校验和来确保报文的正确性（UDP 校验和在 IPv4 中是可选项，但在 IPv6 中是强制性的）。基本的 UDP 校验和算法与在 2.4.1 节定义的 IP 校验和算法一致——将一组 16 位字以补码形式相加，然后再对和求补。但用于校验的输入数据有点不直观。

UDP 利用 UDP 首部、报文内容和伪首部（pseudoheader）计算校验和。伪首部由 IP 首部的三个字段（协议号、源 IP 地址和目的 IP 地址）加上 UDP 长度字段组成（UDP 长度字段在校验和计算中被使用两次）。用伪首部的原因是验证报文已在正确的两个端点之间传输。例如，如果在分组的传递过程中修改了它的目的 IP 地址，就会造成分组被错误传输，这种情况会被 UDP 校验和检查出来。

实验十

5.2 可靠字节流（TCP）

与 UDP 这样简单的多路分解协议相比，一种更复杂的传输协议提供了可靠的、面向连接的字节流服务。事实证明，这种协议对于众多的各类应用程序是有用的，因为它使应用程序从数据丢失和错序的顾虑中解脱出来。因特网的传输控制协议是这类协议中使用最广泛的协议，也是协调性最精确的协议。因此，本节将详细讨论 TCP。在本节最后，我们还指出并讨论了其他的设计选择。

按照本章开始的问题中给出的传输协议的特性，TCP 能保证可靠的、有序的字节流传输。它是全双工协议，也就是说每个 TCP 连接支持一对字节流，每个方向一个字节流。对这两个字节流中的每个流，它还包含流量控制机制，允许接收方限制发送方在给定时间内发送的数据量。另外，像 UDP 一样，TCP 支持多路分解机制，允许任何主机上的多个应用程序同时与它们各自的对等实体进行对话。

此外，TCP 也实现了一个高度协调的拥塞控制机制。这种机制的思想是控制 TCP 发送方发送数据的速度，其目的不是防止发送方发出的数据超出接收方的接收能力，而是防止发送方发出的数据超出网络的容量。关于 TCP 拥塞控制机制的说明将在第 6 章给出，那里我们将在如何公平分配网络资源这一更大的范围内讨论它。

由于很多人混淆了拥塞控制与流量控制，所以在此我们再次说明它们之间的区别。流量控制（flow control）防止发送方发出的数据超出接收方的接收能力，拥塞控制（congestion control）防止过多的数据注入网络而造成交换机或链路超载。因此，流量控制是一个端到端的问题，而拥塞控制是主机如何与网络交互的问题。

5.2.1 端到端问题

TCP 的核心是滑动窗口算法。虽然这与链路层经常使用的基本算法相同，但因为 TCP 是在整个因特网上而不是在一个点到点链路上运行，所以它们存在着很多重要的差别。本节指出这些差别，并解释这些差别怎样使 TCP 复杂化。之后几节将描述 TCP 如何处理这些复杂情况。

第一，尽管链路层的滑动窗口算法运行在总是连接两台相同计算机的一条物理链路上，但 TCP 仍然支持运行在因特网中任意两台计算机上的进程之间的逻辑连接。这就是说，TCP 需要有明确的连接建立阶段，使连接的双方同意相互交换数据。这个不同点类似于需要拨号到对方，而非有专用电话线路。TCP 也有一个明确的断开连接阶段。在连接建立阶段发生的事件之一，是双方建立某种共享状态使滑动窗口算法开始运行。连接断开阶段是必要的，因为只有这样双方主机才知道可以释放连接状态。

第二，尽管总是连接两台相同计算机的一条物理链路具有固定的往返时间（RTT），但 TCP 连接很可能具有差异很大的往返时间。例如，在旧金山的一台主机和在波士顿的一台主机之间有一个 TCP 连接，它们相隔数千公里，RTT 的值可能是 100 ms；而在同一个房间的两台主机之间也可能有一个 TCP 连接，它们只相距几米，RTT 的值可能只有 1 ms。因此，TCP 必须支持这两种连接。更糟糕的是，旧金山和波士顿两地主机之间的 TCP 连接可能在凌晨 3 点的 RTT 值是 100 ms，而在下午 3 点的 RTT 值变成 500 ms。甚至在一个 TCP 连接持续几分钟后，RTT 值就可能发生变化。这对滑动窗口算法而言，意味着触发重传的超时机制必须具有适应性（当然，点到点链路的超时值必须是可以设置的参数，但不必为了某对节点而调整上述定时器）。

第三，分组通过因特网时可能错序，这在点到点的链路上是不可能的，因为在链路一端先发送的分组一定先到达另一端。分组的轻度错序不会引起问题，因为滑动窗口算法能用序号将分组正确地重新排序。真正的问题是错序的分组多长时间能到达，换句话说，分组多晚才能到达目的地。最坏的情况下，分组在因特网中被延迟，直到 IP 的生存期（TTL）字段过期，此时分组被丢弃（因此不存在分组迟到的危险）。已知 IP 在分组的 TTL 过期后就会丢弃分组，TCP 假设每个分组有一个最大的生存期。这是一种设计选择，称为最大报文段生存期（Maximum Segment Lifetime，MSL），当前的推荐值为 120 s。注意，IP 并不直接强制使用这个 120 s 的值，它只是 TCP 对一个分组可能在因特网上生存多久所做的保守估计。这样做的含义很明显，就是 TCP 不得不为很早以前发出的分组突然出现在接收方而做准备，因为这种分组可能会搅乱滑动窗口算法。

第四，连接到点到点链路的计算机通常都支持这种链路。例如，如果一个链路的延迟带宽积为 8 KB，就意味着窗口的大小在给定的时间内允许最大 8 KB 的数据不被确认，这样可以认为链路任一端的计算机能缓存至多 8 KB 数据。不这样设计系统是愚蠢的。另一方面，几乎任何类型的计算机都能连到因特网上，这使得用于 TCP 连接的资源数量变化很大，尤其是考虑到任何一台主机都可能同时支持几百个 TCP 连接。这意味着 TCP 必须包含一种机制，使连接的每一端用它"了解"另一端有什么资源（比如多少缓冲区空间）用于连接。这就是流量控制问题。

第五，因为一个直连链路的发送方不能以超出链路带宽所允许的速率发送数据，而且只有一台主机向链路注入数据，所以它不可能在不知情的情况下拥塞链路。换句话说，链路的负载情况是可见的，它以发送方的分组队列形式显现。相比之下，TCP 连接的发送方并不知道经过什么链路传送到目的地。例如，发送方计算机可能直接连到相对较快的以太网，它能以 10 Gbps 的速率发送数据，但是在网络中的某个地方，必须通过一段 1.5 Mbps 的链路。而且更糟糕的是，从很多数据源产生的分组可能都要通过这段低速网络链路。这就会导致网络拥塞问题。我们在下一章讨论这个主题。

下面通过对比用于提供可靠/有序传输服务的 TCP 方法与 X.25 网络使用的方法来结束端到端问题的讨论。在 TCP 中，下层的 IP 网络被认为是不可靠的，而且会使传递报文错序，TCP 在端到端的基础上利用滑动窗口算法提供可靠/有序的传送。相比之下，X.25 网络在跳到跳的基础上在网络内部使用滑动窗口协议。对这种方法的假设是，如果一条报文在沿源主机到目的主机路径上的每对节点之间都能可靠而有序地传输，那么端到端服务也能保证可靠/有序的传输。

后面这种方法的问题在于，一系列跳到跳的保证不一定能叠加为端到端的保证。首先，如果一个异构的链路（例如以太网）加在路径的末端，那么无法保证这一跳能维持与其他跳同样的服务。其次，滑动窗口协议只保证一个报文从节点 A 到节点 B 正确传递，从节点 B 到节点 C 也能正确传递，但它不能保证在节点 B 不出错。例如，我们已经知道，网络节点在把一个报文从输入缓冲区传到输出缓冲区时有可能会出现错误，也知道它们有时改变报文的顺序。正是由于这些小窗口的脆弱性，所以仍然需要提供真正的端到端检测以保证可靠/有序的服务，即使系统的低层已实现了这种功能。

本节讨论的目的在于阐述系统设计中最重要的原则之一，即端到端理论。简而言之，端到端理论说明一种功能（在我们的例子中是提供可靠/有序的传递）不应该在系统的较低层提供，除非能在低层完全正确地实现。因此，这条原则支持 TCP/IP 方法。但是该原则并不是绝对的，有时为了性能优化的需要也允许在较低层提供一些不完全的功能。这就是在跳到跳基础上进行差错检测（如 CRC）的原因，检测并重传经过一跳单个损坏的分组要优于端到端重传整个文件。

5.2.2 报文段格式

TCP 是面向字节的协议，这就是说发送方向一个 TCP 连接写入字节，接收方从这个 TCP 连接读出字节。虽然用"字节流"描述 TCP 提供给应用进程的服务，但是 TCP 本身并不在因特网上传送单个字节。实际上，源主机上的 TCP 收集发送进程交付的字节，存到缓冲区中，积累到足够的数量，将其一起放入一个大小适宜的分组，再发送给目的主机上的对等实体。目的主机上的 TCP 把这个分组的内容存入接收缓冲区，接收进程在空闲时从这个缓冲区读出字节。图 5-3 是这种情况的图解，为简单起见，只显示了一个方向的数据流。但通常情况下 TCP 连接支持字节流双向流动。

图 5-3 中，由于 TCP 对等实体之间交换的每个分组都携带一段字节流，所以将这些分组称为报文段（segment）。每个 TCP 报文段包含如图 5-4 所示的首部。图中绝大多数字段的相关内容将在本节说明，现在简单地介绍一下。

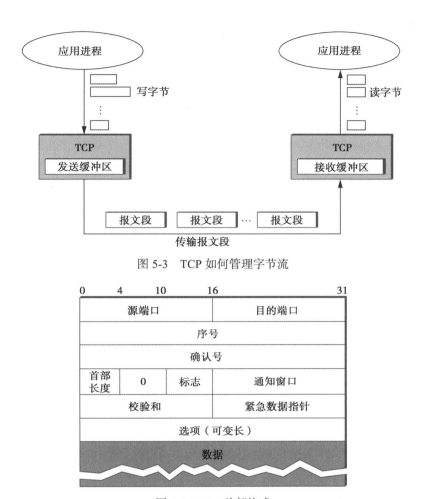

图 5-3　TCP 如何管理字节流

图 5-4　TCP 首部格式

与 UDP 首部一样，源端口（SrcPort）和目的端口（DstPort）字段分别表示源端口和目的端口。这两个字段加上源 IP 地址和目的 IP 地址，组合成每个 TCP 连接的唯一标识。也就是说，TCP 的多路分解键由四元组给出：

〈源端口，源 IP 地址，目的端口，目的 IP 地址〉

注意，因为 TCP 连接来来回回，所以有可能在某一对端口间建立了一个连接，并用它发送和接收数据，然后关闭。接着在一段时间后，第二个连接又使用同一对端口。有时把这种情况称为相同连接的两个不同实例（incarnation）。

确认号（Acknowledgment）、序号（SequenceNum）和通知窗口（AdvertisedWindow）字段都在 TCP 的滑动窗口算法中使用。因为 TCP 是面向字节的协议，所以数据的每个字节都有序号，序号字段包含报文段携带数据的第一个字节的序号、确认号和携带流向反方向的数据信息的通知窗口字段。为了简化讨论，我们忽略数据可以双向流动的事实，只关心有特定序号值的数据向一个方向流动，而确认号和通知窗口向相反方向流动，如图 5-5 所示。这三个字段将在本章的后面部分更详细地描述。

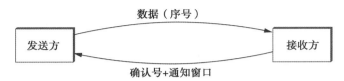

图 5-5   TCP 过程的简单描述（只考虑单向），数据流在一个方向而确认应答在相反方向

6 比特的标志（Flags）字段用来在 TCP 对等实体间传递控制信息。可能的标志位有 SYN、FIN、RESET、PUSH、URG 和 ACK。SYN 和 FIN 标志分别在建立和终止 TCP 连接时使用，它们的用法在后续章节中介绍。ACK 标志在每次确认号字段有效时设置，意指接收方应对确认号字段加以注意。URG 标志意味着本报文段包含紧急数据。当这个标志被置位时，紧急数据指针（UrgPtr）字段指明本报文段的非紧急数据从什么地方开始。紧急数据在报文段的前部，直到紧急数据指针所指的字节为止。PUSH 标志说明发送方调用了 push 操作，这向 TCP 的接收方表明它应该把这个事实通知给接收进程。我们将在后续章节对最后两个特性进行更多的讨论。最后，RESET 标志说明接收方已经出现混乱，例如，因为它收到了并不希望收到的报文段，所以它想要终止连接。

最后，校验和（CheckSum）字段与 UDP 中的用法完全相同，它是通过计算整个 TCP 首部、TCP 数据，以及由 IP 首部的源地址、目的地址和长度字段构成的伪首部得到的。在 IPv4 和 IPv6 中，TCP 都要求有校验和字段。而且，由于 TCP 首部的长度是可变的（在必选项之后紧跟可选项），所以在其首部中包含一个首部长度（HdrLen）字段，该字段以 32 位字为单位给出首部的长度。该字段也称为偏移量（Offset）字段，因为可以用它衡量从分组的开始位置到数据开始位置的偏移量。

5.2.3　连接建立与终止

一个 TCP 连接从客户端（呼叫方）向服务器（被呼叫方）执行一个主动打开操作开始。假设服务器事先已经执行了被动打开操作，那么双方就交换建立连接的报文（回顾第 1 章，想要建立连接的一方执行主动打开操作，而接受连接的一方执行被动打开操作⊖）。只有在连接建立阶段完成以后，双方才开始发送数据。同样，当其中一方发送完数据后，就会关闭一个方向的连接，这就使 TCP 开始一轮终止连接的报文。注意，尽管连接的建立是一个非对称的活动（一方执行被动打开而另一方执行主动打开），但是连接的断开是对称的活动（每一方必须独立地关闭连接）。因此，有可能一方已经完成了关闭连接，意味着它不再发送数据，但是另一方却仍保持双向连接的另一半为打开状态并且继续发送数据。

⊖ 更准确地说，连接建立实际上是对称的，每一方都试图在同一时间打开连接。但通常情况下，一方是主动打开，而另一方则是被动打开。

1. 三次握手

TCP 使用的建立和终止连接的算法称为三次握手（three-way handshake）。我们首先描述基本算法，然后说明 TCP 如何使用它。三次握手是指客户端和服务器之间要交换三次报文，如图 5-6 中的时间线所示。

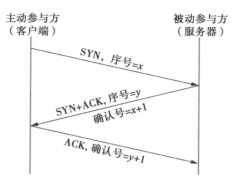

图 5-6　三次握手算法的时间线

算法的思想是双方需要商定一些参数，在打开一个 TCP 连接的时候，参数就是双方打算为各自的字节流使用的开始序号。通常，参数可以是每一方希望另一方了解的任何情况。首先，客户端（主动参与方）发送一个报文段给服务器（被动参与方），声明它将使用的初始序号（标志 = SYN，序号 = x）。服务器用一个报文段应答，确认客户端的序号（标志 = ACK，确认号 = $x+1$），同时声明自己的初始序号（标志 = SYN，序号 = y）。也就是说，第二个报文段的标志字段的 SYN 和 ACK 位被置位。最后，客户端用第三个报文段应答，确认服务器的序号（标志 = ACK，确认号 = $y+1$）。每一端的确认序号比发送来的序号大 1 的原因是确认号字段实际指出"希望接收的下一个序号"，从而隐含地确认前面所有序号。前两个报文段都使用定时器（虽然在图中的时间线上没有显示），如果没收到所希望的应答，就会重传报文段。

你也许会问：为什么在连接的建立阶段客户端和服务器必须相互交换初始序号？如果双方只从已知的序号（比如 0）开始会比较简单。实际上，TCP 规范要求连接的每一方随机地选择一个初始序号。这样做的原因是防止同一连接的两个实例过快地重复使用同一个序号，也就是说，仍旧有可能出现以前的连接实例的一个数据段干扰后来的连接实例的情况。

2. 状态转换图

TCP 非常复杂，以至于在它的规范中包含了一个状态转换图，如图 5-7 所示。这个图只显示打开一个连接时的状态转换（ESTABLISHED 的上面部分）和关闭一个连接时的状态转换（ESTABLISHED 的下面部分）。当连接打开后执行的操作（即滑动窗口算法的操作）隐含在 ESTABLISHED 状态中。

TCP 的状态转换图相当容易理解。每个矩形框代表一个状态，TCP 连接的每一端都能在其中找到自己的位置。所有连接开始于 CLOSED 状态。随着连接的进行，连接沿弧线从一个状态转移到另一个状态。每个弧线用事件 / 操作（event/action）的形式标记。这样，如果一个连接处于 LISTEN 状态且收到一个 SYN 报文段（带有 SYN 标志置位的报文段），那么连接就转换到 SYN_RCVD 状态，并且执行用 ACK+SYN 报文段应答的操作。

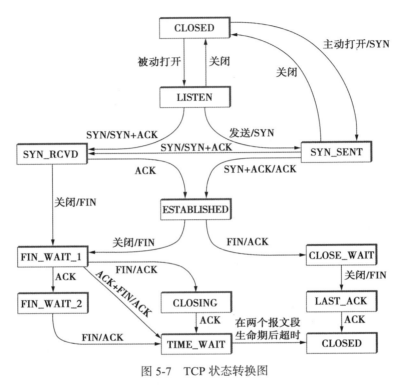

图 5-7　TCP 状态转换图

注意有两类事件会触发状态转换：来自对等实体的一个报文段（例如，从 LISTEN 到 SYN_RCVD 弧线上的事件），或本地应用进程调用一个 TCP 操作 [例如，从 CLOSED 到 SYN_SENT 弧线上的主动打开（active open）事件]。换句话说，TCP 的状态转换图有效地定义了其对等实体之间的接口和服务接口的语义（semantics）。这两种接口的语法（syntax）分别由报文段的格式（见图 5-4）和一些应用程序接口（如套接字 API）给出。

现在跟踪图 5-7 中发生的典型转换。注意在连接的每一端，TCP 会执行不同的状态转换。当打开一个连接时，服务器先执行一个被动的 TCP 打开操作，这使 TCP 转移到 LISTEN 状态。在一段时间后，客户端执行主动打开操作，向服务器发送一个 SYN 报文段并转移到 SYN_SENT 状态。当 SYN 报文段到达服务器时，它就会转移到 SYN_RCVD 状态并用 SYN+ACK 报文段应答。这个报文段到达客户端后，会使客户端转移到 ESTABLISHED 状态并向服务器发回一个 ACK 报文段。当这个 ACK 报文段到达后，服务器最后转移到 ESTABLISHED 状态。到此为止，我们跟踪了整个三次握手过程。

关于状态转换图中的连接建立阶段，有三种情况需要注意。第一，如果客户端到服务器的 ACK 报文段（相应于三次握手的第三次）丢失，连接仍能正常工作。这是因为客户端已经处于 ESTABLISHED 状态，所以本地应用进程可以开始向另一方发送数据。每个报文段都有 ACK 标志置位，而且在确认号字段中包含正确的数值，所以当第一个报文段到达服务器时，它就会转移到 ESTABLISHED 状态。这实际上是 TCP 的重点之一，即每个报文段报告发送方希望看到的下一个序号，即使这个序号与以前的一个或多个报文段包含的序号重复。

关于状态转换图需要注意的第二种情况是，只要本地进程调用一个 TCP 的发送（send）操作，LISTEN 状态就会发生一个有趣的状态转换。也就是说，一个被动参与方有可能识别出连接的双方（即它自己和想与它连接的远端参与方），然后改变为主动建立连接。据我们所知，还没有应用进程真正利用 TCP 的这个特性。

关于转换图要注意的最后一种情况是有一些弧线在图中没有给出。特别是，一方向另一方发送报文段的同时会调用一个超时机制，如果没有出现期望的应答，最终会导致重发这个报文段。这些重传没有在状态转换图中给出。如果在几次重发后仍没有得到期望的应答，TCP 就会放弃重传并回到 CLOSED 状态。

现在我们来考虑终止一个连接的过程，这里需要注意的一件重要的事情是，连接双方的应用进程必须独立地关闭自己一方的连接。如果仅一方关闭连接，那么仅意味着它不再发送数据，但它仍能接收另一方发来的数据。这就使状态转换图复杂化，因为必须考虑到双方可能同时调用关闭（close）操作，也可能其中一个先调用关闭操作，间隔一段时间后另一个再调用关闭操作。这样，连接的任何一方从 ESTABLISHED 状态到 CLOSED 状态有三种转换组合：

- 一方先关闭：ESTABLISHED → FIN_WAIT_1 → FIN_WAIT_2 → TIME_WAIT → CLOSED。
- 另一方先关闭：ESTABLISHED → CLOSE_WAIT → LAST_ACK → CLOSED。
- 双方同时关闭：ESTABLISHED → FIN_WAIT_1 → CLOSING → TIME_WAIT → CLOSED。

事实上，还存在第四种极少出现的到达 CLOSED 状态的转换顺序，它沿着从 FIN_WAIT_1 到 TIME_WAIT 的弧到达。我们把它作为习题，请你找出导致第四种可能性的情况组合。

关于断开连接需要考虑的主要事情是，直到等待一个 IP 数据报在因特网上可能存活的最大时长的 2 倍时间（即 120 s）后，连接才能从 TIME_WAIT 状态转移到 CLOSED 状态。这是因为当连接的本地一方已经发出一个 ACK 报文段应答对方的 FIN 报文段时，它并不知道这个 ACK 报文段是否成功传递。因此，另一方可能又重传一个 FIN 报文段，而这第二个 FIN 报文段可能在网络中被延迟。如果允许连接直接转移到 CLOSED 状态，那么可能会有另一对应用进程打开同一个连接（即使用同一对端口号），而前面连接实例中被延迟的 FIN 报文段这时会立即使后来的连接实例终止。

5.2.4 再论滑动窗口

现在讨论 TCP 滑动窗口算法的变体，它服务于这样几个目的：保证数据的可靠传递，确保数据的有序传递，增强发送方和接收方之间的流量控制。在这三种功能的前两种情况下，TCP 对滑动窗口算法的使用与我们在 2.5.2 节中看到的相同。TCP 与以往算法的不同之处在于它增加了流量控制功能。特别是 TCP 并不使用固定尺寸的滑动窗口，而是由接收方向发送方通知（advertise）它的窗口尺寸。这是通过使用 TCP 首部的通知窗口字段完成的。此后，发送方在任意给定时刻未被确认的字节数都不能超过接收窗口的值。接收方根据分配给连接的用于缓存数据的内存数量，为接收窗口选择一个合适的值。其思想是不使发送方发送的数据超过接收方缓冲区的限度。下面更深入地讨论这个问题。

1. 可靠和有序的传输

图 5-8 给出了 TCP 发送方和接收方如何相互作用以实现可靠和有序的传输。发送方的 TCP 维护一个发送缓冲区，用来存储那些已被发出但未被确认的数据和已被发送应用程序写入但尚未发出的数据。在接收方，TCP 维护一个接收缓冲区，用于存放到达的错序数据和按正确顺序到达（即字节流中没有丢失前面的字节）但应用进程无暇读出的数据。

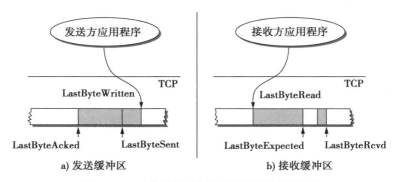

图 5-8　TCP 发送缓冲区和接收缓冲区的关系

为了简化讨论，先忽略以下事实：缓冲区和序号都是有限的，因此最终会回绕。而且，我们也不区分数据中某个特定字节在缓冲区存储位置的指针与字节的序号。

首先看发送方，它维护发送缓冲区的三个指针：LastByteAcked、LastByteSent 和 LastByteWritten。显然

$$\text{LastByteAcked} \leqslant \text{LastByteSent}$$

因为接收方不可能确认未发出的字节。并且

$$\text{LastByteSent} \leqslant \text{LastByteWritten}$$

因为 TCP 不能发送应用程序没写入的字节。还要注意，不必在缓冲区中保留 LastByteAcked 左边的字节（因为它们已经被确认了），也没有必要缓存 LastByteWritten 右边的字节（因为它们还没产生）。

接收方维护着一组类似的指针（序号）：LastByteRead、NextByteExpected 和 LastByte-Rcvd。然而因为传输的错序问题，不等式不那么直观。第一个关系式

$$LastByteRead < NextByteExpected$$

成立，因为只有一个字节及其前面的所有字节都被接收后，它才能被应用程序读出。为了满足这一准则，NextByteExpected 指向紧接最后一个字节的那个字节。其次，

$$NextByteExpected \leqslant LastByteRcvd+1$$

成立，因为如果数据按正确的顺序到达，NextByteExpected 指向 LastByteRcvd 之后的那个字节，但若数据到达是错序的，那么 NextByteExpected 将指向数据中的第一个间隙的开始处，如图 5-8 所示。注意，LastByteRead 左边的字节不必再保存在缓冲区中，因为它们已经被本地应用程序读取，而 LastByteRcvd 右边的字节也不必缓存，因为它们还没到达。

2. 流量控制

以上讨论大部分与标准滑动窗口算法中的讨论类似，唯一的区别是，发送应用进程和接收应用进程分别填充和清除它们的本地缓冲区。（之前的讨论忽略了这样的事实：上游节点到来的数据填入发送缓冲区，向下游节点发送数据后清除接收缓冲区。）

在继续讨论之前你必须确定自己已经理解这一问题，因为现在要讨论这两个算法更大的不同之处。接下来，再次说明收发双方的缓冲区具有有限的大小，分别用 MaxSendBuffer 和 MaxRcvBuffer 表示，但是我们并不关心它们具体是如何实现的。换句话说，我们只对被缓存的字节数感兴趣，而不管这些字节实际上存储在什么地方。

回想在滑动窗口协议中，窗口的大小决定可以被发出而不必等待接收方确认的数据量。这样，接收方通过给发送方通知一个不大于它所能缓存数据量的窗口，就能控制发送方的发送速率。可以看出，在接收方的 TCP 必须保持

$$LastByteRcvd - LastByteRead \leqslant MaxRcvBuffer$$

才能避免缓冲区溢出。因此它通知的窗口大小为

$$AdvertisedWindow = MaxRcvBuffer - ((NextByteExpected-1) - LastByteRead)$$

这个数值代表其缓冲区中剩余的可用空间数量。当数据到来时，只要它前面的字节已经到达，接收方就会对它确认。另外，LastByteRcvd 向右移动（增加），这也意味着通知窗口可能缩小。通知窗口是否缩小依赖于本地应用进程处理数据的快慢。如果本地进程读取数据的速率与数据到达的速率相同（使 LastByteRead 和 LastByteRcvd 以相同的速率增加），那么通知窗口就保持打开状态（即 AdvertisedWindow=MaxRcvBuffer）。然而，如果接收进程的速率可能因为它对读到的每个字节要进行费时的操作而落后，那么随着每个报文段的到来，通知窗口就会变小，直到最终变成 0。

发送方的 TCP 必须遵守从接收方得到的通知窗口。这就意味着在任何时刻，它必须

确保

$$\text{LastByteSent}-\text{LastByteAcked} \leqslant \text{AdvertisedWindow}$$

换个方式说，发送方计算一个有效窗口（EffectiveWindow），用来限制它可以发送多少数据：

$$\text{EffectiveWindow}=\text{AdvertisedWindow}-(\text{LastByteSent}-\text{LastByteAcked})$$

显然，只有有效窗口大于 0，发送方才可以发送更多的数据。因此，有可能一个报文段到达而确认 x 字节，从而允许发送方把 LastByteAcked 增加 x，但是由于接收进程没有读取任何数据，所以通知窗口比先前小了 x。在这种情况下，发送方可以释放缓冲区空间，但不能再发送任何数据。

在整个过程中，发送方还必须始终保证本地应用进程不使发送缓冲区溢出，也就是

$$\text{LastByteWritten}-\text{LastByteAcked} \leqslant \text{MaxSendBuffer}$$

如果发送进程试图向 TCP 写入 y 字节，但是

$$(\text{LastByteWritten}-\text{LastByteAcked}) + y > \text{MaxSendBuffer}$$

那么，TCP 就会阻塞发送进程，不让它再产生数据。

现在应该可以理解一个慢速接收进程是如何使一个快速发送进程最终停止下来的。首先，接收缓冲区填满，这意味着通知窗口缩小到 0。通知窗口为 0 意味着发送方不能发送任何数据，即使它以前发送的数据早已被成功确认。最后，不能传输任何数据意味着发送缓冲区填满，最终使 TCP 发送进程阻塞。接收进程重新开始读取数据，接收方 TCP 就能够打开它的窗口，允许发送方 TCP 把数据从它的缓冲区传送出去。当这个数据最终被确认，LastByteAcked 随之增加时，就把保存这个被确认数据的缓冲区空间释放，发送进程解除阻塞并允许继续执行。

现在只剩下一个细节需要解决，即发送方如何知道通知窗口不再是 0？如上所述，TCP 总是发送一个报文段对接收到的报文段做出应答，这个应答包含确认号和通知窗口字段的最新值，即使这两个值自上次发送以来没有改变。问题正在于此。一旦通知了接收方窗口变为 0，就不允许发送方发送任何数据，这就意味着它没有办法发现在将来的某个时刻通知窗口不再是 0。接收方的 TCP 不会自发地发送不包含数据的报文段，它只在应答到达的报文段时发送它们。

TCP 按下述方式处理这种情况。当对方通知的窗口变为 0 时，发送方仍坚持不停地发送一个只有 1 字节的报文段。它知道这个报文段有可能不被接收，但它还是要尝试，因为每个这样的 1 字节报文段会触发包含当前通知窗口的应答。最终，某个 1 字节的探测报文段会触发一个报告非 0 通知窗口的应答。

请注意，这些 1 字节的报文称为零窗口探测（zero window probe），实际上，它们每 5 到 60 秒发送一次。在探测中，发送的是窗口外实际数据的下一个字节（它必须是真实数据，以防接收方接受）。

注意，发送方周期性地发送探测报文段的原因是：TCP 被设计成使接收方尽可能简单，即它只应答从发送方来的报文段，而它自己从不发起任何活动。这是公认的（尽管并不是通用的）协议设计规则的一个例子，因为没有较好的名称，我们称其为聪明的发送方 / 笨拙的接收方（smart sender/dumb receiver）规则。在讨论 NACK 的用法时，我们见过这条规则的另一个例子。

3. 防止回绕

本节和下节讨论序号字段和通知窗口字段的大小以及它们对 TCP 正确性和性能的影响。TCP 的序号字段长 32 位，通知窗口字段长 16 位，也就是说 TCP 无疑已经满足滑动窗口算法的要求，即序号空间是窗口空间的两倍：$2^{32} >> 2 \times 2^{16}$。然而，这个要求对这两个字段并不重要。下面依次考虑每个字段。

32 位序号空间的相关问题是，某个连接使用的序号可能会回绕，即具有序号 S 的一个字节在某个时刻被发送，一段时间后，第二个具有序号 S 的字节也有可能被发送。

再次假设一个分组在因特网上的生存期不超过 MSL 的建议值。这样，当前的任务是确保序号在这 120 s 的期限内不会回绕。这种情况是否会发生依赖于数据在因特网上传输的速度，也就是说，32 位的序号空间多快被用完（这里的讨论假设尽可能快地消耗序号空间，当然只要让管道在传输进行中保持满载就能如此）。表 5-1 显示了具有不同带宽的网络使序号回绕的时间。

表 5-1　32 位序号空间的回绕时间

带宽	回绕时间
T1（1.5 Mbps）	6.4 小时
T3（45 Mbps）	13 分钟
快速以太网（100 Mbps）	6 分钟
OC-3（155 Mbps）	4 分钟
OC-48（2.5 Gbps）	14 秒
OC-192（10 Gbps）	3 秒
10GigE（10 Gbps）	3 秒

可见，32 位的序号空间对当今的网络是足够的，但是对于当前存在于因特网骨干网上的 OC-192 链路，现在大多数服务器都配备了 10 Gig 以太网（或 10 Gbps）接口，32 位序号空间是远远不够的。幸运的是，IETF 已经完成了对 TCP 的扩展工作，通过有效地扩展序号空间来防止序号回绕。这个工作以及相关的扩展在后面的章节中描述。

4. 保持管道满载

与 16 位通知窗口字段相关的问题是，它必须足够大以使得发送方能够保持管道满载。显然，接收方可以不把窗口开放到通知窗口字段所允许的最大值。我们只关心接收方是否有足够的缓冲区空间可以处理通知窗口所允许的最大数据量的情况。

在这种情况下，网络带宽和延迟带宽积共同决定通知窗口字段应有的大小。窗口必须开放得足够大，使得数量为延迟 × 带宽的全部数据能被传输。假设有 100 ms 的 RTT（穿越美国大陆的连接的典型时间开销），表 5-2 给出了几种网络技术的延迟带宽积。

表 5-2　100ms RTT 所需的窗口大小

带宽	延迟带宽积
T1（1.5 Mbps）	18 KB
T3（45 Mbps）	549 KB
快速以太网（100 Mbps）	1.2 MB
OC-3（155 Mbps）	1.8 MB
OC-48（2.5 Gbps）	29.6 MB
OC-192（10 Gbps）	118.4 MB
10GigE（10 Gbps）	118.4 MB

可以看出，TCP 的通知窗口字段比序号字段处于更糟糕的境况，它的大小甚至不足以处理横穿美国大陆的 T3 连接，因为 16 比特的字段只允许 64 KB 的通知窗口。上面提到的 TCP 扩展提供了一种有效增加通知窗口大小的机制。

5.2.5　触发传输

接下来考虑一个微妙的问题：TCP 怎样决定传输一个报文段。如前所述，TCP 支持一种字节流抽象，即应用程序把字节写到流里，而由 TCP 决定字节数是否达到足以发送一个报文段的要求。支配这个决定的因素是什么呢？

如果忽略流量控制的可能性，即假设窗口是敞开的，就像一个连接刚开始时的情形，那么 TCP 有三种机制触发一个报文段的传输。第一种机制，TCP 维护一个变量，称为最大报文段长度（Maximum Segment Size, MSS），一旦 TCP 从发送进程收集到 MSS 字节，它就发送一个报文段。通常把 MSS 设置成 TCP 能发送且不造成本地 IP 分片的最大报文段长度。也就是说，MSS 被设置成直接连接网络的最大传输单元（MTU）减去 TCP 和 IP 首部的大小。第二种触发 TCP 发送一个报文段的机制是，发送进程明确要求 TCP 发送一个报文段。特别是 TCP 支持 *push* 操作，发送进程调用这个操作能使 TCP 将缓冲区中所有未发送的字节发送出去。最后一种触发 TCP 发送一个报文段的机制是定时器激活，结果报文段中包含当前缓冲区中所有需要发送出去的字节。然而，我们很快就会看到，这个"定时器"并不完全如所期望的那样。

1. 傻瓜窗口症状

当然，流量控制不能被忽略，它对控制发送方起着显而易见的作用。如果发送方有 MSS 字节数据要传输而窗口至少打开了那么大，那么发送方就传输一个满报文段。但是，假设发送方正在积累要发送的字节，而窗口是关闭的。现在假设有一个 ACK 到达，使窗口开到足以让发送方传输，比如说 MSS/2 字节。那么，发送方是发出一个半满的报文段还是等待窗口开大到 MSS？最初的 TCP 规范并未对这一点进行说明，但早期的 TCP 实现决定进行发送，并传输一个半满的报文段。毕竟，无法得知多长时间以后窗口才会进一步开放。

事实证明，一味地利用任何可用窗口的策略会导致现在称作傻瓜窗口症状（silly window syndrome）的情形。图 5-9 有助于想象发生的情况。如果把 TCP 流看作一个传送带，把"满载"的容器（报文段）向一个方向移动，空的容器（ACK 段）向相反方向移动，那么 MSS 大小的报文段就对应大容器而 1 字节的报文段就对应很小的容器。只要发送方发送 MSS 大小的报文并且接收方一次接收一个 MSS 大小的数据，那么一切都没问题（见图 5-9a）。但是，如果接收方必须减小窗口导致发送方在一段时间内不能完整地发送一个 MSS 大小的数据将会发生什么？如果只要有小于 MSS 的空容器到达，发送方就一味地填充，接收方将会确认它，因此任何引入系统的小容器就可能一直留在系统中。也就是说，在每一端小容器会立刻被填充或被清除，而从不会联合毗邻的容器来创建一个更大的容器，参见图 5-9b。当早期的 TCP 实现不时地发现自己用很小的报文段充满网络时，这种"傻瓜窗口症状"就出现了。

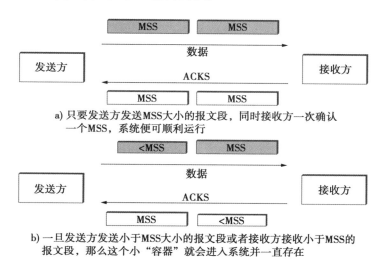

a) 只要发送方发送MSS大小的报文段，同时接收方一次确认
　　一个MSS，系统便可顺利运行

b) 一旦发送方发送小于MSS大小的报文段或者接收方接收小于MSS的
　　报文段，那么这个小"容器"就会进入系统并一直存在

图 5-9　傻瓜窗口症状

　　注意，只有在发送方传输小报文段或接收方打开小窗口时才会出现傻瓜窗口症状。如果这两种情况都未发生，那么小容器就永远不会被引入数据流中。禁止发送小报文段是不可能的。举例来说，应用程序可以在只发出一个字节后就执行 push 操作。但是防止接收方引入小的容器（即打开小窗口）是可能的。其规则是接收方在通知一个大小为零的窗口后，必须等到有 MSS 大小的空间才能再通知打开窗口。

　　由于不能排除小容器被引入数据流的可能性，所以需要采用把它们合并起来的机制。接收方可以通过延迟发送 ACK 做到这一点（发送一个合并的 ACK 而不是几个小 ACK），然而这只解决了部分问题，因为接收方无法知道在等待下一个报文段到达或应用程序读出更多的数据（因此而打开窗口）时，等待多久才是安全的。最终解决问题的重任落在发送方上，这又回到了最初的问题：发送方什么时候决定传输一个报文段？

2. Nagle 算法

　　回到 TCP 的发送方，如果有数据要发送但是打开的窗口小于 MSS，那么在发出可用数据之前可能要等待一段时间，但问题是：等待多久？如果等待太久，就会有损于像远程登录这样的交互式应用程序。如果等待的时间不够长，又会面临发出很多小分组而陷入傻瓜窗口症状的风险。答案是引入一个定时器，时间到了就传输数据。

　　虽然可以引入一个基于时钟的定时器，比如每 100 ms 激活一次，但是 Nagle 引入了一种巧妙的自计时（self-clocking）方案。其思想是只要 TCP 发出了数据，发送方终究会收到一个 ACK。可以用这个 ACK 激活定时器，触发传输更多的数据。Nagle 算法提供了一条决定何时传输数据的简单统一的规则：

```
当应用产生要发送的数据时
    if 可用数据和窗口 ≥ MSS
        发送满载的报文段
    else
        if 有正在传输的未确认的报文段
            缓存新数据直到 ACK 到达
        else
            发送所有新数据
```

换句话说，如果窗口大小允许，那么就可以发出一个满载的报文段；如果当前没有处于传输中的报文段，也可以立即发出一个小报文段；但是如果有传输的报文段，发送方就必须等待有 ACK 到达才可传输下一个报文段。这样，像远程登录这类每次写一个字节的交互式应用程序将能以每 RTT 一个报文段的速率发送数据。有些报文段只有一个字节，而其他报文段将包含用户在一个 RTT 的时间内能输入的所有字节。因为有些应用程序不能容忍每次 TCP 连接写操作的延迟，所以套接字接口允许应用程序通过设置 TCP_NODELAY 选项来关闭 Nagle 算法。设置这个选项意味着数据被尽可能快地传输。

5.2.6 自适应重传

由于 TCP 保证可靠的数据传送，所以如果在一定的时限内没有收到 ACK，那么它就会重传每个报文段。TCP 把这个超时设置成它期望连接的两端的 RTT 的函数。不幸的是，即使给出因特网上任意一对主机之间 RTT 可能的范围，也给出同一对主机之间 RTT 随时间的变化，选择一个合适的超时值也并不容易。为了处理这个问题，TCP 使用一种自适应重传机制。下面描述这种机制以及它是怎样随着因特网社区使用 TCP 获得的经验而发展起来的。

1. 原始算法

我们从计算一对主机之间超时值的简单算法开始。这是最初在 TCP 规范中描述的算法（下面用规范中的术语描述），但是它适用于任何端到端协议。

算法的思想是，维持一个 RTT 的平均运行值，并把超时值作为 RTT 的一个函数计算。具体来说，每次 TCP 发送一个数据报文段，它便记录发送时刻。当那个报文段的 ACK 到达时，TCP 再次读取时间，然后把这两次时间的差作为 SampleRTT。接着 TCP 利用以前的估计值和这个新的样本值计算出 EstimatedRTT 作为加权平均值，即

$$EstimatedRTT = \alpha \times EstimatedRTT + (1-\alpha) \times SampleRTT$$

选择参数 α 是为了平滑 EstimatedRTT。较小的 α 值可以跟踪 RTT 的变化，但是它可能受瞬时波动的影响过于严重。另一方面，一个大的 α 值更稳定但不能迅速适应真正的变化。原始 TCP 规范建议 α 值设置在 $0.8 \sim 0.9$ 之间。TCP 用 EstimatedRTT 以较保守的方式计算超时值：

$$TimeOut = 2 \times EstimatedRTT$$

2. Karn/Partridge 算法

在因特网上应用几年以后，人们在这个简单算法中发现了一个明显的缺陷。问题是 ACK 实际上并不确认传送，而是确认数据的接收。换句话说，无论何时重传一个报文段，然后一个 ACK 到达发送方，它都不可能为测量样本 RTT 确定这个 ACK 是针对第一个报文段还是第二个重发的报文段。发送方有必要知道这个 ACK 是针对哪一次发送的，以便计算一个精确的 SampleRTT。如图 5-10 所示，如果错把针对第二个报文段的 ACK 当成针对第一个报文段的 ACK，SampleRTT 就会过大（见图 5-10a），相反，如果错把与第一个报文段关联的 ACK 当成第二个报文段的 ACK，那么 SampleRTT 就会过小（见图 5-10b）。

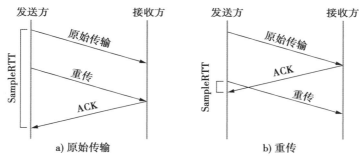

图 5-10　与原始传输和重传关联的 ACK

1987 年提出的解决方案相当简单。当 TCP 重传一个报文段时，它停止计算 RTT 的样本值，即它只为仅发送一次的报文段测量 SampleRTT。这个算法就是著名的以其发明者命名的 Karn/Partridge 算法。他们提出的修正法还包括一个对 TCP 超时机制较小的改动。每次 TCP 重传时，它设置下次的超时值为上次的两倍，而并不以上次的 EstimatedRTT 为基础。也就是说，Karn 和 Partridge 提出 TCP 使用指数回退算法，就像以太网中一样。使用指数回退算法的动机很简单：拥塞最可能导致报文段丢失，这表明 TCP 源主机对超时的反应不应该太主动。实际上，连接超时次数越多，源主机越会小心谨慎。在下一章中会看到这一思想在更复杂的机制中再次体现。

3. Jacobson/Karels 算法

Karn/Partridge 算法提出时，正逢因特网经受严重网络拥塞的时期。该方法用于解决一些拥塞问题，虽然有一定改进，但拥塞并未消除。几年以后，另外两位研究人员 Jacobson 和 Karels 提出对 TCP 进行进一步的改进来解决拥塞问题。这个建议的重要内容在下一章描述。这里只关注与决定何时超时并重传报文段有关的内容。

另外，必须清楚超时机制是怎样与拥塞相关的。如果超时太快，可能不必要地重传报文段，那样只会增加网络的负载。需要准确超时值的另一个原因是超时被用来暗示发生了拥塞，它会触发拥塞控制机制。最后要注意，Jacobson/Karels 关于超时的计算并没有什么只适用于 TCP 的东西，它可以用于任何端到端协议。

原始计算的主要问题是没有考虑到 RTT 样本的变化。直觉上，如果样本变化小，则 EstimatedRTT 的值就更为可信，没必要把这个值乘以 2 来计算超时值。另一方面，样本变化很大说明超时值应该远不止是 EstimatedRTT 的两倍。

在新方法中，发送方与以前一样测量一个新的 SampleRTT，并把这个新样本按如下方法包含到超时计算中：

$$\text{Difference}=\text{SampleRTT}-\text{EstimatedRTT}$$

$$\text{EstimatedRTT}=\text{EstimatedRTT}+(\delta\times\text{Difference})$$

$$\text{Deviation}=\text{Deviation}+\delta(\,|\,\text{Difference}\,|-\text{Deviation})$$

其中，δ 是 0～1 之间的小数。也就是说，计算 RTT 的平均值以及该平均值的变化。

接着 TCP 把超时值作为 EstimatedRTT 和 Deviation 的函数计算：

$$\text{TimeOut}=\mu\times\text{EstimatedRTT}+\varphi\times\text{Deviation}$$

其中，根据经验，μ 通常设为 1，φ 设为 4。这样，当变化小时，TimeOut 与 EstimatedRTT 接近，而大的变化会使 Deviation 项决定计算结果。

4. 实现

关于 TCP 中超时的实现，有两点需要注意。第一点，可以不用浮点算术实现 EstimatedRTT 和 Deviation 的计算。相反，将 δ 选作 $1/2^n$，整个计算以 2^n 的比例增加。这使得能够用移位实现乘法和除法的整数运算，因此获得较高的性能。下面的代码段给出了相应的计算方法，其中 $n=3$（即 $\delta=1/8$）。注意 EstimatedRTT 和 Deviation 以按比例放大的形式存储，而代码开始处的 SampleRTT 和结尾处的 TimeOut 是真正的未放大的值。如果认为代码难以理解，那么可以代入一些真实数值，验证它的结果与上面的公式一致。

```
{
    SampleRTT -= (EstimatedRTT >> 3);
    EstimatedRTT += SampleRTT;
    if (SampleRTT < 0)
        SampleRTT = -SampleRTT;
    SampleRTT -= (Deviation >> 3);
    Deviation += SampleRTT;
    TimeOut = (EstimatedRTT >> 3) + (Deviation >> 1);
}
```

需要注意的第二点是，Jacobson/Karels 算法实际上相当于读取当前时间的时钟。在典型的 UNIX 实现中，时钟间隔大到 500 ms，显然比横穿美国的 100～200 ms 之间的平均 RTT 值大得多。更糟的是，在典型的 UNIX 实现中，TCP 的实现只在每个 500 ms 时刻检查是否发生超时，而且只对每个 RTT 取一次往返时间样本。这两个因素的组合意味着一个报文段传输 1 s 后发生超时。因此，TCP 的扩展还包含一个使 RTT 计算更准确的机制。

目前讨论过的所有重传算法都基于确认机制，通过超时来表明报文段可能已经丢失。然而，超时并没有告诉发送方在丢失报文段之后发送的报文段是否成功到达，因为 TCP 的确认是累积确认，它只确认所收到的没有间隔的最后一个报文段。网络越快，窗口随之越大，在间隔之后接收报文的情况也越常见。如果能够对间隔之后正确接收的报文段进行确认，那么发送方就具有更高的智能性，能够了解到更实际的拥塞状态，从而对 RTT 有更准确的估计。后续章节将要描述的 TCP 扩展机制能够做到这一点。

> 关于计算超时还有一点要说明。这是一项非常棘手的业务，以至于有一个完整的 RFC 专门针对该主题：RFC 6298。要点是有时完全指定协议涉及太多细节，以至于规范和实现之间的界限变得模糊。这种情况在 TCP 上发生过不止一次，导致一些人争辩说"实现就是规范"。但这不一定是坏事，只要参考实现可以作为开源软件使用。更普遍的是，随着开放标准重要性的降低，业界看到开源软件的重要性越来越高。

5.2.7　记录边界

由于 TCP 是面向字节流的协议，因此每次发送方写入的字节数未必与接收方读出的字节数相等。例如，应用程序向一个 TCP 连接写入 8 字节，接着写入 2 字节，然后又写入 20 字节；而在接收方，应用程序每次只读 5 字节，循环读 6 次。TCP 不在第 8 和第 9 个字节以及第 10 和第 11 个字节之间插入记录的边界。这与面向报文的协议（如 UDP）相反，在面向报文的协议中发送的报文与接收到的报文长度完全相同。

虽然 TCP 是面向字节流的协议，但它有两个不同的特性可被发送方用来在字节流中插入记录边界，从而通知接收方如何把字节流分成记录（例如，在许多数据库应用中，标记出记录的边界是有用的）。这两个特性最初由于完全不同而被包含在 TCP 中，但它们一直未被使用，直到用于这个目的。

第一个机制是紧急数据特性，在 TCP 首部用 URG 标志和紧急数据指针字段实现。最初，紧急数据机制被设计成允许发送应用程序向其对等实体发送带外（out-of-band）数据。用"带外"是为了与正常数据流中的数据相区别，如用命令中断正在进行的操作。在报文段中，这个带外数据用紧急数据指针字段标识，一到达就立即传递给接收进程，即使这意味着在传输具有更早序号的数据之前传输它。然而，这个特性一直没有得到应用，所以人们不再用它来表示"紧急"数据，而是渐渐地用它来表示"特殊"数据，比如一个记录标记。与 push 操作一样，这个用法发展起来是因为接收方的 TCP 必须通知应用程序有紧急数据到达。也就是说，紧急数据本身并不重要，重要的是发送进程能有效地向接收方发送信号。

第二个向字节流插入记录结束标记的机制是 push 操作。最初设计这种机制是用来使发送进程能告诉 TCP，不管它收集了多少字节，应立刻把它们发送给对等实体。push 可以用来实现记录分界，因为 TCP 规范说明，当应用程序要求 push 时，不管源端缓冲区有多少数据，TCP 必须将它们发送出去，如果目的端 TCP 支持这个选项，那么无论何时接收到有 PUSH 标志的报文段，都要通知应用程序。因此，如果接收端支持这个选项（套接字接口不支持），就可以用 push 操作将 TCP 流分割成记录。

当然，应用程序总是不依靠 TCP 的任何帮助就能随意插入记录边界。例如，它可以发送一个字段指明随后的记录长度，或向数据流中插入它自己的记录边界标记。

5.2.8　TCP 扩展

我们已在本节四个不同的地方提到，目前对 TCP 的扩展有助于缓和其面临的由于底层网络变得更快而带来的一些问题。这些扩展被设计成对 TCP 的影响尽可能小。特别是在实现时，它们被作为可选项添加到 TCP 的首部。（虽然先前未加说明，但 TCP 首部有一个首部长度字段的原因是其首部的长度是可变的，而 TCP 首部的可变部分包含已经加入的可选项。）把这些扩展功能添加为可选项而不是改变 TCP 基本首部的重要性在于，即使没有实现这些选项，主机之间仍然可以使用 TCP 进行通信。而需要实现这些可选的扩展功能的主机，就可以利用它们。在 TCP 连接的建立阶段，连接的双方可以就是否使用扩展功能达成一致。

第一个扩展功能有助于改进 TCP 的超时机制。TCP 不使用粗粒度事件来测量 RTT，而是在即将发送一个报文段时，读取实际的系统时钟，并把这个时间值（可以把它想象成一个 32 位的时标）放到该报文段的首部。接收方在其确认中把这个时标返回给发送方，而发送方从当前时间中减去这个时标就可以测出 RTT。实际上，这个时标选项为TCP 提供了一个理想的场所来存储某个报文段被传输的时间，它把时间存放在报文段中。注意，连接中的两端并不需要进行时钟同步，因为时标是在连接的同一端被写入和读取的。

第二个扩展解决 TCP 的 32 位序号字段在高速网络上回绕过快的问题。TCP 并不定义一个新的 64 位的序号字段，而是使用刚才描述的 32 位时标有效地扩展序号空间。换句话说，TCP 根据一个 64 位的标识符决定接收或丢弃一个报文段，这个标识符由低 32位的序号字段和高 32 位的时标构成。由于时标一直在增加，所以可以用它来区分有相同序号的两个不同的报文段。注意，以这种方式使用时标只是为了防止序号回绕现象，它并不作为序号的一部分用于数据的排序和确认。

第三个扩展功能允许 TCP 通知更大的窗口，因此允许它填充可能由高速网络形成的更大的延迟 × 带宽管道。这个扩展功能有一个选项，它为通知窗口定义一个扩展因子（scaling factor）。也就是说，不把出现在通知窗口字段中的数值解释为发送方允许有多少字节不被确认，这个选项允许 TCP 连接的双方同意通知窗口字段计算更大的数据块（例如，发送方可以有多少个 16 字节数据单元不被确认）。换句话说，这个窗口扩展选项说明，在用通知窗口字段中的内容计算有效窗口之前，每一方应将它左移多少位。

第四个扩展功能扩充了 TCP 的累积确认功能，方法是对收到的不连续的报文段进行可选确认（Selective Acknowledgment，SACK）。使用 SACK 选项时，接收方继续确认报文段，确认字段的确认方式不变，但也使用首部的选项字段来确认接收到的其他数据块。这使得发送方能够根据可选确认来只重传确实已经丢失的报文段。

如果没有 SACK，发送方只有两个合理的策略。悲观的策略使得发生超时后 TCP 不仅重传超时的报文段，而且还要重传该报文段之后可能并没有发生超时的报文段。该策略实际上做了最坏的假设，即所有报文段都丢失了。该策略的缺点是它可能不必要地重传了那些已经被成功接收的报文段。另一个策略是比较乐观的，它仅重传那些发生了超时的报文段，它认为只有一个报文段丢失了。这种乐观策略的缺点是运行比较慢，当拥塞严重时，可能会丢失连续的一系列报文段，但只有收到对先前报文段重传的确认时，才会发现报文段丢失。因此对每个报文段消耗了一个 RTT，直到重传了丢失报文段序列中的所有报文段。使用 SACK 选项，可以使发送方采用一种更好的策略：只重传那些能够填充可选确认报文段间隔的报文段。

顺便说一下，这些延伸并不是所有需求。在下一章讨论 TCP 如何处理拥塞时会看到更多的扩展。因特网号码分配机构（IANA）记录了所有为 TCP（和许多其他因特网协议）定义的选项。请参阅本章末尾参考资料中有关 IANA 注册协议编号的链接。

5.2.9 性能

回忆第 1 章介绍的评估网络性能的两个度量标准：时延和吞吐量。正如在那里提到的，这些度量值不仅受底层硬件的影响（例如传播延迟和链路的带宽），而且还受软件开销的影响。现在我们有一个完整的基于软件的协议图，它包含可供选择的传输协议，我们可以讨论如何有效地测量它的性能。这种测量的重要性在于它们代表了应用程序所看到的性能。

我们按照实验结论报告的结构首先描述实验方法，包括实验中用到的设备。我们的实验设备为：每个工作站使用运行在一对双核 2.4 GHz Xeon 处理器上的 Linux 操作系统。为了使速度达到 1 Gbps 以上，每台机器使用一对以太网适配器（标记的网卡，用作网络接口卡）。以太网的跨度是一个机房，所以传播不是问题，这使本实验只测量处理器 / 软件的开销。一个运行在套接字接口上的测试程序只是简单地尝试尽快发报文。图 5-11 说明了该实验的设置。

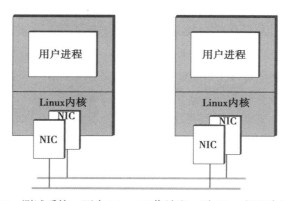

图 5-11 测试系统：两个 Linux 工作站和一对 Gbps 级以太网链路

你可能注意到，在硬件、连接速度等条件上，该实验设置并不理想。本节的重点不是演示一个特定协议能够运行得多快，而是描述测量和报告协议性能的通用方法。

对不同大小的报文使用称为 TTCP 的基准测试工具进行吞吐量测试。吞吐量测试的结果如图 5-12 所示。在这个图中要注意的关键点是，吞吐量随报文长度的增加而增加。这是讲得通的，因为每个报文包含一定的开销，所以较大的报文意味着将这个开销分摊到更多的字节上。吞吐量曲线在大约 1 KB 的位置变平，从这一点开始，每个报文的开销与协议栈处理的大量字节相比变得无关紧要。

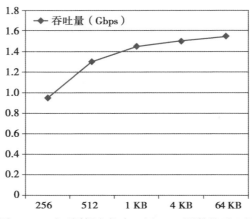

图 5-12　对不同报文长度，用 TCP 测量的吞吐量

值得注意的是，最大吞吐量小于 2 Gbps（这个设置中的有效链接速度），需要对结果进一步测试和分析来找出瓶颈（或者是否有多个因素影响）。例如，CPU 负载指标可能指出瓶颈是 CPU 还是内存带宽、适配器性能或者其他问题。

我们同时还注意到在这个测试中网络基本上是"完美"的。基本上没有延时和丢失，唯一影响性能的就是 TCP 的实现机制和工作站的软硬件环境。相比之下，大多数时候我们面对的是不够完善的网络：特别是带宽受限、最后一英里连接和易丢包的无线连接。在了解这些连接如何影响 TCP 性能之前，我们需要理解 TCP 如何解决拥塞问题，这正是下一章的主题。

自从有网络以来，网络链路的增速已经无数次影响到网络发送给应用程序的数据。例如，美国在 1989 年启动一项浩大的研究工作——构建千兆以太网，目的不仅是使链路和交换机速度达到甚至超过 1 Gbps，而且是希望将这样的吞吐量直接传送给单个应用程序进程。这遇到很多实际的问题（比如，网络适配器、工作站的体系结构以及操作系统都必须在设计时考虑到网络应用程序的吞吐量），同时证明了很多难题也没那么复杂。所有问题中最让人关心的是现存的传输协议，特别是 TCP，可能达不到千兆位操作。

事实证明，TCP 紧跟高速网络和应用不断增加的需求，为解决高带宽延迟积而引入滑动窗口就是一个重要的例子。不过，TCP 的理论性能和实际表现还是有很大差异。简单的问题也会导致性能降低，比如从网络适配器传送到应用程序的过程中多次不必要地复制数据，又如当带宽延迟积很大时缓存空间不足。同时，TCP 的动态变化也很复杂（在下一章会更加明显），网络行为和应用行为中微小的相互作用以及 TCP 自身原因都能使其突然改变性能。

TCP 在网速增加的同时表现良好这一点应该引起注意。当 TCP 遇到一些限制（正常来说是拥塞、增加的带宽延迟积或者两者都有）时，研究者急于找到解决方案。我们在本章已经探讨过其中的一些，在下一章我们会研究更多方案。

5.2.10　其他设计选择（SCTP、QUIC）

尽管已经证明 TCP 是一个稳健的协议，能够满足广泛的应用需要，但传输协议的设计空间是相当大的。在此设计空间上，TCP 绝不是唯一的有效选择，我们通过考察另一些设计选择来结束对 TCP 的讨论。虽然对 TCP 的设计者为什么做这些选择给出了解释，但我们要观察针对另一些选择而设计的传输协议和未来可能出现的传输协议。

第一，本书的第 1 章就提出，至少有两类令人感兴趣的传输协议：像 TCP 一样的面向流的协议和像 RPC 一样的请求 / 应答协议。换句话说，我们已经隐含地将设计空间分为两半且将 TCP 放在面向流的那一半。我们可以进一步将面向流的协议分为两组：可靠的和不可靠的。前者包括 TCP，后者更适用于交互式的视频应用，它宁可丢弃帧也不引发与重传相关的延迟。

对传输协议分类是非常有趣的，并可以越分越细，但世界并不是我们喜欢的那样黑白分明。例如，考虑 TCP 作为传输协议对请求 / 应答应用的适用性。TCP 是一个全双工的协议，所以很容易打开客户端和服务器间的 TCP 连接，在一个方向发送请求报文，而在另一个方向发送应答报文。然而，存在两种复杂情况。第一种情况是，TCP 是面向字节（byte）的协议而不是面向报文（message）的协议，但请求 / 应答应用总是处理报文。（我们马上就仔细探讨字节和报文的问题。）第二种情况是，在请求报文和应答报文都能包含在一个网络分组中的情况下，一个设计良好的请求 / 应答协议仅需要两个分组来完成交换，而 TCP 至少需要 9 个分组，其中 3 个用于建立连接，2 个用于报文交换，4 个用于断开连接。当然，如果请求报文和应答报文大到足以需要多个网络分组（例如，需要用 100 个分组来发送 100 000 字节的应答报文），那么建立和断开连接的开销就无关紧要了。换句话说，不是某个协议不能支持某一特定功能，而是在特定情况下某种设计比另一种设计更有效。

第二，正如刚才提到的，你可能会问为什么 TCP 选择提供可靠的字节（byte）流服务，而不提供可靠的报文（message）服务，报文应该是要进行记录交换的数据库应用的首选。对这个问题有两个答案。一是，面向报文的协议必须确立一个报文的长度上界。毕竟，一个无限长的报文就是一个字节流。但是对于协议选择的任何一个长度上界，总会有某个应用程序想要发送更大的报文，使得传输协议无用，并且迫使应用程序实现它自己的类似传输的服务。二是，虽然面向报文的协议显然更适用于彼此间要发送记录的应用，但应用可以很容易地在字节流中插入记录边界来实现这一功能。

在 TCP 设计中做出的第三个决定就是应用程序按序传输字节流。这意味着，它可以从网络中接收乱序字节流，等待补齐丢失的字节。这对于很多应用很有帮助，但对于能够自己处理乱序字节的应用就没多大用处。举个简单的例子，包含多个嵌入图像的网页不需要在所有图像按序收到后才开始显示在页面上。还有一类应用希望在应用层来处理乱序数据，以便当分组丢失或乱序时更快地获取数据。为支持这些应用，存在两种 IETF 标准传输协议。其中第一种是流控制传输协议（Stream Control Transmission Protocol，SCTP）。SCTP 提供部分有序传输服务，而不是严格有序的传输服务。（SCTP 还有一些与 TCP 不同的设计决策，包括报文定向和单一会话支持多个 IP 地址。）最近，IETF 一直在标准化一个为 Web 流量优化的协议，称为 QUIC。稍后将有更多关于 QUIC 的讨论。

第四，TCP 选择实现显式地建立 / 断开连接，但这不是必需的。对建立连接来说，它显然可以与第一个数据报文一起发送全部必要的连接参数。TCP 之所以选择更保守的方法是要让接收方在任何数据到达之前有机会拒绝连接。对于断开连接来说，虽然能简单地关闭一个很长一段时间不活动的连接，但这会使一次连接要保持几个星期的远程登录等应用程序更复杂，这样的应用将被强制要求发送带外的"保持"报文以防止另一端的连接状态消失。

第五，TCP 是一个基于窗口的协议，但这不是唯一的可能性。可供选择的有基于速率（rate-based）的设计，接收方通知发送方愿意接收的输入数据的速率，速率用每秒字节数或分组数表示。例如，接收方可能通知发送方它每秒能处理 100 个分组。在窗口和速率间存在一个有趣的对偶性，因为窗口中的分组（字节）数除以 RTT 恰好就是速率。例如，一个 10 个分组长的窗口大小和一个 100 ms 的 RTT 意味着允许发送方以每秒传输 100 个分组的速率传送。通过增大或减小窗口的尺寸，接收方能有效地提高和降低发送方的传输速率。在 TCP 中，这个信息在每个数据段的 ACK 的通知窗口字段中被反馈给发送方。基于速率的协议的关键问题之一是每隔多久将期望的速率（一段时间后可能改变）传达给源主机：是对每个分组或每隔一个 RTT 回送，还是仅当速率改变时回送？刚才虽然在流量控制部分讨论了窗口和速率，但在下一章将要讨论的拥塞控制部分它们将是一个更有争议的问题。

QUIC

QUIC 即快速 UDP 因特网连接，于 2012 年起源于谷歌，在撰写本书时，仍在 IETF 进行标准化。它已经在一些 Web 浏览器和相当多受欢迎的网站中实现了部署。它的成功本身就是 QUIC 的故事中一个有趣的部分。事实上，可部署性是协议设计者的一个关键考虑因素。

设计 QUIC 的动机来自我们上面提到的关于 TCP 的几点：对于通过 TCP 运行的一系列应用程序，某些设计决策已被证明是非最优的，HTTP（Web）流量就是一个特别显著的例子。随着时间的推移，这些问题变得越来越明显，原因包括高延迟无线网络的兴起，单个设备可使用多个网络（如 Wi-Fi 和蜂窝网络），以及网络上加密、认证连接的使用日益增多。虽然 QUIC 的完整描述超出了我们的范围，但一些关键的设计决策值得讨论。

如果网络延迟高达数百毫秒，那么几次 RTT 累加可能会很快给终端用户带来明显的麻烦。在传输层安全的 TCP 上建立 HTTP 会话（8.5 节）通常需要三次往返（一次用于 TCP 会话建立，两次用于设置加密参数），然后才能发送第一条 HTTP 报文。QUIC 的设计人员认识到，如果连接设置和所需的安全握手结合起来，并针对最小的往返进行优化，那么这种延迟——协议设计分层的直接结果——可以显著减少。

还要注意多个网络接口的存在可能会如何影响设计。如果你的手机失去 Wi-Fi 连接，需要切换到蜂窝网络连接，则通常需要在一个连接上执行 TCP 超时，在另一个连接上执行一系列新的握手。QUIC 的另一个设计目标是使连接能够在不同的网络层上保持。

最后，如上所述，TCP 的可靠字节流模型与 Web 页面请求不匹配。页面请求需要获取许多对象，而页面呈现可以在它们全部到达之前开始。虽然解决方法之一是并行打开多个 TCP 连接，但这种方法（在 Web 早期使用）有其自身的缺点，特别是在拥塞控制方面（参见第 6 章）。

有趣的是，当 QUIC 出现时，已经做出了许多设计决策，这些决策对新传输协议的部署提出了挑战。值得注意的是，许多"中间盒"[如 NAT 和防火墙（见 8.5 节）] 对现在广泛部署的传输协议（TCP 和 UDP）有足够的了解，不能依赖它们来传递新的传输协议。因此，QUIC 实际上是在 UDP 之上运行的。换句话说，它是在传输协议之上运行的传输协议。正如我们对分层的了解一样，这并不罕见，下面两节也将说明这一点。

QUIC 在第一个 RTT 中通过加密和身份验证实现快速建立连接。它提供了一个连接标识符，该标识符在基础网络中保持不变。它支持将多个流多路复用到单个传输连接上，以避免在其他有用数据继续到达时丢弃单个分组可能导致的队首阻塞。它保留了 TCP 避免拥塞的特性，这是传输协议的一个重要方面，我们将在第 6 章中继续讨论。

QUIC 是传输协议领域最有意义的发展。TCP 的许多局限性几十年来一直为人所知，但 QUIC 是迄今为止最成功的尝试之一，其在设计空间中指出了一个不同的点。由于 QUIC 的灵感来自 HTTP 和 Web，而 HTTP 和 Web 是 TCP 在因特网上建立很久之后才出现的，因此它在分层设计的不可预见的后果和因特网的发展方面提供了一个有价值的研究案例。

多路径 TCP

即便现有协议不能充分服务于特定用例，也不一定需要定义新协议。有时，可以对现有协议的实现方式进行更改，但仍保持原始规范不变。多路径 TCP 就是一个示例。

多路径 TCP 的思想是通过多条路径在因特网上引导分组，例如，为一个端点使用两个不同的 IP 地址。这在将数据传送到同时连接到 Wi-Fi 和蜂窝网络（因此具有两个唯一 IP 地址）的移动设备时尤其有用。由于是无线连接，这两个网络都会经历严重的分组丢失，因此能够使用两个网络来传输分组可以极大地改善用户体验。关键在于 TCP 的接收端在将数据传递给应用程序之前按照顺序重建原始字节流，而应用程序不知道它位于多路径 TCP 之上。（这与故意打开两个或多个 TCP 连接以获得更好性能的应用程序形成对比。）

尽管多路径 TCP 听起来很简单，但很难做到正确，因为它打破了关于如何实现TCP 流控制、顺序段重组和拥塞控制的许多假设。我们把它作为一个练习留给读者去探索这些微妙之处。这样做可以确保你对 TCP 的基本理解是正确的。

5.3 远程过程调用

以客户端 / 服务器对为结构的应用程序使用的一种常见通信模式是请求 / 应答报文事务：客户端向服务器发送一条请求报文，服务器用一条应答报文应答，而客户端阻塞（挂起）等待这个应答。图 5-13 说明了在这样的报文事务中客户端和服务器的基本交互活动。

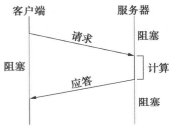

图 5-13　RPC 的时间线

支持请求 / 应答模式的传输协议双向传递 UDP 报文。它需要正确处理在远程主机上的标识进程，并建立起请求和应答之间的联系。它还要克服本章开始的问题中概述的底层网络的限制。虽然 TCP 通过提供一个可靠的字节流服务克服了这些限制，但它也不能很好地配合请求 / 应答模式。本节描述第三种传输协议——远程过程调用（Remote Procedure Call，RPC），它与涉及请求 / 应答报文交换的应用的需求更匹配。

5.3.1 RPC 基础

实际上 RPC 不仅仅是一个协议，它是构造分布式系统的一种通用机制。RPC 之所以流行，是因为它基于本地过程调用的语义：应用程序首先调用一个过程，不管它是本地调用还是远程调用，接着阻塞直到调用返回结果。应用程序开发者无须知道调用是本地的还是远程的，因此任务被大大简化了。在面向对象的语言中，当调用过程是远程对象的方法时，RPC 被认为是远程方法调用（Remote Method Invocation，RMI）。虽然这听起来可能比较简单，但有两个主要问题使得 RPC 比本地过程调用更复杂：

- 调用进程和被调用进程间的网络比一台计算机的情况更复杂。例如，它可能限制报文的大小，并且有丢失和重排报文的可能。
- 运行调用进程和被调用进程的计算机可能有明显不同的体系结构和数据表示格式。

这样，一个完整的 RPC 机制实际上包含两个主要部分：

- 协议,用于管理客户端与服务器进程之间发送的报文以及处理底层网络的潜在不合理特性。
- 编程语言和编译程序,支持在客户端把参数封装进一个请求报文,并在服务器上把报文翻译成原来的参数,对返回值也能做类似的处理 [RPC 机制中的这部分通常称为桩编译器(stub compiler)]。

图 5-14 描述了当一个客户端调用一个远程过程时发生的事情。首先,客户端调用过程的本地桩,并把过程需要的参数传递给它。桩把参数翻译为一个请求报文,接着调用 RPC 协议把这个请求报文发送给服务器,这样桩隐藏了过程是在远端的事实。在服务器端,RPC 协议把这个请求报文传递给服务器桩,由它负责把报文翻译为过程的参数并调用本地过程。服务器过程完成后,它把执行结果送给服务器桩,服务器桩将结果封装到应答报文中,并把它原封不动地送到 RPC 协议以便发送回客户端。客户端的 RPC 协议将收到的报文上传给客户端桩,客户端桩将报文翻译成返回值送给客户端程序。

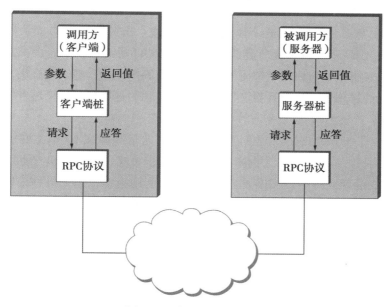

图 5-14 完整的 RPC 机制

本节只考虑 RPC 机制与协议相关的方面。也就是说,忽略桩而着眼于客户端和服务器之间传送报文的 RPC 协议,有时叫请求 / 应答协议。其他地方介绍了参数到报文的转换和报文到参数的转换。还必须记住,客户端和服务器程序是用某种编程语言编写的,这意味着给定的 RPC 机制可能支持 Python 桩、Java 桩、GoLang 桩等,每种桩都包含用于调用过程的特定于语言的习惯用法。

由于 RPC 这个术语只是指一类协议,而不是像 TCP 那样是一个特定的标准,因此 RPC 协议会随它所执行的功能而有所不同。TCP 是可靠的字节流协议,而 RPC 不是,没有一个绝对可靠的 RPC 协议。因此,本节将讨论不同于前面的其他设计选择。

1. RPC 中的标识符

任何 RPC 协议必须执行两个功能：

- 提供一个命名空间来唯一标识被调用的过程。
- 将每一个应答报文与请求报文相匹配。

第一个问题类似于在网络中识别节点的问题（例如 IP 地址）。进行识别的一种设计选择是命名空间是扁平的还是分层的。扁平的命名空间仅仅为每个过程分配一个唯一的、无结构的标识符（例如一个整数），这个数字标识符被装载到 RPC 请求报文的一个字段中。这就需要一个中心协调者以避免为两个不同的过程指派相同的过程标识符。此外，协议也可以实现一个分层的命名空间，类似于文件路径名，只需要在同一个文件目录下具有唯一的文件名即可。这种方法简化了过程命名，能够确保过程名的唯一性。RPC 分层的命名空间可以通过在请求报文中定义一组字段来实现，在两层或三层的命名空间中每层都有一个名字。

将应答报文与请求报文匹配的关键是使用报文 ID 字段来识别请求/应答对。应答报文的 ID 字段与请求报文的 ID 字段具有相同的值。当客户端 RPC 模块收到应答报文时，它使用报文 ID 来搜索相应的请求。为了使 RPC 事务对调用者来说像本地过程调用一样，在收到应答报文前调用者被阻塞。接收到应答报文时，基于应答报文中的请求号来识别被阻塞的调用者，从应答报文中获取远程过程的返回值，将调用者解除阻塞，以便它能返回。

RPC 中的另一个挑战是处理非预期的应答，这是和报文 ID 相关联的。例如，考虑下面的实际情况：客户端发送报文 ID 为 0 的请求报文，之后死机并重启，然后发送另一个报文 ID 也为 0 的不相关报文。服务器不可能知道客户端死机并重启了，因此它收到报文 ID 为 0 的重复报文后将其丢弃，于是客户端就不可能收到对于第二个请求的应答。

解决该问题的一种方法是使用引导 ID（boot ID）。机器的引导 ID 是数字，每次机器重新启动后它会增加，启动后从非易失性存储设备（如磁盘或闪存驱动器）中读取该 ID，增加其值，然后在启动过程中写回到存储设备中，之后该 ID 会被放在该主机所发送的每一个报文中。如果一个报文具有旧的报文 ID 但有新的引导 ID，则会被识别为一个新的报文。这样，报文 ID 和引导 ID 组合起来构成了每一个事务的唯一 ID。

2. 克服网络局限性

RPC 协议通常执行额外的功能来应对网络信道不顺畅的情况，两个主要功能是：

- 提供可靠报文传输机制。
- 通过分片和重组支持大尺寸的报文。

RPC 协议可以通过选择在可靠协议（如 TCP）上运行来"使这个问题消失"，但在许多情况下，RPC 在不可靠的底层（如 UDP/IP）上实现自己的可靠报文传递层。类似于 TCP，这样的 RPC 协议可能使用确认和超时来实现可靠性。

基本算法很简单，如图 5-15 中给出的时间线所示。客户端发送一个请求报文，服务器对其进行确认，过程执行完后，服务器发送一个应答报文，客户端对该应答进行确认。

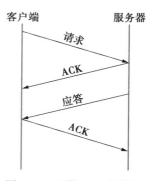

承载数据（请求报文或应答报文）或确认（ACK）的报文在网络中可能会丢失，为了应对这种可能性，客户端和服务器对它们所发送的每一个报文都会保留一份副本，直到与其相应的 ACK 已经收到。每一方也都会维持一个重传（RETRANSMIT）定时器，超时后就重传报文。在放弃和释放报文之前双方会重新启动定时器并再一次协商定时器的取值。

图 5-15　可靠 RPC 协议的
简单时间线

如果 RPC 客户端收到了一个应答报文，那么服务器一定已经收到了相应的请求报文，因此应答报文本身就是一个隐式的确认，无须服务器再专门发送确认报文。类似地，请求报文可以隐式地确认先前的应答报文——假设协议要求请求应答事务是连续的，即一个事务在下一个事务开始之前必须已经完成。不幸的是，这种连续性会严重限制 RPC 的性能。

对于 RPC 协议来说，摆脱这种困境的一种方法是使用信道（channel）抽象。在一个给定的信道中，请求 / 应答事务是连续的（在给定信道的某一时刻只有一个事务是活跃的），但同时可以有多个信道。换一种说法，信道抽象使得在客户端 / 服务器对之间复用多个 RPC 请求 / 应答事务成为可能。

每个报文包含一个信道 ID 字段来指明其所属的信道。如果先前未被确认过的话，则在给定信道中的一个请求报文隐式地确认该信道中先前的应答报文。如果应用程序同时有多个请求 / 应答事务需要和服务器交互的话（应用程序有多个线程），那么它可以打开和服务器之间的多个信道。如图 5-16 所示，应答报文对请求报文进行确认，接下来的请求报文对先前的应答报文进行确认。注意，这里我们再次看到了称为并发逻辑信道的方法，在前面章节中，该方法用于改善停止等待可靠传输机制的性能。

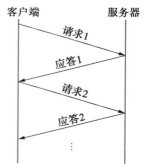

图 5-16　使用隐式确认的可靠
RPC 协议的时间线

RPC 必须考虑的另一个复杂问题是服务器可能需要花费很长时间来得出计算结果，也可能在计算过程中出错，这样在产生应答之前可能会崩溃。这里所说的时间段是在服务器对请求发送了确认之后，但在发送应答之前。为了使客户端能够对应答慢的服务器和已死机的服务器进行区分，RPC 客户端周期性地向服务器发送"你是活跃的吗？"报文，服务器用 ACK 对该报文进行应答。另一种办法是，服务器向客户端发送"我仍然活跃着"报文，而无须客户端首先发送报文。客户端首先发出询问的方法具有更好的扩展性，因为它把管理定时器的任务放在了客户端。

RPC 的可靠性包括最多一次语义（at-most-once semantic）的特性。这意味着对于客户端发送的每个请求报文，最多只有一个报文副本被传递到服务器。客户端每次调用远程过程时，服务器上的过程最多被调用一次。我们说"最多一次"而不是"正好一次"，因为总有可能网络或者服务器出故障，这时即使传递请求报文的一个副本也是不可能的。

为了实现最多一次语义，RPC服务器端必须识别重复请求（并忽略该请求），即使它已经成功地回复了最初的请求。因此，它必须维护一些识别先前请求的状态信息。一种方法是使用序列号识别请求，这样服务器只要记住最近的序列号就可以了。不幸的是，这样就限制了RPC同时只能给一个服务器发送一个请求，因为在带有下一个序列号的请求被传输之前先前的请求必须已经完成。信道提供了一种解决办法，通过记住每个信道的当前序列号，服务器能够识别重复的请求，而不必限制客户端同时只能发送一个请求。

并不是所有RPC协议都支持最多一次语义。一些协议支持所谓的零次或多次（zero-or-more）语义，也就是说，客户端的每次调用导致远程过程被调用零次或多次。不难理解，这种方式会引起问题，因为远程过程的每次调用都可能会改变一些本地的状态变量（例如，增加计数器的值）或造成外部可见的副作用（例如，发射一枚导弹）。另一方面，如果远程过程的调用是幂等的（idempotent），即多次调用产生的效果和一次调用一样，那么RPC机制就不必支持最多一次语义，用一个更简单（可能更快速）的实现就足够了。

作为可靠传输协议，RPC需要实现报文分片和重组有两个原因：一是下层协议栈没有提供该功能；二是通过RPC协议来实现该功能会更有效。考虑RPC在UDP/IP之上依赖于IP实现分片和重组的情况，如果在特定的时间段内报文的一个分片传输失败，那么IP丢弃该报文的所有分片，从而造成该报文的丢失，最终RPC协议（假设它实现了可靠性）发生超时并重传该报文。与此相反，考虑RPC协议自身实现分片和重组的情况，每个分片都有各自的确认（ACK）或否定确认（NACK），丢失的分片会被更快地检测到并重传，这样就只有丢失的分片需要重传，而不必重传整个报文。

3. 同步协议与异步协议

描绘协议特性的一种方式是说明它是同步的（synchronous）还是异步的（asynchronous）。这两个术语的具体含义依赖于它们用于协议层次结构中的哪一层。在传输层，最好将所有可能的选择看成一条光谱，同步与异步是这条光谱的两端，而非互斥的两种选择。将一种选择区别于其他选择的关键属性是发送报文的操作返回后，发送方知道多少信息。换句话说，如果假设一个应用程序调用了传输协议上的send操作，那么问题是：send操作返回时，应用程序对操作是否成功知道多少？

在这条光谱异步的一端，当send操作返回时，应用程序绝对不知道任何事情。它不仅不知道报文是否被对等方接收，甚至不能确切知道报文是否成功地离开本地机器。在这条光谱同步的一端，send操作通常返回一个应答报文。也就是说，应用程序不仅知道发送的报文被对等方接收，而且知道对等方返回一个应答。这样，同步协议实现了请求 /

应答的抽象，而如果发送方想要传输很多报文而不必等待应答，则使用异步协议。根据这个定义，RPC 协议显然是一个同步协议。

在这两个极端间存在一些值得注意的问题，尽管在本章我们没有讨论它们。例如，传输协议可以实现 send 后阻塞（不返回），直到报文成功地被远程机器接收，但在发送方的对等方实际处理完毕并应答之前返回。有时这称为可靠数据报协议（reliable datagram protocol）。

5.3.2　RPC 实现（SunRPC、DCE、gRPC）

现在讨论 RPC 协议实现的例子，这将突出协议设计者的不同设计决定。第一个例子是 SunRPC，这是一个被广泛使用的 RPC 协议，也称为开放网络计算 RPC（Open Network Computing RPC，ONC RPC）。第二个例子是 DCE-RPC，它是分布式计算环境（Distributed Computing Environment，DCE）的一部分。DCE 是构造由开放软件基金会（Open Software Foundation，OSF）定义的分布式系统的一套标准和软件，OSF 是由一些计算机公司组成的联盟，最初包括 IBM、DEC 和 HP 公司，现在 OSF 更名为开放组（The Open Group）。第三个例子是 gRPC，这是一种流行的 RPC 机制，谷歌已经将其开源。gRPC 基于谷歌内部一种用于在数据中心实现云服务的 RPC 机制。这三个示例代表 RPC 解决方案中有趣的设计选择，但为了避免你认为它们是唯一的选项，我们在第 9 章关于 Web 服务的内容中描述其他三种类似 RPC 的机制（WSDL、SOAP 和 REST）。

> **RPC 在哪一层？**
>
> 　　这又是"在哪一层"的问题。对很多人来说，特别是那些持协议体系结构应该严格分层观点的人，RPC 是在传输层协议（TCP 或 UDP）之上实现的，所以它自己（按照定义）不能算是一个传输层协议。但它提供了一个与 TCP 和 UDP 所提供的服务根本不同的进程到进程的服务。
>
> 　　有趣的是，另有一些人认为 RPC 是世界上最重要的协议，而 TCP/IP 只不过是当你想"脱离站点"时才做的事。这是操作系统领域的主流观点，人们已经构造了无数分布式系统的操作系统内核，这些系统只包含一个运行在网络设备驱动程序之上的协议——RPC 协议。
>
> 　　我们的观点是，任何提供进程到进程服务而不是节点到节点或主机到主机服务的协议，都可称作传输层协议，只要它至少能被两个应用程序重用。这样，RPC 就是一个传输层协议，但它可以在其他传输层协议之上实现。这就是 RPC 在因特网中的基本演变方式，正如本章的"透视图"部分所讨论的那样。

1. SunRPC

SunRPC 已经成为一个事实上的标准，这得益于它与 Sun 工作站一起被广泛应用及其在流行的 Sun 网络文件系统（Network File System，NFS）中所起的中心作用。IETF

采纳了 SunRPC，将其作为一个标准的因特网协议，命名在 ONC RPC 之下。

　　SunRPC 在多个不同的传输层协议之上实现，图 5-17 描述了在 UDP 之上实现 SunRPC 的协议图。正如本章前面所提到的，严格的层次结构主义者可能会反对在传输层协议之上运行传输层协议的想法，或者会因为 RPC 出现在传输层之上而争论 RPC 不是传输层协议。然而，正如下面将要讨论的，将 RPC 运行在现有的传输层之上的设计决定是务实的。

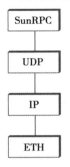

图 5-17　在 UDP 之上的 SunRPC 协议图

　　SunRPC 使用两层标识符来识别远程过程：一个 32 位的程序号和一个 32 位的过程号（还有 32 位的版本号，在下面的讨论中我们将其忽略）。例如，NFS 服务器已经被赋予程序号 x00100003，在这个程序中，getattr 是过程 1，setattr 是过程 2，read 是过程 6，write 是过程 8，等等。程序号和过程号被放置在 SunRPC 请求报文的首部来传输，其首部字段如图 5-18 所示。对于调用特定程序的特定过程而言，支持多个程序号的服务器是尽责的。SunRPC 请求实际上代表了一种请求，该请求是调用特定机器上特定程序和过程的请求，相同的程序号可以用在相同网络中的不同机器上。这样，服务器的地址（如 IP 地址）就成了 RPC 地址中的第三层地址。

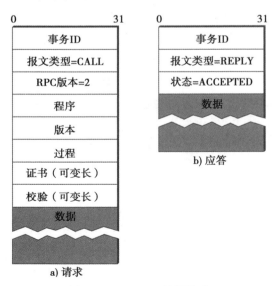

图 5-18　SunRPC 首部格式

不同程序号可能属于同一台机器上的不同服务器，这些不同的服务器具有不同的传输层多路分解键（例如 UDP 端口），其中大部分都是被动态指派的非知名端口，这些多路分解键称为传输选择器（transport selector）。一个想要与特定程序交互的 SunRPC 客户端如何决定使用哪一个传输选择器到达相应的服务器呢？解决办法是给远程机器上的一个程序指派知名地址，让该程序告诉客户端哪个传输选择器能够到达该机器上的其他程序。该 SunRPC 程序的最初版本称为端口映射（port mapper），它仅支持下层协议为 UDP 或 TCP 的情况。它的程序号是 x00100000，知名端口号是 111。RPCBIND 由端口映射程序演化而来，它支持任意的下层传输层协议。当 SunRPC 服务器启动时，它调用位于服务器宿主机上的 RPCBIND 注册过程来注册其支持的传输选择器和程序号，之后远程客户端就能调用 RPCBIND 过程查询对应于特定程序号的传输选择器。

为了便于理解，考虑在 UDP 上使用端口映射的例子，为了给 NFS 的 read 过程发送请求报文，客户端首先要给 UDP 端口 111 上的端口映射程序发送一个请求报文，请求调用过程 3 以把程序号 x00100003 映射为当前 NFS 程序所在的 UDP 端口。客户端接着向该 UDP 端口发送程序号为 x00100003、过程号为 6 的 SunRPC 请求报文，在该端口监听的 SunRPC 模块调用 NFS 的 read 过程。客户端也保存程序号到端口号的映射，所以不必在每次想与 NFS 对话的时候都返回到端口映射程序$^\ominus$。

为了将应答报文与相应的请求报文相匹配，以便 RPC 能返回到正确的调用者，请求报文和应答报文的首部都包含有事务 ID（XID）字段，如图 5-18 所示。事务 ID 是唯一的事务标识符，仅用于一次请求和相应的应答中。在服务器对给定的请求进行了成功的应答后，它不会记得该事务 ID。因此，SunRPC 不能保证最多一次语义。

SunRPC 语义的细节依赖于下层的传输层协议，它没有实现自己的可靠性，因此仅当下层传输层协议可靠时它才是可靠的（当然，任何运行在 SunRPC 之上的应用程序也可以选择在 SunRPC 之上实现其自身的可靠机制）。发送比网络 MTU 大的请求和应答报文的能力也依赖于下层的传输层。换句话说，在可靠性和报文大小方面，SunRPC 相对于下层传输层来说并没有做任何改进，因此 SunRPC 能够运行在许多不同的传输层协议之上，具有相当大的灵活性，而没有给 RPC 协议的设计增加任何复杂性。

回到图 5-18 所示的 SunRPC 的首部格式，请求报文包含变长的证书（Credentials）和校验（Verifier）字段，它们都被客户端用来向服务器认证自己，也就是说，给出客户端有权访问服务器的证据。客户端如何向服务器认证自己是一个普遍的问题，任何希望提供合理安全级别的协议必须解决这个问题。该问题的更详细的讨论放在另外一章。

2. DCE-RPC

DCE-RPC 是 DCE 系统核心部分的 RPC 协议，也是微软 DCOM 和 ActiveX 中 RPC 机制的基础。它可以和第 7 章描述的网络数据表示（Network Data Representation，NDR）桩编译器一起使用，但它也可以作为公共对象请求代理体系结构（Common Object Request

---

$\ominus$　实际上，NFS 这个重要的程序有专属的 UDP 知名端口，此处的举例只是为了便于理解。

Broker Architecture，CORBA）的基础 RPC 协议，CORBA 是一个构建分布式、面向对象系统的行业标准。

　　像 SunRPC 一样，DCE-RPC 被设计为可以运行在包括 UDP 和 TCP 在内的多个传输层协议上。与 SunRPC 类似，它定义了一个两层编址方案：传输层协议多路分解到正确的服务器，DCE-RPC 分发到由该服务器输出的特定过程，客户端查阅"端点映射服务"（类似于 SunRPC 的端口映射）以获得如何到达特定服务器的途径。然而，与 SunRPC 不同的是，DCE-RPC 实现最多一次调用语义（事实上，DCE-RPC 支持多个调用语义，包括类似于 SunRPC 的幂等语义，但最多一次语义是其默认行为）。下面将重点讨论两种方法的不同之处。

　　图 5-19 给出了典型报文交换的时间线，其中每个报文由它的 DCE-RPC 类型标明。客户端发送一个请求（Request）报文，服务器最终用一个响应（Response）报文来应答，然后客户端确认（Ack）这个响应。然而，在 DCE-RPC 中服务器并不确认请求报文，而是由客户端定期向服务器发送一个探测（Ping）报文，服务器用一个工作（Working）报文应答，表示远程过程仍在处理中。如果服务器的应答很快被接收，则不需要发送探测报文。尽管图中没有显示，但 DCE-RPC 也支持其他报文类型。例如，客户端能够向服务器发送一个退出（Quit）报文，要求服务器终止一个仍在处理的早期调用，服务器应答一个退出确认（Quack）报文。服务器也可以用一个拒绝（Reject）报文（表示一个调用已被拒绝）应答请求报文，并且能够用一个无调用（Nocall）报文（表示服务器未曾接收到调用者的请求）应答探测报文。

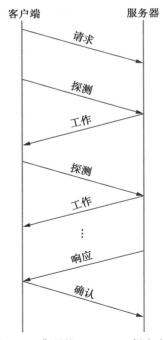

图 5-19　典型的 DCE-RPC 报文交换

DCE-RPC 中的每个请求/应答事务都发生在活跃期（activity），活跃期是一对参与方之间的逻辑请求/应答信道。任何时刻，在给定信道中只有一个报文事务是活跃的。就像前面所描述的并发逻辑信道方法一样，如果应用程序同时想有多个请求/应答事务，那么就必须打开多个信道。报文所属的活跃期通过报文的活跃 ID（ActivityId）字段来识别，序号（SequenceNum）字段用来区分同一活跃期中的不同调用，它与 SunRPC 中的事务 ID（XID）字段具有相同的作用。与 SunRPC 不同，DCE-RPC 跟踪特定活跃期中最后使用的序号，以此保证最多一次语义。为了对服务器重启之前和之后的应答进行区分，DCE-RPC 使用服务器引导（ServerBoot）字段来保存机器的引导 ID。

DCE-RPC 中另外一个不同于 SunRPC 的设计选择是在 RPC 协议中支持分片和重组。正如上面所提到的，即使下层协议（例如 IP）提供了分片/重组功能，当分片丢失时，作为 RPC 的一部分来实现的算法能够进行快速恢复，减少带宽消耗。分片号（FragmentNum）字段唯一地标识构成给定请求或应答报文的每个分片。每个 DCE-RPC 分片被指派了一个唯一的分片号（0、1、2、3 等）。客户端和服务器都实现了一种选择性的确认机制，其执行过程如下。（以下从客户端给服务器发送一个分片请求报文的角度来描述这个机制；当服务器向客户端发送一个分片应答时，采用同样的机制。）

首先，构成请求报文的每个分片都包含一个唯一的分片号和一个标志指示该分组是一个调用的分片（frag）或者一个调用的最后分片（last_frag）。容纳一个单独分组的请求报文携带一个无分片（no_frag）标志。当服务器接收到具有 last_frag 标志的分组而且分组的分片号没有间断时，它就知道已接收了一个完整的请求报文。其次，为了应答每个到达的分片，服务器发送一个分片确认（Fack）报文给客户端。该确认标明服务器已经成功收到的最大分片号。换句话说，确认是累积的，很像 TCP 中的确认。然而，服务器同时也选择性确认它错序接收的较大分片号。它使用位向量来实现这一功能，位向量标识相对于按序接收到的最大号分片的那些乱序分片。最后，客户端用重传丢失的分片来应答。

图 5-20 解释了整个工作过程。假设服务器已成功接收到直到序号为 20 的各个分片，以及序号为 23、25 和 26 的分片。服务器用一个分片确认应答，分片确认标识分片 20 是最大有序分片，并加上一个第 3 位（23=20+3）、第 5 位（25=20+5）和第 6 位（26=20+6）为 1 的位向量（SelAck）。为了支持一个（几乎）任意长的比特向量，向量的长度（以 32 位字度量）在位向量长度（SelAckLen）字段中给出。

考虑到 DCE-RPC 支持很大的报文——分片号字段为 16 位，这表示它能够支持 64 K 个分片——尽可能快地发送组成一个报文的所有分片对该协议来说是不适合的，因为这样做可能超出接收方的限度。相反，DCE-RPC 实现了一个类似于 TCP 的流量控制算法。尤其是，每个分片确认报文不仅仅确认接收到的分片，同时也通知发送方现在可以发送多少个分片。这正是图 5-20 中的窗口大小（WindowSize）字段的目的，它与 TCP 的接收窗口（AdvertisedWindow）字段的目的类似，但它计数的是分片而不是字节。DCE-RPC 也实现了一个类似于 TCP 的拥塞控制机制。鉴于拥塞控制的复杂性，一些 RPC 协议通过避免分片来避免拥塞或许不那么令人惊讶。

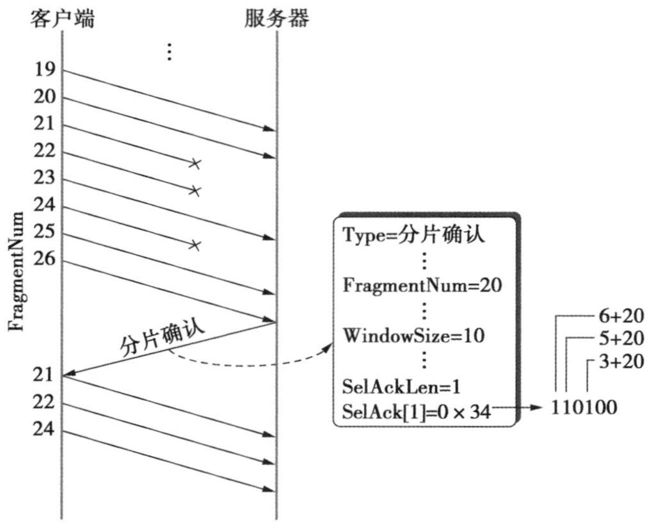

图 5-20   带有选择性确认的分片

总之，在设计一个 RPC 协议时，设计者有比较大的选择范围。SunRPC 能够实现最低限度的功能，对下层的传输层增加了相关功能，能够定位正确的过程并识别报文。DEC-RPC 增加了更多的功能，在更复杂的环境下改善了性能。

3. gRPC

尽管 gRPC 起源于 Google，但它并不代表 Google RPC。" g "在每个版本中代表不同的东西。在 1.10 版本中，它代表"迷人"，而在 1.18 版本中，它代表"鹅"。gRPC 很受欢迎，因为它开源让所有人都可以使用——包含谷歌使用 RPC 构建可扩展云服务的十年经验。

在详细介绍之前，先简单介绍 gRPC 与我们刚刚介绍的其他两个示例之间存在的主要差异。最大的差异在于 gRPC 是为云服务设计的，而不是之前的更简单的客户端 / 服务器范式。差异本质上是额外的间接层。在客户端 / 服务器世界中，客户端调用运行在特定服务器机器上的特定服务器进程上的方法，假定一个服务器进程足以为来自可能调用它的所有客户端进程提供服务。

对于云服务，客户端调用服务上的方法，为了支持同时来自任意多个客户端的调用，该方法由数量上可扩展的服务器进程实现，每个进程可能运行在不同的服务器上。这就是云发挥作用的地方：数据中心用无数服务器扩展云服务。当使用术语"可扩展"时，意思是选择创建的相同服务器进程的数量取决于工作负载（即在任何给定时间需要服务的客户端数量），并且该数量可以随时间动态调整。另一个细节是，云服务本身通常不会创建新进程，而是启动一个新容器，该容器本质上是一个封装在隔离环境中的进程，其中包括进程需要运行的所有软件包。Docker 是当今容器平台的典型示例。

回到服务本质上是位于服务器之上的额外间接层的说法，这一说法的含义是调用者标识了它想要调用的服务，负载均衡器将该调用定向到实现该服务的许多可用服务器进程（容器）之一，如图 5-21 所示。负载均衡器可以通过不同的方式实现，包括由硬件实现，但它通常由在虚拟机（也托管在云中）中运行的代理进程实现。

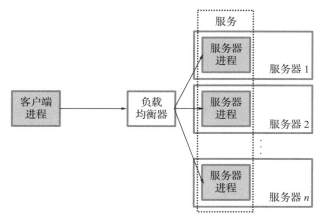

图 5-21　使用 RPC 调用一个可扩展的云服务

存在用于实现最终应答该请求的服务器代码，以及一些额外的云实现用来创建 / 销毁容器并在这些容器之间平衡请求。Kubernetes 是当今此类容器管理系统的典型示例，而微服务架构就是我们所说的以这种云原生方式构建服务的最佳实践。两者都是有趣的话题，但它们超出了本书的范围。

我们在这里感兴趣的是 gRPC 核心的传输协议。同样，与前面两个示例协议的主要区别不在于需要解决的基本问题，而在于 gRPC 解决这些问题的方法。简而言之，gRPC 将许多问题"外包"给其他协议，让 gRPC 以易于使用的形式打包这些功能。下面是细节。

首先，gRPC 运行在 TCP 而不是 UDP 之上，这意味着它外包了连接管理以及可靠传输任意大小的请求和回复报文的问题。其次，gRPC 实际上运行在称为传输层安全（TLS）的 TCP 安全版本之上——这是一个协议栈中位于 TCP 之上的层——这意味着它外包了保护通信信道的责任，因此攻击者无法窃听或劫持报文交换。最后，gRPC 实际上运行在 HTTP/2 之上（HTTP/2 位于 TCP 和 TLS 之上），这意味着 gRPC 外包了另外两个问题：有效地将二进制数据编码 / 压缩为报文，多路复用多个调用单个 TCP 连接的远程过程。换句话说，gRPC 将远程方法的标识符编码为 URI，将远程方法的请求参数编码为 HTTP 报文中的内容，并将远程方法中的返回值编码为 HTTP 应答中的内容。完整的 gRPC 堆栈如图 5-22 所示，其中还包括特定于编程语言的元素。（gRPC 的一个优势是它支持的编程语言范围很广，图 5-22 中只显示了一小部分。）

第 8 章将讨论 TLS，第 9 章将讨论 HTTP。一个有趣的依赖循环是：RPC 是一种用于实现分布式应用程序的传输协议，HTTP 是应用程序级协议的一个示例，而 gRPC 却运行在 HTTP 之上。

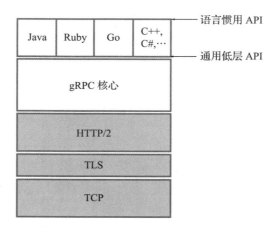

图 5-22　gRPC 核心堆叠在 HTTP、TLS 和 TCP 之上，支持多种语言

简单的解释是，分层为人们提供了一种方便的方法，可以让他们了解复杂的系统，但我们真正想做的是解决一系列问题（例如，可靠地传输任意大小的报文，识别发送者和接收者，将请求报文与应答报文匹配，等等）。这些解决方案添加到协议中的方式，以及这些协议相互叠加的方式，是随着时间的推移而不断变化的结果。你可以说这是一个意外。如果因特网是从像 TCP 这样无处不在的 RPC 机制开始建立的，HTTP 可能在 RPC 上面实现（就像第 9 章中描述的几乎所有其他应用层协议一样），谷歌会花时间改进该协议，而不是发明自己的协议（就像一直在用 TCP 做的那样）。相反，Web 成为因特网的杀手级应用程序，这意味着它的应用程序协议（HTTP）得到了因特网其他基础设施的普遍支持：防火墙、负载均衡器、加密、身份验证、压缩等。因为所有这些网络元素都被设计为与 HTTP 协同工作，HTTP 已经成为因特网的通用请求 / 应答传输协议。

回到 gRPC 的独特特性，它的最大价值是将流合并到 RPC 机制中，也就是说，gRPC 支持四种不同的请求 / 应答模式：

- 简单 RPC：客户端发送单个请求报文，服务器使用单个应答报文进行应答。
- 服务器流式 RPC：客户端发送一条请求报文，服务器应答一条回复报文流。客户端在获得服务器的所有应答后完成。
- 客户端流式 RPC：客户端向服务器发送请求流，服务器通常（但不一定）在接收到所有客户端请求后发回单个应答。
- 双向流式 RPC：调用由客户端发起，但之后客户端和服务器可以按任意顺序读写请求和应答。这些流是完全独立的。

客户端和服务器可以自由交互意味着 gRPC 传输协议需要在两个对等方之间的请求和应答报文之外额外发送元数据和控制报文。示例包括错误和状态代码（表示成功或通知失败原因)、超时(表示客户端愿意等待应答的时间)、PING(表示一方或另一方仍在运行的 keepalive 通知)、EOS(表示没有更多请求或应答的流结束通知)和 GOAWAY(服务器发送给客户端的通知,表示它将不再接受任何新流)。与在本书中我们展示了首部格式的其他协议不同,这种控制信息在双方之间传递的方式主要由底层传输协议决定,在本例中为 HTTP/2。例如,我们将在第 9 章中看到,HTTP 包含一组 gRPC 可以利用的首部字段和应答码。

在继续之前,你可能想仔细阅读第 9 章中关于 HTTP 的讨论,但以下内容相当简单。一个简单的 RPC 请求(没有流)可能包括以下从客户端到服务器的 HTTP 报文:

```
HEADERS (flags = END_HEADERS)
:method = POST
:scheme = http
:path = /google.pubsub.v2.PublisherService/CreateTopic
:authority = pubsub.googleapis.com
grpc-timeout = 1S
content-type = application/grpc+proto
grpc-encoding = gzip
authorization = Bearer y235.wef315yfh138vh31hv93hv8h3v
DATA (flags = END_STREAM)
<Length-Prefixed Message>
```

导致服务器将以下应答报文返回到客户端:

```
HEADERS (flags = END_HEADERS)
:status = 200
grpc-encoding = gzip
content-type = application/grpc+proto
DATA
<Length-Prefixed Message>
HEADERS (flags = END_STREAM, END_HEADERS)
grpc-status = 0 # OK
trace-proto-bin = jher831yy13JHy3hc
```

在这个例子中,HEADERS 和 DATA 是两个标准的 HTTP 控制报文,它们描述了"报文的首部"和"报文的有效载荷"。具体来说,HEADERS 之后(但在 DATA 之前)的每一行都是一个组成首部的属性 = 值对(将每一行视为类似于首部字段);以冒号开头的那些对(例如,:status=200)是 HTTP 标准的一部分(状态 200 表示成功);那些不以冒号开头的对是 gRPC 属性(例如,grpc-encoding=gzip 表示后面的报文中的数据已使用 gzip 压缩,而 grpc-timeout=1S 表示客户端已设置超时时间为 1 秒)。

最后还有一点需要解释。首部行

content-type=application/grpc+proto

表示报文体(由 DATA 行划分)仅对客户端请求服务的应用程序(即服务器方法)有意义。更具体地说,+proto 字符串指定接收者根据协议缓冲区(缩写为 proto)接口规范来解释报文。协议缓冲区是 gRPC 指定将传递给服务器的参数编码为报文的方式,该报文又用于生成位于底层 RPC 机制和被调用的函数之间的桩(见图 5-14)。这是第 7 章将讨论的主题。

> 像 RPC 这样的复杂机制，曾经被打包为一个整体软件包（与 SunRPC 和 DCE-RPC 一样），现在则通过组装各种小部件来构建，每个部件都解决一个小问题。gRPC 既是该方法的示例，也是进一步采用该方法的工具。本小节前面提到的微服务体系结构将"从小部件构建"策略应用于整个云应用程序（如 Uber、Lyft、Netflix、Yelp、Spotify），其中 gRPC 通常是这些小部件用来相互交换报文的通信机制。

5.4 实时传输（RTP）

在分组交换的早期阶段，大部分应用程序涉及的都是数据的传输。然而，早在 1981 年，在分组网络上就已经开始了传输实时流量的实验，例如传输数字化音频。当应用程序对及时传输信息有强烈需求时，该应用程序就被称为是"实时的"。IP 电话（VoIP）是实时应用程序的典型例子，因为在一次通话过程中延迟 1 s 以上才得到对方的应答是不能容忍的。我们将会看到，实时应用程序对传输层协议有特殊要求，这些要求是本章中已经讨论过的协议所无法满足的。

多媒体应用（涉及视频、音频和数据）可以分为两类：交互式（interactive）应用和流式（streaming）应用。图 5-23 显示了交互式会议工具的示例。与 VoIP 一样，这些应用程序具有最严格的实时性要求。

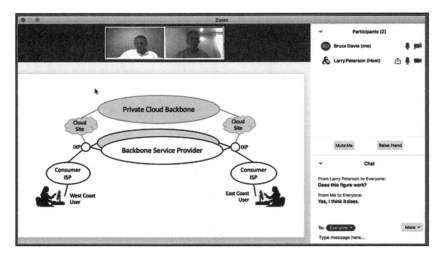

图 5-23 一个视频会议工具的用户界面

流式应用程序主要是从服务器向客户端传输音频或视频流，以 Spotify 等商业产品为代表。以 YouTube 和 Netflix 为代表的流媒体视频已经成为互联网上主要的流量形式之一。因为流式应用程序缺乏人与人之间的交互，所以它们对底层协议的实时性要求不那么严格。然而，假如你希望按下播放键后就能立刻观看视频但由于分组延迟而导致缓冲或视觉延迟，这时实时就显得很重要。虽然这些应用程序对实时性的要求并不严格，但它们与交互式应用程序一样，需要在通用协议之上考虑类似的问题。

用于实时应用和多媒体应用的传输层协议的设计者们在定义满足不同应用的需求方面面临着非常现实的挑战，他们必须要注意不同应用之间的交互性，例如，音频和视频流的同步。我们将会看到这些因素是如何影响实时传输协议（Real-time Transport Protocol，RTP）的设计的。RTP 是当今的主流传输协议。

RTP 的大部分实际上是从最初嵌入到应用程序的协议功能中派生出来的。其中两个应用是 vic 和 vat，前者支持实时视频，后者支持实时音频。这两个应用程序最初都是直接通过 UDP 运行的，而设计人员找出了处理实时通信所需的功能。后来，他们意识到这些特性可能对许多其他应用程序有用，并用这些特性定义了一个协议，该协议最终被标准化为 RTP。

RTP 能运行在许多底层协议之上，但通常都运行在 UDP 之上，这样其协议栈就如图 5-24 所示。注意，这是在传输层协议之上运行传输层协议。没有规则反对这一点，事实上这说得通，因为 UDP 提供了最低级别的功能，而基于端口号的基本的多路分解恰好是 RTP 需要的。因此，RTP 将多路复用功能外包给 UDP，而不是在 RTP 中重新创建端口号。

| 应用层 |
| RTP |
| UDP |
| IP |
| 子网 |

图 5-24　使用 RTP 的多媒体应用的协议栈

5.4.1　需求

通用多媒体协议的最基本需求是允许类似的应用程序之间交互操作，例如，允许两个独立实现的音频会议应用程序之间相互交谈。这就要求应用程序使用相同的音频编码和压缩方法，否则，接收方将无法理解发送方发送的数据。因为有许多不同的音频编码方法，每种方法在质量、带宽需求、计算代价等方面都有自己的权衡，因此只使用一种方法并不是一个好主意。相反，我们的协议应该提供一种方法，使得发送方能够告诉接收方它想要使用的编码方法，双方可能会进行协商，以便找到双方都可接受的方法。

与音频一样，目前也有许多不同的视频编码方法，因此，RTP 的首要功能是提供选择编码方法的能力。注意，这也用于识别应用的类型（例如，音频或视频），一旦知道了使用的编码算法，也就知道了被编码的数据的类型。

另一个重要需求是使数据流接收方能够判断已接收数据中的时序关系，实时应用程序需要将接收到的数据放入播放缓冲区（playback buffer），以便消除在网络传输过程中可能被引入的数据流中的抖动。因此，数据需要有时间戳，以便接收方能在合适的时间进行播放。

与单个媒体流的时间相关的是多媒体会议的事件同步，最明显的例子是同步来自同一发送方的音频和视频流。正如下面将会看到的，对单个流来说，这是比播放顺序更复杂的问题。

需要提供的另外一个重要的功能是分组丢失指示。注意具有时间限制的应用程序通常不能使用像 TCP 这样的可靠传输协议，因为对丢失数据的重传可能会使分组到达得太晚，从而失去使用价值。因此，应用程序必须能够处理丢失的分组，处理的第一步就是通知分组已经丢失。例如，当分组丢失时，使用 MPEG 编码的视频应用程序可能需要采取不同的行动，这依赖于分组是来自 I 帧、B 帧或 P 帧。

分组丢失也暗示网络发生了拥塞。多媒体应用程序通常不运行在 TCP 上，因此无法利用 TCP 避免拥塞的特性。然而许多多媒体应用程序能够对拥塞进行反应，例如，通过改变编码算法的参数来减少带宽消耗。显然，为了完成该工作，接收方需要通知发送方丢失事件的出现，以便发送方能够调整其编码参数。

多媒体应用程序的另外一个通用功能是指示帧的边界。帧依赖于特定应用，例如，通知视频应用程序一个特定的分组集对应某一帧可能是有帮助的。在一个音频应用程序中标记"交谈"的开始可能也是有帮助的，这里所说的交谈是指在沉默之后发出的声音或单词。接收方据此就能识别在交谈之间的沉默，并使用这段时间来移动播放点。对于用户来说，沉默时间发生微小的减少或延长是不易察觉的，然而声音的减少或延长不但易于察觉，而且令人讨厌。

我们想放入协议中的最后一项功能是识别发送方的方法，这种方法比使用 IP 地址更为友好。如图 5-23 所示，音频和视频会议应用能在控制面板上显示字符串；应用协议应该支持字符串和数据流的关联。

除了协议所要求的功能外，需要注意一个额外的需求，即它应该尽可能有效地利用带宽。换句话说，我们不希望首部格式过长。因为音频分组是最常见的多媒体数据类型，它应该尽可能小，以便减少构造分组的时间。长的音频分组意味着长的应答时间，对交谈质量有负面影响（在选择 ATM 信元长度时这是一个考虑因素）。由于数据分组本身比较小，较大的首部意味着相对多的连接带宽被用于首部，这就减少了实际数据所能利用的带宽。我们将会看到设计 RTP 的好几个方面都受到了保持短首部的影响。

我们可以讨论实时传输协议中描述的各个特性存在的必要性，也可以添加更多的特性。关键在于为应用程序开发者描述一系列有用的抽象并为他们构建应用程序块，使他们的工作更轻松。例如，通过在 RTP 中增加时间戳机制，每个实时应用程序开发者不必开发自己的时间戳机制，同时还增加了两个实时应用程序互相交互的机会。

5.4.2 RTP 设计

我们已经看到了用于多媒体的传输层协议有相当多的需求，下面来看看满足这些需求的协议的细节。RTP 是由 IETF 开发的，目前应用广泛。RTP 标准实际上定义了一对协议，即 RTP 和实时传输控制协议（Real-time Transport Control Protocol，RTCP），前者用于多媒体数据的交换，后者用于周期性地发送与特定数据流相关联的控制信息。当在 UDP 上运行时，RTP 数据流与相关联的 RTCP 控制流使用相邻的传输层端口。RTP 数据使用偶数端口号，RTCP 控制信息使用下一个奇数端口号。

RTP 用于支持各种各样的应用，因此它提供了一种灵活的机制，使用该机制不需要重复修改 RTP 就可以开发新的应用程序。对于每种应用类型（如音频），RTP 定义了一个概要（profile）和一个或多个格式（format）。概要提供了一系列信息来确保对各种应用类型中 RTP 首部字段的理解，当我们查看首部细节时会更明白这一点。格式定义了跟随在 RTP 首部之后的数据如何被解释。例如，RTP 首部之后可能只有一个字节序列，每个序列表示一个单一的音频样本。相比较而言，数据的格式可能更为复杂，例如，一个用 MPEG 编码的视频流需要有许多结构来表示各种不同类型的信息。

RTP 的设计包含了一个称为应用层框架（Application Level Framing，ALF）的体系结构原则，该原则是 Clark 和 Tennenhouse 在 1990 年提出的，这是一个为多媒体应用设计协议的新方法。他们认识到这些新应用无法得到像 TCP 这样的现有协议的良好支持，而且可能也无法得到任何"固定大小"的协议的良好支持。该原则的核心是应用程序最理解它自己的需要。例如，MPEG 视频应用程序知道如何最好地恢复丢失的帧，若 I 帧或者 B 帧丢失如何进行不同的处理。同样的应用程序也理解如何将传输的数据进行分段，例如，不同帧的数据最好在不同的数据报中发送，以便丢失的分组仅仅影响一个帧而不是两个。由于该原因 RTP 在相应应用的概要和格式中保留了许多协议细节。

首部格式

图 5-25 显示了 RTP 的首部格式，前 12 个字节总是存在，然而贡献源标识符仅在特定环境下才使用。首部之后是扩展首部，下面将有相关描述。扩展首部之后是 RTP 有效载荷，其格式由具体应用来决定。首部仅包含可能被多种不同应用所使用的字段。特定于某一应用的信息由 RTP 有效载荷来承载会更有效。

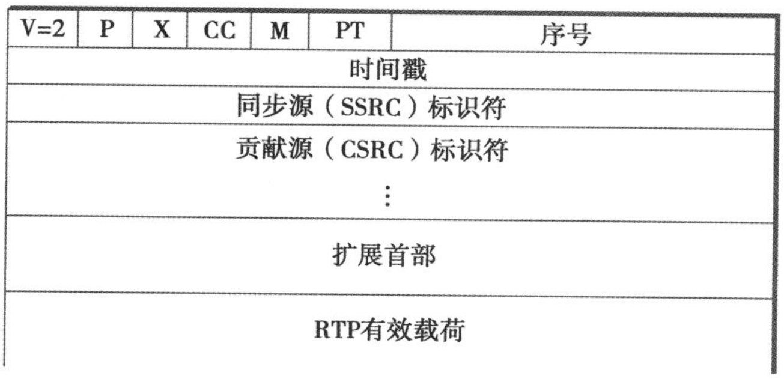

V=2	P	X	CC	M	PT	序号
时间戳						
同步源（SSRC）标识符						
贡献源（CSRC）标识符						
⋮						
扩展首部						
RTP有效载荷						

图 5-25　RTP 首部格式

前两位是版本号，本书写作时 RTP 的版本号是 2。协议设计者认为 2 位将足以包含将来所有 RTP 版本号，这些位在 RTP 首部是额外开销，针对各种不同应用的概要使用使得对于基本 RTP 的修订不会太多。在任何情况下，如果 RTP 需要有超越版本 2 的下一个版本，可以考虑改变首部格式，以便支持将来的多个版本。例如，版本号是 3 的新的 RTP 可能在首部包含一个"子版本号"字段。

下一位是填充（padding，P）位，当由于某种原因使 RTP 载荷被填充时需要使用该字段。例如，由于加密算法的需要，RTP 数据可能需要填充一些内容。在这种情况下，下层协议（例如，UDP）将传输整个 RTP 首部、数据以及填充内容，填充的最后一字节将会标明有多少字节应该被忽略，见图 5-26。注意这种填充方法使得 RTP 首部不需要长度字段（使得首部尽可能短），在没有填充的情况下，长度可由下层协议推出。

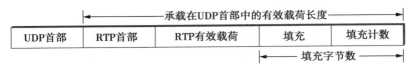

图 5-26　RTP 分组的填充

扩展（extension，X）位用于指示扩展首部的存在，特定的应用会定义扩展首部，它跟随在基本首部之后。扩展首部很少使用。对于特定的应用来说，可能会在有效载荷格式中定义特定的有效载荷首部。

X 位之后是一个 4 位的字段，用来说明包含在首部中的贡献源（contributing source）的数量。关于贡献源将会在下文讨论。

根据上文我们注意到需要有对各种各样帧的指示，这由有特殊用途的标记位来提供，例如，在语音应用中标记交谈的开始。接下来是 7 位的有效载荷类型字段，它指示在分组中承载的是什么类型的多媒体数据。该字段的一种可能用途是基于网络资源可用性或应用质量的反馈，使应用从一种编码方法切换到另一种方法。标记位的确切使用方式和有效载荷类型由应用的概要来决定。

注意，有效载荷类型通常不用作多路分解键来将数据导向不同的应用（或者单一应用中的不同流，例如，视频会议的音频或视频流），这是因为多路分解功能由下层来提供（例如 UDP，正如在上一节中描述的）。这样，使用 RTP 的两个媒体流将使用不同的 UDP 端口号。

序号用于使 RTP 流的接收方检测丢失或错序的分组，发送方对每个传输的分组递增序号的值，当检测到丢失分组时 RTP 不做任何事情，这一点与 TCP 不同，TCP 纠正丢失（通过重传）并将其理解为拥塞指示（从而可能减小窗口大小）。确切地说，当分组丢失时，由应用来决定该采取什么措施，因为该决定可能是高度依赖应用的。例如，对视频应用来说，最好的决定是当分组丢失时，播放正确接收到的最后的帧。一些应用也可能会修改其编码算法，以减少应答丢失的带宽需求，但这不是 RTP 的功能。对 RTP 来说，决定减少发送率是不明智的，因为这可能使得应用变得无法使用。

时间戳字段的功能是使接收方以合适的时间间隔播放样本，并使不同的媒体流同步。因为不同的应用可能需要不同的时间间隔，因此 RTP 本身并没有指定衡量时间的单位。相反，时间戳只是一个计数器，计数的时间间隔依赖于所使用的编码方法。例如，音频应用使用 125 ms 作为时钟单位。时钟间隔标明在 RTP 概要或应用的载荷格式中。

分组中时间戳的值是表示所产生分组中第一个样本的时间的数字，时间戳不反映实际时间，只反映不同时间戳间的差别。例如，如果样本间隔是 125 μs，分组 n 中的第一个样本产生 10 ms 后分组 $n+1$ 中的第一个样本产生了，那么这两个样本间的样本实例数是

$$\text{TimeBetweenPackets} \div \text{TimePerSample} = (10 \times 10^{-3})/(125 \times 10^{-6}) = 80$$

假设时钟间隔与样本间隔是相同的，那么分组 $n+1$ 中的时间戳比分组 n 中的大 80。注意，由于沉默检测这样的压缩技术，被发送的样本可能小于 80 个，然而时间戳允许接收方根据正确的时间关系来播放样本。

同步源（SSRC）是一个 32 位的数字，它唯一地标识 RTP 流的单个源。在一个给定的多媒体会议中，每个发送方随机选择一个 SSRC，并在两个不同的源选择了相同的值时解决冲突。通过使用源标识符，而不是源的网络地址或传输地址，RTP 能够确保与下层协议独立。它也使得具有多个源（例如，好几个摄像头）的单一节点能够对源进行区分。当单一节点产生了不同的媒体流时（例如，音频和视频），在每个流中不需要使用相同的 SSRC，因为在 RTCP（后面将会描述）中有机制能够允许媒体同步。

仅当许多 RTP 流通过混频器时才使用贡献源（CSRC），混频器通过从许多源接收数据并作为单一流发送来减小会议的带宽需求。例如，来自好几个并行演讲者的音频流能够被解码并重新编码为一个单一的音频流。在这种情况下，混频器将其自己作为同步源，但仍列出贡献源——演讲者的 SSRC 值。

5.4.3 控制协议

RTCP 提供了与多媒体应用数据流相关联的控制流，该控制流提供了三个主要功能：

- 关于应用和网络性能的反馈。
- 来自同一发送方的不同媒体流的关联与同步方法。
- 传输发送方身份以便显示在用户界面上的方法。

第一个功能对于拥塞的侦测和应答来说是有用的，例如，一些自适应速率的应用可能会通过性能数据来决定使用更好的压缩方法以降低拥塞，或者当拥塞比较小时发送高质量的流。回馈的性能数据在诊断网络故障时也可能用到。

你可能会认为 RTP 同步源 ID（SSRC）已经提供了第二个功能，但事实上没有。正如已经提到过的，在同一节点上的多个摄像头有不同的 SSRC 值，并且来自同一节点的音频和视频流无须使用同一 SSRC。SSRC 的值可能会出现冲突，因此改变一个流的 SSRC 值可能是必要的。为了解决这个问题，RTCP 使用了规范名（CNAME）的概念，它被指派给一个发送方，然后与使用 RTCP 机制的发送方所使用的 SSRC 值相关联。

关联两个流只是媒体同步问题的一部分。不同的流可能有完全不同的时钟（具有不同的时钟间隔，甚至不同的误差量或偏移），因此需要有一种方法来精确地同步各个流。

RTCP 通过传递关联实际时间的信息和 RTP 分组所携带的依赖时钟速率的时间戳来解决该问题。

RTCP 定义了许多不同的分组类型，包括：

- 发送方报告，它使得活动的发送方能够产生会话来报告传输和接收的统计量。
- 接收方报告，仅接收不发送的接收方用来报告接收统计量。
- 源描述，承载 CNAME 和其他发送方描述信息。
- 特定应用的控制分组。

这些不同类型的 RTCP 分组通过下层协议来发送，正如之前提到过的，通常使用 UDP。多个 RTCP 分组可以被封装在一个下层协议的协议数据单元（PDU）中。在每个下层 PDU 中至少要有两个 RTCP 分组：一个是报告分组，另一个是源描述分组。也可能会包含其他分组，其大小只要满足下层协议的限制即可。

在进一步查看 RTCP 分组的内容之前，注意有关周期性发送控制流量的多播组的每个成员的潜在问题。除非采用一些步骤来进行限制，否则控制流量有可能严重消耗带宽。例如，在音频会议中，在同一时刻音频数据的发送方（演讲者）可能不会超过三个。但是无法限制参与者发送控制流，在有成千上万参与者的会议中将是一个严重的问题。为了处理这个问题，RTCP 有一套机制，根据参与者数量的增加来降低报告频率。这些规则比较复杂，但基本目标是：将 RTCP 流量的总量限制为 RTP 数据流量的一个比较小的比例（通常为 5%）。为了实现这个目标，参与者需要知道可能会使用多少数据带宽（例如，发送三个音频流需要的数据带宽）以及参与者的数量。他们通过 RTP 之外的方法来知道前者（通过本节末的会话管理），通过其他参与者的 RTCP 报告来知道后者。因为 RTCP 报告可能会以很低的速率发送，因此可能只能获得接收方的大概数量，但这就足够了。而且，在假设多数参与者想查看发送方报告（例如，找出谁正在讲话）的基础上，建议给活跃的发送方分配较多的 RTCP 带宽。

一旦参与者确定了它能够消耗多少 RTCP 流量带宽，就会以适当的比率周期性地发送报告。发送方报告和接收方报告的区别仅在于前者包括一些关于发送方的额外信息。两种类型的报告都包含最近的报告周期内从所有源接收的数据信息。

发送方报告中的额外信息包括：

- 包含产生报告的实际时间的时间戳。
- 相应于产生报告的时间的 RTP 时间戳。
- 发送方开始传输时分组和字节的累计计数。

注意前两个值可用于同步来自同一源的不同媒体流，即使这些流在其 RTP 数据流中使用了不同的时间间隔，因为它可以将实际时间转换为 RTP 时间戳。

发送方报告和接收方报告都包含自上次报告以来从每个源中获取的一个数据块，每个数据块包含源的如下统计量：

- SSRC。

- 自上一次报告发送后该源的数据分组丢失的比例（通过比较接收的分组数量与期待的分组数量得到，最后的值可由 RTP 序号来决定）。
- 自第一次被接收到后从该源丢失的分组的总数量。
- 从该源接收到的最大序号（扩展到 32 位来避免序列号的回绕）。
- 该源预计的到达隔抖动（通过比较接收到的分组的到达间隔空间和传输中的分组的到达间隔空间得到）。
- 通过该源的 RTCP 接收到的最后的确切时间戳。
- 从通过该源的 RTCP 接收到上一次发送方报告开始的延迟。

正如你可能想象到的，信息的接收方能够知道关于会话状态的各种信息。特别是它们能知道别的接收方是否正在从一些发送方获得质量更好的数据，这可能暗示需要进行资源预留，或者网络中存在问题。此外，如果发送方注意到许多接收方正在经历分组的大量丢失，它可能会降低发送速率或使用一种可从丢失中恢复的分组编码方案。

要考虑的 RTCP 的最后一个方面是源描述分组，该分组至少应包含发送方的 SSRC 和 CNAME。规范名源于这样的方法：对于产生需要同步的媒体流的所有应用程序（例如，同一用户独立产生音频和视频流），即使它们选择了不同的 SSRC 值，它们也将选择同样的 CNAME。这使得接收方能够识别出媒体流来自同一发送方。CNAME 的最常见格式是 user@host，这里 host 是发送机器的完整域名。这样，运行在机器 cicada.cs.princeton.edu 上由用户名为 jdoe 的用户安装的应用程序将使用字符串 jdoe@cicada.cs.princeton.edu 作为其 CNAME。用于这种表示法中的大量且可变长度的字符串对于 SSRC 来说是不好的选择，因为 SSRC 随着每个数据分组被发送，并且必须实时处理。允许 CNAME 与周期性 RTCP 报文中的 SSRC 值关联，使得 SSRC 有一个紧凑且有效的格式。

在源描述分组中可能会包含其他内容，例如用户的真实名字和电子邮件地址。这些信息用于用户界面显示和联系参与者，但是对于 RTP 操作来说，它们没有 CNAME 重要。

像 TCP 一样，RTP 和 RTCP 是相当复杂的一对协议。这种复杂性很大一部分来自使应用程序设计者的生活更轻松的愿望。因为应用程序是多种多样的，所以设计传输协议的挑战是让这个协议更通用以满足各种应用的不同需求，且不因过于复杂而无法实现。在这方面 RTP 成功构造了因特网上众多实时多媒体通信的基础。

透视图：HTTP 是新的"细腰"

因特网层被描述为具有细腰结构，有一个通用的中间协议（IP），在上面进行扩宽以支持许多传输和应用协议（例如，TCP、UDP、RTP、SUNRPC、DCE-RPC、GRPC、SMTP、HTTP、SNMP），并且能够在许多网络技术之上运行（例如，以太网、PPP、Wi-Fi、SONET、ATM）。这一总体结构是因特网无处不在的关键：通过将每个人都必须同意的 IP 层保持在最低限度，上下都能充分发展。对于任何试图被普遍采用的平台来说，这是一个广为理解的策略。

但在过去的 30 年里，发生了一些其他的事情。由于没有解决因特网在发展过程中最终将面临的所有问题（例如，安全性、拥塞、移动性、实时应答性等），因此有必要在因特网体系结构中引入一系列附加功能。IP 的通用地址和尽力服务模型是一个必要的条件，但是不足以成为人们希望创建的所有应用程序的基础。

一些解决方案我们还没有看到，未来的章节将描述因特网如何管理拥塞（第 6 章），如何提供安全（第 8 章），并且支持实时多媒体应用程序（第 7 章和第 9 章）。但利用这个机会调和通用细腰的价值与任何长期系统中不可避免地发生的演进是有益的：体系结构的其余部分演进所围绕的"固定点"已经移动到软件堆栈中。简言之，HTTP 已成为新的细腰，是全球基础设施中的一个共享 / 假定部分，它使一切成为可能。这并不是一夜之间发生的，也不是通过宣布发生的，尽管有些人确实预计到会发生。作为一种进化的结果（将地球科学和生物隐喻混合在一起），细腰慢慢地向协议栈上移。见图 5-27。

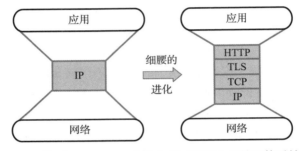

图 5-27　HTTP（加上 TLS、TCP 和 IP）构成了当今因特网体系结构的细腰

将细腰标签纯粹放在 HTTP 上是一种过于简单化的做法。这实际上是一个团队的努力，HTTP/TLS/TCP/IP 组合构成现在作为因特网的通用平台。

- HTTP 提供全局对象标识符 (URI) 和简单的 GET/PUT 接口。
- TLS 提供端到端通信安全性。
- TCP 提供连接管理、可靠传输和拥塞控制。
- IP 提供全球主机地址和网络抽象层。

换句话说，即使你可以自由地发明自己的拥塞控制算法，TCP 已经很好地解决了这个问题，因此重用该解决方案是有意义的。类似地，即使你可以自由地发明自己的 RPC 协议，HTTP 已经提供了一个完全可用的协议（因为它捆绑了经过验证的安全性，具有不被企业防火墙阻止的附加功能）。再说一次，这是有道理的，重用它而不是重新发明轮子。

不太明显的是，HTTP 还为处理移动性提供了良好的基础。如果你要访问的资源已经移动，可以让 HTTP 返回一个重定向应答，将客户端指向一个新位置。类似地，HTTP 支持在客户端和服务器之间加入缓存代理，从而可以在多个位置复制流行的内容，并为客户端节省通过因特网检索某些信息延迟的时间。（9.1 节讨论了这两种功能。）最后，HTTP 已被用于提供实时多媒体，这种方法称为自适应流。（请参见 7.2 节中的操作。）

更广阔的透视图

- 要继续阅读有关因特网云化的信息，请参阅第 6 章的"透视图"部分。
- 要进一步了解 HTTP 的中心性，我们推荐 *HTTP: An Evolvable Narrow Waist for the Future Internet*（Popa, Wendell, Ghodsi, & Stocia, UC Berkeley Technical Report No. UCB/EECS-2012-5, January 2012）。

习题

1. 如果一个 UDP 数据报从主机 A 的端口 P 发送到主机 B 的端口 Q，但主机 B 没有监听端口 Q 的进程，那么主机 B 返回一个 ICMP 端口不可达的报文给 A。与所有 ICMP 报文一样，这个报文作为一个整体发给主机 A，而不是 A 上的端口 P。

   (a) 给出何时一个应用程序可能希望接收到这样的 ICMP 报文的一个例子。

   (b) 指出在你选择的操作系统上，应用程序要接收到这样的报文需要做些什么。

   (c) 为什么将这样的报文直接发送回主机 A 上的原始端口 P 不是一个好方法？

2. 考虑一个用于请求文件的基于 UDP 的简单协议（基于不太严格的普通文件传输协议）。客户端发送一个初始文件请求，服务器用第一个数据分组应答（如果文件可以被发送）。然后客户端和服务器使用停止等待传输机制继续文件传输。

   (a) 描述客户端请求一个文件却得到另外一个文件的情况，可以允许客户应用程序突然退出并在同一端口重新开始。

   (b) 对协议提出改进，使得这种情况的发生率大为减少。

3. 设计一个用于从服务器检索文件的基于 UDP 的简单协议。不必提供认证，可以使用数据的停止等待传输。你的协议应该解决下列问题：

   (a) 拷贝第一个分组不应再建立一个"连接"。

   (b) 最后一个 ACK 的丢失不应使服务器怀疑传输是否成功。

   (c) 来自过去连接的迟到分组不应被解释为当前连接的一部分。

4. 本章解释了 TCP 连接断开期间状态转换的三种顺序。还可能有第四种顺序，即它经过另外一个弧（没有显示在图 5-7 中），从 FIN_WAIT_1 到 TIME_WAIT 且标有 FIN+ACK/ACK。解释导致这第四种状态转换顺序的环境。

5. 关闭一个 TCP 连接时，为什么从 LAST_ACK 到 CLOSED 的转换不必有两个段生存期（two-segment-lifetime）的超时？

6. 接收 0 通知窗口的一个 TCP 连接的发送方定期检查接收方，以便发现窗口什么时候变为非 0。如果由接收方负责报告通知窗口变为非 0（即发送方不检查），为什么接收方需要一个额外的定时器？

7. 阅读 UNIX 或 Windows 应用程序 netstat 的使用手册。使用 netstat 查看本地 TCP 的连接状态。找出关闭连接在 TIME_WAIT 中花费的时间。

8. TCP 首部的序号字段长 32 位，足以处理 40 亿字节的数据。即使在一个连接上有许多序号的数据从未被传送过，为什么序号仍旧可能从 $2^{32}-1$ 回绕到 0 ？

9. 假设你受雇设计一个使用滑动窗口的可靠的字节流协议（如 TCP）。这个协议将运行在 100 Mbps 的网络上。网络的 RTT 是 100 ms，且数据段的最大生存期是 60 s。

   (a) 协议首部的接收窗口字段和序号字段中应包含多少位？

   (b) 怎样确定上述数值，哪个值可能不太确定？

10. 假设你正在设计一个使用滑动窗口的可靠字节流协议（如 TCP）。这个协议运行在 1 Gbps 的网络上。网络的 RTT 是 140 ms，且最大段生存期是 60 s。协议首部的接收窗口字段和序号字段各应包含多少位？

11. 假设一台主机想要通过发送分组并测量接收的百分比的方法建立一个可靠的链路，例如由路由器来做这件事。阐述在 TCP 连接上做这件事的困难。

12. 假设 TCP 运行在一个 1 Gbps 的链路上。
   (a) 假设 TCP 能持续利用全部带宽，TCP 序号完全回绕最快需要多长时间？
   (b) 如果在上面算出的回绕时间内，一个附加的 32 位时间戳字段增量 1 000 次。这个时标回绕需要多长时间？

13. 假设 TCP 运行在一个 40 Gbps 的 STS-768 链路上。
   (a) 假设 TCP 能持续利用全部带宽，TCP 序号完全回绕需要多长时间？
   (b) 如果在你上面算出的回绕时间内，一个附加的 32 位时标字段增量 1 000 次。这个时标回绕需要多长时间？

14. 如果主机 A 从同一端口接收远程主机 B 的两个 SYN 分组，第二个 SYN 分组可能是前一个 SYN 分组的重传，或是在 B 崩溃并重启动后一个全新的连接请求。
   (a) 描述主机 A 看到的这两种情况的区别。
   (b) 给出 TCP 层在接收一个 SYN 分组时需要做的事情的算法描述。考虑上面的重传 / 新连接的情况，以及没有进程在监听目标端口的可能性。

15. 假设 x 和 y 是两个 TCP 序号。写一个函数确定 x 是在 y 之前到达（RFC 793 的表示方法是 "$x=<y$"）还是在 y 之后到达，你的解决方案应在序号回绕的情况下也有效。

16. 假设套接字 A 和 B 间有一个空闲的 TCP 连接。第三方已经窃听并知道两端的当前序号。
   (a) 假设第三方向 A 发送一个伪造的看起来发自 B 的分组，并带有 100 字节的新数据。此时会发生什么情况？（提示：查阅 RFC 793，了解当接收到一个不是"可接受的 ACK"的 ACK 时，TCP 怎么处理。）
   (b) 假设第三方向每一端都发送一个伪造的看起来发自另一端的分组。这时会发生什么情况？如果 A 后来发送 200 字节的数据给 B 会发生什么情况？

17. 假设 A 方通过拨号 IP 服务器连接因特网（例如，使用 SLIP 或 PPP），A 打开多个远程登录连接（使用 TCP），随后断开连接。接着 B 方拨号进入并被赋予和 A 相同的 IP 地址。假设 B 能够猜到 A 曾连接到什么主机，描述一个探测序列，能够使 B 获得足够的状态信息以继续 A 的连接。

18. 诊断程序一般能够用来记录某个〈主机，端口〉对的每个 TCP 连接的前 100 个字节。简述对每个接收到的 TCP 分组 P 必须做什么，才能确定它是否包含主机 HOST、端口 PORT 的连接的前 100 个字节数据。假设 IP 的首部是 P.IPHEAD，TCP 首部是 P.TCPHEAD，且首部字段命名如图 3-17 和图 5-4 所示。（提示：为得到初始化序号（ISN），你必须检查每个分组的 SYN 位的设置。忽略序号最终会被重用的事实。）

19. 如果源地址为 B 的分组到达主机 A，那么它将很容易被任何第三方主机 C 伪造。但是如果 A 接受来自 B 的 TCP 连接，那么在三次握手过程中，A 向 B 的地址发送 ISN_A 并且接收它的一个确认。如果 C 不在能窃听 ISN_A 的位置，则 C 不能伪造 B 的应答。然而，选择 ISN_A 的算法确实给其他不相关主机提供了一个猜测它的机会。具体来说，A 基于连接时的时钟值选择 ISN_A。RFC 793 指出这个时钟值每 4 μs 增加 1，通用的 Berkeley 实现曾对此简化为每秒钟一次增加 250 000（或 256 000）。
   (a) 考虑这个简化的每秒增加一次的实现，解释任意主机 C 如何至少在打开 TCP 连接时成功假扮 B。你可以假设 B 不对 A 因受骗发送给它的 SYN+ACK 分组做应答。

（b）假设实际的 RTT 可以估计为 40 ms 以内，使用非简化的 "每 4 μs 增加一次" 的 TCP 实现，你期望实现（a）中策略要尝试多少次？

20. 在绝大多数 TCP 的实现中都内置有 Nagle 算法，它要求发送方不发送不满整段的数据（即使是被 PUSH 操作发送的），直到积累够一个完整的数据段或最近未确认的 ACK 到达。

（a）假设通过 RTT 为 4.1 s 的 TCP 连接发送字母串 abcdefghi，每秒发送一个字母。请画出时间线表明何时发送每个分组，以及其中包含什么。

（b）如果在一条全双工远程登录连接上发送以上内容，用户会看到什么？

（c）假设通过这条连接发送鼠标位置的变化。若在每个 RTT 期间发送多次鼠标位置变化，那么在用 Nagle 算法和不用 Nagle 算法的情况下，用户将会看到鼠标是如何移动的？

21. 假设客户端 C 不断地通过 TCP 连接服务器 S 上的给定端口，并且每次由 C 发起关闭连接。

（a）在 C 使它的所有可用端口处于 TIME_WAIT 状态之前，每秒钟可以建立多少个 TCP 连接？假设客户端的短期端口的范围为 1 024 ～ 5 119，并假设 TIME_WAIT 持续时间是 60 s。

（b）如果旧连接实例使用的最高序号比新实例使用的 ISN 小，那么在 TIME_WAIT 到期之前，Berkeley 的 TCP 实现通常允许一个处于 TIME_WAIT 状态的套接字可以再次打开，这解决了旧数据被当作新数据接收的问题。但是，TIME_WAIT 也用于处理迟到的最后 FIN。这样的实现必须怎么做才能解决这个问题，并仍然完全满足 TCP 的要求，即 FIN 可以在一个连接的 TIME_WAIT 状态收到同一应答之前或期间的任何时刻被发送？

22. 解释为什么如果服务器先于客户端发起关闭连接，则 TIME_WAIT 会是很严重的问题。描述一种会发生这种问题的情况。

23. Karn 和 Partridge 提出超时值指数增长的理由是什么？特别说明为什么不用线性（或更慢）增长？

★ 24. Jacobson/Karels 算法将 TimeOut 设为 4 倍平均偏差而不是平均值。假设单个分组的往返时间遵循统计正态分布，即 4 倍平均偏差都是 π 标准偏差。使用统计表计算一个分组会超时到达的概率是多少。

25. 假设一个窗口大小为 1 的 TCP 连接，每隔一个分组丢弃一个分组。到达的分组的 RTT=1 s。考虑下面两种情况各会发生什么？TimeOut 会发生什么？

（a）收到分组后，从停止的地方开始，假设 EstimatedRTT 被初始化为预定的超时值，而且 TimeOut 是它的 2 倍。

（b）收到分组后，重新将 TimeOut 初始化为上次超时间隔使用的指数退避的值。

以下 4 道习题中的计算用电子表格是很简单的。

26. 假设在 TCP 的自适应重传机制中，EstimatedRTT 在某时刻为 4.0，其后测得的 RTT 全为 1.0。按照 Jacobson/Karels 算法的计算，TimeOut 要多长时间才会变得小于 4.0？假设请你给出一个合理的 Deviation 初始值，你的答案对这个选择的敏感度如何？使用 $\delta=1/8$。

∨ 27. 假设在 TCP 的自适应重传机制中，EstimatedRTT 在某时刻为 90，其后测得的 RTT 全为 200。按照 Jacobson/Karels 算法的计算，TimeOut 要多长时间才会变得小于 300？假设 Deviation 初始值为 25，使用 $\delta=1/8$。

28. 假设 TCP 测得的 RTT 值除了每第 N 个 RTT 是 4.0 以外，其他都是 1.0。最大的 N 大约是多少才不会在稳定状态（即 Jacobson/Karels 算法中的 TimeOut 保持大于 4.0）时发生超时？使用 $\delta=1/8$。

29. 假设 TCP 正在测量的 RTT 一直是 1.0 s，平均偏差是 0.1 s。突然 RTT 跳到 5.0 s，没有偏差。比较原始算法和 Jacobson/Karels 算法在计算 TimeOut 时有什么不同？特别地，每种算法各遇到多少次超时？计算得到的最大的 TimeOut 是多少？使用 $\delta=1/8$。

30. 假设一个 TCP 分段被发送多次，我们取 SampleRTT 为最初发送和 ACK 之间的时间，如图 5-10a 所示。请说明如果一个 TCP 连接有一个分组大小的窗口，它每隔一个分组就丢弃一个分组（即每个分组传送两次），那么 EstimatedRTT 会增加到无穷大。假设 TimeOut=EstimatedRTT，正文中描述的两种算法会把 TimeOut 设置得更大。（提示：EstimatedRTT=EstimatedRTT+$\beta \times$ (SampleRTT-EstimatedRTT)。）

31. 假设当一个 TCP 分段被发送多次时，取 SampleRTT 为最近一次传送和 ACK 之间的时间，如图 5-10b 所示。假设 TimeOut=2 × EstimatedRTT。描述一种情况，其中没有分组丢失，但 EstimatedRTT 收敛到真正的 RTT 的 1/3，并画出最后稳定状态的示意图。（提示：以突然跳跃到真正的 RTT 开始，这个跳跃刚好超过建立的 TimeOut 值。）

32. 查阅 RFC 793，找出如果一个 FIN 或 RST 到达但序号不是 NextByteExpected 时，TCP 应该如何应答？考虑序号在接收窗口内和不在接收窗口内的两种情况。

33. TIME_WAIT 的作用之一是处理很晚到达的第一个连接的数据分组被当作第二个连接的数据接收的情况。

    (a) 对于在没有 TIME_WAIT 时发生的这种情况，解释为什么相关主机在延迟的分组被发出以后但未被传递之前必须顺序交换几个分组。

    (b) 提出一种可以导致这种延迟传递的网络情况。

34. 提出一种对 TCP 的扩展，使得连接的一端可以将它这一端转交给第三台主机；也就是说，如果原来 A 与 B 连接，A 将它的连接转交给 C，那么这以后 C 将与 B 连接，而 A 将不再保持这个连接。请说明在 TCP 状态转换图中所需的新状态和新转换，以及用到的任何新分组类型。可以假设各方都会理解这个新选项。A 在转交之后应该进入什么状态？

35. TCP 的同时打开功能是极少用到的。

    (a) 改变 TCP，使之禁用同时打开。指出状态图（如果必要，也包括不在图中的事件应答）应做哪些改变。

    (b) TCP 可以禁用同时关闭吗？

    (c) 改变 TCP，使两台主机同时交换 SYN 会导致两个独立的连接。指出这要求状态图做什么改变，同时首部有必要做什么改变。注意现在这意味着在一个给定的〈主机，端口〉对上存在多个连接。（可以查阅 RFC 1122 第 87 页的第一个"讨论"项。）

36. TCP 是一个非常对称的协议，但是客户端 / 服务器模型不是对称的。考虑一个非对称的 TCP 式的协议，其中只有服务器方被赋予一个可被应用层看到的端口号。客户端的套接字只是能连到服务器端口的抽象。

    (a) 提出一种首部数据和连接的语义以支持这种情况。你将用什么代替客户端的端口号？

    (b) 现在 TIME_WAIT 采取什么形式？通过编程接口如何看到这一点？假设客户端套接字现在可以任意多次地重复连接到给定的服务器端口和许可的资源上。

    (c) 查阅 rsh/rlogin 协议。为什么上面的设想将导致其不可用？

37. 下面的习题与 TCP 的状态 FIN_WAIT_2 有关（见图 5-7）。

    (a) 描述客户端怎样使一个适当的服务器无限期地处于状态 FIN_WAIT_2。对这种情况，服务器的协议需要有什么特性？

    (b) 在某种现有的服务器上试验这种情况。可以写一个桩客户程序，或者用一个现成的可以连到任意一个端口的远程登录程序。使用 netstat 工具验证服务器处于状态 FIN_WAIT_2。

38. 在 RFC 1122 中关于 TCP 有以下陈述：

    "一台主机可以实现一个'半双工'的 TCP 关闭顺序，因此一个已经调用 CLOSE 的应用程序不能继续从连接读数据。如果一台主机在 TCP 仍在传输数据时发出 CLOSE 命令，或者调用

CLOSE 后 TCP 仍收到新数据，那么它的 TCP 应该发出一个 RST 说明数据丢失。"

描述包含以上陈述的一种情景，其中被正在关闭的主机发送（而不是发向它）的数据丢失。你可以假设远程主机在收到 RST 时会丢弃已接收到缓冲区但还未被读出的所有数据。

39. 当 TCP 发出〈 SYN，SequenceNum=x 〉或〈 FIN，SequenceNum=x 〉时，随后的 ACK 有 Acknowledgment=$x+1$；也就是说，SYN 和 FIN 在序号空间中各占用一个单位。这样有必要吗？如果有必要，请给出一个相应的 Acknowledgment 是 x 而非 $x+1$ 时会发生混乱的例子。如果没有必要，请解释为什么。

40. 从 RFC 793 中查出 TCP 首部选项的一般格式。
   （a）概述一种策略，它可以扩展选项可用的空间以超出当前 44 字节的限制。
   （b）提出一种 TCP 扩展，允许选项的发送方说明在接收方不理解选项含义时应做什么。列出这样几种可能有用的接收方动作，并试着为每个动作给出一个例子。

41. TCP 的首部没有引导 ID 字段，当 TCP 连接的一端崩溃并重启，然后发送一个具有先前使用过的 ID 的报文时，为什么不会出现问题？

42. 假设使用提供零次或多次语义的不可靠 RPC 协议实现远程文件系统安装。如果收到报文应答，就改进为至少一次语义。定义 read(n) 返回指定的第 n 块，而不是按顺序的下一块；这种方式读一次相当于读两次，而且至少一次语义也就等同于正好一次语义。
   （a）对于文件系统的哪些操作，至少一次语义和正好一次语义没有区别？考虑 open、create、write、seek、opendir、readdir、mkdir、delete（unlink）和 rmdir。
   （b）对余下的操作，哪些能改变语义使至少一次语义和正好一次语义等价？文件系统的什么操作不能与至少一次语义相容？
   （c）假设 rmdir 系统调用的语义是：如果给定的目录存在则删除它，否则什么也不做。那么怎样写一个能区别这两种情况的删除目录的程序？

43. 基于 RPC 的 NFS 远程文件系统的 write 操作有时被认为太慢。在 NFS 中，服务器的 RPC 对客户端 write 请求的应答意味着数据被物理写入服务器的磁盘，而不只是放入队列中。
   （a）如果客户端通过一条逻辑信道发送所有 write 请求（即使有无限带宽），解释我们可以预料到的瓶颈，并解释为什么使用一个信道池会有所帮助。（提示：你需要知道一点磁盘控制器的知识。）
   （b）假设服务器的应答只意味着数据被放入磁盘队列。解释为什么不使用本地磁盘会导致数据丢失。注意，忽略数据刚进队列系统就崩溃的情况，因为在这种情况下用本地磁盘也会引起数据丢失。
   （c）一个选择是让服务器立即确认 write 请求，稍后发送独立的请求确认物理写操作的完成。请提出能达到相同效果的不同的 RPC 语义，但是只用一个逻辑请求 / 应答。

44. 考虑一个使用包含信道抽象和引导 ID 的 RPC 机制的客户端和服务器。
   （a）给出一个涉及服务器重启的情形，在该情形中 RPC 请求被客户端发送两次，被服务器执行两次，但只有一个 ACK。
   （b）客户端如何意识到事件的发生？客户端能确信事件已经发生了吗？

45. 假设 RPC 请求是"将磁盘块 N 中字段 X 的值增加 10%"。对正在执行的服务器给定一种机制，即使在操作过程中服务器发生崩溃也能保证一个到达的请求恰好执行一次。假设磁盘块写操作完成或磁盘块没有改变，也可以假设一些"撤销日志"块是可用的。你的机制应该包括 RPC 服务器在重启时会有什么操作。

46. 考虑一个向服务器发送请求的 SunRPC 客户端。
   （a）在什么情况下，客户端能够确信其请求恰好被执行了一次？

(b) 假设希望把至多一次语义加到 SunRPC 中，应做什么改变？解释为什么向现有的首部添加一个或多个字段是不够的。

47. 假设用 TCP 完成一个 RPC 协议的底层传输，每个 TCP 连接传输一个连续的请求和应答流。TCP 需要有以下什么字段（如果有的话）：

(a) 信道 ID。

(b) 报文 ID。

(c) 引导 ID。

(d) 请求报文类型。

(e) 应答报文类型。

(f) 确认报文类型。

(g) "你仍活跃着吗" 报文类型。

其中哪些是上层 RPC 协议必须提供的？存在相似的隐式确认吗？

48. 写一个测试程序，用套接字接口在一对被某种 LAN（例如以太网、802.11 或 FDDI）连接的 UNIX 工作站间发送报文。用这个测试程序完成以下实验。

(a) 测量不同报文大小情况下（例如：1 字节，100 字节，200 字节，…，1 000 字节）TCP 和 UDP 的往返时延。

(b) 测量 1 KB，2 KB，3 KB，…，32 KB 报文的 TCP 和 UDP 的吞吐量。绘出测得的吞吐量和报文大小的函数关系图。

(c) 测量 TCP 从一台主机向另一台主机发送 1 MB 数据的吞吐量。通过循环发送一定大小的报文来实现，例如每次发送 1MB，重复 1 024 次。用不同大小的报文重复这个实验，并画出结果。

49. 找出 RTP 应用程序可以完成以下功能的情形：

- 在需要不同时间戳但本质上是同一时间内发送多个分组。

- 在需要相同时间戳的不同时间内发送分组。

论证在一些情况下，RTP 时间戳必须由应用程序来提供（至少是间接提供）。（提示：考虑发送速率和播放速率可能不匹配的情况。）

50. 以一帧时间或一个声音样本时间为时间戳时钟计量单位能在最低限度确保准确播放。但时间单位通常是相当小的，这样做的目的是什么？

51. 假设想要从接收方返回 RTCP 报告，其总量不超过流出的 RTP 流的 5%。如果每个报告是 84 字节，RTP 流量是 20 kBps，有 1 000 个接收容器，那么接收方多久能够获得一个报告？如果有 10 000 个接收容器呢？

52. RFC 3550 指明接收方 RTCP 报告间的时间间隔包括一个随机因素以避免所有接收方在同一时间发送。如果所有接收方在其应答时间间隔的 5% 的时段内发送，到达的上游 RTCP 流量将与下游的 RTCP 流量竞争。

(a) 视频接收方在发送报告时可以适当地等待发送，直到有更高优先权的处理并显示一帧的任务被完成。这可能意味着它们的 RTCP 传输在帧边界是同步的。这是值得重点关注的吗？

(b) 有 10 个接收方，它们都在一个特定的 5% 时段内发送的概率是多少？

(c) 有 10 个接收方，它们中半数都在一个特定的 5% 时段内发送的概率是多少？接收方增加 20 倍后，它们中半数都在同样的 5% 时段内发送的概率是多少？（提示：在 10 个接收方中选择 5 个有多少种方法？）

53. 服务器如何处理分组丢失速率数据和接收方报告中的抖动数据？

54. 视频应用程序通常通过 UDP 而不是 TCP 运行，因为它们不能容忍重传延迟。然而，这意味着视频应用不受 TCP 拥塞控制算法的限制。这对 TCP 流量有什么影响？具体说明后果。

幸运的是，这些视频应用程序通常使用 RTP，这导致 RTCP"接收器报告"从接收器发送回源。这些报告定期发送（例如，每秒发送一次），并包括上一个报告周期内成功接收的分组百分比。描述源如何使用此信息以 TCP 兼容的方式调整其速率。

55. 提出一种决定何时报告 RTP 分组丢失的机制，将该机制与 5.2.6 节中的 TCP 自适应重传机制进行比较。

拥 塞 控 制

造物主给你美貌，也给你美好的品格。

——威廉·莎士比亚

问题：分配资源

到目前为止，为了理解数据如何在异构网络的进程之间传输，我们已经学习了足够多的组成网络协议层次结构的层。现在我们转到一个贯穿整个协议栈的问题：当用户竞争资源时，如何有效和公平地分配这些资源。共享资源包括链路带宽以及路由器或交换机上的缓冲区，所有分组都在缓冲区中排队等待发送。分组在路由器中争用（contend）链路的使用权，链路上每个参与争用的分组都被放在队列中等待通过链路按序发送。当过多的分组争用同一条链路时，队列被塞满，将会发生两件不希望发生的事情：分组的端到端延迟增加；在最坏的情况下，队列溢出，不得不丢弃分组。如果长队列一直持续，分组丢失经常发生，就称该网络发生了拥塞（congested）。大多数网络提供拥塞控制（congestion control）机制来处理这种情况。

拥塞控制和资源分配是同一事物的两个方面。一方面，如果网络在资源分配方面采取积极的措施（例如，在一个特定的时间周期内调度某一条虚电路使用指定的物理链路），就可以避免拥塞，从而没有必要进行拥塞控制。然而，以任何精度来分配网络资源都是相当困难的，因为我们讨论的资源分布在整个网络，需要调度连接着一系列路由器的多条链路。另一方面，也可以允许发送方想发多少数据就发多少数据，然后当拥塞发生时将其恢复。这种方法比较容易实现，但它也具有一定的破坏性，因为在拥塞控制前网络可能会丢弃许多分组，并且正是在网络发生拥塞时，即资源相对于需求来说变得缺乏时，竞争用户会最强烈地感觉到对资源分配的急切需求。此外也有一些折中的解决方案，先做一些不太精确的分配决定，当然拥塞依然会发生，因此还需要采取一些从拥塞中恢复的措施。把这种混合解决方案称为拥塞控制还是资源分配都无关紧要，从某种意义上来说，它是二者兼而有之。

拥塞控制和资源分配与主机和网络设备（如路由器）都有关。在网络设备中可用各种排队规则控制分组传送的顺序和决定丢弃哪些分组。排队规则也可以隔离流量，使一个用户的分组不会过分地影响另一个用户的分组。在终端主机上，拥塞控制机制协调源端发送分组的速度。拥塞控制机制首先要尽力采取措施避免拥塞的出现，拥塞一旦发生，则要尽快消除拥塞。

本章首先概述拥塞控制和资源分配。然后讨论可在网络内部路由器上实现的不同排队规则，接着描述一个在主机上由 TCP 提供的拥塞控制算法。第 4 节探讨与路由器和主机都相关的各种技术，目的是在拥塞成为一个问题之前予以避免。本章最后考察服务质量（quality of service）涉及的广泛领域。我们考虑不同应用对网络中资源分配的不同需求级别，同时描述应用请求资源和网络满足请求的各种方法。

6.1　资源分配问题

资源分配和拥塞控制是复杂的问题，从设计第一个网络以来它们就一直是许多研究的主题。如今它们依然是活跃的研究领域。使这些问题如此复杂的因素之一是，它们不能被划分到协议层次结构的某一层上。资源分配有一部分在网络中的路由器、交换机和链路上实现，另一部分在端主机上运行的传输层协议中实现。终端系统可能使用信令协议向网络节点发送资源请求，网络节点将可用资源的信息反馈给它。本章的一个主要目标是定义一个框架，使得这些机制在其中是可以理解的，同时对这些机制中有代表性的实例给出有关细节。

在继续讨论之前，我们先解释几个术语的含义。资源分配（resource allocation）是指一个过程，网络设备通过它来尽量满足应用对网络资源的竞争需求；这里的资源主要指链路带宽和路由器或交换机上的缓冲区空间。当然，它常常不能满足所有需求，即一些用户或应用获得的网络资源可能比它们需要的少。部分资源分配问题在于何时说不以及对谁说不。

我们用拥塞控制（congestion control）这个术语来描述网络节点为防止和响应过载状态所做的努力。由于拥塞一般都不是好事情，所以当务之急是使拥塞下降，或者首先防止它的出现。说服少数主机停止发送从而改善其他每台主机的状况，就可以简单地实现拥塞控制。但是对于拥塞控制机制而言，或许更注重公平的观念，换言之，它们试图让所有用户分担困难，而不是只让几个用户承担很大的困难。于是我们看到现在许多拥塞控制机制中都引入了资源分配的概念。

理解流量控制和拥塞控制的区别也是非常重要的。正如我们在 2.5 节看到的，流量控制是为了使快速的发送方的发送速度不能超出慢速的接收方的接收速度。与之相反，拥塞控制是考虑到网络某些点上资源的缺乏，因而阻止一组发送方向网络中发送过多的数据。这两个概念经常混淆，然而正如我们将看到的，它们也会共用某些机制。

6.1.1　网络模型

首先我们定义网络体系结构的三个主要特性。在很大程度上，这是对前几章提到的有关资源分配问题的总结。

1. 分组交换网

我们来考虑在由许多链路和交换机（或路由器）组成的分组交换网（或互联网）中的

资源分配。本章描述的大多数机制是为因特网上的使用而设计的，因此最初的定义都是用路由器而不是交换机，在我们的讨论中都用路由器（router）这一术语。不论是网络还是互联网，问题基本上是相同的。

在这样的环境中，一个源可能在输出链路上有足够的容量来发送分组，但到了网络中间的某处，它的分组会遇到一条正被许多不同通信源使用的链路。图 6-1 描述了这种情况：两条高速链路正传输分组给一条低速链路。这与像以太网和无线网这样的共享访问网络形成对比，在共享访问网络中，源可以直接观察网络上的流量并决定是否发送一个分组。我们已经见过用于在共享访问网络上分配带宽的算法（如以太网和 Wi-Fi）。从某种意义上说，这些访问控制算法与交换网中的拥塞控制算法类似。

> 注意拥塞控制与路由选择不同。虽然对拥塞的链路确实可由路由传播协议赋予一个大的边权值，其结果是路由器将绕过该链路，但是"绕过"拥塞链路基本没有解决拥塞的问题。为清楚这一点，我们只需看图 6-1 所示的简单网络，图中所有流量都必须流经同一路由器到达目的地。尽管这是一个极端的例子，但某台路由器不能被绕过的情况是常见的。这台路由器拥塞，而没有任何路由机制可以解决这个问题。这种拥塞的路由器有时称为瓶颈（bottleneck）路由器。

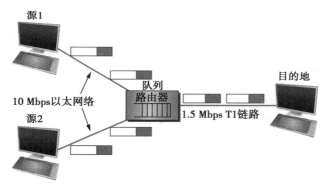

图 6-1　一个潜在的瓶颈路由器

2. 无连接流

在我们讨论的大多数情况下，假设网络基本上是无连接的，任何面向连接的服务均在终端主机上运行的传输协议中实现（我们稍后解释"基本上"的含义）。这正是因特网的模型，其中 IP 提供无连接数据报传输服务，而 TCP 实现端到端的连接抽象。请注意这一假设不包括像 ATM 和 X.25 这样的虚电路网络。在建立虚电路时，一个连接建立报文将穿越网络。这个建立报文在每台路由器上为连接保留一系列缓冲区，从而提供一种拥塞控制形式——只有在每台路由器上都能分配足够的缓冲区时，连接才能建立。这种方法的主要缺点是资源的不充分利用——为某个特定的电路保留的缓冲区即使在空闲时也不能被其他流量使用。本章重点讨论的是在互联网中使用的资源分配方法，因而我们主要关注无连接网络。

　　将网络一分为二为无连接和面向连接是过于严格的，在两者之间有一段灰色区域，所以我们需要界定无连接（connectionless）这一术语。具体来说，无连接网络假定所有数据报完全独立是不准确的。虽然数据报独立地进行交换，但是在某对特定的主机间的数据报流通常要流经一系列特定的路由器。所谓流（flow）是指在源和目的主机对之间发送的一系列分组，它们沿相同的路由经过网络。在资源分配问题中，流是个十分重要的抽象概念，本章将会用到。

　　流抽象的最大优势之一是它可以有不同粒度的定义。例如，流可以是主机到主机的（即有相同的源/目的地主机地址），或是进程到进程的（即有相同的源/目的地主机/端口对）。在后一种情况中，流与我们在本书中一直使用的信道的概念基本上是相同的。我们引进流这个新术语是因为对网络中的路由器而言，流是可见的，而信道只是一个端到端的抽象概念而已。图6-2描述了多个流通过一组路由器的过程。

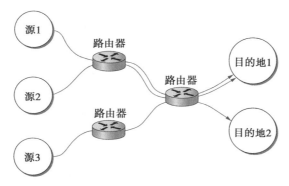

图 6-2　多个流通过一组路由器

　　因为有多个相关分组流经每台路由器，所以有时为每个流保存一些状态信息是有意义的，可以用这些信息对属于这个流的分组做资源分配决定。这些状态有时称为软状态（soft state），软状态和硬状态的主要差别是软状态并不总是需要用信令显式地创建或删除。纯粹的无连接网络在路由器上不维护任何状态，而纯粹的面向连接网络在路由器上维护硬状态，软状态则处于两者之间。一般情况下，网络的正确操作并不依赖于当前的软状态（每个分组不考虑软状态时，依然能正确地路由），但是如果路由器正在维护某个流的软状态信息，而某个分组又恰好属于这个流的话，那么路由器能更好能处理这个分组。

　　注意一个流既可以隐式地定义，也可以显式地建立。对于前者，路由器检查每个经过的分组的首部中的地址，若观测出有相同的源和目的地的分组，就将这些分组当作属于同一个流来对待，以便进行拥塞控制。对于后者，源在网上发送一个建立流的报文，声明将启动一个分组流。然而对于显式建立的流和面向连接网络中的一个连接是否相同，还是有争议的。我们之所以提到这一点，是因为即使是显式建立的流也并不意味着任何端到端的语义，尤其是它并不意味着可靠而有序的虚电路传输。它的存在仅仅是用于资源分配的目的。在本章我们会看到隐式的流和显式的流。

3. 服务模型

本章前面的部分将集中讨论采用因特网尽力而为服务模型的机制。尽力而为服务模型以完全相同的方式对待每个分组，终端主机没有机会要求网络对某个流提供特殊保证或优先服务。定义一个支持某种优先服务或特殊保证的服务模型，比如保证视频数据流所需带宽，将在后续章节讨论这个主题。这种服务模型能提供多种服务质量（Qualities of Service，QoS）。正如我们将看到的，实际上有一个可能性的范围，这个范围从纯粹的尽力而为服务模型到保证每个流能获得 QoS 的模型。最大的挑战之一就是定义一种服务模型，它可以满足许多领域的应用需求，甚至能够用于将来创建的应用。

6.1.2 分类方法

资源分配机制千差万别，进行彻底的分类是很难的。下面我们介绍可以表示资源分配机制特征的三个方面，并在本章中对其更细微的差异进行讨论。

1. 以路由器为中心和以主机为中心

资源分配机制可分为两大类：一类是在网络内部（即在路由器或交换机上）解决问题，另一类是在网络边缘（即在主机上，或许是在传输协议内）解决问题。由于网络中的路由器和网络边缘上的主机均参与资源分配，所以真正的问题是哪一个承担主要责任。

在以路由器为中心的设计中，由每台路由器决定什么时候转发分组，以及选择丢弃哪些分组，同时通知网上正在产生流量的主机允许它发送的分组数目。在以主机为中心的设计中，终端主机观测网络状态（如成功通过网络的分组数），并相应调整它们的行为。注意这两类设计并不是相互排斥的。例如，把拥塞管理的负担主要放在路由器上的网络仍然希望终端主机能支持路由器发送的建议报文，而使用端到端拥塞控制的网络中的路由器仍然用某种策略（不论多么简单）决定当路由器队列发生溢出时要丢弃哪些分组。

2. 基于预留方式和基于反馈方式

有时资源分配机制也根据使用预留（reservation）还是反馈（feedback）进行分类。在基于预留的系统中，一些实体（如端主机）为流的分配向网络申请一定的容量。然后每台路由器分配足够的资源（包括缓冲区及链路带宽的百分比）以满足这一请求。如果某些路由器由于自身资源不足而不能满足该请求，那么路由器会拒绝这个预留。这就像打电话时遇到忙音一样。在基于反馈的系统中，端主机在未预留任何容量的情况下开始发送数据，然后根据收到的反馈信息调整发送速率。反馈信息可以是显式的（explicit）（即发生拥塞的路由器向主机发送“请减慢速度”的报文），或隐式的（implicit）[即终端主机根据外部可观察到的网络行为（如分组丢失）来调整发送速率]。

注意，基于预留的系统总是意味着采用以路由器为中心的资源分配机制。这是因为每台路由器都必须负责了解它当前的可用容量并判断能否接受新的预留，同时确保每台主机使用它预留范围内的资源。如果主机发送数据的速率超过它所预留的容量，那么当路由器发生拥塞时，该主机的分组就是丢弃的候选对象。另一方面，基于反馈的系统意味着既可以采用以路由器为中心的机制，也可以采用以主机为中心的机制。通常，如果反馈是显式的，那么至少在某种程度上资源分配方案与路由器有关。如果反馈是隐式的，则几乎所有负担都落在终端主机的身上，路由器的任务只是在发生拥塞时把分组丢掉。

预留不必由终端主机发出，也可由网络管理员给流或聚集流量分配资源，就像我们将在后续章节中看到的那样。

3. 基于窗口方式和基于速率方式

第三种特征是资源分配机制是基于窗口（window-based）还是基于速率（rate-based）。这是上面提到的多个领域中的一个，其中类似的机制和术语同时用于流量控制和拥塞控制。流量控制和资源分配的机制都需要一种表达方式以向发送方传达允许其发送的数据量。传达这一信息通常用两种方法：窗口（window）和速率（rate）。我们已经见过基于窗口的传输协议，如 TCP，其中接收方向发送方通知一个窗口。这个窗口对应于接收方的缓冲区大小以及对发送方传输数据量的限制，就是说，它支持流量控制。一个类似的机制——窗口通知——可以用于在网络内预留缓冲区空间（即它支持资源分配）。TCP 拥塞控制机制是基于窗口的。

也可以用速率控制发送方的行为，也就是接收方或网络每秒能接收多少比特。基于速率的控制机制对以某平均速率产生数据和需要保证最小吞吐量的多媒体应用程序往往是有用的。例如，视频编解码器以 1 Mbps 的平均速率和 2 Mbps 的峰值速率产生视频。在本章后面我们会看到，在支持不同服务质量的基于预留的系统中，流的基于速率的特性是一个合乎逻辑的选择：发送方对每秒如此多的比特数做出预留，同时路径上的每台路由器在为其他流提供资源的情况下，确定是否能支持这一速率。

4. 资源分配分类小结

如上所述，资源分配有三种分类方法，每种又分为两类，共有八种不同的策略。虽然这八种方法都可能实现，实际上有两种策略看起来最为流行，这两种策略与网络的基本服务模型有关。

一方面，尽力而为服务模型不允许用户预留网络容量，因此它通常意味着使用反馈方式。这就意味着拥塞控制的责任大部分落在终端主机身上，或许路由器会提供某些辅助。在实践中，这样的网络使用基于窗口的信息。它是因特网中采用的一般策略。

另一方面，基于服务质量的服务模型可能包含某种预留形式。对这些预留的支持主要依赖路由器的参与，例如，将分组放入不同的队列依赖于它们要求的预留资源的级别。而且，由于窗口与用户所需的网络带宽仅是间接相关，自然就需要按速率表示预留的资源。我们将在后续章节中讨论这个问题。

6.1.3 评价标准

最后我们讨论如何判断一种资源分配机制的优劣。回忆在本章开头的问题中我们提出的网络如何有效地和公平地分配资源的问题。也就是说，评价一种资源分配方案的优劣至少有两大标准。下面我们依次考虑每一种标准。

1. 有效的资源分配

评价网络资源分配方案的有效性通常从考虑网络的两个主要度量标准开始，即吞吐量和延迟。显然，我们希望有尽可能大的吞吐量和尽可能小的延迟。不幸的是，这些目标通常相互对立。对于资源分配算法而言，增加吞吐量就是要允许尽可能多的分组进入网络，使所有链路的利用率趋近100%。这样做是为了尽量避免链路空闲的可能，因为空闲的链路会降低吞吐量。这种策略的问题在于，增加网络中的分组数就要增加每台路由器队列的长度，从而导致分组在网络中的延迟加大。

为描述这种关系，一些网络设计者提出使用吞吐量和延迟的比值作为衡量资源分配方案有效性的度量标准。这个比值有时称为网络的能力（power）：

$$Power = Throughput/Delay$$

注意，尚不确定能力是判断资源分配有效性的恰当标准。原因有两点：第一，能力这一度量标准是基于 M/M/1 排队网络理论的[⊖]，这一理论假设有无限个队列；而实际网络的缓冲区是有限的，有时不得不丢弃一些分组。第二，能力这一度量标准的定义通常与单一连接（流）有关，还不清楚如何把它扩展到多个有竞争的连接。尽管有相当严重的限制，但是到目前为止还没有其他的度量标准被广泛接受，因此现在仍在使用能力这一度量标准。

我们的目标是使这个比率达到最大，这个比率是关于网络负载的函数。而负载是由资源分配机制来确定的。图6-3给出了典型的能力曲线，理想情况下，资源分配机制可以使其达到曲线的最高点。如果在最高点的左侧，表明这一机制过于保守；就是说，它允许发送的分组太少，未能充分利用链路。在最高点的右侧表明这一机制允许进入网络中的分组过多，以致由排队导致的延迟的增加量开始超出吞吐量的微小增益。

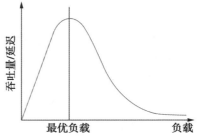

图6-3   吞吐量与延迟的比值和负载的函数关系

有趣的是，能力曲线非常类似分时计算机系统的系统吞吐量曲线。系统吞吐量随进入系统的作业数而增加，当在系统中运行的作业数达到某一点时，系统性能开始下降（系统花大量的时间进行内存页面交换），同时系统吞吐量也开始下降。

⊖   因为本书不是针对排队理论的，因此仅给出了 M/M/1 排队的简要描述：1 表示有一台服务器，M 表示分组到达和服务时间的分配依据 "Markovian"，即指数方式。

在本章后几节中可以看到，许多拥塞控制方案只能很粗略地控制负载。也就是说，它们实在不可能实现只把"旋钮"转一点并只允许少量的额外分组进入网络。因此，网络设计者需要考虑系统在高负载下工作时将会出现的情况，即图 6-3 所示曲线到达最右端的情况。在理想的情况下，我们希望避免由于系统来回摆动而使系统吞吐量趋于零的情况。用网络术语来说，我们希望有一个稳定的（stable）系统——即使在网络负载很大的情况下，其中的分组依然可以在网络中继续传送。如果机制是不稳定的，网络将可能出现拥塞崩溃（congestion collapse）。

2. 公平的资源分配

网络资源的有效利用并不是衡量资源分配方案的唯一标准，还必须考虑公平性的问题。但是当试图定义公平资源分配的确切组成时，就会陷入一头雾水。例如，基于预留的资源分配方案提供显式的方法来产生可控制的不公平性。在这样的方案中，可以使用预留方式让一个视频流在某一链路上获得 1 Mbps 的吞吐量，而同时让另一个文件传输在同一链路上却仅获得 10 kbps 的吞吐量。

相反，如果没有显式的信息，当多个流共享某一条链路时，希望每一个流都获得相等的带宽份额。这种定义假设带宽的公平（fair）分配就是带宽的平均（equal）分配。然而即使不是预留方式，平等分配也不等同于公平分配。我们是否也应比较流的路径长度？比如，如图 6-4 所示，1 个跳数为 4 的流和 3 个跳数为 1 的流竞争时，如何体现公平？

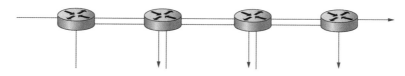

图 6-4 1 个跳数为 4 的流和 3 个跳数为 1 的流的竞争

假设公平就意味着平等，而且所有路径有相同的长度，网络研究员 Raj Jain 提出了一种评价拥塞控制机制公平性的度量标准，他的公平指数定义如下。给定一个流吞吐量的集合

$$(x_1, x_2, \cdots, x_n)$$

（使用统一的单位，如比特 / 秒），下列函数定义这些流的公平性指数：

$$f(x_1, x_2, \cdots, x_n) = \frac{(\sum_{i=1}^{n} x_i)^2}{n \sum_{i=1}^{n} x_i^2}$$

公平性指数总是产生 0 ~ 1 之间的一个数，1 表示最公平。为了更直观地了解这一度量标准，考虑 n 个流都获得每秒 1 个单位数据吞吐量的情况。它的公平性指数为

$$\frac{n^2}{n \times n} = 1$$

现在假设有一个流获得了 $1 + \Delta$ 的吞吐量，则公平性指数为

$$\frac{((n-1)+1+\Delta)^2}{n(n-1+(1+\Delta)^2)} = \frac{n^2+2n\Delta+\Delta^2}{n^2+2n\Delta+n\Delta^2}$$

注意，分母比分子大 $(n-1)\Delta^2$。因此不论这个流的吞吐量比其他流的吞吐量大还是小（正的或负的 Δ），公平性指数都降到 1 以下了。另一种简单的情况是考虑 n 个流中只有 k 个流有相等的吞吐量，而其余 $n-k$ 个流的吞吐量为 0，那么公平性指数降为 k/n。

6.2 排队规则

实验十一

无论资源分配机制的其余部分是简单还是复杂，每台路由器都必须应用某种排队规则来决定如何缓存等待发送的分组。排队算法分配带宽（哪些分组被传送）和缓冲区（哪些分组被丢弃）。它通过决定分组等待传输的时间直接影响分组的延迟。本节介绍两种常用的排队算法——FIFO（先进先出）和 FQ（公平排队）法，以及几个变种算法。

6.2.1 FIFO

FIFO（先进先出）排队也称为先来先服务（FCFS）排队，它的思想很简单：先到达路由器的分组先被发送。图 6-5a 所示为一个 FIFO 队列，最多可容纳 8 个分组。鉴于每台路由器中缓冲区的空间是有限的，当有分组到达而队列（缓冲区）已满时，路由器将丢弃这个分组，如图 6-5b 所示。这种做法不会考虑这个分组属于哪个流，也不考虑它有多重要。由于到达 FIFO 队尾的分组被丢弃，所以有时也称为队尾丢弃（tail drop）。

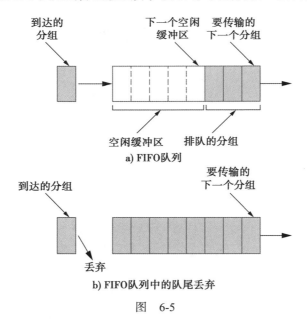

图 6-5

注意，队尾丢弃与 FIFO 是两个不同的概念。FIFO 是调度规则（scheduling discipline），它决定分组传送的顺序。队尾丢弃是丢弃策略（drop policy），它决定哪个分组被丢弃。因为 FIFO 和队尾丢弃分别是最简单的调度规则和丢弃策略，因此有时它们被看成一种组合排队实现。不幸的是，这一组合常常被简单地称作 FIFO 排队（FIFO queuing），实际上应更确切地称之为带队尾丢弃的 FIFO（FIFO with tail drop）。后续章节提供了其他丢弃策略的一个例子，它采用比"是否有空缓冲区？"更复杂的算法决定何时丢弃分组。这种丢弃策略可以与 FIFO 或更复杂的调度规则一起使用。

带队尾丢弃的 FIFO 作为所有排队算法中最简单的算法，在本书写作时是因特网路由器中使用最广泛的算法。这种简单的排队方法将拥塞控制和资源分配的所有责任推到网络的边缘。这样，目前因特网中流行的拥塞控制方式就假设不能从路由器获得任何帮助：TCP 负责检测和处理拥塞。我们将在下一节中看到它是如何运作的。

FIFO 排队的一个简单变种是优先排队。它的思想是给每个分组一个优先级标志，这个标志可以被传送到后续章节中描述的 IP 首部中。路由器然后采用多个 FIFO 队列，每个队列对应一个优先级。路由器总是先发送完非空的最高优先级队列中的分组，然后再移到下一个优先级队列。在每个优先级队列中，分组都采用 FIFO 方式管理。这种方式与尽力而为传送模型有一点不同，但它还没有优化到对任意特定的优先级提供保证。它仅允许高优先级的分组插在队列的前面。

当然，优先排队的问题是高优先级队列可能使其他所有队列"挨饿"。也就是说，只要在高优先级队列中有一个高优先级分组要发送，那么低优先级队列就不能获得服务。要想让它成为可行的，必须对插入高优先级队列中的高优先级流量进行严格的限制。显然，我们不能允许用户不受限制地将其分组设置为高优先级，必须防止他们一起这样做，或者提供某种方式将一些用户的要求"驳回"。显然，我们可以用经济手段来实现：传送分组的优先级越高，网络费用就越高。但是在像因特网这样分散化的环境中，实现这样的方案还有很多问题。

在因特网中，使用优先级排队的一种情况是为了保护那些最重要的分组——通常指在网络拓扑结构改变后为保证路由表的稳定性所必需的路由更新分组。对于这样的分组，常常有一个特殊队列，它可以由 IP 首部中的差分服务代码点（Differentiated Services Code Point，DSCP）（以前的 TOS 字段）标识。事实上，这是 6.5.3 节中讲述的"区分服务"思想的一个简单例子。

6.2.2　公平排队

FIFO 排队的一个主要问题是不能区分不同的通信源，按上一节中的说法，就是它不能按分组所属的流分离它们。这个问题有两个不同的层面。一个层面是不能确定任何一个完全在源上实现的拥塞控制算法都能在路由器几乎不提供帮助的情况下控制拥塞。我们把这一点留到下一节讨论 TCP 拥塞控制时再讨论。另一个层面，因为整个拥塞控制机制在源上实现，而且 FIFO 排队不提供监视这些源是否遵循这一机制的手段，因此一些恶意操作的源（流）就可能任意占用网络容量。我们再来考虑因特网，某个给定的应用程序完全可以不用 TCP，从而就能绕过端到端拥塞控制机制。（当今像因特网电话这样的应用程序就是这么做的。）这样的应用程序能够以其分组无限制地充斥路由器，从而使其他应用程序的分组被丢弃。

公平排队（FQ）是为解决这一问题而提出的算法。其思想是为路由器当前处理的每个流维护一个独立的队列。路由器以轮转方式为这些队列服务，如图 6-6 所示。当某个流发送分组过快时，它的队列被填满。当队列达到某一长度时，属于这个流队列的多余分组就被丢弃。用这种方式，一个源就不能以牺牲其他流为代价任意增加它占用的网络能力的份额。

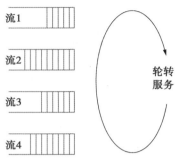

图 6-6   一台路由器上 4 个流的轮转服务

注意，FQ 既不涉及路由器将其状态通知通信源，也不以任何方式限制给定源传送分组的速率。换言之，FQ 依然与端到端拥塞控制协同使用。它简单地隔离各通信流量以使恶意的通信源不会影响那些忠实执行端到端算法的源。FQ 加强了在良好拥塞控制算法管理下的流的集合之间的公平性。

尽管基本概念很简单，但你仍需了解相当多的细节。问题的复杂性主要在于路由器处理的分组长度不一定相同。要真正以公平的方式分配输出链路的带宽，就有必要考虑分组的长度。例如，路由器正在管理两个流，一个流有 1 000 字节的分组，另一个流有 500 字节的分组（或许由于来自这台路由器上游的分片），那么对每个流队列的分组进行的轮转服务将把链路带宽的 2/3 分给第一个流，而分给第二个流的仅是链路带宽的 1/3。

我们真正想实现的是按位轮转，也就是路由器从流 1 传送 1 位，再从流 2 传送 1 位，以此类推。显然，从不同的分组中按位交叉传送是不可行的。因此 FQ 机制采用如下方法来模拟这一行为：先判断如果以按位轮转方式发送，分组何时传送完毕，然后根据完成时间对要传送的分组进行排序。

为了理解近似按位轮转的算法，考虑单个流的行为并设想一个时钟，每当所有活动流都传送 1 位时，时钟滴答 1 次。（流是活动的是指它有数据在队列中。）对于这个流，用 P_i 表示分组 i 的长度，用 S_i 表示路由器发送分组 i 的起始时间，用 F_i 表示路由器发送分组 i 的结束时间。如果用 P_i 表示发送分组 i 所用的时钟滴答数（记住流每传 1 位，时钟滴答数加 1），那么容易看出 $F_i = S_i + P_i$。

何时开始传送分组 i 呢？这取决于分组 i 是在路由器传完这个流的第 $i-1$ 个分组之前到达还是之后到达。如果是之前到达，那么逻辑上分组 i 的第 1 位将在分组 $i-1$ 的最后 1 位发完后立即发送。另一种情况，可能当路由器发完第 $i-1$ 个分组很久之后第 i 个分组才到达，也就是说在一段时间里这个流的队列是空的，这时轮转技术将不从这个流传送任何分组。若用 A_i 表示分组 i 到达路由器的时间，那么 $S_i = \max(F_{i-1}, A_i)$，于是我们可以计算

$$F_i = \max(F_{i-1}, A_i) + P_i$$

现在来讨论多个流的情况，同时我们发现确定 A_i 的一个要领。在分组到达时，我们不可能正好读出墙上的时钟。正如上面提到的，我们希望按位轮转时，每当所有活动流都传送 1 位时，时钟加 1 个滴答，因此需要时钟在流越多时增加的速度越慢。具体来说，如果有 n 个活动流，那么每当传送 n 个比特时，时钟就必须加 1 个滴答。这样的时钟将用于计算 A_i。

现在，用上面的公式来计算每个流中到达的每个分组的 F_i。然后把所有 F_i 当作时间戳，而下一个被传送的分组总是时间戳值最小的那个分组——基于上述原因，该分组应最先被传送完。

注意这表明一个流可能有一个分组到达，同时因为它比已经在队列中等待发送的其他流的分组更短，所以它可能被插在队列中比它长的分组前面。然而并不意味着新到的分组能抢先当前正在传送的分组。由于没有这种抢先机制，如上所述的 FQ 的实现方法不能精确地模拟按位轮转技术。

为了更好地理解公平排队的实现是如何工作的，我们来看图 6-7 给出的例子。在图 6-7a 中显示了两个流的队列，算法从流 1 中选择两个分组在流 2 之前传送，因为流 1 中分组的完成时间更早。在图 6-7b 中，当流 1 的分组到达时，路由器已经开始发送流 2 的分组。虽然如果采用完全的按位发送公平排队，流 1 的分组会先于流 2 发完之前完成发送，但在实现时流 1 的分组不能抢先于流 2 的分组发送。

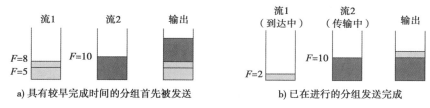

a) 具有较早完成时间的分组首先被发送　　b) 已在进行的分组发送完成

图 6-7　实现公平排队的例子

在公平排队中有两个问题需注意。第一，只要队列中至少有一个分组，链路就绝不空闲。任何具有这一特点的排队方案称作工作保持（work-conserving）方案。工作保持产生的效果之一就是：如果我的流与其他流共享一条链路，而其他流此时不发送任何数据，那么我的流就可以使用全部链路能力。然而，一旦其他的流开始发送数据，它们将会使用自己的那一份链路能力，而我的流可获得的能力将下降。

第二，当链路满负荷且有 n 个流在发送数据时，我所使用的能力不能超过链路带宽的 $1/n$。如果我试图超越这一界限，那么我的分组将会被赋予更大的时间戳值，使它们为了等待传送而在队列里等更长的时间。最终队列会溢出，但究竟是我的分组还是别人的分组被丢弃不是由我们正在使用的公平排队算法决定的。这是由丢弃策略决定的；FQ 是一个调度算法，和 FIFO 一样，它可以和任何丢弃策略结合。

因为 FQ 是工作保持的，所以一个流不用的带宽可自动地被其他任何流使用。例如，如果有 4 个流正在通过路由器，并且都是发送分组，那么每个流能获得带宽的 1/4。但是如果它们中有 1 个流已空闲了足够的时间，它的所有分组都被发送出路由器，那么可用带宽将被其余的 3 个流共享，于是每个流都会获得带宽的 1/3。这样就可以认为 FQ 给每个流保证最小份额，如果有的流不用它们的份额，别的流就可获得比它的保证多的带宽。

FQ 的一个变种称为加权公平排队（Weighted Fair Queuing，WFQ），它允许为每个流（队列）指定一个权值。这个权值逻辑上用来描述路由器为该队列服务 1 次所传送的比特数，它可以有效地控制流可获得的链路带宽的百分比。简单的 FQ 给每个队列赋权值 1，这意味着逻辑上每轮转 1 次为每个队列发送 1 位。当有 n 个流时，这导致每个流获得带宽的 $1/n$。但是在 WFQ 中，第一个队列的权值可以是 2，第二个队列的权值可以是 1，而第三个队列的权值可以是 3。假设每个队列总是有分组等待发送，那么第一个流获得可用带宽的 1/3，第二个流获得可用带宽的 1/6，而第三个流获得可用带宽的 1/2。

虽然我们已经用流描述了 WFQ，但要注意它可以按流量的类别（class）实现，其中类别用其他方法定义，不同于在本章开始介绍的简单的流。例如，可以使用 IP 首部中的某些字段标识类别，并给每一类分配一个队列和权值。这正是后续章节中要描述的区分服务体系结构的一部分。

注意，执行 WFQ 的路由器必须从某处获得每个队列指定的权值，或者通过手工配置，或者通过这些源的某种信令来获得。在后一种情况下，我们转向基于预留的模型。仅给队列指定一个权值的方式提供一种弱的预留形式，因为这些权值只和流获得的带宽间接相关。（例如，流可获得的带宽还依赖于有多少流和它共享链路。）我们将在后续章节中看到如何使用 WFQ 作为基于预留的资源分配机制的组成部分。

> 最后我们可以看到，整个队列管理的讨论说明了一个称为策略和机制分离（separating policy and mechanism）的重要系统设计原则。其思想是把每一种机制看作一个黑箱，它提供可由一组旋钮控制的多层面服务。策略规定这些旋钮的一组特定设置，但它并不知道（或不关心）黑箱如何实现。这种情况下讨论的机制是排队规则，而策略是哪个流获得何种级别服务的特殊设置（如优先级或权值）。我们将在后续章节中讨论 WFQ 机制可能使用的一些策略。

6.3　TCP 拥塞控制

本节讲述当今用于端到端拥塞控制的主要实例，它是通过 TCP 实现的。TCP 的基本策略是把分组发送到没有预留的网络上，然后对出现的可观察事件做出反应。TCP 假设网络路由器只支持 FIFO 排队，但用公平排队也能工作。

TCP 拥塞控制是在 20 世纪 80 年代后期由 Van Jacobson 引入因特网的，大约是在 TCP/IP 栈已经实施 8 年之后。在此之前，因特网正遭受拥塞崩溃的困扰——主机按通知窗口允许的速度向因特网发送分组，在一些路由器上会发生拥塞（使一些分组被丢弃），同时主机会因超时而重传分组，引起更严重的拥塞。

一般而言，TCP 拥塞控制的概念是为每个源确定网络中有多少可用能力，从而知道它可以安全完成传送的分组数。一旦某个源有这么多分组在传送，它用确认（ACK）信号的到达表明它的一个分组已经离开网络，因而它不用增加拥塞级别就可以安全地向网络插入一个新的分组。通过使用确认信息测定分组的传送，人们称 TCP 是自同步（self-clocking）的。当然，在一开始就确定可获得的能力并非易事。因为其他连接时连时断，可获得的带宽不断随时间变化，这意味着源必须能调整传送分组的数目，这使问题更加复杂。本节描述 TCP 解决这些问题以及其他问题所使用的算法。

注意，虽然我们一次描述 TCP 拥塞控制的一种机制，从而给人一种印象，好像我们在谈论三个独立的机制，但只有将它们作为一个整体考虑时才有 TCP 拥塞控制。此外，虽然我们要从称为标准 TCP（standard TCP）拥塞控制的变种说起，但我们将看到相当多的变种都在使用当中，研究人员不断探索新的方法来解决这一问题。稍后讨论其中一些新的方法。

6.3.1　加性增 / 乘性减

TCP 为每个连接维护一个新的状态变量，称为拥塞窗口（CongestionWindow），源用它来限制给定时间内允许传送的数据量。拥塞窗口与流量控制的通知窗口（AdvertisedWindow）相对应。TCP 做如下修改：允许未确认数据的最大字节数为当前拥塞窗口和通知窗口的最小值。这样，用上一章中定义的变量，对 TCP 的有效窗口修订如下：

$$MaxWindow=MIN(CongestionWindow，AdvertisedWindow)$$

$$EffectiveWindow=MaxWindow-(LastByteSent-LastByteAcked)$$

也就是说，在有效窗口（EffectiveWindow）的计算中用最大窗口（MaxWindow）代替通知窗口。这样，允许 TCP 源发送分组的速率不超过网络或目标主机可接受的速率中的最小值。

当然，问题是 TCP 如何得到一个合适的拥塞窗口的值。与通知窗口不同，通知窗口的值是由连接的接收方送出的，没有任何一个源向 TCP 的发送方发送一个合适的拥塞窗口值。答案是 TCP 源根据它所获得的网络中存在的拥塞级别来设定拥塞窗口。当拥塞级别上升时减小拥塞窗口，而当拥塞级别下降时加大拥塞窗口。这种把两者合在一起的机制通常称为加性增 / 乘性减（Additive Increase/Multiplicative Decrease，AIMD），在下面的讨论中，会明白用这样一个拗口的名字的原因。

那么，关键问题是源如何确定网络拥塞并且如何减小拥塞窗口？答案是基于这样的观察：分组不能被传送和导致分组传送超时的主要原因在于拥塞造成分组被丢弃。因为传输错误而造成丢弃分组的情况是很少的。因此，TCP 认为超时是发生拥塞的标志，并据此降低正在传输的速率。需要说明的是，每发生一次超时，源就将拥塞窗口设为当前值的一半，这种对于每次超时将拥塞窗口值减半的做法正是对应于该 AIMD 机制中所指的"乘性减"。

尽管拥塞窗口是按字节定义的，但如果按整个分组来考虑乘性减是最容易理解的。

例如，假设当前拥塞窗口被设为 16 个分组。若检测到一个分组丢失，拥塞窗口就被设置为 8。（通常，发生超时就是检测到分组丢失，但在下面将会看到，TCP 还有检测丢失分组的其他机制。）如果检测到另外的分组丢失，拥塞窗口的值将减少到 4，然后减少到 2，直到减至一个分组的长度。不允许拥塞窗口低于一个分组的长度，在 TCP 术语中，一个分组的长度称为最大报文段长度（Maximum Segment Size，MSS）。

只减小窗口大小的拥塞控制策略显然过于保守，同时也需要能增大拥塞窗口充分利用网络新增的能力。这就是机制中谈到的"加性增"部分，它的工作原理如下：每当源成功地发送拥塞窗口设定的分组数——也就是说，每个发出的分组都在最近的往返时间（RTT）时间内获得确认，源就将等于一个分组长度的值加到拥塞窗口上，这种线性增加的过程如图 6-8 所示。注意，在实际应用中 TCP 不会等待整个窗口的确认值收到之后才给拥塞窗口增加一个分组的值，而是随着到达的每一个确认增加一个小的值。具体地讲，每次收到一个确认后，拥塞窗口按如下公式增加：

$$Increment = MSS \times (MSS/CongestionWindow)$$

$$CongestionWindow += Increment$$

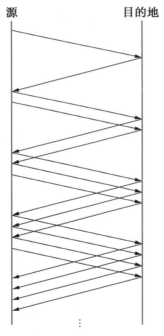

图 6-8   在加性增期间传输的分组，每个 RTT 中增加一个分组

也就是说，不是在每个 RTT 内将拥塞窗口增加整个 MSS 值，而是每收到一个 ACK，拥塞窗口就增加 MSS 值的一部分。假设每个 ACK 确认收到 MSS 字节，那么增加的这一部分等于 MSS/CongestionWindow。

连续增加或减少拥塞窗口的模式将贯穿连接的生命期。事实上，如果用拥塞窗口作为时间的函数画出当前的值，将得到如图 6-9 所示的锯齿形图案。理解有关加性增/乘性减的重要概念是：源减小它的拥塞窗口的速度比加大这个窗口要快得多。这与加性增/加性减策略形成鲜明对比，后一种策略是指每收到一个 ACK，窗口值增加 1 个分组，同时每发生一次超时，窗口值减少 1 个分组。事实证明加性增/乘性减是拥塞控制机制达到稳定的一个必要条件。大幅度减少窗口与谨慎增加窗口的一个直观原因是，窗口过大的后果要比窗口过小严重得多。例如，当窗口过大时，被丢弃的分组要被重传，导致拥塞更加严重，因而迅速从这种状态中摆脱出来非常重要。

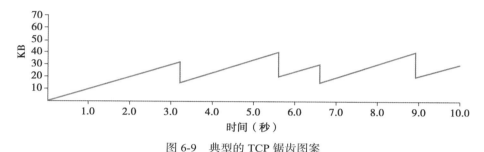

图 6-9　典型的 TCP 锯齿图案

最后，由于超时是拥塞发生的标志，并触发窗口大小的成倍减少，所以 TCP 需要提供它可以做到的最精确的超时机制。TCP 的超时机制在前面的章节中已谈到，在此不再重复。但要记住该机制的两个要点：超时值被设置为平均 RTT 和该平均值的标准偏差值的一个函数；由于用精确时钟测量每次传输的开销太大，因此 TCP 只用粗粒度（500 ms）时钟在每个 RTT（而不是每发一个分组）对往返时间进行一次采样。

6.3.2　慢启动

当源的操作接近网络可用容量时，使用上述加性增机制是正确的，但是当源从头开始时，则要用很长时间才能加宽一个连接。因此 TCP 提供第二种机制，讽刺性地称为慢启动（slow start）。尽管最初的论文中将其称为 slow-start，但今天 slow start 更常用，因此此处忽略了连字符。它从较小的值开始迅速增加拥塞窗口，以指数方式而不是线性方式。

具体说来，源开始将拥塞窗口设置为 1 个分组，当这个分组的确认到达源时，TCP 将拥塞窗口加 1，然后发送两个分组，当收到两个相应的确认后，TCP 将拥塞窗口加 2（即每个确认加 1），然后发送 4 个分组。最终结果是 TCP 在每个 RTT 内将传送的分组数加倍。图 6-10 显示了慢启动期间发送分组数的增长情况，可与图 6-8 所示的累次增加的线性增长情况相比较。

开始时我们会对为什么把指数机制称为"慢速"有些迷惑，但如果放在特定的历史背景中就可以解释了。我们不将慢启动与前一小节的线性机制相比，而是与 TCP 的最初行为相比。考虑当建立了一个连接，并且源开始发送分组（也就是当目前没有分组在传输）时会发生什么事情。若源发送通知窗口允许的分组数（这恰是提出慢启动前 TCP 所做的工作），那么即使网络有大量的带宽可用，路由器也可能处理不了这种一连串的分组。这完全取决于路由器上可用的缓冲区空间的大小。因此慢启动用于将分组隔开，使分组突然增多的情况不会发生。换句话说，尽管指数增长比线性增长快，但慢启动比起立即发送整个通知窗口的数据量要"慢"得多。

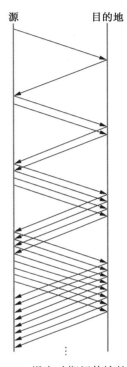

图 6-10　慢启动期间传输的分组

实际上慢启动能够在两种不同情况下运作。第一是在刚开始连接时，源不知道它在给定时间内能发送多少分组。（记住，TCP 能运行在 1 Mbps ～ 40 Gbps 的任何链路上，因此源无法知道网络的能力。）在这种情况下，慢启动在每个 RTT 时间内不断将拥塞窗口加倍直至发生分组丢失，这时超时引起拥塞窗口的成倍减少（除以 2）。

使用慢启动的第二种情况更为微妙，这发生在连接停止而等待超时发生的时候。回想一下 TCP 滑动窗口算法的原理，当一个分组丢失时，源已经发送通知窗口允许的分组数量，因此当它等待一个不会到达的确认信息时阻塞。最终发生超时，但在这段时间没有分组在传送，也就是源收不到确认以"同步"新分组的传送。源将收到一个重新打开整个通知窗口的一个累积的 ACK，但如上所述，源于是用慢启动重新启动数据流，而不是立即将整个窗口值的数据都送到网上。

尽管源再次使用慢启动，但现在所得到的信息比连接开始时要多。具体来说，源知道拥塞窗口的当前（并且是有用的）值，这是最近一个分组丢失前存在的拥塞窗口值，因为分组丢失而其除以 2。可以把它看作目标（target）拥塞窗口。用慢启动将发送速率快速增长到这个值，超过该值后，则用累次增加的方法。注意，要考虑一个小的管理操作问题，我们希望能记住由于成倍减少而产生的目标拥塞窗口以及慢启动所用到的实际（actual）拥塞窗口。为解决这一问题，TCP 引入一个临时变量存储目标窗口，一般称为拥塞阈值（CongestionThreshold），它的值等于由于成倍减少而产生的拥塞窗口值。然后拥塞窗口被重置为一个分组，以后每收到一个 ACK 增加一个分组，直至达到拥塞阈值，之后每一个 RTT 增加一个分组。

换句话说，TCP 用如下代码段定义拥塞窗口：

```
{
    u_int    cw = state->CongestionWindow;
    u_int    incr = state->maxseg;

    if (cw > state->CongestionThreshold)
        incr = incr * incr / cw;
    state->CongestionWindow = MIN(cw + incr, TCP_MAXWIN);
}
```

其中 state 表示某个特定 TCP 连接的状态，TCP_MAXWIN 定义允许拥塞窗口增长到的上界。

图 6-11 描绘了 TCP 的拥塞窗口随时间增减的轨迹，同时说明慢启动和加性增 / 乘性减的相互作用。这一轨迹取自一个实际 TCP 连接，并显示拥塞窗口随时间变化的当前值。

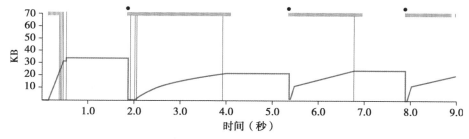

图 6-11　TCP 拥塞控制行为。曲线 = 随时间变化的拥塞窗口的值；图上方的黑点 = 超时；
图上方的细线 = 每个分组被传送的时刻；竖条 = 最终要被重传的分组首次传送的
时刻

有关这一轨迹需注意以下几件事情。首先拥塞窗口在连接开始时迅速增加，这对应于初始慢启动过程。慢启动阶段持续到大约进入连接 0.4 s 后几个分组丢失，此时拥塞窗口保持在约 34 kB 处（为什么许多分组在慢启动过程中丢失将在下面讨论）。拥塞窗口不变是由于几个分组丢失而导致没有 ACK 到达。事实上，在这段时间里没有发送新的分组，如图 6-11 中上方没有小条的那一段。最后大约在 2 s 时发生超时，此刻拥塞窗口减半（即从大约 34 kB 减到 17 kB 左右），同时拥塞阈值也被设置为该值。然后慢启动将拥塞窗口重设为 1 个分组并开始由此增加。

在这一轨迹中没有足够的细节可以精确地看出在刚过 2 s 时丢失一对分组后发生的事情，所以直接来看在 2 ～ 4 s 间拥塞窗口的线性增加。这对应于本节中的加性增。大约从 4 s 开始，由于丢失分组拥塞窗口变平坦。现在，大约在 5.5 s：

1）发生超时，使拥塞窗口减半，从大约 22 kB 降至 11 kB，同时拥塞阈值也设置为该值。

2）拥塞窗口被重设为 1 个分组，随之发送方进入慢启动。

3）慢启动使拥塞窗口按指数增加，直至拥塞阈值。

4）拥塞窗口开始线性增加。

大约在 8 s 时又一次超时发生，重复上述过程。

现在我们回到慢启动开始时为什么会有许多分组丢失的问题。TCP 在此试图了解网络上有多少可用带宽，这是一项很困难的任务。如果源在这个阶段不积极，例如如果它仅仅线性增加拥塞窗口，那么要确定有多少可用带宽需用很长时间。这对连接的吞吐量可能产生严重影响。另一方面，若源在这一阶段比较积极，随着 TCP 采用指数增长，源可能有窗口值一半的分组被网络丢弃。

要了解在指数增加过程中的情况，考虑这样一种情形：源通过网络刚好能成功发送 16 个分组到目的地，这使拥塞窗口增至 32。但是假设网络碰巧只有支持从这个源发送的 16 个分组的能力，那么在新的拥塞窗口之下发送的 32 个分组中的 16 个可能被网络丢弃。实际上，这只是最坏的情形，因为在某些路由器上还可以缓存一些分组。这个问题会随着网络的延迟带宽积的增加而变得日益严重。比如说，延迟带宽积为 500 kB，这意味着在每个连接开始时，每个连接最多可能丢弃 500 kB 的数据。当然，这是假设源和目的地都实行"大窗口"扩充。

一些协议设计者已提出了替代慢启动的方法，试图通过更复杂的方式来估计可用带宽。一个最近的例子是正在 IETF 进行标准化的快启动（quick-start）机制。其基本思想是 TCP 发送方能够在 SYN 分组中添加请求速率作为 IP 选项，从而请求一个比慢启动初始发送速率高的初始发送速率。沿途的路由器可以检查选项，估计该流经过的链路的拥塞程度，决定该速率是否可接受，一个较低的速率是否可接受，或者是否应该使用慢启动。当 SYN 到达接收方时，它将包含一个路径上所有路由器可接受的速率，或一个表明路径上有一台或多台路由器不支持快启动的指示。在前一种情况下，TCP 发送方使用该速率开始传输；在后一种情况下，它返回到慢启动。如果允许 TCP 以较高的速率启动，那么会话能够更快使管道满载，而不必等待多个往返时间。

显然如此改进 TCP 面临的挑战之一是相对于标准 TCP 而言的，它需要路由器进行更充分的协调。如果路径中的一台路由器不支持快启动，那么系统只能返回到慢启动。因此，这种改进要用在因特网中还需要相当长的时间。目前，这种方法主要使用在受控制的网络环境中（例如，研究性的网络）。

6.3.3　快速重传和快速恢复

至今描述的机制只是将拥塞控制加至 TCP 中的原始方案的一部分。人们很快发现，TCP 超时的粗粒度实现方法导致连接在等待一个定时器超时时会失效。因此，一种称为快速重传（fast retransmit）的新机制被加入到 TCP 中。快速重传是一种启发式的机制，有时它触发对丢失分组的重传比常规超时机制更快。快速重传机制并不能代替常规超时机制，它只是增强功能。

快速重传的思想简单明了。每当数据分组到达接收方时，接收方会用 ACK 作为应答，即使这个序号已被确认过。这样，当分组错序到达，即 TCP 由于分组前面的数据还没有到达而不能确认分组中的数据时，TCP 会将它上次发过的确认信息再发一次。同一个确认的第二次传送称为重复确认（duplicate ACK）。当发送方发现一个重复确认时，它就知道接收方必定收到一个未按正常顺序到达的分组，表明它前面的分组可能丢失。由于前面的分组有可能只是延迟到达，并没有丢失，所以发送方等待，直至看到一定数量的重复确认，然后才重传丢失的分组。实际应用中，TCP 等待直到看到三个重复确认，才开始重传分组。

图 6-12 说明了重复确认如何导致快速重传的过程。在此例中，目的地址收到分组 1 和分组 2，但分组 3 在网络中丢失。这样，目的地址在分组 4 到达时为分组 2 发送一个重复确认，当分组 5 到达时又发一个，依此类推。（为简化这个例子，我们按分组 1、2、3 等来考虑，而不必考虑每个字节的序号。）当发送方看到分组 2 的第三个重复确认时（发送第三个确认是因为接收方已收到分组 6），它就重传分组 3。注意当被重传的分组 3 的拷贝到达目的地时，接收方给源发送一个累积确认，用于确认已收到包括分组 6 的所有分组。

图 6-13 说明了带有快速重传机制的 TCP 的行为。如果和图 6-11 中的轨迹（其中未实现快速重传）

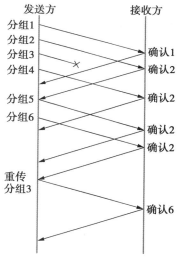

图 6-12　基于重复 ACK 的快速重传

相比，你会发现一个有趣的现象：拥塞窗口值保持不变且没有分组发送的那段很长的时间被消除。通常，在一次 TCP 连接中，这种技术可以消除大约一半的粗粒度的超时，从而使吞吐量比其他方法提高 20% 左右。但要注意，快速重传策略并不能消除所有粗粒度的超时。这是因为对于小的窗口，没有足够多的分组传送引起足够多的重复确认。假设丢失足够多的分组（例如，在初始慢启动阶段所发生的），滑动窗口算法最终将阻塞发送方直至超时发生。在实际应用中，TCP 的快速重传机制能在每个窗口最多检测到三个被丢弃的分组。

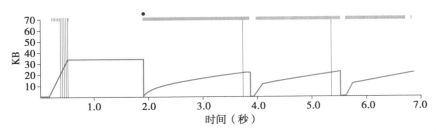

图 6-13　带快速重传的 TCP 轨迹。曲线 = 拥塞窗口；黑点 = 超时；细线标记 = 每个分组
传送的时刻；竖条 = 最终被重传的分组的首次传送时刻

最后，我们可以再做一个改进。当快速重传机制发出拥塞信号时，发送方不把拥塞窗口退回 1 个分组并启动慢启动，而是利用还在管道中的 ACK 去同步分组的发送。这种称为快速恢复（fast recovery）的机制有效地消除了在快速重传检测到一个丢失分组和开始加性增之间的慢启动过程。例如，快速恢复避免了图 6-13 中 3.8 ～ 4 s 之间的慢启动过程，直接将拥塞窗口减半（从 22 KB 减至 11 KB）并重新开始加性增。换句话说，慢启动仅用于连接开始和发生粗粒度超时的时刻。在其他时间，拥塞窗口遵循加性增 / 乘性减模式。

当丢失并不意味着拥塞时

在一种情况下，TCP 拥塞控制可能会失败。当链路由于比特错误而以相对较高的比例丢弃分组时——这在无线链路上很常见——TCP 会误解这是一个拥塞信号。因此 TCP 发送方降低其速率，这通常对误码率没有影响，因此这种情况可以持续到发送窗口下降到单个分组为止。此时，TCP 实现的吞吐量将恶化为每个往返时间一个分组，这可能远低于实际未发生拥塞的网络的速率。

鉴于这种情况，你可能想知道 TCP 是如何在所有无线网络上工作的。幸运的是，有很多方法可以解决这个问题。最常见的是在链路层采取一些步骤来减少或隐藏由于误码导致的分组丢失。例如，802.11 网络将前向纠错（FEC）应用于传输的分组，以便接收器可以纠正一定数量的错误。另一种方法是进行链路层重传，这样即使分组被破坏和丢弃，它最终也会成功送达，并且初始丢失对 TCP 端点不可见。这些方法中的每一种都有其问题：FEC 浪费了一些带宽，有时仍然无法纠正错误，而重传会增加连接的 RTT 及其方差，导致性能更差。

在某些情况下使用的另一种方法是将 TCP 连接“拆分”为无线和有线段。这个想法有很多变体，但基本的方法是将有线段上的损失视为拥塞信号，而将无线段上的损失视为由误码引起的。这种技术已用于卫星网络，其中 RTT 已经很长，你真的不想再使它变得更长了。然而，与链路层方法不同，这是对协议中端到端操作的根本性改变；这也意味着连接的前向和反向路径必须通过同一个“中间箱”进行连接拆分。

　　另一组方法试图智能地区分拥塞和误码这两个不同类别。有一些线索表明丢失是由于拥塞造成的，例如增加的 RTT 和连续丢失之间的相关性。ECN 标记还可以提供拥塞即将来临的指示，因此后续丢失更有可能与拥塞相关。显然，如果你可以检测到两种类型的丢失之间的差异，那么 TCP 就不需要为误码造成丢失减少窗口。不幸的是，很难以 100% 的准确度做出这个决定。

6.3.4　TCP CUBIC

　　刚才描述的标准 TCP 算法的一个变体称为 CUBIC，是 Linux 的默认拥塞控制算法。CUBIC 的主要目标是支持具有大延迟带宽积的网络，这有时被称为 long-fat 网络。这种网络受到原始 TCP 算法的影响，需要太多次往返才能达到端到端路径的可用容量。CUBIC 通过更积极地增加窗口大小来实现这一点，当然，诀窍是增加窗口大小，而不对其他流产生不利影响。

　　CUBIC 方法的一个重要方面是，根据自上次拥塞事件（例如，重复 ACK 的到达）发生以来经过的时间，而不是仅当 ACK 到达时（后者是 RTT 的函数），定期调整其拥塞窗口。这使得 CUBIC 在与较短的 RTT 流竞争时表现公平，因为较短的 RTT 流会使 ACK 更频繁地到达。

　　CUBIC 的第二个重要方面是使用一个立方函数来调整拥塞窗口。通过立方函数的形状最容易理解其基本思想。立方函数有三个阶段：缓慢增长、平台和加速增长。图 6-14 中显示了一个示例，我们将最后一次拥塞事件之前达到的最大拥塞窗口大小（表示为 $W_{\max}$）作为目标。我们的想法是，逐渐接近 $W_{\max}$ 时，快速但缓慢地开始增长；十分接近 $W_{\max}$ 时，要小心并保持接近零的增长；偏离 $W_{\max}$ 时，加速增长。最后一阶段实质上是探索一个新的可实现的 $W_{\max}$。

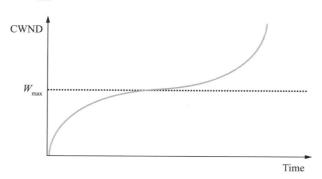

图 6-14　说明拥塞窗口随时间变化的立方函数

　　具体而言，CUBIC 将拥塞窗口作为自上次拥塞事件以来的时间（t）的函数：

$$\text{CWND}(t)=C\times(t-K)^3+W_{\max}$$

其中

$$K = \sqrt[3]{W_{max} \times (1-\beta) / C}$$

式中，C 为标量常数，β 为乘法递减因子。CUBIC 将后者设置为 0.7，而不是标准 TCP 使用的 0.5。回顾图 6-14，立方函数通常被描述为在凹函数到凸函数之间移动（而标准 TCP 的加法函数仅为凸函数）。

6.4　高级拥塞控制

本节将更深入地探讨拥塞控制。重要的是要理解标准 TCP 的策略是在拥塞发生时进行控制，而不是一开始就试图避免拥塞。事实上，TCP 反复增加它施加在网络上的负载，试图找到拥塞发生的点，然后从这一点后退。换句话说，TCP 需要创建丢失来查找连接的可用带宽。一个有吸引力的替代方案是预测何时将发生拥塞，然后在分组开始被丢弃之前降低主机发送数据的速率。我们称这种策略为拥塞避免，以区别于拥塞控制，但将"避免"视为"控制"的子集可能是最准确的。

我们描述了两种不同的拥塞避免方法。第一种方法是在路由器中加入少量附加功能，以帮助终端节点应对拥塞。这种方法通常称为主动队列管理（AQM）。第二种方法试图仅从终端主机避免拥塞。此方法在 TCP 中实现，使其成为上一节中描述的拥塞控制机制的变体。

6.4.1　主动队列管理（DECbit、RED、ECN）

第一种方法需要改变路由器，这从来不是因特网引入新功能的首选方式，但在过去 20 年中，一直是一个令人惊愕的来源。问题是，虽然人们普遍认为路由器处于检测拥塞开始发生的理想位置，即它们的队列开始填满，但对于最佳的算法尚未达成共识。下面介绍两种经典机制，并简要讨论当前的情况。

1. DECbit

第一种机制用于数字网络体系结构（Digital Network Architecture，DNA），DNA 是使用面向连接的传输层协议的一个无连接网络。因此这种机制也可用于 TCP 和 IP。如上所述，这种机制的思想是更均匀地将拥塞控制的责任分摊给路由器和端节点。每台路由器监视当前负载并且在拥塞将发生时明确地通知端节点。这种通知是通过在流经路由器的分组中设置 1 个二进制拥塞位来实现的，这个位因此叫作 DECbit。然后目标主机将这一拥塞位复制到它传送回源的 ACK 中。最后源调整发送速率来避免拥塞。下面的讨论描述更多算法的细节，从路由器中发生的情况开始。

一个拥塞位被加到分组首部。在分组到达时，如果平均队列长度大于或等于 1，那么路由器就在分组中设置这一位。平均队列长度用最近一次忙 + 闲（busy+idle）周期加上当前忙周期的时间间隔来测量。（当路由器传送分组时称为忙，否则称为闲。）图 6-15 显示了路由器上的队列长度是时间的函数。本质上讲，路由器计算曲线下的区域，并以此值除以这段时间间隔来计算平均队列长度。用队列长度为 1 作为设置拥塞位的触发点是对于有效排队（因此提高吞吐率）和增加空闲时间（因此降低延迟）的一种折中方案。换言之，长度为 1 的队列看起来优化了能力函数。

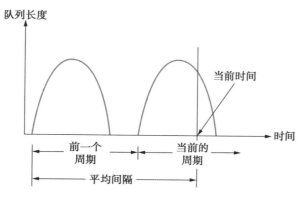

图 6-15　在路由器上计算平均队列长度

下面我们再来看看这种机制中主机部分需做的工作。源记录有多少个分组引起路由器设置拥塞位。实际应用中，源维护一个拥塞窗口（如同在 TCP 中一样），并观察最近一个窗口中引起设置拥塞位的分组数的比例。若这个比例小于 50%，源就将其拥塞窗口增加 1 个分组。若这个比例大于或等于 50%，源就将其拥塞窗口减至原有值的 0.875，选择 50% 作为阈值，是基于对能力曲线中峰值的分析。选择"增加 1 个分组，减至原拥塞窗口值的 0.875"是因为加性增 / 乘性减会使这种机制更加稳定。

2. 随机早期检测（RED）

第二种机制叫作随机早期检测（Random Early Detection，RED），它与 DECbit 很相似，是在每台路由器上监视自己的队列长度，当检测到拥塞即将发生时，就通知源调整拥塞窗口。RED 是在 20 世纪 90 年代早期由 Sally Floyd 和 Van Jacobson 发明的，它与 DECbit 方案主要有两点不同。

首先，RED 不是显式地发送一个拥塞通知报文给源，RED 最常见的实现方式是通过丢弃一个分组隐式地通知源发生拥塞。因此，源实际上是通过随之而来的超时或重复确认得到通知。RED 被设计为与 TCP 配合使用，TCP 通过超时方式检测拥塞（或者通过其他方式检测丢失分组，例如重复确认）。至于 RED 名称中的"早期"一词，是指网关会在它不得不丢弃一个分组之前就提前把它丢弃，以此通知源应提早减少拥塞窗口。换言之，路由器在它的缓冲区被完全填满之前就提前丢弃少量的分组，以此使源放慢发送分组的速率，并希望之后不必丢弃大量分组。

RED 和 DECbit 的第二个不同点是在决定何时丢弃一个分组和丢弃哪个分组的细节上。为理解其基本思想，考虑一个简单的 FIFO 队列。它不是等队列完全排满以后再将每个到达的分组丢弃（上一节中的队尾丢弃策略），而是当队列长度超过某个丢弃级别（drop level）时，按照某个丢弃概率（drop probability）将到达的分组丢弃。这种思想称为早期随机丢弃（early random drop）。RED算法定义如何监视队列长度和何时丢弃分组的细节。

在下面的段落中，我们描述由Floyd和Jacobson最初提出的RED算法。我们注意到，还有其他研究者提出的几种改进算法。然而，其基本思想与下面描述的相同，当前的实现也接近于下面的算法。

第一，RED用加权动态平均值来计算平均队列长度，这个加权动态平均值和最初TCP超时计算中用到的权值类似。就是说，AvgLen用如下公式计算

$$AvgLen = (1-Weight) \times AvgLen+Weight \times SampleLen$$

其中0<Weight<1且SampleLen是样本测量时的队列长度。在大多数软件实现中，每当一个新的分组到达网关时，就测量一次队列长度。在硬件中，它可能够以某个特定的采样间隔计算。

使用平均队列长度而不是瞬间队列长度，是因为平均队列长度能更准确地捕获拥塞的动向。由于因特网流量的突发性，队列会突然排满然后又变空。如果队列大部分时间都是空的，那么得出路由器拥塞的结论并告知主机放慢速度可能并不合适。于是，加权动态平均值的计算试图通过过滤队列的短期变化来检测长期存在的拥塞，如图6-16的右半部分所示。可以把动态平均值想象成一个低通滤波器，其中权值（Weight）决定滤波器的时间常量。如何选择这个时间常量的问题将在下面讨论。

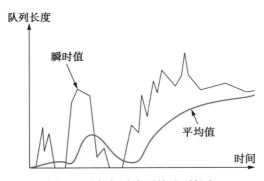

图6-16　加权动态平均队列长度

第二，RED有两个队列长度阈值用于触发某种特定的活动：最小阈值（MinThreshold）和最大阈值（MaxThreshold）。当分组到达网关时，RED将当前的AvgLen同这两个阈值比较，采用下面的规则：

```
if AvgLen ≤ MinThreshold
    将分组排入队列
if MinThreshold<AvgLen<MaxThreshold
    计算概率 P
    按概率 P 丢弃到达的分组
if MaxThreshold ≤ AvgLen
    丢弃到达的分组
```

也就是说，如果平均队列长度比下阈值小，那么无须采取任何措施；如果平均队列

长度大于上阈值，那么分组总是被丢弃。如果平均队列长度在两个阈值之间，那么按某个概率 P 将新到的分组丢弃。图 6-17 描绘了这种情况。P 和 AvgLen 的关系大致如图 6-18 所示。注意，当 AvgLen 的值在两个阈值之间时，丢弃分组的概率缓慢增长，在上阈值处达到 MaxP，在那一点直接跳到 1。其理由是：当 AvgLen 达到上阈值时，温和的方法（丢弃一些分组）已经不起作用，因此要使用激进的方法，即丢弃所有到达的分组。有一些研究者提出建议，从随机丢弃到完全丢弃应有一个较平滑的过渡，而不应用这里所示的突变方法。

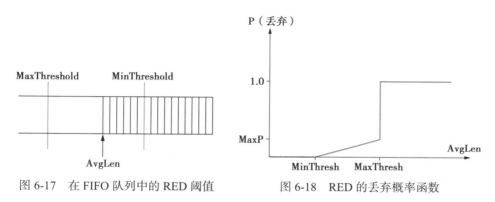

图 6-17　在 FIFO 队列中的 RED 阈值　　　　图 6-18　RED 的丢弃概率函数

尽管图 6-18 显示了丢弃概率只是 AvgLen 的函数，但实际情况要复杂一些。事实上，P 是 Avglen 和上个分组被丢弃后距当前时间的函数。具体地说，它的计算公式如下：

$$\text{TempP} = \text{MaxP} \times (\text{AvgLen-MinThreshold})/(\text{MaxThreshold}-\text{MinThreshold})$$
$$P = \text{TempP}/(1-\text{count} \times \text{TempP})$$

TempP 是图 6-18 中画在 y 轴上的变量。当 Avglen 在两个阈值之间时，count 记录有多少到达的分组已经排入队列（未丢弃）。P 随 count 值的增加而缓慢增加，由此使得丢弃最近一个分组后，丢弃分组的可能性随着时间的增加而增加。这使得间隔较小的丢弃比间隔较大的丢弃要少一些。计算 P 的这一步骤是由 RED 的发明者引入的，他们观察到，没有这一步，分组的丢弃就不能很好地按时间分布，而是趋于成群发生。由于来自某一连接的分组到达可能是突发式的，所以这种成群的丢弃可能使单条连接上的丢弃倍增。这不是我们所期望的，因为在每个 RTT 内只丢一个分组就足以让连接减少窗口尺寸，而丢弃多个分组则会让连接回退到慢启动。

作为例子，假设设置 MaxP 为 0.02 且 count 初始化为 0。如果平均队列长度位于两个阈值中间，则 TempP 及 P 的初始值将是 MaxP 的一半（0.01），到达的分组有 99% 的可能进入队列。随着每个后续的分组排入队列，P 缓慢增加，当 50 个分组都到达时，P 将加倍到 0.02。当（不大可能的）99 个分组无丢失到达时，P 达到 1，保证下一个分组被丢弃。这部分算法的重点是它确保丢弃大致随时间均匀分布。

当 AvgLen 超过 MinThreshold 时，如果 RED 仅丢弃一小部分分组，那么将导致一些 TCP 连接减小它们的窗口，从而降低分组到达路由器的速率。如果一切正常，AvgLen 将随之减少且拥塞得以避免。队列长度可能保持较短，且由于很少出现分组丢弃而使吞吐量保持较高水平。

注意，RED 操作在一个随时间平均的队列长度上，瞬间队列长度可能会远大于 AvgLen。在这种情况下，如果一个分组到达而没有地方放置，那么它将不得不被丢弃。一旦发生这种情况，RED 将按队尾丢弃模式操作。RED 的目标之一是尽可能避免队尾丢弃操作。

RED 的随机性赋予算法一个有趣的特性。由于 RED 随机地丢弃分组，所以 RED 决定丢弃某一特定流的分组的概率和这个流在路由器上获得的带宽份额成比例。这是因为当一个流发送分组的数量较多时，它就提供更多可供随机丢弃的分组。这样在 RED 中就有了某种公平分配资源的感觉，尽管这绝不是准确的。虽然可以说是公平的，但由于 RED 对高带宽流的惩罚大于对低带宽流的惩罚，因此它增加了 TCP 重启的概率，这对那些高带宽流来说是加倍痛苦的。

> 注意有大量的分析在探究如何设置各种 RED 参数，如 Weight，以优化能力函数（吞吐量与延迟的比率）。通过模拟对这些参数的性能进行确认，结果表明算法对这些参数不是过分敏感。但重要的是要记住，所有分析和模拟都基于网络工作负载的某一特性。RED 真正的贡献是给出一种机制，通过这种机制，路由器可以更精确地管理它的队列长度。最佳队列长度的精确值取决于流量的结合，而且仍是当前的研究主题，人们正在收集因特网中 RED 操作方案的实际信息。

考虑两个阈值 MaxThreshold 和 MinThreshold 的设置。如果流量相当大，那么应将 MinThreshold 的值设置得足够大，使链路的利用率维持在可接受的高水平上。而且两个阈值的差值应大于在一个 RTT 中算出的平均队列长度的增量。对当今因特网已知的流量情况，将 MaxThreshold 设置为 MinThreshold 的两倍看来是合理的。此外，尽管我们希望高负载期间平均队列的长度徘徊在两个阈值之间，仍应有多于 MaxThreshold 的足够空闲缓冲区来容纳因特网中自然产生的突发性分组，从而避免路由器强迫进入队尾丢弃模式。

上面我们提到，Weight 决定动态平均低通滤波器的时间常量，这为我们如何选择一个合适的 Weight 值提供线索。回想 RED 在拥塞期间通过丢弃分组向 TCP 流发送信号的情况。假设路由器丢弃了来自某 TCP 连接的一个分组，然后立即转发来自同一连接的更多的分组。当这些分组到达接收方时，接收方开始向发送方发出重复确认。当发送方看到足够的重复确认后，它将减小其窗口。于是从路由器丢弃一个分组开始到同一路由器减小其窗口而使连接的压力有所减轻为止，必须至少占用这个连接的一次往返时间。出现路由器对拥塞的应答时间远小于通过路由器的连接的往返时间的情况可能并不多。如前面指出的那样，100 ms 是因特网上平均往返时间的一个不错的估计值。因此 Weight 应该这样选择：能够过滤掉队列长度随时间尺度的变化远小于 100 ms 的情况。

由于 RED 通过给 TCP 流发信号告知它们减速的机制工作，因此你可能会想到，如果这些信号被忽略会出现什么情况？这通常称为无应答流（unresponsive flow）问题，多年来人们一直在关注这个问题。无应答流使用超出自己公平份额的网络资源，如果这样的流足够多，将引起拥塞崩溃，就像在对 TCP 进行拥塞控制之前所发生的情况一样。下一节描述的一些技术通过把某些类型的流量与其他流量相区别来缓解这个问题。也可能使用一个 RED 的变体丢弃更多对它所发送的初始暗示不做应答的流。

3. 显式拥塞通知

RED 是研究最广泛的 AQM 机制，但它尚未被广泛部署，部分原因是它不能在所有情况下产生理想的行为。然而，它是理解 AQM 行为的基准。从 RED 中得出的另一个结论是，如果路由器发送更明确的拥塞信号，TCP 可以做得更好。

也就是说，如果 RED（或任何 AQM 算法）标记分组并继续将其发送到目的地，而不是丢弃分组并假设 TCP 最终会注意到（例如，由于重复 ACK 的到达），则 RED（或任何 AQM 算法）可以做得更好。这一思想在 IP 和 TCP 首部（称为显式拥塞通知（ECN））的更改中被实现。

具体地说，该反馈是通过将 IP 中 TOS 字段中的 2 位作为 ECN 位来实现的。源端设置一位以指示它支持 ECN，即能够对拥塞通知做出反应。这一位称为 ECT 位（ECN-Capable Transport，支持 ECN 的传输）。另一位则由端到端路径上的路由器在遇到拥塞时设置，由所运行的任意 AQM 算法计算。这一位称为 CE 位（Congestion Encountered，遇到拥塞）。

除了 IP 首部中的这两位，ECN 还向 TCP 首部添加两个可选标志。第一个是 ECE（ECN Echo），接收方向发送方发送该标志，表示它已接收到设置了 CE 位的分组。第二个是拥塞窗口缩小（Congestion Window Reduced，CWR），发送方向接收方发送该标志，表示它已经缩小了拥塞窗口。

虽然 ECN 现在是 IP 首部 TOS 字段 8 位中 2 位的标准解释，并且强烈建议支持 ECN，但它并不是必需的。此外，没有某一的推荐 AQM 算法，但是有一个好的 AQM 算法应该满足的需求列表。与 TCP 拥塞控制算法一样，每种 AQM 算法都有其优缺点，因此我们需要许多不同的 AQM 算法。然而，有一个特定的场景，TCP 拥塞控制算法和 AQM 算法被设计为协同工作：数据中心。我们在本节末尾讨论这个用例。

6.4.2 基于源的拥塞避免（Vegas、BBR、DCTCP）

与前述依赖路由器合作的拥塞避免方案不同，我们现在描述的策略是从终端主机上检测拥塞的初始阶段（在分组丢失前）。首先我们对使用不同信息检测早期拥塞的一系列相关机制做一个回顾，然后再详细描述两种特别的机制。

这些技术的基本思想是从网络中观察这样的一些迹象：某台路由器的队列正在增加，如果不采取措施很快会发生拥塞。例如，源可能注意到随着网络中路由器分组队列的增大，它发送的每个后继分组的 RTT 都有增加。利用这种观察的一个特殊算法如下：拥塞窗口的正常增长就像在 TCP 中那样，但是每隔两个往返时间延迟，算法检查当前的 RTT 是否大于迄今为止所测到的最大和最小 RTT 的平均值。如果大于，那么算法将拥塞窗口减少 1/8。

第二种算法与上一种相似。是否改变当前窗口大小是根据 RTT 和窗口大小两个因素的变化而决定的。每隔两个往返时间延迟，根据以下乘积将窗口调整一次。

$$(CurrentWindow-OldWindow)\times(CurrentRTT-OldRTT)$$

若结果为正，源端将窗口值减少 1/8；如果结果为负或为 0，源端将窗口值增加 1 个最大分组长度。注意：在每次调整期间窗口均会改变，也就是说，它围绕最佳点来回摆动。

当网络接近拥塞时，另一个变化是发送速率的平坦化。第三种方案利用了这一事实。每一次 RTT，它都会将窗口大小增加一个分组，并将实现的吞吐量与窗口小一个分组时的吞吐量进行比较。如果差异小于仅传输一个分组时的吞吐量的一半（如连接开始时的情况），则算法将窗口减少一个分组。此方案用网络发出的字节数除以 RTT 来计算吞吐量。

1. Vegas

我们将描述的机制类似于上一个算法，因为它关注吞吐量的变化，或者更具体地说，发送速率的变化。它与前面算法的不同之处在于它计算吞吐量的方式，它不寻找吞吐量斜率的变化，而是将测量的吞吐量与预期的吞吐量进行比较。TCP Vegas 算法目前并未在 Internet 上广泛部署，但它使用的策略已被其他正在部署的实现所采用。

从图 6-19 中给出的标准 TCP 的轨迹中可直观地看出 Vegas 算法的思路。顶部图显示连接的拥塞窗口的变化，它与本节早先给出的轨迹表示的信息相同。中间和底部的图描绘了新的信息：中间图显示在源上测量到的平均发送速率，底部图显示在瓶颈路由器上测到的平均队列长度。这三个图在时间上是同步的。在 4.5 ~ 6 s 之间（阴影部分），拥塞窗口增加（顶部图）。我们希望看到吞吐量也随之增加，然而吞吐量保持平缓（中部图）。这是因为吞吐量不可能超过可用的带宽。若超过这个点，窗口大小的增加只会导致分组在瓶颈路由器上占用缓冲空间（底部图）。

有一个有用的比喻，说图 6-19 所示的现象是在冰上驾驶。里程表（拥塞窗口）或许告诉你当前时速为 30 英里 / 小时，但从车窗向外看，人们以步行的速度（测到的发送速率）超过你，你才得知你的时速最多 5 英里 / 小时。额外的能量被汽车轮胎（路由器缓冲区）吸收了。

TCP Vegas 用这种方法测量和控制连接正在传送的额外数据的数量，所谓"额外数据"，是指源为了让数据量与当前可用带宽匹配而发送的数据，而这些数据本不应该发送。TCP Vegas 的目标是将网络中的额外数据量维持在"合适的"标准上。显然，若源正在发送的额外数据太多，则会引起长时间的延迟，并可能导致拥塞。其次，若源正在发送的额外数据过少，就不能快速应答可用网络带宽的增长。TCP Vegas 的拥塞避免行为不仅依据丢弃的分组，还依据网络中额外数据的估计值的变化。现在我们详细地描述算法。

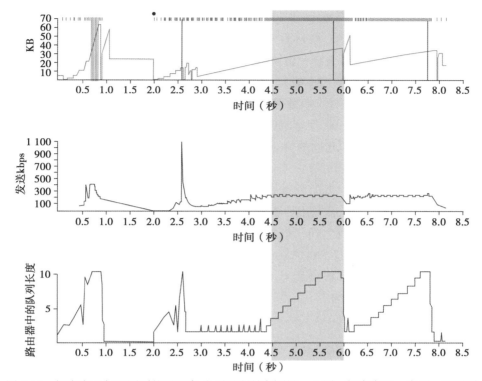

图 6-19 拥塞窗口与观测到的吞吐率（三幅图是同步的）。上图：拥塞窗口；中图：观测到的吞吐量；下图：路由器上占用的缓冲区。曲线＝拥塞窗口；黑点＝超时；细线标记＝每个分组被传送的时刻；竖条＝最终将被重传的分组第一次传送的时刻

首先，定义一个指定流的 BaseRTT 为流无拥塞时分组的 RTT 值。实际应用中，TCP Vegas 将 BaseRTT 设为所有测得的往返时间的最小值，它通常是在路由器队列由于这个流产生的流量而增加之前由连接发送的第一个分组的 RTT。假设连接未溢出，则所期望的吞吐量为

$$ExpectedRate=CongestionWindow/BaseRTT$$

其中 CongestionWindow 为 TCP 拥塞窗口，为讨论方便，假设它等于传送中的字节数。

其次，TCP Vegas 计算当前发送速率 ActualRate。做法如下：记录一个不同分组的发送时间，记下从发送该分组到收到确认这段时间内传送的字节数，当它收到确认信息时，计算该分组的样本 RTT，最后用传送字节数除以样本 RTT。上述计算过程每个往返时间内执行一次。

最后，TCP Vegas 比较 ActualRate 和 ExpectedRate，并相应地调整窗口。令 Diff=ExpectedRate-ActualRate。注意按照定义，Diff 的值应大于或等于 0，因为 ActualRate>ExpectedRate 意味着需将 BaseRTT 改变为最近采样的 RTT 值。再定义两个阈值 $\alpha<\beta$，它们分别大致对应网络中有过少和过多的额外数据。当 Diff<α 时，TCP Vegas 在下一个 RTT 中线性增加拥塞窗口，而当 Diff >β 时，TCP Vegas 在下一个 RTT 内线性减少拥塞

窗口。当 $\alpha<\text{Diff}<\beta$ 时，TCP Vegas 保持拥塞窗口不变。

从直观上我们可以看出，实际吞吐量和期望吞吐量的差距越大，网络中的拥塞越多，这意味着发送速率应当下降，由阈值 β 触发窗口减小。另一方面，当实际吞吐量与期望吞吐量过于接近时，连接不能充分利用可用带宽，这时阈值 α 触发窗口增加。总之，目标就是将网络中的额外字节数保持在 α 和 β 之间。

图 6-20 显示了 TCP Vegas 拥塞避免算法的过程。上图描绘拥塞窗口的变化过程，与本章给出的其他过程图显示相同的信息。下图显示期望吞吐率和实际吞吐率，它们控制如何设置拥塞窗口。下图是对算法工作原理的最好说明，上面的线表示 ExpectedRate，下面的线表示 ActualRate，宽的阴影带表示阈值 α 和 β 之间的区域；阴影带的顶部线与 ExpectedRate 相距 α KBps，阴影带的底部与 ExpectedRate 相距 β KBps。目标是将 ActualRate 保持在两个阈值之间，也就是在阴影区域内。当 ActualRate 在阴影区之下（即离 ExpectedRate 太远）时，TCP Vegas 减少拥塞窗口以免在网络中缓存太多的分组。同样，当 ActualRate 在阴影区域之上（即离 ExpectedRate 太近）时，TCP Vegas 增加拥塞窗口以免不能充分利用网络。

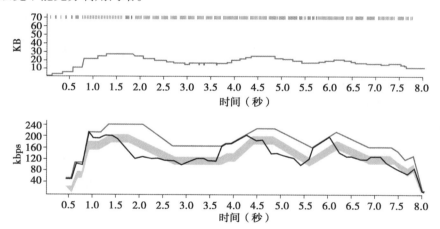

图 6-20　TCP Vegas 拥塞避免机制的轨迹。上图：拥塞窗口；下图：期望吞吐量（上面的线）和实际吞吐量（下面的线）。阴影区是在阈值 α 和 β 中间的区域

如上所述，因为算法将实际吞吐率与期望吞吐率之间的差和阈值 α 与 β 比较，所以这两个阈值是通过 KBps 定义的。但若通过网络中一个连接占用多少额外的缓冲区定义或许更为准确。例如，某个连接的 BaseRTT 为 100 ms，一个分组长度为 1 KB，若 $\alpha=30$ KBps 和 $\beta=60$ KBps，那么我们可认为 α 说明连接在网络中至少应占用三个额外缓冲区，而 β 说明连接在网络中占用的额外缓冲区应不超过六个。在实际应用中，将 α 设为一个缓冲区和将 β 设为三个缓冲区较好。

最后，你会发现 TCP Vegas 线性减少拥塞窗口，看起来似乎与需要成倍减少以确保稳定性的规则冲突。对此的解释是，TCP Vegas 在发生超时时确实会使用成倍减少，而刚描述的线性减少是发生在拥塞出现和分组开始被丢弃之前的拥塞窗口的减小。

Tahoe、Reno 和 Vegas

"TCP Vegas"这个名称最早出现在各种 4.3 BSD UNIX 发行版的 TCP 实现中，这些版本称为 Tahoe 和 Reno（同 Las Vegas 一样，Tahoe 和 Reno 都是美国内华达州的地名），同时 TCP 的版本也因 BSD 版本而知名。TCP Tahoe 对应于 Jacobson 的拥塞控制机制的最初实现，它包括本书中描述的除快速恢复外的所有机制。TCP Reno 加入快速恢复机制，以及一种称为分组首部预测（header prediction）的优化措施，用于优化段按序到达的常见情况。TCP Reno 也支持延迟确认（delayed ACK）——隔一个段确认一次而不是每个段确认一次，但这是可选的，有时会被关闭。在 4.4 BSD UNIX 版本中使用的 TCP 版本加入了"大窗口"扩展。

随着 Linux 操作系统日益普及和研究 TCP 拥塞控制的研究人员数量激增，形势已变得相当复杂。Linux 提供了一系列 TCP 拥塞控制设置，包括可选的 Vegas 选项和默认的 CUBIC 选项。用地名来命名 TCP 变种已成为风潮（例如 TCP-Illinois 和 TCP-Westwood）。

可以肯定的是，任意两个遵循最初规范的 TCP 实现尽管应该能互操作，但不一定执行得很好。识别 TCP 变体间互操作的操作含义是一个难题。换句话说，你可以认为 TCP 不再用规范定义，而由一个实现来定义。唯一的问题是用哪个实现？

2. TCP BBR

瓶颈带宽和往返时间（Bottleneck Bandwidth and RTT，BBR）是谷歌研究人员开发的一种新的 TCP 拥塞控制算法。与 Vegas 一样，BBR 基于延迟，这意味着它会尝试检测缓冲区增长以避免拥塞和分组丢失。BBR 和 Vegas 都使用在某个时间间隔内最小 RTT 和最大 RTT 作为它们的主要控制信号。

BBR 还引入了新的机制来提高性能，包括分组步调、带宽探测和 RTT 探测。分组步调（packet-pacing）根据可用带宽的估计值来分隔分组。这消除了突发和不必要的排队，从而产生更好的反馈信号。BBR 还会定期增加其速率，从而探测可用带宽。类似地，BBR 会定期降低其速率，从而探索新的最小 RTT。RTT 探测机制尝试自同步，也就是说，当有多个 BBR 流时，它们各自的 RTT 探测同时发生。这给出了实际未拥塞路径的 RTT 的更准确视图，解决了基于延迟的拥塞控制机制的主要问题之一：准确了解未拥塞路径的 RTT。

BBR 正在迅速发展。一个主要关注点是公平。例如，一些实验表明，CUBIC 流与 BBR 流竞争时获得的带宽减少了 100 倍，而其他实验表明，BBR 流之间的不公平性也是可能的。另一个重点是避免高重传率，在某些情况下，多达 10% 的分组被重传。

3. DCTCP

最后，我们给出一个示例，其中 TCP 拥塞控制算法的一个变体被设计为与 ECN 协同工作：在云数据中心。这种组合称为 DCTCP，代表数据中心 TCP。这种情况的独特之处在于数据中心是独立的，因此可以部署定制版本的 TCP，而不必担心如何公平对待其他 TCP 流。数据中心的独特之处还在于，它们是使用低成本的白盒交换机构建的，并且因为不需要担心跨越一个大陆的又长又宽的管道，所以交换机通常是在没有过多缓冲区的情况下配置的。

这个想法很简单。DCTCP 以估算遇到拥塞的字节的比例的方式来采用 ECN，而不是简单地检测一些拥塞即将发生。在终端主机上，DCTCP 根据此估算扩展拥塞窗口。如果分组确实丢失了，标准 TCP 算法仍然有效。该方法旨在在缓冲区较小的交换机上实现高突发容忍度、低延迟和高吞吐量。

DCTCP 面临的关键挑战是估算遇到拥塞的字节数的比例。每个交换机都很简单。如果分组到达并且交换机看到队列长度（K）高于某个阈值，例如，$K > (RTT \times C) /7$，其中 C 是以分组每秒为单位的链路速率，则交换机在 IP 首部中设置 CE 位。RED 的复杂性是不必要的。

然后，接收方为每个流维护一个布尔变量，我们将其表示为 SeenCE，并实现以下状态机以应答每个接收到的分组：

- 如果设置了 CE 位且 SeenCE=False，则将 SeenCE 设置为 True 并立即发送 ACK。
- 如果未设置 CE 位且 SeenCE=True，则将 SeenCE 设置为 False 并立即发送 ACK。
- 否则，忽略 CE 位。

"否则"情况的不明显后果是，无论是否设置了 CE 位，接收方每接收到 n 个分组都会发送一次延迟 ACK。事实证明，这对于保持高性能非常重要。

最后，发送方计算在上一个观察窗口期间（通常选择近似 RTT 的值）遇到拥塞的字节比例，作为传输的总字节数与 ECE 标志集确认的字节数的比例。DCTCP 以与标准算法完全相同的方式增长拥塞窗口，但它根据在最后一个观察窗口中遇到拥塞的字节数成比例地减少窗口。

评价一种新的拥塞控制机制

假设你要开发一种新的拥塞控制机制并且想评估它的性能。例如，你或许想将它与当前用于因特网的机制进行比较。如何测量和评估你的机制？尽管曾有一段时间因特网的主要目的是支持网络研究，但是现在它已成为一个大型的实用网，因此完全不适于进行一项控制机制的实验。

如果你的方法纯粹是端到端的，即假设因特网中只有 FIFO 路由器，那么在几台主机上运行拥塞机制并测量连接能获得的吞吐量是可能实现的。但是在这里我们要加上一个警告。发明一个拥塞控制机制极其容易，它可以获得 5 倍于因特网的 TCP 吞吐量。你能以很高的速率一下把大量的分组放入因特网，并由此引发拥塞。所有运行 TCP 的其他主机检测到这一拥塞并降低它们发送分组的速率。然后你的机制就可以开心地占用所有带宽。这种策略很快，但是它一点都不公平。

直接在因特网上做实验，即使非常小心，也会因你的拥塞控制机制涉及改变路由器而使实验失败。为了评估一种新的拥塞控制算法而改变运行在成千上万台路由器上的软件是完全不实际的。在这种情况下，网络设计者被迫在模拟网络或私用测试网络上测试他们的系统。例如，本章中用到的 TCP 轨迹是由运行在网络模拟器上的 TCP 应用程序产生的。无论是用模拟器还是用测试平台，提出一个代表真实因特网的拓扑结构和流量实例都是一项挑战。

6.5 服务质量

分组交换网一直许诺要支持各种应用和数据，包括传输数字化音频和视频流的多媒体应用。在早期，对高带宽链路的需求一直是实现这一许诺的障碍。现在这不再是一个问题，但通过网络传输音频和视频不仅仅是提供足够的带宽。

例如，电话中的谈话双方希望能够这样交谈：一个人既能回答对方的说话又能让对方立即听到自己的说话。这样，传输的及时性就非常重要。我们称对数据的及时性敏感的应用程序为实时应用程序（real-time application）。音频和视频应用程序就是典型的例子，但是还有其他的例子，如工业控制——你想使发送给机器人手臂的一条命令在它撞向某物体之前到达。甚至文件传输应用程序也可能有及时性的限制，例如有这样的需求，第二天要用数据，应在头一天晚上将数据库中的更新全部完成。

关于实时应用程序的一个显著特点是：它们需要来自网络的某种保证，即数据可以"按时"到达。反之，非实时应用能够使用端到端重传策略来确保数据正确到达，这种策略不能提供及时性：如果数据较晚到达，重传只是增加了总延迟。及时到达必须由网络本身（路由器）提供，而不只是在网络边缘（主机）提供。因此我们得出结论，尽力服务模型对于实时应用程序来说是不够的，这种模型试着传输数据但不做任何许诺，并将清除操作留给边缘。我们需要的是一种新的服务模型，其中应用程序可以向网络要求更高的保证。然后网络可能通过保证它会做得更好或者说明不能比此刻做得更好来做出应答。注意，这样一个服务模型是当前模型的超集：在尽力而为服务下运行很好的应用程序应该能够使用新的服务模型。这意味着网络将区别对待一些分组，这是在尽力而为服务模型中没有做的。对于提供不同级别服务的网络，经常被说成是支持服务质量（QoS）的。

6.5.1 应用需求

在考虑用于给应用程序提供服务质量的各种协议和机制之前，我们先试图了解这些应用程序需要什么。首先我们把应用程序分为两类：实时的和非实时的。后者有时称为传统数据（traditional data）应用程序，因为在传统的数据网络上它们一直是主要的应用程序，包括大多数流行的应用程序，如 SSH、文件传输、email、Web 浏览，等等。这些应用程序不需要保证数据的实时传输也能正常运行。非实时类应用程序的另一个术语是弹性（elastic），因为当它们面临延迟增加时，能有较大的伸展余地。注意，这些应用程序能够从更短的延迟中获益，但当延迟增加时它们也不会变得不可用。还要注意的是，它们的延迟要求有很大区别，从诸如 SSH 之类的交互式应用到像电子邮件这样的更异步的应用程序，中间有文件传输之类的交互式大容量传输服务。

1. 实时音频实例

作为实时应用程序的一个具体例子，考虑类似于图 6-21 所示的一个音频应用程序。从麦克风采样生成数据，并用模数（A → D）转换器将它们数字化。将数字样本放在分组中，分组通过网络传输。在另一端接收分组，接收主机必须以适当的速率播放（play back）数据。例如，如果语音样本以每 125 μs 的速率被收集，那么应该以相同的速率对它们进行播放。这样，我们可以认为每个样本都有一个特定的播放时刻（playback time）：接收主机需要在这个时刻来播放。在这个例子中，每个样本的播放时刻比前一个样本晚 125 μs。如果数据在它相应的播放时刻之后到达，无论是因为在网络中延迟，还是因为被丢弃并重传，它基本上都是无用的。实时应用程序的特点是迟到的数据会完全失去价值。在弹性应用程序中，如果数据按时到达会很好，但如果迟到我们仍然能使用它。

图 6-21　一个音频应用

使语音应用程序工作的一种方法是，确保所有样本用完全相同的时间通过网络。那么，由于样本以每 125 μs 一个的速率输入，所以它们将以相同的速率出现在接收端，为播放做好准备。然而，通常很难保证所有通过分组交换网络的样本恰好经历相同的延迟。分组遇到交换机或路由器中的队列，这些队列的长度随着时间而变化，这意味着延迟趋向于随时间而变化，结果是音频流中每个分组的延迟都可能不同。在接收方处理这一问题的方法是缓存一定量的预备数据以在正确时刻播放。如果一个分组延迟很短一段时间，那么它会进入缓冲区直到它的播放时刻到来。如果它延迟很长时间，那么在播放之前，它不需要在接收方的缓冲区中存储很长时间。这样，我们给所有分组的播放时间增加了一个常数偏移量作为一种保证方式。我们称这个偏移量为播放点（playback point）。我们会遇到的唯一麻烦是，如果分组在网络中延迟了过长的时间以至于在播放时刻之后才到达，将使得播放缓冲区被用尽。

播放缓冲区的操作如图 6-22 所示。左边的斜线表明以固定速率产生的分组。波浪线表明分组什么时候到达，即它们被发送后的时间变化量，取决于网络中的实际情况。右边的斜线表明在进入播放缓冲区一段时间之后以固定速率播放的分组。只要播放线在时间轴上足够靠右,应用程序就绝不会注意到网络延迟的变化量。然而,如果我们将播放线向左移动一点,那么一些分组将会由于到达太晚而变得无用。

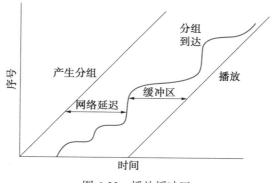

图 6-22 播放缓冲区

对于音频应用程序,我们能对播放数据延迟多久设置限制。如果你说话的时刻与你的听众听到的时刻之间超过 300 ms,那么谈话就很难继续下去。因此,这种情况下我们想从网络得到的保证是所有数据在 300 ms 之内到达。如果数据早到达,我们将它放到缓冲区直到恰当的播放时刻到来再播放它。如果数据晚到,那么它对我们没有用而必须将它丢弃。

为更好地了解网络延迟的变化情况,图 6-23 显示了某一天的一段时间里在因特网的某条路径上测量到的单向延迟。尽管确切的数值会随路径和日期有所变化,但是这里的关键因素是延迟的可变性,它出现在任何路径上的任何时间。正如图上部的累积百分比所表示的,97% 的分组有 100 ms 或小于 100 ms 的延迟。这意味着如果音频应用实例把播放点设在 100 ms,那么平均说来,每 100 个分组中有三个分组将因到达太晚而变得无用。关于此图要注意的重要一点是曲线的尾部(即它向右延伸的长度)非常长。我们必须把播放点设在 200 ms 以确保所有分组及时到达。

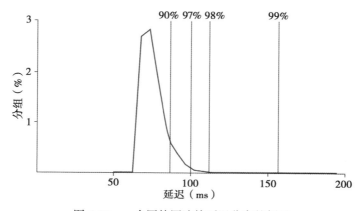

图 6-23 一个因特网连接延迟分布的例子

2. 实时应用分类

至此我们对实时应用如何工作有了具体的认识，接下来可以看看一些不同类型的应用，它们能帮助我们进一步认识服务模型。下面的分类方法大部分要归功于 Clark、Braden、Shenker 和 Zhang 的工作，他们有关这一问题的文章可以在本章的"更广阔的透视图"中找到。图 6-24 中总结了应用的分类。

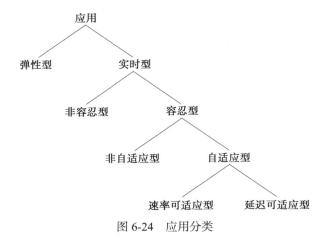

图 6-24　应用分类

我们所依据的第一个对应用程序进行分类的特性是它们对丢失数据的容忍度，其中发生"丢失"可能是由于一个分组到达太晚而不能播放，或是由网络中正常的原因引起的。一方面，一个丢失的音频样本可以根据周围的样本插值，这对感觉到的音频质量只有很小的影响。仅当越来越多的样本丢失时，质量会下降到使语音变得不可理解的程度。另一方面，机器人控制程序可能是一个不能容忍丢失的实时应用的例子——丢失了指示机器人手臂停止命令的分组是不能接受的。这样，我们就能根据实时应用是否能够容忍偶尔的丢失，把它们分成容忍型（tolerant）和非容忍型（intolerant）。（附带指出，注意许多实时应用比非实时应用更能忍受偶然的丢失。例如，将音频应用和文件传输进行比较，文件中一位不正确的丢失就可能使整个文件变得完全无用。）

第二种方法是根据适应性对实时应用进行分类。例如，一个音频应用可能适应分组通过网络时经历的延迟量。如果注意到分组几乎总是在发送后 300 ms 之内到达，那么就能相应地设置播放点，给少于 300 ms 到达的分组分配缓冲区。假设随后看到所有分组都是在发送后 100 ms 之内到达。如果把播放点提前到 100 ms，那么应用的用户可能感觉到改进。这个改变播放点的过程实际上需要我们在某段时间之内以递增的速率将样本播放完。对于语音应用程序，只是通过缩短词语间的无声时间，就能做到这一点。于是，在这种情况下，播放点调整就相当容易，并且在几个语音应用程序中已经被有效地实现，例如像 vat 这样的音频电话会议程序。注意，播放点调整能够在任意方向上发生，但是实际上这样做会使调整期间被播放的信号失真，这种失真的影响将在很大程度上取决于终端用户怎样使用数据。

观察一下，如果依据所有分组将在 100 ms 之内到达的假设设置播放点，会发现一些分组稍晚一些到达，我们就不得不丢弃它，而如果把播放点保留在 300 ms，就不必丢弃它们。这样，只有当它具有明显的优点，并且有证据表明迟到分组的数目小到能被接受的程度时，才可以把播放点提前。当有近期历史记录或有来自网络的某种保证时，就可以这样做。

我们称能够调节播放点的应用为延迟可适应的（delay-adaptive）应用。另一类可适应的应用是速率可适应的（rate-adaptive）应用。例如，许多视频编码算法能够权衡比特速率与质量。这样，如果发现网络能够支持某一带宽，就能相应地设置编码参数。如果以后有了更多的可用带宽，则可以改变参数以提高质量。

3. 支持 QoS 的方法

考虑到各种各样的应用需求，我们所需要的是一个应用范围更广的服务模型，以满足任何一种应用需求。这促使我们提出一个服务模型，不仅提供一种类型的服务（尽力而为服务），而是具有多类服务，其中的每一类都能满足某个应用集合的需求。为了达到这个目标，我们现在准备考察人们为了提供一系列服务质量而开发出来的一些方法。这些方法可以分为两大类：

- 细粒度（fine-grained）方法，它给单独的应用程序或流提供 QoS。
- 粗粒度（coarse-grained）方法，它给多类数据或聚合流量提供 QoS。

在第一类里有综合服务（Integrated Service），这是一种 IETF 开发的 QoS 体系结构，常与资源预留协议（Resource Reservation Protocol，RSVP）相关。第二类中有区别服务（Differentiated Services），写本书的时候，它可能是最广泛配置的 QoS 机制。接下来我们将依次讨论它们。

最后，正如本节的开端所述，给网络中增加 QoS 支持对于实时应用程序来说并不是必需的。作为讨论的结束语，我们再回到这个问题：在不依赖于广泛使用的 QoS 机制（如综合服务或区分服务）的情况下，为了更好地支持实时流，端主机可能做什么。

6.5.2　综合服务（RSVP）

实验十二

术语综合服务（常常简称为 IntServ）是指在 1995 ～ 1997 年前后由 IETF 所做的大量工作。IntServ 工作组开发了大量的服务类（service class）规范来满足上述一些应用类别的需要。它还定义了如何利用 RSVP 通过这些服务类来做预留。下面概要地介绍这些规范及实现它们所用的机制。

1. 服务类

有一个服务类是为非容忍型应用设计的。这些应用要求分组永远不推迟到达，网络应该保证任何分组所经历的最大延迟具有某一特定值，这样应用程序就能设定它的播放点，以便没有分组会在它的播放时刻之后到达。我们假设总能通过缓存方法处理早到的分组。这种服务通常称为有保证的（guaranteed）服务。

除了有保证的服务，IETF 还考虑了其他几种服务，但最终确定了一种满足容忍型、可适应型应用需求的服务。这种服务称为受控负载（controlled load），它的产生是因为我们观察到现存的这种类型的应用在负载不重的网络中运行得相当好。例如，音频应用程序 vat，随着网络延迟的变化调整它的播放点，只要丢失率保持在小于或等于 10% 的水平，就能产生相当好的音频质量。

受控负载服务的目的是为请求这种服务的应用仿真一个轻负载的网络，即使网络作为一个整体的实际负载可能是很重的。它的技巧在于使用像 WFQ 这样的排队机制将受控负载流量和其他流量分开，同时使用某种准入控制的形式来限制一条链路上受控负载流量的总量，从而保持合理的低负载。下面我们更详细地讨论准入控制。

显然，这两种服务类型只是可能提供的所有服务类型的一个子集。事实上，其他服务从未标准化为 IETF 工作的一部分。迄今，上述两个服务（包括传统的尽力而为服务）已被证明足够灵活，可满足广泛的应用需求。

2. 机制概述

既然我们已经用几个新的服务类扩充了尽力而为服务模型，下一个问题就是怎样实现能给应用提供这些服务的网络。本节概括其关键机制。阅读时要注意，本节所描述的机制仍有待因特网设计团体进行认真的推敲，这里只是对上面概括的支持服务模型涉及的各个部分做一个总体的讨论。

第一，尽力而为服务只能告诉网络我们想让分组去哪里并把它留在那里，而实时服务更多的是告诉网络一些关于我们所要求服务的类型信息。我们可以给它定性信息（如"使用受控负载服务"）或定量信息（如"我需要的最大延迟为 100 ms"）。除了描述我们想要的服务类型，还需要告诉网络我们打算将什么注入网络，因为低带宽应用比高带宽应用需要的网络资源更少。我们提供给网络的信息的集合称为流说明（flowspec）。这个名字来自这样的想法：与单一的应用相联系并具备共同需求的分组集合称为流（flow），这与前面章节中所用的术语一致。

第二，当我们请求网络提供一个特殊的服务时，网络需要判断它是否能够提供该服务。例如，如果 10 个用户请求一个服务，其中每个用户将持续使用 2 Mbps 的链路容量，而所有用户都共享一条 10 Mbps 容量的链路，那么网络就不得不拒绝某些用户。决定何时拒绝的进程称为准入控制（admission control）。

第三，我们需要一种机制，通过这种机制网络用户与网络的组件之间互相交换信息，如请求服务、流说明和准入控制的决定。这在 ATM 中称为信令（signalling），但由于这个词有多种含义，我们称这个进程为资源预留（resource reservation），通过资源预留协议来实现。

第四，当描述了流和它们的需求并且也做出了准入控制的决定后，网络交换机和路由器需要满足流的需求。满足这些需求的关键部分是管理交换机和路由器中分组排队和调度的方式。最后这个机制是分组调度（packet scheduling）。

3. 流说明

可将流说明分为两个部分：描述流的流量特性的部分（TSpec）和描述向网络要求的服务部分（RSpec）。RSpec 是一种特有的服务，并且相对来说容易描述。例如，对于受控负载服务，RSpec 是很平常的：应用程序要求受控负载服务时只要求不附加参数。对于有保证的服务，能够指定延迟目标或界限。（在 IETF 有保证的服务的规范中，指定的不是延迟而是另一个用来计算延迟的量。）

TSpec 要复杂一些。正如上面的例子所表明的，需要给网络提供关于流所使用的带宽的足够信息，以允许做出智能的准入控制决定。然而，对于大部分应用，带宽不仅仅是一个数字，而是一个不断变化的东西。例如，一个视频应用在场景快速变化时比静止时每秒产生更多的比特。下面的例子表明，只知道长期平均带宽是不够的。假设我们有 10 个流从独立输入端口到达交换机且都留在同一个 10 Mbps 链路上。假设在某一合适的时间间隔内，每个流预期能够发送不超过 1 Mbps 的数据。你可能认为这没问题。然而，如果这些是像压缩视频这样的可变比特速率的应用，那么它们的发送速率偶尔会高于平均速率。如果足够多的源以高于它们的平均速率发送，那么数据到达交换机的总速率将大于 10 Mbps。额外的数据在发送到链路上之前会被放在队列中。这种情况持续越久，队列就会越长。分组可能不得不被丢弃，而且即便没有丢弃分组，位于队列中的数据也会延迟。如果分组被延迟的时间足够长，那么将不能提供所请求的服务。

下面我们讨论的是如何准确地管理队列，以控制延迟和避免丢弃分组。然而，这里要注意，我们需要知道源的带宽怎样随着时间而改变。一种描述源带宽特性的方法称为令牌桶（token bucket）过滤器。这种过滤器由两个参数描述：令牌速率 r 和桶深度 B。它的工作过程如下。为了能够发送一个字节，必须有一个令牌。为了发送长度为 n 的分组，就需要 n 个令牌。开始没有令牌，然后以每秒 r 的速度累积令牌，且累积的令牌不超过 B 个。这意味着，能够突然向网络连续发送 B 个字节，但是在足够长的时间间隔内，每秒发送的字节不会超过 r 个。结果表明，当试图确定它是否能接纳一个新的服务请求时，这个信息对于准入控制算法是非常有帮助的。

图 6-25 说明了令牌桶怎样描述流的带宽需求。为简单起见，假设每个流能够按字节而不是按分组发送数据。流 A 以 1 MBps 的稳定速率产生数据，因此可以用速率 $r=1$ MBps 和桶深为 1 字节的令牌桶过滤器来描述它。这意味着流 A 以 1 MBps 的速率接收令牌，但它存储的令牌不能多于 1 个——它立即将它们用掉。流 B 也长期以平均 1 MBps 的速率发送，但它是以 0.5 MBps 的速率发送 2 s，然后以 2 MBps 的速率发送 1 s。因为令牌桶速率 r 在某种意义上是一个长期的平均速率，所以流 B 能够用速率为 1 MBps 的令牌桶来描述。然而，与流 A 不同，流 B 至少需要 1 MB 的桶深 B，使它在以 2 MBps 发送时能够使用以小于 1 MBps 的速率发送时储存起来的令牌。在本例中的前 2 s，它以 1 MBps 的速率接收令牌，但仅仅以 0.5 MBps 的速率来消耗，所以它能够储存 $2 \times 0.5 = 1$ MB 的令牌，然后在第三秒以 2 MBps 的速率发送时消耗它们（加上在这

1 s 中继续增加的新令牌）。第三秒结束时，它已经消耗了额外的令牌，又以 0.5 MBps 的速率发送，再次开始储存令牌。

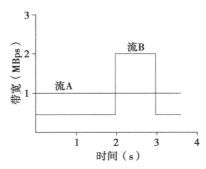

图 6-25   具有相同平均速率和不同令牌桶描述的两个流

值得注意的是，单个流能够用许多不同的令牌桶描述。作为一个小例子，流 A 能够用与流 B 相同的令牌桶描述，桶 B 具有 1 MBps 的速率和 1 MB 的桶深。桶 A 不需要累积令牌，这一事实并没有使它成为一个不准确的描述，但这确实意味着我们没有向网络传达一些有用的信息——实际上流 A 与它的带宽需求高度一致。总的来说，应用的带宽需求越清楚越好，这样可以防止网络资源的过度分配。

4. 准入控制

准入控制的思想很简单：假设给定当前的可用资源，当某个新的流想要接收一个特定级别的服务时，准入控制查看流的 TSpec 和 RSpec，并试图确定所要求的服务是否能提供给该数量的流量，且在当前可利用的资源条件下，不会使任何前面被准入的流接收到不符合它的要求的服务。如果它能够提供服务，则流被准入；否则被拒绝。难点在于指出何时说是，何时说否。

准入控制完全依赖于请求服务的类型和路由器中使用的排队规则，在本节的后面将讨论后一个问题。对于有保证的服务，需要用一个好算法做出明确的是 / 否准入的决定。如果每台路由器都使用加权公平排队法，决定将是相当容易的。对于受控负载服务，决定可能基于试探法，例如"上次我允许带有这一 TSpec 的流进入这个类，该类的延迟超出了可接受的界限，所以我最好说否"或者"我当前的延迟离界限还很远，我允许另一个流应该不会有困难"。

准入控制不应该与策略制定（policing）相混淆。前者是对每个新的流做出的是否准入的决定。后者是应用在每一个分组上的功能，保证一个流与用于实现预留的 TSpec 相一致。如果一个流与它的 TSpec 不一致——例如，它每秒发送的字节是它所说要发送字节的两倍——那么，这很可能干扰向其他流提供的服务，因此必须进行改正。有多种改正方式，比如可以丢弃违规的分组。然而，另一种方式是检验分组是否真的干扰其他流的服务。如果不干扰，就将分组加标记后继续发送，标记为"这是一个不一致的分组，如果你需要丢弃分组，先丢弃它"。

准入控制与策略（policy）这一重要问题密切相关。例如，网络管理员可能希望允许其公司的首席执行官所做的预留被接纳，而下层雇员所做的预留被拒绝。当然，如果首席执行官请求的资源不可用，那么他的预留请求也可能失败，所以我们看出，当做出准入控制的决定时，规则和资源可用性问题可能都是需要考虑的。在写本书时，互联网技术中策略的应用正成为一个备受关注的领域。

5. 预留协议

虽然面向连接的网络总需要某种创建协议以便在交换机中建立必要的虚电路状态，但是像因特网这种无连接的网络就没有这种协议。然而，正如本节所指出的，当我们想从网络中获得实时服务时，需要向它提供更多的信息。尽管研究人员已经为因特网提出了大量的创建协议，但当前最受关注的是 RSVP。它格外吸引人，因为它与传统的面向连接网络的信令协议截然不同。

RSVP 的一个关键假设是，它不应该损害当今无连接网络的稳健性。因为无连接的网络很少或不依赖于网络本身存储的状态，所以在端到端的连接依然保持的情况下，路由器崩溃或重启以及链路通或断都是可能的。RSVP 试图通过在路由器中使用软状态（soft state）来维持这种稳健性。当不再需要软状态（相对于面向连接网络中的硬状态）时，不需要明确地删除它。相反，如果它没有被周期性刷新，那么就会在某个相当短的时间（如 1 分钟）后超时。我们将在后面看到这怎样有助于稳健性。

RSVP 的另一个重要特性是支持多播流，使其像单播流一样有效。这并不奇怪，因为多播应用（如视频会议工具）显然是较早受益于实时服务的应用。RSVP 设计者观察到多播应用的接收方比发送方多得多，典型的例子是只有一个讲演者和大量听众的演讲。并且，接收方可能有不同的需求。例如，一个接收方可能想要仅接收来自一个发送方的数据，而其他接收方可能想接收来自所有发送方的数据。与其让发送方记录大量接收方，不如让接收方记录它们自己的需要更合理。这就意味着 RSVP 采用面向接收（receiver-oriented）的方法。与之相反，面向连接的网络通常将资源预留给发送方，正如在电话网中，一般情况下是由打电话的人引发资源分配的。

RSVP 的软状态和面向接收的性质给予它许多良好的特性，特性之一是它非常直接地增加或减少提供给接收方的资源分配级别。由于每个接收方定期发送刷新报文以保持相称的软状态，所以很容易发送一个请求新级别资源的新的预留。此外，软状态可以从容地处理网络或节点的故障。万一主机崩溃，主机分配给一个流的资源会自然地超时并释放。为了了解在路由器或链路失败时会发生什么，我们需要仔细研究进行预留的机制。

首先，考虑一个发送方和一个接收方试图为它们之间的流量获得预留的情况。在接收方能够进行预留之前需要发生两件事。第一，接收方需要知道发送方可能发送的流量，以便能够进行相应的预留，即它需要知道发送方的 TSpec。第二，它需要知道分组从发送方到接收方遵循什么路径，以便能在路径上的每台路由器建立一个资源预留。可以通过从发送方向接收方发送一条包含 TSpec 的报文来满足这两个需求。显然，这将 TSpec 给了接收方。所发生的另一件事是当这条报文（称为 PATH 报文）通过时，每台路由器查看它，并确定反向路径（reverse path），用于发送从接收方返回给发送方的预留。建立多播树是通过在另一章中描述的机制实现的。

收到 PATH 报文后，接收方沿 RESV 报文中的多播树向上发回一个预留。这条报文包含发送方的 TSpec 和描述接收方请求的 RSpec。路径上的每台路由器查看预留请求并分配必要的资源来满足它。如果可以预留，那么 RESV 请求被传给下一台路由器。如果不能，则向发出请求的接收方返回一个出错报文。如果一切正常，那么在发送方和接收方之间的每台路由器上都配置了正确的预留。只要接收方想保留预留，它就大约每 30 s 发送一次相同的 RESV 报文。

现在我们可以看看当路由器或链路失败时发生什么。路由选择协议生成一条从发送方到接收方的新路径。PATH 报文大约每 30 s 发送一次，如果路由器在它的转发表中检测到有变化发生，可能还会更快地发送一个 PATH 报文，因此新路由稳定后的第一个 PATH 报文将通过新路径到达接收方。接收方的下一个 RESV 报文将遵循新的路径，如果一切顺利，接着在新的路径上建立新的预留。同时，不在新路径上的路由器将停止获得 RESV 报文，它们的预留将超时并释放。这样只要路由变化不过于频繁，RSVP 就能很好地处理拓扑结构中的变化。

我们需要考虑的下一件事是怎样处理多播，其中可能有多个发送方组成一个组并有多个接收方。图 6-26 说明了这种情况。首先，我们讨论针对一个发送方的多个接收方。当一个 RESV 报文沿多播树向上传时，很可能到达一个其他接收方已经建立预留的节点。可能有这样的情况：这一点的上游所预留的资源足以为这两个接收方服务。例如，如果接收方 A 已经为小于 100 ms 的有保证的延迟进行了预留，并且来自接收方 B 的新的请求是小于 200 ms 的延迟，那么就不需要新的预留。另一方面，如果新的请求是小于 50 ms 的延迟，那么路由器将首先需要看一看它是否能够接受这个请求，如果能，则再向上游发送请求。下次接收方 A 请求最小值为 100 ms 的延迟，路由器就不需要传递这个请求。一般说来，可以以这种方式合并预留以满足合并点下游的所有接收方的需要。

如果树上有多个发送方，那么接收方需要收集所有发送方的 TSpec，并进行足够大的预留以容纳所有发送方的流量。然而，这可能并不意味着需要把 TSpec 累加起来。例如，在一个 10 人的音频会议中，并不是多点分配足够资源来传送 10 个音频流，因为 10 个人不大可能同时讲话。这样，我们能够设想一个足以容纳最多两个讲话者的预留。从所有发送方的 TSpec 计算出正确的总的 TSpec，显然要根据具体应用而有所不同。而且，我们可能只有兴趣听一部分人讲话。RSVP 在处理下列选项时有不同的预留方式："为所有讲话者预留资源""为任意 n 个讲话者预留资源""只为讲话者 A 和 B 预留资源"。

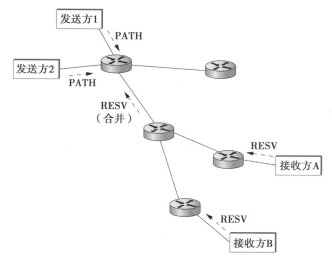

图 6-26 在一个多播树上进行预留

6. 分组的分类和调度

一旦我们描述了流量和想要的网络服务并且为路径上的所有路由器配置了合适的预留，路由器便只剩下一件工作——向数据分组提供所要求的服务。其中需要做两部分工作：

- 将每个分组与适当的预留相关联以便正确处理它，这个进程称为分组分类（classifying）。
- 管理队列中的分组以便它们能接收所要求的服务，这个进程称为分组调度（scheduling）。

第一部分是通过检查分组中的 5 个字段（源地址、目的地址、协议号、源端口和目的端口）进行的。（在 IPv6 中，分组首部中的 FlowLabel 字段可能用于根据一个较短关键字进行查找。）根据该信息，能够将分组放在适当的类中。例如，它可能被归类到受控负载类中，或者可能是需要独立于所有其他有保证的流而单独处理的有保证流。简而言之，存在从分组首部中流说明信息到一个确定如何在队列中处理分组的类标识符的映射。对于有保证的流，这可能是一个一对一的映射，而对于其他服务，它可能是多对一的映射。分类的细节与队列管理细节紧密相关。

应该明确，路由器中像 FIFO 队列这样简单的排队机制不足以提供许多不同的服务和每个服务中不同级别的延迟。在前面章节中讨论了几个更复杂的队列管理规则，它们的某种组合很可能用在路由器中。

理想情况下，分组调度的细节不应该在服务模型中说明。相反，这是实现者能够尝试进行创造性活动以有效实现服务模型的一个领域。在有保证服务的情况下，可以使用加权公平排队规则（其中共享链路一定份额的每个流都有自己单独的队列）提供一个容易计算的有保证的端到端延迟界限。对于受控负载，可以使用更简单的方案。一种可能的方案是：把所有受控负载流量看作单个聚集的流（就涉及的调度机制而言），该流的权值可以根据可控负载中允许的通信总量来设置。如果你在一台路由器中考虑它，这个问题就更困难，许多不同的服务很可能以并发的方式提供，每一个服务都可能需要一个不同的调度算法。这样，需要用某个综合的队列调度算法管理不同服务之间的资源。

7. 可扩展性问题

虽然综合服务体系结构和 RSVP 象征着 IP 的尽力而为服务模型的重大发展，但是因特网服务提供商觉得这并不是它们想要采用的正确模型。这种保留和 IP 基本的设计目的之一（即可扩展性）有关。在尽力而为服务模型中，因特网中的路由器几乎或根本不存储任何流经它们的各个流的状态。这样，随着因特网的增长，路由器要跟上这种增长所需做的唯一事情就是每秒传送更多的比特和处理更大的路由表。但是 RSVP 使得通过路由器的每个流可能要做相应预留。为了理解这个问题的严重性，假设在一条 OC-48（2.5 Gbps）的链路上，每个流都是 64 kbps 的音频流。这样的流的数量为

$$2.5 \times 10^9 / 64 \times 10^3 = 39\ 000$$

这些预留中的每一个都需要一些状态，这些状态存储在内存中，并且定时刷新。路由器需要对其中的每个流进行分类、控制和排队。每当这样的流请求一个预留时，就需要做一次准入控制决定。需要一些机制来"推回"用户（例如，从他们的信用卡中扣款）以便他们不会长时间进行任意大的预留。

可扩展性涉及的这些问题阻碍了综合服务的广泛采用。由于这些问题，人们开发了不需要这么多"每个流"状态的其他方法。下一节将讨论一些这样的方法。

附录 B

6.5.3　区分服务（EF、AF）

综合服务体系结构给单独的流分配资源，而区分服务模型（常简称为 DiffServ）给少数几类流量分配资源。实际上，一些区分服务方法简单地把流量分为两类。这是一个非常明智的方法：如果考虑一下网络操作员试图保持尽力而为服务而在互联网平稳运行方面面临的困难，那么在服务模型上仅做少量增加是合理的。

假设我们决定通过仅增加一个称为"加价"的新类来改进尽力而为服务模型。显然，我们需要一些方法指出哪些分组是加价分组，哪些分组是常规的尽力而为服务类型。与其让 RSVP 这样的协议来告诉所有路由器某一个流正在发送加价分组，不如只让这些分组在到达时向路由器表明身份，这样要简单得多。当然，通过使用分组首部的 1 位就可以做到：如果这一位设置为 1，表示分组是加价分组；如果为 0，表示分组是尽力而为服务类型。这种方法需要解决以下两个问题：

- 谁设置加价位？在什么环境下设置？
- 当路由器看到设置该位的分组时，做哪些不同的处理？

对第一个问题有许多可能的回答，但最常用的方法是在管理的边界设置这一位。例如，一个因特网服务提供商的网络边缘上的路由器可能对与某一特定公司网络相连的接

口上到达的分组设置这一位。因特网服务提供商这样做可能是因为，这个公司已经为比尽力而为服务更高级别的服务付费。也可能并不是所有分组都被标识为加价，例如，可以配置路由器，让其将分组标识为加价直至某一最大速率，同时使所有其他分组都保持尽力而为服务。

假设分组已经用某种方法进行标识，那么路由器将如何处理遇到的标识过的分组？这里又有很多种方法。实际上，IETF 的区分服务工作组正在对一系列应用于标识分组的路由器行为进行标准化，称之为*每跳行为*（Per-Hop Behavior，PHB），这个术语表明它定义的是单台路由器的行为而不是端到端服务的行为。因为新行为不止一个，所以在分组首部中需要不止一位来告诉路由器用哪个行为。IETF 已经决定从 IP 首部中去掉还未广泛使用的 TOS 字节，并重新定义它。这个字节中的 6 位已分配给区分服务代码指针（DiffServ Code Point，DSCP），其中每个 DSCP 是一个 6 位的值，标识用于一个分组的 PHB。（ECN 使用其余 2 位。）

1. 加速转发（EF）PHB

最简单的 PHB 之一是*加速转发*（Expedited Forwarding，EF）。对标识为 EF 分组的路由器应当以最少的延迟和丢失转发。使路由器能向所有 EF 分组都保证这点的唯一方法是：将 EF 分组到达路由器的速率严格限制为小于路由器转发 EF 分组的速率。例如，具有 100 Mbps 接口的路由器需要确保目标为该接口的 EF 分组的到达速率绝不超过 100 Mbps。可能还需要确保这个速率比 100 Mbps 稍低一些，以便路由器偶尔有时间发送其他分组（如路由更新）。

通过在管理域的边界上配置路由器，允许进入域中的 EF 分组达到某一最大速率，可以获得对 EF 分组的速率限制。一个虽然保守但简单的方法是，确保进入域中的所有 EF 分组的速率之和低于域中最慢链路的带宽。这就能确保即使在最糟的情况下（所有 EF 分组都集中在最低速的链路上）也不会超载，同时能提供正确的行为。

对于 EF 行为，有几个可能的实现策略。一个策略就是给 EF 分组赋予严格高于其他所有分组的优先级。另一个策略是在 EF 分组和其他分组之间执行加权平均排队，将 EF 的权值设置得足够大，使所有 EF 分组可以快速传输。比起严格的优先级，这种方法有一个优点：即使在 EF 流量过多的情况下，也可以确保非 EF 分组获得一定的链路访问。这可能意味着 EF 分组不能准确地获得指定的行为，但是它能在 EF 流量过载时，防止基本的路由流量被阻止在网络之外。

2. 确保转发（AF）PHB

确保转发（Assured Forwarding，AF）基于界内界外 RED（RED with In and Out，RIO）或加权 RED 方法。这两种方法是对前面章节中描述的基本 RED 算法的改进。图 6-27 显示了 RIO 是如何工作的，我们看到随着 *x* 轴上平均队列长度的增加，*y* 轴上的丢弃概率也增加。但是现在，对于两类流量，我们有两条单独的丢弃概率曲线。很快就会明白，RIO 为什么称这两类为"界内"和"界外"。因为"界外"曲线的 MinThreshold 比"界内"曲

线的小，所以很显然在低级别拥塞时，只有标记"界外"的分组被 RED 算法丢弃。如果拥塞变得更严重，将有更多的"界外"分组被丢弃，然后如果平均队列长度超过 Min_{in} 时，RED 就开始连"界内"分组也丢弃了。

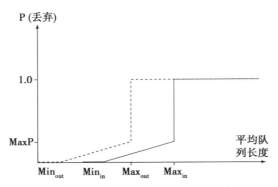

图 6-27　具有"界内"和"界外"丢弃概率的 RED

之所以称两类分组为"界内"和"界外"，是因为分组的标识方式。我们已经注意到，标识分组由管理域边缘的路由器来执行。可以把这台路由器看作在网络服务提供商和该网络某一客户之间的边界上。客户可能是其他的网络，例如，某个公司的网络或者另一个网络服务提供商的网络。客户和网络服务提供商在确保服务的某种配置上达成一致（或许是客户为这种配置向网络服务提供商付费）。这个描述可能是"允许客户 X 最多发送 y Mbps 可确保的流量"，也可能要复杂得多。不论描述是什么，边缘路由器都会清楚地将来自该客户的分组标识为"界内"或"界外"。在上面提到的例子中，只要客户的发送速率低于 y Mbps，那么它的所有分组都标识为"界内"，但是如果它超过了这个速率，额外的分组将被标识为"界外"。

在边缘的"界内"分组计量表和服务提供商网络中，所有路由器上的 RIO 都应尽力确保（但不是保证）客户的分组在其配置下传送。实际上，如果大部分分组是"界外"分组的话（其中包括由那些没有为建立配置而额外付费的客户发送的分组），RIO 机制会尽量保持较低拥塞以便使"界内"分组很少被丢弃。显然，必须有足够的带宽，使得"界内"分组不会让链路拥塞到 RIO 开始丢弃"界内"分组的地步。

和 RED 一样，RIO 这种机制的有效性一定程度上依赖于正确的参数选择，对于 RIO 来说，需要设置更多的参数。在写本书时，这种方案在现有的网络中的运行情况还是一个存在争议的问题。

RIO 的一个特别性质是它不改变"界内"和"界外"分组的顺序。例如，如果一个 TCP 连接正将分组传送给一个"界内"分组计量表，一些分组被标识为"界内"，而另一些分组被标识为"界外"，这些分组将在路由器队列中获得不同的丢弃概率，但它们会按与发送相同的顺序到达接收方。这对于大多数 TCP 实现都很重要，尽管它们能处理无序到达的分组，但是当分组按序到达时，它们执行起来要好得多。还要注意，当分组到达顺序改变时，像快速重传这样的机制可能会被错误地触发。

可以推广 RIO 思想使它提供两条以上的丢弃概率曲线，这种思想基于一个称为加权 *RED*（WRED）的方法。在这种情况下，DSCP 字段的值用于在多条丢弃概率曲线中选择一条曲线，以便能提供多种不同类别的服务。

提供区分服务的第三种方法是在加权公平排队调度程序中用 DSCP 的值决定将分组放入哪个队列中。正如一个非常简单的例子所示，我们可以用一个代码点指示尽力而为（best-effort）服务队列，用第二个代码点选择加价（premium）队列。然后我们需要为加价队列选一个权值，使加价分组获得比尽力而为服务分组更好的服务。这依赖于加价分组提供的负载。例如，如果令加价队列的权值为 1，令尽力而为服务队列的权值为 4，确保加价分组可获得的带宽为

$$B_{premium}=W_{premium}/(W_{premium}+W_{best\text{-}effort})=1/(1+4)=0.2$$

就是说，我们有效地为加价分组预留了链路的 20%，这样如果加价流量的负载平均为链路的 10%，那么加价流量就好像运行在一个负载非常轻的网络中，因而服务也会非常好。特别是，因为在这种情况下 WFQ 试图让加价分组一到达就被发送，所以加价分组的延迟可以一直保持较低。另一方面，如果加价流量的负载为 30%，那么它活动时就好像运行在一个负载很重的网络中，而加价分组的延迟将非常高，甚至比尽力而为服务分组更糟。因此，了解负载和谨慎地设置权值对这类服务而言很重要。但是要注意，安全的方法是在为加价队列设置权值时非常保守。如果这种权值设置比期望的负载高得多，就有可能出错，并且也不能避免尽力而为服务流量使用已被加价预留但未被加价分组使用的那部分带宽。

和在 WRED 中一样，我们可以推广基于 WFQ 的方法，允许由不同代码点表示两个以上的类，而且可以把一个队列选择器和一种丢弃选择结合起来。例如，用 12 个代码点，我们可以有 4 个带不同权值的队列，每个队列有 3 种丢弃选择。这正是 IETF 在"确保服务"的定义中所做的事情。

ATM 服务质量

当前 ATM 技术的重要性不如 20 年以前，但其实际贡献是在 QoS 领域。在一些方面，ATM 具有相当强的 QoS 能力的事实激励着 IP 中 QoS 的发展。

在很多方面，ATM 网络提供的服务质量性能与使用综合服务的 IP 网络提供的服务质量性能是类似的。但是与 IETF 的三种服务类型相比，ATM 标准化组织共提出五种服务类型。这五种 ATM 服务类型是：

- 固定比特速率（CBR）。
- 可变比特速率——实时（VBR-rt）。
- 可变比特速率——非实时（VBR-nrt）。

- 可利用比特速率（ABR）。
- 未指明的比特速率（UBR）。

大部分 ATM 和 IP 的服务类型是相当类似的，但其中一类 ABR，在 IP 中没有真正与之相对应的类。下面我们将详细地解释这个类。VBR-rt 和 IP 综合服务中的有保证服务类非常相似。用于建立 VBR-rt VC 的确切参数和用于做有保证服务预留的参数略有不同，但基本思想是相同的。源端产生的流量由令牌桶表示，同时指定穿过网络需要的最大总延迟。

除了希望 CBR 流量的源端以不变的速率传送以外，CBR 也类似于有保证的服务。注意事实上这是 VBR 的一个特例，其中源端的峰值速率和传送的平均速率相等。

VBR-nrt 和 IP 的受控负载服务有些类似。同样，源流量由令牌桶描述，但在延迟的保证方面，它不像 VBR-rt 和 IP 有保证服务那么严格。UBR 是 ATM 的尽力而为服务。

最后，我们来看 ABR，它不仅是一个服务类型，还定义了一系列拥塞控制机制。它比较复杂，所以我们这里只涉及其中几个要点。

ABR 机制在虚电路上运作是通过在 VC 的源和目的之间交换一种称为资源管理（RM）信元的特殊 ATM 信元。发送 RM 信元的目的是将网络中有关拥塞状态的信息回送给源端，使它能以合适的速率发送流量。就这方面而言，RM 信元是一种明确的拥塞反馈机制。这与 DECbit 类似，但与靠丢弃分组来检测拥塞的 TCP 隐式反馈机制相反。它也类似于用于 TCP 的新的快启动机制。

最初，源端向目的端发送信元，其中包含它想发送数据信元的速率。路径上的交换机查看该请求速率，并决定在保证其他正在传送的流量的基础上，是否有足够的可用资源来处理这一速率。如果有足够的资源可用，RM 信元将不加改动地被传送；否则，在该信元传送前将减少请求的速率。在目的节点，RM 信元将回转给源端，以便让源知道它能以多大的速率发送。

考虑到如今实际网络中 ATM 的衰落，人们感兴趣的问题是 ATM 和 IP 之间有多少共同的机制，包括准入控制、调度算法、令牌桶、显式拥塞反馈机制等。

6.5.4 基于方程的拥塞控制

我们通过回顾 TCP 拥塞控制的全过程来结束对 QoS 的讨论，但这一次是在实时应用的背景下。回想一下，TCP 调整发送方的拥塞窗口（从而调整发送速率）以应答 ACK 和超时事件。这种方法的优点在于，它不需要网络上路由器的配合，是一种纯粹基于主机的策略。这种策略补充了我们所考虑的 QoS 机制，这是因为：在 QoS 机制广泛采用之前，各类应用可以使用目前这种基于主机的解决方案；即使区分服务被全部采用，路由器队列也有可能超出预留，如果发生这种情况，我们还是希望实时应用以合理的方式做出反应。

虽然我们想要利用 TCP 的拥塞控制算法，但是 TCP 本身并不适合实时应用。一个原因是 TCP 是可靠的协议，而实时应用经常不能忍受由重传引入的延迟。然而，如果将 TCP 从它的拥塞控制机制中分离出来，也就是说，给一个不可靠的协议（像 UDP）加入类似 TCP 的拥塞控制，那么会发生什么情况？实时应用能够利用这样的协议吗？

一方面，这是一个有吸引力的想法，因为它会引发实时流与 TCP 流的公平竞争。目前所用的一种替代策略是视频应用使用 UDP，不用任何形式的拥塞控制，结果是 TCP 在拥塞时让路，允许 UDP 侵占 TCP 流的带宽。另一方面，TCP 拥塞控制算法的锯齿行为（见图 6-9）不适合实时应用：锯齿意味着应用传输的速率总是上上下下。相反，实时应用若在相当长的一段时间内能够维持一个平稳的传输速率，则工作得最好。

是否可能达到两个方面的完美结合，即一方面为了公平而与 TCP 拥塞控制兼容，一方面为了应用而维持平稳的传输速率？最近的工作表明，答案是肯定的。尤其是，已经提出了多种所谓的 TCP 友好的拥塞控制算法。这些算法有两个主要目标。第一个目标是缓慢适应拥塞窗口。这一点通过相对长的时间段（如一个 RTT）而不是基于每个分组来实现，使得传输速率得以平滑。第二个目标为在公平竞争的意义下是 TCP 友好的。通过把流的行为附加到建模 TCP 行为的方程中可以保证这一特性得到满足。因此，这种方法有时称为基于方程的拥塞控制（equation-based congestion control）。

在前面章节中我们看到过一个关于 TCP 吞吐率的简单方程，对我们来说，关注下面这个通用形式就足够了：

$$\text{Rate} \propto \left(\frac{1}{\text{RTT} \times \sqrt{\rho}} \right)$$

这个等式表明，为了使 TCP 友好，传输速率必须与往返时间（RTT）和丢弃速率（ρ）的平方根成反比。换言之，为了从这个关系中构造一个拥塞控制机制，接收方必须定期地向发送方报告当时的丢弃速率（例如，接收方可能报告最后 100 个分组中有 10% 没有收到），然后发送方调整发送速率，保证等式成立。当然，这还取决于应用对可用速率变化的适应性，正如我们将在下一章看到的，许多实时应用的适应性是相当强的。

区分服务的低调成功

早在 2003 年，许多人断言区分服务已经走向死亡。在那年的 ACM SIGCOMM 年会（最有影响的网络研究会议）上，一个具有醒目名字"RIPQoS"的小组成立了——该小组的官方名字是"重访 IP 服务质量"，在小组声明中清楚地暗示了 QoS 可能准备"安详地"休息了。然而，正如马克·吐温讽刺他的死亡报道太夸张，似乎 IP 服务质量的死亡，尤其是区分服务的死亡也被夸大了。

导致人们对区分服务持悲观看法的主要原因是它没有被因特网服务提供商配置到任何重要的领域。不仅如此，也没有任何 QoS 机制使 IP 电话和视频流这样的实时应用在因特网上工作得很好，这使人怀疑是否需要任何 QoS。一定程度上这是许多因特网服务提供商提供的高带宽链路和路由器的配置蓬勃发展的结果。

为了清楚区分服务成功在哪里，需要看看 ISP 的骨干网。例如，已经配置了 IP 电话的公司——本书写作时有数以千万计的企业级 IP 电话在使用中——通常为音频媒体分组使用 EF 行为，以确保在和其他流量共享链路时不会有延迟。同样的方法用于许多基于 IP 的住宅语音服务：仅仅在住宅之外的上行链路获得优先权（例如，DSL 链路较慢的方向），通常，语音端点为 EF 建立 DSCP，连接到宽带链路上的用户的路由器则使用区分服务，以便使那些分组有较低的延迟和抖动。

除了语音之外，还有其他一些应用正在从基于 IP 的视频中受益，在未来几年，它们将提供又一个驱动因素。总的来说，两个因素使区分服务的部署非常重要：应用程序对 QoS 保证的高要求，以及链路带宽无法为所有流量提供 QoS 保证。了解这一点是非常重要的，区分服务像任何其他 QoS 机制一样，不能创造带宽——它所能做的只是确保带宽被优先分配给有更大 QoS 需求的应用程序。

透视图：软件定义流量工程

本章解决的首要问题是如何将可用网络带宽分配给一组端到端流。无论是 TCP 拥塞控制、集成服务还是区分服务，都假设底层网络用于分配的带宽是固定的：站点 A 和站点 B 之间的 1 Gbps 链路始终是 1 Gbps 链路，算法重点关注如何在竞争用户之间最好地共享 1 Gbps。但如果情况并非如此呢？如果可以"立即"获得额外容量以便将 1 Gbps 链路升级为 10 Gbps 链路，或者可以在以前未连接的两个站点之间添加一条新链路会怎样？

这种可能性是真实存在的，它通常被称为流量工程。该术语可以追溯到网络早期，当时运营商会在现有链接长期过载时分析其网络上的流量工作负载并定期重新设计其网络以增加容量。在早期，增加容量的决定不是轻率的，需要确保观察到的使用趋势不仅仅是昙花一现，因为更换网络需要花费大量的时间和金钱。在更糟糕的情况下，它可能涉及跨越海洋铺设电缆或将卫星发射到太空。

但是随着 DWDM（3.1 节）和 MPLS（4.4 节）等技术的出现，我们不必铺设更多光纤，而是可以使用另一段波长或在任何一对站点之间建立新的电路。（这些站点不需要通过光纤直接相连。例如，波士顿和旧金山之间的波长可能会经过芝加哥和丹佛的 ROADM，但是从 L2/L3 网络拓扑结构来看，波士顿和旧金山之间是通过一个链路直接相连的。）这大大降低了可用性获取时间，但重新配置硬件仍然需要手动操作，因此我们对"立即"的定义仍然以天为单位，如果不是几周的话。

但正如我们一次又一次看到的，一旦提供了正确的编程接口，软件就可以解决问题，并且"立即"可以，真正做到瞬间。这正是云提供商使用它们构建的私有骨干网来互连它们的数据中心的方式。例如，谷歌公开介绍了它的私有 WAN，称为 B4，它完全使用白盒交换机和 SDN 构建。B4 不添加 / 删除波长来调整节点间带宽——它使用称为等价多路径（ECMP）的技术动态构建端到端隧道，这是 4.4 节中介绍的 CSPF 的替代方案——但它提供的灵活性是相似的。

然后，流量工程（TE）控制程序根据各种应用的需要提供网络。B4 确定了三个类别：（1）将用户数据（如电子邮件、文档、音频 / 视频）复制到远程数据中心以获取可用性；（2）在分布式数据源上运行的计算访问远程存储；（3）推动大规模数据跨多个数据中心同步状态。这些类别按卷递增、延迟敏感度递减和总体优先级递减的顺序排列。例如，用户数据代表 B4 上最低的卷，对延迟最敏感，优先级最高。

通过集中决策过程（这是 SDN 声称的优势之一），谷歌已经能够推动其链接利用率接近 100%。这比通常为 WAN 链路提供的 30% ~ 40% 的平均利用率高出两到三倍，这是允许这些网络处理流量突发和链路 / 交换机故障所必需的。如果可以集中决定如何在整个网络中分配资源，那么就有可能使网络更接近最大利用率。请记住，网络中的链路供应是为粗粒度应用程序类完成的。TCP 拥塞控制仍在逐个连接的基础上运行，路由决策仍在 B4 拓扑的基础上做出。（另一方面，值得注意的是，由于 B4 是一个私有广域网，谷歌可以自由运行自己的拥塞控制算法，如 BBR，而不用担心它会对其他算法造成不公平的不利影响。）

从 B4 这样的系统中可以看到，流量工程和拥塞控制（以及流量工程和路由）之间的界限是模糊的。有不同的机制来解决相同的问题，因此没有固定的界限来说明一种机制在哪里停止，另一种机制在哪里开始。简言之，当层在软件而不是硬件中实现时，层边界变得更有弹性（并且易于移动）。这正日益成为常态。

更广阔的透视图

- 要继续阅读有关因特网云化的信息，请参阅第 7 章的"透视图"部分。
- 要了解更多关于 B4 的信息，我们推荐 *B4: Experience with a Globally Deployed Software Defined WAN*（Jain, et al., ACM SIGCOMM, August 2013）。

习题

1. 可以基于主机到主机或基于进程到进程定义流。

（a）讨论每种方法对应用程序的含义。

（b）IPv6 包含一个 FlowLabel 字段，用于向路由器提供有关单独流的线索。源主机将在这个字段放一个用于标识流的其他所有字段的伪随机哈希值，这样路由器可以使用这些位中的任意子集作为哈希值来快速查找流。FlowLabel 字段基于这两种方法的哪一个？

2. TCP 使用以主机为中心、基于反馈和基于窗口的资源分配模型。如何设计 TCP 以替代下列模型？

（a）以主机为中心、基于反馈和基于速率的模型。

（b）以路由器为中心和基于反馈的模型。

★ **3.** 分别为以下网络画出以吞吐量、延迟和能力作为负载函数时的曲线图。吞吐量按其最大值的百分比计量，负载按在任意时刻同时准备发送数据的站点的数目（N）计量（有些不真实）。注意，这意味着总有一个站点准备发送（除非 $N=0$，但这种情况可忽略）。假设每个站点在一个时刻只有一个分组要发送。

(a) 以太网，如第 2 章中的习题 49，平均分组大小为 5 个时间片，而且当有 N 个站点试图发送时，直到有一个站点发送成功的平均延迟为 $N/2$ 个时间片。

(b) 令牌环，且 TRT=0。

4. 假设两台主机 A 和 B 通过一台路由器 R 相连。A 到 R 的链路带宽为无限大，R 到 B 的链路每秒可以发送一个分组。R 的队列为无限大。负载按每秒从 A 到 B 发送的分组数计量。画出吞吐量与负载和延迟与负载的关系图；如果画不出图，解释原因。计量负载是否有更恰当的方法？

5. TCP Reno 是否可能达到这样的状态，即拥塞窗口尺寸远大于 RTT × 带宽（例如它的 2 倍）？

6. 考虑图 6-28 中主机 H 和路由器 R 及 R1 的排列。所有链路都是全双工的，而且所有路由器都比它们的链路快。说明路由器 R1 不会出现拥塞，同时对于其他的任何路由器 R，我们可以找到一种只让该路由器拥塞的通信模式。

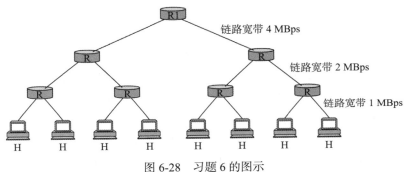

图 6-28   习题 6 的图示

7. 假设一个拥塞控制方案可以使一组竞争的流获得下列吞吐率：100 KBps，60 KBps，110 KBps，95 KBps，150 KBps。

(a) 计算这种方案的公平性指数。

(b) 在这些流中再加入一个吞吐率为 1 000 KBps 的流，重新计算公平性指数。

8. 在公平排队中，值 F_i 被解释为一个时间戳：第 i 个分组完成传送的时刻。给出加权公平排队中 F_i 的解释，并根据 F_{i-1}、到达时间 A_i、分组大小 P_i 以及为该流指定的权值 w，给出 F_i 的公式。

9. 举例说明公平排队实现中的非抢先策略如何导致与按位轮转服务不同的分组传送顺序。

10. 假设一台路由器有三个输入流和一个输出。它收到表 6-1 所列的分组，它们几乎在同一时间内以所列顺序到达，其间输出端口忙，但所有队列是空的。在下列情况下，给出分组传送的顺序：

(a) 公平排队。

(b) 加权公平排队，流 2 的权值为 2，其他两个流的权值为 1。

√ **11.** 假设一台路由器有三个输入流和一个输出。它收到表 6-2 所列的分组，它们几乎在同一时间内以所列顺序到达，其间输出端口忙，但所有队列是空的。在下列情况下，给出分组传送的顺序：

(a) 公平排队。

(b) 加权公平排队，流 2 的权值是流 1 的 2 倍，流 3 的权值是流 1 的 1.5 倍。注意，按照流 1、流 2、流 3 的顺序。

表 6-1	习题 10 的分组	
分组	大小	流
1	100	1
2	100	1
3	100	1
4	100	1
5	190	2
6	200	2
7	110	3
8	50	3

表 6-2	习题 11 的分组	
分组	大小	流
1	200	1
2	200	1
3	160	2
4	120	2
5	160	2
6	210	3
7	150	3
8	90	3

12. 假设路由器的丢弃策略是，当队列满的时候丢弃开销最大的分组，其中分组"开销"的定义是分组长度与它在队列中的剩余（remaining）时间的乘积。（注意，在计算开销时，用前面的分组长度之和代替剩余时间，结果是等价的。）

(a) 与队尾丢弃相比，这一策略有哪些利弊？

(b) 给出排队分组序列的一个实例，其中丢弃最大开销分组的顺序不同于丢弃最大分组的顺序。

(c) 给出一个例子，其中两个分组随着时间的推移其相应开销的顺序发生互换。

13. 有两个用户，一个用 Telnet 而另一个用 FTP 发送文件，都通过路由器 R 将其流量送出。R 的输出链路太慢以至于两个用户的分组一直留在 R 的队列中。如果 R 对这两个流使用如下的排队策略，讨论 Telnet 用户看到的性能。

(a) 轮转服务。

(b) 公平排队。

(c) 修改后的公平排队，其中只计算数据字节的开销，不计算 TCP 和 IP 首部的开销。

只考虑输出流量。假设 Telnet 分组有 1 字节数据，FTP 分组有 512 字节数据，并且所有分组有 40 字节的首部。

14. 考虑一台路由器，它管理着三个流，在下列挂钟时间每个流都有固定大小的分组到达：

流 A: 1, 2, 4, 6, 7, 9, 10。

流 B: 2, 6, 8, 11, 12, 15。

流 C: 1, 2, 3, 5, 6, 7, 8。

所有三个流共享同一条输出链路，路由器在该链路上每个时间单元只能传送一个分组。假设有一个无限大的缓冲区空间。

(a) 假设路由器实现公平排队。给出每个分组被路由器传送时的挂钟时间。到达时间的关系将按 A、B、C 的顺序解决。注意，挂钟时间 $T=2$ 就是公平排队时钟时间 $A_i=1.5$。

(b) 假设路由器实现加权公平排队，其中对流 A 和流 B 给出相等的容量份额，对流 C 给出的容量是流 A 的 2 倍。给出每个分组被传送时的挂钟时间。

✓ **15.** 考虑一台路由器，它管理着三个流，在下列挂钟时间每个流都有固定大小的分组到达：

流 A: 1, 3, 5, 6, 8, 9, 11。

流 B: 1, 4, 7, 8, 9, 13, 15。

流 C: 1, 2, 4, 6, 7, 12。

所有三个流共享同一条输出链路，路由器在链路上每个时间单元只能传送一个分组。假设有一个无限大的缓冲区。

(a) 假设路由器实现公平排队。给出每个分组被路由器传送时的挂钟时间。到达时间的关系将按 A、B、C 的顺序解决。注意，挂钟时间 $T=2$ 就是公平排队时钟时间 $A_i=1.333$。

(b) 假设路由器实现加权公平排队，其中对流 A 和流 C 给出的容量份额相等，对流 B 给出的容量是流 A 的 2 倍。给出每个分组被传送时的挂钟时间。

16. 假设 TCP 实现一种扩展，允许窗口大小远大于 64 KB。假设用这一扩展 TCP 在一条延迟为 100 ms 的 1 Gbps 链路上传送一个 10 MB 的文件，而且 TCP 接收窗口为 1 MB。如果 TCP 发送 1 KB 的分组（假设无拥塞，无丢失分组）：

(a) 当慢启动打开发送窗口达到 1 MB 时用了多少 RTT？

(b) 发送该文件用了多少 RTT？

(c) 如果发送文件的时间由所需的 RTT 的数量与链路延迟的乘积给出，传输的有效吞吐量是多少？链路带宽的利用率是多少？

17. 考虑一个简单的拥塞控制算法：使用线性增加和成倍减少，但不用慢启动，以分组而不是字节为单位，启动每个连接时拥塞窗口的值为一个分组。给出这一算法的详细描述。假设延迟只有传输时延，而且发送一组分组时，只返回一个 ACK。在分组 9、25、30、38 和 50 丢失的情况下，画出拥塞窗口作为往返时间的函数图。为了简单起见，假设有一个完美的超时机制，它在恰好传送一个 RTT 后检测到一个丢失的分组。

18. 在前一个问题给定的条件下，计算这个连接可获得的有效吞吐量。假设每个分组包含 1 KB 数据，且 RTT = 100 ms。

19. 在线性增加期间，TCP 用下面的公式计算拥塞窗口的增量：

$$\text{Increment} = \text{MSS} \times (\text{MSS}/\text{CongestionWindow})$$

解释为什么每个 ACK 到达时计算这个增量可能得不到正确的增量值。对这个增量给出一个更精确的定义。（提示：一个给定的 ACK 可以表示已收到多于或少于一个 MSS 值的数据。）

20. 在什么情况下，TCP 中即使使用快速重传机制也可能发生粗粒度超时？

21. 假设在 A 和 B 之间有路由器 R。A 到 R 的带宽无限大（即分组无延迟），但 R 到 B 的链路引入每秒一个分组的带宽延迟（即两个分组用 2 s，依此类推）。从 B 到 R 的确认可以立即发送。A 通过一个 TCP 连接给 B 发送数据，用慢启动但窗口尺寸任意大。R 除了发送中的分组外，有长度为 1 的一个队列。在每一秒中，发送方先处理到达的 ACK，再应答任何超时。

(a) 假设固定的 TimeOut 为 2 s，在 T=0、1、…、6 s 时，发送和收到的分别是哪些分组？由于超时链路会空闲吗？

(b) 如果 TimeOut 是 3 s，有哪些变化？

22. 假设 A、R、B 如前一题所述，本题中所不同的是除了发送中的分组外，R 有长度为三个分组的队列。A 用慢启动启动一个连接，接收窗口为无限大。在第二个重复 ACK 时（即同一分组的第三个 ACK 时）进行快速重传，TimeOut 间隔为无限大。忽略快速恢复，当一个分组丢失时，设置窗口大小为 1。用表格表示在前 15 s 内 A 收到什么和 A 发送什么，以及 R 发送什么、R 的队列和 R 丢弃什么。

23. 假设上一题中 R 到 B 的链路从带宽延迟变为传播延迟，这样用 1 s 可发送两个分组。列出在前 8 s 内发送了什么和接收了什么。假设静态超时值为 2 s，在超时时使用慢启动，而且在几乎同一时间发送的 ACK 被合并。注意现在 R 的队列长度是无关的（为什么？）。

24. 假设主机 A 通过路由器 R1 和 R2 到达主机 B：A-R1-R2-B。不用快速重传，且 A 以 $2 \times$ EstimatedRTT 计算 TimeOut。假设 A 到 R1 及 R2 到 B 的链路有无限大的带宽，但是 R1 到 R2 的链路为数据分组（但不是 ACK）引入每分组 1 s 的带宽延迟。描述这样一种情况，其中即使 A 总有数据要发送，R1 到 R2 的链路利用率也没有达到 100%。（提示：假设 A 的 CongestionWindow 从 N 增加到 N+1，其中 N 是 R1 的队列长度。）

25. 你是一个因特网服务提供商,你的客户主机直接连到你的路由器上。你知道一些主机正在使用实验性的 TCP,而且猜想有些主机可能正在使用无拥塞控制的"贪婪的"TCP。可以在路由器上做哪些测量来确定一个客户根本没有使用慢启动? 如果一个客户只在启动时使用慢启动,但不是超时发生后,你能检测到吗?

26. 使 TCP 拥塞控制机制失败通常需要发送方的显式协作。然而,考虑大数据传输的接收方,使用为尚未到达的分组进行确认的 TCP。这么做可能是因为并不需要数据的全部内容,或者是因为丢失的数据能够在后续的一次独立传输中被恢复。这种接收方的行为对会话中的拥塞控制特性有什么影响? 你能设计出一种修改 TCP 的方法,以避免发送方以这种方式被利用吗?

27. 考虑图 6-29 中的 TCP 轨迹。分别确定在启动时进行的慢启动的时间区间、超时后的慢启动的时间区间以及线性增加的拥塞避免的时间区间。解释 $T=0.5$ 到 $T=1.9$ 期间将发生什么事情。产生这种轨迹的 TCP 版本包含一个图 6-11 的 TCP 中没有的特征,这个特征是什么? 这个轨迹和图 6-13 中的轨迹都缺乏一个特征,这个特征是什么呢?

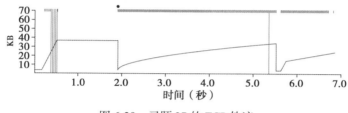

图 6-29 习题 27 的 TCP 轨迹

28. 假设你正在一条 3 KBps 的电话链路上下载一个大文件,软件上显示一个每秒平均字节的计数器。TCP 拥塞控制和偶尔的分组丢失如何使计数器产生波动? 假设只有总 RTT 的 1/3 花在电话链路上。

29. 假设 TCP 用于一条存在丢失的链路,该链路平均每 4 个数据段丢失一个。假设延迟带宽积窗口尺寸远大于 4 个数据段。

(a) 当我们启动一个连接时会发生什么? 我们到达过拥塞避免的线性增加阶段吗?

(b) 不使用来自路由器的显式反馈机制,TCP 有办法区分拥塞丢失和链路丢失吗(至少在短时间内)?

(c) 假设 TCP 发送方确实可靠地从路由器获得显式的拥塞控制指示。假设上面的链路是普通的,要支持远大于 4 个数据段的窗口尺寸是可行的吗? TCP 必须做些什么呢?

30. 假设两个 TCP 连接共享一条经过路由器 R 的路径。路由器的队列长度为 6 个数据段,每个连接有固定的 3 个数据段的拥塞窗口。这些连接不使用拥塞控制。第三个 TCP 连接现在也试图通过路由器 R,且不用拥塞控制。描述这样一种情景,至少在一小段时间内,第三个连接没有得到任何可用的带宽,前两个连接继续各占用带宽的 50%。如果第三个连接使用慢启动会发生问题吗? 就前两个连接部分而言,完全的拥塞避免怎样才有助于解决这个问题?

31. 假设一个 TCP 连接有大小为 8 个报文段的窗口,一个 RTT 为 800 ms,发送方以每 100 ms 一个报文段的固定速率发送报文段,接收方以同样的速率无延迟地返回 ACK。一个报文段丢失了,快速重传算法根据收到的第三个重复 ACK,检测到这一丢失。当重传分组的 ACK 最终到达时,在下列情况下,发送方总共损失了多少时间(与无丢失传输相比)?

(a) 发送方在滑动窗口再次向前滑动之前等待重传丢失分组的 ACK。

(b) 发送方用相继到达的每个重复 ACK 作为它可以将窗口向前滑动一个数据段的指示。

32. 本章中叙述了加性增是使拥塞控制机制稳定的必要条件。简述如果所有增加都是指数级的,就可能引起特殊的不稳定性，也就是说，TCP 在 CongestionWindow 增长到超过 CongestionThreshold 后，继续使用慢启动。

33. 讨论标记一个分组（如在 DECbit 机制中）和丢弃分组（如在 RED 网关中）的利弊。

34. 考虑一个 RED 网关，其平均队列长度在两个阈值中间且 $MaxP = 0.02$。

(a) 分别计算 count = 1 和 count = 100 时的丢弃概率 P_{count}。

(b) 计算前 50 个分组无丢弃的概率。注意这个概率等于（ $1-P_1$ ）$\times \cdots \times$（ $1-P_{50}$ ）。

35. 考虑一个 RED 网关，其平均队列长度在两个阈值中间且 $MaxP=p$。

(a) 计算前 n 个分组不被丢弃的概率。

(b) 求 p，使得满足前 n 个分组不被丢弃的概率是 α。

36. 解释在 RED 网关中设置 MaxThreshold=$2 \times$MinThreshold 的直观原因。

37. 在 RED 网关中，解释为什么事实上 MaxThreshold 比可用缓冲池的实际长度小。

38. 解释容忍突发性与控制网络拥塞之间的基本冲突。

39. 为什么 RED 网关的丢弃概率 P 不是简单地从 MinThresh 时的 $P=0$ 线性增长到 MaxThresh 时的 $P=1$ ？

★ 40. 在 TCP Vegas 中，用一个 RTT 间隔内传送的数据量除以 RTT 的长度计算 ActualRate。

(a) 说明对于任何 TCP，如果窗口尺寸保持不变，那么一旦整个窗口的数据被发送，则在一个 RTT 间隔内传送的数据量是不变的。假设发送方收到一个 ACK 后就立即传送每个数据段，分组没有丢失且按顺序传送，所有数据段的长度相同，且该路径上的第一条链路不是最慢的链路。

(b) 画出时间线，表示上面每个 RTT 传送的数据量可能小于 CongestionWindow。

41. 假设一个 TCP Vegas 连接测量第一个分组的 RTT，并将 BaseRTT 的值设置为测量到的 RTT 值，但是后来一条链路发生故障，于是所有后续的流量被路由选择到了另一条 RTT 为原 RTT 两倍的路径上。TCP Vegas 会对此做何反应？ CongestionWindow 的值有什么变化？假设没有实际的超时发生，而且 β 远小于 ExpectedRate 的初始值。

42. 考虑引起 1 s 网络延迟的下面两个原因（假设 ACK 立即返回）：

- 一个中间路由器，它的带宽延迟为每个分组用 1 s 输出，且无竞争的流量。
- 一个中间路由器，它的带宽延迟为每个分组用 100 ms 输出，且固定地将 10 个分组（来自其他源）补充到队列中。

(a) 通常，传输协议可能怎样区分这两种情况？

(b) 假设 TCP Vegas 在上述连接上发送，CongestionWindow 的初始值为三个分组。在每种情况下 CongestionWindow 会发生什么变化？假设 BaseRTT = 1 s 且 β 等于每秒一个分组。

43. 讨论为什么拥塞控制问题在互联网层比在 ATM 层更好管理，至少在互联网仅有一部分是 ATM 时是这样的。在专用的 IP-over-ATM 网络中，拥塞控制在信元层还是在 TCP 层更好管理？为什么？

44. 考虑图 6-24 中的分类。

(a) 给出一个非容忍 / 速率自适应型（intolerant/rate adaptive）实时应用程序的例子。

(b) 解释为什么你可能希望一个容忍丢失的应用至少有某种速率自适应。

(c) 尽管有（b）中的解释，仍给出一个可看作容忍 / 非自适应型（tolerant/nonadaptive）应用的例子。（提示：容忍即使再小的丢失，也是容忍丢失的应用，你需要将速率自适应解释为适应重大带宽变化的能力。）

45. 一个给定流的传输时间表（见表 6-3）列出每秒发送分组的数目。该流必须保持在令牌桶过滤器的范围内。对于下列令牌速率，流需要的令牌桶深度是多少？假设桶开始时是满的。

　　（a）每秒 2 个分组。

　　（b）每秒 4 个分组。

√ **46.** 一个给定流的传输时间表（见表 6-4）列出每秒发送分组的数目。该流必须保持在令牌桶过滤器的范围内。求作为令牌速率 r 的函数必需的桶深度 D。注意，r 只能取正整数值。假设桶开始时是满的。

表 6-3	习题 45 的传输时间表
时间 /s	发送的分组数
0	5
1	5
2	1
3	0
4	6
5	1

表 6-4	习题 46 的传输时间表
时间 /s	发送的分组数
0	5
1	5
2	1
3	0
4	6
5	1

47. 假设一台路由器已经接收了 TSpecs 流，如表 6-5 所示，用令牌速率为每秒 r 个分组且桶深度为 B 个分组的令牌桶过滤器来描述它。所有流都在同一个方向，路由器每 0.1 s 转发一个分组。

表 6-5	习题 47 的 TSpecs
r	B
1	10
2	4
4	1

　　（a）一个分组可能面临的最大延迟是多少？

　　（b）假设第三个流一直以最大速率均匀地发送分组，路由器在 2.0 s 内能从该流发送分组的最小数目是多少？

48. 假设一台 RSVP 路由器突然丢失了它的预留状态，但仍在运行。

　　（a）如果路由器用单个 FIFO 队列处理预留的和非预留的流，已预留的流会出现什么情况？

　　（b）如果路由器用加权公平排队隔离预留的和非预留的流量，已预留的流会出现什么情况？

　　（c）最终，这些流的接收方会请求重新开始它们的预留。给出这些请求被拒绝的一种情况。

端到端数据

在获得数据之前就构建理论是大错特错的。

——阿瑟·柯南道尔爵士

问题：我们用数据做什么？

从网络的观点看，应用程序间彼此发送报文，每条报文只是一个未解释的字节串。然而，从应用程序的观点看，这些报文包含各种类型的数据（data）——整型数组、视频帧、文本行、数字图像，等等。换句话说，这些字节是有含义的。我们现在来考虑这样一个问题，怎样更好地对应用程序要转换成字节串的各种不同类型的数据进行编码。从许多方面来看，这类似于我们在前面章节中见到的把字节串编码为电磁信号的问题。

回顾第 2 章对编码的讨论，实质上涉及两个问题。第一是接收方必须能从信号中提取出与传送方发送的报文相同的报文，这就是组帧的问题。第二是尽可能地提高编码效率。把应用程序数据编码为网络报文时也存在这两个问题。

为了让接收方提取发送方发来的报文，就出现了发送方和接收方要统一报文格式的问题，通常称为表示格式（presentation format）。例如，发送方要给接收方发送一个整型数组，那么双方必须协商每个整数是什么样的表示格式（比如，长度为多少字节，采用怎样的排列方式，以及最高有效位最先到达还是最后到达），以及在数组中有多少元素。第 1 节描述传统计算机数据的各种编码，如整数、浮点数、字符串、数组和结构体。还有一些为多媒体数据制定的格式，例如视频一般是用运动图像专家组（Moving Picture Experts Group，MPEG）所创建的某种格式传输，而静止图像通常用联合图像专家组（Joint Photographic Experts Group，JPEG）格式传输。在多媒体数据编码中出现的具体问题将在下一节讨论。

我们需要考虑多媒体类型数据的表示和压缩（compression）两个方面。我们熟知的传输格式、音频存储格式、视频处理格式都有这些问题：确保什么内容被记录、被拍照或者被听到，以便接收方可以正确解读发送方发送的信息，而且这么做可以使网络不被大量的多媒体数据所淹没。

压缩及更普遍的编码效率问题由来已久，可追溯到 20 世纪 40 年代香农关于信息论的早期工作。实际上，人们朝着两个相反的方向努力。一方面，我们希望在数据中加入尽可能多的冗余，以便即使报文出现了错误，接收方仍能提取出正确的数据。我们在前面章节的差错检测和纠错码中所看到的给报文添加冗余信息的做法正是为了这一目的。

另一方面，我们希望尽可能从数据中删掉更多的冗余，以便能用更少的比特进行编码。鉴于我们的感官和大脑处理视觉和听觉信号的方式，多媒体数据为压缩提供了大量的机会。我们听不见高频声音也听不到低频声音，我们不能注意到图像中的所有细节，尤其是图像移动时。

我们有足够的理由证明压缩对网络设计者是重要的，原因之一是我们很难保证处处都有带宽充裕的网络。例如，我们设计压缩算法的方式影响着对丢失和延迟数据的敏感度，从而影响资源分配机制和端到端协议的设计。反之，如果在一个视频会议期间底层网络不能保证一定量的带宽，那么我们就可以选择能适应网络条件变化的压缩算法。

最后，表示格式化和数据压缩的一个重要特征就是需要发送主机和接收主机处理报文数据中的每个字节。为此，表示格式化和压缩有时被称为数据操纵（data manipulation）功能。它与我们至今看到的大多数协议不同，这些协议处理信息时不考虑其包含的内容。由于必须对报文中数据的每个字节进行读、计算和写，所以数据操纵会影响网上端到端的吞吐量。实际上，这些操纵可能就是限制因素。

7.1 表示格式化

最常见的网络数据转换就是应用程序使用的表示形式和适合网络传输的格式之间的相互转换。通常将这种转换称为表示格式化（presentation formatting）。如图 7-1 所示，发送程序把要传输的数据由其内部表示形式转换成可以在网上传输的报文，也就是说，数据被编码（encoded）成报文。在接收端，应用程序把接收到的报文再转换成它可以处理的表示形式，也就是说，报文被解码（decoded）。此过程有时称为参数排列（argument marshalling）或序列化（serialization）。这个术语来自远程过程调用（RPC），客户端认为它正在调用具有一组参数的过程，但这些参数随后"以适当且有效的方式组合并排序"以形成网络报文。

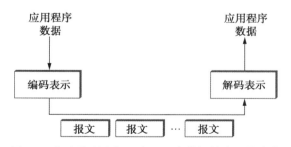

图 7-1　包含编码和解码应用程序数据的表示格式化

你可能会问是什么让这个问题具有挑战性。原因之一是计算机用不同的方法表示数据。例如，有些计算机用 IEEE 标准 754 格式表示浮点数，而有些仍使用它们自己的非标准格式。即使是像整型数那么简单的数据，不同体系结构也要使用不同的长度表示（例如 16 位、32 位、64 位）。更糟的是，一些计算机将整型数表示成高端字节序（big-endian）形式（一个字的最高有效位在高地址字节中），而另一些则将整型数表示成低端字节序（little-endian）形式（一个字的最高有效位在低地址字节中）。MIPS 和 PowerPC 处理器是高端字节序体系结构的例子，而 Intel x86 系列则是低端字节序体系结构的例子。今天，许多体系结构都支持这两种表示（因此称为 bi-endian），但问题是你永远无法确定与之通信的主机如何存储整数。图 7-2 中，分别给出整数 34 677 374 的高端字节序表示法和低端字节序表示法。

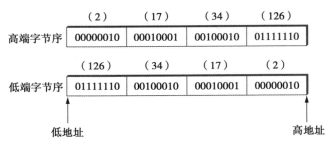

图 7-2　整数 34 677 374 的高端字节序和低端字节序的字节顺序

使参数排列变得困难的另一个原因是应用程序用不同的语言编写，而且，即使你只使用一种语言，也可能有不止一个编译程序。举例来说，编译程序在内存中怎样存放结构（记录），如组成结构的字段之间填充多少位，就有很大的自由度。因而，即使计算机的体系结构和写程序的语言都相同，你也不能简单地把结构从一台计算机传给另一台计算机，因为目标机上的编译程序也许对结构中字段的位置做了不同的调整。

7.1.1　分类方法

尽管任何做过参数排列的人都会告诉你，参数排列不会将火箭科学这样难的理论包含进去，它只是摆弄比特位的一桩小事，但你需要在许多设计方案中做出选择。我们首先给出参数排列系统的简单分类方法。以下虽不是唯一可行的分类方法，但它足以涵盖大多数重要的方案。

1. 数据类型

第一个问题是系统打算支持什么样的数据类型。通常，我们可以将由参数排列机制支持的类型分为三级，每一级都使参数排列系统面对更复杂的任务。

在最低级，参数排列系统对基本类型（base type）的某个集合进行操作。通常，基本类型包括整数、浮点数和字符。系统还可以支持序数类型和布尔型。如上所述，基本类型集合的含义是指，编码进程必须能将每一基本类型从一种表示法转换为另一种表示法，如把整型从高端字节表示转换为低端字节序表示。

向上一级是扁平类型（flat type）：结构和数组。扁平类型初看起来并不会使参数排列系统复杂化，实则不然。问题是，为了按字的边界对齐字段，编译程序在编译应用程序时习惯于在组成结构的字段之间加入填充以对齐字段。参数排列系统通常将结构压缩

（pack）使得它们不含填充。

在最高级，参数排列系统必须处理复杂类型（complex type）：使用指针建立的类型。也就是说，一个程序要发送给另一个程序的数据结构可能不包含在某个单一的结构中，而可能包含从一个结构指向另一结构的指针。树就是包含指针的复杂类型的一个很好的例子。显然，数据编码器必须为网上传输准备好数据结构，因为指针是通过内存寻址实现的，而且，驻留在一台计算机上某个内存地址的结构并不意味着在另一台计算机上有相同的驻留地址。换句话说，参数排列系统必须串行化（serialize）（展开）复杂数据结构。

总之，参数排列与类型系统的复杂化程度有关，它的任务通常包括基本类型转换、结构压缩、复杂数据结构线性化，它们共同构建了一个可以在网上传输的连续报文。这个任务如图 7-3 所示。

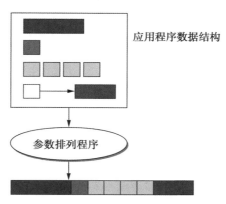

图 7-3　参数排列：转换、压缩和线性化

2. 转换策略

类型系统一旦建立，接下来要讨论的问题就是参数排列程序采用什么样的转换策略。一般有两个选择：标准中间形式（canonical intermediate form）和接收方调整（receiver-makes-right）。接下来，我们依次讨论每一种转换策略。

标准中间形式的概念就是要确定每一种类型的外部表示。在发送数据前，发送主机将数据由其内部表示转换成这种数据的外部表示，而在接收数据的过程中，接收主机又把这种数据的外部表示转换成其本地的表示。为了说明这种思想，我们来考虑整型数据，其他数据类型按类似的方法处理。你可以把整型数说明为要用于外部表示的高端字节序形式。发送主机必须把它发送的每个整数翻译成高端字节序形式，而接收主机必须把高端字节序形式的整数翻译成它所使用的一种表示方法。（这正是在因特网中对协议首部做的工作。）当然，发送主机也许已经使用了高端字节序形式，在这种情况下就不需要再转换了。

另一个选择有时称为接收方调整，它允许发送方用其内部格式传输数据；发送方不进行基本类型的转换，但通常要压缩和展开较复杂的数据结构。然后接收方负责把数据从发送方的格式翻译成其本地的格式。用这种策略的问题是，每台主机必须准备好转换来自所有其他体系结构的数据。这在联网技术中被认为是一个 $N \times N$ 解决方案（N-by-N solution）：N 个体系结构中的每一台计算机都必须能处理所有 N 个体系结构的数据。相反，在一个使用标准中间形式的系统中，每台主机只需要知道它自己的表示法和另一特定的表示法（一种外部表示法）之间怎么转换。

使用共同的外部格式是正确的做法吗？当然这是网络界过去 30 年来的习惯看法。然而，答案并不总是肯定的。事实证明对各种基本类型不存在那么多不同的表示法，或者说 N 不会那么大。另外，更普遍的情况是同一类型的两台计算机彼此通信。在这种情形下，如果把一种体系结构表示的数据翻译成一些另外的外部表示，而在接收方又必须反过来把数据翻译成相同体系结构的表示，似乎是愚蠢的。

第三种选择是（尽管我们知道不存在使用它的系统）：如果发送方知道接收方有同样的体系结构就使用接收方调整法；如果两台计算机采用不同体系结构，就使用某种标准中间形式。这时，发送方如何了解到接收方的体系结构？它可以从一台名字服务器或者首先使用一个简单的测试例子看是否产生相应的结果来获得该信息。

3. 标记

参数排列中的第三个问题是接收方如何知道它接收的报文中包含什么类型的数据。有两种常用的方法：带标记（tagged）数据和不带标记（untagged）数据。带标记的方法十分直观，所以我们首先来介绍它。

标记是指包含在报文中的任何附加信息（除了基本类型具体表示之外的信息），它有助于接收方解码报文。有几种标记可以包含在报文中。例如，每个数据项可以增加一个类型（type）标记。类型标记说明其后跟着的值是整数、浮点数或其他类型。另一个例子是长度（length）标记。这样的标记用于说明一个数组元素的个数或一个整型数的长度。第三个例子是体系结构（architecture）标记，它可以与接收方调整策略相结合，说明生成报文中所含数据的体系结构。图 7-4 描述了如何用带标记报文的方法编码一个简单的 32 位整数。

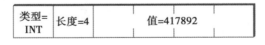

图 7-4　用带标记报文编码的 32 位整数

当然，另一个方法就是不用标记。那么，在这种情况下，接收方怎样知道如何解码数据呢？它知道如何解码是因为程序中已经指定。换句话说，如果你调用一个带参数的远程过程，其参数为两个整数和一个浮点数，那么这个远程过程就不必检查标记以了解正在接收的类型数据，它只假设报文包含两个整数和一个浮点数，并做相应的解码。对于大多数情况，这样做是有效的，只在发送可变长数组时例外。在这种情况下，一般用长度标记来说明数组的长度。

值得关注的是，不带标记数据的方法意味着表示格式化是真正端到端的。对于一些中间代理而言，如果不标记数据，就不可能解释报文。你也许会问，中间代理为什么需要解释报文？这是因为为解决系统设计不能处理的问题而提出的特定解决方案往往会导致奇怪的事情发生。不良网络设计的问题不在本书讨论的范围。

4. 桩

桩是实现参数排列的一段代码。一般桩是用来支持 RPC 的。在客户端，桩把过程参数排列成可以通过 RPC 协议传输的报文。在服务器端，桩反过来把这个报文转换成一组用来调用远程过程的参数。桩或者被解释或者被编译。

在基于编译的方法中，每个过程都有一个定制的客户桩和服务器桩。虽然桩可由人工设计，但它们通常是由桩编译程序根据过程的接口的描述产生的。这个情形如图 7-5 所示。由于桩是编译的，所以通常它的效率很高。在基于解释的方法中，系统提供通用的客户桩和服务器桩，它们都由过程的接口描述来设置参数。因为这种描述很容易修改，所以解释的桩的优点是具有灵活性，而编译的桩在实际中更常见。

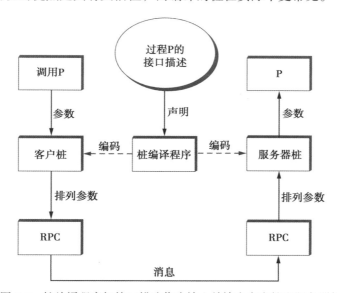

图 7-5　桩编译程序把接口描述作为输入并输出客户桩和服务器桩

7.1.2　例子（XDR、ASN.1、NDR、Protobufs）

现在，我们按照分类方法简要地描述四种流行的网络数据表示法，并用整数基本类型来说明每个系统是如何工作的。

1. XDR

外部数据表示（External Data Representation，XDR）是用在 SunRPC 上的网络格式。在刚才介绍的分类方法中，XDR 支持以下内容：

- 除函数指针外的整个 C 类型系统。

- 定义一个标准中间形式。
- 不使用标记（除了说明数组的长度外）。
- 使用编译的桩。

一个 XDR 整数是编码一个 C 整数的 32 位数据项。用补码表示它，这个补码中：C 整数的最高有效字节在 XDR 整数中的首字节，C 整数的最低有效字节在 XDR 整数中的第 4 字节。就是说，XDR 对整数使用高端字节序格式。就像 C 代码一样，XDR 既支持有符号整数也支持无符号整数。

XDR 表示可变长数组时，首先给出说明数组中元素个数的无符号整数（4 个字节），再给出相应类型的元素。XDR 按结构构件在结构中的声明的顺序来编码。对数组和结构的每一个元素或构件的大小都是 4 的倍数。较小的数据类型用全 0 填充到 4 个字节。"填充到 4 个字节"的规则有一个例外，对于字符类型，每个字节编码一个字符。

下面代码段给出一个 C 结构体（item）以及编码／解码此结构的 XDR 例程（xdr_item）的例子。图 7-6 是 XDR 关于这个结构体的实际表示，在这个结构体中字段 name 是 7 个字符长，数组 list 中有 3 个值。

```
#define MAXNAME 256;
#define MAXLIST 100;

struct item {
    int     count;
    char    name[MAXNAME];
    int     list[MAXLIST];
};
bool_t
xdr_item(XDR *xdrs, struct item *ptr)
{
    return(xdr_int(xdrs, &ptr->count) &&
        xdr_string(xdrs, &ptr->name, MAXNAME) &&
        xdr_array(xdrs, &ptr->list, &ptr->count, MAXLIST,
                sizeof(int), xdr_int));
}
```

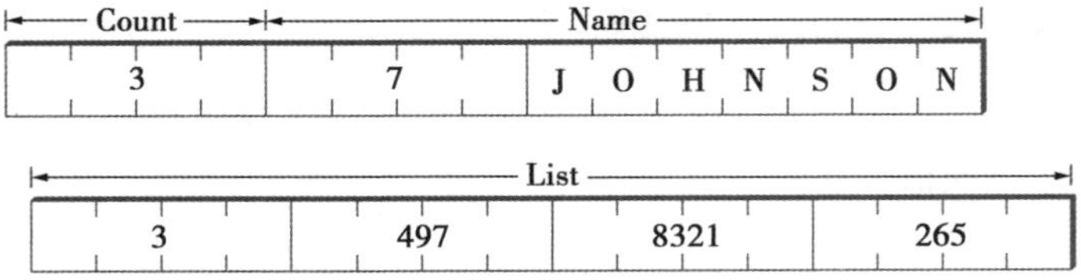

←—— Count ——→	←—————————— Name ——————————→					
3	7	J	O H	N S	O	N

←———————————— List ————————————→			
3	497	8321	265

图 7-6   XDR 中一个结构体编码的例子

在这个例子中，xdr_array、xdr_int 和 xdr_string 是 XDR 分别为编码和解码数组、整数和字符串提供的基本函数。参数 xdrs 是一个环境变量，XDR 用它跟踪报文处理过程中的位置，它包含一个标志来说明这个例程是用于编码报文还是用于解码报文。换句话说，子程序 xdr_item 既可以用在客户端又可以用在服务器端。注意，应用程序员既可以手工编写 xdr_item 例程，也可以使用称为 rpcgen（未显示）的桩编译器产生这个编码 /解码例程。在后一种情况中，rpcgen 用定义数据结构 item 的远程过程作为输入，并输出相应的桩。

　　当然，XDR 到底怎样执行依赖于数据的复杂性。在整型数组的简单情况下，其中每个整数必须按一个字节到另一个字节的顺序转换，每个字节平均需要 3 条指令，意味着整个数组的转换受内存带宽的限制。每个字节进行更复杂的转换时需要更多指令，这会导致其受 CPU 限制且因此而以低于内存带宽的数据率工作。

2. ASN.1

　　抽象语法标记 1（Abstract Syntax Notation One，ASN.1）是一个 ISO 标准，它定义网上发送数据的一种表示方法。ASN.1 的专用表示方法部分被称为基本编码规则（Basic Encoding Rules，BER）。ASN.1 支持无函数指针的 C 类型系统，定义标准中间形式，并使用类型标记。它的桩可以被编译和被解释。ASN.1 BER 为人们所知的原因之一是它被用于因特网标准的简单网络管理协议（Simple Network Management Protocol，SNMP）。

　　ASN.1 用三元组的形式表示每个数据项：

$$\langle\ \text{tag}，\text{length}，\text{value}\ \rangle$$

虽然 ASN.1 允许定义多字节的标记，但 tag 通常是一个 8 位的字段。length 字段说明 value 要占多少字节。下面详细讨论 length。复合数据类型（比如结构体）可以通过嵌套基本数据类型来构造，如图 7-7 所示。

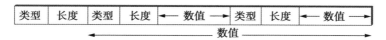

图 7-7　在 ASN.1/BER 中用嵌套建立的复合类型

　　如果 value 小于或等于 127 字节，那么就用单字节来指定 length。因此，如图 7-8 所示，一个 32 位整数被编码为 1 字节 type、1 字节 length 以及 4 字节整数。在一个整数的情况下，正如 XDR 表示法那样，value 用补码表示而且用高端字节序形式。记住，即使整数的 value 在 XDR 和 ASN.1 中用完全相同的方法表示，但 XDR 表示中既没有与整数相关的 type 标记也没有 length 标记。这两个标记在报文中都占一定空间，更重要的是，它们都需要在参数排列和还原的过程中处理。这是 ASN.1 不如 XDR 效率高的一个原因。另外，每个数据值的前面有一个 length 字段，这就意味着数据值不大可能正好落在字节的边界上（例如，一个整数在一个字的边界开始）。这使编码 / 解码处理更加复杂。

图 7-8　4 字节整数的 ASN.1/BER 表示

如果 value 大于或等于 128 字节，那么用多个字节来说明其 length。这时你也许要问，为什么一个字节只能说明至多 127 个字节而不是 256 个字节的长度？原因是 length 字段中的 1 位用来指示 length 字段有多大。第 8 位为 0 指示 length 字段为 1 字节。为了说明更长的 length，将第 8 位置为 1，其他 7 位说明再加上多少字节组成 length。图 7-9 说明一个单一的 1 字节 length 和一个多字节 length。

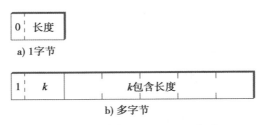

图 7-9   长度的 ASN.1/BER 表示

3. NDR

网络数据表示法（Network Data Representation，NDR）是用于分布式计算环境（Distributed Computing Environment，DCE）的数据编码标准。与 XDR 和 ASN.1 不同，NDR 使用接收方调整方式。NDR 表示法在每条报文前插入一个体系结构标记，而单个数据项是不带标记的。NDR 使用编译程序生成桩，这个编译程序用接口定义语言（Interface Definition Language，IDL）写出的程序描述来生成必要的桩。IDL 看起来和 C 非常相似，它支持 C 类型系统。

图 7-10 说明包含在每个 NDR 编码报文中前面 4 字节的体系结构定义标记。第一个字节含两个 4 位的字段。第一个字段整数格式（IntegrRep）定义报文中所有整数的格式：0 表示高端字节序整数，1 表示低端字节序整数。字符格式（CharRep）字段说明所使用的字符格式：0 表示 ASCII（美国国家信息交换标准代码），1 表示 EBCDIC（一个更早的由 IBM 定义的不同于 ASCII 的编码）。接下来，浮点数格式（FloatRep）字段定义使用哪一种浮点数表示法：0 表示 IEEE 754，1 表示 VAX，2 表示 Cray，3 表示 IBM。最后两个字节保留给将来使用。注意像整型数组这样的简单情况，NDR 做的很多工作都与 XDR 相同，所以它也能达到同样的性能。

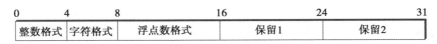

图 7-10   NDR 的体系结构标记

4. 协议缓冲区（Protobufs）

协议缓冲区（简称 Protobufs）提供了一种与语言无关和与平台无关的序列化结构化数据的方法，通常与 gRPC 一起使用。他们使用带有标记的规范中间形式，其中两侧的桩都是从共享的 .proto 文件生成的。此规范使用简单的类 C 语法，如下例所示：

```
message Person {
    required string name = 1;
    required int32 id = 2;
    optional string email = 3;
    enum PhoneType {
        MOBILE = 0;
        HOME = 1;
        WORK = 2;
    }

    message PhoneNumber {
        required string number = 1;
        optional PhoneType type = 2 [default = HOME];
    }

    required PhoneNumber phone = 4;
}
```

其中 message 可以粗略地解释为等效于 C 中的 typedef struct。示例的其余部分相当直观，除了每个字段都被赋予一个数字标识符以确保规范随时间变化时的唯一性，并且每个字段都可以注释为要么是必需的，要么是可选的。

协议缓冲区编码整数的方式是新颖的。他们使用一种称为 varint（可变长度整数）的技术，其中每个 8 位字节使用最高有效位来指示整数中是否有更多字节，而低 7 位则用于编码数值的补码。最低有效组在序列化中排在第一位。

这意味着一个小整数（小于 128）可以编码在一个字节中（例如，整数 2 被编码为 0000 0010），而对于大于 128 的整数，需要更多的字节。例如，365 将被编码为 1110 1101 0000 0010。首先从每个字节中删除最高有效位，因为它告诉我们是否已经到达整数的末尾。在这个例子中，第一个字节的最高有效位中的 1 表示 varint 中有多个字节：

1110 1101 0000 0010

→ 110 1101 000 0010

由于 varint 首先存储具有最低有效组的数字，接下来你将反转两组 7 位。然后将它们连接起来得到最终值：

000 0010 110 1101

→ 000 0010 ‖ 110 1101

→ 101101101

→ 256 + 64 + 32 + 8 + 4 + 1 = 365

对于更大的报文规范，可以将序列化的字节流视为键 / 值对的集合，其中键（即标签）有两个部分：字段的唯一标识符（即示例 .proto 文件中的那些额外数字）和值的线类型（例如，varint 是我们目前看到的一种线类型）。其他支持的线类型包括 32 位和 64

位（对于固定长度的整数）和长度分隔（对于字符串和嵌入的报文）。后者告诉你嵌入的报文（结构）有多少字节长，.proto 文件中的另一个报文规范会告诉你如何解释这些字节。

7.1.3 标记语言（XML）

尽管我们从 RPC 的角度讨论了表示格式化的问题，也就是说，如何编码基本数据类型和复合数据结构使它们能从客户程序被发送到服务器程序，但同样的问题在其他环境中也存在。例如，Web 服务器如何描述一个 Web 页面才能使不同的浏览器知道在屏幕上该显示什么？在这种特定的情况下，答案就是超文本标记语言（HyperText Markup Language，HTML），它指示某些字符串应该用粗体或斜体显示，应该使用什么类型的字体和字号，以及图像应该放在什么位置。

由于 Web 非常流行，并且 Web 上存在各种各样的应用和数据，这就导致了不同的 Web 应用之间需要互相通信和理解对方数据的情况。例如，一个电子商务网站需要和一个物流公司的网站沟通，以便允许客户不用离开电子商务网站就可以跟踪一个包裹。这看起来很像 RPC。如今 Web 采用的服务器之间的通信方法基于可扩展标记语言（Extensible Markup Language，XML）——一种描述 Web 应用程序之间交换的数据的方法。

标记语言，如 HTML 和 XML，使用标签数据来达到目的。数据被表示为文本，被称为标记（markup）的文本标签与数据文本交织起来表示数据信息。事实上 HTML 只实现了如何将文本显示出来，而其他的标记语言可以标记数据类型和数据结构。

XML 实际上是一个框架，用于为不同的数据定义不同的标记语言。例如，XML 可用来定义一种大致等同于 HTML 的标记语言，叫作可扩展超文本标记语言（Extensible Hyper Text Markup Language，XHTML）。XML 为混合标记和数据文本定义了基本语法，但特定标记语言的设计者必须命名并定义其标记。一种普遍的做法是将所有基于 XML 的语言简单地所有称作 XML，不过在本书中，我们仍要强调其中的区别。

XML 语法看起来很像 HTML。例如，一段用假设基于 XML 的语言记载的雇员记录如下面的 XML 文档（document）所示，而且存储在 employee.xml 文件中。第一行说明所用的 XML 版本，其余几行指定构成雇员记录的 4 个字段，其中最后一个字段（hiredate）包含三个子字段。换句话说，XML 支持标记/值对的嵌套结构，这种结构可以等价于一个表示数据的树状结构（把 employee 作为根节点）。这类似于 XDR、ASN.1 和 NDR 表示复合类型的能力，但是，它使用的是一种既能由程序处理且具有可读性的格式。更重要的是，一些程序（如解析器）可以用来跨越不同的基于 XML 语言，因为这些不同语言的定义都可以表示为可处理的数据并提交给这些程序进行分析。

```
<?xml version="1.0"?>
<employee>
    <name>John Doe</name>
```

```
<title>Head Bottle Washer</title>
<id>123456789</id>
<hiredate>
    <day>5</day>
    <month>June</month>
    <year>1986</year>
</hiredate>
</employee>
```

　　虽然文档中的数据和标记都很容易理解，但还是要由雇员记录使用的语言的定义来决定哪些标记是合法的、这些标记代表什么意思、实现什么数据类型等。没有这些标准定义的标记，程序员（或计算机）就不能确定 year 字段中的 1986 是字符串、整数、非符号整数还是浮点数。

　　特定的基于 XML 的语言的定义由大纲（schema）给出，而大纲是一个说明怎样解释数据集合的数据库术语。现在有很多定义 XML 的大纲语言。我们现在把关注点放在具有主导地位的 XML Schema 上。一个由 XML Schema 定义的大纲称为 XML 大纲定义（XML Schema Definition，XSD）。下面是一个用于 employee.xml 的 XSD 例子，换句话说，它定义了示例文档应符合的语言。这些代码被存放在一个名为 employee.xsd 的文件中。

```
<?xml version="1.0"?>
<schema xmlns="http://www.w3.org/2001/XMLSchema">
  <element name="employee">
    <complexType>
      <sequence>
        <element name="name" type="string"/>
        <element name="title" type="string"/>
        <element name="id" type="string"/>
        <element name="hiredate">
          <complexType>
            <sequence>
              <element name="day" type="integer"/>
              <element name="month" type="string"/>
              <element name="year" type="integer"/>
            </sequence>
          </complexType>
        </element>
      </sequence>
    </complexType>
  </element>
</schema>
```

　　这个 XSD 看起来有点像我们的示例文档 employee.xml，这是因为 XML 大纲本身就是基于 XML 的语言。所以这个 XSD 和上面定义的 employee.xml 文档有着很明显的联系。

例如：

```
<element name="title" type="string"/>
```

表示被标记为 title 的部分应被解释为一个字符串。通过 XSD 里的行的排序和嵌套可以得出 title 字段为一个雇员记录的第二项的结论。

不同于其他大纲语言，XML Schema 提供了多种数据类型，如字符串型、整型、小数型和布尔型。就像在 employee.xsd 里展示的一样，允许各种数据类型的组合和嵌套以创建复合数据类型。所以，XSD 定义的不仅仅是语法，还定义自己的抽象数据模型。一个符合 XSD 的文档表示一个符合特定数据模型的数据集合。

XSD 的意义在于定义了一个抽象数据模型，而不仅仅是语法模型，因此采用 XML 之外的表示方式的数据也可符合该模型。然而，XML 作为一种在线表示形式也具有一些缺点：相对于其他数据表示法它并不紧凑，并且解析速度会比较慢。还有一些可选择的采用二进制表示的方法。当 W3C 做出了高效 XML 交换（EXI）草案的时候，国际标准化组织（ISO）已经发表了一个名为"Fast Infoset"的草案。二进制表示法牺牲了可读性，但方便了更大程度的压缩和快速解析。

XML 命名空间

XML 必须处理的一个普遍问题就是名字冲突。之所以会出现这个问题是因为大纲语言（比如 XML Schema）支持模块化，采用模块化是考虑到一个模式可以由另外一个模式重用。假设两个 XSD 都定义了一个标记并命名为"idNumber"。或许一个 XSD 使用这个名字来识别公司的雇员，而另一个 XSD 使用这个名字来识别公司所拥有的笔记本电脑。我们可能重用这两个 XSD 到第三个 XSD 中用来描述笔记本电脑与雇员的关联。但如果想这样做就得有一些机制来区分雇员号和笔记本电脑编号。

XML 用来解决这个问题的方法是 XML 命名空间（XML namespace）。命名空间是名字的集合。每个 XML 命名空间可以用统一资源标识符（Uniform Resource Identifier，URI）来识别。URI 的具体细节会在下一章中介绍，现在，我们需要知道的是这是一种全局统一的标识符。HTTP URL 是 URI 的特殊形式。简单的标记名字（比如 idNumber）只要在命名空间中是唯一的就可以加入命名空间。因为命名空间是全局唯一的，而且简单的标记名字在命名空间中也是唯一的，所以这两个的组合是全局唯一的限定名（qualified name），不会发生冲突。

XSD 通常使用如下的命令行定义一个目标命名空间（target namespace）：

```
targetNamespace="http://www.example.com/employee"
```

其中，http://www.example.com/employee 是一个 URI，标识一个假设的命名空间。所有 XSD 中定义的新标记都属于这个命名空间。

现在，如果一个 XSD 想引用已经在其他 XSD 中定义的名字，它可以用命名空间前缀来限定那些名字。一个文档需要在使用命名空间时分派一个短的命名空间前缀。例如下面一行关联 emp 为 employee 的命名空间前缀：

```
xmlns:emp="http://www.example.com/employee"
```

任何属于 employee 命名空间的标记都可以通过 emp 前缀来进行限定，比如下面这行中的 title：

```
<emp:title>Head Bottle Washer</emp:title>
```

换句话说，emp:title 是个受限的名字，它不会和其他命名空间的名字产生冲突。

值得一提的是，XML 当前应用非常广泛，从 Web 服务中的 RPC 样式通信到办公工具再到即时报文。它现在无疑是因特网上层所依靠的核心协议之一。

7.2　多媒体数据

包括音频、视频和静态图像的多媒体数据已经占据了因特网的大部分流量。使多媒体数据在互联网上广泛传播的部分原因可能是压缩技术的进步。因为多媒体数据大多靠人类的视觉和听觉感官来接收，然后经过人类大脑的处理，所以压缩这些数据要面临很多独特的挑战。你试图保留最重要的信息，同时摆脱任何不会改善视觉或听觉感官体验的信息。因此，计算机科学和对人类感知方式的学习都会发挥作用。在本节中，我们来看在表述和压缩多媒体数据方面人们所做出的主要努力。

压缩技术的使用当然不仅仅局限于多媒体技术上——例如，在互联网上发送文件或者下载后解压缩文件时，你很可能会用到一个实用的压缩工具，像 zip 或者 compress。事实证明用于压缩数据的技术都是无损的（lossless），因为大多数人不喜欢文件里的数据丢失，这些技术也可以作为多媒体数据压缩方案的一部分。与此相反，有损压缩（lossy compression）技术通常应用在多媒体数据上且并不能保证接收的数据与发送的数据一模一样。如上面所提到的，这是因为多媒体数据中通常只包含一小部分对接收方有用的数据。我们的感官和大脑只能察觉到这么多细节，我们很擅长在看或者听的时候自动填补漏掉的内容，甚至能自动纠正其中的错误。有损算法通常会得到比其他算法更好的压缩比，比无损压缩好一个数量级或更多。

为了了解压缩技术对于网络多媒体的传播有多么重要，考虑下面的例子。一个 1 080 像素 ×1 920 像素的高清电视屏幕，每个像素有 24 位的颜色信息，所以每帧是

$$1\ 080\times1\ 920\times24 = 50\ \text{Mb}$$

所以如果你想每秒发送 24 帧，那就会超过 1 Gbps。这比大多数因特网用户上网的速度还要快很多。相比之下，现代压缩技术可以将速度降到 10 Mbps 左右，得到足够清晰的 HDTV 信号，减少两个数量级并满足很多宽带用户的要求。类似的压缩技术可以应用于像 YouTube 视频这样的低质量视频，如果没有压缩技术使所有有趣的视频适应今天的网络带宽，YouTube 就不会拥有现在这样的人气。

近年来，应用到多媒体上的压缩技术已经形成了一个大的创新领域，尤其是有损压

缩。然而无损压缩技术也发挥了很重要的作用。事实上，大多数有损压缩技术包含的一些步骤是无损的，所以我们从对无损压缩的概述开始讨论。

7.2.1 无损压缩技术

在许多方面，压缩都是不能与数据编码分开的。就是说，在考虑如何用一组比特去编码一块数据时，我们同时要考虑如何实现用最少的比特编码数据。例如，如果有一个由 A 到 Z 的 26 个字母组成的数据块，假设所有符号在你要编码的数据块中出现的机会相等，那么，最好用 5 个比特编码每个符号（因为 $2^5=32$ 是大于 26 的 2 的最小次幂）。然而，如果符号 R 出现的次数为 50%，那么使用比编码其他符号更少的比特去编码符号 R 就是一个很好的主意。通常，如果你知道每个符号出现在数据中的相对概率，那么，你就可以用某种方法为每个可能的符号指定不同数量的比特，即用最少的比特数去编码给定的数据块。这就是霍夫曼编码（Huffman code）的基本思想，也是早期在数据压缩方面最重要的发展之一。

什么时候进行压缩？

因为网络传递压缩数据比传递未压缩数据用的时间少，所以似乎在发送前压缩数据总是个好主意。然而，并不一定如此，压缩/解压缩算法常常是需要耗时的计算。你必须考虑给定主机处理器的速度和网络带宽等因素，决定花时间压缩/解压缩数据是不是值得。特别是，如果 B_c 是数据（顺序地）通过压缩程序/解压缩程序的平均带宽，B_n 是未压缩数据的网络带宽（包括网络处理耗费的带宽），r 是平均压缩率。如果我们假设在任何传输前，所有数据都是压缩的，那么发送 x 个字节未压缩数据所用时间是 x/B_n，而压缩和发送压缩数据的时间是 $x/B_c+x/(rB_n)$。这样，如果

$$x/B_c+x/(rB_n)<x/B_n$$

压缩是有益的，它等价于

$$B_c>r/(r-1) \times B_n$$

例如，压缩率为 2，B_c 必须大于 $2 \times B_n$ 压缩才有意义。

对于许多压缩算法，开始传输前不要求压缩整个数据集（如果要求这样做的话，视频会议就是不可能的），但首先必须收集一定量的数据（也许是几个视频帧）。在这种情形下，"填充管道"所需的数据总量就是上述方程中 x 的值。

当然，讨论有损压缩算法时，处理资源并非唯一的因素。对于不同的应用程序，用户非常愿意在带宽（或延迟）和压缩导致的信息丢失程度之间进行不同的权衡。例如，放射线学者看 X 光片时不可能容忍图像质量有任何重要的损失，但他却可能会容忍在网上等几小时检索图像。相反，多数人显然都能容忍电话交换机中不可靠的音频质量以便能在全球范围内自由地拨打电话（边开车边打电话的质量就更不用说了）。

1. 行程编码

行程编码（Run Length Encoding，RLE）是一种极其简单的压缩技术。其思想是对连续出现的一个符号，只用此符号的一个副本加上符号出现的次数来代替，所以起名为行程。例如，AAABBCDDDD 串就被编码为 3A2B1C4D。

事实证明，RLE 对于压缩一些类型的图像很有用。它可以通过比较相邻的像素值，然后只编码有变化的符号来压缩数字图像。对于有很大相似区域的图像来说，这个技术是相当有效的。例如，对扫描的文本图像，它的效果很显著，压缩率能达到 8∶1。RLE 对这样的文件处理很有效是因为这种文件常常包含大量可以被删除的空白。实际上，RLE 过去是用来发送传真的关键压缩算法。然而，如果图像像素有变化，即使这种变化很小，其压缩也会明显增加图像的字节数，因为，当一个符号不重复出现时，要用两个字节来表示单个符号。

2. 差分脉码调制

另一个简单的无损压缩算法是差分脉码调制（Differential Pulse Code Modulation，DPCM）。它的思想是首先输出一个参考符号，然后输出数据中的每个符号与参考符号的差。例如，使用符号 A 作为参考符号，字符串 AAABBCDDDD 将编码为 A0001123333，因为 A 和参考符号相同，B 与参考符号的差为 1，依次类推。注意这个简单的例子并不能说明 DPCM 的真正好处，即当差较小时，它们能用比符号本身更少的比特去编码。在这个例子中，差的范围为 0 ～ 3，每个符号用两个比特表示，而完全表示这些字符则需要用 7 或 8 个比特。一旦差变得很大，就选择一个新的参考符号。

对大多数数字图像来说，DPCM 比 RLE 效果更好，因为它利用相邻像素值通常是相似的这个事实。由于这种关系，相邻像素值之间差分的动态范围可能远比原始图像的动态范围小，而且这个范围因此能用更少的比特来表示。使用 DPCM，我们已经测量到对数字图像压缩率为 1.5∶1。DPCM 也适用于音频，因为相邻的音频波形在值上可能是相近的。

另一种略有差别的方法称为 delta 编码（delta encoding），简单地把一个符号编码为与前一符号的差。比如，AAABBCDDDD 可以表示为 A001011000。注意，delta 编码很适合编码相邻像素相似的图像。delta 编码后还可以再进行 RLE（行程编码），因为如果每个符号后都有许多类似的符号，我们就会找到一长串 0。

3. 基于字典的方法

我们讨论的最后一个无损压缩法是基于字典的方法，其中最著名的是 Lempel-Ziv（LZ）压缩算法。UNIX 的 compress 和 gzip 命令使用 LZ 算法的一个变体。

基于字典的压缩算法，其思想是为你希望在数据中查找的可变长字符串（把它们看作常用短语）建一个字典（表），当这些串出现在数据中时，用相应的字典索引替代每个串。例如，在文本数据中不是处理单独的字符，你可以把每个词作为一个字符串来对待并为每个词输出其在该字典的索引。下面举个例子详细说明，compression 一词在特定的词典中的索引为 4 978，因为在 /usr/share/dict/words 文件中它是第 4 978 个词。要压缩一个文本的正文，每次当这个串出现时，就会用 4 978 来代替。由于在这个特定的字典中只有 25 000 多个词，需用 15 个比特来编码这个索引，意味着串"compression"可以用 15 个比特而不是 7 比特 ASCII 所要求的 77 比特来表示。这样压缩率为 5∶1！在另一个数据点上，当我们把压缩命令应用到本书所描述的那些协议的源代码时，我们可能会得到 2∶1 的压缩率。

当然，剩下的问题是字典从哪里来，一个选择是定义静态字典，最好是为要压缩的数据定制的字典。LZ 压缩算法使用的更一般的解决方案，即定义基于压缩数据内容的自适应字典。然而，在这种情况下，构造的字典在压缩期间必须和数据一起发送，以便算法的解压部分能完成它的工作。如何正确地建立自适应字典已经成为一个广泛的研究课题。

7.2.2　图像表示和压缩（GIF、JPEG）

数字图像的使用增加了，这种增加是由于图形显示器的发明而非高速网络，对用于数字图像数据的标准表示格式和压缩算法的需求也越来越紧迫了。为了满足这个需求，ISO 定义了一个称为 JPEG 的数字图像格式，其名称来自设计它的联合图像专家组（Joint Photographic Experts Group，JPEG）。JPEG 中的 Joint 代表它是 ISO/ITU 联合的成果。如今 JPEG 格式是静态图片中应用最广泛的格式。这种格式的核心是一个压缩算法，我们下面会描述它。很多在 JPEG 中应用的技术也在 MPEG 中应用，即由运动图像专家组（MPEG）创建的一组视频压缩和传送标准。

在深入研究 JPEG 格式的细节之前，我们注意到，从数字图像到可以被接收者接受的可传送、可解压缩、可正确显示的压缩图像之间有很多的步骤。你可能知道数字图像是由像素组成的（因此，在手机广告中引入兆像素），每个像素代表组成图像的二维网格中的一个位置。对于彩色图像，每个像素有一些代表一个颜色的数值。有很多方式来表示颜色，称为颜色空间（color space），大多数人都熟悉的一个颜色空间是 RGB（红，绿，蓝）。你可以将颜色看成一个三维量，通过红、绿、蓝的不同数值而合成出任何颜色。在一个三维空间中，有很多不同的有效的方式来表述一个给定的点（例如笛卡儿坐标和极坐标）。同样，很多方法用三个数量来描述一个颜色，最常替代 RGB 的是 YUV。Y 是亮度，即像素的整体亮度，U 和 V 包含色度，或称颜色信息。容易混淆的是，也有很多 YUV 颜色空间的不同变体。下面会更详细地讲述这个方面。

这个讨论的意义是彩色图像（静态或者动态）的编码和传送需要颜色空间两端之间达成协议。否则，你最后肯定会得到与发送方不同的颜色。因此，在颜色空间定义上达成一致（也许只是确定使用哪种颜色空间）是任何图像格式或者视频格式定义的一部分。

让我们看看 GIF（Graphical Interchange Format）格式的例子。GIF 使用 RGB 颜色空间，用 8 位代表颜色三维变量中的一个变量，一共需要 24 位。GIF 首先将 24 位彩色图片降到 8 位彩色图片，而不是每个像素 24 位。这是通过识别一幅图片中已用到的颜色来实现的，颜色总量通常都会大大小于 2^{24} 这个值，然后再从图片用到的颜色中挑选最接近的 256 种颜色。图片也许会有多于 256 种颜色，然而，诀窍就是在挑选 256 种颜色的时候不要让颜色失真过多，这样像素的颜色就不会改变太大。

256 种颜色存储在一个表里，这个表可以用一个 8 位的数索引，这样每个像素的值都对应一个索引。注意这是一个针对任何有多于 256 种颜色的图片的有损压缩的例子。然后，GIF 在结果上运行一个 LZ 变体，将常见的像素作为组成字典的字符串进行处理，这是一个无损的操作。通过这种方法，GIF 有时可以达到 10∶1 的压缩比，不过只在图像包含相对比较少的不同颜色的情况下。例如一个图标，GIF 就可以处理得很好。而自然场景的图像通常包含光谱上连续的颜色，用 GIF 就不能压缩到这个压缩比了。对于GIF 引起的颜色损失从而导致的扭曲，人眼通常能察觉出来。

JPEG 格式更适合摄影图像，我们以创建它的组织为之命名。JPEG 不会像 GIF 一样减少颜色的量。相反，JPEG 首先将 RGB 颜色（就是通常从数码相机中得到的颜色）转换到 YUV 颜色空间，原因与眼睛感知图像的方式有关。眼睛里有亮度的感受器，并且对每种颜色有单独的感受器。因为我们非常善于感受亮度的变化，所以使用更多数据位传输亮度信息是很合理的。既然 YUV 中的 Y 表示像素中的整体亮度信息，因此我们就可以单独压缩这个值，相比于其他两个（色度）值保留更多的信息。

如上所述，YUV 和 RGB 是用于描述三维空间中一个点的两种可互换的方式，而且使用一个线性方程从一个颜色空间转换到另一个颜色空间也是可能的。YUV 颜色空间通常用来表示数字图像，方程是：

$$Y=0.299R+0.587G+0.114B$$
$$U=(B-Y)\times 0.565$$
$$V=(R-Y)\times 0.713$$

这里常量的准确值不重要，只要编码器和解码器在此取得一致即可。（为了显示图像，解码器必须要应用逆转换来恢复 RGB 分量。）然而，常量就是根据人类感知的颜色仔细挑选出来的。你可以看到 Y（亮度）是红、绿、蓝各部分的总和，而 U 和 V 分量表示颜色的差异。U 表示亮度和蓝色的差异，V 表示亮度和红色的差异。你可能注意到，将 R、G、B 设置成它们的最大值（255），会使得 Y 的值等于 255，而此时 U 和 V 都是 0。也就是在 RGB 颜色空间中全白像素是（255，255，255），在 YUV 颜色空间中是（255，0，0）。

一旦图像转换成 YUV 颜色空间，我们就可以将颜色的三个部分单独压缩。我们想将 U 和 V 部分压缩得更小，因为人眼对它们比较不敏感。压缩 U 和 V 的一个方法就是对它们进行下采样（subsample）。下采样的基本思想就是取出一组相邻的像素值，计算这组像素的 U 或 V 平均值，然后用这个值代替这组里的所有像素值进行传输。图 7-11 说明了这一点。亮度 (Y) 没有下采样，所以所有像素的 Y 值都会被传输，显示为左面的

16×16 像素网格。而在 U 和 V 的情况下，我们将四个相邻的像素设成一组，计算这一组的平均值，然后进行传输。因此，我们最终是传输一个 8×8 的 U 和 V 的像素网格。因此，在这个例子中，对于每四个像素，我们传输 6 个值（4 个 Y 值，1 个 U 值，1 个 V 值）而不是最开始的 12 个值（每个部分各 4 个值），这样可以减少 50% 的信息。

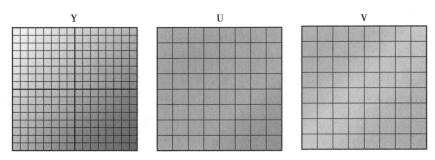

图 7-11   对图像中的 U 值和 V 值进行下采样

值得注意的是，下采样的程度可以适当加深，相应地会增加压缩比和降低图像质量。在这里所示的下采样方法中，色度是在水平和垂直两个方向进行两倍采样（记为 4∶2∶0），正好可以匹配常用于 JPEG 和 MPEG 的方法。

一旦下采样完成，我们就有三个网格的像素要处理，每一个都可以单独处理。如图 7-12 所示，JPEG 压缩分三个阶段完成。在压缩端，以每次处理一个 8×8 数据块的方式让图像经过这三个阶段。第一阶段对这个数据块进行离散余弦变换（Discrete Cosine Transform，DCT）。如果你把图像看作空间域中的一个信号，那么 DCT 把这个信号变换成空间频率（spatial frequency）域中一个等价的信号。这是一个无损运算，但必须在进行下一步有损变换前完成。在 DCT 之后，第二阶段将产生的信号进行量化，并且，在量化过程中丢失信号所包含的最低有效信息。第三阶段编码出最终的结果，但在编码过程中，在前两个阶段完成的有损压缩的基础上再增添一个无损压缩。解压同样包含这三个阶段，但顺序相反。

图 7-12   JPEG 压缩框图

1. DCT 阶段

DCT 是一种与快速傅里叶变换（Fast Fourier Transform，FFT）紧密相关的转换。它取 8×8 像素值矩阵为输入，并输出一个 8×8 频率系数矩阵。你可以把输入矩阵看作定义在二维空间（x 和 y）的一个有 64 个点的信号，DCT 把这个信号分割成 64 个空间频率。为了获得空间频率的直观感觉，想象你自己沿 x 方向横着移过一张图片的过程。你会看见每个像素值按 x 的某个函数变化。如果随着 x 的增加这个值慢慢变化，它就有较低的空间频率，然而，如果它的值迅速地变化，它就有较高的空间频率。所以低频对应图片总体特性，而高频对应图片更细微的变化。DCT 思想就是要分离那些观看图像所必需的总体特性与不太必要的且有些情况下人眼几乎感觉不到的细微特性。

解压缩期间完成 DCT 的逆过程即恢复原始像素。DCT 由以下公式来定义：

$$\text{DCT}(i, j) = \frac{1}{\sqrt{2N}} C(i)C(j) \sum_{x=0}^{N-1} \sum_{y=0}^{N-1} \text{pixel}(x, y)$$

$$\times \cos\left[\frac{(2x+1)i\pi}{2N}\right] \cos\left[\frac{(2y+1)j\pi}{2N}\right]$$

$$\text{pixel}(x, y) = \frac{1}{\sqrt{2N}} \sum_{i=0}^{N-1} \sum_{j=0}^{N-1} C(i)C(j)\text{DCT}(i, j)$$

$$\times \cos\left[\frac{(2x+1)i\pi}{2N}\right] \cos\left[\frac{(2y+1)j\pi}{2N}\right]$$

当 $x=0$ 时，$C_{(x)} = 1/\sqrt{2}$；当 $x>0$ 时，$C(x)=1$。其中 $\text{pixel}(x, y)$ 是被压缩的 8×8 块中位置为 (x, y) 的像素的灰度值。此例中 $N=8$。

第一个频率系数在输出矩阵的（0，0）位置，称为 DC 系数（DC coefficient）。我们可以很直观地看出，DC 系数是 64 个输入像素的平均值。输出矩阵的其他 63 个元素称为 AC 系数（AC coefficient）。它们为这个平均值加上较高的空间频率信息。这样，当从第一个频率系数向前走到第 64 个频率系数时，你就从低频信息移到高频信息，图像从粗陋变得越来越细腻。这些高频系数对感觉到的图像质量越来越不重要，JPEG 的第二个阶段是判断去掉哪一部分系数。

2. 量化阶段

在 JPEG 的第二个阶段，压缩是有损的。DCT 本身不丢失信息，它只是把图像变换成更容易知道什么信息可以删除的形式。（尽管本身是无损的，但由于使用定点运算当然会使 DCT 阶段的精度损失。）量化是容易理解的：它只是丢弃频率系数中可忽略的那些比特。

为了清楚量化阶段是怎样完成的，可以想象你要压缩小于 100 的某些数字，例如，45、98、23、66 和 7。如果你判定将这些数截断成最接近的 10 的倍数就足以达到目的，那么你可以使用整型算术用量程 10 除每个数，得出 4、9、2、6 和 0。每一个这样的数可以用 4 个比特编码而不像原始数据需要 7 个比特编码。

就像下面公式中给出的那样，JPEG 使用一个量化表给出用于每个系数的量程，而不是对所有 64 个系数使用同样的量程。你可以把这个表（Quantum）看成一个参数，对它进行设置，可以控制丢失的信息量，相应地控制压缩比。实际上，JPEG 标准声明了在压缩数字图像中已证明是有效的一些量化表，表 7-1 是一个量化表的例子。在这样的表中，较低的系数有接近 1 的量程（意味着几乎没有低频信息丢失），而高

表 7-1　JPEG 量化表示例

$$\text{Quantum} = \begin{bmatrix} 3 & 5 & 7 & 9 & 11 & 13 & 15 & 17 \\ 5 & 7 & 9 & 11 & 13 & 15 & 17 & 19 \\ 7 & 9 & 11 & 13 & 15 & 17 & 19 & 21 \\ 9 & 11 & 13 & 15 & 17 & 19 & 21 & 23 \\ 11 & 13 & 15 & 17 & 19 & 21 & 23 & 25 \\ 13 & 15 & 17 & 19 & 21 & 23 & 25 & 27 \\ 15 & 17 & 19 & 21 & 23 & 25 & 27 & 29 \\ 17 & 19 & 21 & 23 & 25 & 27 & 29 & 31 \end{bmatrix}$$

系数有较大的值（意味着更多高频信息丢失）。值得注意的是，由于这样的量化表，许多高频系数量化后最终被置为 0，这为它们进入第三阶段进一步压缩做好准备。

基本量化方程为

```
QuantizedValue(i,j) = IntegerRound(DCT(i,j), Quantum(i,j))
```

其中

```
IntegerRound(x) =
    Floor(x + 0.5) if x >= 0
    Floor(x - 0.5) if x < 0
```

解压缩则简单地定义为

```
DCT(i,j) = QuantizedValue(i,j) x Quantum(i,j)
```

例如，假设某个特定块的 DC 系数 [即 DCT（0，0）] 等于 25，那么，用表 7-1 量化这个值的结果为

```
Floor(25/3+0.5) = 8
```

解压缩过程中，这个系数被恢复为 8 × 3=24。

3. 编码阶段

在 JPEG 最后的阶段，用一种压缩格式编码量化的频率系数。这就导致了另一次压缩，但这次压缩是无损的。DC 系数从（0，0）位置开始，如图 7-13 所示，各个系数按 Z 字形进行处理。

沿着这个 Z 字形使用行程编码格式，RLE 只应用于 0 系数，它的效果显著，因为后面的许多系数都是 0。单个系数值则用霍夫曼码来编码。（JPEG 标准允许使用算术编码代替霍夫曼码。）

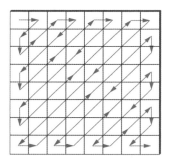

图 7-13　量化频率系数的 Z 字形遍历

另外，因为 DC 系数包含来自源图像 8 × 8 块的很大比例的信息，而且图像从一块到另一块变化较缓慢，因此每个 DC 系数编码成与前一个 DC 系数的差。这是后续章节中将介绍的 delta 编码方法。

JPEG 包含许多变量，用来控制压缩率和逼真度，比如，通过使用不同的量化表。这些变量，再加上不同图像有不同特性的因素，因此 JPEG 不可能达到任何精度的压缩率。30：1 的压缩比是比较常见的，更高的压缩比当然也有可能，但是在更高的压缩比中构件的失真（artifact）（由于压缩而明显失真）会更严重。

7.2.3　视频压缩（MPEG）

现在我们把注意力转到 MPEG 格式上，其名称来自定义它的运动图像专家组（Moving Picture Experts Group，MPEG）。粗略地说，运动图像（即视频）是简单地以某个速率连

续显示的静止图像 [也称为帧（frame）或图片（picture）]。每个帧可以使用与 JPEG 中用到的基于 DCT 的相同技术来压缩。当然这个问题不能到此为止，因为它不能删除视频序列中帧到帧的冗余。例如，在一个场景中，如果没有许多动作，两个连续的视频帧会包含几乎相同的信息，所以没必要发送两次相同的信息。即使有动作的时候，由于运动对象从一帧到下一帧可能没有变化，也会有大量的冗余信息；有些时候，只是位置发生了变化。MPEG 考虑到了帧之间的这种冗余。同时，MPEG 还为伴随视频的音频信号定义一个编码机制，但在这一节我们只考虑 MPEG 的视频方面。

1. 帧类型

MPEG 接收一个视频帧序列作为输入，然后将其压缩成三种类型的帧，分别称为 I 帧（内部图像）、P 帧（预测图像）和 B 帧（双向预测图像）。每个输入的帧被压缩成这三种类型之一。I 帧可以作为参考帧，它们是独立的，既不依赖前面的帧也不依赖后面的帧。粗略地说，I 帧是帧的 JPEG 压缩形式。P 帧和 B 帧不是独立的，它们定义了相对某个参考帧的差。更明确地说，P 帧说明与前一个 I 帧的差，而 B 帧给出前一个 I 帧或 P 帧与后一个 I 帧或 P 帧之间的插值。

图 7-14 说明一个有 7 个视频帧的序列，由 MPEG 压缩后，产生一个由 I 帧、P 帧和 B 帧组成的序列。两个 I 帧是独立的，可以在接收方解压缩，不依赖任何其他帧。P 帧依赖前一个 I 帧，只有在前一个 I 帧到达后，它才能在接收方被解压缩。每个 B 帧既依赖前面的 I 帧或 P 帧又依赖后面的 I 帧或 P 帧。MPEG 在解压缩 B 帧重现原始视频帧之前，这些参考帧必须到达接收方。

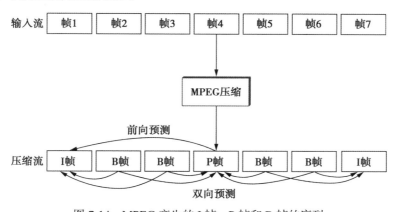

图 7-14　MPEG 产生的 I 帧、P 帧和 B 帧的序列

值得注意是，因为每个 B 帧依赖序列中的后面一帧，因而压缩帧不按顺序传输。图 7-14 中所示的 IBBPBBI 顺序就变成 IPBBIBB 的传输顺序。此外，MPEG 不定义 I 帧与 P 帧和 B 帧的比率，这个比率可能依压缩要求及图像的质量而变。例如，若只允许传 I 帧，这就类似于使用 JPEG 压缩视频图像。

与前面 JPEG 的讨论不同，下面我们要集中讨论 MPEG 流的解码（decoding）。它的描述稍微容易一些，也是当今网络系统中最常执行的操作，这是由于 MPEG 的编码很费时，以至于它通常是脱机完成的（即不是实时的）。例如，在视频点播系统中，视频提前被编码并储存在磁盘上。当点播者想要观看视频时，MPEG 流就被传送到点播者的计算机上，在这台计算机上实时解码并显示。

让我们更仔细地看看三种类型的帧。如上所述，I 帧近似等于源帧的 JPEG 压缩形式。其主要区别是 MPEG 以 16×16 宏块（macroblock）为单位工作。对一个用 YUV 表示的彩色视频，每个宏块的 U 和 V 分量下采样变成 8×8 的块，正如我们讨论 JPEG 时讲到的。也就是说，宏块中每个 2×2 的子块由一个 U 值和一个 V 值给出，即 4 个像素值的平均值。该子块仍然有 4 个 Y 值。帧和宏块之间的对应关系在图 7-15 中给出。

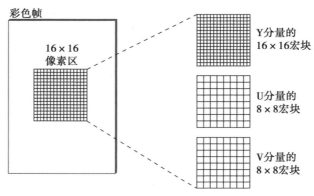

图 7-15　每个帧作为宏块的集合

P 帧和 B 帧也是以宏块为单位处理的。直觉上，我们可以看到每一宏块携带的信息捕捉了视频图像的动作，也就是说，它显示宏块相对参考帧在什么方向，移动了多远。下面描述解压缩期间如何用 B 帧重构一个帧，也可以用类似的方法处理 P 帧，只不过 P 帧仅依赖一个参考帧而不是两个参考帧。

在详述 B 帧如何解压缩之前，我们首先指出，在 B 帧中的每一宏块没有必要像上面提出的那样用前一个和后一个帧来定义，可以只用前一帧或后一帧来定义。事实上，B 帧中某一特定的宏块可以使用和 I 帧中同样的内部代码。存在这种灵活性是因为如果运动图像变化太快，有时给出内部图像编码比向前或向后预测编码更合适。这样，在 B 帧中的每一宏块包含一个类型字段，说明宏块使用哪一种编码。在以下的讨论中，我们只考虑在宏块中使用双向预测编码的一般情况。

在这种情况下，B 帧中的每个宏块用一个 4 元组表示：宏块在帧中的坐标，相对前一个参考帧的运动向量，相对后一个参考帧的运动向量，宏块中每个像素的增量 δ（即每个像素相对于两个参考像素变化了多少）。对宏块中的每个像素，第一个任务是在过去的和未来的参考帧中查找对应参考像素。这使用两个与该宏块有关的运动向量来完成。然后，把该像素的增量 δ 与两个像素的平均值相加。更准确地说，如果我们分别用 F_p 和 F_f 表示过去的和未来的参考帧，并且由 (x_p, y_p) 和 (x_f, y_f) 给出过去和未来的运动向量，那么当前帧（表示为 F_c）中在坐标 (x, y) 处的像素由如下公式计算：

$$F_c(x,y) = (F_p(x+x_p, y+y_p) + F_f(x+x_f, y+y_f))/2 + \delta(x,y)$$

其中 δ 是 B 帧中说明的那个像素的增量。这些增量的编码方法与编码 I 帧像素的方法相同。就是说，它们通过 DCT，然后量化。由于增量通常很小，所以大多数 DCT 系数量化后为 0，因此它们可能被有效地压缩。

从前面的讨论中我们已经非常清楚如何进行编码，但有一个例外。压缩期间生成一个 B 帧或 P 帧时，MPEG 必须决定把宏块放在什么位置。比如，回想一下 P 帧中的每个宏块，它相对于 I 帧中的一个宏块来定义，但 P 帧中的那个宏块不必和 I 帧中对应的宏块在帧的同一位置，其位置的差由运动向量给出。你可能想选取一个运动向量，使 P 帧中的宏块尽可能类似于 I 帧中对应的宏块，使该宏块的增量尽可能小。这就意味着，你必须计算出该图片中的对象从一帧移到了下一帧的什么位置。这是一个运动估计（motion estimation）问题，而且已有解决这个问题的多种技术（启发式方法）。（在本章末尾我们将讨论研究这个问题的文章。）这个问题的难点正是在同样的硬件上，MPEG 编码比解码所花费的时间长的原因之一。如上所述，MPEG 并不指定任何特定的技术，它只定义将信息编码到 B 帧和 P 帧中的格式以及解压缩期间重构像素的算法。

2. 效率和性能

尽管高达 150 : 1 的 MPEG 压缩比并非前所未闻，但一般情况下 MPEG 的压缩比为 90 : 1。就帧的类型而言，对 I 帧来说压缩比大约可达到 30 : 1（这与先将 24 位颜色减到 8 位颜色时用 JPEG 完成的压缩比是一致的），而 P 帧和 B 帧通常的压缩比要比 I 帧高 3 ～ 5 倍。如果不先将 24 位颜色减到 8 位颜色，用 MPEG 可达到的压缩比一般在 30 : 1 ～ 50 : 1 之间。

MPEG 涉及非常耗时的计算。在压缩端通常脱机完成，在为视频点播服务准备影片方面，这并不是一个问题。如今可以使用硬件实时压缩视频，但是软件实现正在很快弥合这种差距。在解压缩的一端，可以利用廉价 MPEG 视频解压缩卡，但它所做的与 YUV 色彩查找没什么差别，这恰好是开销最大的一步。多数现用的 MPEG 解码是由软件完成的。在最近几年，当仅用软件解码 MPEG 流时，处理器已经快到足够保持每秒 30 帧的视频速率——现代处理器甚至可以解码高分辨率的 MPEG 视频流（HDTV）。

3. 视频编码标准

最后，我们注意到 MPEG 是一个不断发展的具有显著复杂性的标准。这种复杂性源于希望为编码算法在如何编码给定视频流方面提供各种可能的自由度，从而允许不同的视频传输速率。复杂性还来自随时间的演变，运动图像专家组努力保持向后兼容性（例如，MPEG-1、MPEG-2、MPEG-4）。我们在本书中描述的是基于 MPEG 压缩的基本思想，但肯定不是国际标准中涉及的所有复杂性。

另外，MPEG 不是唯一可用于编码视频的标准。例如，为编码实时多媒体数据，ITU-T 也定义了"H 系列"标准。H 系列通常包括视频标准、音频标准、控制标准和多路复用技术标准（例如，将音频、视频以及数据混合到单个比特流上）。在这个系列中，H.261 和 H.263 是第一代和第二代的视频编码标准。大体上看，H.261 和 H.263 都与 MPEG 有许多类似的地方：它们都使用 DCT、量化和中间帧压缩。H.261/H.263 与 MPEG 只是在细节上有一些差别。

如今，ITU-T 和 MPEG 之间的合作关系促成了 H.264/MPEG-4 联合标准，该标准用于蓝光光盘和许多流行的流媒体（如 YouTube、Vimeo）。

7.2.4 在网上传输 MPEG

正像本章前面提到的那样，MPEG 和 JPEG 不只是定义怎样压缩，还分别定义压缩的视频和图像的格式。先看一下 MPEG，首先记住它定义视频流格式，而并不指明如何将这个流拆成网络分组。这样，MPEG 不但可用于存储在磁盘上的视频，也可用于在一个面向流的网络连接上传输的视频，比如 TCP 提供的连接。

我们下面描述的内容称为通过网络发送的 MPEG 视频流的主概要文件。你可以将 MPEG 概要文件视为类似于"版本"，只是该配置文件没有在 MPEG 首部中明确指定；接收方必须从它看到的首部字段的组合中推断出该概要文件。

如图 7-16 所示，MPEG 流的主概要文件具有嵌套结构。（注意这个图隐藏了许多琐碎的细节。）在最外层，视频包含一个由 SeqHdr 分隔的图片组（GOP）序列。该序列由 SeqEndCode（0xb7）结束。SeqHdr 位于每个 GOP 前，说明 GOP 中每个图片（帧）的大小（以像素和宏块为单位）、图片间隔期（以 μs 为单位测量）以及这个 GOP 内宏块的两个量化矩阵——一个用于帧内编码宏块（I 块），另一个用于帧间编码宏块（B 块和 P 块）。由于这个信息针对每个 GOP 给出而不是针对整个视频流做出说明，所以可以在整个视频的 GOP 边界上改变量化表和帧频。正如我们下面讨论的，这就使它能适应视频流随时间的变化。

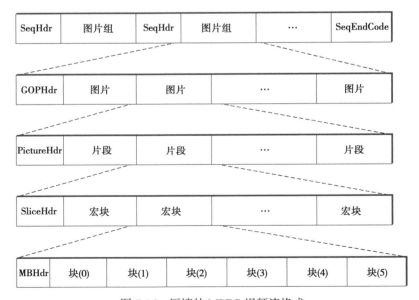

图 7-16 压缩的 MPEG 视频流格式

每个 GOP 由一个 GOPHdr 给出，后面跟着构成这个 GOP 的一组图片。GOPHdr 说明这个 GOP 内图片的数目，以及这个 GOP 的同步信息（即 GOP 播放的时间，相对于这个视频的开始）。每个图片依次由 PictureHdr 和构成这个图片的一组片段（slice）给出。（一个片段是这个图片的一个区域，例如一条水平线。）PictureHdr 标识图片的类型（I、B 或 P），除此之外还定义特定图片的量化表。SliceHdr 给出片段的顶点位置，并给出一次改变量化表的机会——通过乘一个常量比例因子而不通过给出一个全新的量化表。接着，在 SliceHdr 后面跟着一系列宏块。最后，每个宏块包含一个首部，用来说明块在图片内的地址，以及这个宏块内的 6 个数据块：1 个 U 分量、1 个 V 分量和 4 个 Y 分量。（回忆一下，Y 分量是 16×16 的，而 U 分量和 V 分量是 8×8 的。）

显然 MPEG 格式的功能之一就是它能给编码程序一个随时修改编码的机会。它能更改帧速率、分辨率、定义 GOP 的混合帧类型、量化表和用于单个宏块的编码。因此，通过权衡网络带宽与图片质量，它就能适应在网上传输的视频的速率。网络协议怎样利用这种适应性是当前的一个热门研究课题。

在网上发送视频流的另一个重要问题是如何把流拆成分组。如果在 TCP 的连接上发送视频流，拆成分组是不成问题的，TCP 判定何时有足够多的字节发送下一个 IP 数据报。但使用交互式视频时，极少在 TCP 上传输，因为 TCP 对丢失数据段的重传会产生不可接受的延迟（例如，在分组丢失和重新传输丢失的分组后突然改变速率）。如果我们用 UDP 传输视频，就要谨慎地选择流的拆分点，例如，可以选择宏块的边界。这是因为我们想把一个丢失的分组造成的影响限制在一个宏块中，而不会因为一个丢失的数据段而同时损坏几个宏块。这就是一个应用层组帧的实例，前面的章节已经讨论过这一主题。

拆分视频流只是在网上发送 MPEG 压缩视频的第一个问题。下一个复杂的问题是处理分组的丢失。一方面，如果 B 帧被网络丢弃，那么它可能简单地重放前一帧，不会严重地影响视频播放，30 帧中丢失 1 帧不是大问题。另一方面，丢失 I 帧会有严重的后果——没有它，随后的 B 帧和 P 帧就不能处理。因此，丢失 I 帧会导致丢失若干视频帧。虽然你可以重传故障的 I 帧，但因此产生的延迟在实时视频会议中大概是不可接受的。这个问题的一个解决方案是使用区分服务技术，将含有 I 帧的分组的丢失概率标记为比其他分组小。

最后注意怎样选择编码视频不只取决于可用网络带宽，还取决于应用程序对延迟的限制。像视频会议这样的交互式应用程序要求延迟很小。关键的因素是在 GOP 中 I 帧、P 帧和 B 帧的组合。考虑下列 GOP：

IBBBBPBBBBI

这个 GOP 使视频会议应用程序产生的问题在于，发送方必须延迟 4 个 B 帧的传输，直至得到它们后面的 P 帧或 I 帧。这是因为每个 B 帧依赖于后续的 P 帧或 I 帧。假设视频以 15 帧 /s 的速率显示（即 1 帧 /67 ms），这就意味着第一个 B 帧被延迟 4×67 ms，大于 0.25 s。这个延迟不包括由网络产生的传播延迟。0.25 s 远远大于人眼可感知的 100 ms 的最低限度。为此许多视频会议使用 JPEG 编码视频，JPEG 常常被称为运动 -JPEG。（由于所有帧都能独立，因此运动 -JPEG 还能解决丢失参考帧的问题。）但是要注意，一个只依赖于先前的帧而不依赖后面的帧的中间帧的编码不会成为问题。这样，一个形如

IPPPPI

的 GOP 会在交互式视频会议中工作正常。

自适应流

因为像 MPEG 这样的编码方案允许在带宽和图像质量之间进行权衡，所以有机会调整视频流以匹配可用的网络带宽。这实际上就是像 Netflix 这样的视频流媒体服务今天所做的。

首先，让我们假设我们有一些方法可以测量一条路径上的可用容量和拥塞程度，例如，通过观察分组成功到达目的地的速率。随着可用带宽的波动，我们可以将该信息反馈给编解码器，以便它在拥塞期间调整其编码参数，并在网络空闲时更积极地发送（以更高的图像质量）。这类似于 TCP 的行为，除了在视频的情况下，我们实际上是在修改发送的数据总量而不是发送固定数量的数据的时间，因为我们不想在视频应用程序中引入延迟。

Netflix 等视频点播服务不会临时调整编码，而是提前对少量视频质量级别进行编码，并将它们保存到相应命名的文件中。接收方只需更改它请求的文件名，以匹配其测量结果表明网络将能够提供的质量。接收方观察其播放队列，并在队列变得太满时要求更高质量的编码，并在队列变得太空时要求较低质量的编码。

如果请求的质量发生变化，这种方法如何知道要跳转到电影中的哪个位置？实际上，接收方从不要求发送方流式传输整部电影，而是请求一系列短片片段，通常为几秒长（并且始终在 GOP 边界上）。每个片段都是改变质量水平以匹配网络能够提供的质量的机会。（事实证明，请求电影块还可以更轻松地实现特技播放，从电影中的一个地方跳到另一个地方。）换句话说，电影通常存储为一组 N × M 块（文件）：M 个段中的每个段有 N 个质量级别。

还有最后一个细节。由于接收方按名称请求一系列离散视频块，发出这些请求的最常见方法是使用 HTTP。每个都是一个单独的 HTTP GET 请求，其 URL 标识接收者接下来想要的特定块。当你开始下载电影时，你的视频播放器首先下载一个清单文件，该文件仅包含电影中 N × M 块的 URL，然后它会根据情况使用适当的 URL 发出一系列 HTTP 请求。这种通用方法称为 HTTP 自适应流媒体，尽管它已被各种组织以略有不同的方式标准化，最著名的是 MPEG 的 DASH（基于 HTTP 的动态自适应流媒体）和 Apple 的 HLS（HTTP 实时流媒体）。

7.2.5 音频压缩（MP3）

MPEG 不仅定义如何压缩视频，它还定义了压缩音频的标准。这个标准可用于压缩电影的音频部分（此时，MPEG 标准定义在一个 MPEG 流中压缩音频与压缩视频如何交

错），或压缩独立的音频（例如音频 CD）。

为了了解音频压缩，我们必须从数据开始。CD 质量的音频实际上是高品质音频的数字表示，它是以 44.1 kHz 频率采样的（即大约每 23 μs 采样一次）。每个样本 16 比特，它意味着一个立体声（2 声道）音频流产生一个如下的比特速率：

$$2 \times 44.1 \times 1\,000 \times 16 = 1.41 \text{ Mbps}$$

比较起来，电话质量的声音是以 8 kHz 频率采样的，具有 8 比特的样本，产生 64 kbps 的比特速率。

显然，在容量为 128 kbps 的一对 ISDN 数据/声音线上传输 CD 质量音频需要一定量的压缩。尤其糟糕的是，同步和错误校正开销需要用 49 比特编码每个 16 比特的样本，这使得实际的比特速率为

$$49/16 \times 1.41 \text{ Mbps} = 4.32 \text{ Mbps}$$

MPEG 通过定义三级压缩来解决这种需求，表 7-2 中给出其定义。其中，Layer Ⅲ（更广为人知的名称为 MP3）是最常用的。

表 7-2　MP3 的压缩率

编码	比特速率	压缩因子
Layer Ⅰ	384 kbps	14
Layer Ⅱ	192 kbps	18
Layer Ⅲ	128 kbps	12

为了达到这样的压缩率，MP3 使用 MPEG 压缩视频所使用的类似技术。首先，它把音频流拆分为某些频率的子波段，大致类似于 MPEG 分别对视频流分量 Y、U 和 V 的处理方法。其次，每个子波段被分成一系列的块，除了其长度可以在 64~1 024 个样本之间变化外，它类似于 MPEG 的宏块。（编码算法可以根据某些失真效果改变块的大小，音响失真效果超出我们讨论的范围。）最后，就像对 MPEG 视频那样，每个块用改进的 DCT 算法进行变换、量化和霍夫曼编码。

MP3 的诀窍在于选择使用多少子波段以及为每个子波段分配多少比特，要记住这是尝试产生目标比特速率允许的最佳质量的音频。如何准确完成这些分配是由音质模型来控制的，这超出本书的讨论范围。但为了说明这个思想，考虑在压缩男声时分配较多比特给低频子波段，而在压缩女声时分配较多比特给高频子波段，这是有道理的。在操作上，MP3 动态修改每个子波段的量化表，使每个子波段达到理想的效果。

一旦进行压缩，子波段就被打包成定长的帧，而且附上一个帧首部。这个帧首部不但包括同步信息，而且还包括解码器为确定编码每个子波段使用多少比特所需的比特分配信息。如上所述，这些音频帧就能与视频帧交替形成完整的 MPEG 流。值得说明的一点是，在可能发生拥塞的网络中，虽然丢弃 B 帧可行，但经验告诉我们，丢弃音频帧不是一个好主意，因为与劣质音频相比用户更能容忍劣质视频。

透视图：大数据和分析

本章是关于数据的，由于计算机科学中没有一个主题比大数据（或者数据分析）这

一主题更受关注，很自然的问题是大数据和计算机网络之间可能存在什么关系。尽管这一术语被大众媒体过度使用，但其定义相当简单：通过监测某个物理或人造系统来收集传感器数据，然后使用机器学习的统计方法进行分析以获得见解。因为收集的原始数据通常是大量的，所以加上了"大"这个限定词。那么，这对网络有什么影响吗？

乍一看，网络被故意设计为与数据无关。如果你收集数据并希望将它们传输到某个地方进行分析，网络很乐意为你做这件事。你可以压缩数据以减少传输它所需的带宽，但除此之外，大数据与常规数据没有什么不同。但这忽略了两个重要因素。

首先，虽然网络不关心数据的含义（即比特代表什么），但它确实关心数据量。这会直接影响接入网络，该网络被设计为有利于下载速度而不是上传速度。当主要用例是流向最终用户的视频时，这种设计是有道理的，但如果你的汽车、你家中的每一个设备以及飞越你所在城市的无人机都将数据报告回网络（上传到云），则情况正好相反。事实上，自动驾驶汽车和物联网（IoT）产生的数据量可能是巨大的。

虽然人们可以想象通过使用7.2节中描述的一种压缩算法来处理这个问题，但人们正在跳出框架思考并寻求在网络边缘的新应用程序。这些边缘原生应用程序既提供了更快的亚毫秒级应答时间，又大大减少了最终需要上传到云中的数据量。你可以将这种数据缩减视为特定于应用程序的压缩，但更准确地说，边缘应用程序只需要将数据摘要而不是原始数据写回云端。

在第2章的末尾，我们介绍了支持边缘原生应用所需的接入边缘云技术，但更有趣的是了解一些边缘原生应用的示例。例如，汽车、工厂和仓储领域的企业越来越希望为各种自动化用例部署专用5G网络。这些设施包括可远程代客泊车的车库或利用自动化机器人的车间。它们的共同点是都需要从机器人到边缘云中的智能设备的高带宽、低延迟的连接。这降低了机器人的成本（不需要在每个机器人中进行大量计算），并使机器人之间的协作更具可扩展性。

另一个示例是可穿戴认知辅助。这个想法是为了泛化导航软件为我们所做的工作：它使用传感器（GPS），在复杂的任务中为我们提供循序渐进的指导（游览未知的城市），及时捕捉我们的错误，并帮助我们恢复。我们能泛化这个比喻吗？佩戴设备（如谷歌眼镜、微软全息透镜）的人是否可以在复杂任务中一步一步地接受指导？该系统将有效地充当"你肩上的天使"。设备上的所有传感器（例如，视频、音频、加速度计、陀螺仪）都以无线方式（可能在设备预处理后）传输到附近的边缘云上，以执行复杂的运算。这是一个"人在回路"的隐喻，具有"增强现实的外观和感觉"，但由人工智能算法实现（例如，计算机视觉、自然语言识别）。

第二个因素是，由于网络与许多其他人造系统类似，因此可以收集有关其行为的数据（例如，性能、故障、流量模式），对这些数据进行分析，并使用获得的结论改进网络。这是一个活跃的研究领域，其目标是建立一个闭环控制回路，这一点并不令人惊讶。撇开分析本身不谈——这远远超出了本书的范围——有趣的问题是：我们可以收集哪些有用的数据？网络的哪些方面最有希望控制？让我们看看两个有希望的答案。

一种是 5G 蜂窝网络，它本身就很复杂。其中包括多层虚拟功能、虚拟和物理无线接入网资产、频谱，以及我们刚才讨论的边缘计算节点。人们普遍认为，网络分析对于构建灵活的 5G 网络至关重要。这将包括网络规划，它需要根据分析网络利用率和流量数据模式的机器学习算法，决定在何处扩展特定的网络功能和应用程序服务。

第二种是带内网络遥测（INT），一种直接在数据平面上收集和报告网络状态的框架。这与 9.3 节中描述的系统所代表的网络控制平面进行的常规报告形成对比。在 INT 体系结构中，分组包含由网络设备解释为"遥测指令"的首部字段。这些指令告诉支持 INT 的设备当分组在网络中传输时要收集并写入分组的状态。INT 通信源（例如，应用程序、终端主机网络堆栈、虚拟机管理程序）可以将指令嵌入普通分组或特殊探测包中。类似地，INT 信宿抽取（并可选地报告）这些指令的收集结果，从而允许信宿监视分组在转发时"观察到"的确切数据平面状态。INT 仍处于早期阶段，并利用了 3.5 节中描述的可编程管道，但它有可能提供对流量模式和网络故障根本原因的更深入的定性分析。

更广阔的透视图

- 要继续阅读有关因特网云化的信息，请参阅第 8 章的"透视图"部分。
- 要了解有关边缘原生应用程序的更多信息，我们推荐 *Open Edge Competing Initiative*（https://www.openedgecomputing.org）。
- 要了解有关带内网络遥测的更多信息，我们推荐 *In-band Network Telemetry via Programmable Dataplanes*（Kim, et al., 2015）。

习题

1. 考虑如下的 C 代码：

```c
#define  MAXSTR 100

struct date {
    char   month[MAXSTR];
    int    day;
    int    year;
};

struct employee {
    char    name[MAXSTR];
    int     ssn;
    struct date *hireday;
    int     salary_history[5];
    int     num_raises;
};
```

```
static struct date date0 = {"MAY", 5, 1996};
static struct date date1 = {"JANUARY", 7, 2002};

static struct employee employee0 = {"RICHARD", 4376,
                                   &date0, {14000, 35000,
                                   47000, 0, 0}, 2};
static struct employee employee1 = {"MARY", 4377,
                                   &date1, {90000,
                                   150000, 0, 0, 0}, 1};
```

其中，num_raises+1 对应于数组 salary_history 中有效条目的个数。请给出由 XDR 生成的 employee0 的实际表示法。

√ **2.** 对于上题，请给出由 XDR 生成的 employee1 的实际表示法。

3. 对上题给出的数据结构，请给出对这个结构进行编码 / 解码的 XDR 例程。如果你有可用的 XDR，运行这个例程并测试它对一个 employee 结构的实例进行编码和解码所花费的时间。

4. 使用库函数 htonl 和 UNIX 的 bcopy 或 Windows 的 CopyMemory 实现一个例程，该例程产生的习题 1 中给定结构的实际表示与 XDR 产生的完全相同。如果可能，比较这个"手写"的编码 / 解码器与相应的 XDR 例程之间的性能差别。

5. 使用 XDR 和 htonl 分别对有 1 000 个元素的整型数组进行编码。测量并比较每种方法的性能。与读写 1 000 个元素的整型数组的简单循环相比性能如何？分别在一个本地字节顺序和网络字节顺序相同的计算机上以及一个本地字节顺序和网络字节顺序不同的计算机上进行实验。

6. 写出你自己的 htonl 实现。使用你的 htonl 和（如果硬件使用低端字节序表示法）标准库版本，进行恰当的实验来确定字节交换整数比只拷贝它们多花多长时间。

7. 给出如下 3 个整数的 ASN.1 编码。注意 ASN.1 整数与 XDR 中的一样，长度为 32 位。

　(a) 101。

　(b) 10 120。

　(c) 16 909 060。

√ **8.** 给出下列 3 个整数的 ASN.1 编码。注意 ASN.1 整数与 XDR 中的一样，长度为 32 位。

　(a) 15。

　(b) 29 496 729。

　(c) 58 993 458。

9. 给出习题 7 中整数的高端字节序和低端字节序表示。

√ **10.** 给出习题 8 中整数的高端字节序和低端字节序表示。

11. 给出上一个问题中整数的高端字节序表示和低端字节序表示。

12. 用 XDR 对图 5-18 所示的 SunRPC 协议首部进行编码和解码。XDR 的版本是由 RPCVersion 字段决定的。这样做可能有什么困难？新版本的 XDR 能否转变成低端字节序整型格式？

13. 表示格式化过程有时被看作与应用程序分开的独立协议层。假设如此，为什么在表示层包含数据压缩不是一个好主意？

14. 假设你有一台字长为 36 位的计算机，字符串被表示为每个字包含 5 个压缩的 7 位字符。为了让这台计算机能与其他计算机交换整数和字符串数据，必须解决什么表示法问题？

15. 选择一种能支持用户定义的自动类型转换的程序设计语言，定义类型 netint 并提供在 int 和 netint 之间进行赋值和相等比较的转换。推广这种方法可以解决网络参数排列问题吗？

16. 不同体系结构对位顺序以及字节顺序有不同约定，例如，字节的最低有效位是第 0 位还是第 7

位。RFC 791（见附录 B）定义标准的网络位顺序。为什么位顺序与表示格式无关？

★ 17. 在网络中，令 $p \leqslant 1$ 是用高端字节序表示的分数，$1-p$ 则用低端字节序表示。假设我们随机选择两台计算机并把 int 型数据从一台计算机发送到另一台计算机。对于 $p=0.1$、$p=0.5$ 和 $p=0.9$，给出用于高端字节序表示法网络字节顺序格式和接收方调整格式所需的字节顺序转换的平均数。（提示：两个端点都使用高端字节序表示法的概率是 p^2，两个端点都使用不同字节顺序的概率是 $2p(1-p)$。）

18. 描述一个能让 XML 文档更简短且更有效的 XML 表示形式。

19. 用一个压缩实用程序（如 compress、gzip 或 pkzip）做实验。你可以获得什么样的压缩率？能否产生一些数据文件，你对它可以获得 5:1 或 10:1 的压缩率？

★ 20. 假设一个文件包含字母 a、b、c 和 d。名义上我们要求这样的文件中的每个字母用两个比特储存。
   (a) 假设字母 a 出现的概率为 50%，b 出现的概率为 30%，而 c 和 d 出现的概率均为 10%。给出一种编码，这种编码提供最优的压缩。（提示：对 a 使用 1 个比特。）
   (b) 你提出的编码方案达到的压缩比是多少？（这是每个字母达到的平均压缩比，由字母的频率加权得出。）
   (c) 假设字母 a 和 b 出现的频率均为 40%，c 出现的频率为 15%，d 出现的频率为 5%，重做此题。

★ 21. 假设有一个压缩函数 c，将一个比特串 s 压缩后为比特串 $c(s)$。
   (a) 说明对任何整数 N，一定有一个长度为 N 的串 s，满足 $length(c(s)) \geqslant N$，就是说，所进行的是无效的压缩。
   (b) 压缩一些已经压缩过的文件（试用同样的实用程序依次压缩几次）。文件的长度发生什么变化？
   (c) 已知如（a）所述的压缩函数 c，给出一个函数 c'，对所有比特串 s，$length(c'(s)) \leqslant \min(length(c(s)), length(s))+1$，就是说，在最坏的情况下，用 c' 压缩只使长度扩大 1 比特。

22. 给出一个行程编码算法，要求只用单个字节表示不重复的符号。

23. 在一个给定的文本文件中，编写一个程序构造一部包含所有"词"的字典，词定义为连续非空格字符串。我们可以通过把每个词表示为词典的索引来压缩该文件（忽略空格信息的丢失）。下载 rfc791.txt 文件，并在其上运行你的程序。首先假设每个词用 12 比特编码（这应该是足够的），而 128 个最常用的词用 8 比特编码，其余的词用 13 比特编码，给出压缩后文件的大小。假设字典本身能按每个词占 length(word) + 1 字节存储。

★ 24. 除了丢弃第二个变量（j 或 y）和第二个余弦因子外，一维离散余弦变换（DCT）类似于二维变换。我们也丢弃 DCT 逆变换的前导 $1/\sqrt{2N}$ 系数。对 $N=8$ 实现 DCT 变换和逆变换（用电子表格完成，虽然用支持矩阵的语言可能更好）并回答下列问题：
   (a) 如果输入数据为 $\langle 1, 2, 3, 5, 5, 3, 2, 1 \rangle$，哪些 DCT 系数接近 0？
   (b) 如果输入数据为 $\langle 1, 2, 3, 4, 5, 6, 7, 8 \rangle$，我们必须保留多少个 DCT 系数，才能使得 DCT 逆变换后的值都在其原值的 1% 或 10% 以内？假设丢弃的 DCT 系数用 0 代替。
   (c) 令 s_i 是在 i 为 1 和 j 时为 0 的输入序列，其中 $1 \leqslant i \leqslant 8$，$j \neq i$。让我们对 s_i 应用 DCT，令最后三个系数为 0，然后对其应用 DCT 逆变换。结果中哪个 i 位置引起的错误最小？哪个 i 位置引起的错误最大？其中 $1 \leqslant i \leqslant 8$。

25. 比较 JPEG 格式的全白图像与相同大小的普通照片图像。在 JPEG 压缩过程的哪个阶段或哪些阶段，制作白图像会小于普通照片？
   对下面的三道习题，可以用实用程序 cjpeg 和 djpeg，并可从 http://www.ijg.org/ 站点下载。也可以使用其他 JPEG 转换程序。对于手工建立和检验图像文件，推荐 pgm 可移动灰度格式，参见 UNIX pgm(5)/ppm(5) 手册。

26. 建立一个由 8×8 网格、首列为垂直黑线组成的灰度图像。压缩成 JPEG 格式后再解压缩。与默认质量设置下产生的字节相差多少？如何描述引入的视觉偏差？什么样的质量设置恰好能恢复文件？

27. 建立一个由有 64 个 ASCII 字符的文本串组成的 8×8 灰度图像。只使用小写字母，不用空格和标点。压缩成 JPEG 格式然后再解压缩。其结果作为文本可识别的程度如何？为什么加入空格事情会变得更糟？若质量设置为 100，这会是一个合理的文本压缩方法吗？

28. 使用浮点算术，写一个程序实现正向 DCT 和反向 DCT。在一个样本图像上运行该程序。由于 DCT 是无损的，因此由此程序输出的图像应该与输入图像相匹配。修改你的程序使其将一些高频分量变为 0，并查看输出图像会受到什么影响。这与 JPEG 的做法有何区别？

29. 用各个 pixel(x, y) 的平均值来表示 DCT$(0, 0)$。

30. 考虑一下人们希望视频标准能够提供哪些合理的功能，例如快进、编辑能力、随机存取等。（参见 Le Gall 的论文 "MPEG: A video compression standard for multimedia applications"。）根据这些性质解释 MPEG 的设计。

31. 对 MPEG 流，假设你希望实现快进和快退。假如限制你的装置只显示 I 帧，运行过程中会出现什么问题？如果不做限制，快进显示一个给定的帧序列，在原序列中你必须解码的最大帧数是多少？

32. 使用 mpeg_play 播放一个 MPEG 编码的视频。试验各选项，特别是 -nob 和 -nop，它们分别用于省略流中的 B 帧和 P 帧。省略这些帧会出现什么可视效果？

33. mpeg_stat 程序可以用来显示视频流的统计数据。对多个流使用该程序，确定：

　(a) I、B 和 P 帧的数量和顺序。

　(b) 整个视频的平均压缩率。

　(c) 每种帧的平均压缩率。

34. 设想我们有一个在黑背景上两个白点以均匀速率相向移动的视频。我们借助 MPEG 对其进行编码。在一个 I 帧中两个点分别为 100 像素，在下一个 I 帧中它们已合并了。最终合并的点刚好位于 16×16 宏块的中心。

　(a) 描述如何对插入的 B 帧（或 P 帧）的 Y 分量进行最佳编码。

　(b) 假设点是彩色的，而且当点移动时色彩缓慢变化。描述 U 和 V 可能如何编码。

网 络 安 全

真正的伟大，在于凡人脆弱的躯体之中，却有着天神的不可战胜。

——塞内加

问题：安全攻击

因特网是一种被广泛共享的资源，相互竞争的商业对手、相互敌对的政府以及投机的犯罪分子都在使用它。如果不采用安全措施，攻击者可能会危及网络的安全。

考虑一些对安全使用网络的威胁。假设你是一个使用信用卡从网站订购商品的顾客。一个很明显的威胁是攻击者可能会窃听网络通信，读取报文来获得你的信用卡信息。那么如何实现这种窃听呢？在广播网络（如以太网和 Wi-Fi）上实现窃听是很容易的，因为任何节点都可以通过配置来接收网络上的所有流量。更复杂的窃听方法包括搭线窃听和在相关节点上安装间谍软件。只有在非常极端的情况下（如威胁国家安全）才会采用严格的措施来阻止窃听，而因特网则不属于这种情况。但是，通过加密报文来防止攻击者读取报文的内容是可能而且可行的。采取了这种措施的协议称为提供了机密性（confidentiality）。更进一步，隐藏通信的数量和目的地称为流量机密性（traffic confidentiality）——因为有时仅仅知道向哪个地址发送多少流量对攻击者来说也是有帮助的。

对于网站的顾客来说，即使保证了保密性，仍然存在其他威胁。攻击者虽然不能读取加密报文的内容，但仍能修改其中的一些位以便构成另一个有效的订单，如完全不同的商品或 1 000 个同样的商品。有些技术虽然不能阻止这种篡改，但可以检测到篡改。能够检测篡改的协议称为提供了数据完整性（data integrity）。

对顾客的另一个威胁是在不知情的情况下被重定向到一个错误的网站。这可能是由于域名系统（DNS）攻击造成的，即错误信息被添加到域名服务器或顾客计算机的域名服务缓存中。这会导致将正确的 URL 翻译成错误的 IP 地址——错误网站的地址。能够确保你的确在与一个你认为正在与之通话的人通话的协议称为提供了认证（authentication）。认证与完整性是紧密联系的，因为如果报文已经不是原始报文了，那么确认该报文来自特定的人是没有意义的。

网站的拥有者也可能被攻击。有些网站的外观被破坏，网站文件在未授权的情况下被远程访问并修改。这就是访问控制（access control）问题：强制实施谁可以做什么的规则。网站也会受到拒绝服务（Denial of Service，DoS）攻击。网站被攻击期间，顾客不能访问网站，因为网站已经被假请求淹没。确保一定程度的访问称为可用性（availability）。

除了这些问题，因特网还曾被大量用于部署恶意代码，通常称为恶意软件。它们利用了端系统中的漏洞。蠕虫（worm）是在网络上自我复制的代码段，它已经出现了几十年，并在继续制造麻烦。与之相关的病毒（virus）也是这样，病毒是通过传输被感染的文件来传播的。被感染的计算机可以被部署成僵尸网络，实施进一步的破坏，如发起DoS攻击。

8.1　信任和威胁

在讨论建立安全网络的方式和原因之前，重要的是明白一个简单的事实：失败是不可避免的。这是因为构建安全性最终是假设信任、评估威胁和降低风险的尝试。然而，世上没有完美的安全。

信任和威胁是一枚硬币的两面。威胁是设计系统以试图避免的情形，而信任是对外部参与者和内部组件的行为做出的假设。例如，如果你在校园内通过 Wi-Fi 传输报文，你可能会将一个可以拦截报文的窃听者视为威胁（并采用本章讨论的一些方法作为对策），但如果你在封闭的数据中心的两台机器之间通过光纤链路传输报文，你可能相信该通道是安全的，因此不需要采取其他步骤。

你可能会争辩说，既然已经有了一种保护基于 Wi-Fi 的通信的方法，也可以用它来保护基于光纤的信道，但这需要进行成本 / 效益分析。假设保护通过 Wi-Fi 或光纤发送的任何报文，由于加密开销，通信速度会降低 10%。如果你需要利用计算机的最大性能（例如，尝试模拟飓风），并且有人闯入数据中心的概率是百万分之一（即使他们闯入了，传输的数据也没有什么价值），那么你就有理由不保护光纤通信信道。

成本 / 效益分析一直在发生，尽管它们通常是隐含的和未说明的。例如，在传输报文之前，你可能会对报文使用世界上最安全的加密算法，但你同时相信，你正在运行的服务器会忠实地执行该算法，并且不会将未加密报文的副本泄漏给对手。你是将此视为一种威胁，还是相信服务器不会出现不当行为？归根结底，你能做的最好的事情就是降低风险：识别那些能以经济高效的方式消除的威胁，并明确所做的信任假设，这样你就不会因为环境的变化而措手不及，比如出现一个更加坚定或精明的对手。

在这个例子中，随着更多的计算从本地服务器转移到云中，对手破坏服务器的威胁已经变得愈发真实，因此现在正在研究构建可信计算基（Trusted Computing Base，TCB）。这是一个有趣的话题，但属于计算机体系结构领域，而不是计算机网络领域。在本章中，我们的建议是注意信任和威胁（或对手）这两个词，因为它们是理解安全的关键。

最后，一个史实可以为本章奠定基础。因特网（以及之前的阿帕网）是由美国国防部资助的，而国防部是一个非常了解威胁分析的组织。最初的分析主要是担心面对路由器和网络故障（或被破坏）时网络能否幸存，这解释了为什么路由算法是分散的，没有中心故障点。另一方面，最初的设计假设网络内的所有参与者都是可信的，因此很少或根本没有关注我们今天所说的网络安全（来自能够连接到网络的恶意参与者的攻击）。这意味着本章中描述的许多工具都可以被视为补丁。它们以密码学为基础，但仍然是"附加组件"。如果要对因特网进行全面的重新设计，集成安全性可能是最重要的驱动因素。

8.2　密码构建块

我们将一步一步地介绍以密码学为基础的安全概念。第一步是密码算法——密码和密码哈希——在本节中介绍。密码算法本身不能作为安全解决方案，而是构建安全方案的基础。密钥（key）是密码算法的参数，在后续章节中解决分发密钥的问题。下一步，我们将描述如何将密码构建块集成到协议中以便为拥有正确密钥的参与者提供安全的通信。最后一节分析了几个当前正在使用的完整的安全协议和系统。

8.2.1　密码原理

加密对报文作变换，使得任何不知道如何做逆变换的人都不能理解该报文。发送方把加密（encryption）函数应用于原始明文（plaintext）报文，使其变为密文（ciphertext）报文，再发送到网络上，如图 8-1 所示。接收方应用一个秘密的解密（decryption）函数——加密函数的逆函数——恢复出原始明文。如果窃听者不知道解密函数，那么他就不能理解网络中传输的密文。由加密函数及相应的解密函数所表示的转换称为密码（cipher）。

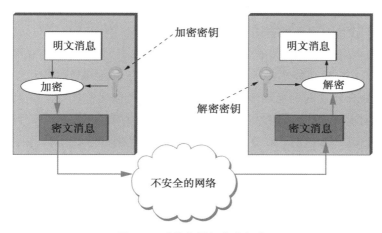

图 8-1　对称密钥加密和解密

密码学家最早在 1883 年就提出了上述原理。加密和解密函数应该以一个密钥（key）为参数，并且函数应该可以公开——只有密钥应该保密。因此，针对给定明文报文所产生的密文依赖于加密算法和密钥。采用该原理的一个原因是，如果你依赖于密码算法来保密，那么当你认为它不再保密时，就必须放弃这个算法（而不光是密钥）。这意味着要频繁地修改密码算法，而开发一个新的算法要做大量工作，因此这样做是有问题的。而且，想知道某个密码算法是否有效的最好的方法是长时间使用它——如果没有人能破解它，它可能就是安全的。（幸好，许多人试图破解算法，并且当他们成功时会让尽量多的人知道，所以一般来说，没有消息就是好消息。）因此，开发一个新的算法会有相当大的开销和风险。最后，用密钥将密码算法参数化实际上为我们提供了一个非常大的密码算法族，更换密钥实质上是更换密码算法，从而限制密码分析者（cryptanalyst，即密码破译者）能用于破译密钥/密码算法的数据总量，以及成功破译后能够解密的数据总量。

对加密算法的基本需求是：它能用一种方法把明文转换成密文，只有指定的接收方——解密密钥的持有者——才能把密文恢复成明文。这意味着，没有解密密钥者的人无法解密报文。

当一个攻击者接收到一段密文时，他可能知道更多的信息，而不仅仅是密文本身。认识到这一点很重要。例如，他可能知道明文是用英文写的，这意味着在明文中字母 e 会比其他字母出现得更频繁，其他一些字母和常见字母组合出现的频率同样可以预测。这个信息可以极大地简化寻找密钥的工作。同样，他可能知道报文的一些有关内容，比如，"login"一词很可能出现在一个远程登录会话的开始。这可能引起一次已知明文（known plaintext）攻击，它比唯密文（ciphertext only）攻击有高得多的成功率。更强的攻击是选择明文（chosen plaintext）攻击，这种攻击向发送方提供一些有可能会被传送的信息，例如，在战时就发生过这样的事情。

因此，最好的密码算法可以防止攻击者在同时知道明文和密文时推测出密钥。这使得攻击者除了测试所有可能的密钥（穷举，"蛮力"搜索）外别无选择。如果密钥为 n 位，那么有 2^n 个可能的密钥（n 位中的每一位可以是 0 或 1）。攻击者可能非常幸运，能马上测试到正确的密钥，也可能非常不走运，需要测试所有 2^n 个可能的值。发现正确密钥值的平均猜测次数介于这两种极端情况之间，即 $2^n/2$。可以通过选择足够大的密钥空间以及使检测密钥的运算的代价足够高，使得这种搜索在计算上不可行。但由于计算速度不断提高，使得以前不可行的计算变得可行，因此这种措施也很困难。另外，虽然我们关注数据在网络上传输时的安全，即数据只在一个较短的时间间隔内可能受到威胁。一般来说，人们应该考虑对于需要在文档中保存几十年的数据可能受到的威胁。这需要使用相当大的密钥。另一方面，大密钥也使得加密和解密更慢。

大部分密码算法是分组密码算法（block cipher），它们被定义为将固定长度的明文分组作为输入，通常为 64 位或 128 位。用分组密码算法独立地加密每一个分组——常称为电码本模式 [Electronic Codebook（ECB）mode] 加密——其缺点是相同的明文分组总是产生相同的密文分组。因此从密文中重复出现的分组中能够识别出明文中的重复分组，这使得密码分析者更容易破译密码。

为了避免上述问题，分组密码通常使分组的密文根据上下文的不同而变化，从而增加强度。增强分组密码强度的方法称为操作模式（modes of operation）。一种常用的操作模式是密码分组链（Cipher Block Chaining，CBC）模式。在 CBC 模式下，每一个明文分组在被加密前都与前一分组的密文异或。结果是每一个密文分组都部分地依赖前面的所有分组（即依赖于上下文）。因为第一个明文分组前没有其他分组，因此与一个随机数异或。这个随机数称为初始化向量（Initialization Vector，IV），与一系列密文分组一起发送以便明文的第一分组能被解密。图 8-2 说明了这种模式。另一种操作模式是计数器模式（counter mode），计数器的连续的值（如 1，2，3，…）被结合到连续明文分组的加密过程中。

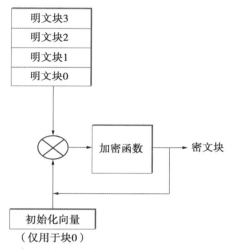

图 8-2　密码分组链（CBC）

8.2.2　对称密钥密码

在对称密钥密码中，两个参与者[⊖]共享一个秘密密钥。换句话说，如果用一个特定的密钥加密了一条报文，也必须要使用相同的密钥来解密该报文。如果图 8-1 描述的是一个对称密钥密码，那么加密和解密密钥应该是相同的。对称密钥密码也称为秘密密钥密码，因为共享的密钥一定是只有参与者才知道。我们将在后面看到替代方案——公钥密码。公钥密码也称为非对称密钥密码，因为两个参与者使用不同的密钥。

美国国家标准与技术研究所（NIST）已经颁布了一系列对称密钥密码标准。数据加密标准（Data Encryption Standard，DES）是其中的第一个，它经受住了时间的考验，还没有发现比蛮力攻击更好的密码分析攻击。然而，蛮力攻击的速度已经变得很快。DES

⊖　我们使用术语参与者（participant）代表参与安全通信的实体，因为我们在整本书中使用该术语来表示一个信道的两端。在安全领域，他们一般称作负责人（principal）。

的密钥有 56 个独立位（虽然密钥的总长度是 64 位，但每一个字节的最后一位是奇偶校验位），这对于目前的处理器来说太小了。正如前面提到的，平均需要搜索 2^{56} 个可能的密钥空间的一半来找到正确的密钥，即 $2^{55}=3.6 \times 10^{16}$ 个密钥。这看起来好像很多，但这种搜索可以高度并行化，因此将多台计算机都用于执行该任务是可能的，而现在很容易找到数千台计算机（例如，Amazon.com 可以以每小时几美分的价格向你出租计算机）。到 20 世纪 90 年代后期，在几小时内搜索到 DES 密钥已成为可能。因此，NIST 在 1999 年更新了 DES 标准，指出 DES 应该只用于遗留系统中。

NIST 还标准化了三重 DES（Triple DES，3DES），它实际上通过增加密钥长度来有效地抵抗对 DES 的密码分析。3DES 密钥有 168（$=3 \times 56$）位，被用作三个 DES 密钥，分别称为 DES-key1、DES-key2 和 DES-key3。用 3DES 加密明文分组时，先用 DES-key1 对该分组做 DES 加密，然后用 DES-key2 对结果分组做 DES 解密，最后用 DES-key3 对上一步的结果做 DES 加密。解密包括用 DES-key3 解密，然后用 DES-key2 加密，最后用 DES-key1 解密。3DES 加密时使用以 DES-key2 为密钥的 DES 解密的原因是为了与遗留 DES 系统互操作。如果一个遗留 DES 系统使用单个密钥，那么一个 3DES 系统将那个密钥用作 DES-key1、DES-key2 和 DES-key3，就能够实现相同的加密功能。在前两步，我们用相同的密钥先加密再解密，能够产生原始明文，然后我们再加密。

虽然 3DES 解决了 DES 的密钥长度问题，但它继承了其他一些不足。DES/3DES 的软件实现较慢，原因是 IBM 最初设计 DES 时是为了用硬件实现。另外，DES/3DES 使用 64 位的分组大小，而更大的分组会更高效且更安全。

3DES 正在被 NIST 在 2001 年发布的高级加密标准（Advanced Encryption Standard，AES）所替代。该标准所选择的密码算法（经过一些较小的改动）最初根据发明者的名字 Daemen 和 Rijmen 而命名为 Rijndael，发音类似于"Rhine Dahl"。AES 支持 128 位、192 位或 256 位的密钥长度，分组长度为 128 位。AES 用硬件和软件都可以快速实现。它不需要太多内存，因此适用于小型移动设备。AES 具有一些数学上已证明的安全属性，并且截至撰写本书时，还没有已知的成功攻击。

8.2.3　公钥密码

对称密码的一个替代方案是非对称或公钥密码。公钥密码使用一对相关的密钥，一个用于加密，另一个用于解密，而不是在两个参与者之间共享一个密钥。这对密钥只属于一个参与方。密钥拥有者要保密解密密钥，因此只有密钥拥有者能够解密报文，这个密钥被称为私钥（private key）。密钥拥有者将加密密钥公开，因此任何人都可以为密钥拥有者加密报文，这个密钥被称为公钥（public key）。显然，为了使该方案奏效，必须保证不能从公钥推算出私钥。因此，一个参与方能够得到公钥并发送加密后的报文给私钥的拥有者，并且只有私钥的拥有者可以解密报文。图 8-3 描述了这种情况。

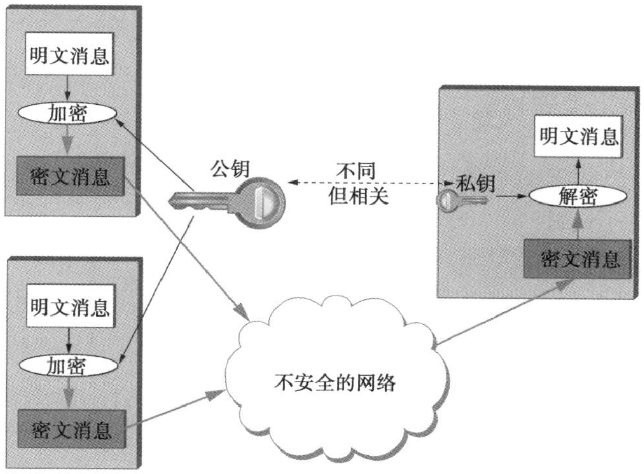

图 8-3 公钥加密

因为上述方案不太直观，因此我们强调公钥对解密报文是没有用的——如果你没有私钥，你甚至不能解密你自己加密的报文。如果你将密钥看作在参与者之间定义一个通信信道，那么公钥密码和对称密码的另一个区别是信道的拓扑。对称密码的密钥提供的是参与者之间的双向信道，每一个参与者都有相同的（对称的）密钥，任何一方都能在任何一个方向上加密或解密报文。与之相比，公钥/私钥对提供了一个从有公钥的每个人到（唯一的）私钥拥有者之间的多对一的单向信道，如图 8-3 所示。

公钥密码的另一个重要特性是私有"解密"密钥可以与加密算法一起使用来加密报文，这些报文只能用公共的"加密"密钥来解密。这个特性显然对机密性不起作用，因为有公钥的任何人都能够解密这样的报文。（确实，为确保两个参与者之间的双向机密性，每一个参与者都需要自己的密钥对，并且每一方都用另一方的公钥加密报文。）然而，这个特性对于认证有用，因为它告诉报文的接收方这样的报文只能由密钥的拥有者创建（有关假设会在后面讨论）。图 8-4 描述了这种情况。从图中可以清楚地看到，任何有公钥的人能够解密被加密的报文，假设解密后的结果与期望的结果匹配，那么可以断定加密是用私钥完成的。这种操作如何用于提供认证是后续章节的主题。正如我们将要看到的，公钥密码主要用于认证和秘密地分发对称密钥，而报文的保密则依赖对称密码。

接下来是一段有趣的历史：公钥密码的概念最早由 Diffie 和 Hellman 在 1976 年发表。然而，有资料证明英国的通信电子安全小组（Communications-Electronics Security Group）在 1970 年就发现了公钥密码，而美国国家安全局（NSA）则声明他们在 20 世纪 60 年代中期就发现了。

最著名的公钥密码是 RSA，根据其发明者 Rivest、Shamir 和 Adleman 的名字命名。RSA 依赖于大数因式分解的极大计算开销。在 1978 年 RSA 出现之前的很多年，数学家就试图找到分解大数的有效方法，但一直没有成功，这进一步增强了人们对其安全性的信心。然而，RSA 需要相对较大的密钥来保证安全，至少 1 024 位。这比对称密码的密钥要大，这样做的原因是通过分解产生密钥对的大数来破解 RSA 私钥比通过穷举所有密钥空间来破解要快。

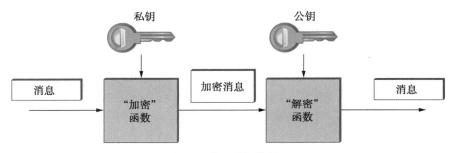

图 8-4　使用公钥的认证

另一公钥密码是 ElGamal。就像 RSA 一样，ElGamal 也依赖于数学问题——离散对数问题，至今还没有找到有效的解决方法，并且需要至少 1 024 位的密钥。当输入是椭圆曲线时，就出现了离散对数问题的一个变形，一般认为这个问题更难计算。基于这个问题的密码机制称为椭圆曲线密码（elliptic curve cryptography）。

不幸的是，公钥密码比对称密码慢好几个数量级。因此，对称密码用于绝大部分加密，而公钥密码则用于认证和密钥建立。

8.2.4　认证码

加密本身不能提供数据完整性。例如，仅仅随机修改一条密文报文可能解密出看上去有效的明文，在这种情况下，接收方无法检测到篡改。加密本身也不能提供认证。而且，如果报文已经不是原始报文了，再确认该报文来自特定的人是没有意义的。从某种程度上讲，完整性和认证在本质上是不可分割的。

认证码（authenticator）是一个包含在被传输的报文中的值，可用于同时验证报文的真实性和数据完整性。我们将讨论认证码在协议中的使用。在这里，我们侧重于认证码的生成算法。

你应该还记得校验和以及循环冗余校验（CRC）——在原始报文上添加一些信息并一起发送出去——是检测报文因比特差错而被修改的方法。类似的概念也适用于认证码，某些人故意破坏报文而不想被检测到的情况为此增加了挑战。为了支持认证，认证码包含一些证据来证明创建该认证码的一方知道一个只有报文发送方才知道的秘密。例如，这个秘密可能是一个密钥，证据则是用这个密钥加密的值。冗余信息的形式与证据的形式是相互依赖的。我们会讨论几种可行的结合方式。

我们先假设原始报文不需要保密——被传输的报文由原始报文明文加上认证码组成。然后，我们会考虑需要保密的情况。

有一类认证码将加密与密码哈希函数（cryptographic hash function）结合。密码哈希算法被当作公开信息，就像密码算法一样。密码哈希函数 [也称为密码校验和

（cryptographic checksum）] 是一种输出有关报文的冗余信息的函数，这个信息用来检测任何对报文的篡改。就像校验和或 CRC 能发现由噪声链路引起的比特差错，密码校验和用于发现攻击者的蓄意破坏。它输出的值称为报文摘要（message digest），就像传统校验和一样，被追加在报文后。不管原始报文有多长，一个给定的哈希函数产生的所有报文摘要都具有相同的位数。因为所有可能的输入报文的比特数比可能的报文摘要的比特数大，就会出现不同输入报文产生相同报文摘要的情况，就像哈希表中的碰撞。

通过加密报文摘要能够创建认证码。接收方计算报文明文部分的摘要，并与解密后的报文摘要对比。如果二者相等，那么接收方可以断定该报文的确来自所声称的发送方（因为该报文一定曾经被正确的密钥加密过）并且没有被篡改。攻击者无法发送一条伪造报文和与之匹配的伪造摘要，因为他没有正确加密伪造摘要所需的密钥。然而，攻击者能够监听得到原始的明文报文及其被加密的摘要。然后攻击者计算原始报文的摘要（哈希函数是公开的），并产生具有相同报文摘要的替换报文。如果找到这样的一条报文，就能将新报文与旧认证码一起发送而不被检测到。因此，要保证安全性，就要求哈希函数具有单向性（one-way）：攻击者找到与原始报文具有相同摘要的明文报文在计算上是不可行的。

对于能够满足要求的哈希函数，其输出必须均匀地随机分布。例如，如果摘要长度为 128 位，并且随机分布，那么为了找到与给定报文摘要匹配的另一条报文，平均需要测试 2^{127} 条报文。如果输出不是随机分布的——某些输出比其他输出更有可能——那么对于某些报文，更容易找到具有相同摘要的另一条报文，这会降低该算法的安全性。如果你只是试图找到碰撞（collision）——产生相同摘要的两条报文——那么你平均只要计算 2^{64} 条报文的摘要。这个惊人的事实正是"生日攻击"的基础——更多细节请参考习题。

多年来出现了几种常见的加密哈希算法，包括报文摘要 5（Message Digest 5，MD5）和安全哈希算法（Secure Hash Algorithm，SHA）族。MD5 和早期版本的 SHA 的弱点已经为人所知，这导致 NIST 在 2015 年推荐使用 SHA-3。生成加密报文摘要，摘要加密可以使用对称密钥密码或公钥密码。如果使用公钥密码，则摘要将使用发送方的私钥（我们通常认为用于解密的私钥）进行加密，接收方（或其他任何人）可以使用发送方的公钥解密摘要。

通过公钥算法用私钥加密的摘要称为数字签名（digital signature），因为它像手写签名一样提供了不可否认性。接收方收到带有数字签名的报文后，能够向第三方证明发送方的确发送了该报文，因为第三方能够使用发送方的公钥自己做验证。（用对称密钥加密的摘要不具备该特性，因为只有两个参与者知道密钥；另外，因为两个参与者都知道密钥，所谓的接收方有可能自己创建了该报文）。任何公钥密码都可被用于数字签名。数字签名标准（Digital Signature Standard, DSS）是一种已被 NIST 标准化的数字签名格式。DSS 签名可以使用三种公钥密码中的任何一种：一种基于 RSA，另一种基于 ElGamal，第三种称为椭圆曲线数字签名算法（Elliptic Curve Digital Signature Algorithm）。

另一类认证码与上述认证码类似，但不加密哈希值，而是使用一个类哈希函数，以一个秘密值（只有发送方和接收方知道）为参数，如图 8-5 所示。该函数输出一个认证码，称为报文认证码（Message Authentication Code，MAC）。发送方将 MAC 附加到明文报文后，接收方用明文和秘密值重新计算 MAC，并将重计算的 MAC 与接收到的 MAC 相比较。

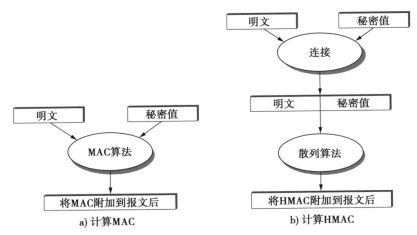

图 8-5　计算 MAC 与计算 HMAC

MAC 的一种常见变体是对明文报文和秘密值的拼接应用密码哈希（如 MD5 或 SHA-1），如图 8-5 所示。所得到的摘要称为哈希报文认证码（Hashed Message Authentication Code，HMAC），因为其本质上是 MAC。附加到明文报文上的是 HMAC 而不是秘密值。只有知道秘密值的接收方才能够计算出正确的 HMAC，并与接收到的 HMAC 比较。如果不是因为哈希函数具有单向特性，那么攻击者就可能找到产生该 HMAC 的输入并将它与明文报文相比较以便确定该秘密值。

到目前为止，我们假设报文是不保密的，因此原始报文可以以明文形式传输。为了对带有认证码的报文提供机密性，只要加密整个报文及其认证码——MAC、HMAC 或被加密的摘要——就足够了。记住，在实际中，机密性是用对称密钥密码实现的，因为它们比公钥密码快得多。此外，将认证码包含在加密过程中增加的开销很小，且增强了安全性。一种常见的简化方法是加密报文及其（原始）摘要，这样摘要只需加密一次，在这种情况下，整个密文报文被当作认证码。

虽然认证码看上去好像解决了认证问题，但我们在 8.3 节将会看到这只是解决方案的基础。我们首先要解决的是参与者如何获得密钥的问题。

8.3　密钥预分发

要使用密码和认证码，通信参与者需要知道使用什么密钥。对于对称密钥密码来说，如何让一对参与者得到所共享的密钥？对于公钥密码来说，参与者如何知道公钥属于哪个特定的参与者？这两个问题的答案根据密钥是短期的会话密钥（session key）还是长期的预分发密钥（predistributed key）而不同。

会话密钥用于保护持续时间相对较短的单个通信（一个会话）的安全。一对参与者之间的每一次不同会话使用一个新的会话密钥。为了加快速度，会话密钥一般是对称密钥。参与者通过协议——会话密钥建立协议——决定使用哪个会话密钥。会话密钥建立协议本身应该是安全的（只有这样，攻击者才不能得到新的会话密钥），其安全性以长期的预分发密钥为基础。

之所以区分会话密钥与预分发密钥，有如下两个原因：

- 限制密钥的使用时间能够减少计算密集型攻击可用的时间，减少密码分析者可用的密文，同时也减少了当密钥被破解时泄漏的信息。
- 公钥密码更适合认证和会话密钥分发，但如果用于加密整个报文来提供机密性则太慢了。

本节将说明预分发密钥是如何分发的，下一节将解释会话密钥是如何建立的。在下文中我们用"Alice"和"Bob"来代表参与者，这种方法在密码学文献中很常见。必须要记住，虽然我们用拟人化的术语来标识参与者，但考虑的情况是软件或硬件实体之间的通信，如客户端和服务器，与参与的人没有直接关系。

8.3.1 公钥预分发

用于产生相匹配的公钥/私钥对的算法是公开的，其软件也是公开的。因此，如果Alice想使用公钥密码，她可以产生自己的公钥/私钥对，并隐藏私钥而公开公钥。但是，她应如何公开自己的公钥——声明该公钥属于她——使其他参与者能够确保该密钥的确属于她。不能通过电子邮件或 Web 来公开密钥，因为攻击者能够伪造一个足可以乱真的声明，宣布密钥 x 属于 Alice，而事实上 x 属于攻击者。

用于证明公钥与身份之间的绑定关系（哪个密钥属于谁）的一个完整的方案称为公钥基础设施（Public Key Infrastructure，PKI）。PKI 先验证身份，然后以带外方式将身份绑定到密钥上。我们用"带外"表示网络以及组成该网络的计算机以外的东西，就像下面描述的情况。如果 Alice 和 Bob 相互认识，那么他们可以在同一个房间见面，Alice 可以把她的公钥交给 Bob，也许会写在一个名片上面。如果 Bob 是一个组织，而 Alice 作为个体可以出示传统的身份信息，可能包括一张照片或指纹。如果 Alice 和 Bob 是同一个公司拥有的计算机，那么系统管理员能够为 Bob 配置 Alice 的公钥。

带外建立密钥的方式看起来扩展性不强，但对于启动 PKI 已经足够了。Bob 知道 Alice 的密钥是 x，此信息能够通过数字签名与信任概念相结合的方式广泛传播。例如，假设你已经在带外收到了 Bob 的公钥，那么你完全可以在密钥和身份方面信任 Bob。那么 Bob 可以给你发送一条报文，声明 Alice 的密钥是 x，因为你知道 Bob 的公钥，因此能够认证该报文来自 Bob。（记住，为了对声明进行数字签名，Bob 会追加一个用他的私钥加密的报文的密码哈希值。）因为你相信 Bob 会说实话，所以你知道 Alice 的密钥是 x，虽然你从来没有见到过她，也没有与她交换过报文。使用了数字签名，Bob 甚至不需要向你发送报文，他可以只是简单地创建并发布一个被数字签名的声明，说明 Alice 的公钥是 *x*。这种关于公钥绑定关系的带有签名的声明称为公钥证书（public-key certificate），或简称为证书。Bob 可以向 Alice 发送该证书的一份拷贝，或者将它发布在网站上。当有人需要验证 Alice 的公钥时，只要他们相信 Bob 并知道他的公钥，他们就能得到该证书的拷贝，也许是从 Alice 那儿直接获得。可以看到，从寥寥几个密钥（在本例中，只有 Bob 的公钥）开始，随着时间的推移，你能够建立起可信密钥的大集合。Bob 在本例中扮演的角色通常称为认证机构（Certification Authority，CA），而且当前因特网的安全主要依赖于 CA。Versign 是一个著名的商业 CA。我们会在下面继续讨论本主题。

主要的证书标准之一是 X.509。该标准的很多细节都是开放的，只是规定了一个基本结构。证书必须包含：

- 被证明的实体的身份。
- 被证明的实体的公钥。
- 签发者的身份。
- 数字签名。
- 数字签名算法标识符（使用了哪个密码哈希函数和密码算法）。

一个可选的组件是证书的过期时间。我们会在下面看到该特征的一个具体应用。

因为证书创建了身份与公钥之间的绑定关系，所以我们应该更深入地研究"身份"的含义。例如，一个证书的内容是"该公钥属于 John Smith"，那么，如果你不能区分该证书所说的是成千上万个 John Smith 中的哪一个，那么该证书的用处就不大。因此，证书必须对所要证明的身份使用有明确定义的命名，例如，电子邮件地址和 DNS 域。

PKI 能够使用不同方法来规范信任表示，我们讨论两种主要的方法。

1. 认证机构

在该信任模型中，信任是二元的，你要么完全信任某个人或者完全不信任他。与证书结合就能创建信任链（chain of trust）。如果 X 证明某个公钥属于 Y，而且 Y 进一步证明另一个公钥属于 Z，那么，尽管 X 和 Z 从未见过面，仍然存在一条从 X 到 Z 的证书链。如果你知道 X 的密钥——你信任 X 和 Y——那么你可以信任那个给出 Z 的密钥的证书。换句话说，你所需要的只是一个证书链，所有证书都是由你信任的实体签名的，只要该证书链最终能够回到某个你已知的实体即可。

认证机构（certification authority/certificate authority，CA）是一个（被某些人）声明为用于验证和颁发证书的可信实体。有商业 CA、政府 CA 甚至免费 CA。为了使用 CA，你必须要知道其密钥。如果你可以得到从某个你已知其密钥的 CA 开始的签名证书链，那么你就能得到在该证书链上另一 CA 的密钥。然后，你就可以相信由该 CA 签名的任何证书。

构建这种链的常用方法是用树形结构对其进行排列，如图 8-6 所示。如果每个人有根 CA 的公钥，那么任何一个参与者可以向另一个参与者提供一个证书链，并且他知道这足以为那个参与者建立一条信任链。

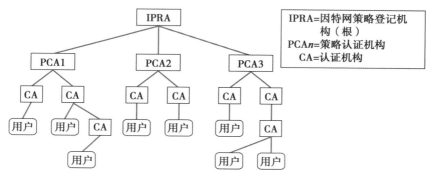

图 8-6 树形结构认证机构的层次

关于构建信任链还有一些重要问题。最重要的是，即使你确信拥有根 CA 的公钥，也必须保证根 CA 下面的每个 CA 正常工作。如果只有一个 CA 愿意为没有验证身份的个体颁发证书，那么一条看上去有效的证书链就变得没有意义了。例如，根 CA 可能向一个二层 CA 颁发了一个证书，证明证书中的名字与该 CA 的企业名称一致，但这个第二层 CA 可能乐意向任何提出请求的人出售证书，而且不需要验证身份。信任链越长，这个问题就越严重。X.509 证书提供了一个选项，能限制证书主体可以依次证明的实体集合。

一个证书树可能有多个根，这种情况在保护当前 Web 交易的安全时就很常见。Web 浏览器，如 Firefox 和 Internet Explorer，已经预装了多个 CA 的证书。事实上，浏览器的生产者确信这些 CA 以及它们的密钥是可信的。用户可以向浏览器认为可信的实体追加证书。安全套接字层 / 传输层安全（SSL/TLS）接受这些证书。SSL/TLS 协议经常用于保护 Web 事务的安全，我们将在后续章节中进行讨论。（如果你感到好奇，你可以看一下浏览器的偏好设置，找到"查看证书"选项来查看你的浏览器被设置成信任多少个 CA。）

2. 信任网络

另一种信任模型是以良好隐私（Pretty Good Privacy，PGP）为例的信任网络（Web of trust），该模型将在后续章节中深入讨论。PGP 是用于电子邮件的安全系统，因此与密钥绑定的是电子邮件地址，用于证书签名的也是电子邮件地址。PGP 的初衷是抵抗政府的入侵，因此没有使用 CA。相反，每个个体能够决定信任谁，以及信任他们的程度。在该模型中，信任是一个程度问题。另外，公钥证书可以包含一个信任级别来指明签发者对证书中密钥绑定的信任程度。因此，一个用户可能在信任一个密钥绑定前需要获得多个证明该绑定的证书。

例如，假设你有一个由 Alice 提供的针对 Bob 的证书，你可能给该证书指定一个中等信任级别。但是，如果你还有其他由 C 和 D 提供的针对 Bob 的证书，而且他们都是中等可信的，那么就可以大大增加你对该公钥是 Bob 的有效公钥的信心。简而言之，PGP 认为建立信任的问题完全是个人的事情，它为用户提供原始资料，并让他们做出自己的决定，而不是假设他们都自愿信任 CA 的单一层次结构。引用 PGP 的开发者 Phil Zimmerman 的话来说，"PGP 是为喜欢自己打包降落伞的人设计的。"

PGP 在网络界已经相当普通，PGP 密钥签名聚会成为 IETF 会议的一个特点。在这样的聚会上，个人可以：

- 从他知道身份的其他人那里收集公钥。
- 把自己的公钥提供给其他人。
- 获得由其他人签署的自己的公钥，从而获得更有说服力的证书。
- 签署另外一些人的公钥，从而帮助他们建立证书集合，并使用这些证书分发他们的公钥。
- 从自己愿意签署密钥的其他人那里收集他们的证书。

这样，随着时间的推移，一个用户会收集许多具有不同信任程度的证书。

3. 证书撤销

由证书引发的一个问题是如何撤销或取消一个证书。这个问题为什么重要呢？假设你怀疑某人已发现了你的私钥。而在世界上可能有任意多个证书宣称你是与那个私钥对应的公钥的拥有者。这样，发现你的私钥的人拥有了假冒你所需的一切东西：有效的证书和你的私钥。要解决这个问题，最好能取消旧的被泄露的密钥与你的身份绑定，使得假冒者不能再说服其他人相信他就是你。

这个问题的基本解决方案十分简单。每个认证机构可以发行一张证书撤销列表（Certificate Revocation List，CRL），它是一个经过数字签名的被撤销的证书的列表。CRL 定期更新并公开。因为它是经过数字签名的，因此可以张贴在网站上。这样，当 Alice 接收到 Bob 的证书并希望验证该证书时，Alice 会首先查阅 CA 最近公布的 CRL。只要证书未被撤销，它就有效。注意，如果所有证书都有无限的有效期，CRL 就会变得越来越长，因为担心被撤销的证书可能还会被使用，你永远不会从 CRL 中去掉一个证书。因此，通常会在颁发证书时附上有效日期。这样，我们就能限制被撤销的证书需要保留在 CRL 上的时间。只要它过了最初设定的有效日期，就可以从 CRL 中删除它。

8.3.2　对称密钥预分发

如果 Alice 想用对称密钥密码与 Bob 通信，那么她就不能只选择一个密钥并发送给他，因为如果事先没有密钥，他们就不能加密该对称密钥以便保密，而且也不能相互认证。就像公钥一样，需要某种预分发机制。对称密钥的预分发比私钥的预分发困难，有两个主要原因：

- 虽然每个实体只需要一个公钥就能够满足认证和保密的需要，但想要通信的每一对实体必须有一个对称密钥。如果有 N 个实体，那么需要 $N(N-1)/2$ 个密钥。
- 与公钥不同，对称密钥必须要保密。

总而言之，需要分发更多的密钥，而且你不能使用任何人都可以理解的证书。

最常见的解决方法是使用密钥分发中心（Key Distribution Center，KDC）。KDC 是一个与每个实体都共享一个对称密钥的可信实体。这就将密钥数量降低到 $N-1$ 个，因此更好管理。对一些应用来说完全可以在带外建立这些密钥。当 Alice 希望与 Bob 通信时，其通信内容并不经过 KDC。KDC 只是参与认证 Alice 和 Bob 的协议——使用 KDC 已经与他们分别共享的密钥——并为他们生成新的会话密钥。然后 Alice 和 Bob 直接使用他们的会话密钥通信。Kerberos 是一个基于该方法的应用广泛的系统。我们将在下一节中介绍 Kerberos（它还提供身份验证）。下面的小节描述了一个强大的替代方案。

8.3.3 Diffie-Hellman 密钥交换

建立共享密钥的另一种方法是使用 Diffie-Hellman 密钥交换协议，该协议无须使用任何预分配密钥。Alice 和 Bob 之间交换的报文可以被任何能够窃听的人读取，但窃听者不会知道 Alice 和 Bob 最终得到的密钥。

Diffie-Hellman 不对参与者进行身份验证。由于在不确定与谁通信的情况下进行安全通信很少有用，因此通常会以某种方式增强 Diffie-Hellman 以提供身份验证。Diffie-Hellman 的主要用途之一是用于因特网密钥交换（IKE）协议，它是 IP 安全（IPsec）架构的核心部分。

这个协议有两个参数 p 和 g，两个都是公共参数而且可以被系统中的所有用户使用。参数 p 必须是一个素数。整数 mod p（modulo p 的缩写）后的结果在 $0 \sim p-1$ 之间，因为 x mod p 是 x 被 p 整除后的余数，这就形成了数学家所说的乘法群（group）。参数 g（一般称为生成元）必须是 p 的本原根（primitive root）：对 $1 \sim p-1$ 之间的每个数 n，都存一个值 k，使得 $n=g^k$ mod p。例如，如果 p 是素数 5（实际系统中使用的素数要大得多），那么我们可以选择 2 作为生成元 g，因为：

$$1 = 2^0 \bmod p$$
$$2 = 2^1 \bmod p$$
$$3 = 2^3 \bmod p$$
$$4 = 2^2 \bmod p$$

假设 Alice 和 Bob 想协商一个共享对称密钥。Alice 和 Bob 以及所有其他人都已经知道了 p 和 q 的值。Alice 生成一个随机私有值 a，Bob 生成一个随机私有值 b。a 和 b 都是从 $\{1, \cdots, p-1\}$ 这组整数中选取出来的。Alice 和 Bob 推算出相应的公开值——他们将要发送给对方的未加密的值，如下所示。Alice 的公开值是

$$g^a \bmod p$$

Bob 的公开值是

$$g^b \bmod p$$

然后交换他们的公开值。最后，Alice 计算

$$g^{ab} \bmod p = (g^b \bmod p)^a \bmod p$$

Bob 计算

$$g^{ba} \bmod p = (g^a \bmod p)^b \bmod p$$

现在 Alice 和 Bob 将 $g^{ab} \bmod p$（与 $g^{ba} \bmod p$ 相等）作为他们共享的对称密钥。

任何窃听者都能知道 p、g 以及两个公开值 $g^a \bmod p$ 和 $g^b \bmod p$。如果窃听者能够确定 a 或 b，她才能够很容易地计算出密钥。然而，对于足够大的 p、a 和 b，从这些信息中得出 a 或 b 在计算上是不可行的，这称为离散对数问题（discrete logarithm problem）。

例如，使用上面的 $p = 5$ 和 $g = 2$，假设 Alice 选择随机数 $a = 3$，Bob 选择随机数 $b = 4$。然后 Alice 向 Bob 发送公共值 $2^3 \bmod 5 = 3$，Bob 向 Alice 发送公共值 $2^4 \bmod 5 = 1$。

然后 Alice 可以通过将 Bob 的公共值替换为 $(2^b \bmod 5)^3 \bmod 5 = (1)^3 \bmod 5 = 1$ 来计算 $g^{ab} \bmod p = (2^b \bmod 5)^3 \bmod 5 = (1)^3 \bmod 5 = 1$。类似地，Bob 可以通过将 Alice 的公共值替换为 $(2^a \bmod 5)$ 来计算 $g^{ba} \bmod p = (g^a \bmod 5)^4 \bmod 5 = (3)^4 \bmod 5 = 1$。Alice 和 Bob 现在都同意密钥是 1。

Diffie-Hellman 存在缺少认证的问题。一种可以利用该问题的攻击是中间人攻击（man-in-the-middle attack）。假设 Mallory 是一个能够截获报文的攻击者。Mallory 已经知道了 p 和 g，因为它们都是公开的。她还产生了两个随机私有值 c 和 d，分别用于与 Alice 和 Bob 通信。当 Alice 和 Bob 向对方发送了他们的公开值时，Mallory 截获这些值并发送她自己的公开值，如图 8-7 所示。结果是 Alice 和 Bob 在不知情的情况下分别与 Mallory 而不是与对方共享了一个密钥。

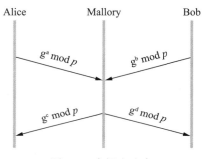

图 8-7　中间人攻击

一种称为修补的 Diffie-Hellman（fixed Diffie-Hellman）的变体提供了对一方或两方参与者的认证。它依赖于与公钥证书类似的证书，但它用于证明参与者的 Diffie-Hellman 公共参数。例如，这种证书可能会声明 Alice 的 Diffie-Hellman 参数是 p、g 和 $g^a \bmod p$（注意，a 的值仍然只有 Alice 知道）。这种证书能够让 Bob 确信执行 Diffie-Hellman 协议的另一方是 Alice——其他参与者不能计算出秘密密钥，因为她不知道 a。如果两个参与者都有 Diffie-Hellman 参数证书，他们便可以互相认证。如果只有一个参与者有证书，那么只有这个参与者能够被认证。这在一些情况下是有用的，例如，当一个参与者是一台 Web 服务器，另一个参与者是任意的客户，该客户能够在向 Web 服务器发送信用卡卡号前认证该服务器并建立一个用于保密的会话密钥。

8.4　认证协议

至此，我们描述了如何加密报文和创建认证码，介绍了如何预分发必要的密钥。要保护协议安全，看起来好像只要在每条报文后追加认证码并在需要保密的时候加密报文就可以了。

实际上并没有这么简单，有两个原因。首先，存在重放攻击（replay attack）的问题：

攻击者重新传送一条以前发送过的报文的副本。例如，如果该报文是你在网站上下的订单，那么重放的报文对网站来说好像是你又订购了一份同样的东西。虽然这条报文不是最初的那条报文，但认证码依然有效；毕竟该报文是你创建的，并且没有被篡改。显然，我们需要一个确保原始性的解决方案。

这种攻击的一种变体叫作隐藏重放攻击（suppress-replay attack），攻击者可能只是推迟你的报文（通过劫持报文并在以后重放该报文来实现），从而使该报文在不合适的时候被接收到。例如，攻击者可以将你的股票订单从一个合适的时间推迟到一个你并不想买入的时间。虽然这条报文从某种意义上说还是原始的，但它不具有时效性。原始性和时效性可以看作完整性的不同方面。要保障这两个方面，在大部分情况下需要一个重要的来回协议。

另一个我们还没有解决的问题是怎样建立会话密钥。会话密钥是在通信过程中生成的对称密码密钥，只用于一次会话。这同样也包含一个重要的协议。

这两个问题的共同点是认证。如果一条报文不是原始的及时的，那么从实用的角度出发，我们希望将它看作一条不真实的报文，并不来源于它所声称的实体。另外，很显然，当你与某人共享一个新会话密钥时，你希望知道你确实与正确的人共享了密钥。通常，认证协议也同时建立会话密钥，这样在协议结束时，Alice 和 Bob 已经认证了对方并有了一个新的对称密钥。如果没有新会话密钥，协议只能在某个时间点认证 Alice 和 Bob，而会话密钥允许他们有效地认证后续的报文。一般情况下，会话密钥建立协议执行认证（一个值得注意的例外是 Diffie-Hellman，见下文）。因此，术语认证协议（authetnication protocol）和会话密钥建立协议（session key establishment protocol）几乎是同义的。

在认证协议中有一套确保原始性和时效性的核心技术。在讨论具体协议前，我们先描述这些技术。

8.4.1 原始性和时效性技术

我们已经看到只用认证码并不能使我们检测到非原始的或不及时的报文。一种方法是在报文中包含时间戳。显然，时间戳本身必须是防篡改的，因此认证码必须涵盖它。时间戳的主要缺点是它们需要分布式的时钟同步。因为我们的系统依赖于同步，因此除了常见的如何同步时钟的挑战外，时钟同步也需要抵抗安全威胁。另一个问题是分布式的时钟只能在一定程度上保持同步——存在一定的误差幅度。因此，时间戳提供的时序完整性的精确度只能与同步的程度相当。

另一种方法是在报文中包含一个随机数（nonce）——只使用一次的随机数值。参与者能够通过检查该随机数是否曾使用过来检测重放攻击。不过，这需要记录以前使用的随机数，会积累大量的数据。一种解决方法是将时间戳和随机数结合起来，只需要随机数在一定的时间范围内保持唯一。这样就能以便于管理的方式保证随机数的唯一性，而且只需要时钟的大致同步。

解决时间戳和随机数缺点的另一种方案是在挑战应答（challenge-response）协议中

使用时间戳和随机数。假设我们使用时间戳。在挑战应答协议中，Alice 向 Bob 发送一个时间戳，让 Bob 在应答报文中加密该时间戳（如果他们共享一个对称密钥）或者对该时间戳进行数字签名（如果 Bob 有一个公钥，如图 8-8 所示）。被加密的时间戳就像一个同时证明了时效性的认证码。Alice 能够很容易地检查来自

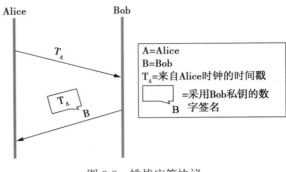

图 8-8　挑战应答协议

Bob 的应答报文中时间戳的时效性，因为该时间戳来自 Alice 自己的时钟——不需要分布式的时钟同步。再假设协议使用随机数。那么 Alice 只需要跟踪那些在近期尚未得到响应的随机数，任何带有无法识别的随机数的应答都是伪造的。

挑战应答的优点是它将时效性和认证结合起来，因为只有 Bob 知道用于加密这个从未出现过的时间戳或随机数的密钥（如果是对称密钥密码，Alice 也知道这个密钥）。在下面描述的大部分认证协议中都使用时间戳或随机数。

8.4.2　公钥认证协议

在描述公钥认证协议前，我们假设已经通过某些诸如 PKI 的方法预分发了 Alice 和 Bob 的公钥。这也包括 Alice 在她发送给 Bob 的第一条报文中包含自己的证书的情况，以及 Bob 在收到 Alice 发送的第一条报文后搜索 Alice 的证书的情况。

第一个协议（见图 8-9）依赖于 Alice 和 Bob 的时钟同步。Alice 向 Bob 发送一条包含明文时间戳及其身份和数字签名的报文。Bob 用数字签名来认证报文，用时间戳来验证报文是否是新报文。Bob 回送一条报文，包含明文时间戳和他的身份，以及一个用 Alice 的公钥加密的新会话密钥（为了保密），并且所

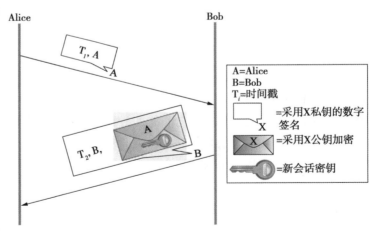

图 8-9　依赖于同步的公钥认证协议

有内容都被数字签名了。Alice 能够验证报文的真实性和时效性，以便确定这个新会话密钥是否可信。为了解决时钟同步不精确的问题，可以将时间戳与随机数结合使用。

第二个协议（见图 8-10）与前一个类似，但不依赖于时钟同步。在这个协议中，

Alice 还是向 Bob 发送一条包含时间戳及其身份的经数字签名的报文。因为他们的时钟并不同步，因此 Bob 不能确定该报文是否是新报文。Bob 回送一条经数字签名的包含 Alice 的原始时间戳、他自己的时间戳以及他的身份的报文。Alice 可以通过将她的原始时间戳与她的当前时间相比较来验证报文的时效性。然后她再向 Bob 发送一条经数字签名的包含 Bob 的原始时间戳以及用 Bob 的公钥加密的新会话密钥的报文。Bob 能够验证报文的时效性，因为该时间戳来自他的时钟，以便确定这个新的会话密钥是否可信。时间戳实际上充当了一种便利的随机数，并且这个协议的确可以使用随机数。

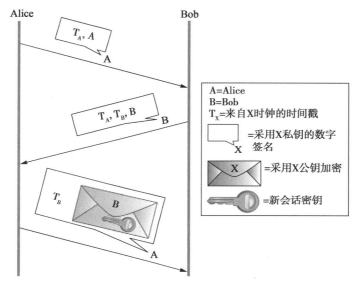

图 8-10　不依赖于同步的公钥认证协议。Alice 只将时间戳与她自己的时钟比对，Bob 也只做类似的比对

8.4.3　对称密钥认证协议

只有在比较小的系统中为每一对实体预分发对称密钥才是可行的。在本书中，我们重点讨论大系统，其中每个实体都有自己的与 KDC 共享的主密钥（master key）。在这种情况下，基于对称密钥的认证协议包含三个实体：Alice、Bob 和 KDC。该协议最终的输出是 Alice 和 Bob 之间共享的会话密钥，他们可以使用该密钥直接通信，而不需要 KDC 参与。

图 8-11 描述了 Needham-Schroeder 认证协议。注意，KDC 实际上并不认证 Alice 的第一条报文，而且根本不与 Bob 通信。KDC 只是用它所知道的 Alice 和 Bob 的主密钥来构造一条对于除 Alice 以外的人都没有用的应答报文（只有 Alice 可以解密该报文），报文中包含了 Alice 和 Bob 用于执行认证协议剩余步骤所需的资料。

前两条报文中的随机数用于让 Alice 确认 KDC 的应答报文是新的。第二条和第三条报文包含新的会话密钥以及 Alice 的身份，并且都用 Bob 的主密钥加密。这是一种对称密钥版本的公钥证书，它实际上是一种由 KDC 签名的声明（因为 KDC 是除 Bob 以外唯一知道 Bob 主密钥的实体），该声明说明了所包含的会话密钥属于 Alice 和 Bob。虽然最后两条报文中的随机数用于让 Bob 确认第三条报文是新的，但该推理有一个缺陷。

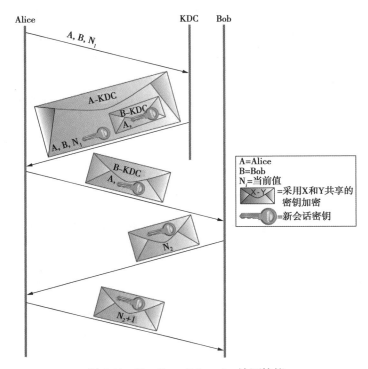

图 8-11   Needham-Schroeder 认证协议

Kerberos

Kerberos 是一个基于 Needham-Schroeder 协议的认证系统，专门用于客户端 / 服务器环境中。Kerberos 最初是由 MIT 开发的，目前是一个 IETF 标准，既有开源产品，又有商业产品。在这里，我们关注 Kerberos 的一些有趣的创新。

Kerberos 客户通常是实际用户，他们通过口令来认证自己。Alice 与 KDC 共享的主密钥是由她的口令推算出的——如果你知道口令，你就能计算出密钥。Kerberos 假设任何人都能够通过物理介质访问任何客户端，因此不但要在网络中，而且在 Alice 登录的任何计算机上，都要尽量减小 Alice 的口令被泄露的可能性。Kerberos 利用 Needham-Schroeder 来实现这一点。在 Needham-Schroeder 中，Alice 唯一一次使用口令是解密来自 KDC 的应答。Kerberos 的客户端软件一直等待 KDC 应答的到来，然后提示 Alice 输入她的口令，计算主密钥，解密 KDC 的应答，并删除所有有关口令和主密钥的信息以便将泄漏口令的可能性降到最低。还要注意，用户意识到正在使用 Kerberos 的唯一标记是当用户被提示输入口令时。

在 Needham-Schroeder 中，KDC 发给 Alice 的应答有两个作用：为她提供了一种证明其身份的方法（只有 Alice 能解密该应答）；为她提供了一个能够展现给 Bob 的对称密钥证书或"票据"——用 Bob 的主密钥加密的会话密钥和 Alice 的身份。在 Kerberos 中，这两个功能以及 KDC 本身都被一分为二（见图 8-12）。称为认证服务器（Authentication Server，AS）的可信服务器完成 KDC 的第一个功能，即为 Alice 提供一种证明身份的方法（不是向 Bob 证明，而是向称为票据授予服务器（Ticket Granting Server，TGS）的第二个可信服务器证明）。TGS 完成 KDC 的第二个功能，向 Alice 回送一个提交给 Bob 的票据。该方案的优点是，如果 Alice 需要与多个服务器通信，而不仅是 Bob，那么她能够从 TGS 为每一个服务器获得一个票据，而不需要再访问 AS。

在使用 Kerberos 的客户端/服务器应用领域中，假设一定程度的时钟同步是合理的。这允许 Kerberos 使用时间戳和生命期而不是 Needham-Schroeder 的随机数，因此可以避免 Needham-Schroeder 的安全弱点。Kerberos 支持选择哈希函数和密钥密码，使其能够与最先进的加密算法保持同步。

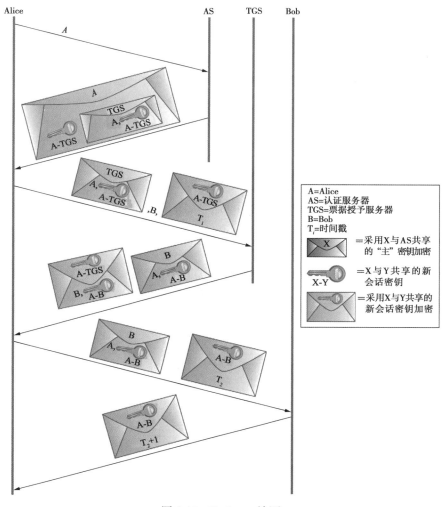

图 8-12 Kerberos 认证

8.5　系统实例

截至目前，我们已看到了构造安全性所需要的组件。这些组件包括密码算法、密钥预分发机制和认证协议。这一节我们分析一些使用这些组件的完整系统。

可以根据这些系统运行的协议层粗略地进行分类。运行在应用层的系统包括良好隐私（Pretty Good Privacy，PGP），它提供电子邮件安全性和安全外壳（Secure Shell，SSH）——一个安全的远程登录工具。在传输层，有 IETF 的传输层安全（Transport Layer Security，TLS）标准和它所派生于的较早的安全套接字层（Secure Socket Layer，SSL）协议。IPsec（IP 安全）协议，顾名思义，运行在 IP（网络）层。802.11i 为无线网络的链路层提供了安全性。本节将阐述每个方法的主要特性。

你可能会疑惑为什么必须在如此多不同的层提供安全性。一个原因是不同的威胁需要不同的防御措施，并且这通常会对应于保护不同的协议层。例如，如果主要考虑在相邻建筑中的一个人窥探你的笔记本电脑与 802.11 接入点之间的通信，那么，你可能需要链路层安全。然而，如果你希望确信你连接到了银行的网站，并且阻止因特网服务提供商的某个好奇的雇员读取你发送给银行的所有数据，那么提供通信安全的正确位置应该是你的计算机与银行服务器之间整个通信信道的某层，如传输层。不存在适用于所有情况的解决方案。

下面所描述的安全协议都能够改变所使用的密码算法。将安全系统设计为与算法独立的想法是非常好的，因为你不知道什么时候你最喜欢的密码算法会被证明不够安全。

8.5.1　良好隐私

良好隐私（Pretty Good Privacy，PGP）是一种广泛用于提供电子邮件安全性的方法。它提供了认证、机密性、数据完整性和不可否认性。PGP 最早是由 Phil Zimmerman 发明的，并且已经发展成为 IETF 的标准，称为 OpenPGP。正如我们在前面章节中所看到的，PGP 适用于使用"信任网络"来分发密钥而不是用树型分层结构的模型。

PGP 的机密性和接收方认证依赖于电子邮件的接收方拥有一个发送方知道的公钥。为了提供发送方认证和不可否认性，发送方必须拥有一个接收方知道的公钥。这些公钥是通过证书和信任网络 PKI 进行预分发的。PGP 支持公钥证书的 RSA 和 DSS。这些证书可以进一步指明支持哪些密码算法或者密钥拥有者推荐哪些密码算法。证书提供电子邮件地址和公钥之间的绑定。

思考下面的例子，PGP 被用于提供发送方认证和机密性。假设 Alice 有一条报文通过电子邮件传递给 Bob。Alice 的 PGP 应用程序执行图 8-13 所示的步骤。首先，Alice 对报文进行数字签名，MD5、SHA-1 和 SHA-2 协议族都是可以用于数字签名的哈希函数。然后，她的 PGP 应用程序为仅有的这条报文产生一个新的会话密钥，所支持的对称密钥密码包括 AES 和 3DES。数字签名后的报文通过该会话密钥被加密，会话密钥本身被 Bob 的公钥加密后追加到报文后。Alice 的 PGP 应用程序会提示她以前赋给 Bob 的公钥的信任程度，这是根据她所拥有的 Bob 的证书的数量以及对每个证书的签名者的信任度来确定的。最后，对报文进行 base64 编码，转换成一种 ASCII 兼容的表示形式。这不是为了安全，而是因为电子邮件报文必须以 ASCII 形式发送。通过电子邮件接收到 PGP 报文后，Bob 的 PGP 应用程序按逆序执行上述过程来得到原始的明文报文，并确认 Alice 的数字签名——同时提示 Bob 他对 Alice 的公钥的信任程度。

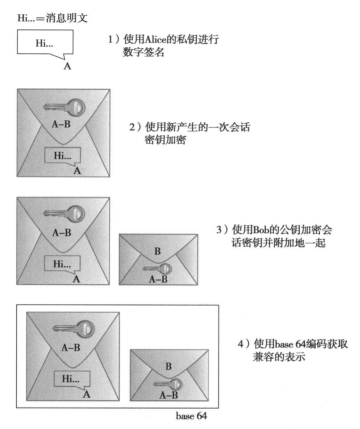

图 8-13　PGP 准备由 Alice 通过电子邮件发送到 Bob 的报文的步骤

　　电子邮件有一个不同寻常的特性，它允许 PGP 在这个单条报文数据传输协议中嵌入适当的认证协议，从而避免提前进行任何报文交换（避免前面在 8.3 节中描述的一些复杂步骤）。Alice 的数字签名足以认证她。虽然无法证明报文是及时的，但传统的电子邮件也不是及时的。另外，也无法证明报文是原始的，但 Bob 作为一个电子邮件用户，通常能够从电子邮件副本中恢复信息（这在正常操作情况下也不是不可能的）。Alice 可以确定只有 Bob 能够读取报文，因为会话密钥是用他的公钥加密的。虽然该协议没有向 Alice 证明 Bob 确实存在并收到了电子邮件，但从 Bob 回送给 Alice 的经过认证的电子邮件能够提供证明。

　　上述讨论给出了一个很好的示例，说明了为什么应用层安全机制很有用。只有全面了解应用的工作原理，你才能做出正确的选择，即防御哪些攻击（如伪造的电子邮件）以及忽略哪些攻击（如被延迟的或被重发的电子邮件）。

8.5.2 安全外壳

安全外壳（Secure Shell，SSH）协议用于提供远程登录服务，其目的是取代早期在因特网上使用的安全性较差的 Telnet 程序。（SSH 还能用于远程执行命令和传输文件，但我们重点要关注的是 SSH 怎样支持远程登录。）SSH 最常用的功能是提供强客户端 / 服务器认证和报文完整性——其中 SSH 的客户端运行在用户的台式机上，而 SSH 的服务器端运行在用户想要登录的某台远程主机上——但 SSH 也支持机密性。Telnet 则不提供任何这样的功能。注意，"SSH"既指 SSH 协议，也指使用 SSH 的应用，你需要从上下文中区分出指的是什么。

为了更好地理解 SSH 对现今因特网的重要性，考虑几个应用 SSH 的场景。例如，远程工作人员一般使用那些提供高速光纤到家服务的 ISP，他们通过这些 ISP 及其他 ISP 组成的 ISP 链来连接到雇主提供的计算机。这就意味着在登录时，他们的密码以及他们收发的数据很可能穿越多个不可信网络。SSH 提供一种方法来加密在这些连接上发送的数据并增加登录时使用的认证机制的强度。（当该员工使用星巴克的公共 Wi-Fi 连接到工作场所时，也会出现类似情况。）SSH 的另一种用法是远程登录到路由器，可能是更改配置或读取日志文件。显然，网络管理员希望确保他能够安全登录到路由器，并且未授权实体既无法登录，也不能截取发送给路由器的命令或返回给管理员的输出信息。

SSH 的最新版本（版本 2）由三个协议组成：

- SSH-TRANS：传输层协议。
- SSH-AUTH：认证协议。
- SSH-CONN：连接协议。

我们关注前两个协议，它们与远程登录有关。我们在本节的最后简要讨论 SSH-CONN 的用途。

SSH-TRANS 在客户端和服务器之间提供了一条加密信道。这条信道运行在一个 TCP 连接上。当一个用户使用 SSH 登录一台远程主机时，第一步就是要在两台主机间建立一条 SSH-TRANS 信道。两台计算机建立这条安全信道的方法是先让客户使用 RSA 认证服务器。认证完成后，客户和服务器就建立一个会话密钥，并用这个密钥加密信道上发送的所有数据。这种抽象描述忽略了几个细节，其中包括这样一个事实，SSH-TRANS 协议包含双方对将要使用的加密算法的协商。例如，一般会选择 AES。SSH-TRANS 还会对信道上交换的所有数据进行报文完整性检查。

我们不能忽略的一个问题是客户端如何获得认证服务器所需的服务器的公钥。听起来可能有些奇怪，服务器在连接时告诉客户端它的公钥。当客户首次连接到一台特定主机时，SSH 应用程序告诫用户他从未同这台主机对过话并询问用户是否要继续。尽管有风险，因为 SSH 应用不能有效认证服务器，用户还是经常回答"是"。于是 SSH 应用就记住服务器的公钥，并在下一次用户连接到同一机器时把保存的密钥与服务器回应的密钥进行比较。如果它们是相同的，服务器就通过 SSH 的认证。但如果不同，SSH 会再次警告用户有错误，然后给用户中止连接的机会。作为替代方法，谨慎的用户可以通过带外机制来获得服务器的公钥，并保存到客户端，这样就不用冒"首次"连接的危险。

一旦 SSH-TRANS 信道存在，下一步就是用户实际登录到目标主机上，更确切地说，就是让服务器对用户身份进行认证。SSH 允许通过三种不同机制来完成这件事。第一种机制，因为两台计算机是在一条安全的信道上通信，所以用户只要把口令发送给服务器即可。对于 Telnet 来说，这样做是不安全的，因为口令是用明文发送的，但在使用 SSH 的情况下，口令在 SSH-TRANS 信道中是加密的。第二种机制使用公钥加密，这种机制要求用户将其公钥事先放在服务器上。第三种机制称为基于主机的认证（host-based authentication），基本思想是任何声称来自一组可信主机的用户将自动被认为是该服务器上的同样的用户。基于主机的认证要求客户主机（host）在首次连接时向服务器认证自己。标准的 SSH-TRANS 默认仅认证服务器。

通过这段讨论，你主要应该明白 SSH 是我们在本章所见的协议和算法中一个比较简单的应用。然而，用户需要建立和管理多个密钥，这有时让 SSH 显得很难懂，而且实际使用的接口依赖于操作系统。例如，在大多数 UNIX 机上运行的 OpenSSH 包都支持一个用于创建公钥/私钥对的命令。然后这些密钥被存储在用户主目录下的不同文件中。例如，文件 /.ssh/known_hosts 记录用户已登录的所有主机的密钥，文件 /.ssh/authorized_keys 包含用户登录本机时认证他所需的公钥（即它们在服务器端被使用），文件 ~/.ssh/id_rsa 包含认证远程机器上的用户时需要的私钥（即它们在客户端被使用）。

最后，SSH 已被证明是一个保护远程登录安全的有用系统，它被扩展以支持其他应用，如发送和接收电子邮件。其思想是在一条安全的"SSH 隧道"上运行这些应用程序。这种功能称为端口转发（port forwarding），它使用的是 SSH-CONN 协议。图 8-14 展示了这种思想，我们看到主机 A 上的客户程序通过使用一条 SSH 连接来转发流量，间接地与主机 B 上的服务程序通信。这种机制称为端口转发是因为当报文到达服务器上的知名 SSH 端口时，SSH 首先把内容解密，然后把数据"转发"到服务器实际监听的端口上。这仅是另外一种隧道，在本例中提供了机密性和认证。以这种方法使用隧道可以提供一种虚拟专用网络（Virtual Private Network，VPN）。

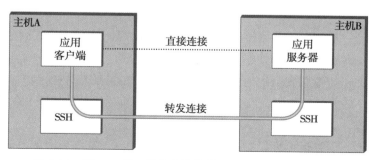

图 8-14　用 SSH 端口转发保护其他基于 TCP 的应用的安全

8.5.3 传输层安全（TLS、SSL、HTTPS）

为了了解传输层安全（Transport Layer Security，TLS）标准以及 TLS 的基础——安全套接字层（Secure Socket Layer，SSL）——的设计目标和需求，考虑它要解决的主要问题之一是有帮助的。当万维网流行起来而且商业企业开始对它感兴趣时，很显然，对于 Web 上的交易，某些安全措施将是必不可少的。这种情况的典型例子是通过信用卡购物。当你把信用卡信息发送到 Web 上的一台计算机时需要考虑几个问题。首先，你可能会担心信息在传输中被截获，并被他人用于非法购物。你也许还担心交易的有关细节被修改，如改变购买数量。而且你一定想知道信用卡信息到达的计算机是属于商家的计算机而不是其他什么人的计算机。这样，我们立即看到 Web 交易对机密性、完整性和认证的需求。对这个问题的第一个广泛使用的解决方法是 SSL，这最初由 Netscape 开发，后来成为 IETF 的 TLS 标准的基础。

SSL 和 TLS 的设计者认识到这些问题并非 Web 交易（即那些使用 HTTP 的应用）所特有的，因而要在应用协议（例如 HTTP）和传输协议（例如 TCP）之间建立一个通用的协议。将这个协议称为"传输层安全"的原因在于，从应用程序的角度看，这个协议层看起来就像一个普通的传输协议，只是它是安全的。也就是说，发送方可以打开连接并发送要传输的字节，而安全传输层就会把它们传送给接收方，并保证必需的机密性、完整性和认证。在 TCP 上通过运行安全传输层，TCP 的所有一般特性（可靠性、流量控制、拥塞控制等）也会被提供给应用程序。图 8-15 描述了协议层的布局。

应用层（例如HTTP）
安全传输层
TCP
IP
子网

图 8-15　应用层与 TCP 层之间插入的安全传输层

当以这种方式使用 HTTP 时，它被称为是 HTTPS（安全的 HTTP）。事实上，HTTP 本身无变化。它简单地把数据传递到 SSL/TLS 层或从 SSL/TLS 层接收数据，而不是 TCP 层。为方便起见，为 HTTPS 分配了默认的 TCP 端口 443。就是说，如果你试图连接到一台服务器的 TCP 端口 443，可能会发现你正与 SSL/TLS 协议会话，只要能顺利进行认证和解密，它就会将数据传给 HTTP。虽然存在独立的 SSL/TLS 实现，但更常见的实现方法是与需要它的应用绑定，主要是 Web 浏览器。

在下面的关于传输层安全的讨论中，我们关注 TLS。虽然 SSL 和 TLS 不能互操作，但它们只在很小的方面有差别，因此几乎对 TLS 的所有描述都适用于 SSL。

1. 握手协议

一对 TLS 参与者在运行过程中协商要使用的密码算法。参与者对如下选择进行协商：

- 数据完整性哈希（MD5 或 SHA-1 等），用于实现 HMAC。

- 用于保密的对称密钥密码（可能的选择有 DES、3DES 和 AES）。
- 会话密钥建立方法（可能的选择有 Diffie-Hellman 和使用 DSS 的公钥认证协议）。

有趣的是，握手协议还可以协商使用压缩算法，不是因为它能提供安全性方面的好处，而是因为在你进行其他协商时可以顺带实现压缩算法协商，并且你已经决定对数据进行一些开销较大的以字节为单位的操作。

在 TLS 中，保密密码使用两个密钥，每个方向一个，类似地也需要两个初始向量。同样，HMAC 为两个参与者使用不同的密钥。这样，无论选择什么密码和哈希函数，一个 TLS 会话都需要六个密钥。TLS 从一个共享的主密钥（master secret）中推导出所有密钥。主密钥是一个 384 位（48 字节）的值，部分地由 TLS 会话密钥建立协议产生的"会话密钥"中推导出来的。

TLS 中协商选项和建立共享主密钥的部分称为握手协议（handshake protocol）。（实际的数据传输由 TLS 的记录协议（record protocol）完成）。握手协议本质上是一个会话密钥建立协议，它建立一个主密钥而不是会话密钥。TLS 支持对会话密钥建立方法的选择。这些都需要相应的不同协议。另外，握手协议支持选择两个参与者的相互认证、仅对单个参与者的认证（这是最常见的情况，例如认证一个 Web 站点）或者无认证（匿名 Diffie-Hellman）。这样，握手协议就把几个会话密钥建立协议交织在一个协议中。

图 8-16 显示了握手协议的抽象描述。客户首先发送一个它所支持的密码算法组合的列表，以偏好递减的顺序排列。服务器返回它从客户列表中选择的一个密码算法组合。这些报文还包含一个客户随机数（client-nonce）和一个服务器随机数（server-nonce），随机数将被用于以后产生主密钥。

到此，协商阶段结束。现在服务器根据所协商的会话密钥建立协议发送其他报文。这可能包括发送一个公钥证书或者一组 Diffie-Hellman 参数。如果服务器要求认证客户，它就会发送一个单独的报文来说明这一点。然后，客户用所协商的密钥交换协议的相应部分作为应答。

现在，客户和服务器都拥有了产生主密钥所必需的信息。它们所交换的"会话密钥"事实上并不是一个密钥，而是 TLS 中所谓的预主密钥（pre-master secret）。主密钥是由预主密钥、客户随机数和服务

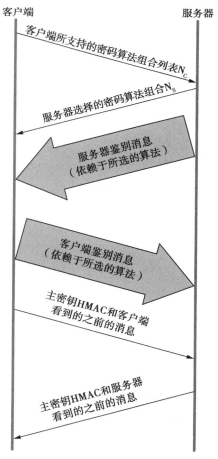

图 8-16　用于建立 TLS 会话的握手协议

器随机数计算得出的（使用一个公开的算法）。然后，客户用从主密钥推导出的密钥发送一条报文，它包含了前面所有握手报文的哈希值，服务器会以一条类似的报文作为应答。这使得它们能够检测到所发送的报文与接收到的握手报文之间的任何区别，例如，一个中间人攻击通过修改初始的未加密客户报文来减弱对密码算法的选择。

2. 记录协议

在用握手协议建立的会话中，TLS 的记录协议为下层的传输服务增加了机密性和完整性。从应用层向下传递的报文被：

1）为执行后续步骤而分段或合并成适当大小的块。

2）压缩（可选）。

3）使用 HMAC 以保护完整性。

4）使用对称密码加密。

5）传送到传输层（一般是 TCP），进行传输。

记录协议使用一个 HMAC 作为认证码。HMAC 使用参与者协商的哈希函数（MD5或 SHA-1 等）。在计算 HMAC 时，客户和服务器使用不同的密钥，这使得破解更加困难。另外，每条记录协议报文被分配一个序列号，计算 HMAC 时将该序列号包括在内，但该序列号并不显式地出现在报文中。这个隐含的序列号能够防止报文重发或错序。这一点是需要的，因为虽然 TCP 保证了正常情况下向上一层传递连续的、不重复的报文，但这些假设中不包括可以截获 TCP 报文、修改报文或并发送伪造报文的攻击者。另一方面，TCP 的确保传输使得 TLS 可以依赖拥有下一个隐含序列号的合法 TLS 报文。

TLS 协议的另一个有趣的特性是恢复会话的功能。为了了解实现这种功能的动机，理解 HTTP 如何使用 TCP 连接是有帮助的（HTTP 的细节在下一章给出）。每个 HTTP 操作，如从服务器获取网页，都需要打开一个新的 TCP 连接。获取有许多嵌入图形对象的单个页面会占用许多 TCP 连接。数据开始传输之前打开 TCP 连接需要三次握手。一旦TCP 连接准备接收数据，客户就需要启动 TLS 握手协议，应用程序数据真正发送前会话至少还要两个 RTT(并消耗一些处理资源和网络带宽)。TLS 的恢复功能可缓解这个问题。

会话恢复是对握手的一种优化，可以用在客户和服务器已经建立了一些共享状态的情况下。客户在初始握手报文中包含以前会话的会话 ID。如果服务器发现它仍然有那个会话的状态，并且在会话建立时协商使用恢复选项，那么服务器就可以用一个成功的指示应答客户，然后使用先前协商的算法和参数开始数据传输。如果会话 ID 不与服务器缓存的任何会话状态相匹配，或者如果不允许恢复会话，那么服务器就会返回到标准的握手过程。

前面的讨论强调最初动机的原因是，必须为网页中的每个嵌入对象执行 TCP 握手导致了与 TLS 无关的大量开销，因此 HTTP 最终被优化以支持持久连接（persistent connection）（也将在下一章中讨论）。由于优化 HTTP 降低了 TLS 中会话恢复的价值（加上认识到在一系列恢复的会话中重用相同的会话 ID 和主密钥是一种安全风险），TLS 在最新版本（1.3）中改变了恢复方法。

在 TLS1.3 中，客户端在恢复时向服务器发送一个不透明的、服务器加密的会话票证（session ticket）。此票证包含恢复会话所需的所有信息。握手时使用相同的主密钥，但默认行为是在恢复时执行会话密钥交换。

> 请注意 TLS 中的这种变化，因为它再次呈现了对网络严格分层这种想法的挑战。在 TLS 的早期版本中实现的会话恢复似乎是一个好主意，但需要在主要的使用情形（HTTP）中考虑。一旦 HTTP 解决了进行多个 TCP 连接的开销问题，TLS 实现恢复的方式就改变了。更大的教训是，我们需要避免用僵化的思维去思考网络层次。随着网络的发展，答案会随之变化，需要进行整体/跨层分析以获得正确的设计。

8.5.4　IP 安全

也许将安全性集成到因特网中的最具雄心的工作发生在 IP 层。这种体系结构称为 IPsec，对 IPsec 的支持在 IPv4 中是可选的，但在 IPv6 中必须支持。

IPsec 是能够提供本章讨论的所有安全服务的框架（与单个协议或系统相反）。IPsec 提供三个自由度等级。第一，它是高度模块化的，允许用户（或系统管理员）从各种加密算法和专用安全协议中进行选择。第二，IPsec 允许用户从一个安全服务菜单中进行选择，包括访问控制、完整性、认证、原始性和机密性。第三，IPsec 可以用来保护"窄小"的流（比如在一对主机间发送的属于特殊 TCP 连接的分组）或"宽大"的流（比如一对路由器之间流过的所有分组）。

抽象来看，IPsec 包括两部分。第一部分是实现安全服务的一对协议。它们是提供访问控制、无连接报文完整性、认证和反重发保护的认证首部（Authentication Header，AH），以及同样支持这些服务和机密性的封装安全有效载荷（Encapsulating Security Payload，ESP）。因为 AH 很少使用，因此我们在此重点讨论 ESP。第二部分是对密钥管理的支持，它置身于所谓的因特网安全关联和密钥管理协议（Internet Security Association and Key Management Protocol，ISAKMP）的保护之下。

把这两部分绑定在一起的抽象就是安全关联（Security Association，SA）。SA 是具有一个或多个可用安全特性的单工（单向）连接，保护一对主机间的双向通信，需要两个安全关联，每个方向有一个安全关联。虽然 IP 是一个无连接协议，但其安全性依赖于连接状态信息，如密钥和序列号。在创建 SA 时，由接收方的计算机为其指定一个安全参数索引（Security Parameters Index，SPI）。这个 SPI 和目标 IP 地址的组合唯一标识一个 SA。ESP 首部包含 SPI，以便使接收方主机能确定输入分组属于哪个 SA，进而确定对分组用什么算法和密钥。

SA 的建立、协商、修改和删除是通过 ISAKMP 实现的。它定义了交换密钥的生成和认证数据的分组格式。这些格式并非很有趣，因为它们只提供一个框架，确切的密钥和认证数据的格式取决于所使用的密钥生成技术、密码算法和认证机制。此外，

ISAKMP 没有指定特定的密钥交换协议，尽管它确实建议将因特网密钥交换（IKE）作为一种可能，并且 IKE v2 是它实际使用的协议。

　　ESP 是用于在 SA 上安全地传输数据的协议。在 IPv4 中，ESP 首部跟在 IP 首部之后；在 IPv6 中，它是一个扩展首部。其格式使用一个首部和一个尾部，如图 8-17 所示。SPI 字段帮助接收方主机识别分组所属的安全关联。序号（SeqNum）字段防止重发攻击。分组的有效载荷数据（PayloadData）字段包含由下一个首部（NextHdr）字段描述的数据。如果选择保密，那么就用与 SA 关联的算法加密数据。填充长度（PadLength）字段记录给数据加入多少填充。填充有时是必要的，例如，因为加密算法要求明文是某个字节数的倍数，或确保结果密文在 4 字节边界上结束。最后，认证数据（AuthenticationData）包含认证码。

图 8-17　IPsec 的 ESP 格式

　　IPsec 支持隧道模式（tunnel mode），也支持一种更简单的传输模式（transport mode）。每个 SA 工作在其中的一种模式下。在传输模式 SA 中，ESP 的有效载荷数据仅是向上传给 UDP 或 TCP 层的报文。在这种模式下，IPsec 作为一个中间协议层，很像 SSL/TLS 在 TCP 与高层协议之间的作用。当接收到 ESP 报文后，它的载荷被传送到高层协议。

　　然而，在隧道模式 SA 中，ESP 的载荷数据本身就是一个 IP 分组，如图 8-18 所示。内部 IP 分组的源地址和目的地址可能与外层的 IP 分组不同。当接收到 ESP 报文时，它的载荷被当作一个正常的 IP 分组转发。使用 ESP 的最常见的方式是在两台路由器（典型情况是防火墙）之间建立一个 "IPsec 隧道"。例如，一个公司希望使用因特网连接两个站点，在一个站点的路由器与另一个站点的路由器之间打开一对隧道模式 SA。从一个站点发出的 IP 分组在发送路由器上成为发送给另一台路由器的一条 ESP 报文的载荷。接收路由器会拆开 IP 分组的载荷，并转发到真正的目的地。

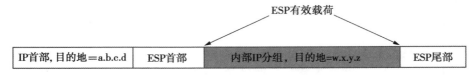

图 8-18　一个 IP 分组，包含一个嵌套的用隧道模式 ESP 加密的 IP 分组。注意，内层分组和外层分组具有不同的地址

这些隧道也可以配置为使用 ESP 来提供机密性和认证，从而防止对该虚拟链接上的数据的非授权访问，并确保隧道的另一端不会接收到伪造的数据。另外，隧道能够提供流量机密性，因为多个数据流通过单个隧道会使得两个特定端点间传输的数据量信息变得模糊。这种隧道组成的网络能够用于实现一个完整的虚拟专用网络（VPN）。在 VPN 上通信的主机甚至不需要知道 VPN 的存在。

8.5.5　无线安全（802.11i）

由于在介质方面缺少任何物理安全措施，无线链路是非常容易受到安全威胁的。虽然 802.11 的便捷使得无线技术得到广泛支持，但缺乏安全性是一个经常遇到的问题。例如，因为无线电波能够穿越大部分墙壁，如果无线接入点缺少安全措施，那么攻击者就能在办公楼外访问公司网络。与此类似，办公楼内带有无线网络适配器的计算机也可以连接到办公楼外的接入点，并将它自身暴露给外部攻击，而如果该计算机有一个以太网连接，那么公司网络中的其他计算机也可能会遭到攻击。

因此，为保护无线链路的安全需要做相当多的工作。令人惊讶的是，用于 802.11 的早期安全技术之一，有线等效隐私（Wired Equivalent Privacy，WEP）被发现有严重缺陷，并且很容易被攻破。

IEEE 802.11i 标准在链路层为 802.11（Wi-Fi）提供了认证、报文完整性和机密性。Wi-Fi 保护接入 3（Wi-Fi Protected Access 3，WPA3）经常被用作 802.11i 的同义词，但是，从技术上来讲，WPA3 是认证产品符合 802.11i 的 Wi-Fi 联盟商标。

为了向后兼容，802.11i 包括了第一代安全算法的定义——包括 WEP——现在已经知道这些算法有严重的安全缺陷。我们在这里关注 802.11i 的新的更强大的算法。

802.11i 认证支持两种模式。对每一种模式，认证成功的最终结果是一个共享的主密钥对。个人模式（personal mode）也称为预共享密钥模式（preshared key mode，PSK），提供了较弱的安全性，但对于像家庭 802.11 网络这样的环境来说更方便且更经济。无线设备和接入点（AP）被预先配置一个共享的密码短语口令（passphrase）——本质上是一个非常长的口令，通过密码学方式从该口令可推导出主密钥对。

802.11i 的更强的认证模式基于 IEEE 802.1X 局域网访问控制框架，它使用了一台认证服务器（AS），如图 8-19 所示。AS 和 AP 必须通过安全信道相连，甚至可以在同一台主机上，但它们在逻辑上是分离的。AP 在无线设备与 AS 之间转发认证报文。用于认证的协议是可扩展认证协议（Extensible Authentication Protocol，EAP）。EAP 支持多种认证方法——智能卡、Kerberos、一次性口令、公钥认证等——以及单方认证和双方认证。因此，与其说 EAP 是一个协议，不如说它是一个认证框架。与 EAP 兼容的协议称为 EAP 方法（EAP method）。例如，EAP-TLS 就是一个基于 TLS 认证的 EAP 方法。

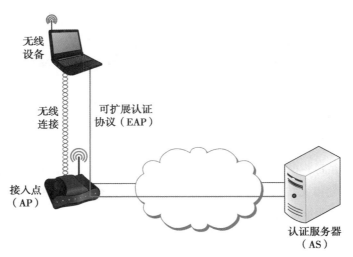

图 8-19   在 802.11i 中使用认证服务器

802.11i 对于将什么 EAP 方法作为认证基础没有做任何限制。然而，它的确要求 EAP 方法能实现双向（mutual）认证，因为我们不但要防止攻击者通过我们的 AP 访问网络，而且希望防止攻击者用一个伪造的恶意 AP 愚弄我们的无线设备。成功认证的最终结果是无线设备与 AS 之间共享的主密钥对，然后 AS 把这个密钥传递给 AP。

较强的基于 AS 的模式与较弱的个人模式之间的主要区别之一是前者可以支持每个客户有一个唯一密钥。这就使得更改能够自认证的客户集合（例如，撤销对一个客户的访问）变得更容易，不需要改变存储在每个客户端的密钥信息。

有了主密钥对以后，无线设备和 AP 执行一个称为四次握手的会话密钥建立协议来建立短期密钥对。这个短期密钥对实际上是一个密钥集合，其中包括称为临时密钥（temporal key）的会话密钥。会话密钥被协议 CCMP 使用，为 802.11i 提供数据保密和完整性。

CCMP 代表使用带有报文认证码的密码分组链接（Cipher-Block Chaining with Message Authentication Code，CBC-MAC）的 CTR（计数器模式）协议。CCMP 使用计数器模式的 AES 进行加密来提供机密性。回忆一下计数器模式加密，来自计数器的连续值被添加到连续的明文块的加密过程中。

CCMP 使用一个报文认证码（MAC）作为认证码。虽然 CCMP 在机密性加密时不使用 CBC，但该 MAC 算法是基于 CBC。的。事实上，在执行 CBC 时，不传输任何 CBC 加密块，而只是将最后一个 CBC 加密块作为 MAC（实际上只使用它的前 8 个字节）。初始向量是由特殊构造的第一个块充当的，该块包含一个 48 位的分组号——一个序列号（这个分组号也用于机密性加密以及抵抗重放攻击）。然后，MAC 和明文一起被加密以便抵抗生日攻击。生日攻击依赖于找到具有相同认证码的不同报文。

8.5.6　防火墙

虽然本章的大部分内容集中在使用密码学来提供诸如认证和机密性等安全特性，但存在很多无法用密码学方法解决的安全问题。例如，蠕虫和病毒通过利用操作系统及应用程序的错误（有时是利用人类容易受骗的弱点）来传播，没有多少密码学方法能够帮助没有对漏洞打补丁的计算机。因此，需要经常使用其他方法来阻止不同形式的有害流量。防火墙是最常见的方法之一。

　　防火墙是一种处在它所保护的站点与网络其他部分之间的某个点上的系统，如图 8-20 所示。它通常是作为一台"设备"或路由器的一部分来实现的，虽然"个人防火墙"可以在终端用户计算机上实现。基于防火墙的安全性依赖于防火墙是从外部接入站点的唯一连接点，通过其他网关、无线连接或拨号连接来绕过防火墙是不可能的。在网络环境中用"墙"来做比喻有些误导，因为有大量流量穿过防火墙。一种理解防火墙的方法是它在默认情况下阻止流量，除非该流量被专门允许通过。例如，它可能会只允许到达特定 IP 地址或特定 TCP 端口号的输入报文。

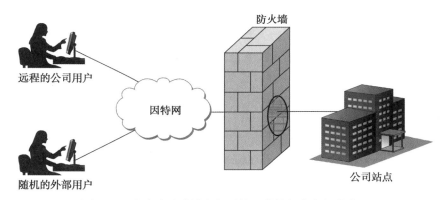

图 8-20　防火墙过滤站点与因特网其他部分之间的分组

　　事实上，防火墙将网络划分为一个较可信的内部区域和一个不太可信的外部区域。这对于不想让外部用户访问站点内部一个特定的主机或服务的情况是有用的。而问题的复杂性来自你希望允许不同的外部用户有不同的访问权限，外部用户的范围从一般公共用户到业务合作伙伴到组织内的远程成员。防火墙还可以对外出的流量施加限制，以便预防一些攻击，并且限制当攻击者成功获得防火墙内的访问权后造成的损失。

　　防火墙的位置通常也是全局可寻址区域与使用本地地址的区域之间的分界线。因此，网络地址转换（Network Address Translation，NAT）功能和防火墙功能通常都能在同一设备中找到，虽然它们在逻辑上是分离的。

　　防火墙可以用于创建多个信任区域（zone of trust），比如一个信任度逐渐增加的信任区域组成的层次结构。一种常见的布局包括三个信任区域：内部网络、非军事区（DMZ）以及因特网的其他部分。DMZ 用于放置供外部访问的服务，如 DNS 和电子邮件服务器。内部网络和外部网络都可以访问 DMZ，但 DMZ 中的主机不能访问内部网络。因此，如果攻击者成功攻击了 DMZ 中的一台主机，他们依然不能访问内部网络。DMZ 可以定期重装，以便维持"干净"状态。

防火墙根据 IP、TCP 和 UDP 等信息进行过滤，配置过程使用一个地址表表示要转发和不转发的分组。但就地址而言，我们不仅仅是指目标 IP 地址，虽然这是一种可能性。通常，表中的每一条记录是一个 4 元组：它给出源和目标的 IP 地址以及 TCP（或UDP）端口号。

例如，一个防火墙可以被配置成过滤掉（不转发）与下列描述匹配的所有分组：

<192.12.13.14，1234，128.7.6.5，80>

这个模式指出过滤掉从地址为 192.12.13.14 的主机的 1234 端口发送到主机 128.7.6.5 的 80 端口的所有分组。（端口 80 是众所周知的用于 HTTP 的 TCP 端口。）当然，列出每个希望过滤其分组的源主机的名字常常是不实际的，所以，模式可以包含通配符。例如：

<*，*，128.7.6.5，80>

指出过滤发送到 128.7.6.5 上 80 端口的所有分组，不管是什么源主机或端口发送的分组。注意，像这些地址模式要求防火墙除了基于第三层的主机地址外，还要基于第四层的端口号做出转发 / 过滤的决定，因此网络层防火墙有时也称为第四层交换机（level 4 switch）。

在前面的讨论中，防火墙会转发所有分组，除非被特别设置为过滤掉某类分组。防火墙也可以过滤掉所有分组，除非被设置为转发该分组。也可以混合使用这两种策略。例如，防火墙可以被设置为只允许访问在一个特定邮件服务器上的 25 端口（SMTP 邮件端口），例如：

<*，*，128.19.20.21，25>

但阻塞所有其他流量。经验表明，防火墙经常会设置错误，而允许不安全的访问。一个问题是过滤规则会以复杂的方式重叠，使得系统管理员很难正确地表达过滤意图。使安全性最大化的一个设计原则是将防火墙配置为丢弃所有分组，除非该分组被设置为允许通过。当然，这意味着某些有效的应用可能会被意外阻止，这些应用的用户最终会注意到问题并让系统管理员进行适当的更改。

很多客户端 / 服务器应用动态地为客户分配端口。如果防火墙内的一个客户发起了到外部服务器的访问，该服务器的应答会被寻址到这个动态分配的端口。这会引起一个问题：如何设置防火墙，使之允许来自服务器的任何应答分组，但是要阻止非客户请求的分组？这对于单独处理每一个分组的无状态防火墙（stateless firewall）是不可能实现的，因此需要采用状态防火墙（stateful firewall），它会记录每个连接的状态信息。一个被寻址到动态分配端口的输入分组会被允许通过的唯一条件是，它是该端口上连接的当前状态的一个有效应答。

现代防火墙也能够理解并根据很多特定的应用层协议（如 HTTP、Telnet 或 FTP）进行过滤，它们使用特定于那个协议的信息（如 HTTP 中的 URL）来决定是否丢弃报文。

防火墙的优点和缺点

防火墙只是保护网络免受来自因特网其他部分的不受欢迎的访问，它不能为防火墙内部网络与外部网络之间的合法通信提供安全性。相比之下，本章所描述的基于密码的安全机制则能够为处在任何位置的参与者之间提供安全的通信。既然情况如此，为什么防火墙还是这么普遍？一个原因是部署防火墙时只需要用成熟的商业产品在一方部署，而基于密码的安全性需要通信的两端都提供支持。防火墙处于主导地位的一个更本质的原因是它们在一个中心位置封装了安全性，实际上将安全性从网络的其他部分剥离。系统管理员能够通过管理防火墙来提供安全性，使得防火墙内的用户和应用不需要考虑安全问题——至少不需要考虑某些安全问题。

遗憾的是，防火墙有严重的缺陷。因为防火墙不限制防火墙内主机之间的通信，所以能够控制站点内代码运行的攻击者可以访问所有本地主机。攻击者如何进入防火墙呢？他可能是一个拥有合法访问权限的不满的员工，或者他的软件被隐藏在通过 CD 安装或从 Web 下载的软件中，或者他能够通过无线通信或电话拨号连接来绕过防火墙。

另一问题是，任何被允许通过防火墙的实体（如商业伙伴或位于外部的员工）都可能成为安全缺陷。如果他们的安全性不像你的那么好，那么攻击者能够通过穿透他们的安全防护从而穿透你的安全防护。

防火墙最严重的问题之一是防火墙容易被内部计算机上的缺陷破坏。这些缺陷经常被发现，因此管理员不得不一直监视相关公告。但管理员经常做不到这一点，可以看到防火墙安全违规经常利用存在了一段时间而且有简单解决方案的漏洞。

术语恶意软件（malicious software，malware）是指被设计成以一种计算机用户不期望的并且不易发觉的方式运作的软件。病毒、蠕虫和间谍软件是恶意软件的常见类型。（病毒（virus）有时与恶意软件通用，但我们以狭义方式定义它，指特定的一类恶意软件）。恶意代码不一定是可执行的目标代码，它也可能是解释代码，如脚本或微软 Word 中使用的可执行的宏。

病毒（virus）和蠕虫（worm）的特点是能够制造并散布自身的备份，它们之间的区别是：蠕虫是完整的程序，而病毒是插入（它自己的备份）到另一个软件中或一个文件中的一段代码，因此，当软件执行或打开文件的时候，病毒也被执行了。典型情况下，病毒和蠕虫会造成因试图传播自身的备份而引起的网络带宽消耗。更糟糕的是，它们也可能会以不同方式蓄意破坏系统或毁坏其安全性。例如，它们可以安装一个后门（backdoor），后门是允许不经过正常认证就远程访问系统的软件。这可能会导致防火墙暴露一个本身应该提供认证过程却被后门破坏的服务。

间谍软件是未经授权收集和传输有关计算机系统及其用户隐私信息的软件。通常，间谍软件被秘密地嵌入到一个程序中，并随用户安装该程序的备份时被传播。对防火墙来说，问题是这些私密信息的传输看上去像合法通信。

一个问题是，防火墙（或密码学安全）能否一开始就将恶意软件排除在系统之外。绝大部分恶意软件实际上是通过网络传输的，虽然也可能通过可移动存储设备传输，如 CD 和内存条。当然，这支持"阻止没有被显式允许的所有信息"的配置方法，很多管理员都在配置防火墙时采用该方法。

检测恶意软件的一种方法是查找来自已知恶意软件的代码段，有时称为特征（signature）。聪明的恶意软件会用不同的方式调整其表示方式，因此这种方法受到了限制。对进入网络的数据进行如此详细的审查还可能会影响网络性能。密码学安全也不能消除这个问题，虽然它的确提供了一种认证软件来源并检测篡改（例如插入病毒）的方法。

与防火墙相关的是入侵检测系统（Intrusion Detection System，IDS）和入侵防御系统（Intrusion Prevention System，IPS）。这些系统试图寻找异常行为，如发向特定主机或端口号的不正常的大量流量，并向网络管理者发送警告甚至直接采取行动限制可能的攻击。虽然现在在该领域有商业产品，但它仍处在发展阶段。

透视图：区块链和去中心化因特网

用户对所使用的应用程序，尤其是像 Facebook 和 Google 这样的应用程序投入了巨大的信任，这些应用程序不仅可以存储个人照片和视频，还可以管理身份信息（即为其他 Web 应用程序提供单点登录）。这让很多人感到不安，引发了人们对去中心化平台的兴趣，因为在去中心化平台中用户不必信任第三方。这类系统通常建立在比特币等加密货币的基础上。不是因为它的货币价值，而是因为加密货币本身基于一种去中心化技术（称为区块链），没有任何单一组织可以控制。区块链本质上是一个去中心化的日志（分类账），任何人都可以写入一个"事实"，然后向世界证明这个事实已被记录下来。

Blockstack 是一个去中心化平台（包括区块链）的开源实现，但更有趣的是，它已被用于为因特网应用程序提供自治身份服务。自治身份服务是一种分散管理的身份服务：它没有服务运营商，并且没有一个主体可以控制谁能够创建身份，谁不能创建身份。区块堆栈使用商业公共区块链复制身份数据库日志。当 Blockstack 节点重放此数据库日志时，对于所有的身份，它生成的视图与其他 Blockstack 节点都一样，因为它们读取的是同一个底层区块链。任何人都可以通过追加到区块链从而在 Blockstack 中注册身份。

Blockstack 的身份协议不是要求用户信任一组身份提供者，而是要求用户信任区块链中的大多数决策节点（称为矿工）将保留写入的顺序（称为交易）。底层区块链提供了一种加密货币来激励矿工这样做。在正常运营情况下，矿工可以通过诚实参与赚取最多的加密货币。这允许 Blockstack 的数据库日志保持安全，防止篡改，而无须特殊的服务运营商。希望篡改日志的攻击者必须与大多数矿工竞争，在底层区块链中生成另一个交易历史，区块链对等网络将接受该交易历史作为规范写入历史。

用于读取和追加到 Blockstack 身份数据库日志的协议在区块链上的逻辑层上运行。区块链事务是身份数据库日志项的数据帧。客户端通过发送嵌入数据库日志项的区块链事务来追加到身份数据库日志，客户端通过按区块链给定顺序从区块链事务中提取日志项来读取日志。这使得在任何区块链之上实现数据库日志成为可能。

Blockstack 中的身份由用户选择的名称区分。Blockstack 的身份协议将名称绑定到公钥和某些路由状态（如下所述）。它以先到先得的方式分配名称，确保名称在全球范围内唯一。

注册名称的过程分为两步：首先将客户机的公钥绑定到名称的加盐哈希（salted hash），然后显示名称本身。两步过程是必要的，以防止抢先交易。只有签署名称哈希的客户端才能显示名称，只有计算加盐哈希的客户端才能显示原像。注册名称后，只有名称私钥的所有者才能传输或撤销名称或更新其路由状态。

Blockstack 中的每个名称都有一个关联的路由状态，其中包含一个或多个 URL，指向可以在线找到用户身份信息的位置。这些数据的量级太大，无法直接存储在区块链上，因此，Blockstack 实现了一层间接寻址：路由状态的哈希被写入身份数据库日志，Blockstack 对等方实现了传播和验证路由状态的报文网络。每个对等方维护路由状态的完整副本。

总而言之，图 8-21 显示了如何将名称解析为其对应的身份状态。给定一个名称，客户端首先向 Blockstack 对等方查询相应的公钥和路由状态（步骤 1）。一旦具有路由状态，客户端通过解析其中包含的 URL 和通过验证身份信息是否由名称的公钥签名来验证身份信息（步骤 2）。

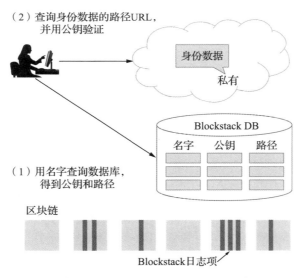

图 8-21　建立在区块链基础之上的去中心化身份管理

更广阔的透视图

- 要继续阅读有关因特网云化的信息，请参阅第 9 章的 "透视图" 部分。

- 要了解有关 Blockstack 和因特网去中心化的更多信息，我们推荐 *Blockstack: A New Internet for Decentralized Applications*（Ali, Nelson, Blankstein, Shea, & Freedman, Blockstack Technical Whitepaper, May 2019）。

习题

1. 在你的系统中查找或安装一个加密程序（例如，UNIX 的 des 命令或 pgp 命令）。阅读其文档并用它进行实验。测试用它对数据加密和解密有多快。加密和解密的速率相同吗？试比较一些使用不同密钥长度的计时结果，例如，比较 AES 和三重 DES。

2. 画出类似 8.2.1 节中描述的图来表示密码分组链。

3. 学习一个密钥托管或密钥放弃方案（例如，Clipper）。密钥托管的优点和缺点是什么？

4. 假设 Alice 使用 8.4.3 节中描述的 Needham-Schroeder 认证协议来发起一个与 Bob 的会话。进一步假设攻击者能够窃听认证报文，并在会话完成后很久才能发现（解密）会话密钥。攻击者如何欺骗 Bob 使 Bob 将攻击者认证为 Alice。

5. 在口令认证中抵制重放攻击的一个机制是使用一次性口令（one-time password）：准备一个口令列表，一旦 password [N] 被接受，服务器就对 N 减 1，并在下次提示输入 password [$N-1$]。当 $N=0$ 时，需要新列表。描述一个机制，使得用户和服务器仅需要记住一个主口令 mp，并且有在本地计算 password [N] $= f(mp, N)$ 的可用方法。提示：设 g 是一个合适的单向函数（如 MD5），并设 password [N] $= g^N(mp) = g$ 对 mp 应用 N 次。解释为什么知道 password [N] 并不会有助于揭示 password [$N-1$]。

6. 假设用户使用上述的一次性口令（或者可重用的口令），但是口令的传送足够慢。

   (a) 说明窃听者在一定数量的猜测后可获得对远程服务器的访问。（提示：原用户输入口令的除最后一个字符外的所有字符后，窃听者开始猜测。）

   (b) 一次性口令的用户可能遇到其他什么样的攻击？

7. Diffie-Hellman 密钥交换协议容易受到"中间人"攻击，如 8.3.3 节和图 8-7 所示。简述怎样扩展 Diffie-Hellman 才能让它防范这种攻击。

8. 假设我们有一个非常短的密钥 s（例如，一个比特或者一个社会保障码），而且我们希望发送给其他人一条报文 m，其中不会暴露 s，但随后能用于验证我们确实知道 s。解释为什么利用 RSA 加密的 $m=MD5(s)$ 或者 $m=E(s)$ 不是安全的选择，并给出一个更好的选择。

9. 假设两个人想在网络上打扑克。为了发牌，他们需要一个在他们之间公平选择随机数 x 的机制，如果一方能不公平地影响 x 的选择，则另一方会输。描述这样的一个机制。（提示：假设如果两个比特串 x_1、x_2 之一是随机的，则二者的异或或 $x=x_1 \oplus x_2$ 也是随机的。）

10. 估算找到两条具有相同 MD5 校验和的报文的概率，假设报文的总数分别是 2^{63}、2^{64} 和 2^{65}。（提示：这又是一个生日问题，就像第 2 章的习题 46 那样，而且第 $k+1$ 个报文有不同于前 k 个报文的校验和的概率是 $1-k/2^{128}$。但是，在那道习题的提示中简化了积的近似值，这一点现在不适用了。所以，每一端分别取对数，并使用近似值 $\log(1-k/2^{128}) \approx -k/2^{128}$。）

11. 假设我们想用 3DES 加密一个 Telnet 会话。Telnet 发送很多 1 字节的报文，而 3DES 一次加密 8 字节的分组。解释怎样在这个场景中安全地使用 3DES。

12. 考虑下列用于下载文件的简单 UDP（大体上以 TFTP 为基础，即 RFC 1350）：

   ● 客户端发送一个文件请求。

   ● 服务器用第一个数据分组应答。

   ● 客户端发送 ACK，双方以停止等待协议进行交互。

   假设客户端和服务器分别拥有密钥 K_C 和 K_S，并且彼此知道对方的密钥。

   (a) 用这些密钥和 MD5 扩展文件下载协议，需提供发送方认证和报文完整性。你的协议也应是可抵抗重放攻击的。

   (b) 在你修改协议时所增加的额外信息怎样防止出现晚到的来自之前连接的分组以及序列号的回绕。

13. 找到你的浏览器对 HTTPS 默认配置的是什么认证机构。你信任这些代理机构吗？当你设置为不信任这些认证机构中的一些或全部时，会发生什么？

14. 使用 OpenPGP 的一个实现（如 GnuPG）来完成下列练习。注意，不包括电子邮件——你只操作一台计算机上的文件。
    （a）产生一个公钥 / 私钥对。
    （b）用公钥加密一个文件，以便安全存储，然后用私钥解密。
    （c）用你的密钥对来数字签名一个未加密的文件，然后假设你是别人，用你的公钥验证你的签名。
    （d）假设第一个公钥 / 私钥对属于 Alice，为 Bob 产生第二个公钥 / 私钥对。扮演 Alice，加密并签名一个发给 Bob 的文件（确保以 Alice 签名，而不是以 Bob）。然后，扮演 Bob，验证 Alice 的签名，并解密该文件。

15. PuTTY（发音为" putty"）是一个流行的免费 SSH 客户端——实现 SSH 连接的客户端应用程序——用于 UNIX 和 Windows。可以在 Web 上访问它的文档。
    （a）PuTTY 如何处理对以前没有连接过的服务器的认证？
    （b）客户端是如何被服务器认证的？
    （c）PuTTY 支持多种密码。它如何确定每一个连接使用哪一种密码？
    （d）PuTTY 支持像 DES 这样在某些或所有情况下都被认为太脆弱的密码。为什么？ PuTTY 如何判断哪些密码脆弱？它是如何利用这些信息的？
    （e）对于一个连接，PuTTY 允许用户指定所传输数据的最长时间和最大传输数据量，然后 PuTTY 会建立一个新的会话密钥，这个过程在文档中称为密钥交换（key exchange）或密钥重发（rekeying）。这个特性的目的是什么？
    （f）使用 PuTTY 密钥生成器 PuTTYgen 为 PuTTY 所支持的一种公钥密码产生一个公钥 / 私钥对。

16. 假设你希望防火墙阻止所有进入的 Telnet 连接，但允许出去的 Telnet 连接。一种方法是阻止到指定的 Telnet 端口（23）的所有进入分组。
    （a）我们可能也希望阻止到其他端口的进入分组，但为了不妨碍出去的 Telnet，必须允许哪些进入的 TCP 连接？
    （b）现在假设允许你的防火墙除端口号之外还可使用 TCP 首部的 Flags 位。解释怎样达到你所希望的 Telnet 效果，同时不允许进入的 TCP 连接。

17. 假设防火墙被配置为允许出去的 TCP 连接，但仅允许到指定的端口的进入的连接。现在 FTP 提出一个问题：当一个内部客户联系外部服务器时，出去的 TCP 控制连接可以正常打开，但 TCP 数据连接传统上是进入的。
    （a）查找 FTP，例如在 RFC 959 中查找。清楚 PORT 命令如何工作。讨论如何写客户端才能限制防火墙允许访问的端口的数量。这种端口的数量可以限制为 1 吗？
    （b）FTP PASV 命令如何用于解决防火墙问题？

18. 假设过滤路由器的设置如图 8-22 所示；主防火墙是 R1。解释如何配置 R1 和 R2，使外界能远程登录到网络 2，但不能登录到网络 1 上的主机。为了避免"跃过"闯入网络 1，也不许从网络 2 远程登录到网络 1。

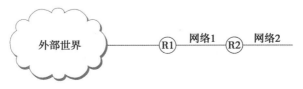

图 8-22　习题 18 图

19. 为什么因特网服务提供商可能想阻止某些外出流量？

20. 据说 IPsec 不一定能与网络地址转换（Network Address Translation，NAT）（RFC 1631）一起工作。然而，IPsec 可不可以与 NAT 一起工作取决于我们使用 IPsec 和 NAT 的哪个模式。假设我们使用真正的 NAT，只转换 IP 地址（不转换端口）。IPsec 和 NAT 能在下列各种情况下工作吗？解释为什么。

(a) IPsec 使用 ESP 传输模式。

(b) IPsec 使用 ESP 隧道模式。

(c) 如果我们使用端口地址转换（Port Address Translation，PAT）会怎样？ PAT 也称为 NAT 中的网络地址/端口转换（Network Address/Port Translation，NAPT），其中除了对 IP 地址进行转换外，还要对端口号进行转换，以便在专用网络外部共享一个 IP 地址。

应　用

现在不是结束，甚至不是结束的开始，但可能是开始的结束。

——温斯顿·丘吉尔

问题：应用需要自己的协议

本书从讨论人们希望在计算机网络上运行的应用程序开始，从 Web 浏览器到视频会议工具，应有尽有。在中间的各章，我们循序渐进地展开了构建这些应用所需的网络体系结构。我们现在回到原点，返回到网络应用。这些应用可部分地看作网络协议（从它们与其他计算机上的对等实体交换报文的角度来看），部分地看作传统应用程序（从它们与窗口系统、文件系统以及最终和用户之间交互的角度来看）。本章探讨现今流行的一些网络应用。

考察应用能够使我们理解在整本书中一直强调的系统方法（system approach）。因此，构建高效联网应用的最好方法是理解网络能够提供的构建模块以及这些模块是如何交互的。例如，一个特定的网络应用可能需要利用可靠的传输协议、认证和保密机制以及底层网络的资源分配能力。通常在应用开发者知道如何充分利用这些工具时，应用才工作得最好（也有大量的没有很好地利用可用网络能力的反面实例）。应用一般也需要它们自己的协议，在很多情况下使用我们在研究低层协议时已经看到的同样的原则。因此，本章我们关注如何将已经描述的思想和技术组合在一起来构建高效联网应用。换句话说，想象你自己编写一个网络应用，那么根据定义你也是一个协议设计者（和实现者）。

我们将研究各种熟悉和不熟悉的网络应用，包括收发电子邮件、Web 冲浪、跨业务整合应用、管理网络元素的集合、像视频会议那样的多媒体应用，以及新兴的对等网和内容分发网络。这些罗列虽显粗略，但它举例说明了设计和构建应用的要领。应用需要在网络中或主机协议栈中的其他层选择适当的组件，然后增强那些低层服务以提供应用所需要的精确的通信服务。

9.1　传统应用

我们以最受欢迎的两个应用为例（万维网和电子邮件）开始对应用的讨论。广义地讲，这两个应用都使用请求/应答模式——用户向服务器发出请求，服务器随之应答。我们称它们为"传统"应用，因为它们代表着自从早期计算机网络时代就已存在的应用种类。（虽然 Web 比电子邮件新很多，但其基础是早期的文件传输。）与之对照，后面的章节将讨论最近才变得可行的一类应用：流应用（即像视频和音频之类的多媒体应用）和各种基于覆盖的应用。（注意，这些分类之间的界限有点模糊，因为你当然可以通过Web 访问流媒体数据，但现在我们把重点放在 Web 的一般用法，即请求网页、图片等。）

在详细讨论每个应用之前，我们需要清楚三个要点。第一点非常重要，即区分应用程序（program）与应用协议（protocol）。例如，超文本传输协议是一个用于从远程服务器上获取网页的应用协议。有许多不同的应用程序（如 Internet Explorer、Netscape、Firefox 和 Safari 那样的 Web 客户端）提供给用户不同的外观和感觉，但是它们都使用同样的 HTTP 在因特网上与 Web 服务器通信。的确，事实上该协议已公开并已成为标准，允许很多不同公司和个人开发的应用程序与所有 Web 服务器（也有很多变种）实现互操作。

本节着重于两个使用非常广泛并且已成为标准的应用协议：

- SMTP：简单邮件传输协议（Simple Mail Transfer Protocol），用于交换电子邮件。
- HTTP：超文本传输协议（HyperText Transport Protocol），用于 Web 浏览器和 Web 服务器之间的通信。

第二点，我们发现很多应用层协议（包括 HTTP 和 SMTP）都有一个配套协议来说明能交换的数据格式。这是这些协议相对简单的一个原因：大部分复杂的事情在这个配套文档中管理。例如，SMTP 是一个交换电子邮件报文的协议，但 RFC 822 和多功能因特网邮件扩展（Multipurpose Internet Mail Extensions，MIME）定义邮件报文的格式。类似地，HTTP 是获取 Web 页面的协议，但超文本标记语言（HyperText Markup Language，HTML）是一个配套规范，它定义这些网页的格式。

最后，由于在这一节中描述的所有应用协议都遵循相同的请求/应答通信模式，所以你可能会以为它们都建立在 RPC 传输协议之上。然而并非如此，它们全都实现在 TCP 之上。实际上，每个协议是在一个已有的可靠传输协议（TCP）之上重新构建一个简单的类似 RPC 的机制。我们说"简单"，是因为每个协议都没有设计成支持在前面的章节中讨论的任意远程过程调用，而是设计为发送和应答一个特定的请求报文集合。有趣的是，HTTP 采用的方法被证明非常强大，这导致它被 Web 服务体系结构广泛采用，一般 RPC 机制构建在 HTTP 之上，而不是相反。本节末尾将介绍有关此主题的更多信息。

9.1.1　电子邮件（SMTP、MIME、IMAP）

电子邮件是最早的网络应用之一。毕竟，在你刚获准在一条跨国链路上运行时，有什么比希望向链路另一端的用户发送一条信息更自然的呢？令人惊讶的是，ARPANET 的先驱并没有料到在网络建成后（那时，远程访问计算机资源是主要的设计目标），电子邮件会成为一个关键应用，并且大受欢迎。

如前所述，有两点很重要：区分底层的报文传输协议（如 SMTP 或 IMAP）与用户接口（即邮件阅读器），区分这个传输协议与定义交换报文格式的配套协议（RFC 822 和 MIME）。我们将从报文格式开始讨论。

1. 报文格式

RFC 822 将报文定义为两个部分：首部（header）和主体（body）。两部分都用 ASCII 文本来表述。最初，报文主体被设想为简单的文本。现在情况仍然如此，尽管 RFC 822 已被 MIME 扩充以允许主体支持所有种类的数据。这些数据仍用 ASCII 文本表示，但因为它可能是已编码的版本（如 JPEG 图像），所以对用户来说不一定是可读的。稍后将更多地介绍 MIME。

报文首部是一系列以〈 CRLF 〉终止的行。（〈 CRLF 〉代表回车＋换行，是一对 ASCII 控制符，常常用于指示文本行的结尾。）首部与主体之间用一个空行分隔。每个首部行包括由冒号分隔的类型和值。许多首部行是用户熟悉的，因为写电子邮件时会要求用户填写这些行。例如，用来识别报文的接收者，以及用来说明这个报文的目的的首部行。其他的首部行由低层的邮件递送系统填写。例如报文传送时间、发送报文的用户和处理这个报文的每个邮件服务器。当然，还有许多其他的首部行，感兴趣的读者可参考 RFC 822。

RFC 822 在 1993 年被扩充（此后又多次更新），以便允许邮件报文携带许多不同的数据类型，如音频、视频、图像、PDF 文档等。MIME 包括三个基本部分。第一部分是首部，它扩充了 RFC 822 的定义。这些首部行以各种方式描述了放到主体中的数据，其中包括正在使用的 MIME 版本、关于报文中内容的可读性描述、报文中包含的数据类型和主体中的数据是如何编码的。

第二部分是一组内容类型（和子类型）的定义。例如，MIME 定义了几种不同的静态图像类型，包括 image/gif 和 image/jpeg，每种表示的含义都显而易见。另一个例子是，text/plain 表示简单文本，而 text/richtext 表示报文包含"标记"文本（如使用特殊的字体、斜体的文本）。第三个例子是，MIME 定义了一个 application 类型，其子类型对应不同应用程序的输出（如 application/postscript 和 application/msword）。

MIME 也定义了一个 multipart 类型，说明如何构造一个带有多种数据类型的报文。这就像编程语言定义基本类型（如整数和浮点数）和组合类型（如结构和数组）。一种可能的 multipart 子类型是 mixed，它说明报文包含一组指定顺序的独立数据块。每一块有描述本块类型的首部行。

第三部分是编码各种类型数据的方法，以便使数据可以在一个 ASCII 电子邮件报文中传递。问题是，对于一些数据类型（如 JPEG 图像），图像中的任何 8 比特字节都可能包含 256 个不同值中的一个，而这些值只有一部分是有效的 ASCII 字符。邮件报文中仅包含 ASCII 是很重要的，因为它们可能通过一系列中间系统（比如下面将要描述的网关）。中间系统假设所有邮件都是 ASCII 字符，如果其中包含非 ASCII 字符，则将破坏该报文。为解决这个问题，MIME 使用了一种简单地将二进制数编码到 ASCII 字符集中的方法。这个编码方法称为 base64。其思路是将原始二进制数据的每 3 个字节映射到 4 个 ASCII 字符。具体方法是将二进制数以 24 比特为单位分组，并将每个分组分成 4 个 6 比特的块。每 6 比特映射成 64 个有效的 ASCII 字符之一。例如，0 映射到 A，1 映射到 B 等。如果你看到采用 base64 方案编码的报文，会发现其中仅有 52 个大小写字母、10 个 0～9 的数字及特殊字符 "+" 和 "/"。这些正是 ASCII 字符集中最前面的 64 个值。

另一方面，为了让那些坚持使用纯文本邮件的用户阅读邮件时尽可能不费力气，一个由常规纯文本组成的 MIME 报文只能使用 7 比特 ASCII 编码。对于大多数 ASCII 数据，还有其他可读的编码。

综上所述，一条包含一些普通文本、一幅 JPEG 图像和一个 PostScript 文件的报文，看上去如下：

```
MIME-Version: 1.0
Content-Type: multipart/mixed;
boundary="-------417CA6E2DE4ABCAFBC5"
From: Alice Smith <Alice@cisco.com>
To: Bob@cs.Princeton.edu
Subject: promised material
Date: Mon, 07 Sep 1998 19:45:19 -0400

---------417CA6E2DE4ABCAFBC5
Content-Type: text/plain; charset=us-ascii
Content-Transfer-Encoding: 7bit

Bob,

Here are the jpeg image and draft report I promised.

--Alice

---------417CA6E2DE4ABCAFBC5
Content-Type: image/jpeg
Content-Transfer-Encoding: base64
... unreadable encoding of a jpeg figure
---------417CA6E2DE4ABCAFBC5
Content-Type: application/postscript; name="draft.ps"
Content-Transfer-Encoding: 7bit
... readable encoding of a PostScript document
```

在这个例子中，报文首部中的 Content-Type 行指出这个报文包含不同的块，每一块用一个并不出现在原文中的字符串标明。并且每个块拥有自己的 Content-Type 和 Content-Transfer-Encoding 行。

2. 报文传输

很多年来，从主机到主机传递的大部分电子邮件都只使用 SMTP。虽然 SMTP 仍然扮演着核心角色，但现在它只是多个协议中的一种，因特网报文访问协议（Internet Message Access Protocol，IMAP）和邮局协议（Post Office Protocol，POP）是另外两个重要的读取邮件报文的协议。我们的讨论从 SMTP 开始，后面会转向 IMAP。

为了把 SMTP 放在正确的情境中，我们需要标识关键的角色。首先，当用户编写、存档、检索和阅读邮件时，他们要与邮件阅读器（mail reader）交互。有无数可用的邮件阅读器，就像有很多可选择的 Web 浏览器一样。在因特网的早期，用户一般登录到其邮箱（mailbox）所在的主机，他们所使用的邮件阅读器是一个从文件系统中读取报文的本地应用程序。当然，现在用户通过笔记本电脑或智能手机远程访问邮箱，而并不是先登录到存储邮件的主机（邮件服务器）。从邮件服务器远程下载邮件到用户设备时使用另一个邮件传输协议，如 POP 或 IMAP。

其次，在每台承载邮箱的主机上运行一个邮件后台处理程序（mail daemon）（或进程）。你可以想象这个处理程序扮演着邮局的角色（也称为报文传送代理（Message Transfer Agent，MTA））：邮件阅读器将它们想发送给其他用户的报文交给邮件后台处理程序，这个邮件后台处理程序使用运行在 TCP 之上的 SMTP 传输报文到另一台计算机上的邮件后台处理程序，邮件后台处理程序将收到的报文放入用户的邮箱中（用户的邮件阅读器随后会发现报文）。由于 SMTP 是一种任何人都能实现的协议，因此从理论上讲可以有许多不同的邮件后台处理程序的实现。然而，事实是只有少数常用的实现，其中来自 Berkeley UNIX 和 postfix 的老的 sendmail 程序是使用最广泛的。

虽然由发送方计算机上的 MTA 建立一个到接收方计算机上的 SMTP/TCP 连接的确是可能的，但在很多情况下邮件要穿越从发送方主机到接收方主机的路径上的一个或多个邮件网关（mail gateway）。像端主机一样，这些网关也运行一个 MTA 进程。这些中间节点被称作网关并非偶然，因为它们的工作就是存储和转发邮件报文，很像"IP 网关"（就是我们所说的路由器）存储和转发 IP 数据报一样。它们仅有的差别是邮件网关通常把报文缓存在磁盘上并且在接下来几天不断尝试将报文传送到下一台计算机上，而 IP 路由器把数据报缓存在内存中并且只在转瞬之间尝试传送它们。图 9-1 说明一个从发送方到接收方的两跳路径。

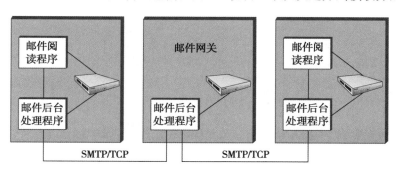

图 9-1 一连串邮件网关存储和转发电子邮件报文

你可能会问，邮件网关是必需的吗？为什么发送方主机不能直接将报文发送到接收方主机？一个原因是接收方不想把读邮件的特定主机包含在它的地址中。另一个原因是，在大型组织中，邮箱服务受到许多不同计算机的控制。例如，递交给 Bob@cs.princeton.edu 的邮件，首先被送到普林斯顿大学计算机科学系的一个邮件网关上（即名为 cs.princeton.edu 的主机），然后被转发（这涉及第二个连接）到 Bob 的邮箱所在的那台计算机上。转发网关维护一个数据库，这个数据库将用户映射到他们的邮箱所在的计算机上，发送方不必知道这台计算机的名字（报文首部将帮助你跟踪报文经过的邮件网关）。另一个原因是接收方计算机可能不总是开机的，在这种情况下邮件网关将保留报文直到它能被转发出去。

在每对主机之间使用一条独立的 SMTP 连接，以将报文发给接收方，这与路径上有多少个邮件网关无关。每个 SMTP 会话包括在两个邮件后台处理程序之间的对话，一个作为客户而另一个作为服务器。在一次会话期间两台主机可能会传送多条报文。因为 RFC 822 使用 ASCII 作为基本表达形式来定义报文，所以 SMTP 也是基于 ASCII 的就不足为奇了，这意味人们假扮 SMTP 客户程序是可能的。

理解 SMTP 的最好方法是通过一个简单的例子。下面是在发送主机 cs.princeton.edu 和接收主机 cisco.com 之间的一次交换。在此情况下，普林斯顿大学的用户 Bob 尝试发送一个邮件给 Cisco 公司的 Alice 和 Tom。添加额外的空白行是为了使对话更易读。

```
HELO cs.princeton.edu
250 Hello daemon@mail.cs.princeton.edu [128.12.169.24]

MAIL FROM:<Bob@cs.princeton.edu>
250 OK

RCPT TO:<Alice@cisco.com>
250 OK

RCPT TO:<Tom@cisco.com>
550 No such user here

DATA
354 Start mail input; end with <CRLF>.<CRLF>
Blah blah blah...
...etc. etc. etc.
<CRLF>.<CRLF>
250 OK

QUIT
221 Closing connection
```

正如你所看到的，SMTP 在客户和服务器之间包含一系列交换。在每一次交换中客户提出一个命令（如 QUIT），服务器以一个代码来应答（如 250、550、354、221）。服务器也返回对代码的可被用户理解的解释（如 no such user here）。在这个例子中，客户首先用 HELO 命令向服务器认证自己。它把自己的域名作为参数，服务器验证这个域名是否对应于 TCP 连接所使用的 IP 地址。你将注意到服务器会向客户声明该 IP 地址。然后客户询问服务器是否愿为两个不同的用户接收邮件，服务器通过对一个说"YES"而对另一个说"NO"来应答。然后客户发送报文，并使用只有一个圆点（"."）的行作为报文的结束。最后，客户终止连接。

当然还有很多其他的命令和返回代码。例如，服务器可用代码 251 来应答客户的RCPT 命令，它表明用户在该主机上没有邮箱，但服务器允诺将该报文转发到另一个邮件后台处理程序。换句话说，主机行使邮件网关的职能。另一例子是，客户能发出VRFY 操作命令来验证用户的电子邮件地址，但实际却没给该用户发送报文。

其他应注意的是 MAIL 和 RCPT 操作的参数。例如，分别有 FROM: <Bob@cs.princeton.edu> 和 TO:<Alice@cisco.com>，这些看上去很像 822 的首部字段，而且在某种意义上也是如此。实际情况是邮件后台处理程序解析报文，以抽取运行 SMTP 所需的信息。抽取的信息构成报文的信封（envelope）。SMTP 客户使用该信封作为与 SMTP 服务器交换的参数。从历史上看，sendmail 变得如此流行的原因是没有人想重新实现报文解析功能。虽然今天的电子邮件地址看上去非常好用（如 Bob@cs.princeton.edu），但情况并不总是如此。在因特网流行之前，user%host@site!neighbor 格式的电子邮件地址并不罕见。

3. 邮件阅读器

最后一步是用户从邮箱中实际接收报文，阅读、回复并可能保存一份副本以备将来参考。用户通过与邮件阅读器的交互来完成这些行为。如前所述，这个阅读器最初只是一个与用户邮箱运行在同一台计算机上的程序，在这种情况下，它只是简单地读写构成邮箱的文件。这是在笔记本电脑时代之前的常见情况。现在，大部分用户从远程机器上访问邮箱，但要使用其他协议，如 POP 或 IMAP。讨论用户邮件阅读器的接口形式超出本书的范围，但讨论访问协议一定在我们的范围之内。下面简单介绍一下IMAP。

IMAP 在许多方面类似于 SMTP。它是一个运行在 TCP 之上的客户端/服务器协议，这里客户端（运行在用户的桌面计算机上）发出以〈CRLF〉结束的 ASCII 文本行命令，而邮件服务器（运行在维护用户邮箱的计算机上）做出应答。报文交换以客户认证自己的身份并确定他要访问的邮箱开始。这可以表示成如图 9-2 所示的简单状态转换图。图中，LOGIN、和 LOGOUT 是客户端能发出的命令的例子，OK 是服务器的一种可能的应答。其他的常见命令包括 FETCH、STORE、DELETE 和 EXPUNGE，其含义如名称所示。其他的服务器应答包括 NO（客户没有权利执行该操作）和 BAD（命令的格式非法）。

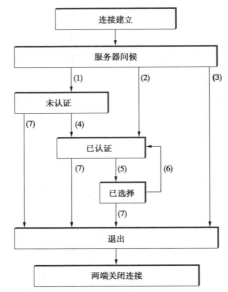

（1）没有预认证的连接（OK问候）
（2）经过预认证的连接（PREAUTH问候）
（3）拒绝连接（BYE问候）
（4）LOGIN或AUTHENTICATE命令成功
（5）SELECT或EXAMINE命令成功
（6）CLOSE命令、失败的SELECT或EXAMINE命令
（7）LOGOUT命令，服务器关闭或连接关闭

图 9-2　IMAP 的状态转换图

当用户请求 FETCH（读取）一条报文时，服务器就以 MIME 格式返回它，然后由邮件阅读器解码。除报文本身之外，IMAP 也定义一组报文属性（attribute），这些属性作为其他命令的一部分进行交换，独立于传输报文本身。报文属性包括报文大小等信息，以及与报文相关的各种标志（flag），如 Seen、Answered、Deleted 和 Recent。这些标志用于保持客户端与服务器的同步，就是说，当用户在邮件阅读器上删除一条报文时，客户端需要向邮件服务器报告这一事实。随后，如果用户决定清除所有被删除的报文，客户端发出一个 EXPUNGE 命令给服务器，服务器便知道从邮箱中彻底清除所有之前被删除的报文。

最后，注意当用户回复一条报文或发送一条新报文时，邮件阅读器并不使用 IMAP 从客户向邮件服务器转发报文，而是使用 SMTP。这意味着用户的邮件服务器实际上是从桌面到接收方邮箱的传输路径上的第一个邮件网关。

9.1.2　万维网（HTTP）

万维网取得了很大的成功并且使得许多人都能访问因特网，以至于万维网有时像是因特网的同义词。事实上，Web 系统的设计大约从 1989 年开始，远在因特网广泛部署之后。Web 的最初目标是找到组织和抽取信息的方法，借用至少在 20 世纪 60 年代就存在的超文本（相互链接的文档）的思想[⊖]。

───────────

　⊖　万维网联盟所提供的 Web 简史可追溯到 1945 年的一篇描述缩微胶片文档之间链接的文章。

一个有助于理解 Web 的思路是：Web 是一组相互协作的客户端与服务器，所有成员说的是同一种语言：HTTP。大多数人接触 Web 是通过图形化的客户程序或 Web 浏览器，例如 Safari、Chrome、Firefox 或 Internet Explorer。图 9-3 展示了使用 Safari 浏览器显示来自普林斯顿大学的一页信息。

图 9-3　Safari Web 浏览器

显然，如果想将信息组织成由相互链接的文档或对象组成的系统，你需要从获取一个文档开始。因此，任何一个 Web 浏览器都有支持用户打开 URL 以获取对象。URL 对大多数人来说是如此熟悉，以至于容易忘记它们不是一直存在的。URL 提供有关 Web 上对象位置的信息，形式如下：

http://www.cs.princeton.edu/index.html

如果你打开这个特定的 URL，Web 浏览器将打开一个到称为 www.cs.princeton.edu 的计算机上的 Web 服务器的 TCP 连接，立刻获取并显示名为 index.html 的文件。Web 上的多数文件包含图像和文本，有些还有音频或视频片段甚至代码段等。它们也经常包含指向可能在其他服务器上的其他文件的 URL，这是超文本传输协议和超文本标记语言中的"超文本"的核心内涵。Web 浏览器会通过某种办法使你能够识别这些 URL 对象（一般通过高亮方式或在文本下加下划线），然后你就可以要求浏览器打开它们。这些嵌入的 URL 称为超文本链接（hypertext link）。当你要求 Web 浏览器打开这些嵌入的 URL 之一（即用鼠标指向它并单击）时，它将打开一个新的连接并获取和显示一个新文件。这称为跟随链接（following a link）。因此在网络上很容易从一台计算机跳到另一台计算机，并得到各种类型的信息。一旦你可以在文档中嵌入一个链接，并允许用户跟随该链接来得到另一个文档，你就有了超文本系统的基础。

当你选择查看一个网页时，浏览器（客户端）使用运行在 TCP 之上的 HTTP 从服务器上获取网页。像 SMTP 一样，HTTP 是面向文本的协议。本质上，HTTP 是一个请求 /

应答协议，每个 HTTP 报文有通用的格式：

```
START_LINE <CRLF>
MESSAGE_HEADER <CRLF>
<CRLF>
MESSAGE_BODY <CRLF>
```

和从前一样，〈CRLF〉代表回车＋换行。第一行（START_LINE）指出这是一个请求报文还是一个应答报文。实际上，它识别一个要执行的"远程过程"（在请求报文的情况下），或识别一个请求的状态（status）（在应答报文的情况下）。下面的若干行说明一些限定请求或应答的选项和参数。可以有零个或多个 MESSAGE_HEADER 行，每行看起来都像电子邮件报文中的首部行，这个部分以一个空白行结束。HTTP 定义了许多可能的首部类型，它们中的一些属于请求报文而另一些属于应答报文，还有一些属于报文主体中携带的数据。我们只给出几个有代表性的例子而不是给出所有可能的首部类型。最后，在空白行之后是请求的内容（MESSAGE_BODY），请求报文中的这一部分通常是空的，由服务器在应答请求报文时将被请求的页面放入此处。

HTTP 为什么运行在 TCP 上？并非必须如此，但 TCP 确实能很好地匹配 HTTP 的需求，即提供可靠传输（谁希望得到丢失了数据的网页呢）、流量控制和拥塞控制。然而，就像我们将在后面看到的，在 TCP 上构建一个请求／应答协议会引起一些问题，特别是如果你忽略了应用层协议与传输层协议之间交互的微妙之处。

1. 请求报文

HTTP 请求报文的首行说明三件事：应完成的操作、应完成操作所针对的网页和所用的 HTTP 版本。虽然 HTTP 定义了广泛的可能的请求操作，包括允许把一个网页发送给服务器的写（write）操作，但最常用的两种操作是 GET（获取指定的网页）和 HEAD（获取指定网页的状态信息）。前者显然在浏览器想获取和显示一个网页时使用。后者用来测试一个超文本链接的合法性或者查看一个特定网页在上次浏览器获取后是否被修改过。表 9-1 总结了全部操作。POST 命令引起了因特网上的很多恶作剧（包括垃圾邮件），这听起来很无辜。

表 9-1　HTTP 请求操作

操作	描述
OPTIONS	请求关于可用选项的信息
GET	获得由 URL 标识的文档
HEAD	获得由 URL 标识的文档的状态信息
POST	递交信息（如注释）到服务器
PUT	在指定的 URL 下存储文档
DELETE	删除指定的 URL
TRACE	回送请求报文
CONNECT	由代理使用

例如，START_LINE

```
GET http://www.cs.princeton.edu/index.html
HTTP/1.1
```

说明客户想要让主机 www.cs.princeton.edu 上的服务器返回一个名为 index.html 的网页。这个例子使用的是绝对的（absolute）URL。也有可能使用相对的（relative）标识并在 MESSAGE-HEADER 行中指定主机名，比如，

```
GET index.html HTTP/1.1
Host: www.cs.princeton.edu
```

其中 Host 是可能的 MESSAGE_HEADER 字段之一，这些字段中更有趣的是 If-Modified-Since，它给出一种使客户有条件地请求一个网页的办法，即只有在首部行指定的时间以后有人修改过该网页时，服务器才返回该网页。

2. 应答报文

像请求报文一样，应答报文也以一个 START_LINE 行作为开始。在这种情况下，此行说明所使用的 HTTP 版本，三位代码指示请求是否成功，并且用一个文本串给出这种应答的原因。例如：START_LINE

```
HTTP/1.1 202 Accepted
```

指出服务器能够满足要求，而

```
HTTP/1.1 404 Not Found
```

指出因为网页没有找到而不能满足该请求。应答代码有五种通用类型，代码的第一位指明其类型。表 9-2 总结了五种代码。

表 9-2　HTTP 的五类结果代码

代码	类型	原因示例
1xx	信息	接收请求，继续处理
2xx	成功	行为被成功接收、理解和接受
3xx	重定向	为完成请求所需的进一步的行为
4xx	客户错误	请求语法错或请求不能实施
5xx	服务器错误	服务器不能应答一个显然有效的请求

就像 POST 请求报文那些意料之外的结果一样，有时人们会惊讶于实际中如何使用不同的应答报文。例如，通过将请求重定向到附近的缓存，请求重定向（特定代码是302）成为在内容分发网络（Content Distribution Network，CDN）中扮演重要角色的强大机制。

与请求报文类似，应答报文也能包含一个或多个 MESSAGE_HEADER 行。这些行传递返回给客户的附加信息。例如 Location 首部行说明所请求的 URL 在另一个位置是可用的。因此，如果普林斯顿大学计算机科学系的网页已经从 http://www.cs.princeton.edu/index.html 移到了 http://www.princeton.edu/cs/index.html，则原来地址的服务器可以应答如下：

```
HTTP/1.1 301 Moved Permanently
Location: http://www.princeton.edu/cs/index.html
```

通常情况下，应答报文也将携带请求的页面。这个页面是一个 HTML 文档，但是因为它可以带有非文本数据（如 GIF 图像），所以使用 MIME 编码（见上一节）。某些 MESSAGE_HEADER 行给出页面内容的属性，包括 Content-Length（内容的字节数）、

Expires（内容失效的时间）和 Last-Modified（内容在服务器上最后被修改的时间）。

3. 统一资源标识符

被 HTTP 用作地址的 URL 是统一资源标识符（Uniform Resource Identifier，URI）的一种。URI 是一个标识资源的字符串，资源可以是具有标识的文档、图像或服务等任何内容。

URI 的格式可以集成多种更专用的资源标识符。URI 的第一部分是大纲（scheme），它命名表示特定种类的资源的特定方法，如将 mailto 用于电子邮件地址，将 file 用于文件名。URI 的第二部分与第一部分由分号隔开，是特定于大纲的部分（scheme-specific part）。它是符合大纲的资源标识符，例如 URI mailto:santa@northpole.org 和 file:///C:/foo.html。

资源不必可获取或可访问。我们看一个前面章节中的例子，可扩展标记语言（XML）命名空间是由类似 URL 的 URI 标识的，但严格地讲，它们并不是定位符（locator），因为它们并没有告诉你如何定位任何内容，它们只是为那个命名空间提供一个全球唯一的标识符。作为 XML 文档的目标命名空间的 URI 无须提供任何内容。我们将在后面的章节中看到另一个非 URL 的 URI 实例。

4. TCP 连接

HTTP 的最初版本（1.0）分别为每一个从服务器获取的数据项建立一个单独的 TCP 连接。不难看到这是一种低效的机制：即使客户想做的只是检验网页内容是否为最新的，也不得不在客户端和服务器之间交换建立连接和断开连接的报文。所以，获取一个包括一些文本和 12 个图标或其他小图像的网页将导致建立和关闭 13 个独立的 TCP 连接。图 9-4 显示了获取只有一个嵌入对象的页面的事件序列。灰线表示 TCP 报文，而黑线表示 HTTP 请求和应答。（有些 TCP ACK 没有显示出来，以防止图变得混乱。）可以看到，两个往返时间用于建立 TCP 连接，而另外（至少）两个往返时间用于获取页面和图像。除了延迟

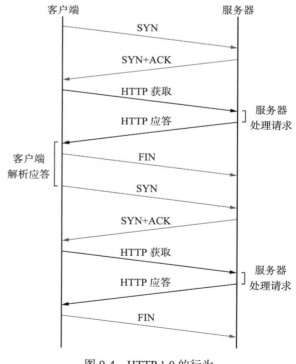

图 9-4　HTTP 1.0 的行为

的影响，服务器上也有用于处理额外 TCP 连接建立和终止的开销。

为了改变这种情况，HTTP 版本 1.1 引入了持久连接（persistent connection），即客

户端和服务器能够在同一个 TCP 连接上交换多个请求 / 应答报文。持久连接有许多优点。第一，它明显消除了建立连接的开销，从而降低服务器负载、因额外的 TCP 分组所引起的网络负载以及用户可察觉的延迟。第二，因为用户可在一个 TCP 连接上传送多个请求报文，所以 TCP 拥塞窗口机制也能更有效地工作。这是因为它不需要为每个页面经历慢启动阶段。图 9-5 显示了图 9-4 中的事务在连接已经打开（这可能是由于前面访问过同一台服务器）的情况下使用一个持久连接。

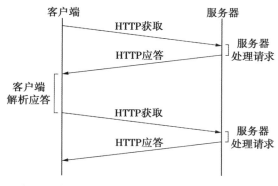

图 9-5　HTTP 1.1 的持久连接行为

然而，持久连接并不是无代价的，问题是客户端和服务器都不一定知道一个 TCP 连接需要保持多长时间。这对于服务器来说更为关键，它可能被要求为上千个客户端保持打开的连接。解决方案是服务器必须设一个时间间隔，并关闭那些在一定时间内没有收到请求报文的连接。另外，不管是客户端还是服务器，都必须观察另一端是否已选择关闭连接，而且它们必须使用该信息作为关闭本端连接的信号。（回忆一下，必须两端都关闭了一个 TCP 连接之后，TCP 连接才会完全终止。）对这个问题的考虑增加了复杂性，这可能是没有一开始就使用持久连接的原因，但现在人们普遍认为持久连接的优点比缺点多。

虽然 1.1 版仍然得到广泛支持，但 IETF 于 2015 年正式批准了一个新版本（2.0），称为 HTTP/2。新版本向后兼容 1.1（即采用相同的语法用于首部字段、状态码和 URI），但增加了两个新功能。

第一个是使 Web 服务器更容易压缩它们发送回 Web 浏览器的信息。如果仔细查看网页中 HTML 的组成，你会发现浏览器呈现页面所需的对其他零碎部分（例如图像、脚本、样式文件）的大量引用。HTTP/2 不强制客户端在后续请求中请求这些零碎部分（技术上称为资源），相反，它为服务器提供了一种方法来捆绑所需的资源并主动将它们推送到客户端，以减少客户请求它们所需的往返时间。此功能与压缩机制相结合，可减少需要推送的字节数。总目标是最大限度地减少最终用户从单击超链接到所选页面完全呈现的延迟。

HTTP/2 的第二大进步是在单个 TCP 连接上多路复用多个请求。这超出了 1.1 版所支持的范围——允许请求按次序重用 TCP 连接，HTTP/2 允许这些请求相互重叠。HTTP/2 这样做的方式我们应该很熟悉：它定义了一个通道抽象（技术上，通道被称为流），允许多个并发流在给定时间处于活动状态（每个流都标有唯一的流 ID），并限制每个流在任何时刻仅用于一个活动的请求 / 应答交换。

5. 缓存

使 Web 更好用的一个重要实现策略是缓存 Web 页面。缓存有很多好处。从客户的角度来看，可以从附近的缓存中检索的页面比必须从世界各地获取的页面显示得更快。从服务器的角度来看，用缓存拦截并满足请求可以减少服务器的负载。

可在不同地方实现缓存。例如，用户浏览器可缓存近来访问过的页面，如果用户再次访问该网页，则简单地显示缓存的页面。另一个例子是网站可支持一种单一网站范围的缓存，它允许用户使用其他用户以前下载的网页。靠近因特网的中间的 ISP 可以缓存页面[⊖]。注意，在第二种情况下，网站内的用户很可能知道哪台计算机正在为网站缓存网页，他们可配置自己的浏览器直接连接到缓存主机。这种节点有时称为代理（proxy）。相反，连接到 ISP 的网站可能并不知道 ISP 正在缓存网页，这可能发生在来自各个网站的 HTTP 请求恰好通过一个公共 ISP 路由器的情况下。路由器读取流经的请求报文，并查看所请求网页的 URL。如果网页已在缓存中，则返回它；如果不在，将请求转发到服务器，并监视反方向而至的应答。当它到来时，路由器将保存它的拷贝以希望能满足以后的请求。

无论将网页缓存在哪里，重要的是缓存网页的能力，因此 HTTP 的设计目标之一是使缓存更加容易。难点在于缓存需要确保不用过期的网页来应答。例如，服务器为每个送回客户端（或在服务器和客户端间的缓存）的网页指定一个截止日期（首部字段 Expires）。缓存记住这一日期，并且知道在到期前都不需要再检查网页。到期后（或者如果没有设置该首部字段），缓存可使用 HEAD 或有条件的 GET 操作（有 If-Modified-Since 首部行的 GET）去验证它有没有该网页的最新拷贝。更常见的情况是，在整个请求 / 应答链上，所有缓存机制必须遵守一组缓存指示（cache directive），这些指示说明一个文档是否能被缓存、可缓存多长时间、必须有多新，等等。我们将在后续章节讨论 CDN（CDN 是高效的分布式缓存）的相关问题。

9.1.3 Web 服务

截至目前，我们已经研究的大部分应用都包含人类与计算机之间的交互。例如，用户用 Web 浏览器与一台服务器交互，交互通过对来自用户的输入（如单击链接）给出应答而进行。然而，对计算机到计算机的直接交互的需求越来越多。并且，就像前面讲到的应用需要协议一样，直接通信的应用程序之间也需要协议。在本节中，我们将着眼于

⊖ 这种缓存存在很多问题，从技术问题到管理问题都有涉及。技术挑战的一个例子是当发给服务器的请求与发给客户的应答不使用相同的路由器序列时，非对称路径将产生的影响。

构建大量应用到应用协议所面临的挑战以及一些解决方案。

　　使应用程序之间直接通信的主要推动力来自商业领域。历史上，企业（商业或其他组织）之间的交互曾包含一些人工步骤，如填写订单或打电话确认某个商品是否有库存。即使在一个企业内，因独立开发而不能直接交互的软件系统之间包含人工步骤也是很常见的。这种人工交互正渐渐地被应用之间的直接交互所取代。企业 A 的一个订单应用可能会发送一条报文到企业 B 的配货应用，配货应用会立即给出回应来说明是否能够满足订单。如果 B 无法满足该订单，A 的应用会立即从另一个提供商那里订货或请多个提供商竞标。

　　这里给出一个有关我们正在讨论的话题的简单例子。假设你从 Amazon 买了一本书。一旦你的书被寄出以后，Amazon 会用电子邮件给你发送一个跟踪号码，然后你会转为使用航运公司的网站（也许是 http://www.fedex.com）跟踪包裹。然而，你也可以直接通过 Amazon.com 网站来跟踪包裹。为了实现这个功能，Amazon 必须用联邦快递（FedEx）能够理解的格式向 FedEx 发送查询，然后解释结果，并在一个可能包含订单其他信息的网页中显示该结果。在用户能够立即在 Amazon.com 网页上得到有关订单的所有信息的背后是 Amazon 与 FedEx 必须有一个用于交换跟踪包裹所需要信息的协议——称为包裹跟踪协议（Package Tracking Protocol）。应该清楚的一点是对于很多潜在的这类协议，我们最好有一些工具来简化定义及构建它们的任务。

　　网络应用，甚至那些跨越组织边界的应用，并不是新事物——前一节中的电子邮件和 Web 浏览器就是两个例子。这个问题的一个新着眼点是规模，不是网络大小的规模，而是不同类型的网络应用的规模，诸如电子邮件和文件传输等传统应用的协议规范和实现一般是由网络专家小组开发的。为了可以迅速开发大量潜在的网络应用，有必要推出一些能够简化和自动化应用协议设计和实现的技术。

　　人们已经提出了两个体系结构作为该问题的解决方案。这两个体系结构都称为 Web 服务（Web Service）。这个名字取自一个术语，指为客户端应用提供远程访问服务从而构成网络应用的单个应用。不幸的是，Web 服务听起来太通用了，以至于很多人会错误地认为它包括与 Web 相关的任何服务。用于区分这两种 Web 服务体系结构的两个非正式的简写是 SOAP 和 REST。我们将简要讨论那些术语的含义。

　　SOAP 体系结构解决该问题的方法是至少在理论上使得为每一个网络应用定制协议成为可能。这个方法的关键组件包括一个协议规范框架、根据协议规范自动产生协议实现的软件工具，以及可以在协议间重用的模块化的部分规范。

　　REST 体系结构解决该问题的方法是将单个 Web 服务当作万维网资源——用 URI 标识，通过 HTTP 访问。从本质上讲，REST 体系结构只是 Web 体系结构。Web 体系结构的长处包括稳定性和可扩展性（在网络大小的意义上）。HTTP 不能很好地适应调用远程服务的一般过程性模式或面向操作的模式，这可以认为是它的一个弱点。然而 REST 的支持者认为丰富的服务能够通过使用对 HTTP 更适用的面向数据的模式或文档传递模式进行发布。

1. 定制应用协议（WSDL、SOAP）

被称为 SOAP 的体系结构基于 Web 服务描述语言（Web Services Description Language，WSDL）和 SOAP[⊖]。这两个标准都是由万维网联盟（World Wide Web Consortium，W3C）发布的。这就是人们通常在没有任何限定语的情况下使用术语 Web 服务时所表示的体系结构。这些标准现在依然在迅速发展，我们在这里的讨论实际上是一个简况。

WSDL 和 SOAP 分别是用于说明和实现应用协议和传输协议的框架。它们通常一起使用，虽然并非必须如此。WSDL 用于说明与应用相关的细节，如支持什么操作，用于调用或应答那些操作的应用数据的格式，以及操作是否包含应答。SOAP 的作用是使定义传输协议变得简单，这个协议的语义具有所期望的（诸如可靠性和安全性方面）特征。

WSDL 和 SOAP 主要是由协议规范语言组成。它们都基于 XML，并兼顾对诸如桩编译器和目录服务等的使用。在有很多定制协议的环境中，对自动产生实现以避免手动实现每一个协议的支持是很关键的。支持软件一般采用第三方厂商开发的工具包和应用服务器的形式，这就允许单个 Web 服务的开发者能够更多地专注于他们需要解决的业务问题（如跟踪客户所购买的包裹）。

2. 定义应用协议

WSDL 选择应用协议的过程操作模型。抽象的 Web 服务接口由一组被命名的操作组成，每一个操作代表客户与 Web 服务之间的简单交互。操作类似于 RPC 系统中的可远程调用的过程。来自 W3C 的 WSDL 的一个入门示例是旅馆预订 Web 服务，包括 CheckAvailability 和 MakeReservation 两个操作。

每一个操作描述了给出报文传输序列的报文交换模式（Message Exchange Pattern，MEP），包括当有错误打断了报文流后要发送的默认报文。已经预定义了几个 MEP，也可以定义新的用户 MEP，但在实际中好像只有两个 MEP 正在使用：In-Only（从客户端发到服务器的一条报文）和 In-Out（来自客户端的一个请求和来自服务器的应答）。这些模式应该非常常见，但也暗示支持 MEP 灵活性的代价可能超过了其带来的好处。

MEP 是具有占位符而非特定的报文类型或格式的模板，因此操作定义中的一部分要指明用哪些报文格式映射到模板中的占位符。报文格式的定义不像我们已经讨论的协议格式一样定义在比特级，而是定义为使用 XML 的抽象数据模型。XML 大纲提供了一个基本数据类型集以及定义复合数据类型的方法。符合 XML 大纲定义的格式（抽象数据模型）的数据能够用 XML 具体地表示，或者可以使用另一种表示方法，如"二进制"表示快速信息集。

WSDL 巧妙地将能够抽象描述的协议部分（操作、MEP、抽象报文格式）与必须具体定义的部分分开。WSDL 的具体部分定义了一个底层协议（MEP 如何映射到协议）以

及报文在线上传输时使用什么比特级的表示。这部分协议称为绑定（binding），虽然将其描述为一个实现或一个到实现的映射更好。WSDL 已经为 HTTP 和基于 SOAP 的协议预定义了绑定，也包括一些参数，以便协议设计者可调节到协议的映射。WSDL 有一个用于定义新绑定的框架，但 SOAP 占主导地位。

WSDL 减轻定义大量协议的工作量的关键是复用基本的规范模块。Web 服务的 WSDL 规范可能由多个 WSDL 文档组成，而单个 WSDL 文档也可用于其他 Web 服务规范。这种模块化使得开发规范更简单，并且能够很容易地确认两个规范是否有相同的组件（它们可以由相同的工具来支持）以及那些组件是否真的相同。这种模块化以及 WSDL 的默认规则也有助于避免规范对于协议设计者来说太冗长。

对于开发过中等规模软件的人来说，应该很熟悉 WSDL 模块化。一个 WSDL 文档没有必要是一个完整的规范，例如，它可以只定义一个报文格式。部分规范通过 XML 命名空间被唯一标识，每一个 WSDL 文档指明一个目标命名空间（target namespace）的 URI，文档中的任何新定义都在那个命名空间中命名。一个 WSDL 文档可以通过包含（including）第二个有相同目标命名空间的文档或导入（importing）有不同目标命名空间的文档来集成其中的组件。

3. 定义传输协议

虽然 SOAP 经常被称为一个协议，但最好将其看成一个协议族的基础或者一个定义协议的框架。正如 SOAP 1.2 规范中的解释，"SOAP 提供了一个简单的报文框架，其核心功能是提供可扩展性。"SOAP 使用许多与 WSDL 相同的策略，包括用 XML 大纲定义报文格式、到底层协议的绑定、MEP 和用 XML 命名空间标识的可重用规范组件。

SOAP 用于定义具有支持特定应用协议所需的特性的传输协议。SOAP 的目标是使得使用可复用组件定义大量协议变得可行。每个组件记录实现一个特性需要的首部信息和逻辑。为了定义一个具有特定特性集的协议，只需要组合相应的组件。让我们更进一步看看 SOAP 的这个方面。

SOAP 1.2 引入了特性（feature）抽象，其描述如下：

SOAP 特性是 SOAP 报文框架的扩展。SOAP 并没限制潜在特性的范围，特性的例子包括"可靠性"（reliability）、"安全性"（security）、"相互关系"（correlation）、"路由"（routing）和报文交换模式（Message Exchange Patterns，MEP），诸如请求 / 应答、单向和对等会话。

SOAP 特性规范必须包括：

- 一个标识该特性的 URI。
- 抽象描述的状态信息和处理过程，每个 SOAP 节点实现该特性时需要这些信息。
- 传递到下一个节点的信息。
- 如果该特性是 MEP，那么需要被交换报文的生命周期和临时关系 / 因果关系（例如，应答跟在请求之后，并且被发送到请求的发起者）。

注意，这种协议特性概念的形式化是非常底层的，它几乎就是一个设计。

对给定的一个特性集合，有两种策略可定义实现这些特性的 SOAP。一种是分层：以派生特性的方式将 SOAP 绑定到底层协议。例如，我们通过将 SOAP 绑定到 HTTP 来获得一个请求 / 应答协议，将 SOAP 请求放在 HTTP 请求中，将 SOAP 应答放在 HTTP 应答中。这是一个非常常见的例子，SOAP 已经预定义为与 HTTP 绑定，新的绑定可以通过使用 SOAP 绑定框架来定义。

另一种更灵活的实现特性的方式包含首部块（header block）。SOAP 报文由信封和主体组成，信封包含由首部块组成的首部，主体包含发给最终接收者的载荷。该报文的结构在图 9-6 中进行了说明。

图 9-6　SOAP 报文的结构

现在，某些首部信息对应特定的特性应该是一个熟悉的说法。数字签名用于实现认证，序列号用于可靠性，校验和用于检测报文错误。SOAP 首部块的目的是封装对应特定特性的首部信息。这种对应不总是一对一的；一个特性可能涉及多个首部块，或者一个首部块用于多个特性。SOAP 模块（module）是针对一个或多个首部块的语法和语义的规范。每一个模块用于提供一个或多个特性，并且必须声明它所实现的特性。

SOAP 模块的目标是能够通过简单地包含每个相关的模块规范来构成一个具有一组特性的协议。如果协议需要至多一次语义和认证，那么就把对应的模块包含在规范中。这展示了一种协议服务模块化的巧妙方法，是我们在整本书中看到的协议分层方法的替代方法。它有点像以结构化的方法将一系列协议层扁平化为一个协议。至于 SOAP 1.2 中引入的 SOAP 特性和模块在实践中工作的如何还有待考察。这种方案的一个主要弱点是模块之间可能会互相干扰。模块规范需要指明所有与其他 SOAP 模块的已知（known）交互，但显然这对于解决问题没有太大帮助。另一方面，提供了最重要特征的核心特性及模块的集合可能足够小而被熟知和充分理解。

4. Web 服务协议的标准化

WSDL 和 SOAP 不是协议，它们是用于规范（specifying）协议的标准。对于相互协作来实现 Web 服务的不同企业，只在使用 WSDL 和 SOAP 来定义它们的协议这一点上达成一致还是不够的，它们必须在具体协议上达成一致——即标准化。例如，继续讨论在本节开头提到的简单的包裹跟踪示例，你可以想象在线零售商和航运公司可能希望标准化一个它们用来交换信息的协议。标准化对于工具支持和互操作都是很关键的。然而，这个体系结构中不同的网络应用至少在报文格式和所使用的操作方面存在差异。

对于标准化与定制之间的矛盾，正在通过建立称为概要（profile）的局部标准来解决。概要是一个指南集合，用于在定义协议时缩小或限制所参考的 WSDL、SOAP 和其他标准的选择范围。它们同时也会解决那些标准之间的含混和差距。在实际中，概要通常标准化正在出现的事实标准。

应用最广和最多的概要是 WS-I 基本概要（WS-I Basic Profile）。该概要是由 Web 服务互操作组织（Web Services Interoperability Organization，WS-I）提出的，它是一个行业联盟，而 WSDL 和 SOAP 是由万维网联盟（World Wide Web Consortium，W3C）定义的。基本概要解决了定义 Web 服务时所面临的最基本的选择问题。最值得注意的是，它要求 WSDL 只能与 SOAP 绑定，SOAP 只能与 HTTP 绑定，并且使用 HTTP 的 POST 方法。它还指定了必须使用的 WSDL 和 SOAP 的版本。

WS-I 基本安全概要（WS-I Basic Security Profile）通过规定如何使用 SSL/TLS 层以及要求遵循 WS 安全（WS-Security，Web 服务安全）来为基本概要增加安全限制。WS 安全说明了如何使用各种不同的现有技术（如 X.509 公钥证书和 Kerberos）为 SOAP 提供安全特性。

WS 安全只是一套由行业联盟结构化信息标准发展组织（Organization for the Advancement of Structured Information Standards，OASIS）建立的不断扩大的 SOAP 级标准中的第一个。这些标准统称为 WS-*，包括 WS-Reliability、WS-ReliableMessaging、WS-Coordination 和 WS-AtomicTransaction。

5. 一个通用的应用协议（REST）

WSDL/SOAP Web 服务体系结构的基本假设是，集成网络应用的最好方法是使用为每一个应用定制的协议；它的设计目标是使得定义和实现那些协议成为可能。与之相比，REST Web 服务体系结构的基本假设是，集成网络应用的最好方法是应用万维网体系架构的底层模型。这个模型是由 Web 体系架构师 Roy Fielding 发表的，称为表述性状态转移（REpresentational State Transfer，REST）。没有必要为 Web 服务定义一个新的 REST 结构——现有的结构是适用的，虽然可能需要做一些扩展。在 Web 体系结构中，单个 Web 服务被看作用 URI 标识并通过 HTTP 访问的资源——带有单一通用寻址方案的单一通用应用协议。

WSDL 有用户定义的操作，而 REST 只有一个很小的 HTTP 方法集，如 GET 和 POST（见表 9-1）。那么这些简单方法如何为丰富的 Web 服务提供接口？通过使用 REST 模型，复杂性从协议转移到载荷。载荷是资源抽象状态的表示。例如，GET 会返回资源当前状态的表示，POST 则会发送资源的一个期望状态的表示。

资源状态的表示是抽象的，它没有必要模仿一个 Web 服务实例实际上是如何实现该资源的。没有必要在每一条报文中传递完整的报文状态。可以通过只传递感兴趣的（如，只传递正在被修改的部分）状态来减小报文的大小。并且，因为 Web 服务与其他 Web 资源共享一个协议和地址空间，所以部分状态能够通过引用（通过 URI）传递，即使这些状态属于其他 Web 服务。

这种方法最好被总结为与过程模式相对的面向数据或文档的传递模式。在这种体系结构中定义应用协议由定义文档结构（即状态表示）组成。XML 和更轻载的 JavaScript

对象表示法（JavaScript Object Notation，JSON）是最常用的状态表示语言。互操作依赖于 Web 服务与其客户对状态表示的协商。当然，在 SOAP 结构中也是这样的，Web 服务和其客户必须在载荷格式上达成一致。不同的是，在 SOAP 结构中，互操作性还依赖于对协议的协商。在 REST 结构中，协议总是 HTTP，因此互操作问题的源头被消除了。

REST 的卖点之一是它利用了用于支持 Web 的基础设施。例如，Web 代理能够实施安全机制或缓存信息。现有的内容分发网络（CDN）可用于支持 REST 应用。

与 WSDL/SOAP 相比，Web 已经历经了一段时间来使得标准变得稳定并证明它具有良好的可扩展性。它还以 SSL/TLS 的形式提供了安全性。Web 和 REST 在可发展性上也有优势。虽然 WSDL 和 SOAP 框架（framework）在定义协议时能够添加新特性，且在绑定方面高度灵活，但一旦协议被定义，这种灵活性就不相关了。例如，标准化的 HTTP 协议在设计时就要以后向兼容的方式提供可扩展性。HTTP 本身的可扩展性以首部、新方法和新内容类型的方式提供。使用 WSDL/SOAP 的协议设计者需要在每一个定制协议的设计中提供可扩展性。当然，REST 体系结构中的状态表示的设计者也要在设计中提供可发展性。

WSDL/SOAP 可能具有优势的领域是修改或包装传统应用，使之符合 Web 服务。这是非常重要的一点，因为至少在不久的将来，大部分 Web 服务还是基于传统应用的。这些应用通常具有过程化的接口，更容易映射为 WSDL 操作而不是 REST 状态。REST 与 WSDL/SOAP 的竞争可能与为单个 Web 服务设计 REST 风格接口的难易程度息息相关。我们可能会发现有些 Web 服务用 WSDL/SOAP 更好，而其他的则用 REST 更好。

实验十四

实验十五

在线零售商 Amazon.com 恰好是 Web 服务的一个早期（2002 年）采纳者。有趣的是，Amazon 通过这两种 Web 服务体系结构来提供系统的公共访问。根据一些报告，绝大多数开发人员使用 REST 接口。当然，这只是一个可能很好地反映了 Amazon 特定因素的数据点。

6. 从 Web 服务到云服务

如果当实现我的应用程序的 Web 服务器向实现你的应用程序的 Web 服务器发送请求时，我们称之为 Web 服务；那么当我们都将应用程序放在云中，以便它们能够支持可伸缩的工作负载时，我们称之为什么？如果愿意，我们可以将这两种服务都称为云服务，但这是没有区别的吗？视情况而定。

将服务器进程从运行在机房中的物理机移动到运行在云提供商数据中心中的虚拟机，将保持机器运行的责任从系统管理员转移到云提供商的运营团队，但应用程序仍然是根据 Web 服务体系结构设计的。另一方面，如果应用程序从零开始设计以便在可伸缩的云平台上运行，例如通过遵循微服务体系结构，那么我们就说应用程序是云本地的。因此，重要的区别在于云本地服务与部署在云中的遗留 Web 服务。

在描述 gRPC 时，我们在第 5 章中简要地了解了微服务体系结构，尽管很难确切地说微服务优于 Web 服务，但目前的行业趋势几乎肯定倾向于前者。更有趣的是，关于

REST+Json 和 gRPC+Protbufs 之间哪一个应作为实现微服务的首选 RPC 机制的争论正在进行中。请记住，两者都是在 HTTP 之上运行的，我们将其作为习题留给读者选择一方并进行辩护。

9.2 多媒体应用

正如前一节的传统应用一样，像音频和视频会议那样的多媒体应用需要自己的协议。在设计多媒体应用协议方面的许多经验来自 MBone 工具集，诸如用于 MBone 的 vat 和 vic 之类的应用，MBone 是以支持 IP 多播来实现多方会议的覆盖网络。（下一节将详细介绍覆盖网络，包括 MBone。）开始时，每个应用实现自己的协议（或协议族），但显然，许多多媒体应用有共同的需求。这最终导致开发用于多媒体应用的一些通用协议。

我们已经看到了很多多媒体应用使用的协议。实时传输协议（Real-time Transport Protocol，RTP）提供了多媒体应用的共同需要功能，如传递定时信息、标识应用的编码机制和媒体类型。

资源预留协议（Resource Reservation Protocol，RSVP）用于在网络上请求分配资源，以便能够为一个应用提供所期望的服务质量（QoS）。我们将在本节中看到资源分配如何与多媒体应用的其他方面交互。

除了用于多媒体传输和资源分配的这些协议，许多多媒体应用还需要会话控制（session control）协议。例如，假设我们希望打一个跨越因特网的电话（Voice over IP，VoIP）。我们需要某种机制去通知本次呼叫的接收方，即我们想要与之通话的对方。比如，通过向对方的某个多媒体设备送出一个报文使之发出铃声。我们也希望支持类似于呼叫转移和三方呼叫等特性。会话初始化协议（Session Initiation Protocol，SIP）和 H.323 就是解决会话控制问题的协议的例子，我们将以分析这些协议作为讨论多媒体应用的开始。

9.2.1 会话控制和呼叫控制（SDP、SIP、H.323）

为了理解会话控制的相关问题，考虑以下问题。假设你想在某个时间为广大参与者举办一次视频会议，也许你已决定使用 MPEG-2 标准为视频流编码，使用多播 IP 地址 224.1.1.1 传输数据，并且在端口号为 4000 的 UDP 之上使用 RTP 发送信息。你将如何把这些信息通知所有预期的与会者呢？一种方法是将所有信息放在电子邮件中送出，但理想的情况是有一种传播这种信息的标准格式和协议。IETF 已经定义了用于此目的的协议，包括：

- 会话描述协议（Session Description Protocol，SDP）。
- 会话发布协议（Session Announcement Protocol，SAP）。
- 会话初始化协议（Session Initiation Protocol，SIP）。

- 简单会议控制协议（Simple Conference Control Protocol，SCCP）。

你可能认为这是为看似简单的任务准备的许多协议，但是这个问题有多个方面和不同的情况需要解决。例如，MBone 上将举行的某次会议会话（这可以用 SDP 和 SAP 来完成）和试图在一个特定的时间与某个用户发起因特网电话呼叫（这可以用 SDP 和 SIP 来完成）之间存在差别。对于前者，一旦你将所有会话信息以标准格式送到一个众所周知的多播地址，就可以认为你的工作完成了。而对于后者，你需要定位一个或多个用户，给他们发一条报文来通知你想通话的愿望（类似于拨通他们的电话），并且可能要在各方中协商一个合适的音频编码。我们首先看 SDP，许多应用都使用它，然后再看 SIP，它正渐渐被很多交互式应用所广泛使用，比如因特网电话。

1. 会话描述协议（SDP）

会话描述协议（SDP）是一个相当通用的协议，能用于多种场景，通常与一个或多个其他协议（如 SIP）联合使用，它传达如下信息：

- 会话的名字和目的。
- 会话的开始和结束时间。
- 会话包含的媒体类型（如音频、视频）。
- 接收会话所需的细节信息（如数据将被传送到的多播地址、所用到的传输协议、端口号、编码方案）。

SDP 使用一系列 ASCII 格式的文本行来提供这些信息，每一行的形式为〈 type 〉=〈 value 〉(〈类型〉=〈值〉)。以下用一条示例报文来解释 SDP 的要点。

```
v=0
o=larry 2890844526 2890842807 IN IP4 128.112.136.10
s=Networking 101
i=A class on computer networking
u=http://www.cs.princeton.edu/
e=larry@cs.princeton.edu
c=IN IP4 224.2.17.12/127
t=2873397496 2873404696
m=audio 49170 RTP/AVP 0
m=video 51372 RTP/AVP 31
m=application 32416 udp wb
```

注意，SDP 像 HTML 一样很容易阅读，但同时其严格的格式化规则使计算机能清晰地解释数据。例如，SDP 规范定义所有允许出现的信息类型、信息呈现次序以及每种被定义的类型的格式和保留字。

首先注意到每种信息类型由单个字符标识。例如，行 v=0 告诉我们"版本"号的值是 0（就是说，这个报文的格式符合 SDP 版本 0 的规范）。下一行提供会话的"源"，它含有足够多的信息以唯一标识该会话。其中，larry 是会话创建者的用户名，128.112.136.10 是他的计算机的 IP 地址。跟随在 larry 后面的数字是会话标识符，它对于那台机器来说是唯一的。接下来是 SDP 通知的"版本"号，如果会话信息被后来的报文更新，版本号将增加。

接下来的三行（i、s 和 u）提供了会话的名字、会话的描述和会话的统一资源标识符（URI，在本章的前面介绍过），这些信息有助于用户决定是否参与本次会话。这样的信息将显示在用户的会话目录工具界面上，以表明现在和即将来临的已经用 SDP 通知的事件。下一行（e =...）含有某个与本次会话有关的人的电子邮件地址。图 9-7 显示了一种称为 sdr 的会话目录工具的屏幕画面（现在过时了）以及在截取画面时已经通知的若干会话的描述。

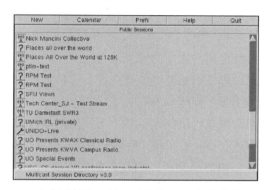

图 9-7　一个会话目录工具显示的从 SDP 报文中摘录的信息

下面我们将讨论使一个应用程序能够参与会话的技术细节。以 c = ... 开始的行提供这个会话的数据将要发往的 IP 多播地址，用户需要加入这个多播组才能接收会话。接下来我们看到的是会话的开始和结束时间（根据网络时间协议 NTP 被编码为整数）。最后得到有关本次会话的媒体信息。本次会话有三种可用的媒体类型——音频、视频以及称为"wb"的共享白板应用。对每种媒体类型都有如下格式的信息行：

```
m=<media> <port> <transport> <format>
```

媒体类型是自解释的，而端口号在多种情况下是指 UDP 端口。当我们看"传输"字段时，能看出 wb 应用直接运行在 UDP 之上，而音频和视频使用"RTP/AVP"传输。这意味着它们运行在 RTP 上并且使用称为 AVP 的应用概要（application profile）。这个概要为音频和视频定义一些不同的编码方案，这里我们能看到，音频使用编码 0（使用一种 8 kHz 的采样频率和每样本 8 比特的编码），视频使用编码 31，代表 H.261 编码方案。这些编码方案的"神奇的数字"在定义 AVP 概要的 RFC 中定义。在 SDP 中也可以描述非标准的编码方案。

最后我们来看"wb"媒体类型的描述。这种数据的所有编码信息都是特定于 wb 应用的，因此在格式字段提供应用的名字就足够了。这类似于将应用 application/wb 放入一条 MIME 报文中。

现在我们已经知道了如何描述会话，可以继续关注如何初始化会话。一种办法是使用 SDP 向一个众所周知的多播地址送出 SDP 报文以通告多媒体会议。显示在图 9-7 中的会话目录工具负责加入多播组，并且从接收到的 SDP 报文中收集和显示信息。SDP 也用于传输 IP 娱乐视频（通常称为 IPTV），用于提供每个电视频道中视频内容的相关信息。

SDP 也在与会话初始化协议（SIP）的合作中扮演重要角色。由于 IP 语音（即 IP 网络上类似电话的应用）和基于 IP 的视频会议的普及，因此 SIP 现在已经成为互联网协议族的重要组成部分。

2. SIP

SIP 是一个与 HTTP 有点类似的应用层协议，基于相似的请求 / 应答模式。然而，它是为不同种类的应用设计的，因而它提供与 HTTP 截然不同的功能。SIP 所提供的功能可以分成五类：

- 用户定位：确定与特定用户通信的恰当设备。
- 用户可用性：确定用户是否愿意或能够参加一个特定的通信会话。
- 用户能力：确定采用哪种媒体和编码方案。
- 会话建立：建立会话参数，诸如通信各方所使用的端口号。
- 会话管理：包括传递会话（如实现"呼叫转移"）和修改会话参数等功能。

这些功能中的大部分都很容易理解，但定位问题需要进一步讨论。SIP 与 HTTP 之间的一个重要差别是 SIP 主要用于人与人的通信。因此，重要的是能定位用户（user）而不是计算机。与电子邮件系统不同，只定位用户会在今后某个日期访问的服务器并把报文留在那是不够的。如果想实现实时通信，我们就需要知道用户现在在什么地方。这一功能更复杂的方面在于用户可以选用一系列不同设备进行通信，例如，在办公室时使用桌面 PC 而旅行时使用手持设备。多种设备可能同时在线并且功能上差别巨大（如一个文字数字型寻呼机和一个基于 PC 的视频"电话"）。理想情况是，其他用户可以在任何时间定位适当的设备并与之通信。此外，用户必须还能控制何时、何地和接收何人的呼叫。

为了使用户对呼叫行使适当的控制，SIP 引入代理的概念。SIP 代理可以看作用户的联系点，用户可向它送出通信初始化请求。这些代理代表呼叫者完成各种功能。我们通过一个例子来看看代理如何以最佳的方式工作。

考虑图 9-8 中的两个用户。首先需要注意的是每个用户有一个 user@domain 格式的名字，很像电子邮件地址。当用户 Bruce 想要开始与 Larry 的会话时，他向他所在域的本地代理 cisco.com 发送他的初始化 SIP 报文。这条初始化报文含有一个 *SIP URI*——格式如下的统一资源标识符：

```
SIP:larry@princeton.edu
```

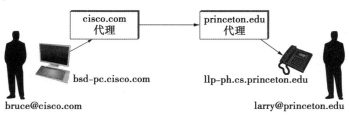

图 9-8　通过 SIP 代理建立通信

SIP URI 提供了用户的完整标识，但（不像 URL）不提供他的位置，因为位置可能随时变化。我们将马上看到如何确定用户的位置。

在接收到来自 Bruce 的初始化报文的基础上，代理查看 SIP URI 并且推断这一报文应该被代理。现在，我们假设代理已经访问了某些数据库，得到了从名字到目前 Larry 希望用于接收报文的一台或多台设备的 IP 地址的映射。代理能将报文转发到 Larry 选择的设备上。发送报文到多台设备上称为分支（forking）并且可用并行或串行方式完成（例如，如果他的座机不应答就发送到他的手机上）。

从 Bruce 到 Larry 的初始化报文很可能是一条 SIP invite 报文，它看上去与下述形式相似：

```
INVITE sip:larry@princeton.edu SIP/2.0
Via: SIP/2.0/UDP bsd-pc.cisco.com;branch=z9hG4bK433yte4
To: Larry <sip:larry@princeton.edu>
From: Bruce <sip:bruce@cisco.com>;tag=55123
Call-ID: xy745jj210re3@bsd-pc.cisco.com
CSeq: 271828 INVITE
Contact: <sip:bruce@bsd-pc.cisco.com>
Content-Type: application/sdp
Content-Length: 142
```

第一行标明：将要执行的功能的类型（invite）；执行功能所需的资源，即被调用方（sip:larry@princeton.edu）；以及协议的版本（2.0）。其后的首部行可能看上去眼熟，因为它们与电子邮件报文中的首部行有类似之处。SIP 定义了大量的首部行字段，这里只描述其中的一部分。注意本例的 Via: 首部标识了发送这一报文的设备。首部行 Content-Type: 和 Content-Length: 描述首部之后的报文内容，与 MIME 编码的电子邮件报文相同。在本例中，内容是一条会话描述协议（SDP）报文。这条报文将描述诸如 Bruce 与 Larry 想要交换的媒体类型（音频、视频等）及他所支持的其他编解码类型等会话属性。注意 SIP 的 Content-Type: 字段提供使用任何协议来完成任务的能力，尽管 SDP 是使用最普遍的协议。

再来看这个例子，当 invite 报文到达代理时，代理不仅向 princeton.edu 转发报文，它也应答 invite 的发出者。像在 HTTP 中一样，所有应答都有一个应答代码，并且代码的结构也类似于 HTTP。在图 9-9 中，我们能看到一系列 SIP 报文和应答。

在图 9-9 中的第一个应答报文是临时应答 100 trying，它表明报文已经被呼叫代理无差错接收。一旦 invite 被传送给 Larry 的手机，它将提醒 Larry 并且用 180 ringing 报文进行应答。这一报文到达 Bruce 的计算机后产生一个"振铃音"。假设 Larry 想要并且也能与 Bruce 通信，他就接通电话，这引起报文 200 OK 被送出。Bruce 的计算机以 ACK 应答，并且这时媒体（如一个 RTP 封装的音频流）开始在两个参与者之间流动。注意这时参与者知道彼此的地址，所以 ACK 能绕过代理而直接被发送。此时在通话中将不再涉及代理。注意，媒体一般将采取与原始信令报文不同的路径穿越网络。此外，即使一两个代理在此时瘫痪，通话仍能正常进行。最后，当一个参与者希望终止会话时，它送出 BYE 报文，在正常情况下引发 200 OK 应答。

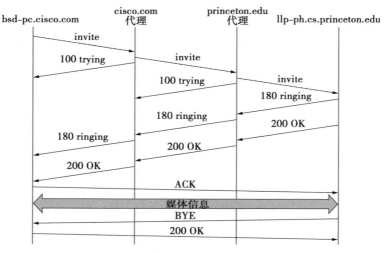

图 9-9　一个基本 SIP 会话的报文流

这里我们掩盖了一些细节。一个是会话特性的协商。也许 Bruce 本来想用音频和视频通信，但 Larry 的电话机仅支持音频。因而 Larry 的手机在考虑了 Bruce 的 invite 中建议的选项后在 200 OK 中送出一个描述 Larry 和他的设备能接受的会话属性。通过这种方法，在媒体流开始前，对彼此都可接受的会话参数达成一致。

我们掩盖的另一个大问题是定位 Larry 现在的设备。首先，Bruce 的计算机必须把它的 invite 送到代理 cisco.com。这可能是计算机内已配置的信息，或从 DHCP 得知。然后代理 cisco.com 必须找到代理 princeton.edu。这可以用某种特殊类型的 DNS 查询，它可以返回 princeton.edu 的 SIP 代理的 IP 地址。（我们在下一节讨论 DNS 如何实现这一点。）最后代理 princeton.edu 必须找到联系 Larry 所使用的设备。典型的做法是，代理服务器访问用某些方法建立的位置数据库。手工配置也是一种选择，但更灵活的选择是使用 SIP 的注册（registration）功能。

用户可通过发送一条 SIP register 报文到他域中的"注册处"注册一个位置服务。这条报文产生一个记录地址（address of record）与联系地址（contact address）之间的绑定。记录地址可能是 SIP URI 这样的知名地址（如 sip:larry@princeton.edu），而联系地址是当前能够找到用户的地址（如 sip:larry@llpph.cs.princeton.edu）。在我们的例子中，这种绑定正是代理 princeton.edu 所需要的。

注意一个用户可以在多个位置注册并且多个用户也可以注册在同一台设备上。例如，你能想象一组人步入装备一部 IP 电话的会议室，并且所有人都注册到这部电话上，以使他们能在电话上接收呼叫。

SIP 是一个非常丰富和灵活的协议，它能支持大量不同的复杂呼叫情况，也能支持那些与电话几乎无关的应用程序。例如，SIP 支持将呼叫转移到"音乐等待"或留言服务器的操作。如何将其用于像即时通信那样的应用也是显而易见的。在写本书时，针对这些目标的 SIP 扩展的标准化工作正在进行。

3. H.323

国际电信联盟（ITU）在呼叫控制领域也非常活跃，因为呼叫控制和电话业务相关，因此这并不令人奇怪。幸运的是，在这方面 IETF 和 ITU 之间已经进行了大力协作，所以各种协议在某种程度上能互操作。ITU 对分组网络上的多媒体通信的主要建议称为 H.323，它捆绑了许多其他建议，包括呼叫控制协议 H.225。H.323 包含的全部建议长达好几百页，而且这个协议以其复杂性而著称，所以这里只可能给出简短的概述。

H.323 作为因特网电话（包括视频通话）的一个协议而普及，这里我们考虑它的应用。一个发起或终止呼叫的设备称为 H.323 终端，它可以是运行因特网电话应用程序的工作站，也可能是特别设计的设备——例如一种具有网络软件和以太网端口的类似电话的设备。H.323 终端能直接相互对话，但呼叫通常由一种叫作网闸（gatekeeper）的设备来协调。网闸完成一系列功能，比如在电话呼叫使用的各种地址格式之间转换以及控制在给定的时间内所发生的呼叫次数，从而限制 H.323 应用程序所用的带宽。H.323 也包括网关（gateway）的概念，它将 H.323 网络连接到其他类型的网络。网关最常见的用法是将 H.323 网络连接到公共交换电话网（PSTN），如图 9-10 所示。这使得在一个计算机上运行 H.323 应用程序的用户能与在公共电话网上使用传统电话的人通话。网闸的一个有用功能是帮助终端找到网关，可能要在一系列候选设备中找出与这次呼叫的最终目的地最接近的网关。在传统电话数目远大于基于 PC 机的电话数目的世界中，这一功能的好处是显而易见的。当一个 H.323 终端呼叫一个传统电话时，网关变成 H.323 呼叫的有效端点，并且负责对需要在电话网上传输的信令信息和媒体流进行适当的转换。

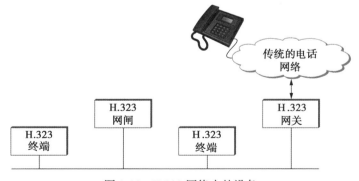

图 9-10 H.323 网络中的设备

H.323 的一个重要部分是 H.245 协议。H.245 用来协商呼叫的特性，有点类似于上面描述的 SDP 的用法。H.245 报文可以列出许多它所支持的不同音频编码标准；呼叫的远端终点将答复一个它所支持的编码列表。然后两端选取一个双方都认可的编码标准。H.245 还能发信令通知本次呼叫中将由 RTP 和实时控制协议（Real Time Control Protocol，RTCP）使用的用于媒体流的 UDP 端口号。一旦完成这些操作，呼叫就能继续，用 RTP 传送媒体流并用 RTCP 承载相应的控制信息。

9.2.2 多媒体应用的资源分配

正如我们已经看到的，像 SIP 和 H.323 这样的会话控制协议能够用于在多媒体应用中初始化和控制通信，而 RTP 为应用的数据流提供了传输层功能。使多媒体应用正常工作的最后一步是确保在网络内分配了合适的资源，以便满足应用的服务质量要求。我们在前面的章节中展示了多种资源分配方法。开发这些技术的推动力主要是对多媒体应用的支持。因此，应用如何利用底层网络的资源分配能力呢？

值得注意的是，很多多媒体应用在诸如公共因特网的"尽力而为"网络上成功地运行。大量商业 IP 语音服务（如 Skype）证明了这样一个事实，当资源不充足时，你只需要关心资源分配——在当今的因特网上，资源匮乏是很少见的。

像 RTCP 这样的协议能够通过为应用提供有关网络中所提供服务的质量信息来帮助尽力而为网络中的应用。回忆一下，RTCP 在多媒体应用的两个参与者之间传送关于分组丢失率和延迟特性的信息。应用能够使用这些信息来改变其编码方案——例如，当带宽较小时改用低比特率的编码。注意，虽然在分组丢失率高时，改变成发送附加的冗余信息的编码方式很诱人，但这并不能满足要求，它类似于在出现丢失分组时增加 TCP 的窗口大小，这与避免拥塞崩溃所要求的完全相反。

正如在前面的章节中讨论的那样，区分服务（DiffServ）可用于为应用提供非常基础和可扩展的资源分配。多媒体应用可以在它产生的分组的 IP 首部设置区分服务码点（DSCP），以努力确保媒体分组和控制分组都能得到适当的服务质量。例如，将声音媒体分组标记为"快速转发"（EF），将使得它们被路径上的路由器放置在一个低延迟或高优先级的队列中，而呼叫信令（如 SIP）分组则通常标记为某种"确保转发"（AF）以便能够使得它们与尽力而为流量分别排队，从而减小丢失的风险。

当然，如果网络设备（如路由器）关心 DSCP，那么标记发送主机或设备中的分组才有意义。一般来讲，公共因特网上的路由器忽略 DSCP，而为所有分组提供尽力而为的服务。然而，企业或公司网络有能力为它们内部的多媒体流量使用区分服务，而且它们经常这样做。另外，甚至是因特网的住宅用户也可以通过在他们因特网连接的出网方向上使用区分服务来提高 VoIP 或其他多媒体应用的质量，如图 9-11 所示。这种方法有效，因为很多宽带因特网连接都不对称：如果出链路的速度比入链路低很多（即更多的资源被限制），那么在那条链路上使用区分服务的资源分配能够为对延迟和丢失敏感的应用弥补质量上的差异。

虽然区分服务在简单性方面很有吸引力，但显然它不能满足应用在所有条件下的需要。例如，假设图 9-11 中的上行带宽只有 100 kbps，客户试图部署两个 VoIP 呼叫，每一个都使用 64 kbps 的编码。显然，上行链路现在超过了 100% 负载，这会引起很大的排队延迟和分组丢失。客户路由器有再多聪明的排队方法也不能解决这个问题。

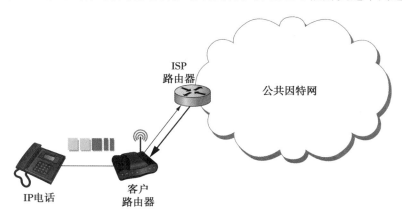

图 9-11 用于 VoIP 应用的区分服务。区分服务排队仅用于从客户路由器到 ISP 的上行链路

很多多媒体应用的特性不是试图将很多呼叫塞入一个过窄的管道，而是阻塞一个呼叫而让另一个呼叫继续。也就是，最好让一个人成功完成一次会话，而让另外一个人听到忙信号，而不是让两个呼叫者都同时经历不可接受的音质。我们有时把这种应用称为具有陡峭的效能曲线（steep utility curve），意思是当网络提供的服务质量降低时，应用的效能（作用）会迅速下降。多媒体应用通常有这个特性，而很多传统应用则没有。例如，即使延迟达到数小时，电子邮件依然能工作得很好。

具有陡峭效能曲线的应用通常能很好地适应一些准入控制。如果你不能确定总是有充足的资源可用于支持应用需要的负载，那么准入控制提供了一种对一些应用说"不"而允许其他应用得到所需资源的方法。

我们在前面的章节中看到一种用 RSVP 实行准入控制的方法，在此简短地回顾一下，但使用会话控制协议的应用提供了一些其他的准入控制选项。这里需要注意的一个关键点是像 SIP 或 H.323 这样的会话控制协议经常在呼叫或会话的开始使用在一个端点和另一个实体（SIP 代理或 H.323 网关）之间的某种报文交换。这提供了一种很方便的方式来对不能得到足够资源的新呼叫说"不"。

作为一个例子，考虑图 9-12 中的网络。假设从分公司到总公司的广域网链路具有足以满足三个同时的使用 64 kbps 编码的 VoIP 呼叫的带宽。每一部电话在发出一个呼叫时都已经与本地 SIP 代理或 H.323 网关进行了通信，因此对于代理 / 网关来说在链路满负载时回送一条报文告诉 IP 电话播放忙信号是很容易的。代理或网关甚至能够处理一个 IP 电话可能同时发出多个呼叫的情况，并且可能使用不同的编码速度。然而，这种方案仅在没有其他设备能够在与网关或代理通话以前就使链路超载的情况下才能工作。区分服务排队可以确保，例如，用于文件传输的 PC 不会干扰 VoIP 呼叫。但是假设在远程办公室里有一些不需要先与网关或代理通话的 VoIP 应用，这样的应用如果能够对其分组设置适当标志并放入与现有 VoIP 流量相同的队列中，那么很显然，它会导致链路达到超载点，而代理或网关不会有任何反馈。

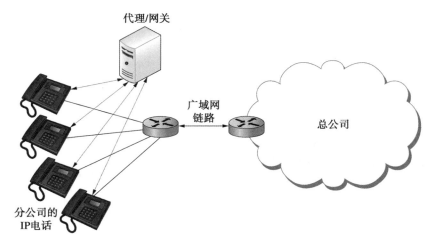

图 9-12　使用会话控制协议的准入控制

刚才描述的方法的另一个问题是它依赖于网关或代理知道每一个应用将使用的路径。在图 9-12 所示的简单拓扑中，这不是一个大问题，但是在更加复杂的网络中，这将很快变得不可管理。我们只需要想象远程办公室有两个到外部世界的不同连接，就能发现我们要求代理或网关不但要理解 SIP 或 H.323，还要理解路由、链路失败和当前网络状况。这将很快变得不可管理。

我们将刚刚描述的这种准入控制称为路径外的（off-path），因为做出准入控制决策的设备不在需要分配资源的数据路径上。一个显然的替代方案是路径上的（on-path）准入控制，在 IP 网络中提供路径上的准入控制的协议的标准示例是 RSVP。我们在前面的章节中看到了 RSVP 如何用于确保足够的资源沿着一条路径分配，在本节所描述的那些应用中使用 RSVP 也是顺理成章的。还有一个需要加入的细节是准入控制协议如何与会话控制协议交互。

协调准入控制（或资源预留）协议与会话控制协议的行为不是复杂的事，但仍然需要注意一些细节。作为一个例子，考虑两个实体之间的简单的电话呼叫。在进行预留前，你需要知道该呼叫将使用多少带宽，意思是你需要知道将使用什么编码。这也意味着你需要先做一些会话控制以便交换关于两个电话所支持的编码的信息。然而，你不能先完成所有会话控制，因为你不想让电话在准入控制决策前就响铃，以防准入控制失败。图 9-13 说明了这种情况，其中 SIP 用于会话控制，RSVP 用于准入控制决策（在此例中成功执行）。

这里需要注意的主要问题是会话控制与资源分配任务的交叉。实线代表 SIP 报文，虚线代表 RSVP 报文。注意，在该例中，SIP 报文直接在电话和电话之间传送（即我们没有显示任何 SIP 代理），而 RSVP 报文被中间的路由器处理以检查是否有足够的资源来允许该呼叫。

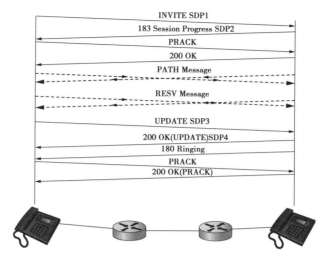

图 9-13 SIP 信令和资源预留的协作

我们先看一下前两条 SIP 报文中交换的编码信息（回忆一下，SDP 用于列举所有可用编码）。PRACK 是一个"预确认"。一旦交换了这些报文，包含对所需要资源总量的描述的 RSVP PATH 报文就可以作为在呼叫的两个方向上进行资源预留的第一步而被发送。接下来，可以返回 RESV 报文来实际预留资源。一旦主叫电话接收到 RESV 报文，它可以发送一条更新的 SDP 报文来报告已经在一个方向上预留了资源这样一个事实。当被叫电话收到这两条报文以及从另一个电话发来的 RESV 时，它就可以振铃了，并告诉另外一个电话现在两个方向上都已经预留了资源（用 SDP 报文），还要通知主叫电话它正在振铃。从现在起，正常的 SIP 信令和媒体流将继续下去，如图 9-9 所示。

我们又一次看到构建应用要求我们理解不同构建模块（在本例中是 SIP 和 RSVP）之间的交互。SIP 的设计者实际上对协议做了一些修改，使得完成不同工作的协议之间能够实现功能交叉。因此，我们再次强调本书关注整个系统，而不是孤立于系统的其他部分来看一层或一个组件。

9.3 基础设施应用

有一些协议对于因特网的平稳运行是至关重要的，但并不完全符合严格的分层模型。其中一个是域名系统（DNS）——不是一个用户通常显式调用的应用，而是几乎所有其他应用都依赖的一种服务。这是因为名字服务用于将主机名翻译成主机地址，这种应用的存在使得其他应用的用户可以通过名字而不是地址来访问远程主机。换句话说，名字服务一般被其他应用使用，而不是用户直接使用。

另一个关键功能是网络管理，虽然普通用户对它不熟悉，但它却是系统管理员经常进行的操作。网络管理普遍被认为是联网的难题之一，并仍是大量研究的重点。下面看一下相关问题和解决方法。

9.3.1 名字服务（DNS）

到目前为止，我们在本书中一直使用地址来标识主机。地址虽然非常适合路由器的处理，但对用户并不十分友好。因此，通常也为网络中的每台主机分配一个唯一的名字（name）。在本节中，我们已经看到诸如 HTTP 的应用层协议使用诸如 www.princeton.edu 的名字。本节描述如何开发一个命名服务系统以便把对用户友好的名字映射成对路由器友好的地址。名字服务有时也称为中间件（middleware），因为它填补了应用程序与底层网络之间的间隙。

主机名在两个重要的方面不同于主机地址。第一，它们通常是可变长且容易记忆的，因此很容易被人们记住。（与之对照的固定长度的数字地址则更易于路由器的处理。）第二，主机名通常不包含能够帮助网络定位主机的信息（即分组的路由走向）；与之相比，地址有时则有内嵌的路由选择信息，扁平（flat）地址（没有将地址划分成各个组成部分）属于例外。

在详细介绍如何在网络中命名主机之前，我们首先介绍一些基本术语。首先，命名空间（name space）定义所有可能的名字的集合。命名空间可以是扁平的（flat）（名字中不划分各个部分），也可以是分层的（hierarchical）（UNIX 文件名是一个明显的例子）。第二，命名系统维护一组名字到值的绑定（binding）。当我们提供一个名字后，命名系统可以返回一个我们希望的值，在多数情况下是一个地址。最后，解析机制（resolution mechanism）是这样一个过程：当以一个名字调用它时，返回相应的值。名字服务器（name server）是网络中可用的解析机制的一个实现，并能用发送报文的方式来查询它。

因为因特网很大，所以它有一个开发得非常好的命名系统——域名系统（Domain Name System，DNS）。因此，我们用 DNS 作为讨论命名主机问题的框架。注意因特网并不是一直使用 DNS。早期，因特网仅仅有几百台主机，那时有一个称为网络信息中心（Network Information Center，NIC）的中央权威机构维护着一个名字到地址绑定的扁平表，此表称为 hosts.txt[⊖]。无论何时任何站点想要加一个新主机到因特网上，站点管理者都会将新主机的名字 / 地址对用电子邮件发给 NIC。这个信息被人工加到表中，每隔几天后就把修改过的表发给各个站点一次，然后每个站点的系统管理员将表安装到站点的每台主机上。名字解析简单地用一个过程来实现，即在表的本地备份中找到主机名，然后返回相应的地址。

毫无疑问，随着因特网主机数目的增长，命名方法不再有效。因此在 20 世纪 80 年代中期，域名系统开始投入使用。DNS 采用分层的命名空间而不是扁平的命名空间，并且实现此命名空间的绑定表被划分为不相交的分布在因特网中的子表。可通过网络查询名字服务器上的可用子表。

因特网中发生的事情是：用户提供一台主机名给应用程序（可能嵌入在一个复合名

⊖ 信不信由你，还有一本定期出版的纸质书（比如电话簿），上面列出了所有连接到互联网的机器和所有拥有互联网电子邮件账户的人。

字中，如电子邮件地址或 URL），这个应用程序启用命名系统将名字翻译成一台主机地址。然后应用程序通过某个传输协议（如 TCP）根据主机的 IP 地址打开一个到这台主机的连接。这种情况如图 9-14 所示（发送电子邮件的情况）。虽然该图中的名字解析看上去很简单，但我们将看到它还包括更多内容。

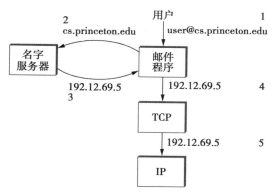

图 9-14　名字翻译成地址，其中数字 1~5 显示处理过程中步骤的顺序

1. 域名的分层结构

DNS 为因特网对象实现了一个分层的命名空间。与 UNIX 文件名不同的是（UNIX 文件名是将名字的组成部分从左到右用斜线分隔），DNS 名字从右向左进行处理，并用圆点分隔。（尽管域名是从右向左处理，但人们"读"域名时仍然是从左向右。）例如，一个主机域名的例子是 cicada.cs.princeton.edu。注意，我们说过域名用于命名因特网对象，意思是 DNS 并不严格地用来将主机名映射到主机地址，更精确地说，DNS 将域名映射为值。目前，我们假设这些值是 IP 地址，本节的稍后部分将重新讨论这个问题。

和 UNIX 的文件分层结构一样，DNS 的分层结构也可看作一棵树，树中的每个节点对应一个域，树的叶子对应被命名的主机。图 9-15 给出域名分层结构的一个例子。注意，我们并不指定术语域（domain）的任何语义，只是简单地认为它是定义其他名字的一个语境[○]。

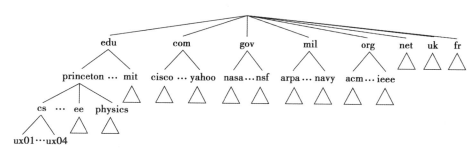

图 9-15　域名层次结构示例

○　令人困惑的是域（domain）也用在因特网路由中，但其含义与在 DNS 中的含义不同，大体上与术语自治系统（autonomous system）等价。

事实上，当域名分层结构刚发展到采用什么惯例来管理从分层结构的顶部分发的名字时，就引发了大量的讨论。不必详细讨论，我们就可以注意到层次结构的第一层的范围并不大。有每个国家的域，再加上"6个大域"：.edu、.com、.gov、.mil、.org 和 .net。这6个域都以美国为基础（因特网和 DNS 是在美国发明的）。例如，只有美国的教育机构可以注册一个 .edu 域名。最近，顶级域已经被扩展了，部分原因是为了满足 .com 域名的大量需求。新的顶级域包括 .biz、.coop 和 .info。现在有 1200 多个顶级域。

2. 名字服务器

完全的域名分层结构只是一种抽象的概念。我们现将注意力转向分层结构在实际中如何实现这个问题。第一步将分层结构分为子树，叫作区域（zone）。图 9-16 显示了如何将图 9-15 中的分层结构划分为区域。每个区域可看作对应于负责分层结构中一部分的某个管理机构。例如，分层结构的顶层可以形成一个区域，由因特网名字与编号分配机构（Internet Corporation for Assigned Name and Numbers，ICANN）来管理。在它下面是一个对应于普林斯顿大学的区域。在这个区域内，有些系不想承担管理分层结构的责任（因此它们留在大学级区域中），而另一些系，如计算机科学系，管理它们自己的系级区域。

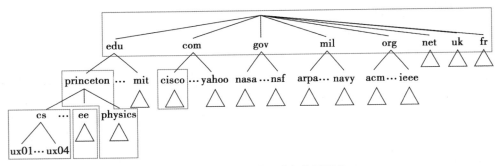

图 9-16   划分为区域的域名分层结构

区域的相关性在于它对应于 DNS 实现的基本单元——名字服务器。特别是，每个区域中包含的信息被实现在两个或多个名字服务器上。而每个名字服务器是可通过因特网访问的一个程序。客户向名字服务器发出请求，名字服务器以所请求的信息应答。有时，应答信息包含用户想要得到的最终回答，而有时应答信息包含指向另一个服务器的指针，客户端由此继续向下一个服务器提出请求。这样，从实现的角度来看，更确切地说，DNS 可看作一个名字服务器的分层结构，而不是域的分层结构，图 9-17 给出了解释。

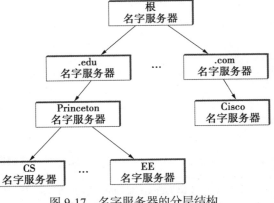

图 9-17   名字服务器的分层结构

注意，为了备份，每个区域在两个或多个名字服务器上实现，这样，即使一个名字服务器出了故障，仍然可以获得信息。另一方面，一个给定的名字服务器可以实现多个区域。

每个名字服务器以资源记录（resource record）集合的形式来实现区域信息。本质上，一个资源记录是一个名字到值的绑定，或者更确切地说，是一个包括以下字段的 5 元组：

〈 Name，Value，Type，Class，TTL 〉

Name 和 Value 字段的内容顾名思义，而 Type 字段说明应如何解释 Value。例如，Type=A 表明 Value 是一个 IP 地址。所以，A 类型记录实现了我们所设想的名字到地址的映射。其他记录类型包括：

- NS：Value 字段给出运行名字服务器的一台主机的域名，该主机知道如何解析指定域中的域名。
- CNAME：Value 字段给出一个特定主机的规范名，用于定义别名。
- MX：Value 字段给出运行邮件服务器的主机的域名，该服务器接收来自指定域的报文。

Class 字段允许除 NIC 以外的其他实体定义有用的记录类型。至今，唯一广泛使用的 Class 是由因特网使用的 Class，记为 IN。最后，TTL 字段指出这个资源记录的有效时间。它被服务器用来缓存来自其他服务器的资源记录，当 TTL 到期后，服务器必须从它的缓存中清除这个记录。

为了更好地理解资源记录如何表示域层次中的信息，考虑下列从图 9-15 的分层结构中抽取的一些例子。为了简化这个例子，我们忽略 TTL 字段并且只给出实现每个区域的名字服务器中的相关信息。

首先，在根名字服务器中，每个顶级域名服务器（Top-Level Domain，TLD）有一个对应的 NS 记录，它可以指出为 DNS 分层结构中的这一区域（本例中的 .edu 和 .com）提供查询解析服务的服务器。它还有一个 A 记录用来将该名字翻译为相应的 IP 地址。一起使用这两条记录可有效地实现一个从根名字服务器到一个顶级域名服务器的指针。

```
(edu, a3.nstld.com, NS, IN)
(a3.nstld.com, 192.5.6.32, A, IN)
(com, a.gtld-servers.net, NS, IN)
(a.gtld-servers.net, 192.5.6.30, A, IN)
...
```

沿分层结构向下走一层，服务器具有以下域的记录：

```
(princeton.edu, dns.princeton.edu, NS, IN)
(dns.princeton.edu, 128.112.129.15, A, IN)
...
```

在这种情况下，我们得到分层结构中负责 princeton.edu 部分的名字服务器的 NS 记录和 A 记录。这个服务器可能可以直接解析一些查询（如，对 email.princeton.edu 的查询），而把其他查询重定向到位于分层结构中另一层的一个服务器（如对 penguins. cs.princeton.edu 的查询）。

```
(email.princeton.edu, 128.112.198.35, A, IN)
(penguins.cs.princeton.edu, dns1.cs.princeton.edu, NS, IN)
(dns1.cs.princeton.edu, 128.112.136.10, A, IN)
...
```

最后，第三级名字服务器，例如由域 cs.princeton.edu 管理的名字服务器，包含有域内所有主机的 A 类记录。它也可以为每一台主机都定义一个别名（CNAME 记录）集合。别名有时只是便于计算机处理的（如更短的）名字，但它们也能用来提供一个间接层。例如，www.cs.princeton.edu 是名为 coreweb.cs.princeton.edu 的主机的别名，这允许站点的 Web 服务器在不影响远程用户的情况下转移到其他机器上。远程用户可简单地继续使用该别名而不考虑当前哪台计算机运行着该域的 Web 服务器。邮件交换（MX）类记录对邮件应用有同样的用途，它允许管理者改变代表本域接收邮件的主机而不必改变每个人的邮件地址。

```
(penguins.cs.princeton.edu, 128.112.155.166, A, IN)
(www.cs.princeton.edu, coreweb.cs.princeton.edu, CNAME, IN)
coreweb.cs.princeton.edu, 128.112.136.35, A, IN)
(cs.princeton.edu, mail.cs.princeton.edu, MX, IN)
(mail.cs.princeton.edu, 128.112.136.72, A, IN)
...
```

注意，虽然可以为任意类型的对象定义资源记录，但是通常 DNS 用于命名主机（包括服务器）和站点。它不用于命名个人或其他像文件和目录之类的对象，通常用其他命名系统来识别这样的对象。例如，X.500 是一个 ISO 命名系统，设计它的目的是更容易识别个人。它允许你通过给出一组属性——名字、头衔、电话号码、邮政地址等——来命名个人。X.500 被证明过于烦琐，并且在某种意义上，它已经被 Web 上强有力的搜索引擎所取代，但它最终发展成轻量目录访问协议（Lightweight Directory Access Protocol，LDAP）。LDAP 是 X.500 的一个子集，最初被设计为 X.500 的 PC 前端。今天，它作为一个了解用户信息的系统主要流行于企业中。

3. 名字解析

给出名字服务器的分层结构后，我们现在来考虑客户端如何让这些服务器解析域名的问题。为了解释其基本思想，假设客户想要解析与上一小节给出的服务器集合有关的名字 penguins.cs.princeton.edu。客户端首先发送一个包含这个名字的查询给根服务器（你将在下面看到，这在实际中是很少发生的，但对于目前解释基本操作来说，已经足够了）。根服务器不能匹配整个名字，只返回一个它所能提供的最佳匹配，即指向 TLD 服务器 a3.nstld.com 的 edu 的 NS 记录。服务器也返回与此记录相关的所有记录，在这种情况下，返回的是 a3.nstld.com 的 A 类记录。客户没有得到想要的答案，接着发送同样的查询给 IP 主机为 192.5.6.32 的名字服务器。这个服务器也不能匹配整个名字，因此返回 princeton.edu 域的 NS 类记录和相应的 A 类记录。客户再一次发送同样的查询给 IP 主机为 128.112.129.15 的服务器，这次得到 cs.princeton.edu 域的 NS 类记录和相应的 A 类记录。此时到达了能够完全解析该查询的服务器。最后，向服务器 128.112.136.10

发送查询，返回 penguins.cs.princeton.edu 的 A 类记录，客户得知对应的 IP 地址是 128.112.155.166。

这个例子仍留下两个有关解析处理的问题没有回答。第一个问题是，客户如何首先确定根服务器的位置，或者说，怎样解析那台知道如何解析这些名字的服务器的名字？在任何命名系统中，这都是一个最基本的问题，答案是必须以某种方式启动系统。在这种情况下，一个或多个根服务器的名字到地址的映射是众所周知的，通过某种名字系统以外的方式发布。

然而实际中，并不是所有客户都知道根服务器。相反，运行在因特网的每一台主机上的客户程序在初始化时都设置了一个本地（local）名字服务器地址。例如，Princeton 大学计算机科学系的所有主机都知道名字服务器是 dns1.cs.princeton.edu。这个本地名字服务器又有一个或多个根服务器的资源记录，例如：

```
('root', a.root-servers.net, NS, IN)
(a.root-servers.net, 198.41.0.4, A, IN)
```

这样，解析名字实际涉及客户查询本地服务器，这个本地服务器再作为一个客户端为原来的客户查询远程服务器。这种客户端/服务器之间的交互结果如图 9-18 所示。这种模式的一个优点是因特网中的所有主机不必保留最新的根服务器的位置信息，而只有服务器必须知道根服务器的情况。第二个优点是本地服务器可以看到所有本地客户发出的查询得到的返回的应答。本地服务器缓存（cache）这些应答，有时候不用出网就能够解决未来的查询。由远程服务器返回的资源记录的 TTL 字段指出每个记录能被可靠缓存的时间期限。这种缓存机制也可以用于分层结构的上层，以便减小根服务器和 TLD 服务器的负荷。

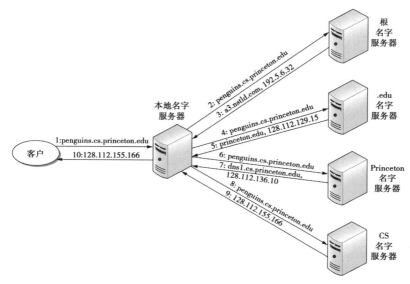

图 9-18　实际中的名字解析，数字 1～10 显示处理步骤的顺序

第二个问题是当用户提交一个部分名字（如 penguins）而不是完整域名（如 penguins.cs.princeton.edu）时系统如何工作。答案是将客户程序配置为主机所在的本地域（如 cs.princeton.edu），在发出查询之前将其追加到任何一个简单名字之后。

现在，我们清楚了三个不同层次的标识符（域名、IP 地址和物理网络地址），从一层标识符到另一层标识符的映射发生在网络体系结构的不同部分。首先，当用户与应用程序交互时指明域名。其次，应用程序令 DNS 将这个名字翻译为一个 IP 地址，放在每个数据报中的是 IP 地址而不是域名。（另外，这个翻译过程涉及通过因特网发送 IP 数据报，但是这些数据报寻址到运行名字服务器的主机，而不是最终目标）。再次，IP 在每台路由器上执行转发，这常常意味着将一个 IP 地址映射为另一个 IP 地址，即将最终目标地址映射为下一跳路由器的地址。最后，IP 使用 ARP 将下一跳路由器的 IP 地址翻译成机器的物理地址，下一跳可能是最终目标也可能是中间路由器。在物理网络上发送的帧的首部中有这些物理地址。

命名惯例

我们对于 DNS 的描述着重于基本机制（mechanism），即多个服务器上的分层结构如何划分及解析过程如何工作。同样值得注意但没什么技术性的问题是决定这些机制中使用的命名惯例（convention）。例如，所有美国大学都在 edu 域内是一个惯例，而英国的大学则在 uk（United Kingdom，联合王国）域内的 ac（academic，学术）子域内。（超酷初创公司通常在 .io 域名注册，这实际上是英属印度洋地区的国家域名，这是改变惯例的一个趋势。）

要知道有时候惯例的定义并没有任何人做明确的决定。例如，按惯例一个站点将为其提供邮件交换服务的主机隐藏在 MX 记录后。另一个可采用的惯例是将邮件送给 user@mail.cs.princeton.edu，很像我们期望在 ftp.cs.princeton.edu 上找到站点的一个公共 FTP 目录和在 www.cs.princeton.edu 上找到它的 WWW 服务器。这最后一个是如此普遍，许多人甚至没有意识到这只是一个惯例。这可能令人毛骨悚然，但这之所以是一种惯例是因为 DNS 实现中没有任何内容强制要求按照预期使用名称或记录类型。

惯例也存在于本地级别的命名中，组织根据某种统一的规则集合为其计算机命名。鉴于在因特网中，主机名 venus、saturn 和 mars 非常普遍，找到公共的命名惯例并不难。然而，一些主机的命名惯例更有想象力。例如，一个站点将它的计算机命名为 up、down、crashed、rebooting 等，结果会造成像 "rebooting has crashed" 或 "up is down" 等让人迷惑的说法。当然，也有些名字没有什么想象力，比如那些以整数命名的机器。

9.3.2 网络管理（SNMP、OpenConfig）

无论从网络所涉及的节点数来说，还是从能够运行在任何一个节点上的协议族来说，网络都是一个复杂的系统。即使只关心在单一管理域中的节点，比如一个校园网，那也可能有几十台路由器和成百甚至上千台主机需要跟踪。如果你想对任何一个节点上的诸如地址转换表、路由表、TCP 连接状态等状况都进行维护和操作，管理所有这些信息很快会把人压垮。

我们很希望了解在不同节点上各种协议的状态。例如，你可能想要监测重组失败的 IP 数据报的数目，以便决定是否需要调整垃圾收集程序用于决定收集尚未完成重组的数据报的超时时间。在另一个例子中，你可能想要追踪各种节点上的负载（如发送或接收分组的数目），以便决定是否需要在网络中加入新的路由器或链路。当然，你也必须监视硬件故障和软件异常反应。

刚才我们描述了网络管理的问题，它遍及整个网络体系结构。由于我们想要跟踪的节点是分布式的，所以我们仅有的选择是使用网络管理网络。这意味着我们需要一种协议，它允许读写不同网络节点上的各种状态信息。下面介绍两种方法。

1. SNMP

用于网络管理的使用最广泛的协议是简单网络管理协议（Simple Network Management Protocol，SNMP）。SNMP 本质上是一种专用的请求 / 应答协议，它支持两种请求报文：GET 和 SET。前者用于从某个节点上获取状态，而后者用于把新状态存储到某个节点上。（SNMP 也支持第三种操作 GET-NEXT，我们会在下面解释它。）下面重点讨论 GET 操作，因为它是使用最频繁的一种操作。

SNMP 的使用方法很简单：系统管理员与显示网络信息的客户程序进行交互。这个客户程序通常有图形界面。你可以认为这个界面扮演着与 Web 浏览器相同的角色。只要管理员选定了他想看的特定信息，客户程序就使用 SNMP 向被询问的那个节点请求所要的信息（SNMP 运行在 UDP 之上）。运行在那个节点上的 SNMP 服务器接收请求，找到恰当的信息，并将它返回到客户程序，然后再显示给用户。

这种特别简单的场景中仅存在一个复杂的问题：客户怎样正确指明它想要哪些信息，同样，服务器如何知道读出内存中的哪个变量来满足这个请求？答案是 SNMP 依赖于一个称为管理信息库（Management Information Base，MIB）的配套规范。这个 MIB 定义了一些具体的信息（MIB 变量（variable）），你可以从网络节点上检索它们。

当前的 MIB 版本称为 MIB-II，它将变量组织在不同的组（group）中。你将发现大部分组与本书描述的某个协议对应，并且每组内定义的几乎所有变量看上去都很熟悉。例如：

- System：整个系统（节点）的通用参数，包括节点在何地、它已启动多长时间和系统的名字。

- Interfaces：关于连接到这个节点上的所有网络接口（适配器）的信息，比如每个接口的物理地址、每个接口上已发送和接收了多少分组。
- Address translation：关于地址解析协议（Address Resolution Protocol，ARP）的信息，特别是它的地址转换表的内容。
- IP：与 IP 相关的变量，包括它的路由表、它已成功转发了多少数据报和重组数据报的统计。它还包括因某种原因而使 IP 丢弃数据报的次数。
- TCP：关于 TCP 连接的信息，如被动打开和主动打开连接的次数、重置次数、超时次数、默认超时设置等。只要连接存在，每个连接的信息就持续存在。
- UDP：关于 UDP 流量的信息，包括已发送和接收到的 UDP 数据报的总数。

还有用于互联网控制报文协议（ICMP）和 SNMP 的组。

再回到这样一个话题，即客户端需要确切指出它想从节点得到什么信息。MIB 变量列表仅完成了一半的工作，这留下两个问题。第一，我们需要精确的语法，使客户端用来说明想要取哪些 MIB 变量。第二，我们需要一个对服务器返回值的精确表示。这两个问题都使用 ASN.1 来解决。

首先考虑第二个问题。正如我们已经在前面的章节中看到的，ASN.1/BER 为不同的数据类型定义表示法，比如整数。MIB 定义每个变量的类型，然后当它要在网上传输时，用 ASN.1/BER 对包含在这个变量中的值进行编码。至于第一个问题，ASN.1 也定义了一种对象识别方案。MIB 使用该识别系统为 MIB 中的每一个变量指定了一个全局唯一的标识符。这些标识符用圆点"."记法给出，类似域名。例如，1.3.6.1.2.1.4.3 是 IP 相关的 MIB 变量 ipInReceives 的唯一 ASN.1 标识符，该变量记录本节点接收的 IP 数据报的数目。在本例中，前缀 1.3.6.1.2.1 标识 MIB 数据库（记住，ASN.1 对象 ID 适用于世界上所有可能的对象），4 对应于 IP 组，最后的 3 表示该组中的第三个变量。

这样，网络管理按下述步骤进行工作。SNMP 客户端将需要的 MIB 变量的 ASN.1 标识符放入请求报文，并发送此报文到服务器。服务器则将该标识符映射到一个本地变量（即到一个存储着该变量值的内存位置），取回该变量的当前值，并且使用 ANS.1/BER 编码该值后返回给客户端。

还有最后一个细节。许多 MIB 变量是表或者结构，这样的组合型变量说明了使用 SNMP GET-NEXT 操作的理由。当该操作应用到一个特定的变量 ID 时，返回变量的值和下一个变量的 ID，如表的下一项或结构中的下一个字段。这有助于客户端"遍历"表或结构的所有元素。

2. OpenConfig

SNMP 仍然被广泛使用，并且在历史上一直是交换机和路由器唯一的管理协议，但最近越来越多的人关注更灵活、更强大的网络管理方式。目前尚未就行业标准达成完全一致，但关于一般方法的共识正在开始形成。我们描述了一个名为 OpenConfig 的示例，它既获得了大量的关注，又说明了许多正在追求的关键思想。

一般的策略是尽可能地自动化网络管理，目标是避免让容易出错的人员参与其中。这有时被称为零接触管理，它意味着两件事。首先，从历史上看，运营商使用 SNMP 等工具来监控网络，但必须登录任何行为不正常的网络设备并使用命令行界面（CLI）来解决问题，而零接触管理意味着我们还需要以编程方式配置网络。换句话说，网络管理与读取状态信息和写入配置信息的等同。目标是建立一个封闭的控制回路，尽管在某些情况下必须提醒操作员需要手动干预。

其次，从历史上看，运营商必须单独配置每个网络设备，但如果要使所有设备作为网络正常运行，则必须以一致的方式配置所有设备。因此，零接触还意味着运营商应能够声明其网络范围的意图，管理工具应足够智能，以全局一致的方式发布必要的每设备配置指令。

图 9-19 给出了这种理想化网络管理方法的抽象描述。我们之所以说"理想化"，是因为实现真正的零接触管理仍未完全实现，但正在取得进展。例如，新的管理工具开始利用 HTTP 等标准协议来监控和配置网络设备。这是积极的一步，因为它使我们无须创建另一个请求 / 应答协议，并让我们专注于创建更智能的管理工具（或许可以利用机器学习算法）。

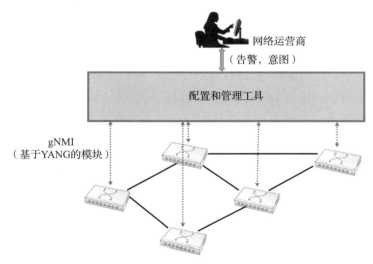

图 9-19　运营商通过配置和管理工具管理网络，而配置和管理工具又以编程方式与底层网络设备交互（例如，使用 gNMI 作为传输协议，并使用 YANG 指定所交换数据的模式）

与 HTTP 开始取代 SNMP 作为与网络设备对话的协议的方式相同，同时也有一种趋势将 MIB 替换为新标准，新标准规定了各种类型的设备可以报告哪些状态信息，以及这些设备能够应答哪些配置信息。统一配置标准本身就具有挑战性，因为每个供应商都声称他们的设备是特殊的，不同于他们的竞争对手销售的任何设备（也就是说，挑战不完全是技术性的。）

一般方法是允许每个设备制造商发布一个数据模型，该模型指定其产品的配置旋钮（和可用的监控数据），并将标准化限制在建模语言上。领先的候选方案是 YANG，代表下一代（Yet Another Next Generation），这个名字意在取笑重新设计的频率。YANG 可以被视为 XSD 的受限版本，你可能还记得 XSD 是一种为 XML 定义模式（模型）的语言。也就是说，YANG 定义了数据的结构。但与 XSD 不同的是，YANG 并不是 XML 特有的。它可以与不同的报文格式（包括 XML、Protobufs 和 JSON）结合使用。

这种方法的重要之处在于，数据模型定义了可以以编程形式读写的变量的语义（即，它不仅仅是标准规范中的文本）。每个供应商不能随意定义一个独特的模型，因为购买网络硬件的网络运营商有强烈的动机推动类似设备的模型走向融合。YANG 使创建、使用和修改模型的过程更具可编程性，从而适应此过程。

这就是 OpenConfig 的用武之地。它使用 YANG 作为建模语言，但也建立了一个流程来推动行业走向通用模型。OpenConfig 不了解用于与网络设备通信的 RPC 机制，但它积极追求的一种方法是 gNMI（gRPC 网络管理接口）。正如你可能从其名称猜到的，gNMI 使用 gRPC。你可能还记得，gRPC 运行在 HTTP 之上。这意味着 gNMI 还采用 Protobufs 作为指定通过 HTTP 连接通信的数据的方式。因此，如图 9-19 所示，gNMI 旨在作为网络设备的标准管理接口。未标准化的是管理工具自动化能力的丰富性和面向操作员的界面的形式。与任何试图满足需求并支持比其他方案更多功能的应用程序一样，网络管理工具仍有很大的创新空间。

为了完整起见，我们注意到 NETCONF 是另一种用于向网络设备传输配置信息的后 SNMP 协议。OpenConfig 与 NETCONF 一起应用，但我们预测 gNMI 是未来方向。

最后，我们强调，一场巨变正在发生。虽然本节标题将 SNMP 和 OpenConfig 并列给出，但这两种方法实际上完全不同。一方面，SNMP 实际上只是一种传输协议，类似于 OpenConfig 中的 gNMI。它启用了监控设备，但在配置设备方面没有贡献。另一方面，OpenConfig 主要是为网络设备定义一组通用的数据模型，大致类似于 SNMP 中 MIB 所扮演的角色，除了 OpenConfig 的模型使用 YANG，以及同样关注监视和配置以外。

9.4   覆盖网络

起初，因特网采用了清晰的模型，即网络中的路由器负责从源向目的地转发分组，而应用程序运行在连接到网络边缘的主机上。本章前两节讨论的客户端 / 服务器的应用范例正符合这种模型。

然而在最近几年，分组转发（packet forwarding）和应用处理（application processing）之间的区别变得不再清晰。新的应用被分布到因特网上，在许多情况下，这些应用做出自己的转发决定。有时，通过扩展传统的路由器和交换机支持一定数量的特定应用处理，可以实现这些新的混合型应用。例如，所谓的七层交换机（level-7 switch）位于服务器群前面，并根据请求的 URL 将 HTTP 请求转发至特定服务器。然而，覆盖网络

（overlay network）作为把新功能引入因特网的可选机制迅速兴起。

你可以把一个覆盖网络看成一个在底层网络之上实现的逻辑网络。根据这个定义，因特网本身就是建立在老电话网链路之上的覆盖网络。图 9-20 描述了一个实现在底层网络之上的覆盖网络。覆盖网络中的每个节点也存在于底层网络中，它按一种特定于应用的方法来处理和转发分组。连接覆盖网络节点的链路用通过底层网络的隧道来实现。多个覆盖网络能存在于同一个底层网络之上（每个实现它们自己的特定应用行为），并且可以嵌套，一个搭建在另一个之上。例如，本节讨论的所有覆盖网络示例都将今天的因特网视为底层网络。

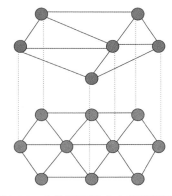

图 9-20　在物理网络之上的覆盖网络

我们看过隧道的例子，例如用于实现虚拟专用网（VPN）。简要复习一下，隧道两端的节点视它们之间的多跳路径为一个单一的逻辑链路，节点根据分组外部的首部通过隧道转发分组，而从不知道端节点还附加了内部首部。例如，图 9-21 显示了由一对隧道连接的三个覆盖节点（A、B 和 C），覆盖节点 B 根据内部首部（IHdr）为来自 A 的分组做出转发到 C 的决定，然后附加一个外部首部（OHdr），把 C 标识为在底层网络中的目的地。节点 A、B 和 C 能解释内部和外部首部，然而中间的路由器仅能理解外部首部。类似地，A、B 和 C 在覆盖网络和底层网络中都有地址，但是不一定相同。例如，它们的底层地址可以是 32 位的 IP 地址，而它们的覆盖地址可以是实验性的 128 位地址。事实上，覆盖网络根本不需要使用传统地址，而可以根据 URL、域名、XML 查询甚至分组的内容来决定路由。

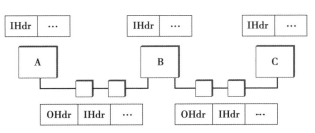

图 9-21　穿过物理节点的覆盖节点隧道

9.4.1 路由覆盖网络

最简单的覆盖网络是纯粹用来支持一种替代路由策略的，在覆盖节点上没有执行其他的应用层处理。可以把虚拟专用网（VPN）看作一个路由选择覆盖网络的例子，但与其说它定义一个替代策略或算法，不如说它定义了由标准 IP 转发算法处理的替代路由表条目。在这种特殊情况下，覆盖网络使用"IP 隧道"，而大多数商用路由器支持利用这些 VPN 的能力。

然而假设你打算使用商用路由器提供商不想在其产品中提供的路由算法，那么如何处理这种情况？你可以简单地在一些端主机上运行你的算法并且以隧道方式穿过因特网路由器。这些主机的行为像是覆盖网络上的路由器：作为主机它们可能仅通过一条物理链路连接到因特网，但作为覆盖节点它们通过隧道连接到多个邻居。

因为覆盖网络根据定义几乎是引入独立于标准化处理的新技术的一种途径，所以我们不能把哪个标准覆盖网络作为例子。相反，我们通过描述一系列近来由网络研究人员提出的实验系统来说明路由选择覆盖网络的一般思想。

1. IP 实验版本

覆盖网络对于部署你希望最终将普及全球的 IP 实验版本来说是理想的。例如，IP 多播开始是作为 IP 的一种扩展，直到今天仍然有很多因特网路由器不支持它。多播主干（MBone）是在因特网单播路由的基础上实现的 IP 多播的覆盖网络。Mbone 上开发并部署了大量多媒体会议工具，例如，IETF 会议（它为期一周并且吸引了成千上万的参与者），多年来都在 MBone 上广播。（如今，广泛使用的商业会议工具已经取代了基于 MBone 的方法。）

像 VPN 一样，MBone 同时使用 IP 隧道和 IP 地址，但与 VPN 不同的是，MBone 实现一个不同的转发算法——它转发分组到最短路径多播树中的所有下游邻居。在覆盖网络中，支持多播的路由器建立穿过传统路由器的隧道，同时希望有朝一日它将无须再使用传统路由器。

6-BONE 是一个类似的覆盖网络，它用于逐步部署 IPv6。像 Mbone 一样，6-BONE 通过隧道用 IPv4 路由器转发分组。然而与 MBone 不同的是，6-BONE 节点不是简单地提供 IPv4 的 32 位地址的新解释，而是根据 IPv6 的 128 位地址空间转发分组。此外，6-BONE 也支持 IPv6 多播。（如今，商用路由器支持 IPv6，但在评估和调整新技术时，覆盖网络仍是一种有价值的方法。）

2. 端系统多播

虽然 IP 多播在研究者和因特网社区的部分人群中很流行，但它在全球因特网上的部署受到很大的限制。因此，像视频会议那样的基于多播的应用近来已经转向另外一种策略，称为端系统多播（end system multicast）。端系统多播的概念是承认 IP 多播将不会无处不在，而代之以让参与特定多播应用的端主机实现它们自己的多播树。

在描述端系统多播如何工作之前，重要的是先理解它不像 VPN 和 MBone，端系统多播假设只有因特网主机（而不是因特网路由器）参与覆盖网络。此外，这些主机通常是通过 UDP 隧道而不是 IP 隧道相互交换报文，使它容易作为常规的应用程序来实现。这使得有可能将底层网络看成一个全连通图，因为在因特网中的每台主机都能向所有其他主机发送报文。因此，可以抽象地说端系统多播解决了下列问题：从表示因特网的全连通图出发，目标是找出其中包含全体组成员的内嵌多播树。

请注意，这个问题有一个更简单的版本，它是由全球云托管虚拟机的现成可用性实现的。多播感知"终端系统"可以是在多个站点运行的虚拟机。由于这些站点众所周知且相对固定，因此可以在云中构建静态多播树，并将实际终端主机简单地连接到最近的云位置。但为了完整起见，下面将全面介绍该方法。

既然我们把底层的因特网看成全连通的，一种简单的解决方案是使每一个源直接与每个组成员连接。换句话说，端系统多播能够通过由每个节点发送单播报文到每个组成员来实现。为看清这其中的问题，特别是与在路由器中实现 IP 多播相比较，考虑图 9-22 中的示例拓扑图。图 9-22 描绘了一个物理拓扑的例子，其中 R1 和 R2 是由低带宽的横跨大陆的链路所连接的路由器；A、B、C 和 D 是端主机，链路的延迟作为边的权值。假设 A 想要发送多播报文到其他三台主机，图 9-22 显示了简单的单播通信是如何工作的。同样的报文必须穿越 A-R1 链路三次，且报文的两个副本穿越 R1-R2，显然这是不希望发生的。图 9-22 描述了通过 DVMRP 构造的 IP 多播树。显然，这一方法消除了多余的报文。然而，没有路由器的支持，你能希望得到的最好的端系统多播是一个类似于图 9-22 显示的树。端系统多播定义了一个构造此树的体系结构。

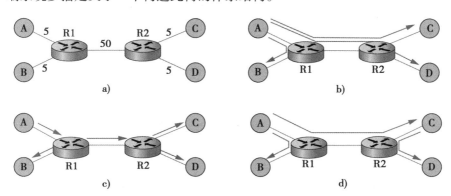

图 9-22　映射到一个物理拓扑上的多播树

一般的做法是支持多层覆盖网络，每一层覆盖网络从下一层覆盖网络中抽取一个子图，直到我们选择了应用所期望的子图。特定的端系统多播发生在两个阶段：首先我们在全连通的因特网顶部构建一个简单的网格（mesh），然后我们在此网格内选择一个多播树。这一思想在图 9-23 中说明。我们再次假设四个端主机 A、B、C 和 D。第一步是关键性的：一旦我们选择了一个合适的网格覆盖网络，我们就在其上简单地运行一个标准的多播路由算法（如 DVMRP）来构造多播树。我们还无须考虑因特网范围的多播所面对的可扩展性问题，因为可以选择仅包括那些想要参与特定多播组的节点组成中间网格。

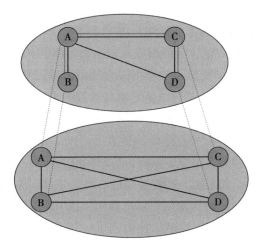

图 9-23   内嵌到覆盖网格中的多播树

构建中间网格覆盖的关键是选择一个大致对应于底层因特网物理拓扑的拓扑图，但我们不得不在没有人告诉我们底层因特网实际看上去如何的情况下去做，因为我们仅在端主机上运行而不是在路由器上。一般的策略是为端主机测量到其他节点的往返延迟，并且决定仅当出现它们喜欢的链路时才把它加到网格中。这一工作过程如下。

首先，假设网格已经存在，每个节点与它直接连接的邻居交换所有其他被认为是网格成员节点的列表。当某个节点从邻居接收到这样一个成员列表后，它将信息加入自己的成员列表中，并且将得到的列表转发到它的邻居。这个信息最终传遍网格，很像距离向量路由协议。

当一台主机想要加入多播覆盖网络时，它必须知道覆盖网络中至少一个其他节点的IP 地址。然后它发送一条"加入网格"报文到这个节点。这样就通过到已知节点的一条边将新节点连接到网格。通常，新节点可能将报文发给多个当前节点，从而通过多重连接加入网格。一旦节点由一组链路连接到网格，它就周期性地发送"保活"报文到其邻居节点，让邻居知道它仍想作为组的一部分。

当一个节点离开组时，它发送一条"离开网格"报文到与它直接相连的邻居，并且这一信息通过上面描述的成员列表传播到在网格中的其他节点。另外，节点可能发生故障，或仅仅是决定要默默地退出组，在这种情况下，邻居测定出它不再送出"保活"报文。一些节点的离开对网格的影响很小，但节点应检测到网格由于离开的节点而被分区的情况，它通过给另一个区域的节点发送"加入网格"的报文，建立一条到那个节点的新边。注意多个邻居能同时判定在网格中已经出现分区，导致多个跨区域的边被加入到网格中。

综上所述，我们将得到一个网格，它是原有全连通因特网的子图，但它的性能可能是次优的，因为：①初始的邻居选择向拓扑中加入了随机的链路；②分区的修复可能增加当时重要但不是长期有用的边；③组成员可能由于动态的加入和离开而变化；④底层网络条件可能变化。因此需要系统在网格加入新边和删除边之后计算每条边的值。

为增加新边，每个节点 i 周期性地探测那些目前没有连接到网格中的任意成员 j，测量边 (i, j) 的往返时延，然后评估加入此边的效用。如果效用超过某个阈值，链路 (i, j) 被加入到网格。评估加入边 (i, j) 的效用的过程如下：

```
EvaluateUtility(j)
    utility = 0
    for each member m not equal to i
        CL = current latency to node m along route through mesh
        NL = new latency to node m along mesh if edge (i,j) is added}
        if (NL < CL) then
            utility += (CL - NL)/CL
    return utility
```

决定删去一条边与之类似，只是每个节点 i 计算到当前邻居 j 的每条链路的代价的过程如下：

```
EvaluateCost(j)
    Cost[i,j] = number of members for which i uses j as next hop
    Cost[j,i] = number of members for which j uses i as next hop
    return max(Cost[i,j], Cost[j,i])
```

然后挑出一个代价最低的邻居，如果代价低于某个阈值就丢弃这条边。

最后，因为维护网格本质上使用的是距离向量路由协议，所以运行 DVMRP 在网格中找出适当的多播树是轻而易举的。注意，尽管不可能证明刚才描述的协议可形成最优网格，但允许 DVMRP 选择最佳的多播树，仿真和大量的实践经验显示它的效果不错。

3. 弹性覆盖网络

另一种可由覆盖网络实现的方法是为传统的单播应用找出可替代的路由。这类覆盖网络利用了因特网中三角不等式不成立的观测现象。图 9-24 说明了这个问题。在因特网中找出这样的三个站点不足为奇（把它们称为 A、B、C），A 与 B 之间的时延大于 A 与 C 和 C 与 B 之间时延的和，就是说，有时通过中间节点间接发送分组比直接将其发送到目的地要好一些。

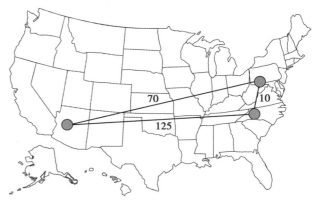

图 9-24　三角不等式在网络中不一定成立

怎么会这样呢？ BGP 从来不许诺它能找出任意两个站点间的最短（shortest）路由，它只能尝试找出某条（some）路由。更糟糕的是，BGP 路由受政策问题影响严重，比如谁向谁付费以承载流量。这是经常发生的，例如在重要的骨干网 ISP 之间的对等点上。简言之，不应该对因特网中三角不等式不成立感到惊奇。

我们如何利用这一发现呢？第一步是认识到在可扩展性与路由算法的最优性之间有一个基本的平衡。一方面，BGP 适合非常大的网络，但常常不选择最佳路由，并且对网络故障的适应很慢。另一方面，如果你仅关心在少数站点之中找到最佳路由，那么你在监视可能使用的每条路径的质量方面应该做得好得多，因此允许在任一时刻选择最佳路由。

一个称为弹性覆盖网络（Resilient Overlay Network，RON）的实验性覆盖网络正好完成这一工作。因为 RON 使用 $N \times N$ 的策略，在每对站点之间密切监视（通过主动探测）路径质量的三个方面——时延、可用带宽和分组丢失率，所以它的规模仅能达到几十个节点。这既能在任一对节点间选择最佳路由，也能在网络条件变化时快速更改路由。实践表明，RON 能为应用带来适度的性能改进，但更重要的是，它能从网络故障中更快地恢复。例如，在 2001 年一段 64 小时的时间内，一个运行在 12 个节点的 RON 实例检测到持续达 30 分钟的 32 次故障，它在平均 20 秒内从所有故障中恢复。这次实验也表明，仅通过一个中间节点转发数据，通常足以从因特网的故障中恢复。

因为 RON 的规模不能扩展，所以使用 RON 去帮助任意主机 A 与任意主机 B 通信是不可能的。A 和 B 必须事先知道它们可能通信，然后加入到同一个 RON。然而，RON 在某些情况下似乎是一个好主意，如当连接几十个分布在因特网中的公司站点时，或允许你和你的 50 个朋友为了运行某个应用而建立你们的私有覆盖网络时。（今天，这一想法在 Software-Defined WAN（SD-WAN）中付诸实施。）但实际问题是当每人都开始运行他们自己的 RON 时将会发生什么？上百万的 RON 主动探测路径是否会使网络不堪重负？并且当许多 RON 竞争同样的路径时，是否有任何一个 RON 会获得改进的性能？这些问题仍然无法回答。

这些覆盖网络说明了计算机网络的一个核心概念：虚拟化（virtualization）。就是说，在由物理资源构建的物理网络之上用抽象（逻辑）资源构建一个虚拟网络是可能的。而且，这些虚拟化的网络可以堆叠，多个虚拟网络可共存在同一层上。每个虚拟网络又为一些用户、应用或高层网络提供有价值的新功能。

因特网的僵化

因特网的流行和广泛使用，使得人们容易忘记它曾经是一个为研究人员用来实验分组交换网络的实验设施。然而，因特网在商业上越是成功，作为提供新思想的平台的作用就越小。今天，商业利益限制了因特网的持续发展。

事实上，来自美国国家研究委员会（Nation Research Council）2001 年的报告就曾指出，不管在智能方面（与现行标准的兼容性的压力抑制了其进一步创新）还是基础结构本身（研究人员影响核心基础结构几乎是不可能的），因特网都是僵化的。同时，一整套可能需要新解决方法的新挑战也正在出现。报告指出，矛盾在于：

"……成功和广泛被采用的技术容易僵化，使得新功能很难引进，或者如果继续采用现行技术，很难用更好的技术取而代之。现有的业界人士没有积极开发或部署创新性的技术的动力……"

寻找引进创新技术的正确途径是令人感兴趣的问题。这样的创新能把某些事情做得非常好，但在其他重要领域它们整体上落后于现有技术。例如，为了在因特网中引进一种新的路由策略，你必须构造一种路由器，它不仅支持这一新策略，同时也能与市场已有的产品在性能、可靠性、管理工具集等方面进行竞争。这是一个过分的要求。创新者需要的是一种方法，允许用户利用新策略，而又不必编写为支持基本系统所需的成千上万行的代码。

覆盖网络恰好提供了这样的机遇。可通过编程使覆盖节点支持新的功能或特性，并且依赖传统节点提供底层连接。随着时间的推移，如果在覆盖网络中所用的策略被证明是有用的，就可能有经济动力把这些功能移植到基本系统中，即把它加入到商用路由器的功能特性集合中。而这些功能也可能相当复杂，只能使覆盖层保持原状。

9.4.2　对等网

像 Napster 和 KaZaA 这样共享音乐的应用已将术语"对等"的概念引入流行的行话里。但是对一个系统而言，"对等"究竟意味着什么？当然，在共享 MP3 文件的情况中，它意味着不必从中心站点下载音乐，而是能够直接从因特网中其他存放音乐拷贝的机器上下载。更宽泛地讲，我们可以说对等网允许一个用户团体把他们的资源（内容、存储、网络带宽、磁盘带宽、CPU）放到一个池中，从而提供对更大的档案库、更大的视音频会议、更复杂的搜索和计算等的访问，这是任何用户不能单独提供的。

通常，当讨论对等网时，一提到像去中心化（decentralized）和自组织（self-organizing）这样的属性就意味着单个节点在没有任何集中式协商的情况下，把它们自己组织成一个网络。这些术语也能用于描述因特网本身。然而具有讽刺意味的是，依照这个定义来衡量，Napster 算不上一个真正的对等系统，因为它依赖于已知文件的中心注册目录。用户为了找到提供某个指定文件的机器，必须查找这个目录。只有最后一步（真正下载文件）才发生在两个用户的计算机之间，但这并没比传统的客户端／服务器交互多做什么工作。唯一的不同是服务器属于某个像你一样的用户而不是一家大公司。

因此，我们回到最初的问题：就对等网而言什么最吸引人？一种回答是定位一个感兴趣的对象和把它下载到你的计算机上的过程都不必与同一个中央权威机构联系，同时系统能够扩展到几百万个节点。能够以去中心化方式完成这两项任务的对等系统就是一个覆盖网，其中节点就是那些愿意共享感兴趣的对象（例如音乐和其他各类文件）的主机，而连接这些节点的链路（隧道）代表为了找到那些你想要的对象而必须访问的机器序列。我们看完下面两个例子之后，这种描述就会变得更加清晰。

1. Gnutella

Gnutella 是一个早期的对等网，它试图区别交换音乐（可能侵犯某人的版权）和一般的共享文件（这应该是件好事，因为我们从 2 岁起就被教导与人分享）。Gnutella 的吸引人之处在于它是最早不依赖于集中式注册目录的系统之一。相反，Gnutella 的参与者把自己组织成一个类似于图 9-25 所示的覆盖网。就是说，运行 Gnutella 软件（即实现 Gnutella 协议）的每个节点都知道一组同样运行 Gnutella 软件的其他计算机。"A 和 B 相互知道"的关系对应于这个图的边。（后面我们会谈到这幅图是如何形成的。）

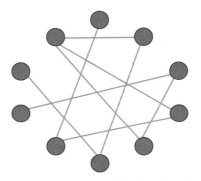

图 9-25　Gnutella 对等网的拓扑示例

每当一个给定节点上的用户想找一个对象时，Gnutella 为它发出一条 QUERY 报文（例如指出文件的名字）给它的邻居。如果一个邻居有此对象，它就用 QUERY RESPONSE 报文回答发出查询的节点，指出从哪里（例如一个 IP 地址和 TCP 端口号）可以下载想要的对象。那个节点随后使用 GET 或 PUT 报文访问对象。如果节点不能解析这个查询，它将 QUERY 报文转发给它的每个邻居（除发出查询的节点外）。这个过程重复进行。换句话说，为了定位对象，Gnutella 在覆盖网上扩散。Gnutella 为每一个查询设置一个 TTL，所以这种扩散不会无休止地进行下去。

除了 TTL 和查询串，每一条 QUERY 报文包含唯一的一个查询标识符（QID），但是它不包含初始报文源的标识。相反，每个节点维护近期看到的 QUERY 报文的一个记录：QID 和给它发 QUERY 的邻居。它以两种方式使用这一历史记录，首先，如果节点收到的 QUERY 的 QID 与它最近看到的 QID 相匹配，那么它不转发这条 QUERY 报文。这样可以比使用 TTL 更快地结束转发循环。其次，每当节点从下游邻居收到一个 QUERY RESPONSE，它都知道应将应答转发到最初给它发送 QUERY 报文的上游节点。这样，应答会返回初始节点，而没有一个中间节点知道最初是谁想要这个特定的对象。

回到如何生成图的问题，当一个节点加入 Gnutella 覆盖网时，当然必须至少知道一个其他节点。新节点至少通过一个这样的链路连到覆盖网。然后，节点通过 QUERY RESPONSE 报文了解其他节点，既包括它请求的对象，也包括应答恰好通过的节点。节点自由决定要把所发现的哪一个节点作为邻居。Gnutella 协议提供 PING 和 PONG 报文，通过这两个报文，节点分别探测一个给定的邻居是否仍然存在以及它是否应答。

应该明白，Gnutella 不是一个特别聪明的协议，其后的系统已在努力改进它。可改进的一个方面是如何传播查询。扩散有一个很好的特性，它保证可以在最少的跳数内找到期望的目标，但是它的扩展性不好。它可能改进为随机转发查询，或者根据以往的成功概率转发查询。第二个改进方向是竭力复制对象，因为给定对象的拷贝越多，就越容易找到。另外，你也可以提出一个完全不同的策略，这是我们下面将要考虑的问题。

2. 结构化覆盖

在文件共享系统奋力填补 Napster 留下的空白的同时，研究团体也为对等网探索了一种替代的设计。与 Gnutella 网络本质上的随机（非结构化）演化方式相对照，我们把这样的网络称为结构化的（structured）。类似于 Gnutella 的非结构化覆盖使用简单的覆盖构造和维护算法，它们最多提供不可靠的、随机的搜索。相反，为了与一个特定图的结构保持一致，结构化覆盖被设计为支持可靠的和有效的（用概率方式限定延迟）对象定位，但是在覆盖的构造和维护中增加了复杂性。

如果你从更高的层次上想一下我们要做什么，那么需要考虑两个问题：我们如何将对象映射到节点？我们如何把请求路由到负责存储给定对象的节点？我们从第一个问题开始，这个问题有一种简单的陈述：我们如何将名为 x 的对象映射到某个能为它提供服务的节点 n 的地址上？传统的对等网对于哪个节点存储对象 x 没有控制权，而如果我们能控制对象在网上如何分布，那么以后我们就更容易找到这些对象。

将名字映射到地址的一种常用技术是哈希表

$$\text{hash}(x) \rightarrow n$$

这意味着首先将对象 x 放到节点 n 上，此后，想要定位 x 的客户端，只要计算 x 的哈希值就能确定它在节点 n 上。基于哈希的方法有一个非常好的特性，它易于将对象均匀分布到一组节点上，但是简单的哈希算法有一个致命的弱点：我们应该允许 n 有多少个可能的值？（用哈希法的术语，应该有多少桶？）我们可以简单地决定，例如有 101 个可能的哈希值，使用模运算的哈希函数，即

```
hash(x)
    return x % 101
```

不幸的是，如果有多于 101 个节点愿意存储对象，那么我们就不可能用到所有节点，而如果我们选择的模大于最大可能节点数目，那么 x 的某些值将哈希到一个不存在的节点的地址。这也是将哈希函数返回值转换为一个实际 IP 地址时不可小觑的问题。

为了解决这个问题，结构化的对等网使用一种称为一致哈希法（consistent hashing）的算法，它可以在一个大的 ID 空间上均匀地哈希一组对象 x。图 9-26 用一个圆圈表示一个 128 位的 ID 空间，其中我们使用算法把对象

$$\text{hash(object\_name)} \rightarrow \text{Objid}$$

和节点

$$\text{hash(IP\_addr)} \rightarrow \text{Nodeid}$$

放置在这个圆圈上。由于 128 位的 ID 空间是很大的，所以一个对象与一台计算机的 IP 地址不会得到同样的 ID。为了解决这种不大可能出现的问题，每个对象在 128 位空间中由在圆圈上最接近（closest）它的 ID 号对应的节点维护。换句话说，这里的做法是使用高质量的哈希函数将节点和对象都映射到同一个大的稀疏 ID 空间，然后根据它们各自标识符数值的接近程度将对象映射到节点上。像一般的哈希计算一样，此方法可以将对象均匀分布在节点上，但与一般哈希计算不同的是，当一个节点（哈希桶）加入或离开时，仅有少量对象需要移动。

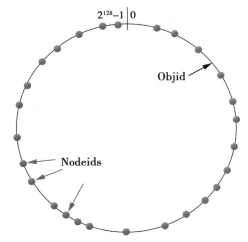

图 9-26　节点和对象都映射（哈希）到 ID 空间，对象由空间中最近的节点来维护

现在我们考虑第二个问题：一个想要访问对象 x 的用户如何知道空间中哪个节点的 ID 最接近 x 的 ID？一个可能的答案是每个节点保存一张完整的节点 ID 与相关的 IP 地址的表，但这对于一个大型网络来说并不实用。另一种方法是将报文路由到这个节点上（route a message to this node）！这正是结构化对等网所使用的方法。换句话说，如果我们以一种聪明的方法构建覆盖——与我们需要聪明地为节点的路由表选择表项一样——那么我们就可以通过简单地路由到一个节点而发现它，有时也将此方法称为分布式哈希表（distributed hash table，DHT），因为从概念上讲，哈希表分布在网络中的所有节点上。

图 9-27 展示一个简单的 28 位的 ID 空间会发生什么。为了使讨论尽量具体，我们考

虑名为 Pastry 的特殊对等网所使用的方法，其他系统以相似的方式工作。

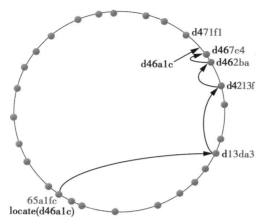

图 9-27 通过对等覆盖网络中的路由来定位对象

假设你在 ID 为 65a1fc（十六进制）的节点上，而且你想要定位 ID 为 d46a1c 的对象。你发现你的 ID 与对象的 ID 没有任何共同之处，但是你知道一个至少共享前缀 d 的节点。那个节点在 128 位的 ID 空间中比你更接近对象，所以你将报文转发给它。（我们不给出所转发的报文格式，但你可以把它想象成"定位对象 d46a1c"。）假设节点 d13da3 知道另一个与对象共享更长前缀的节点，它就继续转发报文。这个过程一直继续，直到到达一个不知道更近节点的节点为止，根据定义，这个节点正是存储对象的节点。记住，随着我们在"ID 空间"的逻辑移动，报文实际上是通过底层的因特网从一个节点转发到另一个节点。

每个节点维护一个路由表（下面有更多解释）和一小组数字更大或更小的节点 ID 对应的 IP 地址。这称为节点的叶集（leaf set），它的意义在于一旦报文被路由到同一叶集中的任一节点时，此节点可以直接转发报文到最终目的地。从另一个角度说，即使存在多个与对象 ID 共享最长前缀的节点，叶集也能正确而有效地将报文传递到数字上最接近它的节点。此外，因为叶集中的任何节点都可以路由报文，如同同一集合中的任何其他节点一样，所以使路由选择更稳健。这样，如果一个节点不能进一步路由一条报文，那么叶集中的其他邻居也许能。总之，路由过程定义如下：

```
Route (D)
    if D 在我的叶集范围内
        转发到叶集中数字上最接近的节点
    else
        令 l= 共享前缀的长度
        令 d=D 的地址中第 l 位数字的值
        if RouteTab[l, d] 存在
            转发到 RouteTab[l, d]
        else
            转发到至少具有共享前缀长度且数字上更接近的已知节点
```

路由表 RouteTab 是一个二维数组。ID 中的每个十六进制数字（在 128 位的 ID 中

有 32 个这样的数字）有一行，每个十六进制值（显然有 16 个这样的值）有一列。*i* 行中的每一项和这个节点共享长度为 *i* 的前缀，并且在这一行中，*j* 列中的项在第 *i*+1 个位置有十六进制值 *j*。图 9-28 显示了节点 65a1fcx 的路由表的前三行，其中 *x* 表示一个未指定的后缀。该图显示了表中每一项所匹配的 ID 前缀。图中没有显示这个表项的实际值——路由到的下一个节点的 IP 地址。

	0	1	2	3	4	5		7	8	9	a	b	c	d	e	f
行0	x	x	x	x	x	x		x	x	x	x	x	x	x	x	x
行1	6 0 x	6 1 x	6 2 x	6 3 x	6 4 x			6 6 x	6 7 x	6 8 x	6 9 x	6 a x	6 b x	6 c x	6 d x	6 e x	6 f x
行2	6 5 0 x	6 5 1 x	6 5 2 x	6 5 3 x	6 5 4 x	6 5 5 x	6 5 6 x	6 5 7 x	6 5 8 x	6 5 9 x		6 5 b x	6 5 c x	6 5 d x	6 5 e x	6 5 f x
行3	6 5 a 0 x	6 5 a 2 x	6 5 a 3 x	6 5 a 4 x	6 5 a 5 x	6 5 a 6 x	6 5 a 7 x	6 5 a 8 x	6 5 a 9 x	6 5 a a x	6 5 a b x	6 5 a c x	6 5 a d x	6 5 a e x	6 5 a f x

图 9-28　ID 为 65a1fcx 的节点的路由表

向覆盖增加一个节点就像路由"定位对象报文"到对象一样，新节点必须知道至少一个现有成员。它要求这个成员将"增加节点报文"路由到最接近加入节点 ID 的节点，如图 9-29 所示。通过这个路由过程，新节点可以知道其他共享前缀的节点，并开始填写路由表。随着时间的推移，更多的节点加入到覆盖中，现有节点也可以选择是否在自己的路由表中加入这些节点的信息。当新节点增加一个比现有节点当前表中前缀更长的前缀时，现有节点才做这个选择。叶集中的邻居节点也相互交换路由表，这意味着随着时间的推移，路由信息将遍布覆盖网络。

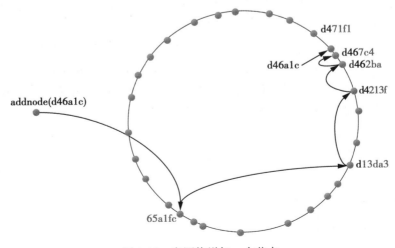

图 9-29　向网络增加一个节点

你可能已经注意到，尽管结构化覆盖对定位一个对象时所需的路由跳数给出概率范围——Pastry 中的跳数被限定为 $\log_{16} N$，其中 N 是覆盖网上的节点数——每一跳都可能引入延迟。这是因为每个中间节点在因特网上的位置是随机的。（在最坏的情况下，每个节点在不同的大陆上！）事实上，在使用上述算法的跨越全球的覆盖网上，每一跳的预计延迟是因特网上任一对节点间延迟的平均值！幸运的是实际中能做得更好。其思想是在选择每一个路由表项时，在具有适合于该项的一个 ID 前缀的所有节点中，选择在底层物理网中较近的节点。这样做所得到的端到端路由延迟已被证明远小于源节点和目的节点之间的延迟。

最后，目前的讨论集中在对等网上定位对象的一般情况。给定这样一个路由选择架构可以建立不同的服务，例如一个使用文件名作为对象名的文件共享服务。为了定位文件，首先计算名字的哈希值，得到对应的对象 ID，然后将一条"定位对象报文"路由到这个 ID。为了提高可用性，系统也可以把这个文件复制到多个节点上。将多个备份存储在给定文件通常被路由到的节点的叶集上，就是这样做的一种方法。记住，即使这些节点在 ID 空间中是邻居，它们也可能在物理上散布于因特网上。因此，虽然一座城市断电可能会在物理上关闭传统文件系统中的文件备份，但在对等网上发生这样的故障时，就可能会保全一个或多个备份。

除文件共享以外的其他服务也能建立在分布式哈希表之上，例如多播应用不是从网格构建多播树，而是用结构化覆盖的边构建它，从而可以在几个应用和多播组之间分摊覆盖的构建和维护的开销。

3. BitTorrent

BitTorrent 是 Bram Cohen 设计的对等文件共享协议。它是以复制文件或复制被称为片（piece）的文件段为基础的。通常，任何一个片都能从多个对等方下载，即使只有一个对等方有整个文件。BitTorrent 的主要优点是避免了因一个文件只有一个源而引起的瓶颈。考虑到一些计算机通过因特网链路提供文件服务时速率有限，特别是大多数宽带网络的非对称性造成速率极低，此时 BitTorrent 的优势更加有用。BitTorrent 的妙处在于复制是下载过程的一个自然的副产品：当一个对等方下载一个特定片时，它就成为该片的另一个源。下载该文件的片的对等方越多，片的复制就越多，从而均衡地分配负载。片的下载顺序是随机的，从而避免所有对等方都发现缺少同一个片集合的情况。

每一个文件都通过它自己的独立 BitTorrent 网络被共享，该网络被称为群（swarm）。（一个群可能共享一组文件，但我们为了简单只描述一个文件的情况。）一个群的生命周期通常如下。群初始时是一个有文件完整备份的对等方。一个想下载该文件的节点加入该群，称为第二个成员，并开始从第一个对等方下载文件的片。在下载过程中，它成为已下载片的另一个源，即使此时它还没有下载完整个文件。（事实上，对等方在完成下载后立即离开群的现象很常见，虽然鼓励它们待得再长一些。）其他节点加入该群并开始从多个对等方下载片，而不只是第一个对等方，见图 9-30。

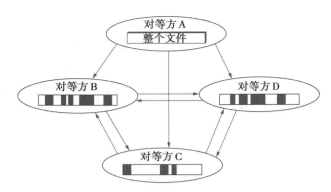

图 9-30　BitTorrent 群中的一个对等方从其他可能还没有整个文件的对等方下载文件

如果该文件保持很高的需求量，那么一群新对等方会替代那些离开的对等方，因此群会永远保持活力；否则，群会萎缩到只包括第一个对等方的情况，直到有新对等方加入该群。

既然我们已经总览了 BitTorrent，我们可以问一下请求是如何被路由到拥有给定片的对等方的。为了提出请求，一个想要成为下载者的节点必须先加入群。它要从下载一个包含文件和群的元信息的文件开始。文件一般是从 Web 服务器下载的，并通过跟踪网页中的链接来发现。它包含：

- 目标文件的大小。
- 片的大小。
- 为每个片预计算的 SHA-1 哈希值。
- 群跟踪器（tracker）的 URL。

跟踪器是一个跟踪群的当前成员关系的服务器。我们会在后面看到可以将 BitTorrent 扩展成不需要这个集中点，因为它的存在可能会引起瓶颈或故障。

想要成为下载者的节点通过向跟踪器发送一条包含其网络地址以及为自己产生的一个随机对等方 ID 的报文来加入群，成为一个对等方。该报文还包括文件主要部分的 SHA-1 哈希值，该值被用作群的 ID。

将新对等方称为 P。跟踪器用一个包含部分对等方 ID 和网络地址的列表来回应 P，P 与其中的一些对等方建立 TCP 连接。注意，P 只是与群的一个子集直接相连，虽然它可能决定联系更多的对等方，甚至向跟踪器请求更多的对等方。为了在建立了 TCP 连接之后与特定对等方建立 BitTorrent 连接，P 发送自己的 ID 和群 ID，而对等方会以自己的 ID 和群 ID 回应。如果群 ID 不匹配或者回应对等方的 IP 不是 P 所期望的 ID，该连接就终止。

所得到的 BitTorrent 连接是对称的：每一端都能从另一端下载文件。每一端开始都会给对方发送一个位图来报告自己拥有的片，因此每一个对等方都知道对方的最初状态。每当下载者 D 下载完一个片时，它就向与它直接相连的对等方发送一条标识该片的报文，这样那些对等方就能更新有关 D 的状态。这就是对下载请求如何被路由到拥有该片的对等方这个问题的最终答案，因为它意味着每个对等方都知道哪个直接相连的对等方拥有该片。如果 D 需要一个在所有连接中都不存在的片，那么它会连接到更多的或不同的对等方（它能从跟踪器得到更多的对等方），或者先处理其他片并希望它的一些连接能够从它们的连接得到那个片。

如何将对象——在本例中是片——映射到对等方节点？当然，每个对等方最终得到所有片，因此该问题实际上是在对等方拥有所有片以前的某个给定时间，它拥有哪些片，或者也可以等价描述为对等方下载片的顺序。答案是它们以随机顺序下载片，以防止它们拥有任何其他对等方的片的严格的子集或超集。

目前所描述的 BitTorrent 使用一个集中的跟踪器，它会成为群的故障点，并最终可能成为性能瓶颈。同时，提供跟踪器对于想通过 BitTorrent 提供文件的人来说是一件烦人的事。新版本的 BitTorrent 支持使用基于 DHT 实现的无跟踪器群。具有无跟踪器能力的 BitTorrent 客户端软件不但要实现一个 BitTorrent 对等方，还要实现一个我们称为对等方探测器（peer finder，相应的 BitTorrent 术语就是节点）的部分，用于帮助对等方发现其他对等方。

对等方探测器构成它们自己的覆盖网络，用它们自己的协议在 UDP 上实现一个 DHT。另外，对等方探测器网络包含相关对等方属于不同群的对等方探测器。换句话说，每个群形成了 BitTorrent 对等方的不同网络，而对等方探测器网络跨越多个群。

对等方探测器随机产生自己的探测器 ID，与群 ID 的长度相同（160 位）。每个探测器维护一个适度的表，其中包含具有与自己的 ID 接近的主要探测器（和它们的相关对等方），再加上一些 ID 较远的探测器。下面的算法确保了 ID 与给定群 ID 接近的探测器很可能知道来自该群的对等方，这个算法同时提供了一种查询方法。当探测器 F 需要找到来自特定群的对等方时，它就向表中 ID 与群 ID 接近的探测器发送一个请求。如果所联系的探测器知道来自该群的任何对等方，它就以对等方的联系信息作为回应。否则，它以表中接近该群的探测器的联系信息作为回应，这样 F 就能以迭代方式查询那些探测器。

搜索完成后，因为没有接近群的探测器，所以 F 将自己的联系信息和相关对等方插入到与群最接近的探测器。实际结果是一个特定群的对等方进入与该群接近的探测器的表中。

上述方案假设 F 已经是探测器网络的一部分，也就是说它已经知道如何与其他探测器联系。这种假设对于以前运行过的探测器来说是正确的，因为它们会保存其他探测器的信息，甚至在执行过程中也会保存。如果群使用跟踪器，它的对等方能够告诉它们的探测器关于其他探测器的信息（反转对等方和探测器的角色），因为 BitTorrent 对等协议扩展后能够交换探测器联系信息。但是一个新安装的探测器如何发现其他探测器？用于无跟踪器群的文件包含一个或多个探测器的联系信息，而不是跟踪器的 URL，以便适应那种情况。

BitTorrent 的一个非同寻常的方面是它正面解决公平问题或好"网络公民"问题。协议通常依赖于每一个用户的良好行为但并不能强制。例如，一个肆无忌惮的以太网对等方可以使用一种比指数回退算法更贪婪的回退算法来得到更好的性能，或者一个肆无忌惮的 TCP 对等方可以通过不参与拥塞控制来得到更好的性能。

BitTorrent 所依赖的良好行为是对等方为其他对等方上传片。因为一般的 BitTorrent 用户只是想尽快下载文件，因此实现一个试图下载所有片而只上传尽量少的片的对等方——这是一个坏对等方——是很有诱惑力的。为了阻止坏行为，BitTorrent 协议包含了一种机制，允许对等方互相奖励或惩罚。如果一个对等方因为没有很好地为另一个对等方上传片而造成行为不当，第二个对等方可以阻塞（choke）这个坏对等方：它可以决定至少暂时不向这个坏对等方上传片，并发送一条报文告诉它。还有一种报文类型用于告诉一个对等方它已经被解除阻塞了。阻塞机制也被对等方用来限制活动的 BitTorrent 连接的数量，以便保持良好的 TCP 性能。有很多可能的阻塞算法，而设计一个好的算法是一种艺术。

9.4.3　内容分发网络

我们已经看到了运行在 TCP 上的 HTTP 是怎样让 Web 浏览器从 Web 服务器上获得网页的。然而，任何等待过一个网页返回的人都知道这样的系统绝非完美。考虑到目前因特网的主干建立在 40 Gbps 链路上，出现这种情况的原因并不明显。普遍认为是当你下载网页时，系统中存在四个潜在的瓶颈：

- 第一英里：因特网中可能有高容量链路，但当你通过 1.5 Mbps 的调制解调器或性能很差的无线链路连接时，它不能帮你更快地下载一个网页。
- 最后一英里：将服务器与因特网相连的链路可能因请求太多而超载，虽然链路的带宽很高。
- 服务器本身：服务器具有有限的资源（CPU、内存、磁盘带宽等），会因为过多的并发请求而超载。
- 对等点：少数共同实现因特网主干的 ISP 可能在其内部有高带宽管道，但是没有什么推动力使它们对其对等点提供高容量连接。如果你连接到 ISP A 而服务器连接到 ISP B，那么你请求的页面可能会在 A 和 B 相互对等的点被丢弃。

要解决第一个问题，除了你之外别人做不了什么。但利用备份技术有可能解决其他问题。做这件事的系统通常称为内容分发网络（Content Distribution Network，CDN）。Akamai 可能是最著名的 CDN。

CDN 的思想是在地理上分布一组服务器代理（server surrogate）来缓存那些通常在一组后端服务器（backend server）上维护的网页。于是在大型新闻事件发生时，不必让几百万人为了连接而无休止地等待——这种情形称为突发聚集（flash crowd）——把这样的负载分布到多台服务器上是有可能的。此外，不必遍历多个 ISP 才到达新闻网站。如果这些代理服务器分散在所有骨干网 ISP 上，那么就有可能到达其中一台服务器而不需经过对等点。显然对于一个想要为其网页提供更高效访问的网站，在因特网上维护数以千计的代理服务器的代价太昂贵了。商用 CDN 为很多网站提供这项服务，从而使这个代价由很多客户分担。

尽管我们把它们称为代理服务器，事实上，把它们看作高速缓存也是正确的。如果没有客户所请求的页面，它们会向后端服务器请求。然而在实践中，后端服务器提前把它们的数据复制给代理，而不是等代理在需要时请求。同样，只有与动态内容相反的静态网页才分布到代理上。用户需要到后端服务器上获取所有频繁变化的内容（例如体育比分和股票报价）或是由某种计算结果给出的内容（例如一条数据库查询）。

拥有地理上分布的一个庞大的服务器集合并不能完全解决问题。为了完整起见，CDN 还需提供一组能够把客户请求转发给最合适的服务器的重定向器（redirector），如图 9-31 所示。重定向器的主要目标是为每个请求选择能为客户提供最短应答时间（response time）的服务器，其次是让整个系统在底层硬件（网络链路和网页服务器）能够支持的情况下每秒钟处理尽可能多的请求。在一段给定时间内所能满足的请求的平均数量——称为系统吞吐量（system throughput）——是系统负载很重时的主要问题，例如，当突发聚集访问少数网页或分布式拒绝服务（DDoS）攻击者瞄准某个网站时。

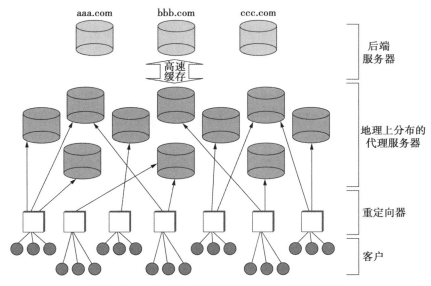

图 9-31　一个内容分发网络（CDN）的组成部分

CDN 根据多个因素来决定如何分发客户请求。例如，为了减少应答时间，重定向器可能根据网络接近程度（network proximity）来选择服务器。相反，为了提高系统的总吞吐量，CDN 希望在一组服务器上平衡（balance）负载。如果分发机制把位置（locality）作为考虑因素就能提高吞吐量并缩短应答时间，也就是说，选择一个在它的高速缓存中可能已包含被请求网页的服务器。CDN 应采用的因素组合是可讨论的问题。本节考虑一些可能性。

1. 机制

在目前的描述中，重定向器只是一个抽象的功能，尽管这听起来像要求路由器做的事，因为从逻辑上讲它像路由器转发分组一样转发请求报文。事实上，有多种机制可以用来实现重定向。注意，为方便讨论，我们假设每个重定向器都知道所有可达服务器的地址。（从这里开始我们丢弃"代理"这个词而只称其为一组服务器。）在实践中，服务器会出现和消失，可以通过某种形式的带外通信使这些信息保持最新。

首先，可以通过调整 DNS 给客户返回不同服务器地址的方法实现重定向。例如，当客户要求解析域名 www.cnn.com 时，DNS 服务器会返回保存 CNN 的 Web 网页的已知具有最轻负载的服务器 IP 地址。另一种方法是，对于给定的一组服务器，DNS 服务器可能只是以轮转的方式返回地址。注意基于 DNS 的重定向机制的粒度通常是网站级（例如 cnn.com）而不是某个特定的 URL（例如 https://www.cnn.com/2020/11/12/politics/bidenwins-index.html）。然而，当返回一个嵌入式链接时，服务器会重写 URL，这样就有效地将客户指向最适合那个特定对象的服务器。

商用 CDN 本质上结合使用 URL 重写和基于 DNS 的重定向。出于可扩展性原因，高级 DNS 服务器先指向一个能返回实际服务器地址的区域级 DNS 服务器。为了对变化做出快速应答，DNS 服务器把它们返回的资源记录的 TTL 改成一段很短的时间，比如 20 秒。这样做是必要的，使得客户不再缓存结果，并因此不能返回 DNS 服务器查找最新的 URL 到服务器的映射。

另一种可能性是使用 HTTP 的重定向特性：客户端向服务器发一条请求报文，服务器应答一个为获得网页客户端应联系的新的（更好的）服务器。不幸的是，基于服务器的重定向会导致在因特网上的额外往返时间，更糟糕的是，服务器容易因为重定向任务而使本身超载。然而，如果客户附近有一个节点——例如一个本地 Web 代理——知道哪些服务器可用，它就可以拦截请求报文并指示客户从合适的服务器请求网页。在这种情况下，要么重定向系统需要处在所有离开网站的请求都会通过的咽喉要道，要么客户将不得不通过显式将请求发送给代理（相对于传统的非透明代理）的方式协作。

至此，你可能在想 CDN 到底和覆盖网络有什么关系。尽管把 CDN 看成覆盖网络有一点夸大其词，但它们的确有一个非常重要的共同特征。像覆盖节点那样，一个基于代理的重定向器会做出应用级路由选择决定。它不会根据地址以及它对网络拓扑的了解来转发分组，它会根据 URL 以及它对某组服务器的方位和负载的了解来转发 HTTP 请求。现今的因特网体系结构并不直接支持重定向——"直接"的意思是指客户端把 HTTP 请求发给重定向器，由重定向器转发给目标——所以通常让重定向器返回合适的目标地址并让客户端自行联系服务器来间接实现重定向。

2. 策略

现在我们来考虑一些重定向器转发请求时可能用到的典型策略。实际上，我们已经提出了一个简单的策略——轮转策略。一个类似的方案是简单地在可用服务器中随机选择一台服务器。两个方法都能够很好地把负载均匀分布到 CDN 上，但它们并没有很好地缩减客户感受到的应答时间。

很明显，这两个方案都没有把网络接近程度考虑在内，同时，它们还忽略了位置。也就是说，对同一 URL 的请求被转发给不同服务器，使得由所选服务器内存中的缓存来提供网页的可能性变小了。这使服务器不得不从磁盘甚至后端服务器上取回网页。一组分布在各地的重定向器如何在不经过全局协调的情况下把对同一网页的请求发往同一服务器（或一小组服务器）？答案出奇的简单：所有重定向器都使用某种形式的哈希法把 URL 确定地映射到一个小的取值范围。这个方法的主要好处是不需要为了协调操作而进行任何重定向器之间的通信，不管哪个重定向器收到 URL，哈希过程都能产生相同的输出。

那么什么是好的哈希方案？经典的取模（modulo）哈希方案——用哈希法处理每个 URL 时，以服务器数目作模数——不适合这种环境。这是因为如果服务器数目改变，取模运算的结果会使得越来越少的网页能保持分配到相同服务器。虽然我们不希望服务器集合频繁变化，但在集合中添加新服务器将引起人们不愿看到的大规模重新分配。

另一个办法是使用前面章节中讨论过的一致哈希（consistent hashing）算法。具体来讲，每个重定向器先把所有服务器哈希变换到单位圆中，然后对于每个到达的 URL，重定向器把 URL 也哈希变换成单位圆上的一个值，最后 URL 被指定给圆上离它的哈希值最近的服务器。如果这个方案中的一个节点出现故障，其负载将被转移给它的邻居（在单位圆上）。这样添加或移走一台服务器只会使请求分配在局部发生变化。注意，与对等网的情况不同的是，对等网上一条报文从一个节点路由至另一节点为的是找到其 ID 离目标最近的服务器，每个重定向器知道这组服务器是如何映射到单位圆上的，所以它们可以各自独立地选择"最近"的服务器。

这种策略很容易通过扩展以考虑服务器负载。假设重定向器知道每个可用服务器当前的负载，这些信息不一定是最新的，但我们可以想象重定向器只对前几秒内它向某个服务器转发请求的次数进行计数，并把这个计数作为该服务器当前负载的估计值。当收到一个 URL 时，重定向器哈希变换这个 URL 加上每个可用的服务器，并将结果值排序。这个排序列表有效地定义了重定向器所考虑的可用服务器的顺序。于是重定向器顺序访问列表直到它找到负载低于某一阈值的服务器。与普通的一致哈希法相比，这种方法的好处在于每个 URL 都有不同的服务器顺序与之对应。所以如果一台服务器发生故障，它的负载将被均匀地分布到其他机器上。这种方法是高速缓存阵列路由协议（Cache Array Routing Protocol，CARP）的基础，以下是其伪代码表示：

```
SelectServer(URL, S)
    for 服务器集合 S 中的每台服务器 s
        weight[s]=hash(URL, address[s])
    排序 weight
    for 递减序列 weight 中的每台服务器 s
        if Load(s)<threshold then
            return s
    return weight 最高的服务器
```

随着负载的增加，这个方案从只使用列表上的第一台服务器变为将请求分散到多台服务器上。一些通常由"繁忙"服务器处理的网页也将由相对不太忙的服务器处理。因为这个过程的依据是服务器负载的聚集而不是单个网页的受欢迎程度，保存某些受欢迎网页的服务器可能比保存不受欢迎网页的服务器找到更多分担其负载的服务器。在此过程中，一些不受欢迎的网页会在系统中被复制，这仅仅是因为它们恰好主要被存储在繁忙的服务器上。同时，如果一些网页变得非常受欢迎，可以想象，所有系统中的服务器都可能有责任提供它们。

最后，可以用至少两种不同的方法把网络接近程度引入等式中。第一种方法是通过监视服务器应答请求的时间长短并把这个测量值作为"服务器负载"参数运用到前面的算法中，这使得服务器负载和网络接近程度之间的区别变得模糊。这种策略倾向于选择邻近的或负载轻的服务器而不是远处的或负载重的服务器。第二种方法是在较早的阶段限制候选的服务器集合使其只包括附近的服务器，这样就使接近程度成为决定因素之一。更难的问题是如何在可用的很多服务器中确定哪个离得较近。一种方法是只选择与客户在相同 ISP 上的可用服务器。一种稍微复杂一点的方法是查看由 BGP 生成的自治系统图，并且只选择那些从客户端出发，在一定跳数内可达的服务器作为候选。在网络接近程度和服务器缓存位置之间寻找平衡是正在被研究的课题。

透视图：云是新的因特网

正如我们在 9.1 节结尾的电子邮件和 Web 服务器等传统因特网应用程序中所看到的那样，曾经运行在本地机器上的传统应用已经迁移到在商用云中运行的 VM 上。这对应于术语（从"Web 服务"到"云服务"）和正在使用的许多底层技术（从虚拟机到云原生微服务）的转变。但是，云对当今网络应用程序实现方式的影响比此次迁移所示的还要大。最终可能产生最大影响的是商品云和覆盖网络（类似于 9.4 节中描述的那些）的结合。

基于覆盖网的应用程序最需要的是覆盖范围广，即分布在世界各地的许多节点。IP 路由器被广泛部署，因此，如果你有权使用一组路由器作为覆盖网络中的底层节点，那么你就可以使用覆盖网了。但这不会发生，因为不会有网络运营商或企业管理员愿意让随便哪个人将覆盖软件加载到他们的路由器上。

你的下一个选择可能是为你的覆盖软件进行托管站点的众包。依赖于陌生人的好意，如果你们都有一个共同的目标，比如下载免费音乐，但新的覆盖应用程序很难传播，即使传播，确保在任何给定时间都有足够的容量来承载应用程序生成的所有流量通常是有问题的。它有时适用于免费服务，但不适用于任何你可能希望赚钱的应用程序。

要是有办法付钱给某人在遍布世界各地的服务器上加载和运行你的软件就好了。当然，这正是亚马逊 AWS、微软 Azure 和谷歌云平台等商品云所提供的。对许多人来说，云提供的服务器数量似乎是无限的，但实际上，这些服务器的位置也很重要。正如我们在第 4 章末尾所讨论的，它们广泛分布在 150 多个连接良好的站点上。

例如，假设你希望将一组实时视频或音频频道流式传输给数百万用户，或者你希望支持数千个视频会议会话，每个会话连接十几个分布广泛的参与者。在的两个应用程序案例中，你构建了一个覆盖多播树（第一个示例中每个视频通道一个，第二个示例中每个会议会话一个），树中的覆盖节点是这 150 个云站点的某种组合。然后，你允许最终用户从 Web 浏览器或智能手机应用程序连接到他们选择的多播树。如果你需要存储一些视频 / 音频内容以便以后播放（例如，支持时移），那么你也可以在部分或所有云站点购买一些存储容量，从而有效地构建你自己的内容分发网络。

从长远来看，虽然互联网最初被认为是一种纯粹的通信服务，任何计算和存储应用程序可以在边缘蓬勃发展，但今天，应用软件都嵌入（分布在）网络中，而且，越来越难以判断互联网在哪里停止，云从哪里开始。这种融合只会随着云越来越接近边缘（例如，接入网络锚定的数千个站点）和规模经济推动用于构建互联网 / 云站点的硬件设备越来越通用而继续深化。

更广泛的透视图

- 要提醒自己为什么因特网的云化很重要，请参阅本书第 1 章的"透视图"部分。

习题

1. ARP 和 DNS 都依赖高速缓存；ARP 高速缓存记录生存期一般是 10 分钟，而 DNS 高速缓存记录生存期是几天。解释为什么会存在这种差别。DNS 高速缓存记录的生存期太长会产生什么不希望的后果？

2. IPv6 通过允许硬件地址作为 IPv6 地址的一部分来简化 ARP。这如何使 DNS 的工作复杂化？这将怎样影响你找到本地 DNS 服务器。

3. DNS 服务器也允许反向查询。给出一个 IP 地址 128.112.169.4，它被逆转换成一个文本串 4.169. 112.128.in_addr.arpa，并且使用 DNS 的 PTR 记录查找（PTR 的域层次结构类似于地址的域层次结构）。假设你想要根据主机名鉴别分组的发送方，并确信源 IP 地址是真的。解释下列情况下的不安全性：将源 IP 地址转换到上述主机名，然后将名字与可信任主机的给定列表进行对比。（提示：你信任谁的 DNS 服务器？）

4. 一个域名（如 cs.princeton.edu）和一个 IP 子网号（如 192.12.69.0）之间有什么关系？必须用相同的名字服务器识别一个子网中的所有主机吗？像上一道习题中的反向查询情况如何？

5. 假设一台主机选择一台不在它的组织内的名字服务器做地址解析。对在任何 DNS 高速缓存中都找不到的查询，与用本地名字服务器相比，这样做何时不增加总流量？这样做何时会得到一个较高的 DNS 高速缓存命中率和较少的总流量？

6. 图 9-17 显示了名字服务器的分层结构。如果一个名字服务器服务于多个区域，怎样表示这种分层结构？在这种设置下，如何将名字服务器的分层结构联系到区域的分层结构？怎样处理每个区域可以有多个名字服务器的情况？

7. 使用 whois 工具 / 服务找出谁负责你的站点，至少是在 InterNIC 涉及的范围。通过 DNS 名字和通过 IP 网络号查询你的站点，对于后者可能不得不尝试另一个 whois 服务器（如 whois-h whois. arin.net...）。也试一试 princeton.edu 和 cisco.com。

8. 许多较小的机构让第三方维护它们的 Web 站点。怎样使用 whois 发现是否有这样的情况？如果有，怎样使用 whois 发现第三方的身份？

9. 现存 DNS.com 分层结构的特性之一是它非常"宽阔"。

　(a) 提出一个比 .com 分层结构更加分层化的重组方案，你能预料到这一提议会遇到什么反对意见吗？

　(b) 当大部分 DNS 的域名含有 4 层或 4 层以上时，与现有的两层域名相比结果怎样？

10. 假设是另外一种情况，我们抛弃所有 DNS 分层结构，并且简单地将所有 .com 项移至根名字服务器：www.cisco.com 可能变成 www.cisco，或可能就是 cisco。从总体上讲，这将如何影响到根名字服务器的流量？对一种把 cisco 这样的名字转换成 Web 服务器地址的场景，它是怎样影响流量的？

11. 在改变 IP 地址时，涉及 DNS 高速缓存方面的问题是什么？怎样使这些问题的影响最小？

12. 采用一个适当的 DNS 查询工具（如 dig）并且禁止递归查询特性（如用 +norecursive），这样当你的工具向一个 DNS 服务器发送一个询问，并且服务器不能根据自己的记录完全回答请求时，服务器回送在查询序列中的下一台 DNS 服务器，而不是自动转发查询到下一台服务器。然后实现如图 9-18 所示的手工方式名字查找，用主机名 www.cs.princeton.edu 尝试一下。列出所接触的每一台中间名字服务器。你可能也需要指明查询是针对 NS 记录而不是一般的 A 记录。

13. 讨论你将如何重写 SMTP 或 HTTP 以利用一个启发式通用请求／应答协议。能将一个类似的持久连接从应用层协议移至这样的传输层协议中吗？还有哪些其他的应用任务可以移至这个协议中？

14. 大部分 Telnet 客户端能连接到端口 25（SMTP 端口）而不是 Telnet 端口。使用这样一个工具，连接到 SMTP 服务器并给你自己（或获得许可的其他人）发送某个伪造的电子邮件。然后检查首部以找出报文不真实的证据。

15. 为了让 SMTP 和一个像 sendmail 那样的邮件后台处理程序提供一些措施以提防上题所说的伪造邮件，可以使用（或增加）SMTP 的什么特性？

16. 找出 SMTP 主机如何处理来自另一方的未知命令，特别是这种机制如何允许协议的改进（如"扩展的 SMTP"）。你可以读 RFC，也可以像习题 14 那样连接一个 SMTP 服务器并测试它对不存在命令的应答。

17. 正如书中描述的，SMTP 包含几条小报文的交换。在大多数情况下，服务器的应答不影响客户端的后续发送。客户端因而可以实现命令管道（command pipelining）：在单一的报文中发送多条命令。

　(a) 对于哪些 SMTP 命令，客户端需要注意服务器的应答？

　(b) 假设服务器用 gets() 或等价的函数读取每一条客户端报文，它将读取一个串直到遇见一个换行符〈LF〉为止。当它检测到客户端已使用命令管道之后，需要做些什么？

　(c) 然而管道可被某些服务器中断，研究客户端怎样协商它的使用。

18. 找出 DNS MX 记录除了提供邮件服务器的别名之外，还提供哪些其他特性，毕竟服务器的别名也可由 DNS CNAME 记录提供。MX 记录用于支持电子邮件，一个类似的 Web 记录可用于支持 HTTP 吗？

19. 像 MIME 这样的协议所面对的核心问题之一是数量巨大的可用数据格式。参考 MIME RFC 找出 MIME 是怎样处理新的或特定系统的图像和文本格式的。

20. MIME 使用 multipart/alternative 语法来支持对相同内容的多个表示。例如，文本能以 text/plain、text/richtext 和 application/postscript 的形式发送。虽然把本来的格式放在普通文本格式之前会使实现更容易，但为什么你仍认为普通文本格式是首选？

21. 查看有关 MIME 的 RFC，找出 base64 编码是如何处理长度不是 3 字节的偶数倍的二进制数据的。

22. 在 HTTP 1.0 版本中，一个服务器通过关闭连接来标记传输的结束。从 TCP 层的角度解释为什么这样做会引起服务器的问题。找出 HTTP 1.1 版本中怎样避免这一问题。一个通用的请求 / 应答协议会怎样解决这个问题？

23. 找出如何配置 HTTP 服务器以便消除 404 not found 报文，取而代之的是返回一个默认的（并且希望是更友善的）报文。判断这样的特性是否是协议的一部分或实现的一部分，或者在技术上协议是否允许这样做。（有关 apache HTTP 服务器的文档可在 www.apache.org 上找到。）

24. 为什么 HTTP GET 命令

    GET http:www.cs.princeton.edu/index.html HTTP/1.1

    含有所连接的服务器的名字？服务器还不知道它的名字吗？像习题 14 那样使用 Telnet 连接到一台 HTTP 服务器的端口 80，并且找出如果省略主机名会发生什么事情？

25. HTTP 在服务器端启动一个 close() 函数，然后它必须在 TCP 状态 FIN-WAIT-2 等待客户端关闭另一端。TCP 中的什么机制能帮助 HTTP 服务器处理不合作的或实现很糟糕的不在本端关闭连接的客户端。如果可能的话，找出这种机制的编程接口，并指明 HTTP 服务器可以怎样使用它。

26. POP3 邮局协议只允许客户使用口令认证方法获取电子邮件。通常，客户发送电子邮件就是简单地将其送到服务器，然后期望邮件被转发。
    (a) 解释为什么邮件服务器经常不再允许来自任意客户端的此类转发。
    (b) 提出一个 SMTP 选项来认证远程客户。
    (c) 找出可用于解决这一问题的现有方法。

27. 假设一个非常大的 Web 站点需要一种机制，能使客户访问多个 HTTP 服务器中在适当的度量方法下"最接近"的 HTTP 服务器。
    (a) 讨论在 HTTP 内开发这种机制。
    (b) 讨论在 DNS 内开发这种机制。
    比较两种方法。两种方法都能在不升级浏览器的前提下工作吗？

28. 找出是否有一个可用的 SNMP 节点来回答你发送的查询。如果找到了，找一些 SNMP 工具（如 ucd-snmp 工具集）并且尝试做下面的事情：
    (a) 使用类似

    snmpwalk nodename public system

    的操作获取整个 system 组。也尝试在上面的操作中用 1 来代替 system。
    (b) 使用多个 SNMP GET-NEXT 操作（如使用 snmpgetnext 或等价的操作）手工遍历 system 组，每次取出一条记录。

29. 使用上一道习题中的 SNMP 设备和工具获取 tcp 组（组编号是 6）或某个其他组。然后执行某种操作使一些组的计数器有所改变，再重新获取这些组以显示其变化。尝试用一种可以确保是你的行动引起记录改变的方法做这件事。

30. SNMP 提供的什么信息对计划发起第 5 章习题 17 的 IP 欺骗攻击的人可能是有用的。还有什么其他 SNMP 信息被认为是敏感的。

31. 像 FTP 和 SMTP 这样的应用协议是从零开始设计的，并且它们看上去工作得相当好。那么需要 Web 服务协议框架的商家到商家以及企业应用集成协议工作得怎么样呢？

32. 选择一个有等同 REST 和 SOAP 接口的 Web 服务，就像 Amazon.com 提供的那些。比较等同的操作是如何以两种风格被实现的。

33. 得到某些 SOAP 风格的 Web 服务的 WSDL，并选择一个操作。对实现该操作的报文，辨识各个字段。

34. 假设一个大型会议中某些接收者能够以比其他人高得多的带宽接收数据。可以通过什么实现来解决这个问题？（提示：同时考虑会话公告协议（Session Announcement Protocol，SAP）和使用第三方混频器的可能性。）

35. 怎样编码两个分组内的音频（或视频）数据，使得当其中一个分组丢失时，分辨率只是降低到只有一半带宽时的分辨率？解释如果使用 JPEG 类型的编码，为什么这样做要困难得多。

36. 解释统一资源定位符（URL）和统一资源标识符（URI）之间的关系。给出一个 URI 不是 URL 的例子。

37. 如果一个基于 DNS 的重定向机制想根据当前负载信息选择一台合适的服务器，那么它会遇到什么问题？

38. 考虑下面的简化 BitTorrent 环境。在回答本问题期间，有一个有 2^n 个对等方的群，并且没有对等方加入或离开该群。对等方需要 1 个时间单元来上传或下载一个片，并且在一个时间内只能做一件事。开始时，有一个对等方有完整的文件，而其他对等方什么也没有。

(a) 如果该群的目标文件只由 1 个片组成，那么所有对等方得到该文件至少需要多长时间？忽略除上传 / 下载以外的其他时间。

(b) 设 x 是你对上一个问题的答案。如果群的目标文件由两个片组成，那么所有对等方在不到 $2x$ 个时间单元内得到该文件是可能的吗？为什么？

习题选答

第1章

5. 当最后一个数据比特到达目的地时，我们认为传输完成。

(a) 1.5 MB=12 582 912 bit，两个初始 RTT（160 ms）+ 12 582 912/10 000 000 bps（传输）+ RTT/2（传播）≈ 1.458 s。

(b) 请求的分组数 =1.5 MB/1 KB=1 536。对于上面的值，我们加上 1 535 个 RTT 的时间（分组 1 到达和分组 1 536 到达之间的 RTT 个数），总共是 1.458+122.8=124.258 s。

(c) 1 536 个分组除以 20 是 76.8，这将占用 76.5 个 RTT（第 1 组到达用半个 RTT，加上第 1 组和第 77 组之间的 76 个 RTT），再加上初始的两个 RTT，一共是 6.28 s。

(d) 我们在握手后立即发送一个分组，握手后的一个 RTT 后我们发了两个分组，n 个 RTT 之后，我们已经发了 $1+2+4+\cdots+2^n= 2^{n+1}-1$ 个分组。在 $n=10$ 时，我们已经发了所有 1 536 个分组，最后一组在 0.5 个 RTT 后到达。总的时间是 2+10.5 RTT，即 1 s。

7. 传播延迟是 50×10^3 m/$(2 \times 10^8$ m/s$)$ = 250 μs。800 bit/250 μs = 3.2 Mbps。对于 512 字节的分组，这个值提高为 16.4 Mbps。

15. (a) 链路上传播延迟是 $(55 \times 10^9)/(3 \times 10^8)$=184 s。因此 RTT 是 368 s。

(b) 链路的延迟带宽积是 $184 \times 128 \times 10^3 = 2.81$ MB。

(c) 拍摄完一张图片后必须马上在链路上发送，并且在任务控制中心能解释它之前要传播完。5 MB 数据的传输延迟是 41 943 040 bit/128×10^3=328 s，因此所需的总时间是传输延迟 + 传播延迟 =328+184=512 s。

18. (a) 对每一条链路，要花 1 Gbps/5 kb=5 μs 时间在链路上发送分组，然后最后 1 比特穿过链路还需要 10 μs。因此对只有一个交换机的 LAN，交换机仅在收到整个分组后才开始转发，总的传送延迟是两个传输延迟 + 两个传播延迟 =30 μs。

(b) 对于 3 台交换机及 4 条链路，总延迟是 4 个传输延迟 +4 个传播延迟 = 60 μs。

(c) 对于"直通"转发，交换机在转发之前仅需要解码前 128 位数据，这需要 128 ns，这个延迟替换了前一答案中的传输延迟，所以总延迟为：1 个传输延迟 +3 个直通解码延迟 +4 个传播延迟 =45.384 μs。

28. (a) 1 920 × 1 080 × 24 × 30=1 492 992 000 ≈ 1.5 Gbps。

(b) 8 × 8 000 = 64 kbps。

(c) 260 × 50 = 13 kbps。

(d) 24 × 88 200 = 216 800 ≈ 2.1 Mbps。

第2章

3. 给定比特序列的 4B/5B 编码如下：

11011 11100 10110 11011 10111 11100 11100 11101

Bits 1 1 0 1 1 1 1 1 0 0 1 0 1 1 0 1 1 0 1 1 1 0 1 1 1 1 1 1 0 0 1 1 0 0 1 1 1 0 0 1 1 1 0 1
NRZ

7. 用标记"ʌ"填充的 0 被移去的位置，当检测到连续 7 个 1 时表示出现一个错误（err），在该比特序列的末端检测到帧结束（eof）：

01101011111 ʌ 1010011111**1**err011**000111110**eof。

16. （a）将报文 1011 0010 0100 1011 附加 8 个 0，然后用 1 0000 0111（$x^8+x^2+x^1+1$）去除。余数是 1001 0011。我们将原始报文附加上这个余数一起发送，结果为：

1011 0010 0100 0011 1001 0011

（b）将上述报文的第一位反转得到 0011 0010 0100 1011 1001 0011，用 1 0000 0111（$x^8+x^2+x^1+1$）去除，得到余数 1011 0110。

21. 链路的单程时延是 100 ms，带宽 × 往返延迟大约是 125 分组 /s × 0.2 s 或者 25 个分组。SWS 应该这么大。

（a）如果 RWS=1，必需的序号空间是 26，因此需要 5 比特。

（b）如果 RWS=SWS，序号空间必须覆盖 SWS 的两倍，即达到 50，因此需要 6 比特。

29. 下图给出第一个例子的时间线，第二个例子减少了大约 1 个 RTT 的交易时间。

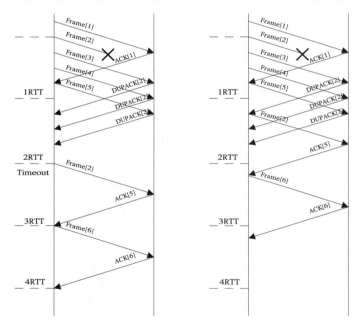

第 3 章

2. 下表是累积的，VCI 表的每一个部分既包含当前记录也包含以前的所有记录。

习题	交换机	输入		输出	
		端口	VCI	端口	VCI
(a)	1	0	0	1	0
	2	3	0	1	0
	4	3	0	0	0

（续）

习题	交换机	输入		输出	
		端口	VCI	端口	VCI
(b)	2	0	0	1	1
	3	3	0	0	0
	4	3	1	1	0
(c)	1	1	1	2	0
	2	1	2	3	1
	4	2	0	3	2
(d)	1	1	2	3	0
	2	1	3	3	2
	4	0	1	3	3
(e)	2	0	1	2	0
	3	2	0	0	1
(f)	2	1	4	0	2
	3	0	2	1	0
	4	0	2	3	4

14. 下面给出了 LAN 和它们的指派网桥之间的映射关系：

B1　dead

B2　A, B, D

B3　E, F, G, H

B4　I

B5　idle

B6　J

B7　C

16. 所有的网桥能看到从 D 到 C 的分组。只有 B3、B2 和 B4 看到从 C 到 D 的分组。只有 B1、B2、B3 看到从 A 到 C 的分组。

B1　A- 接口：A　　　B2- 接口：D（不是 C）

B2　B1- 接口：A　　　B3- 接口：C　　　　　　B4- 接口：D

B3　C- 接口：C　　　B2- 接口：A, D

B4　D- 接口：D　　　B2- 接口：C（不是 A）

27. 由于 I/O 总线速度低于内存带宽，所以它是瓶颈。因为每个分组穿过 I/O 总线两次，所以能提供的有效带宽是 1 000/2 Mbps。因此接口数目是 $\lfloor 500/45 \rfloor = 11$。

37. 根据定义，路径 MTU 为 512 字节，最大 IP 载荷是 512−20=492 字节。我们需要传输的 IP 载荷为 2 048+20=2 068 字节，这将分为 4 个大小为 492 字节的片段和 1 个大小为 100 字节的片段。如果我们使用路径 MTU，总共有 5 个分组。在前面的设置中，我们需要 7 个分组。

47. (a)

存储在节点中的信息	至到达节点的距离					
	A	B	C	D	E	F
A	0	2	∞	5	∞	∞
B	2	0	2	∞	1	∞
C	∞	2	0	2	∞	3

（续）

存储在节点中的信息	至到达节点的距离					
	A	B	C	D	E	F
D	5	∞	2	0	∞	∞
E	∞	1	∞	∞	0	3
F	∞	∞	3	∞	3	0

（b）

存储在节点中的信息	至到达节点的距离					
	A	B	C	D	E	F
A	0	2	4	5	3	∞
B	2	0	2	4	1	4
C	4	2	0	2	3	3
D	5	4	2	0	∞	5
E	3	1	3	∞	0	3
F	∞	4	3	5	3	0

（c）

存储在节点中的信息	至到达节点的距离					
	A	B	C	D	E	F
A	0	2	4	5	3	6
B	2	0	2	4	1	4
C	4	2	0	2	3	3
D	5	4	2	0	5	5
E	3	1	3	5	0	3
F	6	4	3	5	3	0

53. 下图是一个网络拓扑的示例：

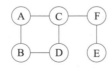

56. 应用每一个子网掩码，如果相应的子网号与对应列匹配，那么在下一跳中使用该表项。

（a）应用子网掩码 255.255.254.0，我们得到 128.96.170.0，用接口 0 作为下一跳。

（b）应用子网掩码 255.255.254.0，我们得到 128.96.166.0（下一跳是 R2）。应用子网掩码 255.255.252.0，我们得到 128.96.164.0（下一跳是 R3）。但是 255.255.254.0 是一个更长的前缀，所以使用 R2 作为下一跳。

（c）没有子网号匹配，使用默认路由器 R4。

（d）应用子网掩码 255.255.254.0，我们得到 128.96.168.0，用接口 1 作为下一跳。

（e）应用子网掩码 255.255.252.0，我们得到 128.96.164.0，用 R3 作为下一跳。

63.

步骤	已证实的	试探性的
1	(A,0,-)	

（续）

步骤	已证实的	试探性的
2	(A,0,-)	(B,1,B) (D,5,D)
3	(A, 0, -)(B, 1, B)	(D,4,B) (C,7,B)
4	(A,0,-) (B,1,B) (D,4,B)	(C, 5, B) (E, 7, B)
5	(A,0,-) (B,1,B) (D,4,B) (C,5,B)	(E,6,B)
6	(A,0,-) (B,1,B) (D,4,B) (C,5,B)(E,6,B)	

73. （a）F　　　（b）B　　　（c）E　　　（d）A　　　（e）D　　　（f）C

第 4 章

14. 下图描述了源 D 和 E 的多播树。

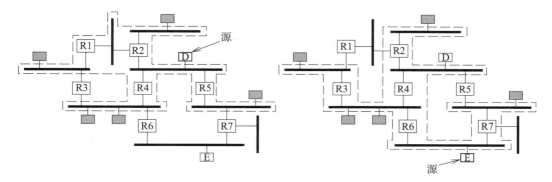

第 5 章

10. 通知窗口应该足够大以保证管道满载，延迟（RTT）× 带宽是 140 ms × 1 Gbps=10 Mb=17.5 MB，对于 AdvertisedWindow 字段，需要 25 比特（22^5 = 33 554 432）。序号空间在最大的段生存期内必须不回绕。在 60 s 内，能发送 7.5 GB。33 比特允许使用一个 8.6 GB 的序号空间，以在 60 s 内不回绕。

13. （a）2^{32} B / (5 GB)= 859 ms。

（b）在 859 ms 中 1 000 次滴答就是每 859 μs 一次，意味着在 3.7 Ms 或大约 43 天出现回绕。

27. 初始 Deviation=50，迭代 20 次 TimeOut 才会低于 300.0。

迭代次数	SampleRTT	EstRTT	Dev	diff	TimeOut
0	200.0	90.0	50.0		
1	200.0	103.7	57.5	110.0	333.7
2	200.0	115.7	62.3	96.3	364.9
3	200.0	126.2	65.0	84.3	386.2
4	200.0	135.4	66.1	73.8	399.8
5	200.0	143.4	66.0	64.6	407.4
6	200.0	150.4	64.9	56.6	410.0
7	200.0	156.6	63.0	49.6	408.6
8	200.0	162.0	60.6	43.4	404.4
9	200.0	166.7	57.8	38.0	397.9

（续）

迭代次数	SampleRTT	EstRTT	Dev	diff	TimeOut
10	200.0	170.8	54.8	33.3	390.0
11	200.0	174.4	51.6	29.2	380.8
12	200.0	177.6	48.4	25.6	371.2
13	200.0	180.4	45.2	22.4	361.2
14	200.0	182.8	42.0	19.6	350.8
15	200.0	184.9	38.9	17.2	340.5
16	200.0	186.7	36.0	15.1	330.7
17	200.0	188.3	33.2	13.3	321.1
18	200.0	189.7	30.6	11.7	312.1
19	200.0	190.9	28.1	10.3	303.3
20	200.0	192.0	25.8	9.1	295.2

第 6 章

11. （a）首先我们计算完成时间 F_i，由于对所有分组可以令 $A_i=0$，所以在此不必担心时钟速度，F_i 变成每个流的累积大小，即 $F_i=F_{i-1}+P_i$。

分组	大小	流	F_i
1	200	1	200
2	200	1	400
3	160	2	160
4	120	2	280
5	160	2	440
6	210	3	210
7	150	3	360
8	90	3	450

现在我们以 F_i 的升序来发送：分组 3，分组 1，分组 6，分组 4，分组 7，分组 2，分组 5，分组 8。

（b）为给流 1 赋予权值 2，我们将每个 F_i 除以 2，即 $F_i=F_{i-1}+P_i/2$，为给流 2 赋予权值 4，我们对每个 F_i 除以 4，即 $F_i=F_{i-1}+P_i/4$。为给流 3 赋予权值 3，我们对每个 F_i 除以 3，即 $F_i=F_{i-1}+P_i/3$。再次使用没有等待时间这个事实。

分组	大小	流	加权的 F_i
1	200	1	100
2	200	1	200
3	160	2	40
4	120	2	70
5	160	2	110
6	210	3	70
7	150	3	120
8	90	3	150

以加权 F_i 的升序发送分组：分组 3，分组 4，分组 6，分组 1，分组 5，分组 7，分组 8，分组 2。

15. (a) 对一个流上第 i 个到达的分组，通过公式 $F_i=\max\{A_i, F_{i-1}\}+1$ 计算估计的完成时间 F_i，其中用于测量到达时间 A_i 的时钟以活动队列的数目为因子缓慢增加。A_i 的时钟是全局的，按上述方法计算的 F_i 序列对每个流来说是局部的。

下表按挂钟时间列出所有事件，我们用分组所属的流和到达时间标识分组，因此分组 A4 是在挂钟时间为 4 时到达的流 A 的分组，即第三个分组。最后 3 列是后续时间间隔中每个流的队列，包括当前正在发送的分组。活动队列的数目决定了 A_i 在下一行上的增加量。如果多个分组的 F_i 值相同，那么它们出现在同一行上；当 $F_i=F_{i-1}+1$（相对于 $F_i=A_i+1$）时，F_i 值用斜体表示。

挂钟时间	A_i	到达	F_i	发送	A 队列	B 队列	C 队列
1	1.0	A1, B1, C1	2.0	A1	A1	B1	C1
2	1.333	C2	*3.0*	B1		B1	C1, C2
3	1.833	A3	*3.0*	C1	A3		C1, C2
4	2.333	B4	3.333	A3	A3	B4	C2, C4
		C4	*4.0*				
5	2.666	A5	*4.0*	C2	A5	B4	C2, C4
6	3.0	A6	*5.0*	B4	A5, A6	B4	C4, C6
		C6	*5.0*				
7	3.333	B7	4.333	A5	A5, A6	B7	C4, C6, C7
		C7	*6.0*				
8	3.666	A8	*6.0*	C4	A6, A8	B7, B8	C4, C6, C7
		B8	5.333				
9	4	A9	*7.0*	B7	A6, A8, A9	B7, B8, B9	C6, C7
		B9	6.333				
10	4.333			A6	A6, A8, A9	B8, B9	C6, C7
11	4.666	A11	*8.0*	C6	A8, A9, A11	B8, B9	C7
12	5	C12	*7.0*	B8	A8, A9, A11	B8, B9	C7, C12
13	5.333	B13	7.333	A8	A8, A9, A11	B9, B13	C7, C12
14	5.666			C7	A9, A11	B9, B13	C7, C12
15	6.0	B15	8.333	B9	A9, A11	B9, B13, B15	C12
16	6.333			A9	A9, A11	B13, B15	C12
17	6.666			C12	A11	B13, B15	C12
18	7			B13	A11	B13,B15	C12
19	7.5			A11	A11	B15	
20	8			B15		B15	

(b) 对于流 B 的加权公平队列，有

$$F_i=\max\{A_i, F_{i-1}\}+0.5。$$

对流 A 和流 C，F_i 同前，可得下表。

挂钟时间	A_i	到达	F_i	发送	A 队列	B 队列	C 队列
1	1.0	A1, C1	2.0	B1	A1	B1	C1
		B1	1.5				

（续）

挂钟时间	A_i	到达	F_i	发送	A 队列	B 队列	C 队列
2	1.333	C2	3.0	A1			C1, C2
3	1.833	A3	3.0	C1	A1		C1, C2
4	2.333	B4	2.833	B4	A3	B4	C2, C4
		C4	4.0				
5	2.666	A5	4.0	A3	A3,A5		C2, C4
6	3.166	A6	5.0	C2	A5, A6		C2,C4, C6
		C6	5.0				
7	3.666	B7	4.167	A5	A5, A6	B7	C4, C6, C7
		C7	6.0				
8	4.0	A8	6.0	C4	A6, A8	B7, B8	C6, C7
		B8	4.666				
9	4.333	A9	7.0	B7	A6, A8, A9	B7, B8, B9	C6, C7
		B9	5.166				
10	4.666			B8	A6, A8, A9	B8, B9	C6, C7
11	5.0	A11	8.0	A6	A6,A8, A9, A11	B9	C6,C7
12	5.333	C12	7.0	C6	A8, A9, A11	B9	C6,C7, C12
13	5.666	B13	6.166	B9	A8, A9, A11	B9, B13	C7, C12
14	6.0			A8	A9, A11	B13	C7, C12
15	6.333	B15	6.833	C7	A9, A11	B13, B15	C12
16	6.666			B13	A9, A11	B13, B15	C12
17	7.0			B15	A11	B15	C12
18	7.333			A9	A11		C12
19	7.833			C12	A11		C12
20	8.333			A11	A11		

35. （a）我们有

$$TempP = MaxP \times (AvgLen - MinThreshold)/(MaxThreshold - MinThreshold)$$

AvgLen 是 MinThreshold 和 MaxThreshold 的平均值，这意味着比例为 1/2，所以 $TempP = MaxP/2 = p/2$。现在我们有

$$P_{count} = TempP/(1 - count \times TempP) = 1/(x - count)$$

此处，$x = 2/p$，因此

$$1 - P_{count} = (x - (count + 1))/(x - count)$$

求乘积

$$(1 - P_1) \times \cdots \times (1 - P_n)$$

得出

$$\frac{x-2}{x-1} \cdot \frac{x-3}{x-2} \cdot \cdots \cdot \frac{x-(n+1)}{x-n} = \frac{x-(n+1)}{x-1}$$

其中，$x=2/p$。

（b）从前一问题的结果可得

$$\alpha = \frac{x-(n+1)}{x-1}$$

因此

$$x = \frac{(n+1)-\alpha}{1-\alpha} = 2/p$$

相应地有

$$p = \frac{2(1-\alpha)}{(n+1)-\alpha}$$

46. 在每时每刻，桶的容量必须非负，对给定的桶的深度 D 和令牌速率 r，我们能计算 t 秒时的桶容量 $v(t)$，并且强制 $v(t)$ 非负。

$$v(0)=D-5+r=D-(5-r) \geqslant 0$$
$$v(1)=D-5-5+2r=D-2(5-r) \geqslant 0$$
$$v(2)=D-5-5-1+3r=D-(11-3r) \geqslant 0$$
$$v(3)=D-5-5-1+4r=D-(11-4r) \geqslant 0$$
$$v(4)=D-5-5-1-6+5r=D-(17-5r) \geqslant 0$$
$$v(5)=D-5-5-1-6-1+6r=D-6(3-r) \geqslant 0$$

我们定义函数 $f_1(r)$，$f_2(r)$，$\cdots$，$f_6(r)$ 如下：

$$f_1(r)=5-r$$
$$f_2(r)=2(5-r)=2f_1(r) \geqslant f_1(r) \ (1 \leqslant r \leqslant 5)$$
$$f_3(r)=11-3r \leqslant f_2(r) \ (r \geqslant 1)$$
$$f_4(r)=11-4r<f_3(r) \ \ \ (r \geqslant 1)$$
$$f_5(r)=17-5r$$
$$f_6(r)=6(3-r) \leqslant f_5(r) \ (r \geqslant 1)$$

首先对 $r \geqslant 5$，$f_i(r) \leqslant 0$ 的所有 i，这意味着令牌速率比每秒 5 个分组要快，任何正的桶深度都满足（即 $D \geqslant 0$）。对 $1 \leqslant r \leqslant 5$，由于其他的函数小于 $f_2(r)$ 和 $f_5(r)$，我们仅需要考虑它们就可以了，很容易发现 $f_2(r) - f_5(r) = 3r - 7$。因此桶的深度 D 必须满足下列公式

$$D \geqslant \begin{cases} f_5(r)=17-5r & r=1,2 \\ f_2(r)=2(5-r) & r=3,4,5 \\ 0 & r \geqslant 5 \end{cases}$$

第 7 章

2. 4 M A R Y 4377 7 J A N U A R Y 7 2002 2 90000 150000 1

8.

INT	4	15
INT	4	29496729
INT	4	58993458

10. 15 be 00000000 00000000 00000000 00001111
15 le 00001111 00000000 00000000 00000000

29496729 be 00000001 11000010 00010101 10011001
29496729 le 10011001 00010101 11000010 00000001

58993458 be 00000011 10000100 00101011 00110010
58993458 le 00110010 00101011 10000100 00000011

术 语 表

3DES：三重 DES，使用了三个密钥的 DES 版本，有效增加了密钥大小和加密的稳健性。

3GPP："第三代合作伙伴计划"的缩写，该组织定义了蜂窝网络的标准。

4B/5B：一种比特编码方案，其中每 4 比特数据作为一个 5 比特序列传输。

4G：第四代无线技术，由 3GPP 的一系列标准版本定义。

5G：一种新兴的第五代无线技术，由 3GPP 的一系列标准版本定义。

802.3：IEEE 以太网标准。

802.5：IEEE 令牌环标准。

802.11：IEEE 无线网络标准。

802.17：IEEE 弹性分组环标准。

822：RFC 822，定义因特网电子邮件格式。见 SMTP。

ABR：①可用的比特率（Available Bit Rate），它是一种专门为 ATM 网络开发的基于速率的拥塞控制方案。ABR 可以根据来自网络中的交换机的反馈，允许数据源增加或减少所分配到的速率。对比 CBR、UBR 和 VBR。②区域边界路由器（Area Border Router），是处在一个链路状态协议中区域边界上的路由器。

ACK：acknowledgment（确认）的缩写。由数据的接收方发送一个确认，向发送方表明数据传输成功。

additive increase/multiplicative decrease（加性增 / 乘性减）：TCP 使用的拥塞窗口策略。TCP 以线性速率打开拥塞窗口，但是当由于拥塞导致数据丢失就将窗口减小一半。事实表明加性增 / 乘性减是保持拥塞控制机制稳定的必要条件。

AES（Advanced Encryption Standard，高级加密标准）：用来取代 DES 的密码。

AF（Assured Forwarding，确保转发）：它是为区分服务提出的每跳行为之一。

ALF（Application Level Framing，应用层框架）：它是一种协议设计原则，表明与通用的传输协议相比，应用程序能更好地理解它们的通信需求。

ANSI（American National Standards Institute，美国国家标准协会）：它是非官方的标准化组织，参与 ISO 标准化过程，负责 SONET。

API（Application Programming Interface，应用程序编程接口）：它是应用程序用来访问网络子系统（通常是传输协议）的接口，通常特定于操作系统。Berkeley UNIX 的套接字 API 是一个广泛使用的例子。

AQM：主动队列管理。一种拥塞控制方法，可增强路由器以辅助端到端解决方案。RED 就是一个例子。

area（区域）：在链路状态路由选择的情形中，它是彼此共享全部路由信息的邻接路由器的集合。为提高可扩展性，一个路由选择域被划分成区域。

ARP（Address Resolution Protocol，地址解析协议）：因特网体系结构的协议，用于将高层协议地址翻译成物理硬件地址，一般用于在因特网上将 IP 地址映射为以太网地址。

ARPA（Advanced Research Projects Agency，高级研究计划署）：美国国防部的研究与开发组织之一，负责资助 ARPANET 和可促使 TCP/IP 因特网发展的研究项目。也称为 DARPA，D 代表国防部（Defense）。

ARPANET：一个由 ARPA 资助的试验性广域分组交换网络，开始于 20 世纪 60 年代末，成为发展中的因特网的骨干网。

ARQ（Automatic Repeat Request，自动请求重

发）：它是在不可靠链路上可靠地发送分组的通用策略。如果发送方在一段特定的时间后没有收到分组的 ACK，它就假定此分组没有到达目的地（或者到达了但是有比特错误），并重发该分组。停止等待与滑动窗口是 ARQ 协议的两个例子。对比 FEC。

ASN.1（Abstract Syntax Notation One，抽象语法标记 1）：它与基本编码规则（BER）一起作为 OSI 体系结构的一部分，是由 ISO 制定的格式化表示的标准。

ATM（Asynchronous Transfer Mode，异步传输模式）：它是一种面向连接的网络技术，使用小的定长分组（称为信元）传输数据。

authentication（认证）：一种安全协议，存疑的双方通过它相互证实它们符合其所声称的身份。

autonomous system（AS，自治系统）：一组网络和路由器，它们属于同一机构，使用相同的域内路由协议。

bandwidth（带宽）：一种对链路或连接的容量的度量，通常以比特/秒为单位。

BBR：瓶颈带宽和往返传播时间。谷歌开发的 TCP 拥塞控制算法的变体，使用类似于 TCP Vegas 的机制。

Bellman-Ford：一种距离向量路由选择算法的名称，以两位发明者的名字命名。

BER（Basic Encoding Rule，基本编码规则）：对 ASN.1 中定义的数据类型进行编码的规则。

best-effort delivery（尽力而为的传输）：当前因特网体系结构中使用的服务模型。报文传输是尽力而为的，不提供保证。

BGP（Border Gateway Protocol，边界网关协议）：一种域间路由选择协议，自治系统可通过它交换可达性信息。最新版本是 BGP-4。

BISYNC（Binary Synchronous Communication，二进制同步通信）：由 IBM 在 20 世纪 60 年代末开发的面向字节的链路层协议。

bit stuffing（比特填充）：一种在比特级区分控制序列和数据的技术，在高级数据链路控制（HDLC）协议中使用。

block（阻塞）：操作系统术语，用来描述一个进程因等待某一事件而暂停执行的状态，如等待信号量（semaphore）状态的改变。

Bluetooth（蓝牙）：用于短距离连接计算机、移动电话、外围设备的无线标准。

bridge（网桥）：一种将链路层的帧从一个物理网络转发到另一个网络的设备，有时也称以太网交换机。对比中继器（repeater）和路由器（router）。

broadcast（广播）：一种将一个分组传到一个特定网络或因特网上的每一个主机的方法，可以用硬件实现（如以太网），也可以用软件实现（如 IP 广播）。

CA[Certification Authority，认证机构，也称为证书管理机构（Certificate Authority）]：一个负责签署安全证书的实体，保证包含在证书中的公钥属于证书中命名的实体。

CBC（Cipher Block Chaining，密码分组链）：一种加密模式，在加密前，每个明文分组与前一个密文分组进行异或。

CBR（Constant Bit Rate，恒定比特率）：是 ATM 中的一类服务，它们保证以一种恒定的比特率传输数据，从而模拟一条专用的传输链路。对比 ABR、UBR 和 VBR。

CDMA（码分多址）：用于无线网络的多路复用方法。

CDN（内容分发网络）：分布在因特网上的 Web 服务器代理的集合，它们代替服务器应答 Web HTTP 请求。广泛分布代理服务器的目的是一旦有某个代理靠近客户时，它能更快地应答请求。

cell（信元）：一个 53 字节的 ATM 分组，能够传输最多 48 字节的数据。

certificate（证书）：由一个实体数字签名后的文档，其中包含另一个实体的名称和公钥。用于发布公钥。参见 CA。

channel（信道）：本书使用的一个通用的通信术语，用来描述一个逻辑的进程到进程的连接。

checksum（校验和）：通常指对一个分组的所有或部分字节的反码求和，由发送方计算并附加在分组的后面。接收方重新计算校验和，并将它与报文中携带的校验和比较。校验和用于检查分组中的差错，也用于验证分组被传送到了正确的主机。术语校验和有时（不严谨地）用于泛指检错码。

chipping code（片码）：与数据流进行异或（XOR）操作，用于实现扩频直接序列技术的随机比特序列。

CIDR（Classless Interdomain Routing，无类域间路由）：一种聚合路由的方法，将一块连续的 C 类 IP 地址看作一个网络。

circuit switching（电路交换）：一种通过网络交换数据的通用策略。它需要在数据源和目的地之间建立一个专用路径（电路）。对比分组交换（packet switching）。

client（客户端）：分布式系统中的服务请求者。

clock recovery（时钟恢复）：在串行传输的数字信号中导出有效时钟的过程。

concurrent logical channels（并发逻辑信道）：在单条点到点链路上多路复用多个停止等待逻辑信道。没有强制的传递顺序。这种机制用在 ARPANET 的 IMP-IMP 协议中。

congestion（拥塞）：一种由于过多分组竞争有限的资源（如路由器或交换机上的链路带宽和缓冲区空间）而导致的状态，这种状态可能会使路由器（交换机）被迫丢弃分组。

congestion control（拥塞控制）：它是能够缓和或避免拥塞出现的网络资源管理策略。拥塞控制机制可以在网络中的路由器（交换机）上实现，也可以在网络边缘的主机上实现，或者是两者结合来实现。

connection（连接）：一般地，在使用一个信道前要先建立它（如通过传输一些设置信息）。例如，TCP 提供了一种连接抽象，支持可靠有序的字节流传递。面向连接的网络（如 ATM）常常被称作提供了一个虚电路（virtual circuit）抽象。

connectionless protocol（无连接协议）：一种不需要预先建立连接就能发送数据的协议。IP 就是这种协议的一个例子。

context switch（上下文切换）：一种操作系统挂起一个进程并开始执行另一个进程的操作。上下文切换包括保存前一个进程的状态（如所有寄存器的内容）和载入后一个进程的状态。

controlled load（受控负载）：因特网综合服务体系结构中的一种服务类型。

CRC（Cyclic Redundancy Check，循环冗余校验）：一种检错码，由网络硬件（如以太网适配器）对组成分组的字节计算得到，并将它附加到分组上。循环冗余校验提供比简单校验和更强大的差错检测功能。

CSMA/CA：具有冲突避免的多路访问。用于调解无线网络接入的分布式算法。

CSMA/CD（Carrier Sense Multiple Access with Collision Detect，带冲突检测的载波监听多路访问）：CSMA/CD 是网络硬件的一种功能。"载波监听多路访问"的意思是多个站可以监听链路并检测链路何时处于使用或空闲状态。"冲突检测"是指如果两个或多个站同时在链路上传送数据，它们将会检测到信号间的冲突。以太网是使用 CSMA/CD 技术的最广为人知的例子。

CUBIC：目前在因特网上广泛使用的 TCP 拥塞控制算法的变体。

cut-through（直通快速转发）：交换或转发的一种方式，在一个分组完全被交换节点接收之前，它就被传送到输出接口，这样能减少分组通过节点的时延。

datagram（数据报）：因特网体系结构中的基本传输单元。数据报中含有将它传递给目的地所需的所有信息，与邮政系统的信件类似。数据报网络是无连接的。

DCE（Distributed Computing Environment，分布式计算环境）：支持分布式计算的基于 RPC 的协议和标准的集合。

DDCMP（Digital Data Communication Message Protocol，数字数据通信报文协议）：数字设备公司的 DECnet 中采用的一种面向字节的链路层协议。

DDoS（Distributed Denial of Service，分布式拒绝服务）：一种拒绝服务攻击，是由一组节点发起的攻击。每个进行攻击的节点只对目标机器投放少量负载，但来自所有攻击节点的总负载会使被攻击的目标机器不堪重负。

DECbit：一种拥塞控制方案，其中路由器通过将被转发的分组首部中的一位置为 1，通知端节点即将到来的拥塞。当端节点收到的该位置为 1 的分组达到一定百分比时，端节点将降低它们的发送速率。

decryption（解密）：加密过程的逆过程，从被加密的报文中恢复数据。

delay bandwidth product（延迟带宽积）：网络的 RTT 与带宽的乘积，给出网络能传送多少数据的度量。

demultiplexing（多路分解）：利用分组首部包含的信息，将其导向上层协议。例如，IP 用其首部的 ProtNum 字段决定一个分组属于哪个高层协议（如 TCP 或 UDP），而 TCP 使用端口号将 TCP 分组分解到正确的应用进程。对比多路复用（multiplexing）。

demultiplexing key（多路分解键）：分组首部中能使多路分解得以进行的字段（如 IP 的 ProtNum 字段）。

dense mode multicast（密集模式多播）：大多数路由器或主机需要接收多播分组时使用的 PIM 模式。

DES（Data Encryption Standard，数据加密标准）：一种基于 64 比特对称密钥的数据加密算法。

DHCP（Dynamic Host Configuration Protocol，动态主机配置协议）：一种当主机启动时使用的协议，用来获得各种网络信息，如 IP 地址。

DHT（Distributed Hash Table，分布式哈希表）：一种根据对象的名字把报文路由到一个支持特定对象的计算机的方法。该对象被哈希到唯一的标识符，每一中间节点沿路由转发报文到一个与该 ID 共享较大前缀的节点。DHT 通常用在对等网络中。

Differentiated Services（区分服务）：它在因特网上提供一种比尽力服务更好的新式服务体系结构，已经被提议用作综合服务的替代选择。

direct sequence（直接序列）：将数据流与称为片码的随机比特序列进行异或操作的一种扩频技术。

distance vector：（距离向量）：用于路由选择的最低开销路径算法。每个节点将其可达性信息及相关开销通告给直接相邻的节点，并用收到的更新信息构造转发表。路由选择协议

RIP 使用距离向量算法。对比链路状态（link state）。

DMA（Direct Memory Access）：直接存储器存取。一种将主机与 I/O 设备相连的方法，设备可以直接从主机的内存读取数据或直接将数据写入主机内存。参见 PIO。

DNS（Domain Name System，域名系统）：因特网的分布式命名系统，用来将主机名（如 cicada.cs.princeton.edu）解析为 IP 地址（如 192.12.69.35）。DNS 是通过名字服务器的分层结构实现的。

domain（域）：既可以指在分层 DNS 命名空间中的环境（如 "edu" 域），也可以指为了分层路由选择而被看作单一实体的一个因特网区域。后者相当于自治系统（autonomous system）。

DoS（拒绝服务）：在这一场景中，一个攻击节点向目的节点注入大量负载（大量分组），它使合法用户不能访问该节点，因此它们被拒绝服务。

DS3：由电话公司提供的一种 44.7 Mbps 的传输链路服务，也称为 T3。

DSL（Digital Subscriber Line，数字用户线）：在双绞电话线上以每秒几兆比特的速度传输数据的一系列标准。

duplicate ACK（重复确认）：TCP 确认的重传。重复的 ACK 不确认任何新数据。多次收到重复的 ACK 会触发 TCP 的快速重传（fast retransmit）机制。

DVMRP（Distance Vector Multicast Routing Protocol，距离向量多播路由选择协议）：Mbone 中的大多数路由器所使用的多播路由协议。

DWDM（Dense Wavelength Division Multiplexing，密集波分复用）：在一条单一的物理光纤上多路复用多个光波（多种颜色）。就可以支持大量光波长的意义来说，这个技术是"密集的"。

ECN（Explicit Congestion Notification，显式拥塞通知）：路由器通过在转发的分组中设置一个标志来通知端主机有关拥塞情况的一种技术。与 RED 这样的活动队列管理算法结合使用。

EF（Expedited Forwarding，加速转发）：为区

分服务提出的每跳行为之一。

EGP（Exterior Gateway Protocol，外部网关协议）：因特网早期的域间路由选择协议，自治系统的外部网关（路由器）用它与其他自治系统交换路由选择信息。已被 BGP 取代。

encapsulation（封装）：一种由低层协议完成的操作，将高层协议传下来的报文加上特定协议的首部或尾部。当一个报文下传到协议栈时，它会有一连串首部，最外层的首部对应栈底的协议。

encryption（加密）：对数据应用转换功能的操作，其目的是希望只有数据的接收方（在应用相反的解密（decryption）功能以后）才能读懂它。加密通常依赖于一个由收发双方共享的密钥或依赖于一对公开 / 私有密钥。

Ethernet（以太网）：一种使用 CSMA/CD 的流行的局域网技术，它具有 10 Mbps 的带宽。以太网本身只是一条无源线路，所有与以太网传输有关的功能完全由主机的适配器实现。

exponential backoff（指数后退）：一种重传策略，分组每次重传会使超时值加倍。

exposed node problem（暴露节点问题）：在无线网络中发生的一种情况，其中两个节点从同一个源接收信号，但它们都能联系不接收该信号的另一节点。

extended LAN（扩展局域网）：由网桥连接的局域网的集合。

fabric（网状结构）：交换机中真正完成交换的部分，即将分组从输入移到输出。对比端口（port）。

fair queuing（FQ，公平排队法）：一种基于循环的排队算法，能防止行为不良的进程任意占用很多网络容量。

fast retransmit：快速重传。一种由 TCP 使用的策略，旨在避免在发生分组丢失时出现超时现象。当 TCP 收到 3 个连续的重复 ACK，并确认（不包括）那个分段之前的所有数据后，就重传该分段。

FEC：①前向纠错（Forward Error Correction），一种不用重传分组而恢复数据分组中的比特差错的通用策略。每个分组中含有冗余信息，接收方可用来确定哪些比特是不正确的。对比 *ARQ*。②转发等价类（Forwarding Equivalence Class），在路由器上接受相同转发待遇的分组，MPLS 标签通常与 FEC 相关联。

Fiber Channel（光纤信道）：一种常用于将计算机（通常是超级计算机）和外设相连的双向链路协议。光纤信道具有 100 MBps 的带宽，最长可达 30 m。使用方法与 HiPPI 相同。

firewall（防火墙）：一个被配置成过滤（不转发）来自特定源的分组的路由器。用于实现一种安全策略。

flow control（流量控制）：数据的接收方调节发送方传输速率的一种机制，以便使数据不要到达太快以至于来不及处理。对比拥塞控制（congestion control）。

flowspec（流说明）：说明一个流所需的网络带宽和延迟以便建立预留，与 RSVP 一起使用。

forwarding（转发）：路由器对每个分组执行的一种操作。在某个输入端收到分组，决定将分组从哪个输出端发出去，并将分组发送到那个输出端。

forwarding table（转发表）：路由器中维护的一个表，能使路由器决定如何转发分组。建立转发表的过程称为路由选择，所以转发表有时也称为路由表（routing table）。在有些实现中，路由表和转发表是独立的数据结构。

fragmentation/reassembly（分片和重组）：传输报文的大小超过网络 MTU 时采用的方法。报文由发送方分成较小的片，由接收方将其重新组装。

frame（帧）：分组的另一个名称，通常用于指在一条链路上而不是在整个网络上发送的分组。关于帧的一个重要问题是接收方如何检测帧的开始和结束，即组帧问题。

Frame Relay（帧中继）：电话公司提供的一种面向连接的公用分组交换服务。

frequency hopping（跳频）：在频率的随机序列上传输数据的一种扩频技术。

FTP（File Transfer Protocol，文件传输协议）：用于在两个主机间传输文件的因特网体系结构的标准协议，建立在 TCP 之上。

GMPLS（Generalized Multi-Protocol Label

Switching，通用多协议标签交换）：允许 IP 运行在光交换网络上。

gopher：一种早期的因特网信息服务。

H.323：通常用于因特网电话的会话控制协议。

handle（句柄）：在程序设计中用来存取一个对象的标识符或指针。

hardware address（硬件地址）：用于标识局域网中的主机适配器的链路层地址。

HDLC（High-Level Data Link Control protocol，高级数据链路控制协议）：一种链路层协议的 ISO 标准，使用比特填充来解决组帧问题。

hidden node problem（隐藏节点问题）：在无线网络中发生的一种情况，其中两个节点向同一个目标发送信息，但每个节点都不知道另一个节点的存在。

hierarchical routing（层次路由）：一种多层路由选择方案，使用地址空间的分层结构作为转发决策的基础。例如，分组首先被路由到目标网络，然后送到网络中的特定主机。

host（主机）：连接到一个或多个网络的计算机，支持用户并运行应用程序。

HTML（Hyper Text Markup Language，超文本标记语言）：一种用于构建万维网网页的语言。

HTTP（HyperText Transport Protocol，超文本传输协议）：一种基于请求 / 应答模式的应用层协议，用于万维网。HTTP 使用 TCP 连接传输数据。

IBGP（Interior BGP，内部边界网关协议）：用于在同一区域的路由器间交换域间路由信息的协议。

ICMP（Internet Control Message Protocol，网际控制报文协议）：该协议是 IP 的一部分。它允许路由器或目标主机与源主机通信，通常报告 IP 数据报处理过程中的错误。

IEEE（Institute for Electrical and Electronics Engineers，电气和电子工程师协会）：工程师的专业协会，也定义网络标准，包括 802 系列局域网标准。

IETF（Internet Engineering Task Force，因特网工程任务组）：IAB 的一个工作组，负责为因特网提供短期工程解决方案。

IMAP（Internet Message Access Protocol，因特网报文访问协议）：允许用户从邮件服务器读取邮件的一个应用层协议。

IMP-IMP：在最早的 ARPANET 中使用的面向字节的链路层协议。

Integrated Services（综合服务）：通常指能同时有效支持传统的计算机数据以及实时音频和视频的一个分组交换网，也指用来替代现有的尽力服务模型的一种因特网服务模型。

integrity（完整性）：在网络安全的环境中确保收到的报文与发送的报文相同的一种服务。

interdomain routing（域间路由）：在不同的路由选择域之间交换路由信息的一种服务。BGP 是域间路由协议的例子。

internet（互联网）：通过路由器互联起来的分组交换网的集合（可能是异构的）。也称为 internetwork。

Internet（因特网）：基于 TCP/IP 体系结构的全球互联网，连接世界各地数百万台主机。

interoperability（互操作性）：指异构的硬件以及多厂商软件通过正确交换报文进行通信的能力。

interrupt（中断）：告诉操作系统停止当前活动并采取某种行动的（通常由硬件设备产生的）事件。例如，有一种中断是用来通知操作系统有一个分组已经从网络上到达。

intradomain routing（域内路由选择）：在一个域或一个自治系统内部交换路由选择信息。RIP 和 OSPF 是域内路由选择协议的实例。

IP：网际协议（也称 IPv4），在因特网上提供一种无连接、尽力传送数据报服务的协议。

IPv6：IP 的新版本，提供更大更多的层次性地址空间和其他新的特性。

IPSEC（IP 安全）：用于认证、保密和报文完整性的一种体系结构，是因特网的安全服务之一。

IS-IS（Intermediate System to Intermediate System）：一种链路状态路由选择协议，类似于 OSPF。

ISDN（Integrated Services Digital Network，综合业务数字网）：由电话公司提供的一种数字通信服务，由 ITU-T 标准化。ISDN 将话

音连接与数字数据服务合并在同一物理介质中。

ISO（International Standards Organization，国际标准化组织）：该组织设计了七层 OSI 体系结构以及一整套在商业上未获成功的协议。

ITU-T：国际电信联盟的附属委员会，为国际模拟和数字通信的所有领域制订技术标准的国际组织。ITU-T 制订电信标准，包括引人注目的 ATM 标准。

jitter（抖动）：指网络时延的变化。较大的抖动会对视频和音频应用的质量产生负面影响。

JPEG（Joint Photographic Experts Group，联合图像专家组）：通常是指由联合图像专家组开发的一种广泛用于压缩静止图像的算法。

Kerberos：MIT 开发的基于 TCP/IP 的认证系统，其中两台主机使用可信第三方相互认证。

key distribution（密钥分发）：用户之间通过交换数字签名的证书获得对方公钥的一种机制。

LAN（Local Area Network，局域网）：一种基于物理网络技术的网络，最多可跨越几公里（例如以太网或 FDDI）。对比 *SAN*、*MAN* 和 *WAN*。

L2 switch：网桥（bridge）的另一个术语，通常用于具有多个端口的网桥。如果它支持的链路技术是以太网，也称为以太网交换机。

latency（时延）：衡量一个比特从链路或信道的一端到达另一端所需的时间。时延严格使用时间来度量。

LDAP（Lightweight Directory Access Protocol，轻量级目录访问协议）：最近流行的一种用户信息目录服务 X.500 的一个子集。

LER（Label Edge router，标签边缘路由器）：位于 MPLS 边缘的路由器，对到达的 IP 分组执行完整的 IP 查询，然后用标签作为查询结果。

link（链路）：网络中两个节点之间的物理连接。它可以是铜线或光缆，也可以是无线链路（例如人造卫星）。

link-level protocol（链路层协议）：负责在直接相连的网络（例如以太网、令牌环或点到点链路）上传送帧的协议。也称为 link-layer protocol。

link state（链路状态）：用于路由选择的最小开销路径算法。直接连接的邻居的信息和当前链路的开销被扩散给所有路由器，每台路由器用这个信息构造网络图，并以此图作为转发决策的依据。开放最短路径优先（OSPF）路由选择协议使用一种链路状态算法。对比距离向量（distance vector）。

LSR（Label-Switching Router，标签交换路由器）：运行 IP 控制协议的路由器，但使用 MPLS 标签交换转发算法。

MAC（Media Access Control，介质访问控制）：用于控制接入共享介质网络（如以太网）的算法。

MAN（Metropolitan Area Network，城域网）：使用新网络技术的网络，这些新技术以高速（可达几个 Gbps）运行并且跨越的距离足以覆盖一个城市的区域。对比 *SAN*、*LAN* 和 *WAN*。

Manchester（曼彻斯特编码）：一种比特编码方案，传输的是时钟与非归零（NRZ）编码数据的异或值，用于以太网。

MBone（Multicast Backbone，多播骨干网）：构建在因特网上的一个逻辑网络，其中具有增强的多播功能的路由器使用隧道技术跨越因特网转发多播数据报。

MD5（Message Digest version 5，报文摘要版本 5）：一种有效的密码校验和算法，常用于验证报文的内容未被改动。

MIB（Management Information Base，管理信息库）：定义一个网络节点上可以读写的与网络相关的变量的集合。MIB 同简单网络管理协议（SNMP）一起使用。

MIME（Multipurpose Internet Mail Extensions，多功能因特网邮件扩展）：将二进制数据（如图像文件）转换成 ASCII 文本，然后通过电子邮件传送的规范。

Mosaic：一种以前流行的免费的图形界面 WWW 浏览器，由位于伊利诺伊大学的美国国家超级计算应用中心开发。

MP3（MPEG Layer 3，MPEG 第三层）：与 MPEG 一起使用的音频压缩算法。

MPEG（Moving Picture Experts Group，运动图像专家组）：它通常用来指由 MPEG 开发的压缩视频流的算法。

MPLS（Multiprotocol Label Switching，多协议标签交换）：在第二层（如 ATM）交换机上有效实现 IP 路由的一组技术。

MSDP（多播源发现协议）：用于实现域间多播的协议。

MTU（Maximum Transmission Unit，最大传输单元）：在一个物理网络上可以传输的最大分组的大小。

multicast（多播）：广播的一种特殊形式，分组被传递到网络主机的一个子集。

multiplexing（多路复用）：将多个不同的信道合并到一个低层信道。例如，分离的 TCP 和 UDP 信道被多路复用到一条主机到主机的 IP 信道上。其逆操作是多路分解（demultiplexing），在接收主机上执行。

name resolution（名字解析）：将主机的名字（易于读取）翻译成对应的地址（机器可读）。参见 *DNS*。

NAT（Network Address Translation，网络地址转换）：一种扩展 IP 地址空间的技术，在站点或网络边界的本地唯一地址和全球理解的 IP 地址之间进行转换。

NDR（Network Data Representation，网络数据表示）：在分布式计算环境（DCE）中使用的数据编码标准，由开放软件基金会定义。NDR 使用接收方保证正确的策略并将体系结构标志插入到每个报文的前部。

network-level protocol（网络层协议）：在交换网络上运行的协议，就在链路层之上。

NFS（Network File System，网络文件系统）：一种由 Sun 微系统公司开发的流行的分布式文件系统，基于 Sun 公司开发的一种 RPC 协议 SunRPC。

NIST（National Institute for Standards and Technology，美国国家标准技术协会）：美国官方的标准化组织。

node（节点）：用于表示构成网络的单个计算机的通用术语。节点包括通用计算机、交换机和路由器。

NRZ（Non-Return to Zero，非归零编码）：一种比特编码方案，将 1 编为高信号，0 编为低信号。

NRZI（Non-Return to Zero Inverted，非归零反转编码）：一种比特编码方案，在当前信号跳变时编码为 1，在当前信号不变时编码为 0。

NSF（National Science Foundation，美国国家科学基金会）：美国政府资助其国内科学研究的机构，包括对网络和因特网基础设施的研究。

OC（Optical Carrier，光载波）：它是 SONET 光传输的各种速率的前缀。例如，OC-1 指在光纤上传输速率为 51.84 Mbps 的 SONET 标准。OC-*n* 信号与 STS-n 信号的差别，仅在于 OC-*n* 信号是用于对光传输进行扰频的。

OFDMA：正交频分多址接入。一种用于 4G 和 5G 蜂窝网络的编码方案。

ONF：开放网络基础。运营商领导的非营利组织，为基于 SDN 的解决方案生产开源软件。

optical switch（光交换机）：一种能将来自输入端口的光波不需转换成电子信号就能转发到输出端口的交换设备。

OSI（Open Systems Interconnection，开放系统互联）：由 ISO 开发的七层网络参考模型。指导 ISO 和 ITU-T 协议标准的设计。

OSPF（Open Shortest Path First，开放最短路径优先）：由 IETF 为因特网体系结构开发的路由协议。OSPF 是基于链路状态（link-state）的算法，其中每个节点构造因特网的一个拓扑图并根据该图做出转发决定。现在被称为开放组。

overlay（覆盖网络）：运行在已存在物理网络上的一个虚拟（逻辑）网络。覆盖节点彼此通过隧道而不是物理链路进行通信。由于覆盖网络不要求现有网络基础设施的协作，因此通常用来部署新的网络服务。

packet（分组）：在分组交换网上发送的数据单元。参见帧（frame）和分段（segment）。

packet switching（分组交换）：在网络上交换数据的通用策略。分组交换使用存储转发机制交换称为分组的离散数据单元，并包含统计多路复用（statistical multiplexing）。

participants（参与者）：用于表示相互发送报文的进程、协议或主机的通用术语。

PAWS（Protection Against Wrapped Sequence numbers，防止序号回绕）：设计具有足够大序号空间的传输协议，以防止在一个分组可能被长时间延迟的网络上出现序号回绕。

PDU（Protocol Date Unit，协议数据单元）：分组或帧的另一个名称。

peer（对等实体）：指一个主机上的协议模块为实现某些通信服务而与之交互的另一个主机上的对等体。

peer-to-peer networks（对等网）：将应用逻辑（例如文件存储）与路由选择集成的一类通用应用。有名的例子包括 Napster 和 Gnutella。研究原型通常使用分布式哈希表。

PEM（Privacy Enhanced Mail，隐私增强邮件）：对因特网电子邮件的扩展，支持保密性和完整性保护。参见 PGP。

PGP（Pretty Good Privacy，良好隐私）：公用域软件的一个集合，它们用 RSA 提供保密性和认证能力，并使用信任网络进行公钥分发。

PHB（Per-Hop Behavior，每跳行为）：区分服务体系结构中单个路由器的行为。AF 和 EF 是两种建议的 PHB。

physical-level protocol（物理层协议）：OSI 协议栈的最低层。它的主要功能是将比特编码为可在物理传输介质上传输的信号。

piconet（微微网）：短距离（如 10 m）的无线网络。可以不使用电缆而连接办公室的计算机（笔记本电脑、打印机、PDA、工作站等）。

PIM（Protocol Independent Multicast，协议无关多播）：可以建造在不同的单播路由协议上的多播路由协议。

Ping：用于测试因特网上到不同主机的 RTT 的 UNIX 工具。Ping 发送一条 ICMP ECHO_REQUEST 报文，然后远程主机发回一个 ECHO_RESPONSE 报文。

poison reverse（毒性逆转）：和水平分割（split horizon）结合使用，是距离向量路由选择协议中避免路由环路的一种启发式技术。

port（端口）：用于表示一个网络用户连接到网络节点的通用术语。在交换机上，端口表示接收和发送分组的输入或输出。

POTS（Plain Old Telephone Service，简易老式电话服务）：用于说明现在的电话服务与 ISDN、ATM 或其他电话公司现在及将来可能提供的技术的区别。

PPP（Point-to-Point Protocol，点到点协议）：指通常通过拨号线路连接计算机的数据链路协议。

process（进程）：由操作系统提供的一种抽象，允许不同的操作并发执行。例如，每个用户应用程序通常在自己的进程内进行，而各种操作系统功能则在其他进程内进行。

promiscuous mode（混杂模式）：网络适配器的一种操作模式，适配器接收网络上传送的所有帧，而并不仅仅是发送给它的那些帧。

protocol（协议）：运行在不同计算机上的模块之间的接口规范，以及那些模块实现的通信服务。这个术语也用来表示满足规范的模块实现。为了区别这两种用法，接口通常叫作协议规范（protocol specification）。

proxy（代理）：位于客户与获取报文并提供服务的服务器之间的一个智能体。例如，代理可以充当服务器的"替身"来应答客户的请求，可能使用它缓存的数据，而不必联系服务器。

pseudoheader（伪首部）：IP 首部中的字段的子集，向上传递给传输层协议 TCP 和 UDP，以便在它们计算校验和时使用。伪首部包括源和目的 IP 地址以及 IP 数据报长度，因此能够用来检测这些字段是否被破坏或一个分组是否被传送到不正确的地址。

public key encryption（公钥加密）：一种加密算法（如 RSA），其中每个参与者有一个私钥（不与任何人共享）和一个公钥（每人都可以获得）。一条保密报文使用用户的公钥加密数据后发送给用户。由于需要用私钥解密报文，因此只有接收方可以读报文。

QoS（Quality of Service，服务质量）：由网络体系结构提供的分组传送保证。通常与性能保证有关，如带宽和延迟。因特网提供尽力传输服务，即尽力传输一个分组，但不确保正确传输。

RED（Random Early Detection，随机早期检测）：路由器的一种排队规则，当预测到拥塞时，随机丢弃分组，警告发送方放慢发送速率。

rendezvous point（汇集点）：PIM 所使用的允许接收方了解发送方的路由器。

repeater（中继器）：一种将电信号从一个以太网电缆传播到另一个以太网电缆的设备。一个以太网的任何两台主机之间最多可能有两台中继器。中继器转发信号，而网桥（bridge）转发帧（frame），路由器（router）和交换机（switch）转发分组（packet）。

REST（Representational State Transfer，表述性状态转移）：使用 HTTP 作为通用应用协议构建 Web 服务的一种方法。

reverse-path-broadcast（RPB）：反向路径广播。用于消除重复广播分组的技术。

RFC（Request For Comments，请求评论）：因特网报告，其中包含像 TCP 和 IP 这样的协议规范。

RIO：带有 In 和 Out 的 RED。一种基于 RED 的分组丢弃策略，包括两条丢弃曲线：一条用于被标记为"in"摘要文件中的分组，另一条用于被标记为"out"摘要文件中的分组。被设计用于实现区分服务。

RIP（Routing Information Protocol，路由信息协议）：Berkeley UNIX 提供的域内路由协议。每个运行 RIP 的路由器动态地建立基于距离向量（distance-vector）算法的转发表。

router（路由器）：连接两个或多个网络的网络节点，把分组从一个网络转发到另一个网络。对比网桥（bridge）、中继器（repeater）和交换机（switch）。

routing（路由）：一个进程，节点通过它交换用于构建正确转发表的拓扑结构信息。参见转发（forwarding）、链路状态（link state）和距离向量（distance vector）。

routing table(路由表)：参见转发表（forwarding table）。

RPC(Remote Procedure Call，远程过程调用)：很多客户端/服务器交互使用的同步请求/应答传输协议。

RPR（Resilient Packet Ring，弹性分组环）：主要用于城域网的一种环网类型。参见 *802.17*。

RSA：一种公共密钥加密算法，根据发明者 Rivest、Shamir、Adleman 的名字命名。

RSVP（Resource Reservation Protocol，资源预留协议）：在网络中预留资源的协议。RSVP 使用路由器中软状态（soft state）的概念，将预留资源的责任放在接收方而不是发送方。

RTCP（Real-time Transport Control Protocol，实时传输控制协议）：与 RTP 相关的控制协议。

RTP（Real-time Transport Protocol，实时传输协议）：有实时性约束的多媒体应用所使用的端到端协议。

RTT（Round-Trip Time，往返时间）：信息的一个比特从链路或信道的一端到另一端再返回所用的时间，换句话说，它是信道时延的两倍。

SAN（System Area Network，系统区域网络）：跨越一个计算机系统不同部分（如显示器、摄像头、磁盘）的网络。有时代表存储区域网（Storage Area Network），包括像 HiPPI 和光纤信道这样的接口。对比 *LAN*、*MAN* 和 *WAN*。

schema（大纲）：说明如何构造和解释一组数据的规范，是为 XML 文档定义的。

scrambling（扰频）：在传输前将一个信号与伪随机比特流进行异或操作的进程，以便能实现时钟恢复所需的足够的信号转变。扰频用于 SONET 中。

SDN：软件定义网络。一种实现网络的方法，该方法将控制平面和数据平面解耦，并定义诸如用于控制分组转发的开放流之类的接口。

SDP（Session Description Protocol，会话描述协议）：用于获悉音频/视频信道可用性的应用层协议。它记录会话的名称和目的、开始和结束的时间、媒体类型（例如音频、视频）以及接收会话的详细信息（例如多播地址、传输协议和使用的端口号）。

segment（报文段）：一个 TCP 分组。一个报文段包含正在由 TCP 发送的字节流的一部分。

SELECT：用于构建远程过程调用协议的一个

同步多路分解协议。

semaphore（信号量）：用于支持进程间同步的一个变量。通常，一个进程阻塞（block）在一个信号量上，等待另一个进程给此信号量发信号。

server（服务器）：客户端/服务器分布式系统中的服务提供者。

SHA：安全哈希算法。一系列加密哈希算法。

signaling（信令）：在物理层，它表示经过某种物理介质的信号的传输。在 ATM 中，信令是指建立虚电路的进程。

silly window syndrome（傻瓜窗口症状）：TCP 中发生的一种情况。发送方发送一个小数据段就能填满窗口，如果每次接收方打开接收窗口很小时就会发生这种情况，结果是产生很多小数据段，不能充分使用带宽。

SIP（Session Initiation Protocol，会话初始化协议）：用于多媒体应用的应用层协议。它确定与特定的用户通信的恰当设备，确定用户是否愿意或能够参加一个特定的通信会话，确定选择使用哪种介质和编码方案，并建立会话的参数（如端口号）。

sliding window（滑动窗口）：允许发送方在接收到一个确认之前发送多个（最多是窗口的尺寸）分组的算法。当窗口中先被发出的那些分组的确认返回后，窗口就"滑动"，然后可以发送更多的分组。滑动窗口算法将可靠传输与高吞吐量结合起来。参见 *ARQ*。

slow start（慢启动）：TCP 的一个防止拥塞的算法，尝试协调输出数据段的速度。对于每个返回的 ACK，再发送两个分组，使得传输的数据段的数目呈指数增长。

SMTP（Simple Mail Transfer Protocol，简单邮件传输协议）：因特网的电子邮件协议。参见 822。

SNMP（Simple Network Management Protocol，简单网络管理协议）：一个允许监视主机、网络和路由器的因特网协议。

SOAP：用于定义和实现应用协议的 Web 服务框架的组件。

socket（套接字）：由 UNIX 提供的对 TCP/IP 应用程序的应用编程接口（API）的抽象。

soft state（软状态）：包含在路由器中的与连接有关的信息，它被缓存一段有限的时间，而不是通过连接建立阶段被显示建立（并需要显示撤销）。

SONET（Synchronous Optical Network，同步光纤网络）：在光纤上进行数字传输的基于时钟的组帧标准，定义电话公司如何在光纤网络上传输数据。

source routing（源路由）：指在分组被发送之前，由源端来做出路由选择决定。路由包括分组到目的端途中经过的节点的列表。

source-specific multicast（特定源多播）：一种多播方式，其中一个组可以只有一个发送方。

sparse mode multicast（稀疏模式多播）：当只有少数主机或路由器需要接收某个组的多播数据时在 PIM 中使用的模式。

split horizon（水平分割）：在距离向量路由算法中打破路由循环的一种方法。当一个节点发送一条路由更新信息给它的邻居时，并不把从每个邻居处得知的路由再发还给那个邻居。水平分割和毒性逆转一起使用。

spread spectrum（扩频）：一种编码技术，在比需要的更宽的频率上扩展一个信号，使得干扰的影响降至最小。

SSL（Secure Socket Layer，安全套接字层）：运行在 TCP 之上的一个协议层，提供连接的认证和加密，也称为传输层安全（TLS）。

statistical multiplexing（统计多路复用）：在一条共享链路或信道上多数据源的基于请求的多路复用。

stop-and-wait（停止等待）：一种可靠的传输算法，发送方发送一个分组，然后在发送下一个分组之前等待应答。与滑动窗口（sliding window）和并发逻辑信道（concurrent logical channels）比较。参见 *ARQ*。

STS（Synchronous Transport Signal，同步传输信号）：SONET 的不同传输速率的前缀。例如，STS-1 是指用于 51.84 Mbps 传输的 SONET 标准。

subnetting（划分子网）：用一个 IP 网络地址表示多个物理网络，子网内的路由器使用子网掩码来找到分组应被转发到哪个物理网络。

划分子网实际上是在两层结构的 IP 地址中引入另一层。

SunRPC：由 Sun 微系统公司开发的远程过程调用协议。SunRPC 用于支持 NFS。参见 *ONC*。

switch（交换机）：基于每个分组中的首部信息将分组从输入端转发到输出端的网络节点。与路由器的主要区别是它们通常不用来互联不同类型的网络。

switching fabric（交换结构）：将分组从输入端引导到正确输出端的交换机的部件。

T1：等价于 24 条 ISDN 电路或 1.544 Mbps 的一种标准电话载波服务，也称为 DS1。

T3：等价于 24 条 T1 电路或者 44.736 Mbps 的一种标准电话载波服务，也称为 DS3。

TCP（Transmission Control Protocol，传输控制协议）：因特网体系结构的面向连接的传输协议，提供可靠的字节流传输服务。

TDMA（Time Division Multiple Access，时分多路复用）：用于蜂窝无线网络的一种多路复用形式，也是一个特定无线标准的名字。

Telnet：因特网体系结构的远程终端协议。Telnet 可以使用户与一个远程系统交互，就好像用户终端直接连在那台计算机上一样。

throughput（吞吐量）：当发送数据通过一个信道时观察到的速率。这个术语有时与带宽（bandwidth）互换使用。

TLS（Transport Layer Security，传输层安全）：可以放在像 TCP 这样的传输协议上的安全服务，通常被 HTTP 用来完成万维网上的安全事务。起源于 *SSL*。

token bucket（令牌桶）：描述或管理一个流所用带宽的一种方法。从概念上讲，进程随时间积累令牌，并且传输一个字节的数据必须用掉一个令牌，在没有剩余令牌时必须停止发送。这样，总的带宽受到某种突发性调节的限制。

token ring（令牌环）：将主机连成一个环的物理网络技术，一个令牌（比特模式）绕环路循环，一个给定的节点在被允许传输之前必须拥有令牌。802.5 和 FDDI 是令牌环网络的例子。

transport protocol（传输协议）：使不同主机上的进程进行通信的端到端协议。TCP 是一个

典型的示例。

TTL（Time to Live，生存期）：它通常是一个 IP 数据报在被丢弃之前能够经历的跳数（路由器）的一个度量值。

tunneling（隧道）：使用运行在与分组同一层上的协议封装一个分组。例如，多播 IP 分组封装在单点播送 IP 分组中，经隧道穿过因特网实现 Mbone。隧道也可用于从 IPv4 到 IPv6 的转换。

UBR（Unspecified Bit Rate，未指明比特率）：ATM 中的"不提供不必要服务"的一类服务，提供尽力的信元传送。对比 *ABR*、*CBR* 和 *VBR*。

UDP(User Datagram Protocol，用户数据报协议)：因特网体系结构的传输协议，提供应用层进程之间的无连接的数据报服务。

unicast（单播）：指发送一个分组给一个单独的目的主机。对比广播（broadcast）和多播（multicast）。

URI（Uniform Resource Identifier，统一资源标识符）：推广的 URL。例如，与 SIP 联合使用建立音频／视频会话。

URL（Uniform Resource Locator，统一资源定位符）：用于识别因特网资源位置的一个文本串。一个典型的 URL 形如 http://www.cisco.com。在这个 URL 中，http 是一个协议，用于访问位于主机 www.cisco.com 上的资源。

vat：因特网上使用的运行在 RTP 之上的音频会议工具。

VBR（Variable Bit Rate，可变比特率）：ATM 中的服务类型之一，用于带宽需求随时间变化的应用，如压缩的视频。对比 *ABR*、*CBR* 和 *UBR*。

VCI(Virtual Circuit Identifier，虚电路标识符)：它是分组首部中的一个标识符，用于虚电路交换。在 ATM 的情况下，VPI 和 VCI 一起标识端到端的连接。

vic：基于 UNIX 的使用 RTP 的视频会议工具。

virtual circuit（虚电路）：它是由面向连接的网络（如 ATM）提供的抽象。要想在参与者之间交换报文，就必须在数据发送之前建立一条虚电路（并可能为虚电路分配资源）。对比

数据报（datagram）。

virtual clock〔虚拟时钟〕：一种服务模型，允许源端使用其需要的基于速率的描述来在路由器上预留资源。虚拟时钟不属于当前因特网的尽力传输服务。

VPI（Virtual Path Identifier，虚路径标识符）：ATM 首部中的一个 8 比特或 12 比特字段。VPI 可用于将穿过一个网络的多个虚连接隐藏为一条虚"路径"，从而减少交换机所必须维护的连接状态的数量。参见 VCI。

VPN（Virtual Private Network，虚拟专用网）：处在某些现有网络之上的逻辑网络。例如，一个公司在世界范围内有一些站点，它可以在因特网的顶部建一个虚拟网络，而不必租用每个站点之间的线路。

WAN（Wide Area Network，广域网）：指可以跨越远距离（如穿过国家）的任何物理网络技术。对比 *SAN*、*LAN* 和 *WAN*。

well-known port〔知名端口〕：它通常是一个由某个特殊服务器使用的端口号。例如，域名服务器在每个主机的众所周知的 UDP 和 TCP 端口 53 上接收报文。

weighted fair queuing（WFQ，加权公平排队法）：公平排队法（fair queuing）的一个变种，可以为每个流给定一个网络容量的不同份额。

WSDL（Web Service Description Language，Web 服务描述语言）：用于定义和实现应用协议的 Web 服务框架组件。

WWW（World Wide Web，万维网）：因特网上的一种超媒体信息服务。

X.25：ITU 的分组交换协议标准。

X.509：ITU 的一个数字证书标准。

XDR（External Data Representation，外部数据表示）：Sun 微系统公司的与机器无关的数据结构的标准。对比 *ASN.1* 和 *NDR*。

XML（Extensible Markup Language，可扩展标记语言）：用于描述因特网应用程序之间传递的数据的一种语法规则。

XSD（XML Schema Definition）：XML 大纲定义。是用于定义 XML 对象格式和解释的模型语言。

zone〔区域〕：域名分层结构的一个划分，对应于负责分层结构中一部分的一个管理机构。每个区域必须至少有两台名字服务器用于答复区域中的 DNS 请求。

计算机网络：自顶向下方法（原书第7版）

作者：James F. Kurose 等 ISBN：978-7-111-59971-5 定价：89.00元

计算机网络问题与解决方案：一种构建弹性现代网络的创新方法

作者：Russ White ISBN：978-7-111-63351-8 定价：169.00元

TCP/IP详解 卷1：协议（原书第2版）

作者：Kevin R. Fall 等 ISBN: 978-7-111-45383-3 定价: 129.00元

TCP/IP详解 卷1：协议（英文版·第2版）

作者：Kevin R. Fall, W. Richard Stevens ISBN: 978-7-111-38228-7 定价: 129.00元

推荐阅读

软件定义网络:系统方法

作者:Larry Peterson 等 译者:林欣 等 书号:978-7-111-69568-4 定价:69.00元

"系统方法"新作,ONF 专家联袂撰写,关注底层概念、抽象和设计原理

今天,大型数据中心公司已经控制了自己的网络,从设备供应商那里夺得了创新的主动权,接下来登场的将是因特网服务供应商(ISP)和 5G 运营商。作者从一开始就参与了软件定义网络(SDN)这场革命,他们不仅知道 SDN 如何发生以及为何发生,而且将帮助我们了解 SDN 的未来。如果你也有志于投身这场革命,本书将是绝佳的起点。

—— Nick McKeown

斯坦福大学教授,美国国家工程院院士,开放网络实验室创始人